人工智能前沿技术丛书

总主编　焦李成

现代神经网络教程

杨淑媛　焦李成　刘梦琨
赵　进　刘　芳　梁雪峰　著

西安电子科技大学出版社
http://www.xduph.com

内 容 简 介

神经网络在七十余年的发展历程中，虽几经沉浮，但仍已发展成为国际学术、产业及国家发展的焦点和热点，已成为未来创新社会发展的动力。本书从认知神经科学出发阐述了神经计算的范畴、历史与发展、基本原理等内容。全书共17章，分为两个部分：第一部分(第1～10章)从神经网络计算的生物学基础出发，论述了前馈神经网络、反馈神经网络、竞争学习神经网络以及新兴的进化神经网络、正则神经网络、支撑矢量机网络、模糊神经网络、多尺度神经网络等模型与学习算法；第二部分(第11～17章)论述了新近发展的深度网络模型与学习算法，包括自编码网络、卷积神经网络、生成式对抗网络、循环神经网络、图神经网络等及其在文本、图像模式识别、图像感知等领域的应用，其中在第16章的深度学习进阶中，论述了稀疏编码分类及应用、相关网络学习与训练的实例，以供有兴趣的读者进一步探索实践。

本书可作为高等院校计算机科学、电子科学与技术、信息科学、控制科学与工程、人工智能、大数据、图像感知等相关专业本科生或研究生的教材，同时也可为相关领域的科研人员提供参考。

图书在版编目(CIP)数据

现代神经网络教程 / 杨淑媛等著. —西安：西安电子科技大学出版社，2020.8(2021.5 重印)
ISBN 978-7-5606-5546-8

Ⅰ. ①现…　Ⅱ. ①杨…　Ⅲ. ①神经网络—教材　Ⅳ. ①Q811.1

中国版本图书馆 CIP 数据核字(2020)第 041940 号

策划编辑　高维岳
责任编辑　武翠琴
出版发行　西安电子科技大学出版社(西安市太白南路2号)
电　　话　(029)88242885　88201467　　邮　　编　710071
网　　址　www.xduph.com　　电子邮箱　xdupfxb001@163.com
经　　销　新华书店
印刷单位　广东虎彩云印刷有限公司
版　　次　2020年8月第1版　2021年5月第2次印刷
开　　本　787毫米×960毫米　1/16　印 张　31
字　　数　642千字
印　　数　501～1500册
定　　价　97.00元
ISBN 978-7-5606-5546-8/Q
XDUP 5848001-2

前言 PREFACE

人工智能自达特茅斯会议诞生至今，在六十多年间几经沉浮，人工神经网络亦随之走过了艰难曲折的历程。随着单隐层神经网络到深度神经网络模型的进化，人工神经网络已成为当今人工智能舞台上的“主角”之一，围绕人工神经网络还将不断出现激动人心的理论进展和方法实践，人工智能也将为我们的社会和生活带来超乎想象的影响。

人工神经网络简称神经网络，脑科学、数学、信息科学、计算机科学、认知神经科学、统计学等学科共同造就了这一重要的机器学习技术，其结构和工作机制在一定程度上来自于对人类自身智慧的探索。狭义地讲，神经网络就是受人类脑及视听觉等信息处理机制启发的，对非线性、非结构化、不完整数据进行学习、优化、计算、识别、推理以及决策的处理器，它能够模拟大脑信息处理的协同性、学习性、选择性、稀疏性与鲁棒性；从数据驱动角度讲，它是一个逼近器和数据学习机；从任务驱动角度讲，它又是一个数据解译机；从优化角度讲，它则是一个多任务、多目标的学习优化器，且它需要具有良好的正则性、选择性、稀疏性和推广能力。研究神经网络的目的就是设计可实现上述任务的学习优化系统，研究脉络也是围绕这些基本属性及不完全数据的学习、优化、计算、识别、推理及决策等问题渐进展开的，对神经网络的研究一直在路上，这也是本书选择内容及安排章节的基础。

经过数度起落，我们看到深度神经网络脱颖而出，成为现在人工智能领域的重要研究方向。神经网络由“浅”到“深”的发展曾经受到三个问题的阻碍：深层结构导致模型参数量激增，在有限训练数据下导致过拟合问题；网络层级的加深使目标函数呈现高度非凸性，在参数可行域中产生大量鞍点和局部极值；基于梯度的反向传播算法逐层更新参数时，越靠近输入层变化越小，产生梯度弥散现象。为解决第一个问题，深度卷积神经网络和深度循环神经网络应运而生，其核心均是通过约减参数量避免过拟合现象的发生；针对第二个问题和第三个问题出现了逐层学习策略和各类优化提效方法，以期学习过程能够避免过早地陷入局部最优，同时弱化或克服梯度弥散。

通过更改非线性函数以换取模型“扭曲”能力的提升，产生了深度多尺度网络，如深度小波网络、深度脊波网络和深度轮廓波网络等。神经网络层级“深度”的简单增加将导致性能恶化(本质上是参数量远大于训练数据量)，因此，神经网络结构的设计成为重要的研究课题。现有的设计范式中，通过多通路、并行化的网络设计来削弱“深度”对性能的影响，将塔式结构、对称性等融入网络的设计过程中；还有研究将进化算法与神经网络有机结合，或启发式地调整网络权值，或启发式地设计网络结构，这种全新的神经网络模型可以自动进行多层深度神经网络的结构设计和参数调优。

通过生成训练数据集的概率密度函数来实现数据扩充的深度生成模型近年来大放异彩，其代表是生成式对抗网络和变分自编码器。与传统深度学习的神经网络设计“单网络”不同，生成式对抗网络采用了“两个子网络”来实现非合作状态下的博弈，在最小最大值定理的保证下，理论上可以保证网络的收敛性。深度强化学习是深度神经网络与强化学习的有机结合，其将神经网络的感知能力和强化学习的决策能力统一了起来，为高维的感知决策问题提供了解决思路。

本书从认知神经科学出发阐述了神经计算的范畴、历史与发展、基本原理等内容，汇集了一些经典的、目前仍在神经科学研究领域中得到广泛应用的技术方法，以及一些当前正在兴起的、已处于应用阶段或正待完善的新的研究技术。全书共17章，首先介绍了人工神经网络的历史、发展与现状，从生物神经网络的结构与功能出发，以人工智能的心理学为基础，讨论了人工神经网络的特点、分类与典型应用，以及算法的概念；接下来依序详细介绍了前馈神经网络、反馈神经网络、竞争学习神经网络等几类基本网络的功能、结构、算法与典型模型；此后，对几种新兴的和新近发展的神经网络如进化神经网络、正则神经网络、支撑矢量机网络、模糊神经网络、多尺度神经网络、自编码网络、卷积神经网络、生成式对抗网络、循环神经网络、深度强化学习等分别进行了介绍，在深度学习进阶中，介绍了稀疏编码分类及应用、相关网络学习与训练的实例，并安排了与整书对应的练习以帮助读者更好地掌握神经网络，最后对图神经网络进行了简单的介绍。

我们依托智能感知与图像理解教育部重点实验室、智能感知与计算国际联合实验室及智能感知与计算国际联合研究中心，于2014年成立了类脑计算与深度学习研究中心，致力于类脑计算与深度学习的基础与应用研究，搭建了多个深度学习应用平台，并在深度学习理论、应用及实现等方面取得了突破性的进展，本书即是我们在该领域研究工作的初步总结。

本书的出版离不开团队多位老师和研究生的支持与帮助，感谢团队中侯彪、刘静、公茂果、王爽、张向荣、吴建设、缑水平、梁雪峰、尚荣华、刘波、刘若辰等教授以及马晶晶、马文萍、白静、朱虎明、田小林、张小华、曹向海等副教授对本书工作的关心支持与辛勤付出。感谢张丹老师，以及唐旭、任博、刘旭、孙其功、冯志玺等博士生在学术交流过程中无私的付出。同时，特别感谢王丹等博士生在写作过程中无私付出的辛勤劳动与努力。

在本书出版之际，特别感谢邱关源先生及保铮院士三十多年来的悉心培养与教导，特别感谢徐宗本院士、张钹院士、李衍达院士、郭爱克院士、郑南宁院士、谭铁牛院士、马远良院士、包为民院士、郝跃院士、陈国良院士、韩崇昭教授，IEEE Fellows 管晓宏教授、张青富教授、张军教授、姚新教授、刘德荣教授、金耀初教授、周志华教授、李学龙教授、吴枫教授、田捷教授、屈嵘教授、李军教授和张艳宁教授，以及马西奎教授、潘泉教授、高新波教授、石光明教授、李小平教授、陈莉教授、王磊教授等多年来的关怀、帮助与指导，感谢教育部创新团队和国家“111”创新引智基地的支持；同时，我们的工作也得到西安电子科技大学领导及国家“973”计划（2013CB329402）、国家自然科学基金（61573267、61472306、61671305、61473215、61571342、61572383、61501353、61502369、61271302、61272282、61202176）、重大专项计划(91438201、91438103)等科研项目的支持，特此感谢。另外，还要特别感谢西安电子科技大学“西电学术文库”资金的大力支持，衷心感谢社长胡方明教授、总编阚永红教授、副总编毛红兵老师付出的辛勤劳动与努力，感谢封面设计的编辑老师，感谢书中所有被引用文献的作者。

20 世纪 90 年代初我们出版了《神经网络系统理论》《神经网络计算》《神经网络的应用与实现》等系列专著，三十多年来人工神经网络已经取得了长足的进展，本书是在之前基础上对近年来发展现状及研究趋势的补充和概括，其取材和安排完全基于作者的偏好，且由于作者水平有限，书中恐仍有不妥之处，恳请广大读者批评指正。

著　者

2019 年 3 月

于西安电子科技大学

目录 CONTENTS

第 1 章　绪论 …… 1
1.1　人脑与脑神经信息处理 …… 1
1.1.1　人脑的信息处理机制 …… 2
1.1.2　人脑的信息处理能力 …… 3
1.1.3　人工神经网络 …… 4
1.1.4　脑认知工程 …… 6
1.2　人工神经网络的历史 …… 9
1.2.1　第一次研究高潮 …… 9
1.2.2　第二次研究高潮 …… 14
1.2.3　最近 30 年的发展 …… 17
1.3　人工神经网络的实现 …… 21
1.3.1　人工神经网络的软件模拟 …… 21
1.3.2　人工神经网络的硬件实现 …… 24
1.4　人工神经网络的应用 …… 27
1.4.1　适合人工神经网络求解的问题特点 …… 27
1.4.2　人工神经网络的典型应用 …… 28
1.5　人工神经网络与人工智能 …… 32
1.5.1　人工智能 …… 32
1.5.2　人工神经网络与人工智能的区别 …… 35
1.5.3　人工神经网络与人工智能的互补性 …… 36
1.6　人工神经网络的研究与进展 …… 37
1.6.1　人工神经网络的研究内容 …… 37
1.6.2　人工神经网络的几个重要研究领域 …… 41
1.6.3　人工神经网络的优势与不足 …… 46
1.7　本书的主要内容 …… 47
本章参考文献 …… 47
第 2 章　人工神经网络基础 …… 53
2.1　脑的结构与功能 …… 53
2.2　大脑神经系统 …… 56
2.2.1　神经系统中的组织层数 …… 56
2.2.2　生物神经元 …… 57
2.2.3　生物神经元连接突触 …… 58
2.2.4　生物神经网络、层级和图 …… 61
2.2.5　学习和记忆的生物与物理学基础 …… 64
2.3　人工神经元与人工神经网络 …… 65
2.3.1　命题的基本逻辑 …… 66
2.3.2　McCulloch-Pitts 神经元 …… 66
2.3.3　基本 integrate-and-fire 神经元 …… 69
2.3.4　一般的可计算神经元 …… 70
2.3.5　人工神经网络 …… 74
2.4　人工神经网络的分类 …… 76
2.4.1　基于拓扑结构的分类 …… 77
2.4.2　基于神经元特征的分类 …… 78
2.4.3　基于学习环境的分类 …… 80
2.5　人工神经网络的学习方法 …… 81
2.5.1　有监督学习 …… 82
2.5.2　无监督学习 …… 84
2.5.3　增强学习 …… 85
2.6　人工神经网络的向量与矩阵基础 …… 85
2.6.1　线性向量空间与生成空间 …… 85
2.6.2　基集合、内积与范数 …… 86
2.6.3　正交、向量展开与互逆基向量 …… 87
2.6.4　线性变换与矩阵表示 …… 88

本章参考文献 …………………………… 88
第 3 章　前馈神经网络 ………………… 90
3.1　单神经元模型 ……………………… 90
3.1.1　单感知器神经元和感知器学习规则 …………………………… 90
3.1.2　线性单元的梯度下降算法 ………… 93
3.1.3　随机梯度下降算法 ………………… 97
3.2　单层前馈神经网络 ………………… 97
3.2.1　自适应线性网络 …………………… 98
3.2.2　线性联想器网络 …………………… 99
3.3　多层前馈神经网络 ……………… 101
3.3.1　反向传播算法 …………………… 104
3.3.2　改进的反向传播算法 …………… 109
3.3.3　反向传播算法实现的几点说明 ………………………… 109
3.4　感知器准则和 LMS 算法 ………… 111
3.5　感知器网络和 Bayes 分类器 ……… 112
3.6　感知器网络和 Fisher 判别 ………… 115
3.7　神经网络设计 …………………… 116
3.8　神经网络泛化 …………………… 117
3.9　深度前馈神经网络 ……………… 118
本章参考文献 ……………………… 120
第 4 章　反馈神经网络 ………………… 122
4.1　Hopfield 反馈神经网络的结构与激活函数 ……………………………… 123
4.2　Hopfield 反馈神经网络的状态轨迹 … 126
4.2.1　状态轨迹为网络的稳定点 ……… 127
4.2.2　状态轨迹为极限环 ……………… 127
4.2.3　状态轨迹为混沌状态 …………… 128
4.2.4　状态轨迹发散 …………………… 128
4.2.5　设计目标 ………………………… 128
4.3　离散型 Hopfield 反馈神经网络 …… 130
4.3.1　模型结构 ………………………… 130
4.3.2　联想记忆功能 …………………… 131
4.3.3　Hebb 学习规则 …………………… 132
4.3.4　影响记忆容量的因素 …………… 134
4.3.5　网络的记忆容量确定 …………… 135
4.3.6　网络权值设计的其他方法 ……… 137
4.4　连续型 Hopfield 反馈神经网络 ……… 140
4.4.1　模型结构 ………………………… 140
4.4.2　求解组合优化问题 ……………… 142
4.5　实时递归神经网络 ……………… 146
4.5.1　实时递归网络 …………………… 146
4.5.2　Kalman 实时递推算法 ………… 148
4.5.3　Kalman 滤波规则与应用 ………… 149
4.6　Hopfield 反馈神经网络在人脸识别中的应用 ……………………… 150
本章参考文献 ……………………… 152
第 5 章　竞争学习神经网络 …………… 155
5.1　内星与外星学习规则 …………… 156
5.1.1　Instar 学习规则 ………………… 156
5.1.2　Outstar 学习规则 ……………… 159
5.1.3　Kohonen 学习规则 ……………… 160
5.2　自组织竞争网络 ………………… 160
5.2.1　网络结构 ………………………… 161
5.2.2　竞争学习规则 …………………… 163
5.2.3　网络的训练过程 ………………… 164
5.3　Kohonen 自组织映射网络 ………… 164
5.3.1　网络的拓扑结构 ………………… 165
5.3.2　网络的训练过程 ………………… 167
5.4　对传网络 ………………………… 168
5.4.1　网络结构 ………………………… 169
5.4.2　学习规则 ………………………… 169
5.4.3　训练过程 ………………………… 169
5.5　竞争学习神经网络的研究趋势与典型应用 ……………………………… 170
5.5.1　研究趋势 ………………………… 170
5.5.2　典型应用 ………………………… 172
5.6　基于 SOFM 的人口统计指标分类 …… 173
5.6.1　问题描述 ………………………… 173
5.6.2　网络的创建 ……………………… 174
5.6.3　网络的训练 ……………………… 176

5.6.4 网络的测试与使用 …………………… 178
本章参考文献 …………………………… 179
第6章 进化神经网络 …………………… 182
6.1 进化算法 ……………………………… 183
6.1.1 进化算法的提出 ……………………… 183
6.1.2 进化算法的基本框架 ……………… 183
6.1.3 进化算法的特点及应用 …………… 185
6.2 遗传算法 ……………………………… 187
6.2.1 遗传算法的基本概念及理论基础 ……………………………… 187
6.2.2 遗传算法的流程及特点 …………… 189
6.2.3 遗传算法的应用 …………………… 190
6.3 进化规划 ……………………………… 192
6.3.1 进化规划的发展 …………………… 192
6.3.2 进化规划算法的组成 ……………… 193
6.3.3 进化规划的特点及应用 …………… 193
6.4 进化策略 ……………………………… 194
6.4.1 进化策略概述 ……………………… 194
6.4.2 进化策略的基本原理 ……………… 195
6.4.3 进化策略的重要特征及应用 …… 196
6.5 进化神经网络 ………………………… 196
6.5.1 进化神经网络概述 ………………… 196
6.5.2 进化神经网络的研究方法 ……… 198
6.5.3 进化神经网络的新进展 ………… 200
6.6 进化神经网络应用实例 ……………… 201
本章参考文献 …………………………… 203
第7章 正则神经网络 ………………… 207
7.1 正则化技术和正则学习 ……………… 207
7.2 具有径向基稳定子的正则网络 ……… 210
7.3 具有张量积稳定子的正则网络 ……… 211
7.4 具有加性稳定子的正则网络 ……… 211
7.5 正则网络的贝叶斯解释 ……………… 212
7.6 径向基神经网络 ……………………… 214
7.7 正则神经网络应用实例 ……………… 215
本章参考文献 …………………………… 219
第8章 支撑矢量机网络 ……………… 221
8.1 引子——偏置/方差困境………………… 222
8.2 VC维 ………………………………… 224
8.3 SRM和SVM网络 …………………… 227
8.4 线性支撑矢量机网络 ………………… 227
8.5 非线性支撑矢量机网络 ……………… 229
8.6 支撑矢量机网络应用实例 …………… 231
本章参考文献 …………………………… 233
第9章 模糊神经网络 …………………… 235
9.1 模糊数学理论 ………………………… 236
9.1.1 模糊集合及其运算 ………………… 236
9.1.2 模糊数及其运算 …………………… 237
9.2 模糊神经网络 ………………………… 238
9.2.1 模糊神经网络的基础知识 ……… 238
9.2.2 模糊神经网络的发展历程 ……… 242
9.2.3 模糊神经网络的学习算法 ……… 243
9.3 典型模糊神经网络 …………………… 245
9.3.1 逻辑模糊神经网络 ………………… 245
9.3.2 算术模糊神经网络 ………………… 246
9.3.3 混合模糊神经网络 ………………… 247
9.4 模糊神经网络应用实例 ……………… 249
9.4.1 系统辨识和建模 …………………… 250
9.4.2 系统控制 …………………………… 250
9.4.3 问题和难点 ………………………… 251
本章参考文献 …………………………… 252
第10章 多尺度神经网络 ……………… 253
10.1 多尺度分析…………………………… 253
10.2 子波神经网络………………………… 254
10.2.1 多变量函数估计子波网络 ……… 256
10.2.2 正交多分辨子波网络 …………… 257
10.2.3 多子波神经网络 ………………… 258
10.3 多尺度几何分析……………………… 259
10.4 脊波网络……………………………… 262
10.4.1 连续脊波网络 …………………… 263
10.4.2 方向多分辨脊波网络 …………… 267
本章参考文献 …………………………… 274
第11章 自编码网络 …………………… 277
11.1 自编码网络背景介绍………………… 277
11.2 自编码网络的结构模型……………… 278

11.3 自编码网络模型的研究进展………… 279
11.4 自编码网络模型的优化算法………… 279
11.5 受限玻尔兹曼机…………………… 280
11.6 自编码网络的变体………………… 282
11.6.1 稀疏自动编码器 ………………… 282
11.6.2 降噪自动编码器 ………………… 283
11.6.3 收缩自动编码器 ………………… 285
11.6.4 栈式自动编码器 ………………… 285
11.7 自编码网络应用实例……………… 286
11.7.1 图像分类 ………………………… 286
11.7.2 目标检测 ………………………… 288
11.7.3 目标跟踪 ………………………… 289
11.8 自编码网络的总结………………… 291
本章参考文献 ………………………… 292
第 12 章 卷积神经网络 ……………… 294
12.1 卷积神经网络的历史……………… 294
12.2 卷积神经网络的结构……………… 296
12.3 卷积神经网络的学习算法………… 298
12.4 卷积神经网络的改进设计………… 298
12.4.1 卷积层 …………………………… 298
12.4.2 卷积核 …………………………… 300
12.4.3 池化层 …………………………… 301
12.4.4 正则化 …………………………… 302
12.4.5 激活函数 ………………………… 303
12.5 卷积神经网络应用实例…………… 305
12.5.1 图像语义分割 …………………… 305
12.5.2 目标检测 ………………………… 306
12.5.3 目标跟踪 ………………………… 308
12.6 卷积神经网络的总结……………… 310
本章参考文献 ………………………… 311
第 13 章 生成式对抗网络 …………… 312
13.1 生成式对抗网络介绍……………… 312
13.2 生成式对抗网络的结构与原理……… 312
13.3 生成式对抗网络的学习算法……… 315
13.4 生成式对抗网络的性能分析……… 316
13.5 生成式对抗网络的变体…………… 318
13.5.1 信息最大化生成式对抗网络 …… 318
13.5.2 条件生成式对抗网络 …………… 318
13.5.3 深度卷积生成式对抗网络 ……… 319
13.5.4 循环一致性生成式对抗网络 …… 320
13.5.5 最小二乘生成式对抗网络 ……… 321
13.5.6 边界平衡生成式对抗网络 ……… 324
13.6 生成式对抗网络应用实例………… 325
13.6.1 数据增强 ………………………… 325
13.6.2 图像补全(修复) ………………… 326
13.6.3 文本翻译成图像 ………………… 328
13.7 生成式对抗网络存在的问题与思考………………………………… 329
13.7.1 生成式对抗网络的优点 ………… 330
13.7.2 生成式对抗网络的缺点 ………… 330
13.7.3 模式崩溃的原因 ………………… 330
13.7.4 为什么 GAN 中的优化器不常用 SGD …………………… 331
本章参考文献 ………………………… 331
第 14 章 循环神经网络 ……………… 332
14.1 循环神经网络介绍………………… 332
14.2 循环神经网络的计算过程………… 333
14.3 循环神经网络的训练过程………… 334
14.3.1 训练算法 ………………………… 334
14.3.2 前向计算 ………………………… 334
14.3.3 误差项的计算 …………………… 335
14.3.4 权重梯度的计算 ………………… 335
14.4 循环神经网络的问题……………… 335
14.5 循环神经网络的变体……………… 336
14.5.1 长短时记忆网络 ………………… 336
14.5.2 双向循环神经网络 ……………… 337
14.5.3 深度双向循环神经网络 ………… 338
14.5.4 回声状态网络 …………………… 338
14.5.5 序列到序列网络 ………………… 340
14.6 循环神经网络应用实例…………… 342
14.6.1 自动问答 ………………………… 342
14.6.2 文本摘要生成 …………………… 344

14.6.3 目标跟踪 ………………………… 346
14.7 循环神经网络的总结………………… 348
本章参考文献 ………………………… 351
第 15 章 深度强化学习 ……………………… 353
15.1 深度强化学习背景介绍……………… 353
15.2 深度强化学习的基本机理…………… 354
15.3 深度强化学习的经典网络模型……… 356
15.3.1 基于卷积神经网络的深度强化学习 ………………………… 356
15.3.2 基于递归神经网络的深度强化学习 ………………………… 357
15.4 深度强化学习应用实例……………… 358
15.4.1 玩 Atari 游戏 …………………… 358
15.4.2 目标检测 ………………………… 359
15.4.3 目标跟踪 ………………………… 362
15.5 深度强化学习的局限性……………… 365
15.6 深度强化学习的挑战………………… 366
本章参考文献 ………………………… 369
第 16 章 深度学习进阶 ……………………… 371
16.1 稀疏学习……………………………… 371
16.1.1 相关概念 ………………………… 372
16.1.2 稀疏编码 ………………………… 372
16.1.3 字典学习 ………………………… 375
16.2 稀疏模型……………………………… 381
16.2.1 合成稀疏模型 …………………… 382
16.2.2 分析稀疏模型 …………………… 383
16.2.3 稀疏模型的最新进展 …………… 386
16.3 稀疏模型的应用……………………… 389
16.3.1 合成稀疏模型的应用 …………… 389
16.3.2 分析稀疏模型的应用 …………… 390
16.3.3 稀疏模型在分类中的应用 ……… 391
16.4 认知神经科学………………………… 392
16.5 深度学习实战………………………… 397
16.5.1 基本回归方法 …………………… 397
16.5.2 深层神经网络的理解 …………… 404
16.5.3 反卷积网络的理解 ……………… 408
16.5.4 利用 Hessian-free 方法训练深度网络 ………………………… 409
16.5.5 深度学习中的优化方法 ………… 411
16.5.6 自编码网络的理解 ……………… 412
16.5.7 自学习 …………………………… 425
16.5.8 线性解码器 ……………………… 426
16.5.9 随机采样 ………………………… 429
16.5.10 数据预处理 …………………… 430
16.5.11 dropout 的理解 ………………… 437
16.5.12 maxout 的理解 ………………… 438
16.5.13 ICA 模型 ……………………… 439
16.5.14 RBM 的理解 …………………… 441
16.5.15 RNN-RBM 的理解 …………… 443
16.5.16 用神经网络实现数据的降维 ………………………… 444
16.5.17 无监督特征学习中关于单层网络的分析 ………………… 449
16.5.18 K-means 单层网络的识别性能 ………………………… 453
本章参考文献 ………………………… 455
第 17 章 图神经网络 ………………………… 457
17.1 引言…………………………………… 457
17.2 图神经网络的基本机理……………… 459
17.3 图神经网络的变体…………………… 462
17.3.1 基于空域的图卷积神经网络 …… 464
17.3.2 基于谱域的图卷积神经网络 …… 468
17.3.3 图注意力网络 …………………… 469
17.4 图神经网络应用实例………………… 472
17.4.1 图像分类 ………………………… 472
17.4.2 目标检测 ………………………… 474
17.4.3 语义分割 ………………………… 477
17.5 图神经网络的挑战…………………… 479
本章参考文献 ………………………… 480
附录 历史上著名的人工智能大师 ………… 482

第1章 绪 论

人工神经网络是探索人类智能奥秘的有力工具。起源于20世纪40年代的人工神经网络的研究经历了四五十年代的首次繁荣、六七十年代的一度低潮、八十年代的再次复苏，几经兴衰，如今已经成为一门理论日渐成熟、应用日渐广泛与深入的学科。作为智能信息处理的核心工具之一，目前人工神经网络的研究在借鉴脑认知科学以及更多的生物智能的同时，也越来越重视与神经数学、神经化学等神经信息处理方法的结合，飞速发展的高性能计算手段更是为人工神经网络的实现提供了保障。人工神经网络研究带来的丰富的理论成果与应用方法，促进了许多相关领域如机器学习、机器人技术及神经工程学的发展，使之向实现人工智能的目标一步步靠近。我们致力于类脑计算与神经网络学习的基础与应用研究，并在深度学习理论、应用及实现等方面取得了突破性的进展[1.1－1.39]，正如被誉为“人工智能领域的霍金”和“人工大脑之父”的雨果·德·加里斯教授所说：“脑计算的仿真将会使你的所有想象成真，一切变为现实只是时间问题。”

1.1 人脑与脑神经信息处理

脑是人体最复杂最重要的器官，也是人类思考和感知的来源[1.40, 1.41]。在人类进化的数百万年历史中，人类对自然环境进行着不懈的探索与改造，在锻炼出灵巧双手的同时，也造就了结构精巧、功能完善的大脑。几十世纪以来，科学家一直在努力探索大脑所蕴含奥秘的玄机，亚里士多德是第一个认真思考人脑运作模式的人。他认为：大脑能够帮助调节体温，人流出来的鼻水则是大脑里漏出来的降温液体，既然人激动时心跳会变快，那么心脏应该是负责人体思考和感知的部位。今天我们当然可以嘲笑这种说法。和公元前4世纪相比，人类对于大脑的认识已取得了长足进展。现在，我们可以借助于先进的医学扫描仪器透视活生生的大脑，从而揭开大脑组织神秘的面纱。

大脑是一个电气化学活动的海洋。电和化学物质在这个海洋里流动，形成各种类型的电脉冲和化学动力，它们是脑内神经信息传递的动力。神经细胞（神经元）是大脑信息处理的基本单位。人脑内有100多亿个神经细胞。每个神经细胞的边缘都有若干向外突出的树突或轴突。在轴突的末端有个膨大的突起，叫作突触小体。每个神经元的突触小体跟另一个神经元的树突或轴突接触，这种结构叫作突触。每个神经元通过突触跟其他神经元发生联系，并且接受来自其他神经元的信息。信息从一个神经细胞传递到另一个神经细胞时，采取的是释放神经递质的方式。不同的神经递质携带不同的信息[1.42]：有的带有兴奋信号，促使神经纤维放电，使肌肉细胞收缩，或腺体细胞增加分泌；有的则带有抑制信号，抑制神经纤维放电，从而抑制肌肉收缩，使肌肉松弛。多种不同的化学物质参与神经细胞间信息的传递，这些递质好似化学语言，除了乙酰胆碱和去甲肾上腺素以外，还有多巴胺、5-羟色胺、谷氨酸、r-氨基丁酸、甘氨酸、牛磺酸等[1.43]。这种神经元传递和接受信息的功能，正是人类大脑具有记忆的生理基础。

人脑具有精巧的结构和根据经验建立自身规则的能力，能够组织起数目巨大的神经元，以比今天已有的计算机快许多倍的速度进行计算。从解剖学和生理学角度来看，人脑是一个复杂的并行系统，具有"认知""意识"和"感情"等高级脑功能[1.44, 1.45]。如果我们将人脑神经信息活动的特点与传统的冯·诺依曼计算机的工作方式进行比较，就可以看出人脑在信息处理机制和信息处理能力上都具有一些鲜明的特点。

1.1.1 人脑的信息处理机制

人脑的信息处理机制与计算机的信息处理机制存在很大的不同。

首先是系统结构方面。冯·诺依曼计算机是一种由各种二值逻辑门电路构成的按串行方式工作的逻辑机器，它由运算器、控制器、存储器和输入/输出设备组成，其信息处理是建立在冯·诺依曼体系基础之上的，基于程序存取进行工作，所有的程序指令都必须调到CPU中后再一条一条执行。人脑在漫长的进化过程中形成了规模巨大、结构精细的群体结构，即神经网络。脑科学研究结果表明，人脑中约有多达10^{10}～10^{11}数量级的神经元，人脑的神经网络由这数百亿神经元相互连接组合而成。每个神经元相当于一个超微型信息处理与存储机构，只能完成一种基本功能，如兴奋与抑制，而每一个神经元约有10^3～10^4个突触，因此大量神经元广泛连接后形成的神经网络可进行各种极其复杂的思维活动，在需要时能以很高的反应速度作出判断。例如，人在识别一幅图像或作出一项决策时，存在于脑中的多方面的知识和经验会同时并发作用以迅速作出解答。

其次是信号形式方面。计算机中信息的表达采用离散的二进制数和确定的二值逻辑形式，许多逻辑关系确定的信息加工过程则可以分解为若干二值逻辑表达式进行处理。然而，客观世界中的事物关系并非都可以分解为二值逻辑的关系，还存在着各种模糊逻辑关系和非逻辑关系，对于这类信息的处理，传统的冯·诺依曼计算机通常是难以胜任的。人脑中的信号有模拟和离散脉冲两种形式。模拟信号具有模糊性的特点，虽然有利于信息的整合和非逻辑加工，但是这类信息处理方式不能全部用数学方法进行充分描述，因而很难用计算机进行模拟。

再次是信息存储方面。冯·诺依曼计算机存储器内信息的存取采用按顺序寻址的方式，如果要从大量存储数据中随机访问某一数据，必须先确定数据的存储单元地址，再取出相应数据。与传统的冯·诺依曼计算机不同，人脑中的信息不是集中存储于一个特定的区域中，而是分布存储于整个系统中。此外，人脑中存储的信息不是相互孤立的，而是联想式的。人脑这种分布式、联想式的信息存储方式使人类非常擅长于从失真和缺省的模式中恢复出正确的模式，或利用给定信息寻找期望信息。

1.1.2 人脑的信息处理能力

人脑中的神经网络是一种高度并行的非线性信息处理系统，在信息处理能力方面具有远比冯·诺依曼计算机更强大的功能。

首先是人脑的并行处理能力。神经网络的并行性不仅体现在结构和信息存储上，而且还体现在信息处理的运行过程中。人脑中的信息处理是以神经细胞为单位的，而神经细胞间信息的传递速度只能达到毫秒级，显然比现代计算机中电子元件纳秒级的计算速度慢得多，因此似乎计算机的信息处理速度要远高于人脑，事实上，在数值处理等应用方面只需几行算法就能解决问题时确实如此。但是，与冯·诺依曼计算机不同，人脑采用了信息存储与信息处理一体化的群体协同并行处理方式，信息的处理受到原有存储信息的影响，处理后的信息又留在神经元中成为记忆。这种信息处理、存储的构建模式是广泛分布在大量神经元上同时进行的，因而呈现出来的整体信息处理能力不仅能快速完成各种极复杂的信息识别和处理任务，而且能产生高度复杂而奇妙的效果。例如，几个月大的婴儿能从人群中一眼认出自己的母亲，而计算机解决这个问题时需要对一幅具有几十万个像素点的图像逐点进行处理，并提取脸谱特征进行识别。又如，一个篮球运动员可以不假思索地接住队友传给他的球，而让计算机控制机器人接球则要判断篮球每一时刻在三维空间的位置坐标、运动轨迹、运动方向及速度等。显然，在基于形象思维、经验与自觉的判断方面，人脑只要零点几秒就可以圆满完成的任务，计算机花几十分钟甚至几小时也未必能够完成，即这种并行处理所能够实现的高度复杂的信息处理能力远非传统的以空间复杂性代替时间复杂性的多处理机并行处理系统所能够企及的。迄今为止，计算机处理文字、图像、声音等信息的能力与速度远不如人脑。

其次，人脑具有从实践中不断汲取知识、总结经验的能力，通常将这种对经验作出反应而改变行为的能力称为学习与认知能力。刚出生的婴儿脑中几乎是一片空白，在成长过程中通过对外界环境的感知即有意识的训练，知识和经验与日俱增，解决问题的能力越来越强。计算机完成的所有工作都是严格按照事先编制的程序进行的，因此它的功能和结果都是确定不变的。作为一种只能被动地执行确定命令的机器，计算机在反复按指令执行同一程序时得到的永远是同样的结果，它不可能在不断重复的过程中总结或积累任何经验，因此不会主动提高自己解决问题的能力。

再次，人脑不仅能对已学习的知识进行记忆，而且还具有复杂的回忆、联想、想象等非逻辑加工功能，因而人的认识可以逾越现实条件下逻辑所无法越过的认识屏障，产生诸如直觉判断或灵感一类的思维活动。例如，人脑能在外界输入的部分信息刺激下，联想到一系列相关的存储信息，从而实现对不完整信息的自联想恢复，或关联信息的互联想，而这种互联想能力在人脑的创造性思维中起着非常重要的作用。对于冯·诺依曼计算机来说，它没有主动学习能力和自适应能力，只能不折不扣地按照人们已经编制好的程序来进行相应的数值或逻辑计算。信息一旦存入便保持不变，因此不存在遗忘的问题；在某存储单元地址存入新的信息后会覆盖原有信息，因此不能对其进行记忆；相邻存储单元之间互不相干，因此没有联想能力。尽管有一些由关系数据库等软件设计实现的系统也具有一定的联想功能，但这种联想功能不是计算机的信息存储机制所固有的，其联想能力与联想范围取决于程序的查询能力和计算机的寻址方式，所以它不可能像人脑的联想功能那样具有个性和创造性。

另外，在信息的逻辑加工方面，人脑的功能不仅局限于计算机所擅长的数值或逻辑运算，而且可以上升到符号思维和辩证思维等层面。人脑还善于对客观世界丰富多样的信息和知识进行归纳、类比和概括，综合起来解决问题，人脑具有的这种高层次的逻辑加工能力使人能够深入到事物内部去认识事物的本质与规律。这种综合判断过程往往是一种对信息的逻辑加工和非逻辑加工相综合的过程，它不仅遵循确定性的逻辑思维原则，而且可以经验地、模糊地甚至是直觉地作出一个判断。对于冯·诺依曼计算机来说，它没有非逻辑加工功能，因而不会逾越有限条件下逻辑的认识屏障。计算机的逻辑加工能力也仅限于二值逻辑，因此只能在二值逻辑所能描述的范围内运用形式逻辑，而缺乏辩证逻辑能力。

最后，人脑能够以鲁棒的方式有效地处理各种模拟的、模糊的或随机的问题。在冯·诺依曼计算机中，存储器内信息的存取采用按顺序寻址的方式。如果要从大量存储数据中随机访问某一数据，必须先确定数据的存储单元地址，再取出相应数据。一旦存储器发生了硬件故障，存储器中存储的所有信息就都将受到毁坏。而人脑神经元既有信息处理能力又有存储功能，所以它在进行回忆时不仅不用先找存储地址再调出所存内容，而且可以由一部分内容恢复全部内容。当发生“硬件”故障(例如头部受伤)时，并不是所有存储的信息都失效，而是仅有被损坏得最严重的那部分信息丢失。

1.1.3 人工神经网络

从最简单的知觉、行动，到复杂的情感、思维、学习、决策，这些都来自于我们的大脑。作为人体最复杂的生物器官，大脑是最神秘的一个“超级计算机”。自从人们认识到人脑与传统的冯·诺依曼计算机的信息处理机制完全不同，关于人工神经网络的研究就开始了。以人工方法模拟人脑生物神经网络的信息存储和处理机制，用计算方法对生物神经网络信息处理规律进行探索，从数学和物理方法以及信息处理的角度对人脑神经网络进行抽象，设计具有人类思维特点的智能机器——人工神经网络(Artificial Neural Networks，ANN)，是该领域众多科学家几十年来的梦想。20 世纪 40 年代初，神经解剖学、神经生理学、心理学以及人脑神经元的电生理的研究等都取得了丰硕成果。在此基础上，神经生物学家、心理学家 W. S. McCulloch 与青年数学家 W. A. Pitts 合作，从人脑信息处理的观点出发，采用数理模型的方法研究了脑细胞的动作、结构及其生物神经元的一些基本生理特性，提出了第一个神经计算模型，从而开创了对人工神经网络的研究[1,11]。

目前关于人工神经网络的定义尚不统一。一般地，人工神经网络被认为是对人类大脑系统一阶特性的一种描述，是一种旨在模仿人脑结构及其功能的信息处理系统。简单地讲，人工神经网络是一个数学模型，是人工智能研究的一种方法，可以用电子线路来实现，也可以用计算机程序来模拟。1987 年，P. K. Simpson 将人工神经网络定义为一个非线性的有向图，图中含有可以通过改变权大小来存放模式的加权边，并且具有从不完整的或未知的输入中找到正确模式的功能。1988 年，R. Hecht-Nielsen 将人工神经网络定义为“处理单元的输出信号可以是任何需要的数学模型”，其中每个处理单元中进行的操作必须是完全局部的，也就是说，它必须仅仅依赖于经过输入连接到处理单元的所有输入信号的当前值和存储在处理单元局部内存中的值。在该定义中，他强调了人工神经网络的 4 个主要特点：① 并行、分布处理结构；② 一个处理单元的输出对应有多个输入；③ 输出信号可以是任意的数学模型；④ 处理单元完全可以并行操作。1988 年，D. E. Rumellhart、J. L. McClelland、G. E. Hinton把人工神经网络定义为具有如下 8 个特性的网络：

（1）一组处理单元；

（2）处理单元的激活状态；

（3）每个处理单元的输出函数；

（4）处理单元之间的连接模式；

（5）传递规则；

（6）把处理单元的输入及当前状态结合起来产生激活值的激活规则；

（7）通过经验修改连接强度的学习规则；

（8）系统运行的环境(样本集合)。

尽管这些定义不尽相同，但简单来说，人工神经网络就是以人工方法模拟人脑的信息处理机制与复杂功能的计算机器。人脑的信息处理机制与复杂功能是在漫长的进化过程中形成和完善的，虽然近年来在细胞和分子水平上关于脑结构和脑功能的研究已经有了长足的发展，但是到目前为止，人类对脑神经系统内如何利用电信号和化学信号来处理信息只有模糊的概念。因此，人工神经网络远不是人脑生物神经网络的真实写照，而只是对生物神经网络的一个极度简化、抽象与模拟的计算模型。尽管目前人类对大脑高级智能活动的机理和运作方法仍然处于一知半解的初期阶段，但这丝毫未影响科学家对重现人类智慧的渴望与热情。把分子和细胞技术所达到的微观层次与行为研究所达到的系统层次相结合，来形成对人脑神经网络的基本认识，在此基础上已经获得了上百种人工神经网络模型。它们不仅反映出人脑的许多基本特性，而且在模式识别、系统辨识、信号处理、自动控制、组合优化、预测预估、故障诊断、医学与经济学等领域已成功地解决了许多现代计算机难以解决的实际问题，表现出良好的智能特性和潜在的应用前景。

1.1.4 脑认知工程

目前，脑认知与计算神经科学的发展在很大程度上得益于 Sloan 和 Swartz 基金会的远见卓识和长期支持。在美国，当脑认知与计算神经在 20 世纪 90 年代初刚刚兴起时，Sloan 基金会就建立了 5 个 Sloan 理论神经生物学研究中心（分别在 Brandeis、Caltech、NYU、UCSF 和 Salk Institute）。Swartz 基金会扮演了类似的角色，建立了几个新的研究中心，目前全世界共有十多个 Sloan-Swartz 研究中心。各中心里有很多脑认知和计算神经领域的理论科学家，同时又有一定比例的实验科学家。从 2004 年开始，美国国立卫生研究院和国家科学基金会联合建立了“CRCNS(Collaborative Research in Computational Neuroscience)项目”，支持计算神经科学，以有计划地促进实验和理论科学家之间的协作。多年来，Sloan-Swartz 研究中心更是培训了大量的有物理学或其他计算科学领域背景的研究生和博士后，帮助他们成功地转入了计算神经科学领域。据 H. Cohen 博士介绍，103 名这样的受训者现在已经在美国和欧洲各国担任教职，很多 Sloan-Swartz 研究中心的学员又成了实验科学家，在脑认知的工程实现上作出了巨大的贡献。Sloan-Swartz 研究中心的运行模式在欧洲得到了成功的推广。德国神经科学家和物理学家建立了国家计算神经科学伯恩斯坦网络，他们说服了德国政府承诺出资 1 亿欧元支持 4 个研究中心（分别在 Munich、Berlin、Freiburg 和 Gottingen）以及一些小型的 Bernstein 小组（一些小组特别致力于脑认知与神经科学工程技术）。与 Sloan-Swartz 研究中心不同，一个 Bernstein 研究中心可以包括多个研究所。例如，Gottingen 的 Bernstein 研究中心是在 Gottingen 的 4 个研究所的合作机构，包括 Georg-August 大学、德国灵长类研究中心、Max Planck 动力学和自组织研究所以及 Max Planck 生物物理化学研究所。

随着微电子、通信、计算机、控制和图像处理等学科的突飞猛进，高性能的计算设备为脑认知的工程实现奠定了基础。由神经学家和机器人专家组成的国际研究小组认为研发一个具备智能性、灵活性和敏感性机器人的最好方法就是模拟人类的身体和大脑。在日本的理化所(RIKEN)，大脑建模是他们“下一代超级计算机研究与开发中心”的一个重要任务。在瑞士 EPFL、美国 IBM Almaden 研究中心以及加拿大 Rotman 研究所，正在发展几个“全脑模型模拟”方案。欧盟也有“虚拟（计算机模拟）的生理人”项目。2008 年 2 月，美国国家工程院发表了用工程方法重建人脑的重大挑战书，标志着作为开发下一代智能机器人平台的脑计算机仿真开始受到人们的广泛关注。IBM 和 DARPA（Defense Advanced Research Projects Agency）目前都积极地投入到这项研究中。欧盟也有“幼兽机器人”（RobotCub）大计划，以脑科学为基础发展智能机器人。在 2009 年举办的有关“幻想的计算机”的 Kavli 研讨会中，计算机学家、脑神经学家、物理学家们有一个共识：和计算神经科学的紧密合作能帮助人们为未来的机器人设计出创新型的结构。据英国《每日邮报》报道，瑞士洛桑综合理工学院电脑工程师亨利·马克拉姆(Henry Markram)教授在2009年夏季科技大会上宣称，他的团队将在2020年左右开发出世界上第一个具有意识和智能的人造大脑，即“IBM蓝脑”计划。数千万欧元正源源不断涌入马克拉姆设在瑞士洛桑综合理工学院脑智研究所(Brain Mind Institute)的实验室，资助者当中包括瑞士政府、欧盟和私人企业，如电脑巨头IBM公司。马克拉姆制造了一台机器，这台机器有一个直径约为2英尺(约合61厘米)的轮子，有12个极其微小的玻璃“辐条”对准中心，在这台机器上，马克拉姆利用比人头发还纤细的工具，将老鼠大脑切片。接着将它们的互连绘制出来，变成电脑代码。一个盛满污水的大桶放在这台高科技机器旁边，充斥着用过的老鼠大脑碎片。利用源自人脑组织切片的信息，模拟大约1万个神经细胞的工作机制，这相当于单个老鼠的“新皮层单元”(neocortical column)。新皮层单元是大脑的一部分，被认为是理性思维的中心，接下来再利用一台运算能力更突出的电脑全面复制老鼠大脑。迄今为止，马克拉姆的超级电脑(IBM“蓝色基因”)运转正常。蓝脑工程在“蓝色基因”构思的基础上，将结合超级计算机的高速度，来虚拟人类大脑认知、感觉、记忆等多种功能，现已经获得各种实验数据，涉及神经形态学、基因表达、离子通道、突触连接以及很多老鼠的电生理记录。

事实上，马克拉姆的团队并不是唯一试图开发人造大脑的研究组织，只不过马克拉姆可能在这个领域处于领先地位。在英国曼彻斯特大学，“大脑盒子”(Brainbox)计划也试图模仿人脑功能。参与该计划的科学家戴维·莱斯特博士说，他们实际上正在同马克拉姆的团队展开一场竞争，而且只能凭借聪明才智而非资金赢得最终的胜利。莱斯特说：“我们只有400万英镑的经费，相比之下，‘蓝脑’从瑞士政府和IBM获得了巨额资金，因此我们希望能尽量简化大脑的重要元素，由此大大降低复制它们所需的运算能力。”

另外，德国海德堡大学的物理学家卡尔海因茨·迈尔正在协调由欧盟支持的FACETS项目，该项目汇集了来自7个国家15个研究院所的科学家试图构建一台像大脑一样工作的神经计算机，但是它的规模要比人脑小得多。该工程分为几个阶段实现，“第一阶段”是在单个芯片上建立一个由300个神经元和50万个突触组成的网络。研究小组使用模拟电子器件来模拟神经元，利用数字电子器件来模拟它们之间的通信，在20 cm^2 的单硅片上建立了该网络，这种硅片通常用在批量生产芯片过程的切割和封装之前。此做法将有助于制成更紧凑的设备。因为神经元是非常小的，所以这个系统要比生物等效法快10万倍，比软件模拟快1000万倍。迈尔说：“我们可在1秒钟内完成1天的模拟量”。目前，研究小组正在构建“第二阶段”网络，新网络中包含了20万个神经元和5000万个突触。

科幻作品描述的那种栩栩如生的机器人给脑认知科学与工程技术的研究者带来了巨大的压力，好莱坞电影中出现的智能机器人的经典角色，如C-3PO和WALL-E更是让人们确信这样的类人机器人是真实存在的。2008年的屏幕上出现了两个可爱的机器人——有着楚楚可怜的大眼睛、声音天真无邪的 WALL-E 和他的女朋友，从功能上来看，WALL-E 有点像升级版的智能吸尘器，而他的女朋友则类似于反恐武器。他们和电影《星球大战》中多愁善感的礼仪机器人 C-3PO、R2-D2 一样，拥有忠诚、友谊、爱慕等感情，以及诸如神经质、面冷心善、“宅”等人性化的性格。影片《WALL-E》诞生的同一年，欧盟启动了一个研究项目，包括英国伦敦大学在内的欧洲 10 所大学的专家计划合作开发出世界上第一批有性格的机器人，旨在实现机器人与人类的长期交流与互动，就像人与人之间一样。但即便是更深层次地发掘人机交互，短期内技术只能停留于让机器人拥有一种类似人的性格上，通过设置某种特殊的电脑程序使机器人能学会主人的情感、喜好等，增进人类对机器人的信赖度。“Sensopac”计划是由欧洲资助的一项以研发具有类似人的身体和认知能力的机器人为目标的项目。欧盟的第六框架计划为该项目投资了 650 万欧元，据美国《科学日报》报道，经过两年半的研究，“Sensopac”计划的科学家已经研发出了一个有着类似人的手和手臂的新型机器人，而且更妙的地方在于，该机器人手臂由一个类似人类小脑的“电子脑”控制。这个新型机器人的出现使得科学家对类人机器人的研究更进了一步。该项目的合作者派屈克·范德斯马特(Patrick van der Smagt)说：“我们制成的机器人手臂能运行几个小时，也表现出了很高的任务精度。”所研制成功的机器人手在实际生产中可以帮助人类组装汽车或者电脑。不过，范德斯马特却认为它们还不够聪明灵活，因为它们不能够像真实的人类那样敏感。

2010 年 8 月，据英国《每日电讯报》报道，美国密歇根州立大学科学家利用计算机模拟的生命形式，使生命在电子世界里自我复制繁殖，并逐步进化到产生基本智能。这对未来在计算机里“孵化”人工智能的大脑带来了希望。阿维蒂恩斯，这个在被称为“阿维达”的计算机世界里生存的数字生物，由密歇根州立大学科学家制造运行。早期的实验给阿维蒂恩斯设计了一串细胞，并给它难度不同的食物以让它自生自灭。经过 100 代繁殖后，一个突变使得细胞串中的某个细胞有了一个能指导它得到更多食物的“基因”，并在食物丰富的地方产下一个新细胞。这个新细胞复制得更快，因而比其他细胞有更多的后代。经过数千代以后，阿维蒂恩斯进化出了更惊人的能力：初级记忆，向着食物源运动等。后期的实验给阿维蒂恩斯增加了新的困难，包含了许多复杂的任务与指令。为了搞清楚这些指令的含义，阿维蒂恩斯必须进化出更复杂的记忆，才能及时准确地完成任务。据美国物理学家组织网报道，2010 年 11 月德国科学家使用遗传软件算法和快速制造技术创造出了一种能自动生成的“遗传机器人”结构，并于 2010 年 12 月 1 日至 4 日在德国法兰克福欧洲国际模具展览会上进行了展示。这些机器人不仅能够按照指令准确地执行命令，而且还可以“进化”地学习到路面上出现的凹凸不平和水域等，利用遗传优化的思想在多种解决方案中选出最合适的方案。科学家希望这种自行演化机器人可以成为探索太空的利器，在各种险恶的地形、大气和辐射中智能地“生存”下来。在日本，这个全世界机器人工业最为发达的国家之一，于 2010 年 3 月诞生了黑发美女 HRP-4C，其面部的 8 个发动机赋予“她”愤怒、惊讶等表情，体内的 30 个发动机则能让“她”姿态诡异地走上几步台步。此前，汽车制造商本田公司已经研制出能够行走和讲话的机器人“阿西莫”，但相比 HRP-4C，“阿西莫”并不是人类的样子。2017 年 Boston Dynamics 公司对 Atlas 机器人进行了大规模升级，推出了一款名为 Handle 的双足机器人，Handle 结合轮式机器人和腿式机器人的优势，能够进行载重、下蹲和跨越障碍物等动作。在我国，“脑科学与认知科学”在《国家中长期科学和技术发展规划纲要》中也被列为八大科学前沿之一。脑认知工程的研究与发展，将会对社会发展有着重要且深远的影响。

1.2 人工神经网络的历史

1.2.1 第一次研究高潮

早在 20 世纪 40 年代，众多科学家就对大脑神经元进行了研究，其研究结果表明：当其处于兴奋状态时，输出侧的轴突就会发出脉冲信号，每个神经元的树状突起与来自其他神经元轴突的相互结合部(此结合部称为 Synapse，即突触)接收由轴突传来的信号。如果一神经元所接收到的信号的总和超过了它本身的“阈值”，则该神经元就会处于兴奋状态，并向它后续连接的神经元发出脉冲信号。

1943 年，根据这一研究结果，美国的心理学家 W. S. McCulloch 和数学家 W. A. Pitts 合作，从人脑信息处理的观点出发，采用数理模型的方法研究了脑细胞的动作、结构及其生物神经元的一些基本生理特性，在论文《神经活动中所蕴含思想的逻辑活动》中，提出了关于神经元工作的五个假设和一个非常简单的神经元模型，即 M-P 模型[1.46]。该模型将神经元当作一个功能逻辑器件来对待，当神经元处于兴奋状态时，其输出为 1；当神经元处于非兴奋状态时，其输出为 0。M-P 模型开创了神经网络模型的理论研究，同时，也是最终导致冯・诺依曼电子计算机诞生的重要因素之一。

1949 年，心理学家 D. O. Hebb 写了一本题为《行为的组织》的书，在这本书中他对大脑神经细胞、学习与条件反射作了大胆的假设，提出了神经元之间连接强度变化的规则，即后来所谓的 Hebb 学习规则[1.47]。他假设：大脑经常在突触上作微妙的变化，而突触联系强度可变是学习和记忆的基础，其强化过程导致了大脑自组织形成细胞集中几千个神经元的子结合，其中循环神经冲动会自我强化，并继续循环。他给出了突触调节模型，描述了分布记忆，它后来被称为关联(connectionist)。因此，Hebb 学习规则可以描述为：当神经元兴奋时，输入侧的突触结合强度由于受到刺激而得到增强，这就给神经网络带来了所谓的“可塑性”。由于这种模型是被动学习过程，并且只适用于正交矢量的情况，因此后面的研究者把突触的变化与突触前后电位相关联，在此基础上作了变形和扩充。Hebb 学习规则对神经网络的发展起到了重大的推动作用，被认为是用神经网络进行模式识别和记忆的基础，至今许多神经网络型机器的学习规则仍采用 Hebb 学习规则或其改进形式。Hebb 的工作也激发了许多学者从事这一领域的研究，从而为神经计算的出现打下了基础。Hebb 的学习规则理论还影响了正在 IBM 实习的研究生 J. McCarthy，他加入 IBM 的一个小组，探讨有关游戏的智能程序，后来他成为人工智能的主要创始人之一。人工智能的另一个主要创始人 M. L. Minsky 在 1954 年对神经系统如何能够学习进行了研究，并把这种想法写入他的博士论文中，后来他对 F. Rosenblatt 建立的感知器(perceptron)的学习模型作了深入分析。

20 世纪 50 年代初，神经网络理论具备了初步模拟实验的条件。1958 年，计算机科学家 F. Rosenblatt 等人首次把神经网络理论付诸工程实现，研制出了历史上第一个具有学习型神经网络特点的模式识别装置，即代号为 Mark I 的感知机(perceptron)[1.48]，它是由光接收单元组成的输入层、M-P 神经元组成的联合层和输出层构成的。输入层和联合层之间的结合可以不是全连接，而联合层与输出层神经元之间一般是全连接，用教师信号可以对感知机进行训练。在 Hebb 的学习规则中，只有加强突触结合强度这一功能，但在感知机中，除此之外还加入了当神经元发生错误的兴奋时，能接受教师信号的指导去减弱突触的结合强度这一功能。这一模型包含了一些现代神经计算机的基本原理，是神经网络方法和技术上的重大突破，它的提出是神经网络研究进入第二阶段的标志。

此外，N. Rochester、J Holland 与 IBM 公司的研究人员合作，通过网络的学习吸取经验来调节其连接强度，并以这种方式模拟 Hebb 的学习规则，在 IBM 701 计算机上运行取得了成功，最终出现了许多突现现象，甚至几乎具有了大脑的处理风格。但是，他们构造的最大规模的人工神经网络也只有 1000 个神经元，而每个神经元又只有 16 个结合点，规模继续增大时就受到了计算机计算能力的限制。

对于最简单的没有中间层的感知机模型，F. Rosenblatt 证明了一种学习算法的收敛性，这种学习算法通过迭代地改变连接权来使网络执行预期的计算。正是由于这一定理的存在，才使得感知机的理论具有实际的意义，激发了许多学者对神经网络研究的极大兴趣，并引发了 20 世纪 60 年代以感知机为代表的第一次人工神经网络研究发展的高潮。美国上百家有影响的实验室纷纷投入这个领域，军方也给予了巨额资金资助，将人工神经网络用于声呐波识别中以迅速确定敌方的潜水艇位置等。然而，遗憾的是，感知机只能对线性可分离的模式进行正确的分类。当输入模式是线性不可分离时，无论怎样调节突触的结合强度和阈值的大小也不可能对输入进行正确的分类。

以后，F. Rosenblatt 又提出了 4 层式感知机，即在它的两个联合层之间，通过提取相继输入的各模式之间的相关性来获得模式之间的依存性信息，这样做可使无教师(无监督)学习成为可能。M.Minsky 和 S.Papert 进一步发展了感知机的理论，他们把感知机定义为一种逻辑函数的学习机，即如果联合层的特征检出神经元具有某一种任意的预先给定的逻辑函数，则通过对特征检出神经元功能的研究就可以识别输入模式的几何学性质。此外，他们还把感知机看作并行计算理论中的一个例子，即联合层的每个神经元只对输入提示模式的某些限定部分加以计算，然后由输出神经元加以综合并输出最终结果。联合层各神经元的观察范围越窄，并行计算的效果就越好。M. Minsky 等人首先把联合层的各神经元对输入层的观察范围看作一个直径为有限大的圆，这与高等动物大脑中的视觉检出神经元在视网膜上只具有一个有限的视觉范围原理极为相似。但是，由于在如何规定直径的大小上没有明确的理论指导，因此只能作出“联合层的神经元对输入层上的观察点的个数取一个有限值”这样的规定。

为了研究感知机的本质，特别是神经计算的本质究竟是什么，M. Minsky 等人还对决定论中的一些代表性方法如向量法、最短距离法及统计论中的最优法、Bayes 定理、登山法、最速下降法等进行了比较研究，并以此来寻求它们的类同点和不同点。研究结果表明，有时即使是采用多层构造，也可能对识别的效果毫无帮助。对某些识别对象，虽然能分类识别，但却需要极大量的中间层神经元，以致失去了实际意义。当采用最速下降法时，若对象的“地形”很差，则有可能无法得到最佳值，即使能得到最佳值，也可能因为所需的学习时间太长或权系数的取值范围太宽而毫无实用价值。

F. Rosenblatt 和 B. Widrow 等人设计出了一种不同类型的具有学习能力的神经网络处理单元，即自适应线性元件 Adaline，后来发展为 Madaline，这是一种连续取值的线性网络，在控制和分类等自适应系统中应用广泛。它在结构上与感知机相似，但在学习规则上采用了最小二乘平均误差法。1960 年，B. Widrow 和他的学生 M. E. Hoff 为 Adaline 找出了一种有力的学习规则——LMS(Least Minimum Square)规则，这个规则至今仍被广泛应用[1.49]。后来，他又把这一方法用于自适应实时处理滤波器，并得到了进一步的发展。此外，B. Widrow 还建立了第一家神经计算机硬件公司，并在 20 世纪 60 年代中期实际生产了商用神经计算机，开发了神经计算机软件。

除 F. Rosenblatt 和 B. Widrow 外，在这个阶段还有许多人在神经计算的结构和实现思想方面作出了很大的贡献。例如，K. Steinbuch 研究了称为学习矩阵的一种二进制联想网络结构及其硬件实现。N. Nilsson 于 1965 年出版的《机器学习》一书对这一时期的活动作了总结[1.50]。此外，还有一些科学家采用其他数学模型，如用代数、矩阵等方法来研究神经网络。值得一提的是，1965 年我国中科院生物物理所提出用矩阵法描述一些神经网络模型，他们重点研究的是视觉系统信息传递过程、加工的机理以及在此基础上的有关数学人工神经网络模型。

与上述神经网络研究相平行的是在这一段时期内，脑的生理学方面的研究也在不断地发展。D. H. Huble 和 T. W. Wiesel 从 20 世纪 50 年代后半期开始对大脑视觉领域神经元的功能进行了一系列的研究。研究结果表明：视觉神经元在视网膜上具有称为“接收域(receptive field)”的接收范围这一事实。例如某些神经元只对特定角度的倾斜直线呈现兴奋状态，一旦直线的倾斜角度发生变化，兴奋也就停止，代之以别的神经元处于兴奋状态。

此外，还存在对黑白交界的轮廓线能作出反应的神经元、对以某种速度移动的直线发生兴奋的神经元和对双眼在一特定位置受到光刺激时才能发生兴奋的神经元等。这一系列脑功能研究领域中的开创性工作使他们在1981年获得了诺贝尔奖。此后的研究者又把研究范围扩大到侧头叶和头顶叶的神经元。当用猴子和猩猩做实验时，又发现了对扩大、旋转、特定的动作、手或脸等起反应的神经元。此外，在脑的局部功能学说中还认为幼儿具有认识自己祖母的所谓"祖母细胞(grandmother cell)"，尽管这一点还没有得到最后的证实，但从脑细胞分工相当细这一点来看还是有可能的。D. Marr在1969年提出了一个小脑功能及其学习规则的小脑感知机模型，这被认为是一个神经网络与神经生理学的事实相一致的著名例证。

1969年，M. Minsky和S. Papert所著的《感知机》一书出版[1,51]。该书对单层感知机的局限性进行了全面深入的分析，并且从数学上证明了感知机网络功能有限，不能实现一些基本的功能，甚至不能解决像"异或"这样的简单逻辑运算问题。同时，他们还发现有许多模式是不能用单层网络训练的，而多层网络是否可行还很值得怀疑。他的这一研究断定了关于感知机的研究不会再有什么大的成果。由于M. Minsky在人工智能领域中的巨大威望和学术影响，他在论著中做出的悲观结论给当时神经网络沿感知机方向的研究泼了一盆冷水，而使第一次神经网络的研究热潮逐渐地被冷却了下来。特别是在美国，神经网络信息处理的研究被蒙上了阴影，大多数人都转向符号推理人工智能技术的研究，在《感知机》一书出版后，美国联邦基金有15年之久没有资助神经网络方面的研究工作，苏联也取消了几项有前途的研究计划。

Minsky对感知机的评论在许多年后仍然影响着科学界，美国科学家J. C. Simon甚至在1984年出版的一本论著*Patterns and Operators: The Foundation of Data Representation*中还在判感知机死刑。更令人遗憾的是，Minsky和Papert没有看到日本科学家S. Amari在1967年对信任分配问题的数学求解这一重要成果，如果他们看到这一结果，写《感知机》一书时就会更加谨慎，也不会产生当时那种影响。后来，Minsky出席了1987年的首届国际人工神经网络大会，他发表演说：过去他对Rosenblatt提出的感知机模型下的结论太早又太死，在客观上阻碍了人工神经网络领域的发展。实际上，当前感知机网络仍然是一种重要的人工神经网络模型，对某些应用问题而言，这种网络不失为一种快速可靠的求解方法，同时它也是理解复杂人工神经网络模型的基础。

值得一提的是，即使在这个低潮期里，仍有一些研究者在坚持不懈地对神经网络进行认真、深入的研究，并逐渐积累和取得了许多有关的基本性质和知识等方面的成果。有些科学家在此期间还投入到这个领域，给人工神经网络领域带来了新的活力。如美国波士顿大学的S. Grossberg、芬兰赫尔辛基技术大学的T. Kohonen以及日本东京大学的甘利俊一等人。20世纪60年代中后期，S. Grossberg从信息处理的角度研究了思维和大脑结合的理论问题，运用数学方法研究了自组织性、自稳定性和自调节性，以及直接存取信息的有关模型，提出了内星(instar)和外星(outstar)规则，并建立了一种神经网络结构，即雪崩(avalanche)网。他提出的雪崩网可用于空间模式的学习、回忆以及时间模式的处理方面，如执行连续语音识别和控制机器人手臂的运动。他的这些成果对当时影响很大，他组建的自适应系统中心在许多学者的合作下取得了丰硕的成果，几乎涉及神经网络的各个领域。1976年，S. Grossberg发现视觉皮层的特性检测器对环境具有适应性，并随之变换。后来S. Grossberg还提出自适应共振(ART)理论，这是感知机较完善的模型，随后他与A. Carpenter一起研究ART网络，提出了两种结构即ART1和ART2，能够识别或分类任意多个复杂的二元输入图像，其学习过程有自组织和自稳定的特征，被认为是一种先进的学习模型。

另外，芬兰科学家T. Kohonen和J. Anderson研究了自联想记忆的机制[1.52]，1972年，T. Kohonen发表了关于相干矩阵容量的文章，提出了Kohonen网络[1.53]，相对非线性模型而言，它的分析要容易得多，但当时自组织网络的局部与全局稳定性问题还没有得到解决。1977年T. Kohonen出版了一本专著*Associative Memory—A System Theoretic Approach*，阐述了全息存储器与联想存储器的关系，详细讨论了矩阵联想存储器，这种存储都是线性的，并以互联想的方式工作，实现起来比较容易。此后他应用3000个阈器件构造神经网络，实现了二维网络的联想式学习功能。

东京大学的甘利俊一教授从1970年起就对人工神经网络的性质及其局限性作了许多理论研究，并取得了相当好的成果。他的研究成果发表在1978年出版的《神经网络的数学原理》一书中。此外，日本神经网络理论家S. Amari对神经网络的数学理论研究受到一些学者的关注，它注重生物神经网络的行为与严格的数学描述相结合，尤其是对信任分配问题的研究，得到许多重要结果[1.54-1.56]。1977年，S. Amari提出了模式联想器的模型，即“概念形成”网络(反馈网络)[1.54]。另外，D. J. Willshaw等人还提出了一种模型：存储输入信号和只给出部分输入，恢复较完整的信号，即全息音(holophone)模型，这为利用光学原理实现神经网络奠定了理论基础，为全息图与联想记忆关系的本质问题的研究开辟了一条新途径。N. J. Nilsson对多层机(即具有隐层的广义认知机)作了精辟论述，他认为网络计算过程实质上是一种坐标变换或是一种映射。他已对这类系统的结构和功能有了比较清楚的认识，但没有给出一种实用的学习算法。

日本的研究者中野于1969年提出了一种称为Associatron的联想记忆模型。在这种模型中，事物的记忆用神经网络中的神经元兴奋状态来表示，并对学习规则加以修正，使其具有强化的学习功能并可用于记忆。同年J. Anderson提出了与T. Kohonen相同的模型。1973年，V. D. Malsburg受20世纪70年代早期动物实验的启发，研究了一种连接权值能够修改并且能自组织的网络模型。1974年，P. J. Werbos首次提出多层感知机的后项传播算法[1.57]。同年R. B. Stein、D. Lenng、M. N. Mangeron提出了一种连续的神经元模型，采用泛函微分方程来描述各种普通类型的神经元的基本特征。1975年，W. A. Little和G. L. Shaw

提出了具有概率模型的神经元[1.58]。同年，S. C. Lee 和 E. T. Lee 提出了模糊的 M-P 模型[1.59]。1975 年，日本学者福岛邦房提出了一个称为"认知机"的自组织识别神经网络模型。这是一个多层构造的神经网络，后层的神经元与被叫作接收域的前层神经元群体相连接，并具有与 Hebb 规则相似的学习规则和侧抑制机能。此外，K. Fukushima 还提出了视觉图像识别的 Neocognitron 模型，后来他重新定义了 Neocognitron 模型。J. A. Feldmann、D. H. Ballard、D. E. Ru melhart 和 J. L. McClelland 等学者致力于连续机制和并行分布处理(PDP)的计算原则和算法研究，提出了许多重要的概念和模型。这些坚定的神经网络理论家坚持不懈的工作为神经网络研究的复兴开辟了道路，为掀起神经网络的第二次研究高潮作好了准备。

1.2.2 第二次研究高潮

有两个新概念对神经网络的复兴具有极其重大的意义。其一是：用统计机理解释某些类型的递归网络的操作，这类模型可作为线性联想器，物理学家 J. J. Hopfield 阐述了这些思想。其二是：在 20 世纪 80 年代，几个不同的研究者分别开发了用于训练多层感知机的反传算法，其中最有影响力的算法是由 D. Rumelhart 和 J. McClelland 提出的，该算法有力地回答了 Minsky 对人工神经网络的责难。20 世纪 80 年代人工神经网络的这次崛起，对认知、智力的本质的基础研究乃至计算机产业都产生了空前的刺激和极大的推动作用。

使用理想的神经元连接组成的人工神经网络具有联想存储功能，从 20 世纪 40 年代初就有学者在研究这种有意义的理论模型。值得一提的是，Hinton 和 Anderson 的著作 *Parallel Models of Associative Memory* 产生了一定的影响。在此基础上，1982 年，美国加州理工学院的生物物理学家 J. J. Hopfield 提出全互连型人工神经网络模型，详细阐述了它的特性，并对这种模型以电子电路来实现，称之为 Hopfield 网络[1.60, 1.61]。他认识到这种网络模型是将联想存储器问题归结为求一个评价函数极小值的问题，适合于递归过程求解，并引入 Lyapunov 函数进行分析。Hopfield 模型的原理是：只要由神经元兴奋的算法和神经元之间的结合强度所决定的人工神经网络的状态在适当给定的兴奋模式下尚未达到稳定，该状态就会一直变化下去，直到预先定义的一个必定减小的能量函数达到极小值时，状态才达到稳定而不再变化。如果把这个极小值所对应的模式作为记忆模式，那么在以后，当给这个系统一个适当的刺激模式时，它就能成为一种已经记忆了模式的联想记忆装置。以 Rumelhart 为首的并行分布处理(Parallel Distributed Processing，PDP)研究集团对连接机制(connectionist)进行了研究。此外，T. J. Sejnowski 等人还研究了人工神经网络语音信息处理装置。这些成功的研究对第二次神经网络研究高潮的形成起了决定性的作用。1982 年 Hopfield 向美国科学院提交了关于神经网络的报告，其主要内容是，建议收集和重视以前对神经网络所作的许多研究工作，他指出了各种模型的实用性，从此，人工神经网络的第二次高潮的序幕拉开了。

1985年，Hopfield和D. W. Tank利用所定义的计算能量函数，成功地求解了计算复杂度为NP完全型的旅行商问题(Travelling Salesman Problem，TSP)[1.26]。该问题就是在某个城市集合中找出一个最短的且经过每个城市各一次并回到出发城市的旅行推销路径。当考虑用Hopfield人工神经网络来求解时，首先需要构造一个包括距离变量在内的能量函数，并求其极小值。即在人工神经网络上输入适当的初始兴奋模式，求神经网络的结合强度。当能量变化并收束到最小值时，该神经网络的状态就是所希望的解，求解的结果通常是比较满意的。这项突破性进展标志着人工神经网络方面的研究进入了又一个崭新的阶段，这也是它蓬勃发展的一个阶段。

同一时期，D. Marr开辟了视觉和神经科学研究的新篇章，他的视觉计算理论对视觉信息加工的过程进行了全面、系统和深刻的描述，对计算理论、算法、神经实现机制及其硬件组成的各个层次作了阐述。1982年,D. Marr的著作*Vision*使许多学者受益，被认为是最具权威性和经典性的著作。在D. Marr的理论框架的启示下，Hopfield在1982年至1986年提出了神经网络集体运算功能的理论框架，随后，引起许多学者研究Hopfield网络的热潮，对它作改进、提高、补充、变形等，这些工作至今仍在进行，例如1986年Lee引入高阶突触连接，使这一网络的存储有了相当大的提高，并且收敛快，但随着阶数的增加，连接键的数目急剧增加，实现起来就越困难。A. S. Lapedes提出的主从网络是对它的发展，并充分利用了联想记忆及制约优化双重功能，还可推广到环境随时间变化的动态情况，但对于大规模问题，主网络的维数很高，也成为一个实际困难。一些研究者发现Hopfield网络中的平衡点位置未知，即使给出一具体平衡位置，用他的方法也不能确定其稳定性，只能得到极小值点满足的必要条件，而非充分条件。另外，针对Hopfield网络在求解TSP问题上存在的一些问题，有些学者也试图建立有实用稳定性和一定容错能力的改进模型。此外，T. Poggio等人以Marr视觉理论为基础，对视觉算法进行了研究，1984年和1985年他提出了初级视觉的正则化方法，使视觉计算的研究有了突破性进展。我国生物物理学家汪云九提出了视觉神经元的广义Gabor函数(EG)模型，以及有关立体视觉、纹理检测、运动方向检测、超视觉度现象的计算模型。汪云九等人还建立了初级视觉神经动力学框架，他们开辟了一条神经网络研究的新途径。

1982年，E. Oja使用正则化的广义Hebbian规则训练了一个单个的线性神经元[1.62]，它可以进行主分量分析，能够自适应地提取输入数据的第一个主特征向量，后来被发展为提取多个特征向量。自从Hopfield模型提出后，许多研究者力图扩展该模型，使之更接近人脑的功能特性。模拟退火的思想最早是由N. Metropolis等人在1953年提出的，即固体热平衡问题，通过模拟高温物体退火过程的方法，来找全局最优或近似全局最优，并给出了算法的接受准则，这是一种很有效的近似算法。实际上，它是基于Monte Carlo迭代法的一种启发式随机搜索算法。1983年，S. Kirkpatrick等人首先认识到模拟退火算法可应用于NP完全组合优化问题的求解。1983年，T. Sejnowski和G. Hinton提出了“隐单元”的概念，并且研制出了 Boltzmann 机[1.63]。该人工神经网络模型中使用了概率动作的神经元，把神经元的输出函数与统计力学中的玻尔兹曼分布联系起来。例如当人工神经网络中某个与温度对应的参数发生变化时，人工神经网络的兴奋模式也会像热运动那样发生变化。当温度逐渐下降时，由决定函数判断神经元是否处于兴奋状态。在从高温到低温的退火(annealing)中，能量并不会停留在局部极小值上，而是以最大的概率到达全局最小值。同年，K. Fukushima 和 S. Miyake 将人工神经网络应用到字符识别中，取得了一定成功。1984 年，Hinton 等人将 Boltzmann 机模型用于设计分类和学习算法方面，并多次表明多层网络是可训练的。Boltzmann 机是一种人工神经网络连接模型(即由有限个被称之为单元的神经元经一定强度的连接构成)，又是一种神经计算机模型。T. Sejnowski 于 1986 年对它进行了改进，提出了高阶 Boltzmann 机和快速退火等，这些成为随机人工神经网络的基本理论。

1985 年，W. O. Hillis 发表了称为联结机(connection)的超级并行计算机。他把 65 536 个 1 bit 的微处理机排列成立方体的互连形式，每个微处理机还带有 4 kbit 的存储器。这种联结机虽然与神经计算不同，但从高度并行这一点来看却是相似的，均突破了冯・诺依曼计算机的格局。1986 年，D. Rumelhart 和 J. McClelland 出版了具有轰动性的著作《并行分布处理——认知微结构的探索》，该书的问世宣告神经网络的研究进入了高潮，对人工神经网络的进展起了极大的推动作用。它展示了 PDP 研究集团的最高水平，包括了物理学、数学、分子生物学、神经科学、心理学和计算机科学等许多相关学科的著名学者从不同研究方向或领域取得的成果，他们建立了并行分布处理理论，主要致力于认知的微观研究。尤其是 Rumelhart 提出了多层网络 Back-Propagation 法(或称 Error Propagation 法)[1.64]，这就是后来著名的 BP 算法，受到许多学者的重视。BP 算法是一种能向着满足给定的输入输出关系方向进行自组织的神经网络。当输出层上的实际输出与给定的教师输入不一致时，用最速下降法修正各层之间的结合强度，直到最终满足给定的输入输出关系为止。由于误差传播的方向与信号传播的方向正好相反，故称为误差反向传播神经网络。与感知机相比，这就意味着可对联合层的特征检测神经元进行必要的训练，这正好克服了感知机在这一方面的缺点。

T. J. Sejnowski 和 C. R. Rcsenberg 用 BP 人工神经网络作了一个英语课文阅读学习机的实验。在这个名为 NetTalk 的系统中，由 203 个神经元组成的输入层把字母发音的时间序列巧妙地变换成空间序列模式，它的中间层(隐层)有 80 个神经元，输出层的 26 个神经元分别对应于不同的需要学习的发音记号，并输出连接到由发音记号构成的语音合成装置，构成了一台英语阅读机。实验结果有力地证明了 BP 神经网络具备很强的学习功能。各种非线性多层网和有效的学习算法的提出，ANN 在理论和应用两方面获得的新的成功，导致了它的全面复苏。这次高潮吸引了许多科学家来研究神经网络理论，优秀论著、重大成果如雨后春笋，新生长的应用领域受到工程技术人员的极大青睐。

1.2.3 最近 30 年的发展

1988 年，L. O. Chua 和 L. Yang 提出了细胞神经网络(CNN)模型[1.65]，它是一个大规模非线性计算机仿真系统，具有细胞自动机的动力学特征。它的出现对人工神经网络理论的发展产生了很大的影响。另外，B. Kosko 建立了双向联想存储模型(BAM)，它具有非监督学习能力，是一种实时学习和回忆模式，并建立了它的全局稳定性的动力学系统。1994 年，廖晓昕对细胞神经网络建立了新的数学理论与基础，取得了一系列成果，如耗散性、平衡位置的数目及表示、平衡态的全局稳定性、区域稳定性、周期解的存在性和吸引性等，使细胞神经网络领域取得了新的进展。

20 世纪 90 年代初，对神经网络的发展产生了很大影响的是诺贝尔奖获得者 G. M. Edelman 提出的 Darwinism 模型，其主要三种形式是 Darwinism Ⅰ、Ⅱ、Ⅲ。他建立了一种人工神经网络系统理论，例如，Darwinism Ⅲ的结构，其组成包括输入阵列、Darwin 网络和 Nallance 网络，并且这两个网络是并行的，而两个子网络中又包含了不同功能的一些子网络。

此外，H. C. H. Haken 在 1991 年出版了一本论著 *Synergetic and Cognition: A Top-Down Approach to Neural Nets*。他把协同学引入人工神经网络，他认为这是研究和设计人工神经网络的一种新颖方法。在理论框架中他强调整体性，认为认知过程是自发模式形成的，并断言：模式识别就是模式形成。他提出了一个猜测：感知发动机模式的形成问题可以绕开模式识别。他仍在摸索着如何才能使这种方法识别情节性景象和处理多意模式。

值得重视的是，吴佑寿等人提出了一种激励函数可调的神经网络模型，对神经网络理论的发展有重要意义。可以认为，先验知识不充分利用岂不可惜，但问题是先验知识有时不一定抓住了实质，存在一定局限性。因此，在设计激励函数可调网(TAF)时要谨慎。他们针对一个典型的模式分类难题，即双螺线问题来讨论 TAF 网络的设计、激励函数的推导及其网络训练等，其实验结果表明了这种网络方法的有效性和正确性，尤其是对一些可用数学描述的问题。另外，该模型对模式识别中的手写汉字识别问题研究有重要的理论和应用价值。把统计识别方法与多层感知机网络综合起来，郝红卫和戴汝为提出了一种网络集成法，对四个不同手写汉字分类器进行集成，这个方法有一定的推广性，对其他类似问题提供了一个范例。

1987 年，首届国际神经网络大会在圣地亚哥召开，国际神经网络联合会(INNS)成立。随后 INNS 创办了刊物 *Journal Neural Networks*，其他专业杂志如 *Neural Computation*、*IEEE Transactions on Neural Networks*、*International Journal of Neural Systems* 等也纷纷问世。人工神经网络理论经过半个多世纪的发展，人们看到它已经硕果累累。于是，美国国防部高级预研计划局(DARPA)组织了一批专家、教授进行调研，走访了三千多位有关研究者和著名学者，1988 年完成了一份长达三百多页的神经网络研究计划论证报告，并从

11月开始执行一项发展人工神经网络及其应用的八年计划，投资1亿美元。美国国家科学基金会(NSF)1987年拨10万美元，1989年NSF、ONR及AFOSR投资1千万美元，1990年又提出了神经网络的“风暴计划”，主要研究神经计算在军事领域的应用。

DARPA当时的看法是，人工神经网络是解决机器智能的唯一希望。世界上许多著名大学相继宣布成立神经计算研究所并制订有关教育计划，许多国家也陆续成立了人工神经网络学会，并定期召开了多种地区性、国际性会议，优秀论著、重大成果不断涌现。如1990年欧洲召开首届国际会议Parallel Problem Solving from Nature (PPSN)，1994年IEEE人工神经网络学会主持召开了第一届进化计算国际会议。同时神经网络的各种模型也得到了继续的发展，例如，1987年Carpenter和Grossberg又提出了基于ART理论的自组织人工神经网络模型[1.66]。1987年M. A. Sivilotti提出了人工神经网络的第一个VLSI实现。自从20世纪末以来，关于正则理论、调和分析和统计学习等理论也进一步推动了它的发展，产生了一系列新的神经网络模型，如1988年D. S. Broomhead和D. Lowe提出的径向基网络模型[1.67]、1992年Q. Zhang提出的子波神经网络[1.68]和1997年V. N. Vapnik提出的支撑矢量机[1.69]等。此外，还有其他一些人工神经网络模型也在各个领域得到成功的应用，如主分量分析(PCA)人工神经网络模型、独立分量分析(ICA)人工神经网络模型、概率人工神经网络(PNN)、混沌人工神经网络、泛函人工神经网络、脉冲耦合人工神经网络(PCNN)、高阶人工神经网络、模糊人工神经网络、进化人工神经网络、免疫人工神经网络(INN)等。图1-1给出了以人工神经网络为研究对象的神经计算学科的发展历程。

我国学术界大约在20世纪80年代中期开始关注人工神经网络领域，有一些科学家起到了先导的作用，如中科院生物物理所科学家汪云九、姚国正和齐翔林等。北京大学非线性研究中心在1988年发起举办了“Beijing International Workshop on Neural Networks: Learning and Recognition, a Modern Approach”。INNS秘书长Szu博士在会议期间作了人工神经网络一系列讲座。从这时起，我国有些数学家和计算机科学家开始对这一领域产生兴趣，开展了一定的研究工作。此外，我国系统科学家钱学森在20世纪80年代初倡导研究“思维科学”。1986年他主编的论文集《关于思维科学》出版[1.70]，书中有下列有关人工神经网络方面的论文：刘觐龙对“高维神经基础”的探讨；洪加威对“思维的一个确定型离散数学模型”的研究；陈霖“拓扑性质检测”的长文。这本书在国内学术界引起了极大反响。

1989年，我国召开了第一个非正式的人工神经网络会议。1990年，我国的八个学会联合在北京召开了人工神经网络首届学术大会，国内新闻媒体纷纷报道这一重大盛会，这是我国人工神经网络发展以及走向世界的良好开端。1991年，在南京召开了第二届中国神经网络学术大会，成立了中国神经网络学会。我国863高技术研究计划和“攀登”计划于1990年批准了人工神经网络多项课题，自然科学基金和国防科技预研基金也都把神经网络的研究列入选题指南。许多全国性学术年会和一些学术刊物把人工神经网络理论及应用方面的论文列为重点。这些毫无疑问为人工神经网络在我国发展创造了良好的条件，促使我们加快步伐缩短我国在这个领域的差距。INNS 开始重视我国，1992 年国际神经网络学会、IEEE 神经网络委员会主办的国际性学术会议 IJCNN 在北京召开。

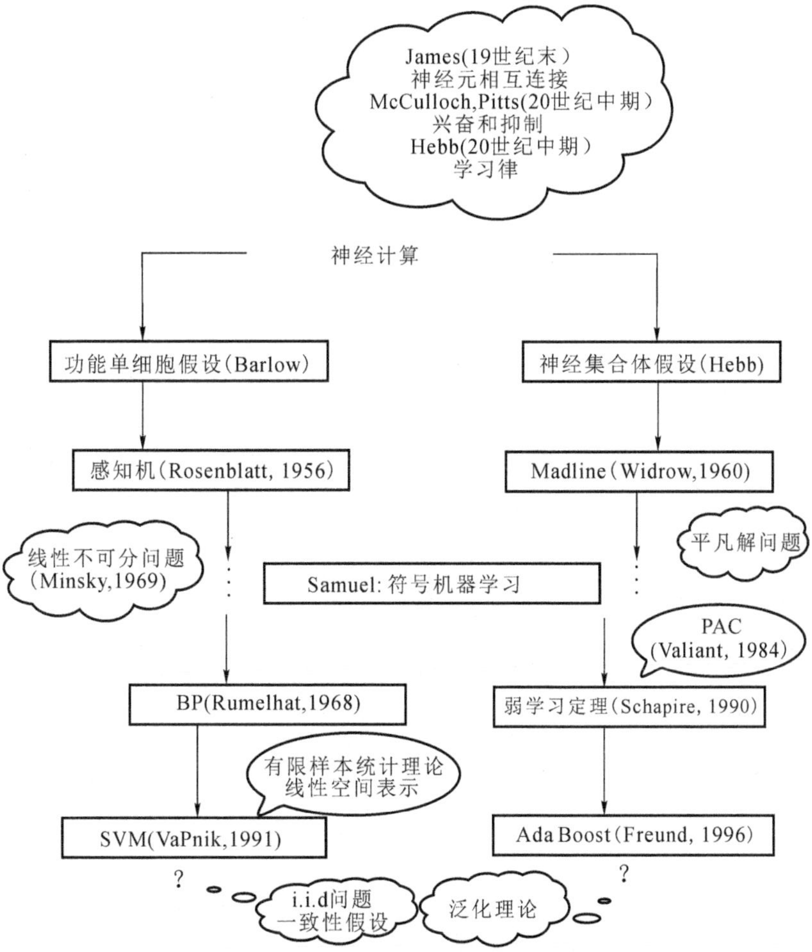

图 1-1　神经计算学科的发展历程

从上述各个阶段的发展轨迹来看，人工神经网络理论有更强的数学性质和生物学特征，尤其是神经科学、心理学和认知科学等方面提出的一些重大问题，是向人工神经网络理论研究的新挑战，因此也是它发展的最大机会。必须指出，人工神经网络的计算复杂性分析具有重要意义。有些学者产生了极大兴趣，如 1991 年，J. A. Hertz 探讨了神经计算理论。1992 年，M. Anthony 出版了 *Computational Learning Theory* 一书。1995 年，阎平凡讨论了人工神经网络的容量、推广能力、学习性及其计算复杂性。这方面的理论成果越多，对应用的促进就越大。

从 20 世纪 90 年代开始，人工神经网络理论研究变得更加外向，更加注重自身与科学技术之间的相互作用，不断产生具有重要意义的概念和方法，并成为良好的工具。目前，神经网络的理论与实践均有了引人注目的进展，例如，神经计算与进化计算相互渗透，再一次拓展了计算概念的内涵，推动计算理论向计算智能化方向发展[1.71]。P. R. Kampfner 和 M. Conrad 提出了人工神经网络的进化计算训练方法。在 2007 年由 IEEE Geoscience and Remote Sensing Data Fusion Technical Committee 组织的 GRSS 数据融合的竞赛上，对郊区地图上提取出的陆地图片进行融合分类，基于神经网络的方法在众多测试方法中获胜，在融合后的图像识别中得到最高的识别率。2005 年，我国复旦大学研制开发的基于 PCA 人工神经网络控制算法的越障机器人实现了独立行走。2006 年，Hinton 在《科学》上提出了一种面向复杂通用学习任务的深层神经网络，指出具有大量隐层的网络具有优异的特征学习能力，而网络的训练可以采用“逐层初始化”与“反向微调”技术解决。人类借助神经网络找到了处理“抽象概念”的方法，神经网络的研究又进入了一个崭新的时代，深度学习的概念开始被提出。继 Hinton 之后，纽约大学的 Y. Lecun、蒙特利尔大学的 Y. Bengio 和斯坦福大学的 A. Ng 等人分别在深度学习领域展开了研究，并提出了自编码器、深度置信网、卷积神经网络等深度模型，在多个领域得到了应用[1.29]，2009 年，李飞飞等人在 CVPR 2009 上发表了一篇名为 *ImageNet：A Large-Scale Hierarchical Image Database* 的论文，从而展开了历时 8 年的 ImageNet 大规模视觉识别挑战赛（ImageNet Large-Scale Visual Recognition Challenge，ILSVRC），该比赛的任务是对目标进行分类及检测，涌现出了很多经典的神经网络模型，如 AlexNet、ZFNet、OverFeat、Inception、GoogLeNet、VGG、ResNet 等。算法的改进、数据量的增长以及硬件性能的飞速提升，加速了深度学习的进程。2017 年，Hinton 提出了一种新的网络结构 Capsule，它是一组神经元，能针对某一给定区域目标输出一个向量，对物体出现的概率和位置进行描述，其激活向量通常是可解释的，并对旋转、平移等仿射变换具有很强的鲁棒性。近几年图神经网络（Graph Neural Networks，GNN）成为新研究热点之一，它能够很好地对非欧几里得数据进行建模，由于其较好的性能与可解释性，图神经网络广泛应用于知识图谱、推荐系统及生命科学等领域。国外研究者还利用人工神经网络开发出成熟的产品，用于手写体、印刷体、人脸识别、表情识别等领域。在军事国防方面，各种人工神经网络模型被用于雷达遥感、卫星遥感等领域的数据分析与处理。这些都标志着目前人工神经网络在各实践领域的成功应用。

另一方面，我们必须看到：现有的一些人工神经网络模型并没有攻克组合爆炸问题，只是把计算量转交给了学习算法来完成，具体地说，就是增加处理机数目一般不能明显地增加近似求解的规模。因此，尽管采用大规模并行处理机是神经网络计算的重要特征，但还应寻找其他有效方法，建立具有计算复杂性、网络容错性和鲁棒性的计算理论。正如 IEEE 神经网络委员会主办的国际性学术会议 IJCNN91 的大会主席 Rumelhart 所说：“目前，人工神经网络这门学科的理论和技术基础已达到了一定规模。”在神经网络新的发展阶段，需要不断完善和突破其基础理论，并产生新的概念、模型与方法，使其技术和应用得到更加有力的支持。

非线性问题的研究也是人工神经网络理论发展的一个最大动力，也是它面临的最大挑战。神经元、人工神经网络都有非线性、非局域性、非定常性、非凸性和混沌等特性，因此，在计算智能的层次上研究非线性动力系统并对人工神经网络进行数理研究，进一步研究自适应性和非线性的神经场的兴奋模式、神经集团的宏观力学等，是推动人工神经网络理论发展的一个方面。此外，人工神经网络与各种控制方法的有机结合具有很大发展前景，建模算法和控制系统的稳定性等研究仍为热点问题，而容忍控制、可塑性研究可能成为新的热点问题。另外，神经计算和进化计算也改变着人类的思维模式，开展进化并行算法的稳定性分析及误差估计方面的研究将会促进进化计算的发展，把学习性并行算法与计算复杂性联系起来，分析网络模型的计算复杂性以及正确性，从而确定出计算是否经济合理。最后，关注神经信息处理和脑能量两个方面以及它们的综合分析研究，吸收当代脑构象等各种新技术和新方法。

1.3 人工神经网络的实现

人工神经网络是一种通过对输入和输出之间的复杂关系进行建模，实现学习、联想、分类、归纳、特征提取和优化等功能的自适应信息处理系统。该系统可以对经验知识进行储存并且利用。它通过网络学习的过程来获取知识和信息，内部神经元相互连接的强度(即突触的权值)用来存储知识，与人脑信息处理的机制非常类似，在实现的过程中，需要借助人们对其功能以及结构等方面进行设计，因此，人工神经网络的实现是一个非常关键的问题。

人工神经网络的实现包括人工神经网络的软件模拟和硬件实现。

1.3.1 人工神经网络的软件模拟

目前人工神经网络的软件模拟已经在模式识别、信号处理、知识工程、专家系统、优化组合、机器人控制等各个领域得到广泛的应用。在 Microsoft SQL Server 2005 Analysis Services (SSAS) 中，就采用了人工神经网络算法，称为 Microsoft 人工神经网络算法。它通过构造多层感知器网络创建分类和回归挖掘模型。与 Microsoft 决策树算法相类似，当给定可预测属性的每个状态时，Microsoft 人工神经网络算法可以计算输入属性的每个可能状态的概率。之后，可以根据输入属性，使用这些概率预测被预测属性的结果。实际应用证明 Microsoft 人工神经网络算法对分析复杂输入数据(如来自制造或商业流程的数据)很有用；此外，对于那些提供了大量定型数据，但使用其他算法很难为其派生规则的业务问题，这种算法也很有用。

在神经网络的软件实现中，我们需要注意一些问题。首先是解释和编译，目前很多已经商业化的神经网络系统中使用的是解释器而不是编译器，这在超高速主机系统中是可以接受的，因为这些主机的CPU速度快，完全可以补偿超前解释的时间，尤其是在神经网络具有较少的运行节点和连接权值时更是如此。但是，如果主机是普通PC，这种方法基本上行不通，因为实时问题需要大量的节点和连接权。在大部分情况下，为了实现计算的精度，不得不把大量的注意力放在如何设计提高代码的实时效率，以及如何充分地利用PC上。为了解决这一问题，可以进行人工神经网络代码的编译。采用解释器的一个主要原因是为了充分利用它所提供的良好的调试和软件开发环境，例如Lisp和Basic语言。Lisp在人工智能领域中已比较完善，并且是用于神经网络软件实现中的一种重要的候选语言。然而Lisp通常运行于大型机或专用的Lisp机上，作为在PC上实现神经网络的语言来说，这种方式速度过慢并且通常会出现一些内存不足的情况。与之不同，编译器一般具有相当完善的集成开发环境，包括灵活多变的调试工具，基本替代了解释器过去所拥有的优点。

其次，在人工神经网络的商业化实现中，常需要根据市场的要求对代码进行再优化，我们可以通过优化一小段代码，使原来性能不能满足要求的系统在一定的时间内可以完成指定的工作。通过对编译器的优化，实现在代码段、寄存器分配以及循环等几个方面的优化，从而优化系统的运行和输出结果。此外，还可以通过实现机器代码和汇编语言代码，来优化其运行的速度。

再次，是内存的限制。人工神经网络运行所需用的内存容量取决于可执行代码的大小和网络的规模。在人工神经网络的训练当中，为了加快训练速度，输入样本最好一次性地由输入设备进入内存，此方法虽然速度较快，但是对内存的要求比较高。另外一种实现方式是当神经网络运行时，在输入样本时反复地从磁盘中读取相应的模式，此方法虽然实现的速度较慢，但是需要的内存较少。此外，浮点运算也是实现中需要考虑的一个重要问题。虽然在PC上运行整数型的人工神经网络计算会比浮点数的速度快得多，并且会节省内存空间，但是因为浮点数在表示的长度和精度上都具有一定的优势，所以我们仍然要选择浮点数表示方法。

最后，是人工神经网络的调试。人工神经网络的调试包括网络参数和结构的调试以及最终实现代码的调试。网络参数和结构调试的主要方法是根据网络的运行性能和设计经验对其进行改进。而代码的调试与一般程序的调试过程没什么本质区别，通常是利用编译器的调试工具检查和验证其运行的正确性。

以上网络的设计与网络的调试都是需要在建立模型的基础上进行的，而人工神经网络的一些开发环境往往会提供一个新的网络模型。人工神经网络的开发环境是调试网络模型非常有用的工具，可以大大缩短开发时间，提高工作效率。目前人工神经网络的开发主要有三种模式，分别是人工编码、算法库和生成网络模型。人工神经网络开发环境具有大多数个人计算机软件开发环境的特点，例如：编辑、编译、解释、链接、库函数、跟踪调试、扩展图表、数据库、图形、字处理、通信等。将这些工具应用于开发环境，神经网络软件开发就变得十分简单了。此外，人工神经网络开发环境还融入了人工智能、仿真和模型软件包的一些概念，具有模块系统提供语言和工具、动态描述、运行、数据提取、信号传送、结果分析、显示或图示结果等功能。理想的人工神经网络开发环境应具有使用简单、功能强大、有效性和可扩展性等关键特征。因此开发环境应具有描述和运行网络模型的良好的用户界面，使研究人员不必掌握操作系统或实现人工神经网络模型的计算机硬件知识就能进行网络模型的开发。开发环境应允许研究人员选择网络模型及其特性或定义新的网络模型及其特性，应能执行、监视、显示和控制神经网络的运行，并能将网络与其他处理功能连接。有效性是指神经网络开发环境要尽可能有效地使用计算机。可扩展性意味着能定义和建立新网络类型的网络原始结构，由于有时无法预见将来需要何种网络，因此必须提供处理这种不确定性的功能。可扩展性是人工智能语言的关键特征，人工神经网络中同样需要这一技术。

MATLAB 以其极高的编程效率，并集成科学计算、自动控制、信号处理、神经网络、图像处理等多功能的特点，在解决人工神经网络软件实现方面有较大的优势。特别是，MATLAB 提供了大量的工具箱(toolbox)，这些工具箱为不同领域的研究开发者提供了一条捷径。这些 MATLAB 的工具箱可以分为两类：功能型工具箱和领域型工具箱。功能型工具箱主要用来扩充 MATLAB 的符号计算功能、图形建模仿真功能、文字处理功能以及与硬件实时交互功能，可用于多种学科。领域型工具箱是专业性很强的工具箱，每个工具箱都有一门专业理论作为背景，神经网络工具箱即属于这类工具箱。人工神经网络工具箱将神经网络理论中所涉及的公式运算和操作全都编写成了 MATLAB 环境下的子程序，设计者只要根据自己的需要，通过直接调用函数名、输入变量、运行函数，便可立即得到结果，从而大大节省了设计人员的编程和调试时间。MATLAB 人工神经网络工具箱具有很强的专门知识要求，使用者必须首先掌握人工神经网络的原理和算法，然后才能够理解工具箱中每个函数的意义以及所要达到的目的和所要解决的问题，从而正确地使用工具箱很好地为自己服务。神经网络工具箱以人工神经网络理论为基础，可用 MATLAB 语言构造出典型神经网络的激活函数，使设计者对所选定网络输出的计算变成对激活函数的调用。另外，还可根据各种典型的学习规则和网络的训练过程，用 MATLAB 编写出各种网络权值训练的子程序。人工神经网络的设计可以根据需要调用工具箱中有关神经网络的设计与训练的程序，使自己从繁琐的编程中解脱出来，集中精力去思考问题和解决问题，从而提高效率和解题质量。人工神经网络工具相对各种网络模型集成了多种学习算法，为使用者提供了极大的方便。该工具箱丰富的函数使人工神经网络的初学者可以深刻理解各种算法的内容实质，而其强大的扩充功能更让研究人员工作起来游刃有余。此外，神经网络工具箱中还给出大量示例程序，为使用工具箱提供了生动实用的范例。

1.3.2 人工神经网络的硬件实现

从对人工神经网络进行理论探讨的角度出发，可以通过计算机仿真途径来模拟实现特定的人工神经网络算法。由软件实现的人工神经网络通常用来解决时间常数大于1 s的问题，而高速的实时处理系统，比如汽车引擎控制、高速的实时识别系统(如人脸识别、指纹识别)等，则要求使用专用的硬件系统。各种类型的神经网络可以用数字电路或模拟电路来实现。在构造人工神经网络的实际应用系统时，必然要研究和解决其硬件实现的问题，人工神经网络的硬件实现是神经网络研究的基本问题之一。人工神经网络专用硬件可提供高速度，并具有比通用串、并行机高得多的性能价格比，所以研究特定应用下的高性能专用人工神经网络硬件是人工神经网络研究的重要目标。

所谓人工神经网络的硬件实现，是指人工神经网络中的每一个神经元及每一连接都有与之相应的物理器件。首先，神经元的超大规模集成电路(VLSI)实现是基础性内容。由于人工模型神经网络是由大量神经胞体通过特定形式的加权网络连接组成的，因此可以认为人工神经网络由两种基元构成，即收集信号并完成非线性变换的神经胞体和完成各神经胞体间加权互连的突触。研究神经元的VLSI实现也就是要研究大量突触、神经胞体的VLSI集成以及突触和胞体间数据通信结构的实现。在此基础上，还要研究神经网络的VLSI实现。在单个芯片中集成多个神经胞体和大量的突触单元，并将它们按某种通信结构组成神经网络系统。基于各种神经网络模型的构造与实现，开展对于大规模多处理机并行的神经计算机体系结构的设计和实现的研究，已成为一个边缘技术领域。除了在现有的常规计算机上进行纯软件模拟，探讨能更好地支持人工神经网络实现的并行体系结构以外，借助VLSI技术制作神经网络协处理机和并行处理机阵列，无疑会大大推动人工神经网络的发展和应用。性能评价是人工神经网络硬件实现的重要研究内容。通过包含可实现模型的个数、物理处理单元的个数、容量和速度等一组指标，可衡量大规模神经网络实现的技术性能。

C. A. Mead是VLSI系统的创建者，他和M. A. Mahowald等人合作，研制出一种动物神经系统的电子电路模拟，称为硅神经系统[1.72]。例如，在一个方阵中含有几千个光敏单元的VLSI芯片，它是以人的视网膜中锥体细胞的方式来连接一块VLSI芯片。对此，他在1989年出版了专著*Analog VLSI and Neural System*。M.Muhlenbein提出了一种进化系统理论的形式模型。这是一种遗传神经网络模型，其基本思想来源于Waddington在1974年发表的论文，对基因型与表型关系进行了描述，Aleksander提出了概率逻辑基于Markov链理论，对其收敛性、结构以及记忆容量等进行了研究，为概率逻辑神经元网络的发展提供了新的方法和途径。

神经网络的VLSI实现方法可大致分为三类，即数字VLSI实现、模拟VLSI实现以及数模混合VLSI实现。数字VLSI实现方法是采用二进制数字电路作为基本运算模块和存储模块，它的优点是：技术成熟，测试方便，有大量的自动设计辅助工具，便于与新工艺接轨；连接权值存储简单、多样化，且连接权值学习方便；可以实现任意的精度；对噪声、窜扰、温度效应及电源波动具有较强抵御能力；扩展性好，多个芯片易于连接成更大规模的网络。它的缺点是：用于实现突触连接的数字乘法器占用芯片面积大，使大规模网络的单片集成实现很困难；大规模数字电路必须是同步的，而实际的人工神经网络是异步的；所有数值都要进行量化处理。而实际神经网络的状态和激励信号都是模拟值；速度比模拟VLSI电路低；单个信号值要用多个二进位表示，因而信号的通信机制复杂。模拟VLSI实现方法是采用模拟电子电路作为基本运算模块和存储模块，它的优点是：自动地具有异步特性和平滑的神经激励；功能模块(如乘法器)占用芯片面积少，因而具有更高的集成度；运算速度快，且模拟信号的传输速度也快；器件的非线性效应便于非线性函数的实现。它的缺点是：工艺复杂，特别是实现持久性权值存储及权值学习电路需要更复杂的工艺；精度低，抗干扰能力差；不同芯片中的电路参数差异可能较大，因而其扩展性差；只有有限的设计灵活性。由于目前已有数模兼容的VLSI工艺，可将数字电路和模拟电路集成在同一个芯片中，因此又出现了人工神经网络的数模混合VLSI实现方法，它试图利用数字和模拟电路两者的主要优点，例如权值的存储和调整采用成熟的数字技术，运算单元采用快速模拟电路，有时为了保证与外部数字系统的接口兼容性，芯片的输入、输出采用数字信号，在芯片内再变换为模拟信号进行处理，通过数/模、模/数变换器完成数据形式的转换。各个模块是选用数字电路还是模拟电路，要综合考虑系统的各项性能要求，如速度、精度、集成度、可实现性以及实际应用需要等。

2003年，F. Yang在嵌入式系统上数字实现了一个径向基函数(RBF)神经网络，能够实时地进行人脸跟踪和身份识别[1.73]。近几年来科技发达国家的许多公司对神经网络芯片、生物芯片情有独钟，例如Intel公司、IBM公司、AT&T公司和HNC公司等已取得了多项专利，已有产品进入市场，被国防、企业和科研部门采用，公众手中也拥有神经网络实用化的工具，其商业化令人鼓舞。此外，神经计算机、光学神经计算机和生物计算机等研制工作虽然艰巨，但也有巨大的潜力与机会。Hecht-Nielsen是一位地道的学者式企业家，对人工神经网络理论的应用及商业化作出了重要贡献，也是神经计算机最早的设计者之一。早在1979年，他就开始制订Motorola神经计算的研究与发展计划，在此基础上，1983年又进一步制订了TRW计划，构造了一种对传网络的多层模式识别人工神经网络，主要适用图像压缩和统计分析，他还成功设计了一种称为TRW MarkⅢ的神经计算机，1987年将它投入商业应用，并且设计了Grossberg式时空匹配滤波器。他在1988年证明了反向传播算法对于多种映射的收敛性。

国内在20世纪90年代就展开了这方面的研究。1995年，中国科学院院士王守觉研制出我国第一台小型人工神经网络计算机"预言神一号"。它的功能是高速模拟由256个人工神经元相互连接而成的人工神经网络，具有自学习和识别简单事物的功能。举例来说，如果我们把 7 件实物，如坦克模型、汽车模型等，以不同的姿态通过“预言神一号”的“眼睛”(摄像头)输入“预言神一号”，同时告诉它这些实物的名称，经过数秒钟学习过程以后，它就能正确地认识这些实物。在各种姿态下识别的正确率达到 96%。而要用普通的“电脑”来完成这一任务不仅需要专门编制一个相当复杂的程序而且难度是相当大的。之后王守觉又承担了“九五”科技攻关项目“半导体神经网络技术及其应用”，以及进行“预言神二号”的研制。

此外，人工神经网络还可以使用光学方法来实现。光学方法能充分发挥光学强大的互连能力和并行处理能力，提高人工神经网络实现的规模，从而加强网络的自适应功能和学习功能，因此引起不少学者重视。D. C. I. Wunsch 在 1990 年的 OSA 年会提出一种 Annual Meeting，用光电执行 ART[1.74]，它的主要计算强度由光学硬件组成，光电 ART 单元的基本构件为双透镜组光学相关器，并采用光空间调节器完成二值纯相位滤波和输入图像的二维 Fourier 变换，它的学习过程有自适应滤波和推理功能，可以把光学有机组合在其中，具有快速和稳定的学习特点，网络所需神经元数目大量减少，而且调节参数也减少很多。1995 年，B. K. Jenkins 等人研究了光学神经网络，建立了光学二维并行互连与电子学混合的光学神经网络系统，实现了光学神经元，它是解决相减和取阈问题的新动向。值得重视的是 20 世纪 90 年代初，A. D. McAulay、J. L. Jewel 等许多学者致力于电子俘获材料应用于光学神经网络的研究，在光存储等方面取得了一定的成果，受到人们的关注。阮昊等人采用 Cas (Eu、Sm)电子俘获材料实现了 IPA(Interpattern Association)和 Hopfield 等那些互连权重不变的人工神经网络模型。他们认为，采用这种方式还可实现如感知器等那些通过学习来改变互连权重的网络模型。这些，对光学神经网络的发展起到很大的推动作用。

随着近年来人工智能研究及其应用的浪潮兴起，各大科技巨头纷纷推出了自行研制的人工智能芯片，主要以 NVidia 的图形处理器(Graphics Processing Unit，GPU)、Google 的张量处理单元(Tensor Processing Unit，TPU)等为主。GPU 在 ImageNet 图像识别大赛及 AlphaGo 机器人研发中表现不俗，并且基于 GPU 涌现了大量的深度学习的框架，包括 Caffe、Theano、Torch 等。TPU 是一种专为机器学习设计的 ASIC 芯片，由于其执行每个操作所需的晶体管数量更少，因此效率更高，同时能够直接加速 TensorFlow 的运行。FPGA 可编程灵活性高、能够根据特定应用对硬件编程，解决了定制电路的不足等问题。

信息时代的到来，对信息的深度、广度和精确性的要求越来越高。人们已经越来越清楚地意识到大自然赋予人的能力不是无限的。信息量的呈指数增长，知识的迅速更新，人与人之间交流的日益频繁，使得人类适应社会发展光靠改善人类自身早已是力不从心。在信息时代，人类比任何时候都需要智能工具来辅助。智能系统的丰硕成果已经令人欣慰地展示了人类信息时代的美丽前景。虽然人工神经网络的研究涉及面之广(涉及数学、计算机、神经生理学、心理学、电子、控制……)、难度之大是别的技术无法比拟的，但人工神经网络系统的研究和探索，给人类渴望充分地延伸人类智慧的憧憬带来了希望的曙光。

1.4 人工神经网络的应用

人工神经网络作为一种人工智能技术，具有分布并行处理、非线性映射、自适应学习和鲁棒容错等特性，这使得它在模式识别、控制优化、智能信息处理以及故障诊断等方面都有广泛的应用，并且随着人工神经网络理论研究的深入和计算机技术的迅猛发展，其应用领域在不断扩大。例如电信业中的图像和数据压缩、自动信息服务、实时语言翻译、客户支付处理系统，银行业中的支票和其他公文阅读器、信贷申请的评估器，电子系统中的代码序列预测、集成电路芯片布局、过程控制、芯片故障分析、机器视觉、语音综合、非线性建模等，金融业的不动产评估、借贷咨询、抵押审查、公司证券分级、投资交易程序、公司财务分析、通货价格预测等，保险业中的政策应用评估、产品优化，制造业中的生产流程控制、过程和机器诊断、实时微粒识别、可视质量监督系统、啤酒检测、焊接质量分析、纸张质量预测、计算机芯片质量分析、磨床运转分析、化工产品设计分析、机器性能分析、项目投标、计划和管理、化工流程系统动态建模，医疗业中的乳房癌细胞分析、EEG 和 ECG 分析、修复设计、移植次数优化、医院费用节流、医院质量改进、急诊室检查建议等，证券业中的市场分析、自动证券分级、股票交易咨询系统等。此外，在石油和天然气勘探、语音识别、语音压缩、元音识别、文本到语音的综合、车辆调度、运送系统、轨道控制、铲车机器人、操作手控制器、视觉系统、动画、特技等方面也有成功的应用。

1.4.1 适合人工神经网络求解的问题特点

在实际应用人工神经网络时我们需要知道，在什么条件下或是在哪些模型下，我们需要使用以及能够使用人工神经网络。总的来说，人工神经网络可以解决三类问题。第一，人工神经网络可以为该问题提供一个唯一的可行解；第二，通过其他方法可以求出该问题的解，但是通过人工神经网络得到的解更简单或质量更高；第三，人工神经网络的解和其他解是等价的。

第一类问题的一个应用实例就是在脑电图中检测癫痫样的刺突。在临床医学中，从脑电图中检测癫痫样的刺突是个十分困难的问题，因为我们不清楚怎么定义这个噪声刺突，而且在没有定义出噪声刺突时，我们是发现不了刺突的。人工神经网络能够通过噪声刺突的训练来学习这些刺突的特点，而这些添加的噪声刺突可以通过一些人类专家进行选择。通过这样的方法，人工神经网络可以具有医学专家的经验和判断能力。第二类问题的一个应用实例是关于太阳耀斑的预测。为了预测太阳的活跃情况，有学者曾经开发出一种叫 THEO 的经典人工智能基于规则的程序，它能够模仿人类专家进行工作，从许多年的历史太阳耀斑数据中来预测之后的太阳耀斑数据。这个程序的开发耗时一年，从数据中推理得到了 700 条规则，从这 700 条规则里完成一次预报需要 5 分钟。但是，如果采用人工神经网络的方法，可以大大地简化该过程。有学者用相同的数据库建立了叫作 THEONET 的人工神经网络，训练数据与 THEO 相同。这次模型的设计只花了研究者一周的时间，不仅如此，该网络在预测上的性能明显地优于 THEO，而且只需要几毫秒就可以完成一次预报。

理想的人工神经网络应该只是在第一类和第二类问题中应用。按常理分析，当使用其他方法已经得到一个可行的并且有效的解时，我们就没有足够的理由再去用神经网络的方法来解决该问题了。但是为什么神经网络还在第三类问题中使用呢？其原因在于尽管有些时候人工神经网络得到的解与采用其他一些经典的方法得到的解差不多，但是人工神经网络的方法具有其自身的特点，那就是针对大量数据的并行计算、在线的自适应性以及容错性。换句话说，人工神经网络能够对具有如下几个特性的问题求出合适的解：非线性、高维度、需要处理含有噪声且复杂、不准确、不完全的数据，具有不易理解的物理和统计模型，以及没有明确指定的数学方法或算法。

由以上分析可以看出：最适合人工神经网络求解的问题的最大特点是没有准确的信息，并且没有合适的模型描述，但是具有足够的表示数据。大量的数据很大程度上依赖问题本身的信息，比如数据向量的维数。虽然现在的统计学习理论在网络的种类以及训练法则的前提下给出了一些关于人工神经网络学习所需要的数据量的理论上的分析，但是这些结论并没有明确地规定多少数据就是合适的。另外，人工神经网络在一些主要通过专家观点来理解噪声数据的情况下是比较有优势的。在我们需要从大量的数据中作出决策或提取知识的情况下，并且要对数据做复杂的非线性变换，从而实现通过优化方法快速有效地求出近似解时，使用神经网络是非常合适的解决方法。

1.4.2 人工神经网络的典型应用

在人工神经网络的应用过程中，人工神经网络的设计是必不可少的，并且是十分关键的。人工神经网络应用的规则和设计都是为了形成一个具有较好性能的系统，这就意味着涉及系统建模以及人类专家的经验，而且如果可能的话，一些传统的方法还有可能会被应用于设计中。一般地，人工神经网络核心部分的设计包括以下五个步骤的工作：

(1) 数据的收集；

(2) 数据的预处理；

(3) 待处理信息的特征提取；

(4) 人工神经网络类型和结构的选择；

(5) 人工神经网络的训练、测试和网络拓扑的验证。

首先，进行数据的收集。其次，对得到的数据进行预处理，滤除一些无助于人工神经网络解决问题的数据。再次，在得到数据之后进行预处理时，设计者可以通过其专业知识以及对问题的经验来选择合适的特征。我们选择特征是因为它们与我们所需的输出是密切相关的，这对于在数据处理过程中删除冗余或是无效的特征非常有用；而且通过分析，我们也能判断出哪些特征对数据是最为关键的。在有监督的人工神经网络的设计中，我们应当有一个训练、测试、验证的样本集，其中包括训练样本集(又称训练集)、测试样本集(又称测试集)和验证样本集(又称验证集)。训练集用于网络的训练，在训练进行中或是训练结束后，我们用测试集来检验我们训练的网络是否对其他的新数据具有适应性。最后，当训练和测试都完成后，验证集作为最后一个部分，来检验神经网络对问题求解的通用性、精度和适应性。通常地，在人工神经网络的设计中需要多次重复这个过程，以便训练网络能达到更好的性能。

在一个具体任务的实现系统中，人工神经网络的应用往往以子系统的形式在一个系统的一处或多处出现，而每个系统中的神经网络模型起着各种各样的作用，所完成的功能会有所不同，所以在系统的开发中，要求设计者具有更加开放的思维模式，尽量地去尝试多种不同的排列组合，从而使得系统的性能更加合理完善。一个有监督学习的人工神经网络模型的设计开发过程可以用图 1-2 所示的流程进行描述。总的设计工作包括三个任务：首先是系统需求分析；其次是数据准备，包括训练和测试数据的选择、数据特征化和预处理以及产生模式文件，在此过程中强调要求系统的最终用户参加，目的是保证训练数据和测试结果的有效性；最后是与计算机有关的任务，包括软件编程和系统调试等内容。

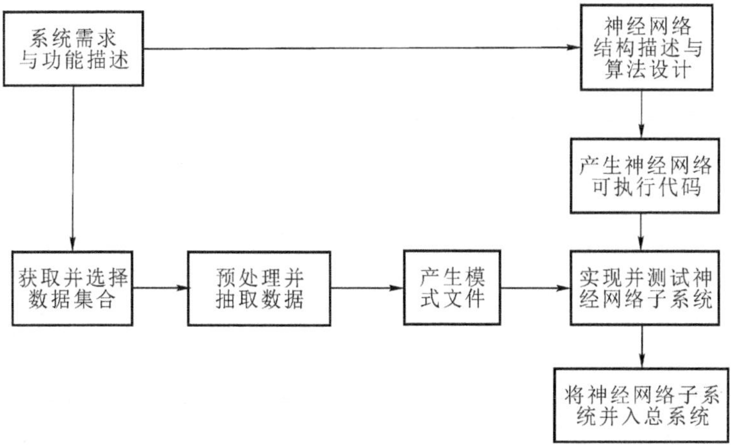

图 1-2　人工神经网络系统设计流程图

当我们分析人工神经网络的设计与应用潜力时，会发现人工神经网络仍然处在发展阶段。换句话说，它的应用还远远不止这些，在不久的将来，很多实际的系统都很有可能用神经网络来实现。而目前为止，人工神经网络在几个较大学科中都被应用于实际的工程中。1988 年，在 DARPA 的《神经网络研究报告》中列举了人工神经网络的应用，其中第一个应用就是 1984 年的自适应频道均衡器。这个设备在商业上取得了极大的成功，它用一个单神经元网络来稳定电话系统中长距离传输的声音信号，直到现在还常用在自适应信号处理系统中。DARPA 报告还列举了其他一些人工神经网络在商业领域中的应用，包括一个小规模的单词识别器、过程监测器、声呐分类器和一个风险分析系统。自 DARPA 报告问世以来，神经网络已被用于众多领域。现列举一些典型的应用。

1. 模式识别和图像处理

模式识别是将所研究样例的特征类属映射成"类别号"，以实现对客体特定类别的识别。人工神经网络系统由于本身具有自组织、自学习、自适应的特点，因此经过训练后可有效地提取信号、语音、图像、雷达、声呐等感知模式的特征，并能够解决现有启发式模式识别系统不能很好解决的不变量探测、自适应、抽象或概括等问题。从某种意义上说，网络本身的自学习就是实现模式变换与特征提取。因而，只要待识别的模式在所表示域里具有一定的差异，网络就可以通过自适应的学习，找到不同模式的特征信息进行识别。

这方面的主要应用有：图形、符号、印刷体、手写体、指纹、人脸及语音识别，雷达及声呐等目标识别和跟踪，人体病理分析、药物构效关系等化学模式信息辨识，机器人视觉、听觉，各种最近相邻模式聚类及识别分类，遥感、医药图像分析，计算机视觉、计算机输入装置等。此外，神经网络可应用于模式识别的各个环节，如特征提取、聚类分析、边缘检测、信号增强、噪声抑制、数据压缩以及各种变换、分类判决等。在图像处理中的应用包括图像复原、识别、压缩、纹理提取和边缘检测等。

2. 自动化控制和优化

人工神经网络的大部分模型是非线性动态系统，若将所计算问题的目标函数与网络某种能量函数对应起来，则网络动态能量函数朝极小值方向移动的过程可视为优化问题的求解过程，其稳态点就是优化问题的局部或全局最优动态过程解。这方面的主要应用有任务分配、货物调度、路径选择、组合编码、系统规划、交通管理等问题的最优化求解。

人工神经网络在诸如机器人自动控制、家电控制、汽车自动导航系统、超大规模集成电路布线设计、系统建模与辨识、PID 控制、预测控制等方面也得到了广泛的应用。典型的例子是 20 世纪 60 年代美国阿波罗登月计划中，Kilmer 和 Mcclloch 等人根据脊椎动物神经系统中网状结构的工作原理，提出了一个 KBM 模型，以使登月车在远距离复杂条件下具有一定的自制能力。此外，人工神经网络在航空航天领域也用于高性能飞行器自动驾驶仪、飞行路径模拟、飞机控制系统、自动驾驶优化器、飞行部件模拟、飞行器部件故障监测器等。

3. 信号处理

人工神经网络被广泛地应用于信号处理，如目标检测、杂波去噪声或畸变波形的恢复、雷达回波的多目标分类、运动目标的速度估计、多目标跟踪等。人工神经网络还可用于多探测器信号的融合，即对多个探测器收集到的信号进行处理，尽可能获取有关被测目标的完整信息。Mitch Eggers 和 Tim Kuon 利用人工神经网络检测空间中卫星飞行动作的状态是稳定、倾斜、旋转还是摇摆，正确率可达 95%。利用神经网络的信号复原和特征抽取能力，可以做各种信号与信息的滤波检测，特别是对非线性问题能很好地解决。另外，有许多文献报道了应用神经网络方法来进行信道均衡时都表现出了良好的性能，在盲信源分离方面也有不错的效果。在信号处理领域，神经网络主要应用于自适应信号处理（自适应滤波、时间序列预测、谱估计、消噪、检测、阵列处理）和非线性信号处理（非线性滤波、非线性预测、非线性谱估计、非线性编码、中值处理），典型的如自适应滤波、自适应盲均衡、自适应盲信源分离等。

4. 信息智能化处理

人工神经网络适宜处理具有残缺结构和含有错误成分的模式，能够在信息不确定、不完整、存在矛盾及假象等复杂环境中处理模式。网络所具有的自学能力将传统专家系统技术应用最为困难的知识获取工作转换为网络的变结构调节过程，从而大大方便了知识库中知识的记忆和提取，由此可以对一些复杂问题作出合理的判断决策，给出较满意的解答或者对未来作出有效的预测和估计。具体应用如股票市场预测、地震预报、有价证券管理、借贷风险分析、卡管理和交通管理等。

5. 通信和空间科学

人工神经网络具有的自适应性或自学习能力对各类信号的处理具有独特之处，主要应用为：自适应均衡、回波抵消、路由选择和 ATM 网络中呼叫接纳识别及控制、空间交会对接控制、导航智能信息管理、飞行器制导和飞行程序优化管理等。国外已经将神经网络用于非线性无记忆信道（如卫星通信信道等）的建模，分析和仿真结果明确表明其性能优于传统信道建模方法，远远超过常规线性判决反馈均衡器。另外，将非线性人工神经网络应用于射体轨道跟踪系统、图像复原、模式识别及模糊控制系统等，都能取得较优和独特的性能，甚至能解决常规信息处理方法所不能求解的问题。

6. 数据挖掘

数据挖掘，又译作数据开采或数据采掘。其前身是知识发现，属于机器学习的范畴，也是数据库发展和人工智能技术结合的产物。其主要问题包括：定性知识和定量知识的发现、数据汇总、知识发现方法、数据依赖关系的发现和分析、发现过程中知识的应用、集成的交互式的知识发现系统和知识发现的应用。数据挖掘在总体上具有预测和描述两大功能。前者是利用数据库中已知知识或专家知识建立识别模式，预测或查证未知同类型数据信息的知识表达，人工神经网络可以直接完成这一功能；后者是从存储的现实数据库的数据信息中发现并抽取未知的、有价值的理解模式，主要是知识发现过程，人工神经网络可以提供数值化描述模式或间接的可理解描述模式。目前，可以用在数据挖掘方面的神经网络算法是以 MP、BP 和 Hebb 学习规则为基础的。

1.5 人工神经网络与人工智能

当今世界“地球村”的所有居民正在遇到“信息爆炸”的严峻挑战，人类仅凭借自身的天赋器官——感觉器官、思维器官、效应器官及神经系统等已经不能适应认识世界、改造世界的需要了，因而就必须采用科学技术的手段极大地延伸和扩展人类的信息功能。纵观科学技术发展的历史可以发现，各个历史时期延伸人类器官功能的实际需要可能决定了那一时代科学技术发展的实际内容。从古至今，科学技术首先延伸了执行器官(手、脚)的功能，接着延伸了感觉器官和语言器官的功能，再延伸至神经系统和大脑的某些功能。显然，当前信息化时代背景要求下，对信息的处理依靠人类自身天然的器官是难以完成的，传统的科学技术也逐渐不能满足信息化的空前发展，因此，扩展智能成为信息时代新技术革命的重要目标。计算机专家、信息专家、信息学家、心理学家、生理学家几十年共同努力的研究成果表明，人工神经网络(Artificial Neural Network，ANN)和人工智能(Artificial Intelligence，AI)为人们解决智能问题带来了曙光。

人工智能主要研究如何用机器(计算机)来模仿和实现人类的智能行为。有人把人工智能同原子能技术、空间技术一起称为20世纪的三大尖端科技成就。人工智能致力于用计算机语言描述人的智能，并用计算机加以实现，是对人类智能的一种模拟和扩展，例如自然语言理解、专家问题解决、常识推理、视觉图像分析、行为计划和学习等。它是基于“物理符号系统假设”而构建的。符号处理方法主要是用计算机模拟人脑的思维功能，解决问题的关键在于知识的表示、获取、存储和使用。人工智能方法所建立的系统模拟大脑做什么，很少涉及大脑是如何做的。而人工神经网络是一个用大量的简单处理单元经广泛并行互连所构成的人工网络，它是对人脑系统的简化抽象和模拟，具有人脑功能的许多基本特征。它把注意力放在大脑是如何工作的，试图从脑的神经系统结构出发来研究脑的功能，研究大量简单的神经元的集团信息处理能力及其动态行为。

1.5.1 人工智能

人工智能是一个含义很广的词语，在其发展过程中，具有不同学科背景的人工智能学者对它有着不同的理解，提出了一些不同的观点，如符号主义观点、连接主义观点和行为主义观点等。这些不同观点将在后面专门讨论，这里主要考虑人工智能的定义。综合各种不同的人工智能观点，可以从“能力”和“学科”两个方面对人工智能进行定义。从能力的角度来看，人工智能是相对于人的自然智能而言的，所谓人工智能，是指用人工的方法在机器(计算机)上实现的智能；从学科的角度来看，人工智能是作为一个学科名称来使用的，所谓人工智能，是一门研究如何构造智能机器或智能系统，使它能模拟、延伸和扩展人类智能的学科。那么人工智能研究的目标是什么呢？根据人工智能的定义，人工智能指的是人们在计算机上对智能行为的研究，其中包括感知、推理、学习、规划、交流和在复杂环境中的行为。人工智能研究的目标有三部分：对智能行为有效解释的理论分析；解释人类智能；制造人工智能产品。要实现这些目标，需要同时开展对智能机理和智能实现技术的研究。即使对图灵所期望的那种智能机器，尽管他没有提到思维过程，但要真正实现这种智能机器，却同样离不开对智能机理的研究。因此，揭示人类智能的根本机理，用智能机器去模拟、延伸和扩展人类智能是人工智能研究的终极目标，或者称长期目标。在短时期内实现这一目标存在较大的难度，在这种情况下，我们可以指定人工智能研究的近期目标。人工智能研究的近期目标是研究如何使现有的计算机更聪明，即使它能够运用知识去处理问题，能够模拟人类的智能行为，如推理、思考、分析、决策、预测、理解、规划、设计和学习等。为了实现这一目标，人们需要根据现有计算机的特点，研究有关理论、方法和技术，建立相应的智能系统。实际上，人工智能的远期目标与近期目标是相互依存的。远期目标为近期目标指明了方向，而近期目标则为远期目标奠定了理论和技术基础。同时，近期目标和远期目标之间并无严格界限，近期目标会随人工智能研究的发展而变化，并最终达到远期目标。

作为一门内容丰富的边缘学科，人工智能不仅与自然科学有所关联，还与社会科学之间有着密切的联系。它是一门综合学科，涉及哲学、心理学、数学、计算机科学以及多种工程学方法，它将自然科学和社会科学各自的优势相结合起来，以思维与智能为核心，形成了一个研究的新体系。人工智能的应用非常广泛，主要领域包括专家系统、博弈、定理证明、自然语言理解、机器人学等。图 1－3 所示为人工智能研究与应用领域示意图。其中，专家系统是一种基于专家知识的系统，在设计程序时，设计者需要将相关知识编制到程序当中，然后用机器来模拟人类专家求解问题所涉及的各种问题和求解过程，其水平可以达到甚至超过人类专家的水平。专家系统是目前人工智能中最活跃、应用最成功的一个领域。

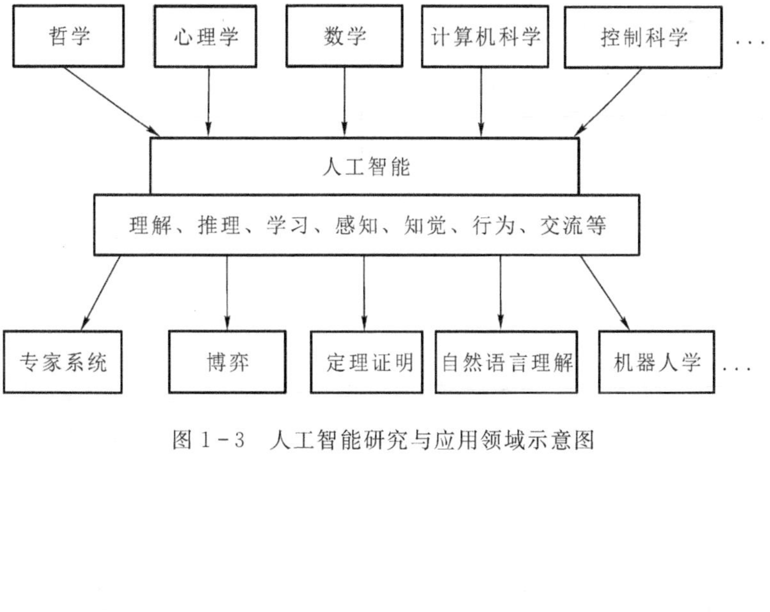

图 1－3　人工智能研究与应用领域示意图

例如，美国在 1982 年利用地质勘探专家系统 PROSECTOR 预测了华盛顿州的一个钼矿位置，随后的实际勘探充分证明了预测的准确性。目前专家系统已经成功地应用于数学、物理、化学、医学、地质、气象、农业、法律、教育、交通运输、军事、经济等几乎所有领域。自然语言理解也是人工智能应用较多的一个领域。自然语言理解包括文章中的句子、句子中单词的句法分析和语义解释，它的研究起源于机器翻译。句法分析是根据句子的文法对其进行分析，与编译的过程相类似。句法分析之后的语义解释是根据单词之间的相互关系确定句子的意义，并根据句子的其他信息确定文章的意思。一个能够理解自然语言并能用自然语言进行交流的机器人，由于它可以执行任何口头命令，因此具有广泛的应用价值。

人工智能这个术语自 1956 年提出，作为一个新兴的学科，随着人类其他领域知识的发展和科技水平的提高，如今得到了很大的发展与提高。大多数古典科学如数学、物理和生物等学科都具有以一个方向为中心的研究领域，如古典数学是以代数为研究中心的，古典物理学是以力学为研究中心的，而生物学是以植物学为研究中心的。与之不同，人工智能所涵盖的内容中很难简单地找出以一个方向为中心的研究领域，在它几十年的发展历程中，众多数学、计算机科学乃至哲学领域的研究者以不同的基础提出了各种方法，极大地丰富了人工智能学科的成果，为人工智能今天的发展作出了不可磨灭的贡献。附录中介绍了历史上著名的几位人工智能大师。

表 1-1 给出了人工智能发展的历史过程。

表 1-1　人工智能的发展过程

时间	研究者	神经网络模型
古希腊	Aristotle	三段论、演绎法
1620 年	F. Bacon	归纳法
1948 年	N. Wiener	控制论
1956 年	C. E. Shannon 和 McCarthy	提出描述心理活动的数学模型
1956 年	J. McCarthy 等	达特茅斯会议（人工智能的诞生）
1956 年	N. Chomsky	提出文法体系
1956 年	A. Newell 和 Simom	逻辑理论家程序
1958 年	O. Selfridge	模式识别系统程序
1958 年	MaCarthy	表处理语言 LISP
1960 年	Newll 和 Shaw	通用问题求解程序 GPS
1965 年	Robinson	提出归结法
1968 年	Feigenbaum	化学专家系统 DENDRAL
1971 年	T.Winnograd	SHRDLU 系统

续表

时间	研究者	神经网络模型
1972 年	A.Colmerauer	世界第一个 Proog 系统
1974 年	Minsky	框架理论
1975 年	E.H.Shortlife	在 MYCIN 中应用的确定性理论
1976 年	Duda	在 PROSPECTOR 中应用贝叶斯方法
1977 年	Feigenbaum	提出 KE 概念
1978 年	Rutger	专家系统 CASNET
1981 年	Japan	第五代电子计算机研制计划
1982 年	USA	利用 PROSECTOR 完成勘探
1985 年	Sejnowsk	基于神经网络的英语语音学习系统
1987 年	USA	第一次神经网络国际会议
1987 年	Lenat 和 Feiganbaum	在 IJCAI 会议上提出知识原则
1990 年以后	人工智能研究方向	分布式人工智能、Internet、数据库挖掘

1.5.2 人工神经网络与人工智能的区别

一个人工智能系统必须可以完成三种工作：储备知识，使用储备知识解决问题，以及通过经验获得新知识。一个人工智能系统有三个关键部分：表示、推理和学习。人工智能明确的符号使得它很适于人机交流。人工智能最基本的特征在于大量使用符号结构语言表达感兴趣的问题领域的一般知识和问题求解的特殊知识。这些符号通常以常见的形式用于公式中，使得使用者比较容易理解人工智能的符号表达式。人工智能中所提到的知识只不过是数据的另外一种名称，它可以是说明性的，也可以是程序的。在说明表示中，知识由一种静态的事实集合以及一小组操作这些事实的通用程序构成。在程序说明中，知识嵌入一种可执行代码中，由代码表示知识的结构。推理是解决问题的能力。一个可以被称为推理系统的系统必须具备如下三个条件：系统必须能够表示和解决广泛领域内的问题和问题类型；系统必须能够利用它所知道的明确的或隐含的信息；系统必须有一个控制机制，可以决定解决特定问题时使用哪些操作，什么时候已经获得问题的一个特定解，或者什么时候应该中止问题的进一步工作。现实中很多问题的可用知识是不完整和不准确的，这时使用概率推理程序，从而允许人工智能系统可以处理不确定信息。在简单机器学习模型中，环境向学习单元提供信息，学习单元利用这些信息来改进知识库，最后由性能单元使用知识库完成它的任务。

传统人工智能中，重点是建立符号的表示。从认知的观点看，人工智能假设存在心理表示，并且它是以符号表示的顺序处理的认知模型。而人工神经网络强调的重点是并行分布式处理，传统人工智能中信息处理的机制是串行的。并行性不仅是神经网络信息处理的本质，也是它们灵活性的来源。传统人工智能追求以思维的语言为模型，符号表示具有拟语言结构。经典的人工智能表示一般很复杂，它由简单符号以系统化方式建立。给定有限的符号集，有意义的新表示式可能由符号表达式的组合性以及语法结构和语义的类比构成。因此，在解释水平、处理风格和表示结构等方面，传统的人工智能与人工神经网络都有所不同。

首先，从基本的实现方式上，人工智能模型采用的是串行处理，即由程序实现控制的方式；而人工神经网络采用的则是并行处理，对样本数据进行多目标学习，通过人工神经元之间的相互作用实现控制。其次，在基本开发方法上，人工智能采用的是设计规则、框架和程序，然后用样本数据进行调试的方法，即由人根据已知的环境去构造一个模型；而人工神经网络采用的是定义人工神经网络的结构原型，通过样本数据，依据基本的学习算法完成学习，即自动从样本数据中抽取内涵，且自动适应应用环境的学习方式。再次，从适应领域上看，人工智能模型适合解决精确计算的问题，如符号处理、数值计算等；而人工神经网络适合解决非精确计算的问题，如模拟处理、感觉、大规模数据并行处理等。另外，从模拟对象上看，人工智能模型模拟的是人类左脑的逻辑思维，而人工神经网络模拟的是人类右脑的形象思维。最后，人工智能采用的是符号主义建模，即大多的人工智能模型通过符号的计算并且使用一些合成的语言来实现，例如 LISP(List Processing Language)或者 PROLOG(Programming in Logic)，事实上，它是在这些符号运算能够解释感知特性的功能而没有利用任何有关神经生物学方面的知识的前提下才成立的；人工神经网络采用的是亚符号建模，通过简单的类似神经元的处理单元，能够由组合完成一些更复杂的行为，实现更高级的感知功能。

1.5.3 人工神经网络与人工智能的互补性

人工神经网络的长处在于知识的快速获取。并行性、分布性和连接性的网络结构给人工神经网络的知识获取提供了一个良好的环境。非冯·诺依曼体系结构打破了狭窄通道的限制，使得高速运算和规模扩展的前景相当乐观。强大的学习能力是快速获取知识的重要保证。人工神经网络不是通过推理，而是通过例子学习来确定模型处理信息的，因此以快速获取知识为优势。这个优势类似于人的下意识过程，即无须做出精确的推理，大量信息在瞬间处理完毕并作出反应。这个优势极大地适应了信息时代信息处理的高速化要求。而对于人工智能来说，它的硬件支持还未脱离冯·诺依曼体系结构的计算机，它只能支持串行的处理方式。CPU 与存储器之间的狭窄通道限制了计算机的运算速度，决定了人工智能应用规模的局限性。人工智能在知识获取方面存在很大困难，机器学习能力相当低下，多个领域的专业之间的知识矛盾难以解决，尤其是联想记忆等功能难以解决。

人工智能系统的特色在于知识的逻辑推理。它以一套较完整的推理系统为核心，对知识进行组织、再生和利用。基于规则的推理思想是人工智能的本质特性，而人工神经网络最严重的问题是它没有能力解释自己的推理过程和推理依据，它对输出结果的产生就类似于人的直觉，不经过任何分析和演绎。因此，它不但不能向用户解释它的推论过程和推理依据，也不能向用户提出必要的询问。基于规则的人工智能专家系统在推理过程中遇到不充分信息时，可能会向用户索取相关的数据和信息，这种优势互补和潜能是人工神经网络专家系统无法弥补的。

人工神经网络的一个重要特点就是模拟大量神经元的并行结构，从而决定了它的高度容错能力。处理单元之间的巨量的连接关系使其具有恢复部分丧失信息的潜力。也就是说，人工神经网络系统容易从部分信息恢复出整体信息，从而具有极大的容错能力，这也是其适应当前信息化的一大特色。而人工智能系统是不可能具有这种能力的。这样，在信息的传递、重组中，信息的存储和维护就成了很重要的问题，一旦信息丧失，就很难恢复。

显然，人工智能和人工神经网络是一种互补的关系。人工神经网络的研究重点在于经形象思维、分布式记忆和自学习组织过程，模拟和实现人的认知过程中的感知过程；而人工智能是符号处理系统，侧重于模拟人的逻辑思维，符号处理的长处正好弥补了人工神经网络的不足。人工神经网络和人工智能相结合，会对人的认识过程有一个更全面的理解。

人工神经网络的知识处理模拟的是人的经验思维机制，人工智能的知识处理模拟的是人的逻辑思维机制。而人的创造性思维的模拟以逻辑思维、经验思维机制作为直接基础，它首先还是用经验思维和逻辑思维的手段来进行常规的分析和处理，是以对模式、逻辑规则的匹配为依据进行创造的。由此可见，把人工智能方法和人工神经网络加以科学的综合，完全可能产生更强有力的新一代智能系统，这种新的智能系统我们可以将其称为混合智能系统。关于混合智能系统目前已经有了不少工作，如混合符号连接系统，它利用了人工神经网络来完成较低水平的信息处理或是作为自适应的子系统。在混合智能系统的设计中，如何将人工智能与人工神经网络技术有效地结合起来是系统设计的一个难点。此外，更多的软计算规则，包括模糊系统、进化算法也可用来辅助实现混合智能系统的设计，而且已经用在很多重要的商业领域中。

1.6 人工神经网络的研究与进展

1.6.1 人工神经网络的研究内容

概括地说，人工神经网络的研究内容主要可分为以下三个方面：

(1) 大脑和神经系统的信息处理原理。生物体的大脑和神经系统是自然界中客观存在的东西，而人工神经网络是对大脑和生物系统的模拟。因此，真正搞清楚生物体信息处理的基本原理是神经网络研究中必不可少的基础。

（2）构造能实现信息处理的神经网络模型。人工神经网络模型是以人工神经元的数学模型为基础来描述的，是基于模仿大脑神经网络结构和功能而建立的一种信息系统，因此它的研究是神经网络研究中的重要内容。一般地，神经网络模型由网络拓扑、节点特点和学习规则来表示。到目前为止，已经发表了多达上百种的神经网络模型，它们具备不同的信息处理能力，典型的神经网络模型如表 1－2 所示。此外，随着神经计算理论发展的深入，还出现了一些新型的人工神经网络模型，如基于粗集理论的人工神经网络模型、基于进化理论和群集智能的人工神经网络模型、基于混沌理论的人工神经网络模型、基于免疫理论的人工神经网络模型、基于量子理论的人工神经网络模型等。

表 1－2　典型的神经网络模型

时间	研究者	神经网络模型
1943 年	McCulloch，Pittes	MP 模型
1944 年	Hebb	神经元学习规则
1957 年	Rosenblatt	感知器
1961 年	Steinbuch	学习矩阵
1962 年	Widrow	Adaline 模型
1968 年	Grossberg	大系统模型
1971 年	Amari	布尔网络理论
1972 年	Albus	雪崩网络理论
1972 年	Fukushima	视觉认知机
1972 年	Von den Malsburg	自组织原理
1972 年	Kohonen	联想记忆
1977 年	Hecht-Nielsen	自适应大系统
1978 年	Grossberg	自适应共振理论 ART
1980 年	Kohonen	自组织映射
1982 年	Hopfield	HNN
1985 年	Rumelhart	BP 网络
1985 年	Hinton	BM 机
1986 年	Nielson	对传网(Counter-Propagation)
1988 年	Chua 和 Yang	细胞神经网络(CNN)

续表

时间	研究者	神经网络模型
1989年	Moody	径向基函数网络(RBFNN)
1989年	Yamakawa	模糊神经网络(FNN)
1990年	Eckhorn	脉冲耦合神经网络(PCNN)
1990年	KAihara	混沌神经网络
1990年	Specht	概率神经网络(PNN)
1991年	Haken	协同神经网络(SNN)
1992年	Zhang	小波神经网络(WNN)
1995年	Vapnik	支撑矢量机网络(SVN)

(3) 设计开发神经计算机。人类看到鸟类在空中飞行而制造出了飞机，根据蝙蝠的飞行捕食而制造出了雷达。通过对大脑和神经系统的研究，我们知道了与现在计算机完全不同的并行分散信息处理系统是客观存在的。因此，证明了神经计算机也是可以制造出来的，尽管还有许多困难。至于是什么样的神经计算机，以及它的应用领域的开拓等，则需要靠我们充分发挥想象力了。

然而，大脑信息处理机制的研究、人工神经网络模型的研究和神经计算机的开发并不是一件容易的事，三个内容本身还具有相当广泛的研究内容。如上所述，由于神经网络是一门交叉学科，其研究涉及神经科学、认知科学、物理学、数学、计算机科学、人工智能、信息科学、微电子学和光学等众多的学科，所以需要各学科的大力协作。

我们研究人工神经网络理论主要面向以下两个问题：一是怎样利用神经生理学与认知科学的知识来研究人类的思维；二是怎样以神经学科理论的研究成果为基础，结合数学物理方法探索出功能更加完善、性能更加优越的新的神经网络模型理论。但我们真正遇到的难点，是有关神经网络实现的方面。尤其是硬件实现方面，比如高速的神经计算机、智能文字与语音的自动翻译机等人工智能机器。

近些年来神经网络出现了大量的模型，这也促成了神经网络与各个学科的交叉。其中形成了许多新的学科领域：

(1) 信息论学科。主要问题是在神经网络的联想存储方面，即怎样利用信息的综合分析理论来完成联想的过程。

(2) 思维与认知学科。学科的主要研究范围包括人类的抽象思维、形象思维、灵感思维和社会思维等，以及在这些思维过程中同时对于外界信息的感悟、知觉、推理、思考等一系列心理活动。如何将这些过程加入到人工神经网络模型的感知和学习过程中，是我们主要关注的问题。

(3) 神经生理学。研究者现在感兴趣的是如何充分利用人脑的神经模型来完善目前的人工神经系统。对人工神经网络模型来说，怎样通过神经生理学中的自组织原理将神经元群集成为组织严密的系统，是需要我们进一步研究的。

(4) 计算神经学。它将计算机科学和神经科学相结合，主要是针对神经学科范畴的概念，提出相应的计算方法，将抽象的问题具体为计算科学可以解决的问题。

(5) 数学和物理学科。在人工神经网络的学习与训练过程当中，广泛应用的方法是非动态特征方程迭代求解，在求解这类问题时，我们首先要了解问题的数理意义，因为这类知识为网络的训练与学习提供了理论上的基础。

虽然第一个人工神经网络模型提出已有50多年的历史了，但是人工神经网络应用热潮实际上是从20世纪80年代中后期才开始的。国际上以美国和日本为首，许多大学、研究所和企业都对人工神经网络和神经计算机的研究开发给予了高度的重视与支持。特别是美国军方，认为人工神经网络技术是比原子弹工程更重要的技术。美国国防部曾宣布执行一项总投资为4亿美元的八年计划，其主要研究目标为：连续语音信号识别、声呐信号识别、目标识别及跟踪等。日本通产省早在1988年也提出了人类尖端科学计划(Human Frontier Science Program)，即所谓的第六代计算机计划，研制能模拟人类智能行为的计算机系统。表1-3列举了美国、日本一些大学和研究所的神经网络研究状况。

表1-3 神经网络主要研究者及研究内容

大学	主要研究者	研究内容
加利福尼亚理工大学	Hopfield, Mead, Koch, Psaltis, Juletz, Bower, Fox	神经计算，神经系统的哲学理论
麻省理工学院	Poggio, Bizzi, Hildreth, Ullman, Jordan, Atkeson	连接机制的经典计算方法，认知科学研究
前加利福尼亚大学圣地亚哥分校	Norman, Zipser, Hecht-Nielsen, Sejnowski	PDP，连接机制，认知科学
布朗大学	Geman, Andenson, Cooper	数学上有趣的东西
卡内基梅隆大学	McClelland	PDP
麻省理工学院林肯研究所	Gold, Sage	以硬件为研究中心
AT&T 贝尔研究所	Tank, Hopfield, Jackel	广泛的研究项目
东京大学	甘利俊一	神经信息处理，信息几何学
东京电机大学	合原一幸	混沌神经网络
法政大学	永野俊	神经网络基础研究
大阪大学	福岛邦彦	认知机，新认知机模型
芬兰赫尔辛基大学	Kohonen	联想记忆

这些年来，我国的人工神经网络研究取得了不少成果，特别是1995年在中国科学院半导体所诞生了我国第一台采用数模结合型多元逻辑电路的神经计算机，并被命名为“预言神”号，为我国的神经计算机研究做出了开创性的工作。

关于神经网络的主要国际性杂志有：

(1) Neural Networks(国际神经网络协会会刊)；

(2) IEEE Transactions on Neural Networks(IEEE 神经网络期刊)；

(3) IEEE Transactions on Parallel Distributed System(IEEE 并行分布系统期刊)；

(4) Connections Science (关联科学杂志)；

(5) Neurocomputing(神经计算)；

(6) Neural Computation (神经计算)；

(7) International Journal of Neural Systems(国际神经系统期刊)。

1.6.2 人工神经网络的几个重要研究领域

在近几十年神经计算理论研究趋向的背景下，神经网络理论的几个主要前沿领域包括：

(1) 支撑矢量机(Support Vector Machine)网络的研究。支撑矢量机是 Vapnik 等人提出的一类新型统计学习方法。由于其出色的学习性能，该技术已成为近年来研究的一个热点，并在很多领域都得到了成功的应用，如人脸检测、手写体数字识别、文本自动分类等。

以 Vapnik 为代表的专家小组早在20世纪六七十年代就开始了统计学习理论的研究工作。与传统的统计学相比，统计学习理论是一种新的理论系统，此类系统是专门针对小样本的统计问题而设计的。这种理论下的规则兼顾了对渐近性能的要求以及有限信息下的最优解。在结构风险最小化逐渐成为热点的背景下，统计学习理论也广受关注。统计学习理论也是主要针对小样本统计估计和预测学习的最佳理论。统计学习理论从20世纪70年代到90年代之前都一直处在初级研究和理论准备阶段，直到90年代末才逐渐得到重视。而支撑矢量机作为一种有效的机器学习方法，在这期间被人们逐渐认识。其主要的原理是根据有限的样本信息，在模型的复杂性和学习能力之间寻求一个最佳的折中，从而使其具有推广能力。

由于支撑矢量机主要针对小样本情况，故受到广泛的认识和推广。首先，在坚实的数学和理论基础下，支撑矢量机可得到现有信息下的最优解而不仅仅是样本数趋于无穷大时的最优值。其次，支撑矢量机算法能够将求解问题转化为二次型寻优问题，从而达到全局最优，也就是说，可以避免如人工神经网络求解问题的局部最优问题。最后，支撑矢量机成功地避免了问题目标的维数，有效地减少了因维数引起的计算复杂度。支撑矢量机方法非常适合解决非线性问题。在解决相关问题时，我们选取不同的核函数，就可以实现很多现有学习算法。如径向基函数方法、多项式逼近、多层感知器网络等。近几年，支撑矢量方法广泛应用于语音的分类[1.75]、目标的检测[1.76]等问题中，而通过改进核函数或使用混合核函数将其同支撑矢量机结合的方法相比传统的人工神经网络在稳定性和精度上都有一定的优势[1.77]。

(2) 人工神经网络集成的研究。对人工神经网络集成实现方法的研究主要集中在两个方面，即怎样将多个人工神经网络的输出结论进行结合，以及如何生成集成中的各网络个体。集成的方法主要包括结论生成方法和个体生成方法，当神经网络集成用于分类器时，集成的输出通常由各网络的输出投票产生。

最简单的一种集成方式是通过训练将多个人工神经网络结合，并将其结果进行合成，从而加强人工神经网络系统的泛化能力。由于该方法易于使用且效果明显，因此它被视为一种非常有效的工程化神经计算方法。很多研究者都进行了这方面的研究，他们的主要研究内容是如何将神经网络集成技术应用于具体的领域。而从 20 世纪 90 年代中期开始，相关的研究人员就开始对人工神经网络集成的理论进行研究和探索，因为有大量的研究人员涌入这一领域，所以这一方向得到了极大的关注，其理论和应用的成果也不断涌现。近年来一些研究者结合贝叶斯、回归的方法以及利用径向基函数(RBF)思想提出了新的人工神经网络集成的模型[1.78]。经过不断地探索和研究，目前已将人工神经网络集成模型应用于雨量的预测以及非线性时间序列的估计[1.79]。

随着人工神经网络集成理论和应用的发展，其今后的研究方向主要会面向如何为人工神经网络集成建立一个理论框架，从而提高工作效率。因为目前的人工神经网络集成主要是针对样本的估计和目标的分类，因此在评价结果时，按照不同的评估方式就会有不同的解释。通过一个完整的理论框架，不仅可以为集成技术的理论研究提供便利，还能够促进应用的发展。

(3) 人工神经网络的并行、硬件实现。由于人工神经网络模拟的是人脑内部多个神经元并行互连的处理结构，因此，如果将人工神经网络模型变换为并行算法在并行机上求解，将更好地发挥人工神经网络的计算能力。另一方面，基于 VLSI 的人工神经网络硬件实现一直是神经计算研究的一个重要部分，目前甚至发展到了利用光学器件的实现。虽然人工神经网络的硬件实现遇到了许多困难，但是仍有相当多的研究机构和高等院校坚持不懈地做出努力，试图在这方面取得更大的进展。这其中包括如美国的 BELL 实验室、麻省理工学院、加州理工学院以及日本的富士通公司。

其中，硅半导体 VSLI 电路制作是研究的重点，这个过程需利用 CMOS 工艺、模拟与数字混合系统来实现。在这个领域中 C. A. Mead 教授较早开始并且取得了不错的研究进展，能够实现单片上集成数百个神经元的工艺，但是实际上与人工神经网络实际应用要求还有较大的距离。另一方面，为冯·诺依曼机接入加速板或采用某种并行处理的方法在人工神经网络研究中已经得到广泛应用。这些方法不但为研究工作提供了方便，而且有利于将各种算法更早地运用和实现。最近几年研究者使用 DSP 和 FPGA 实现了不同的人工神经网络模型，例如，径向基函数(RBF)人工神经网络[1.80]、一种环形人工神经网络[1.81]、随机人工神经网络[1.82]以及小脑模型人工神经网络[1.83]等。同时研究者利用硬件实现将人工神经网络应用于图像处理[1.84]、无监督聚类[1.85]、语音信号识别[1.86]等。2010 年 A. Dinu 等人提出了一种直接神经网络硬件实现算法[1.87]，大致思路是首先将人工神经网络数学模型数字化，然后将数字模型转化为逻辑门的实现，最后对硬件优化，删去一些多余的逻辑门。这种方法有效地将人工神经网络的设计软件同硬件结合起来，值得进一步的推广。

(4) 与符号学习相结合的混合学习方法的研究和与混沌(chaos)理论的结合。通过符号主义与连接主义的结合，可以在一定程度上模拟不同层次思维方式的协作，并能在不同学习机制之间取长补短。

人工神经网络与混沌理论的结合主要可以在以下两个方面实现：一方面是将混沌综合，即利用人工产生的混沌从混沌动力学系统中获得可能的功能，加入网络中，从而完善人工神经网络的联想记忆等；另一方面可将混沌分析加入到时间序列数据的非线性确定性预测中，其主要是通过由复杂的人工和自然系统中获得的混沌信号寻找隐藏的确定性规则。此外，还能利用混沌具体的理论作为问题优化的根据，利用混沌运动的随机性、遍历性和规律性寻找最优点，以调整系统的参数。混沌理论和神经网络的融合能使神经网络由最初的混沌状态逐渐退化到一般的人工神经网络，利用中间过程混沌状态的动力学特性使人工神经网络逃离局部极小点，从而保证全局最优。

(5) 对智能模拟问题的进一步研究。研究人类智力一直是科学发展中最有意义、也是空前困难的挑战性问题。人脑是我们所知道的唯一的智能系统，它具有感知、识别、学习、联想、记忆、推理等智能。进一步研究调节多层感知器的算法，使建立的模型和学习算法成为适应性人工神经网络的有力工具，构建多层感知器与自组织特征图级联想的复合网络，是增强网络解决实际问题能力的一个有效途径。另外，对于连接的可编程性问题和通用性问题的研究，也将促进智能科学的发展。其中一个实际应用就是关于智能机器人的模拟。

实现移动机器人的判断、执行等动作都需要建立在对环境认知的基础上。移动机器人对未知环境的认知即是要选择合适的模型对未知环境进行抽象表达，建立未知环境下移动机器人的知识表达体系，并在此基础上形成行为控制和智能推理方法，实现完整的知识表达、学习、推理、决策、控制过程。这其中对未知环境的知识表达体系的建立是基础，学习、推理和决策等均取决于最初的知识表达的形式，一个良好的知识表达体系将在其后的学习、控制等方面展现优势。对未知环境的知识表达即是要描述未知环境的结构以及一切可用于移动机器人执行的任务。在驱动和控制领域，将人工神经网络和智能控制相结合，利用其复杂、多准则的特点，势必可以掀起一股热潮[1.88]。

随着机器人技术的发展，智能化已成为了不可避免的趋势。2009 年 Harb 等人提出了利用人工神经网络结合模糊逻辑完成对机器人运动速度的控制[1.89]，而其中人工神经网络的作用就是为其估计周围的环境情况。2010 年 Reznik 提出了一种全新的认知传感网络[1.90]，其核心是分布式的人工神经网络，目前可以将其应用到信号的变化检测当中。目前大部分机器人都需要工作在其完全未知的环境中，所以说对人类认知过程的有效模拟是实现机器智能的重要环节。对未知环境的知识表达是实现智能机器学习、推理、决策和控制流程的基础。由于智能机器在未知环境中获得的信息具有不确定性和不完备性，因此不能用确定性的知识来达到有效的知识描述的要求。近年来的研究表明，实现人类智能或生物智能针对不确定、不完备信息的知识表达方法，是智能机器人对未知环境的认知方法研究的发展方向。

(6) 神经计算和进化计算的结合。尽管采用大规模并行处理机是神经网络计算的重要特征，但我们还应寻找其他有效方法，建立具有计算复杂性、网络容错性和坚韧性的计算理论。计算和算法是人类自古以来十分重视的研究领域，如何把学习性并行算法与计算复杂性联系起来，分析这些网络模型的计算复杂性以及正确性，从而确定计算是否经济合理，是需要关注的一个重要问题。离散符号计算、神经计算和进化计算相互促进和最终统一是无法回避的一个问题。

进化计算是一种基于群体的全局随机优化算法，主要有三种算法，即遗传算法、进化规划和进化策略。这三种算法虽然在细节上不尽相同，但是都借鉴了生物进化和自然遗传的基本思想"适者生存"，即通过群体中个体间相互竞争和信息的交换进化出新的适应度高的子代。进化计算采用随机变换规则，以目标函数的值为信息指导进化搜索。与传统的优化算法相比，进化计算具有极强的"鲁棒性"，特别适合处理大规模、复杂、多态、非可微的问题，尤其是梯度信息、难以获取以及优化目标函数难以定义的优化问题。

将进化计算与神经网络相结合以解决神经网络设计和实现中存在的问题已受到广泛重视。结合的基本方式是将神经网络的连接权重初始化，并将训练、网络结构设计、学习规则调整等网络实现问题视为某一具体的优化问题，利用进化计算完成对其的优化。这种结合不仅使人工神经网络同时具备了学习和进化性能，表现出更强的智能[1.91]，而且可以解决神经网络设计和实现中存在的一些问题，使人工神经网络具有更优的性能。

目前，基于进化计算的人工神经网络设计和实现已成为人工神经网络领域一个重要的研究和发展方向，国内外学者在这方面已做了大量工作，例如在医学方面对一些疾病的诊断，尤其是对癌症的诊断准确率可达97%左右[1.92]。但从总体上看，目前的理论方法还有待于完善规范，对应用的研究还有待于加强提高。目前的研究大都是针对具体事例，还没有形成一个适用性较强的体系；而对于进化算法本身(如编码方式、遗传算子、收敛性和种群多样性等)来说，当问题的规模较大时，计算量会较大，所以在进化进程这方面仍需要进一步提高，尤其值得关注的是并行的计算方法的引进。作为一个较为复杂的问题，人工神经网络与进化算法等其他方式相结合的问题还需要进一步深入的探究。

(7) 基于粗糙集理论的人工神经网络的研究。粗糙集(rough sets)理论是一个分析数据的数学理论，研究不完整数据及不精确知识的表达、学习、归纳等方法。粗糙集理论擅长模拟人类的抽象逻辑思维，而人工神经网络方法善于模拟形象直觉思维，因此将两者结合起来，用粗糙集方法先对信息进行预处理，即把粗糙集网络作为前置系统，再根据粗糙集方法预处理后的信息结构，构成人工神经网络信息处理系统。通过二者的结合，不但可减少信息表达的属性数量，减小神经网络构成系统的复杂性，而且具有较强的容错及抗干扰能力，为处理不确定、不完整信息提供了一条强有力的途径。

人工神经网络广泛应用于数据挖掘和分类，但其应用的效果在很大程度上受到了“黑箱特性”的影响。因此如何减少人工神经网络的黑箱特性并从中提取语义规则便成为人们关心的问题。在研究该问题的过程中，一些学者将粗糙集理论同人工神经网络相结合，有了一定成果。

为了减少人工神经网络的黑箱特性，近年来学者们在相关的计算领域开展了大量研究。与传统的模糊集相比，粗糙集具有客观准确的特点。因此许多学者将模糊集引入神经网络的研究中，粗糙集理论给出了论域中某子集的上下近似集，并通过粗糙隶属函数给出了某个体属于各个子集的可能性。然而，粗糙隶属函数的值会因不分明关系的不同而不同，所以并未给出样本点具体属于哪个区间的精确概率描述。为解决这一问题，一种可行的方法是找出所有不分明关系。通过综合各相关信息，来对粗糙隶属函数的值进行修正。人工神经网络的工作原理是通过不断修正网络参数来对真值进行逼近。所以，可利用粗糙集的相关概念来指导人工神经网络的构造，并通过人工神经网络来对粗糙隶属函数值进行修正。

(8) 人工神经网络与分形理论的结合。基于分形几何学(fractal geometry)的分形理论被誉为开创了20世纪数学的重要阶段。用分形理论来解释自然界中那些不规则、不稳定和具有高度复杂结构的现象，可以收到显著的效果，而将神经网络与分形理论相结合，充分利用神经网络的非线性映射、计算能力、自适应等优点，可以取得更好的效果。

分形在许多学科中迅速发展，已经成为一门描述自然界中许多不规则事物规律性的学科，其在生物学、地球地理学、天文学、计算机图形学等各个领域已经得到了广泛应用。

分形人工神经网络可以应用于图像识别、图像编码、图像压缩，以及机械设备系统的故障诊断等领域。虽然分形图像压缩/解压缩方法具有高压缩率和低遗失率的优点，但是其运算能力不强，而神经网络具有并行运算的特点，所以可以将两者结合，应用于图像的分割[1.93]，主要是利用分形学的知识对自然图像提取特征，准确率可以达到98%。另一方面是信号的识别[1.94]，尤其是针对一些由非线性系统产生的信号，其具有很大的发展空间。目前分形人工神经网络已经有了许多应用，但是在分形维数的物理意义、分形的计算机仿真和实际应用研究方面还存在一定的问题，有待进一步研究。总的来说，随着研究的不断深入，分形人工神经网络必将得到不断的完善，并取得更好的应用效果。

通过之前的讨论和介绍，我们知道人工神经网络具有独特的结构和处理信息的方法[1.95-1.99]，所以在许多实际应用领域中取得了显著的成效，例如自动控制、模式识别、图像处理、智能信息处理、机器人控制、信号处理、卫生医疗、经济、化工、地理、数据挖掘、电力系统、交通、军事、矿业、农业和气象等领域。

虽然人工神经网络在很多领域已得到很好的应用，但其需要研究的方面还很多。我们知道人工神经网络具有分布存储、并行处理、自学习、自组织以及非线性映射等优点，因此怎样将人工神经网络的这些优点与其他技术结合以及由此得到混合方法和混合系统，已经成为一大研究热点。通过将人工神经网络和这些方法相结合，取长补短，继而可以获得更好的应用效果。

经过近半个多世纪的发展，人工神经网络理论在模式识别、自动控制、信号处理、辅助决策、人工智能等众多研究领域取得了一定的成功。随着人工智能技术的发展，人工神经网络与模糊逻辑、专家系统、进化算法、小波分析、混沌理论、粗糙集理论、分形学、灰色系统等技术的融合已经成为智能技术的一个重要发展趋势，有着很好的发展前景。

人工神经网络虽然已在许多领域都取得了成功并且得到了广泛的应用，并随着深度学习的发展一路高歌猛进[1.100—1.109]，但其发展仍不十分成熟，还有一些主要问题有待解决。其中最重要的是需要完善一个基本支持的理论框架和适用性较强的模型，比如神经计算的基础理论框架的研究仍需深入，对一些新的模型和结构的研究以及如何将人工神经网络技术与其他技术更好地结合等。今后在研究中应注意在能够充分利用神经网络优点的基础上，关注其他各个领域的新方法、新技术，发现它们之间的结合点，取长补短，并进行有效的融合，从而获得比单一方法更好的效果。除此之外，还应当继续加强神经网络基础理论方面的研究和在实际应用方面结合各个学科已有的方法的研究。

随着各学科知识的不断完善以及科技水平的不断发展，在21世纪的今天，我们相信神经网络与其他理论相结合在将来会在工程应用中进一步发挥越来越大的作用，应用领域会越来越广，应用水平会越来越高。

1.6.3 人工神经网络的优势与不足

人工神经网络的优点如下：

（1）大规模的并行处理和分布式的信息存储。由于在构成网络的输入层、隐层和输出层中，同一层处理单元上层是完全并行的，只有各层间信息传递是串行的，且同层中处理单元的数目要比网络的层数多，因此神经网络的处理过程是一种典型的并行处理。这对于规模较大、构成较复杂的工程设计问题尤为有效。

（2）强大的自学习与自适应能力。人工神经网络的学习过程只与网络自身的参数有关，其参数又可通过学习算法进行自适应训练，因此它有很强的自学习和自适应能力。

（3）良好的容错能力。每个神经元和每个连接对网络的整体贡献是微小的，以至于少量神经元和连接发生错误对网络功能影响很小。另一方面，输入向量中每个分量对神经网络输出的整体贡献是微小的，以至于少量分量有误差时对网络输出影响很小。

(4) 对学习结果有良好的泛化能力。经过适当训练的人工神经网络具有潜在的自适应模式匹配功能，能对所学信息加以分布式存储和泛化，这是其职能特性的重要体现。

然而，人工神经网络也存在如下不足：

(1) 通用性还有待提高。目前已提出了多种人工神经网络结构，但每种网络结构只适用于一类或几类问题，可能不存在像冯·诺依曼结构那样简洁、通用的网络结构。

(2) 结果的正确性和可靠性在很大程度上受所选择的训练样本的限制。若样本的正交性和完备性不好，往往会使系统的泛化性能恶化。尤其在工程设计中，样本太少，不足以反映数据的真实情况；样本太多，则会大大增加训练时间，容易出现过拟合，网络虽然在训练集上的误差可能持续下降，但是对其他样本的误差可能会上升。

(3) 理论性不足。精确预测隐层所需要的神经元的数目至今仍然存在一些在理论上还没有解决的问题。

(4) 解释性不足。人工神经网络推理过程的不透明性使一般用户只能看到输入和输出，而看不到中间的分析推理过程及其依据，无法回答一般用户的问诊，不利于用户理解和使用推理结果。

1.7 本书的主要内容

本书从认知神经科学出发阐述了神经计算的范畴、历史与发展、基本原理等内容，汇集了一些经典的、目前仍在神经科学研究领域中得到广泛应用的技术方法，以及一些当前正在兴起的、已处于应用阶段或正待完善的新的研究技术。全书共 17 章，首先介绍了人工神经网络的历史、发展与现状，从生物神经网络的结构与功能出发，以人工智能的心理学为基础，讨论了人工神经网络的特点、分类与典型应用，以及算法的概念；接下来依序详细介绍了前馈神经网络、反馈神经网络、竞争学习神经网络等几类基本网络的功能、结构、算法与典型模型；此后，对几种新兴的和新近发展的神经网络如进化神经网络、正则神经网络、支撑矢量机网络、模糊神经网络、多尺度神经网络、自编码网络、卷积神经网络、生成式对抗网络、循环神经网络、深度强化学习等分别进行了介绍，在深度学习进阶中，介绍了稀疏编码分类及应用、相关网络技巧的实例与方法，最后对近几年兴起的图神经网络进行了简要的介绍。

本章参考文献

[1.1] 焦李成. 神经网络系统理论[M]. 西安：西安电子科技大学出版社，1990.

[1.2] 焦李成. 神经网络计算[M]. 西安：西安电子科技大学出版社，1993.

[1.3] 焦李成. 神经网络的应用与实现[M]. 西安：西安电子科技大学出版社，1993.

[1.4] 焦李成. 非线性传递函数理论与应用[M]. 西安：西安电子科技大学出版社，1992.

[1.5] 焦李成，周伟达，张莉. 智能目标识别与分类[M]. 北京：科学出版社，2010.

[1.6] 焦李成，尚荣华，马文萍，等. 多目标优化免疫算法、理论和应用[M]. 北京：科学出版社，2010.

[1.7] 焦李成，公茂果，王爽，等. 自然计算、机器学习与图像理解前沿[M]. 西安：西安电子科技大学出版社，2008.

[1.8] 焦李成，侯彪，王爽，等. 图像多尺度几何分析理论与应用[M]. 西安：西安电子科技大学出版社，2008.

[1.9] 焦李成，张向荣，侯彪，等. 智能 SAR 图像处理与解译[M]. 北京：科学出版社，2008.

[1.10] 焦李成，杨淑媛. 自适应多尺度网络理论与应用[M]. 北京：科学出版社，2008.

[1.11] 那彦，焦李成. 基于多分辨分析理论的图像融合方法[M]. 西安：西安电子科技大学出版社，2007.

[1.12] 焦李成，杜海峰，刘芳，等. 免疫优化计算、学习与识别[M]. 北京：科学出版社，2006.

[1.13] 焦李成，刘芳，缑水平，等. 智能数据挖掘与知识发现[M]. 西安：西安电子科技大学出版社，2006.

[1.14] 焦李成，刘静，钟伟才. 协同进化计算与多智能体系统[M]. 北京：科学出版社，2006.

[1.15] JIAO L C, LIU J, ZHONG W C, et al. Coevolutionary computation and multiagent systems[M]. Southampton, England: WIT Press, 2012.

[1.16] JIAO L C. Evolutionary-based image segmentation methods [M]. London, UK: Intechopen Limited, 2011.

[1.17] JIAO L C, GONG M, Ma W P. An artificial immune dynamical system for optimization[M]. USA: Idea Group Inc., 2008.

[1.18] JIAO L C, GONG M, Ma W P, et al. Multi-objective optimization using artificial immune systems [M]. USA: Idea Group Inc., 2008.

[1.19] 焦李成，慕彩虹，王伶. 通信中的智能信号处理[M]. 北京：电子工业出版社，2006.

[1.20] 田捷，包尚联，周明全. 医学影像处理与分析[M]. 北京：电子工业出版社，2003.

[1.21] 田捷，赵昌明、何晖光. 集成化医学影像算法平台理论与实践[M]. 北京：清华大学出版社，2004.

[1.22] 田捷，杨鑫. 生物特征识别技术理论与应用[M]. 北京：电子工业出版社，2005.

[1.23] 田捷，薛健，戴亚康. 医学影像算法设计与平台构建[M]. 北京：清华大学出版社，2007.

[1.24] 高新波. 模糊聚类分析及其应用[M]. 西安：西安电子科技大学出版社，2004.

[1.25] 钟桦，张小华，焦李成. 数字水印与图像认证[M]. 西安：西安电子科技大学出版社，2006.

[1.26] JIAO L C, WANG L P, Gao X B, et al. Advances in nature computation [M]. Berlin: Springer, 2006.

[1.27] WANG L P, JIAO L C, SHI G M, et al. Fuzzy system and knowledge discovery[M]. Berlin: Springer, 2006.

[1.28] HAO Y, LIU J M, WANG Y P, et al. Computational intelligence and security [M]. Berlin: Springer, 2005.

[1.29] 焦李成，杨淑媛，刘芳，等. 神经网络七十年：回顾与展望[J]. 计算机学报，2016，39(8)：1697-1716.

[1.30] 焦李成，冯婕，刘芳，等. 高分辨遥感影像学习与感知[M]. 北京：科学出版社，2017.

[1.31] 焦李成，李阳阳，刘芳，等. 量子计算、优化与学习[M]. 北京：科学出版社，2017.

[1.32] 焦李成，尚荣华，刘芳，等. 认知计算与多目标优化[M] . 北京：科学出版社，2018.
[1.33] 焦李成，赵进，杨淑媛，等. 深度学习、优化与识别[M] . 北京：清华大学出版社，2017.
[1.34] 焦李成，尚荣华，刘芳，等. 稀疏学习、分类与识别[M]. 北京：科学出版社，2018.
[1.35] 焦李成，侯彪，尚荣华，等. 智能 SAR 影像变化检测[M]. 北京：科学出版社，2017.
[1.36] 卢文联，刘锡伟，刘波，等. 时滞复杂系统动力学：从神经网络到复杂网络[M].上海：复旦大学出版社，2018.
[1.37] LIU J, Hussein A.AbbassK, et al. Evolutionary computation and complex networks[M].Berlin: Springer, 2018.
[1.38] 焦李成，侯彪，王爽，等. 雷达图像解译技术[M]. 国防工业出版社，2017.
[1.39] NELISHIA P, QU R. Hyper-heuristics: Theory and applications[M]. Berlin: Springer, 2018.
[1.40] GAZZANIGA M S. 意识与大脑两半球[M]. 沈政，等译，上海：上海教育出版社，1998.
[1.41] Posner M I, Desimone R. Cognitive neuroscience[J]. Current Opinion in Neurobiology, 1998, 8(2): 175 - 177.
[1.42] Gazzaniga M S, et al (Eds). Cognitive neuroscience[M]. Cambridge, MA: MIT Press, 1998.
[1.43] TONONI G, MCINTOSH A R, RUSSELL D P, et al. Functional clustering: identifying strongly interactive brain regions in neuroimaging data[J]. Neuroimage, 1998, 7(2): 133 - 149.
[1.44] GOLDMAN-RAKIC P S, Bourgeois J P, Pakic P. Synaptic substrate of cognitive development: Synaptogenesis in the prefrontal cortex of the nonhunman primate [J]. Development of the Prefrontal Cortex: Evolution, Neurobiology, and Behavior. Paul H. Brooks Publishing, 1997: 27 -47.
[1.45] JOHNSON M H, GILMORE R O. Developmental cognitive neuroscience: A biological perspective on cognitive change[M]. Elsevier: Academic Press, 1996: 333 - 372.
[1.46] MCCULLOCH W S, Pitts W. A logical calculus of ideas immanent in nervous activity[J]. Math. Biophys, 1943, 5: 115 - 133.
[1.47] HEBB D O.The Organization of behavior[M]. New York: Wiley, 1949.
[1.48] ROSENBLATT F. The perceptron: A probabilistic model for information storage and organization in the brain[J]. Psychological Review, 1958, (65): 386 - 408.
[1.49] WIDROW B, HOFF M E. Adaptive switching circuits[M]. Cambridge, MA: MIT Press, 1988.
[1.50] NILSSON N. Learning machines: Foundations of trainable pattern-classifying systems[M]. New York: McGraw Hill, 1965.
[1.51] MINSKY M, PAPERT S. Perceptions[M]. Cambridge, MA: MIT Press, 1969.
[1.52] ANDERSON J A. A simple neural network generating interactive memory [J]. Mathematical Biosciences, 1972, 14: 197 - 220.
[1.53] KOHONEN T. Correlation matrix memories[J]. IEEE Transactions on Computers, 1972, C-21: 353 - 359.
[1.54] AMARI S. Information geometry[J]. Contemporary Mathematics, 1977, 20(3): 81 - 95.
[1.55] AMARI S. Information geometry of EM and EM algorithm for neural networks [J]. Neural Networks, 1995, 8(9): 1379 - 1408.

[1.56] AMARI S, KURATA K, NAGAOKA H. Information geometry of Boltzmann machines[J]. IEEE Transactions on Neural Networks, 1992, 3(2): 260 - 271.
[1.57] WERBOS P J. Beyond regression: New tools for prediction and analysis in the behavioral sciences [D]. Cambridge, MA: Harvard University. 1974.
[1.58] LITTLE W A, SHAW G L . A statistical theory of short and long term memory[M]. Cambridge, MA: MIT Press, 1988.
[1.59] LEE S C, LEE E T. Fuzzy neural networks[J]. Mathematical Biosciences, 1975, 23: 151 - 177.
[1.60] HOPFIELD J J. Neural networks and physical systems with emergent collective computational abilities [J]. Proceedings of the National Academy of Sciences, 1982, 79: 2554 - 2558.
[1.61] HOPFIELD J J, TANK D W. Neural computation of decisions in optimization problem [J]. Bo-Cybern, 1985, 55: 141 - 152.
[1.62] OJA E. A simplified neuron model as a principal component analyzer[J]. Journal of Mathematical Biology, 1982, 15: 267 - 273.
[1.63] ACKLEY D. HINTON G, SEJNOWSKI T. A learning algorithm for Boltzmann machines [J]. Cognitive Science, 1985, 9(1): 147 - 169.
[1.64] RUMELHART D E, HINTON G E, WILLIAMS R J. Learning internal representations by error-propagation [J]. Readings in Cognitive Science, 1988, 323(6088): 399 - 421.
[1.65] CHUA L O, YANG L. Cellular neural networks: applications[J]. IEEE Transactions on Circuits and Systems, 1988, 35(10): 1273 - 1290.
[1.66] CARPENTER G A, GROSSBERG S. Search mechanisms for adaptive resonance theory (ART) architectures [C]. IJCNN, 1989: 201 - 205.
[1.67] BROOMHEAD D S, LOWE D. Multi-variable functional interpolation and adaptive networks [J]. Complex Systems, 1988, 2, (3): 269 - 303.
[1.68] BENVENISTE, ZHANG Q. Wavelet networks[J]. IEEE Transactions on Neural Networks, 1992, 3(6): 889 - 898.
[1.69] VAPNIK V N. Statistical learning theory[M]. New York: Springer, 1998.
[1.70] 钱学森. 关于思维科学[M]. 上海：上海人民出版社，1986.
[1.71] 史忠植. 神经计算[M]. 北京：电子工业出版社，1993.
[1.72] MEAD C A, MAHOWALD M. A sillicon model of early visual processing[J]. Neural Networks, 1993, 1(1): 91 - 97.
[1.73] YANG F, PAINDAVOINE M. Implementation of an RBF neural network on embedded systems: Real-time face tracking and identity verification[J]. IEEE Transactions on Neural Networks, 2003, 14(5): 1162 - 1175.
[1.74] THOMAS P, CAUDELL D C. Wunsch II. A hybrid optoelectronic ART-1 neural processor[C]. IJCNN, 1991: 2.
[1.75] AMINI S, RAZZA F, Nayebi K. Confidence measure extraction for SVM speech classifiers using artificial neural networks[C]. International Conference on Signal Processing, 2008: 622 - 626.
[1.76] JANIK P, LOBOS T, SCHEGNER P. Automated classification of power quality disturbances

using RBF and SVM neural networks[J]. IEEE Transactions on Power Delivery, 2006, 21(3): 1663-1669.

[1.77] ZHU S X, ZHU X I. The comparison with improved mixture kernel SVM and traditional neural network[C]. International Conference on Signal Processing, 2010: 629-631.

[1.78] PAN X M. WU J S. Bayesian neural network ensemble model based on partial least squares regression and its application in rainfall forecasting [C]. International Joint Conference on Computational Sciences and Optimization, 2009: 49-52.

[1.79] PENG S J. ZHU S R. Application of neural network ensemble in nonlinear time-serials forecasts [C]. Second International Conference on Intelligent Computation Technology and Automation, 2009: 45-47.

[1.80] LEE G H, KIM S S, Jung S. Hardware implementation of a RBF neural network controller with a DSP 2812 and an FPGA for controlling nonlinear systems [C]. International Conference on Smart Manufacturing Applications, 2008: 167-171.

[1.81] TSAI M S. FU Y H. Implementation of high performance hardware based toroidal toroidal neural network with learning capability [C]. AIM. 2009: 180-185.

[1.82] ROSSELLO J L, Canals V M. A hardware implementation of stochastic-based neural networks [C]. IJCNN, 2010: 1-4.

[1.83] CHUNG C M, LIN C M, CHIANG C T, et al. Hardware implementation of CMAC neural network using FPGA Approach [C]. Machine Learning and Cybernetics 2007 International Conference, 2007: 2005-2011.

[1.84] LEINER B J, LORENA V Q, CESAR T M, et al. Hardware architecture for FPGA implementation of a neural network and its application in images processing [C]. 4th Southern Conference on Programmable Logic, 2008: 209-212.

[1.85] BAKO L, BRASSAI S T, SZKELY I, et al. Hardware implementation of delay-coded spiking-RBF neural network for unsupervised clustering [C]. International Conference on Optimization of Electrical & Electronic Equipment, 2008: 51-56.

[1.86] DIBAZAR A A, BANGALORE A, HYUNGOOK P, et al. Hardware implementation of dynamic synapse neural networks for acoustic sound recognition[C]. IJCNN, 2006: 2015-2022.

[1.87] DINU A, CIRSTEA M N, CIRSTEA S E. Direct neural-network hardware implementation algorithm [J]. IEEE Transactions on Industrial Electronics, 2010, 57: 1845-1848.

[1.88] BIMAL K. Neural network application in power electronics and motor drives: An introduction and perspective[J]. IEEE Transactions on Industrial Electronics, 2007, 54: 14-33.

[1.89] HARB M, Abielmona R, Petriu E. Speed control of a mobile robot using neural networks and fuzzy logic[C]. IJCNN, 2009: 1115-1121.

[1.90] REZNIK L, PLESS G V, KARIM T A. Distributed neural networks for signal change detection: On the way to cognition in sensor networks [J]. IEEE Sensors Journal, 2011, 11(3): 791-798.

[1.91] FLOARES A G. Computation intelligence tools for modeling and controlling pharmacogenomic systems: Genetic programming and neural networks[C]. IJCNN, 2006: 3820-3827.

[1.92] AHMAD F, Mat-Isa N A, Hussain Z, et al. Genetic algorithm - artificial neural network (GA-ANN) hybrid intelligence for cancer diagnosis [C]. International Conference on Computational Intelligence, 2010: 78-83.

[1.93] DON S. DUCKWON C. Revathy K, et al. A neural network approach to mammogram image classification using fractal features [C]. ICIS, 2009, 4: 444-447.

[1.94] KINSNER W, Cheung V, CANNONS K, et al. Signal classification through multifractal analysis and complex domain neural networks [J]. IEEE Transactions on Systems, Man, and Cybernetics, Part C: Applications and Reviews, 2006: 196-203.

[1.95] DEMPSTER A P, LAIRD N M, RUBIN D B. Maximum likelihood from incomplete data via the EM algorithm[J]. Journal of the Royal Statistical Society Series B-methodological, 1977, 39(1): 1-38.

[1.96] DAVID W H, STANLEY L. Applied logistic regression[M]. Chichester: John Wiley, 2000.

[1.97] CHANG C C, LIN C J. LIBSVM: a library for support vector machines[J]. ACM TIST, 2011, 2(27): 1-27.

[1.98] JOLLIFFE I T. Principal component analysis[M]. New York: Springer Verlag, 1986.

[1.99] QUINLAN J R. C4.5: Programs for machine learning. Morgan[M]. Massachusetts: Morgan Kaufmann Publishers, 1993.

[1.100] KRIZHEVSKY A, SUTSKEVER I, HINTON G. ImageNet classification with deep convolutional neural networks[C]. NIPS, Curran Associates Inc., 2012: 1106-1114

[1.101] BURGES C J C. A tutorial on support vector machines for pattern recognition[J]. Data Mining and Knowledge Discovery, 1998, 2(2): 121-167.

[1.102] RUMELHART D E, HINTON G E, WILLIAMS R J. Learning internal representations by back-propagating errors[J]. Nature, 1986, 323(99): 533-536.

[1.103] LECUN Y, BOTTOU L, BENGIO Y, et al. Gradient-based learning applied to document recognition[J]. Proceedings of the IEEE, 1998, 86(11): 2278-2324.

[1.104] HE K M, ZHANG X Y, REN S Q, et al. Deep residual learning for image recognition[C]. Proceedings of the IEEE Conference on Computer Vision and Pattern Recognition, 2016: 770-778.

[1.105] GOODFELLOW I J, Pouget-Abadie J, Mirza M, et al. Generative adversarial nets [C]. International Conference on Neural Information Processing Systems, 2014: 1-9.

[1.106] MNIH V, KAVUKCUOGLU K, SILVER D, et al. Human-level control through deep reinforcement learning [J]. Nature. 2015, 518 (7540): 529-533.

[1.107] HOCHREITER S, SCHMIDHUBER J. Long short-term memory [J]. Neural Computation, 1997, 9(8): 1735-1780.

[1.108] SILVER D, HUANG A, Maddison C J, et al. Mastering the game of Go with deep neural networks and tree search[J]. Nature, 2016, 529(7587): 484-489.

[1.109] WATKINS C J C H, Dayan P. Technical Note: Q-Learning[J]. Machine Learning, 1992, 8(3-4): 279-292.

第2章 人工神经网络基础

脑是人类智慧来源的主要器官。人工神经网络的发展不断受到大脑的生物学原理的启示，包括其连接机制、激励机制、反馈机制、多层时空结构与整合机制、乃至遗传进化机制等等。研究生物神经系统，特别是人脑的结构、功能以及相应的一系列特性，可以帮助我们设计更加合理有效的人工神经网络模型[2.1-2.7]。最近几年，细胞生物学、神经化学、认知脑科学、复杂理论等领域不断取得一些新的实验成果，随着某些出乎意料的新实验成果的出现，新的理论不断涌现。在当前人工神经网络的研究中，一个主要的研究任务就是如何借鉴这些相关领域的丰硕成果，针对待解决的特定实际问题，部分地模拟生物神经网络的结构与特性，建立简化的神经网络的拓扑结构，并利用人类认知心理学等方面的知识，采用一套合适的符号体系表示，通过合理的方式实现神经网络的学习。21世纪，人工神经网络的研究必将在与相关理论科学的相互影响中获益而更有创新。

2.1 脑的结构与功能

人类发展至今，上至太空天体、下至地壳洋底、古至宇宙初创、近至最新科技，都进行了几乎是透彻的探索和研究。而当我们反躬自省时，人类似乎还对自身充满疑惑和神秘的大脑不甚明了。虽然只有大约1.4 kg，但却由140亿个神经细胞组成的人脑是人体中最复杂的部分，也是宇宙中已知的最为复杂的组织结构。脑是人体的神经中枢，人体的一切生理活动，如脏器的活动、肢体的运动、感觉的产生、肌体的协调以及说话、识字、思维等，都是由脑支配和指挥的，人脑结构的剖面图如图2-1所示。脑的复杂性，还在于神经细胞在形状和功能上的多样性，以及神经细胞在结构和分子组成上的千差万别。

所有多细胞生物都包含某种神经系统，动物的类型不同，其神经系统的复杂度和组织形式也各不相同。即使像蠕虫、蛞蝓和昆虫这些非常简单的生物体，其神经系统也具有学习和存储信息的能力。生物体通过感知周围环境的刺激产生电信号，神经系统采用已有经验处理输入信号，从而将其转变为合适的动作或记忆。

神经系统在处理输入信息和产生动作方面起着重要的作用，其基本处理单元为神经元，被称为神经细胞。多神经元的相互连接组成了神经网络。人脑中的每个神经元与其他神经元之间有着丰富并且复杂的连接。

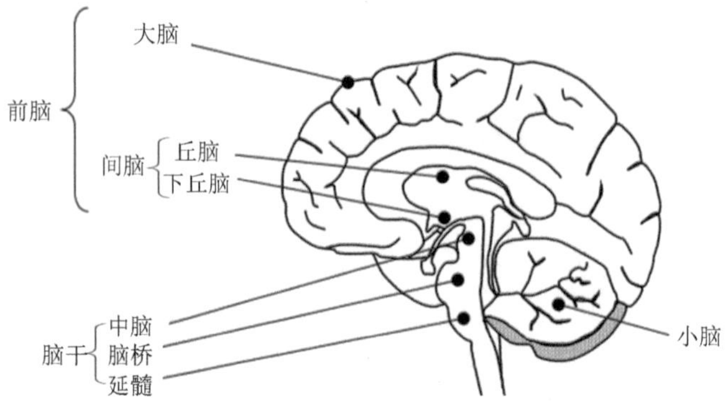

图 2-1 人脑结构的剖面图

根据解剖学中位置的不同，神经系统可以分为中枢神经系统和周围神经系统两部分。脊椎动物的中枢神经系统包括脑和脊髓，周围神经系统包括脑神经、脊神经和植物性神经。组成中枢神经系统的脊髓接收来自身体的感觉信息，并且把指令传输到肌肉。在颅骨中的中枢神经系统被称之为大脑，而在脊柱中的中枢神经系统被称为脊髓，大脑与脊髓则通过脊柱上部的通路连通。两者通过神经元与身体其余部分的外部神经系统相互连通。脑的形态和功能均较脊髓复杂，由延髓(medulla)、脑桥(pons)、中脑(midbrain)、间脑(interbrain)、大脑(cerebrum)和小脑(cerebellum)六部分组成。通常将前三部分合称为脑干(brainstem)。脑干也包含神经元，其突触延伸至外围，支配着头部的肌肉和腺体。延髓居于脑的最下部，与脊髓相连，其主要功能为控制呼吸、心跳、消化等。脑桥位于中脑与延髓之间，脑桥的白质神经纤维通到小脑皮质，可将神经冲动自小脑一半球传至另一半球，使之发挥协调身体两侧肌肉活动的功能。中脑位于脑桥之上，恰好是整个脑的中点，是视觉与听觉的反射中枢，凡是瞳孔、眼球、肌肉等活动均受中脑的控制。此外，脑干中央还有许多错综复杂的神经元集合而成的网状系统(reticular system)，它的主要功能是控制觉醒、注意、睡眠等不同层次的意识状态。

脑干上承大脑半球，下连脊髓，呈不规则的柱状形，经由脊髓传至脑的神经冲动呈交叉方式进入：来自脊髓右边的冲动，先传至脑干的左边，然后再送入大脑；来自脊髓左边的冲动，先送入脑干的右边，再传到大脑。脑干的功能主要是维持个体生命，包括心跳、呼吸、消化、体温、睡眠等重要生理功能。间脑位于脑的中间，包括丘脑(thalamencephalon)和下丘脑，有时也将间脑列入脑干中。脑干的灰质不是连续的纵柱，而是分离成团块或短柱，称为神经核。脑干的白质主要由纵行的纤维束构成。此外，在脑干内还有网状结构，这种网状结构在脑干中占很大比例，它由灰质和白质相混杂而成。

大脑由左右大脑半球(cerebral hemisphere)构成，其表面覆盖着面积很大的灰质，称为大脑皮质(cerebral cortex)(通常简称为皮质)，主要负责思考、自主运动、语言、推理以及感知等功能。在所有输入信息到达大脑皮质之前，间脑中的丘脑对这些输入进行集中综合。人的大脑半球高度发达，它笼盖了间脑、中脑和小脑的上面。在左右半球间大脑纵裂(longitudinal fissure)的裂底有连接两半球的横行纤维，称为胼胝体(corpus callosum)，它使两半球的神经传导得以互通。大脑半球表面凸凹不平，布满深浅不同的沟。沟与沟之间的隆起称为大脑回。皮质分为两片分离的细胞层，分别位于脑的两侧，这两片神经细胞层总的面积比手帕稍大一点，因此需要充分地折叠后才能容纳在头骨内，神经细胞层的厚度略有变化，一般有 2 mm～5 mm 厚，它就构成了皮层的灰质。灰质主要由神经元、细胞体和分支构成，也包括许多称为“神经胶质细胞”的辅助性细胞。皮质中每平方毫米约有 10 个神经元，其中神经元之间有些连接是局域的，一般延伸不到 1 mm，最多也只有几毫米；但有些连接可以离开皮质的某个区域，延伸一段距离，到达皮质的另一些区域或者皮质外的地方。这些长距离的连接表面覆盖着脂肪鞘，它是由一种称为髓鞘质的物质构成的。脂肪鞘能够加快信号的传递速度，同时它还呈现出白色烁光的表面，因此被称为白质，又称大脑髓质。脑中大约有 40%是白质，也就是这些长程的连接，这生动而又简明地说明了脑中的相互连接与通信是如此之多。皮质的下方为白质，白质内埋有左右对称的空腔和灰质团块，前者为侧脑室，后者为基底核。新皮质是大脑皮质中最复杂也是最大的部分。旧皮质(paleocortex)为一个薄片，主要与嗅觉功能有关。海马(有时也称为古皮质)是一个令人感兴趣的高层次结构(这意味着它与感觉系统的输入相距较远)。在信息被传送到新皮质之前，对于一些新的、长程的、系列事件中一个事件的记忆编码要在海马中储存约几个星期。

小脑位于大脑及枕叶的下方，恰在脑干的后面，上面较平坦，下面凸隆，但下面中间部凹陷，容纳延髓。小脑的中间部很窄，卷曲如环，称为小脑蚓；两侧部膨大，称为小脑半球(cerebellar hemisphere)。小脑半球下面靠近小脑蚓的椭圆形隆起部分，称为小脑扁桃体。小脑的表层为灰质，称为小脑皮质；内部为白质，称为小脑髓质。白质内埋有几对灰质块，称为中央核，其中最大者为齿状核。在功能方面，小脑和大脑皮质运动去共同控制肌肉的运动，借以调节姿势与身体的平衡。小脑位于脑干后侧，主要负责骨骼肌肉的功能，帮助人体维持姿态和保持平衡，并产生可控的流畅动作。

在脑前部里最重要的一部分叫丘脑。丘脑这个词来自于希腊语，它的意思是内房，即洞房的意思。丘脑呈卵圆形，由白质神经纤维构成，左右各一，位于骈胝体的下方。它通常被分为 24 个区域，每个区域与新皮质的一些特定子区域相联系。丘脑的每个区域与皮质区域有大量连接，并且接收由那里传来的信息。这种反馈连接的真正目的还没有弄清楚。来自新皮质的许多其他连接并不都经过丘脑，这些连接还可以直接通往脑的其他部分。丘脑跨在皮质的重要入口，但不在主要出口上。从脊髓、脑乾、小脑传导来的神经冲动，都先中止于丘脑，再经丘脑传送至大脑皮质的相关区域。所以说丘脑是感觉神经的重要传递站。此外，丘脑还具有控制情绪的功能。

下丘脑位于丘脑下方的小块区域。从脑底面看，下丘脑在视交叉、视束与大脑脚之间。下丘脑是自主神经系统的主要管制中枢，它直接与大脑中各区相连接，又与脑垂体及延髓相连。在下丘脑的全区内，含有许多核团，其中以视交叉上方的视上核和脑室旁壁内的室旁核界限最清楚，细胞最大，均属神经分泌性核团。因此，下丘脑的主要功能是负责许多与神经关联的内分泌功能的基本行为模式的集中综合，维持正常新陈代谢、调节体温，并与生理活动中饥饿、渴、性等生理性动机有密切的关系。因此，下丘脑对于调节人体的内部环境有着重要意义，也是与情感有关的大脑区域。视交叉后方有单一的细蒂，称为漏斗，其下端连垂体。垂体是重要的内分泌腺，作为人脑深部的一个结构，只有花生米大小，它的功能是调节全身的内分泌活动，故被称为“内分泌交响乐的指挥”。

2.2　大脑神经系统

人类大脑中的神经网络非常复杂，成百上千亿个神经元细胞之间通过突触来相互通信，从而使信息在神经网络中进行传递，并最终导致各种复杂的思维活动。破解人类大脑之谜是本世纪最重要的科学研究目标之一。在现代神经生物学中，一个重要的课题就是研究哺乳动物(包括人类)的神经系统中神经元细胞功能和结构上的多样性，以及神经网络的高度复杂性。这一方向的研究成果也必将对人工神经网络的研究有着极大的指导意义。

2.2.1　神经系统中的组织层数

神经系统中结构组织的方式是根据我们的研究目标确定的，并不是早就定义好的。在研究神经系统之前，我们无法得知神经系统中的组织层数，以及在每一层中具有功能特征的本质是什么。所以，这里主要介绍与人工神经网络中理解、描述和执行相关的神经系统结构。

如图 2-2 所示，神经系统主要由细胞分子、突触、神经元、网络、层级、神经功能区连

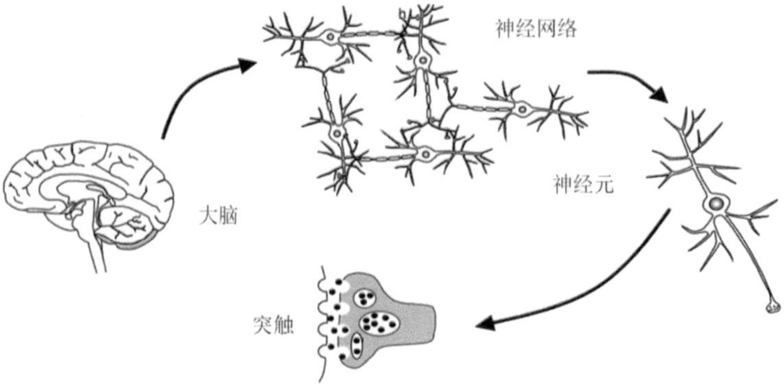

图 2-2　神经系统中的组织形式

接图和系统组成。在神经系统中，神经元是一个简单可识别的结构，主要进行信号的处理。根据环境条件，神经元能够产生电势信号，将信息传递到与之相连的细胞。神经元中的某些过程利用到串联的生物化学反应，影响神经系统中的信息处理。不同的神经结构具有特定的功能。例如，突触对于理解神经系统中信号的处理具有重要意义。

2.2.2 生物神经元

人工神经网络的研究出发点是以生物神经元学说为基础的。1872 年，意大利的医学院毕业生高基，在一次意外中，将脑块掉落在硝酸银溶液中。数周后，他以显微镜观察此脑块，成就了神经科学史上的重大里程碑——“首次以肉眼看到神经细胞”。1873 年，高基又找到了神经细胞染色法，终于弄清了神经细胞之间虽然靠得很近但并不互相融合的细微构造。

神经元利用多种特定的生物化学机理进行信息的处理和传递。离子通道主要负责控制电流的流入与流出、动作电势的产生和传播以及神经递质的释放。神经元中信号的传递是大脑具有信息处理能力的核心。在神经科学中一个最重要的发现就是信号传递的效率可以用多种方式调节，从而使得大脑能够适应不同的环境。这种信号传递速率的调节能力被认为是关联、记忆以及其他情感功能的基础。突触可塑性主要指突触被改进的能力，是大部分神经模型的关键功能。

在显微镜下，一个生物神经细胞（又称神经元）主要是由细胞本体（soma）、树突（dendrite）、轴突（axon）和突触（synapse）组成的。它是以一个具有 DNA 细胞核的细胞体为主体，像身体中的其他任何细胞一样，神经元中有细胞液和细胞体，并且由细胞膜包裹。神经元特有的延伸被称为神经突，一般被分为树突和轴突。树突主要接收来自其他神经元的信号，而轴突则将输出信号传播到其他神经元。许多不规则树枝状的纤维向周围延伸，其形状很像一棵枯树的枝干，如图 2－3 所示。

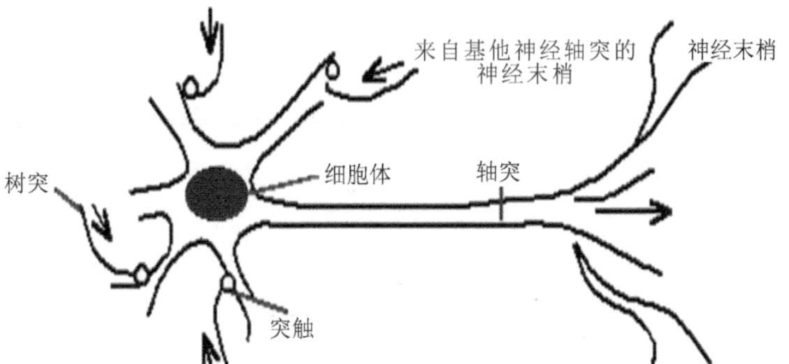

(a) 生物神经元

图 2－3　生物神经元

生物神经系统以神经细胞(神经元)为基本组成单位，是一个有高度组织和相互作用的数量巨大的细胞组织群体。它包括中枢神经系统和大脑，均是由各类神经组成的。生物神经元学说认为，神经元是神经系统中独立的营养和功能单元，其独立性是指每一个神经元均有自己的核和自己的分界线或原生质膜。人类大脑的神经细胞大约在 $10^{11}\sim10^{13}$ 个左右，它们按不同的结合方式构成了复杂的神经网络。通过神经元及其连接的可塑性，使大脑具有学习、记忆和认知等各种智能。

神经元的外部形态各异，但基本功能相同，在处于静息状态(无刺激传导)时，神经细胞膜处于极化状态，膜内的电压低于膜外的电压，当膜的某处受到的刺激足够强时，刺激处会在极短的时间内出现去极化、反极化(膜内的电压高于膜外的电压)、复极化的过程，当刺激部位处于反极化状态时，邻近未受刺激的部位仍处于极化状态，两者之间就会形成局部电流，这个局部电流又会刺激没有去极化的细胞膜使之去极化，这样不断地重复这一过程，将动作电位传播开去，一直到神经末梢。

神经生物学标识方法可以进一步帮助我们更清楚地认识神经元细胞，但是目前的神经生物学标识方法很难在动物体内跟踪标识单个或者少量的神经元细胞，而只能同时标识所有或者大量的神经元细胞。这导致我们无法清晰地识别单个神经元细胞之间的精确连接方式，无从准确判断神经网络的形成，更无从研究信息流在神经网络中的传递规律。2010 年 7 月，美国斯坦福大学神经生物学家李凌发明了一种对单个神经元细胞及突触进行体内标识的技术，并利用此技术成功地拍摄出老鼠体内单个神经元细胞及其突触分布的三维照片。这种三维照片可以直接地、实时地观测活体老鼠大脑的不同区域在不同发育阶段的各种神经元及其突触分布形式，包括观察未分化的脑细胞是如何发育为单个的复杂神经细胞，然后形成复杂的神经网络。这项发明为神经生物学研究提供了一个新的技术平台，将使人类能够了解大脑神经网络发育的详尽信息，有助于对神经网络中信息流的传递规律进行深入研究。

2.2.3 生物神经元连接突触

神经元与神经元之间的信息传递是通过突触相联系的，能够利用特殊的电物理学和化学过程进行信号处理是神经元特有的属性。神经元能够接收和发送信号。发送信号的神经通常被称为前突触神经，与之相连的神经被称为后突触神经，在树突或细胞体中也被称为突触。前一个神经元的轴突末梢作用于下一个神经元的胞体、树突或轴突等处组成突触。因此，突触的作用是连接前突触神经元的轴突和后突触神经元的树突或者细胞体。

在突触中，一般的信息处理过程允许转换后突触神经元的状态，从而触发后突触神经元产生电脉冲，这种脉冲被称为动作电势。动作电势通常起始于轴丘，经过轴突传输，最终将信号发送到神经系统的不同区域。因此，神经元可以看成是从其他神经元接收信号刺激并将输出响应传播到其他神经元的单位。

神经元中存在不同种类的信息传输机制。神经元是处于细胞膜中的细胞，这些细胞膜上小的开口被称为通道，信息是从这些通道传递的。信息处理的基本机制其实就是带电离子在通道和神经元中的进出。大脑中包含着一定离子浓度的液体，神经元中离子流入和流出通道受多个因素控制，如神经元能够转变其他神经元的膜电势，从而形成细胞内外的电势差。

当动作电势达到轴突的末端时，会打开电压敏感通道，使离子流入末端，也可以释放其中原有的离子，从而使离子流动。然后，这些离子促进了神经递质的释放，到达突触间隙，最终通过间隙将其扩散到后突触神经的接收器上，触发后突触神经中的多个化学反应，使得离子流过该神经元。图 2－4 给出了上述突触传输的机理。

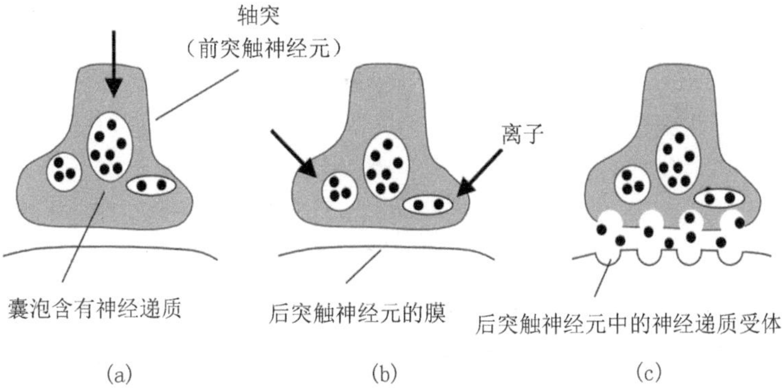

图 2－4　化学突触机制

在这些离子的电效应通过接收神经元的树突传播到下一个细胞体后，信息处理则再次从后突触神经元开始。离子传播到细胞体，这些信号被整合并且细胞膜电势决定该神经元是否被激活，是否将输出信号传递给下一个后突触神经元。当神经元的细胞膜电势大于神经元阈值时，神经元上的通道将打开，信号才会被传播。神经元的激励行为被称为激活或者动作电势的触发。激活对于神经元的电响应非常重要，电响应一旦产生，它将不会随着电流的增大而改变形状。这种现象被称为动作电势的全/无原则。

不同类型的神经递质及其相关的离子通道在不同状态的后突触神经元中具有不同的影响。其中一类神经递质将通道打开，使得带电离子进入细胞并使细胞膜电势增加，从而驱动后突触神经元达到激发状态。其他神经递质则会使得后突触电势变成休眠状态，该电势则被称为休眠电势。因此，神经递质可以改变激发或抑制过程的初始状态。

神经元之间的联系主要依赖其突触的连接作用。这种突触的连接是可塑的，也就是说突触特性的变化是受到外界信息的影响或自身生长过程的影响。它涉及复杂的调控过程和细胞迁移过程，但是又极其精巧，主要是靶细胞分泌物质来吸引特定细胞向着它生长。生理学的研究归纳出有以下几个方面的变化：

（1）突触传递效率的变化。首先是突触的膨胀以及由此产生的突触后膜表面积扩大，从而突触所释放出的传递物质增多，使得突触的传递效率提高；其次是突触传递物质质量的变化，包括比例成分的变化所引起的传递效率的变化。

（2）突触接触间隙的变化。在突触表面有许多形状各异的小凸芽，调节其形状变化可以改变接触间隙，并影响传递效率。

（3）突触的发芽。当某些神经纤维被破坏后，可能又会长出新芽，并重新产生附着于神经元上的突触，形成新的回路。由于新的回路的形成，使得结合模式发生变化，也会引起传递效率的变化。

（4）突触数目的增减。由于种种复杂环境条件的刺激，或者由于动物本身的生长或衰老等原因，神经系统的突触数目会发生变化，并影响神经元之间的传递效率。

一个神经元可以通过轴突作用于成千上万的神经元，也可以通过树突从成千上万的神经元接收信息，当多个突触作用在神经元上时，有的能引起去极化，有的能引起超极化。神经元的冲动，即能否产生动作电位，取决于全部突触在去极化与超级化作用之后膜的电位的总和以及自身的阈值。神经纤维的电传导速度因神经元的种类、形态、髓鞘有无等因素的不同而存在很大差异，大致从 0.3 m/s 到 100 m/s 不等。神经元与神经元之间的信息交换速度也因突触种类或神经递质的不同而存在着不同的突触延搁。突触传递信息的功能有快有慢，快突触传递以毫秒为单位计算，主要控制一些即时的反应；慢突触传递可长达以秒为单位来进行，甚至以小时、日为单位计算，它主要与人的学习、记忆以及精神病的产生有关系。2000 年，瑞典哥德堡大学 77 岁的阿维·卡尔松、美国洛克菲勒大学 74 岁的保罗·格林加德以及出生于奥地利的美国哥伦比亚大学 70 岁的埃里克·坎德尔被授予诺贝尔生理学或医学奖，以表彰他们发现了慢突触传递这样一种“神经细胞间的信号传导形式”。此次获奖者的主要贡献在于揭示“慢突触传递”，在此之前，“快突触传递”已经得过诺贝尔奖。此外，使用频繁的突触联系会使之变得更紧密，即突触的特点之一是用进废退，高频刺激前突触神经元后，在后突触神经元上记录到的电位会增大，而且会维持相当长的时间，所以可以得到一条由若干不定种类的神经元排列构成的信息传导链，这一点对神经系统认知事件有着非常重要的意义。

长久以来，研究者们认为如果没能探明数十亿神经元相互联系的图谱，就不能说真正了解脑的作用机制。现在，来自 Salk 生物研究学院的研究者们解决了在许多学者看来是最为主要的一个障碍：识别出单个神经元上的所有连接。2007 年 3 月，Salk 生物研究学院的研究者在 *Neuron* 杂志刊登的一篇文章中指出，他们描述了将致命性狂犬病毒转化为一种有用工具的全过程，并用它识别出与一个特定神经细胞直接连接的所有神经元。根据他们的研究结果，在此研究基础上，一旦确定了这个图谱中的“线路图”，就可以了解电流是如何通过芯片以及芯片如何调控电脑的过程，即有可能探索大脑认知的工作机理。

2.2.4 生物神经网络、层级和图

在人们对脑的机理不甚明了之前，很多人就已经推测，生物神经系统这样一个高度复杂的、非线性的且能并行工作的信息处理系统(计算机器)(如图 2-5 所示)，其信息处理能力一定得益于对分布在大量神经元上的信息表示的高度并行处理。之后的研究进一步发现：生物神经元的信息处理速度比硅逻辑门要慢 5～6 个数量级，硅逻辑门中的事件发生在纳秒级，而在神经元中的事件发生在毫秒级。然而，由运行速度相对较慢但数目巨大的神经元大量互连起来，人脑能以比今天已有的最快的计算机还要快许多倍的速度进行特定的计算任务，如模式识别、感知和运动神经控制等。例如：一个智力尚未发育完全的三岁儿童在一张照片上识别出一张被嵌入到陌生场景的熟悉的脸大概仅需要 100 ms～200 ms 的时间，而同样的任务，一台传统的计算机要花费几天的时间。对此一个合理的解释就是生物神经网络能有效地组织神经元执行高效率的计算。换言之，生物神经网络的功能绝不是单个神经元生理和信息处理功能的简单叠加，而是一个有层次的、多单元的动态信息处理系统。人工神经网络依靠系统的复杂程度，通过调整内部大量节点之间相互连接的关系，从而达到处理信息的目的。

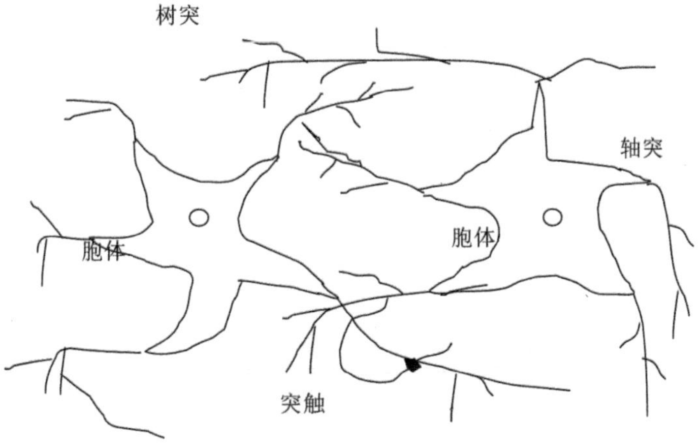

图 2-5　生物神经细胞网络

如果我们对人脑进行定量的统计分析，会发现人脑中存在一些奇妙的、令人难以想象的数字：

(1) 成年人的大脑由亿万个脑细胞构成，其中有 1000 亿个是活跃的，每个神经细胞可生长出多达 2 万个树枝状的树突，用来存储信息。轴突与其他细胞连接来传递信息，若把所有细胞的树突、轴突连接起来，据说相当于从地球到月球距离的 4 倍。

(2) 理论上，人脑可以存储的信息量相当于世界上藏书量最大的美国国会图书馆(1000万册书)藏书量的50倍，即可存储50亿本书的信息，每秒钟大脑细胞可完成的信息传递与交换高达1000亿次。

(3) 理论上，处于激活状态的大脑一天可以记住4本书的内容，但是研究表明：目前对于大脑潜能的开发效率还不到5%。新的一项研究表明：大脑细胞的数目是不确定的，在成年以前，大脑会存储一大批特殊脑细胞，如果经常动脑，进行智力活动，它们就会转化，否则就会死亡。

(4) 人脑能量效率是每秒每个操作大约10^{-16}J，而计算机大约是10^{-6}J。

单个神经元无法储存信息，或者准确地说，单个神经元储存的信息没有意义。现在人们常常以二极管来模拟人脑中的一个神经元。假设粗略估算人有100亿个脑细胞，它们有其独特的运行方式和控制机制，以接收生物内外环境的输入信息，加以综合分析处理，然后调节控制机体对环境作出适当的反应，那么，人脑储存的信息至少为2的100亿次方个比特。而且，人脑的存储系统不同于二极管，一个神经元肩负的任务远远不止这么多。正是由于这些低能耗、数目庞大的神经元的广泛互连，才得以获得人脑如此强大的存储与信息处理的功能，实现记忆、联想等复杂的活动。2010年，科学家使用功能磁共振成像仪(fMRI)分析了大脑活动图像，试图解释记忆形成的神经机制。结果发现，通过多次学习记住一张面孔或一个单词，与忘掉它相比，其神经活动在多个脑区显示出更大的相似性。2010年9月*Science*杂志发表的德克萨斯州立大学认知神经科学家拉塞尔·博德里克领导的一项神经影像研究结果表明：多次激活同样的神经连接方式能将事物印在记忆里。这与心理学家40年前提出的编码变异假说相互矛盾。编码变异假说认为：与某事件相关的素材以适当的间隔重复出现，而不是一次性出现，回忆这件事情会更加容易。比如，在几天内多次、短时间看到同一张脸，就比在一天内长时间对着这张脸更容易记住。换句话说，每种不同的背景或环境，能激活大脑的不同功能区。这一假说认为，不同的神经反应能提高记忆。但是，博德里克的研究小组证明：用同一种背景多次激活同样的神经连接方式，事物能被更好地记忆下来。博德里克的研究小组用fMRI检测了24个受试者的大脑活动。他们让受试者看120张不熟悉的面孔，每张脸以不同的间隔重复4次，用fMRI扫描记录大脑在整个过程中的活动图像。一小时后，把这些面孔和120张新面孔混合起来，再让他们看，并询问受试者对每张脸的熟悉程度。研究人员查看了记录下来的大脑反应，当受试者第一次看到某张脸时，神经活动集中在与视觉感知和记忆有关的20个脑区。后来，当要再次识别面孔时，每次都在其中9个脑区产生相似的神经活动方式，尤其是与目标认知相关的区域。如果面孔被忘记，则不能形成同样的神经活动方式。在另一次独立实验中，研究小组给受试者听180个单词，每个重复3次，同时用fMRI扫描记录大脑活动。6小时之后，对受试者进行的两次记忆测试表明，当被记住的单词重复时，在这20个脑区中，有15个引起了相似的神经活动。因此，研究人员认为，试验结果解释了记忆研究领域长期存在的一项争论，即通过刺激，同样的神经连接重新激活时，就会形成一幕记忆。记忆完成的精确与否，取决于不同脑区活动方式重连的是否精确，而不是更多的连接方式。

神经元与其他神经元之间的前向和反馈连接意味着在神经系统中神经元与其他神经元可以有单向通路或双向通路连接。这些相互连接的神经元组成了神经网络。例如，在皮层组织的 1 mm^3 中，有将近 10^5 个神经元和 10^9 个突触，其中大部分突触来自位于皮层的细胞内。因此，神经系统中的连接度是非常高的。

少量相互连接的神经元单元能够展现出复杂的行为，表现出单个神经元无法达到的信息处理能力。神经网络的重要特征是采用分布式方法表示信息，做并行处理。因此，单个神经元无法进行知识的整体存储，必须与网络中其他神经元分布存储。通常，具有特定信息处理能力的网络具有更大的结构，特定结构的网络具有更复杂的信息处理任务。

许多大脑区域不但是个网络，而且还具有层级结构。层级表示神经元层，例如，上丘接收浅层的视觉输入，更深的层则接收触觉和听觉输入，在上丘中间层的神经元负责表示眼动信息。

在脊椎动物神经系统中最常见的神经元组织形式是一个具有二维结构的图结构。尽管上丘也具有该类图，但是最著名的例子为哺乳动物的大脑皮层。大脑皮层位于大脑的外层表面。在更大或者更智能的动物中，大脑皮层是一个沟壑纵横的二维结构。皮层一般分为两种，一种是被称为旧皮质的三层结构，另一种是具有六层或者更多层数的新皮质，具有复杂行为能力的动物有更多的新皮质。

神经学家研究表明，不同的皮质区域具有不同的功能。因此，在大脑皮层中不同区域存在视觉功能差异，一个区域往往表示一个处理模块。各区域各司其能，如感觉区、运动区、语言区、听觉区和运动区等，它们中有的主管视觉，有的主管语言，有的主管思考，如图 2-6 所示，功能区域之间具有十分明显的边界。

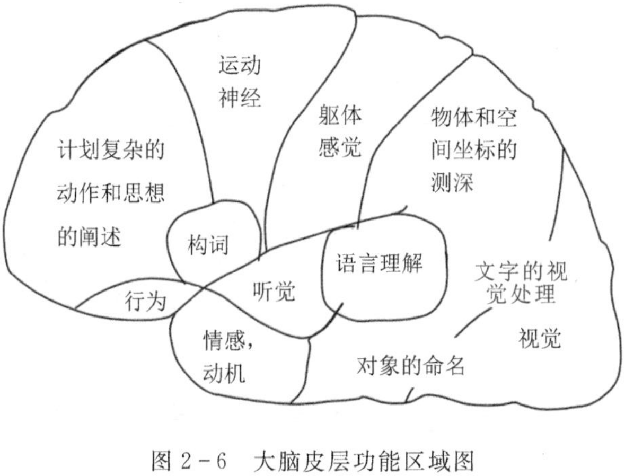

图 2-6　大脑皮层功能区域图

人脑的这种功能区其实是人为地为了研究的方便进行划分的，不同的功能区之所以执行不同的功能，主要的原因是由于每一个功能区内的神经元所连接的神经元不同，而不是由于它们连接结构的不同。更准确地说，不同功能区的神经元所具有的功能是因它们之间的组织关系不同而带来的。例如，听觉中枢的细胞和听觉器官形成连接，而视觉中枢的细胞则和视觉器官形成连接，这些连接的不同是在胚胎初期神经系统发育时形成的。大体上来说，就是各种不同的靶细胞会在发育时分泌特定的吸引激素，吸引着神经细胞的突触朝着自己生长。

一般地，新皮质由六层组成。输入层通常接收感知输入，输出层将输出信号发送至大脑的其他部分。隐层则接收来自于局部皮质层的输入，这意味着隐层既不需要直接接收感知刺激也不需要产生驱动和其他输出。

在感知与动力系统中的一个主要组织就是地形图。例如，在视觉皮层(在皮层的后部，正对着眼睛)中，相邻的神经元在一定程度上具有相邻的视觉感受野，并且组成了一个视网膜图。由于相邻处理单元仅仅与相似的表示有关，因此大脑可通过地形图方式实现连接的存储与共享。

网络、地形图和层级是神经网络中的特别结构，其几何和结构属性可作为信息处理系统设计的参考。大脑是生物在不断进化中形成的，最终产生了一个高效的结构组织，可处理复杂问题。

事实上，人脑的结构和功能要远比我们认识的复杂得多，正是由于脑的复杂性，造成了神秘的知觉(consciousness)、记忆、创造、甚至灵魂等精神层面。了解如何从分子组成的神经细胞的组合造成了丰富的精神世界也成了人类科学最大也是最终的挑战。

2.2.5 学习和记忆的生物与物理学基础

神经系统中几乎所有功能都是利用经验不断地修正更新，包括感知、控制、温度调节以及推理，表现为地形图处于一个无穷无尽的持续修正的过程中。行为观测表明，神经系统存在简单且迅速的变化，也有缓慢而深刻的修正，还有长久但仍然可改变的变化。

一般地，全局学习是一个关于神经系统局部变化的函数。神经元存在很多可能的变化方法适应神经系统的变化。例如，产生新的树突或者扩展已有的分支，或者已有的突触发生变化，产生新的突触等，也可以修剪减少树突或者突触的数量。在树突中所有的后突触发生变化，或者轴突发生变化。例如，细胞膜发生变化，或者形成新的分支，基因也可能诱导产生新的神经递质。前突触变化主要包括每次激活发射囊泡的数量以及每个囊泡中传输分子的数量。最后一种情况是，整个细胞死亡，其携带的所有突触就消失了。

通过设定突触效率的方式进行学习是神经网络中最重要的机制。学习取决于个体神经元和网络两个层面上的机制，从而让整个网络在给定环境中表现正常。

在神经系统中两个最基本的学习机制是长期增强和长期抑制，举例来讲是非暂态形式中权重的增强和削弱。增强是指当一个可控刺激被神经元接收后的去极化或激励的增加，而抑制主要指去极化的减少。在上述两种情况中，膜蛋白的激励和抑制都可能触发一系列复杂的事件，最终修正突触效率。

类似于学习，记忆是突触连接中自适应过程的输出，通过引起神经元突触效率的改变来改变神经活跃度。这些改变将产生新的路径或者促进信号在大脑神经回路的传输。新的或改善的路径被称为记忆轨迹，一旦这些轨迹建立，就可以通过思考激活这些轨迹重新产生记忆。实际上，学习过程输出的一部分可看作是更加永恒地修正突触的方案，从而形成经验的记忆化。

记忆的分类方法有多种，通常将其分为短期记忆、中长期记忆和长期记忆。短期记忆持续几秒到几分钟，中长期记忆持续几分钟到几周不等，而长期记忆则长时间存在。前两类记忆不需要突触产生大量变化，而长期记忆则需要突触产生结构变化。这些结构变化包括神经递质分泌物囊泡释放点数的增加，前突触末端数目的增加，发射囊泡数目的增加以及树突结构的变化。

所以，学习和记忆在概念上有很大的不同。学习可以看成是自适应过程，导致了突触效率和结构的变化，而记忆可以看成是自适应过程的长期结果。

2.3 人工神经元与人工神经网络

人工神经网络(Artificial Neural Network，ANN)又称神经网络，是一种致力于以计算机网络系统来模拟生物神经网络的智能计算系统[2.8−2.10]。网络上的每个节点相当于一个神经元，可以记忆(存储)、处理一定的信息，并与其他节点并行工作。求解一个问题时，向神经网络的某些节点输入信息，各节点处理后向其他节点输出，其他节点接收并处理后再输出，直到整个神经网络工作完毕，输出最后结果。

在生物神经元中，输入通过位于突触的通道进入细胞，使得离子进出神经元，这些输入聚合从而产生膜电势，然后决定该神经元是否产生脉冲。该脉冲将使得神经递质在轴突末端被释放，然后与其他神经元的树突结合形成轴突。不同的输入产生的激活量不同，取决于神经递质被发送者释放的量和在后突触神经元中有多少通道被打开。当膜电势大于特定的阈值时产生动作电势。因此，生物神经元突触的重要特征包含在神经元的信息处理中。

这些生物信息处理过程的效果在计算模型中被两个神经元之间的连接权重进行概括。而且，这些权重因子的修正将对神经网络的学习过程具有重要影响。这里我们考虑三种神经函数的模型：第一种模型为 McCulloch-Pitts 模型，该模型认为神经元为一个可计算的逻辑函数；第二种模型为 integrate-and-fire 模型；第三种模型是一种广义的连接神经元，这些神经元将输入进行整合，然后用一个特定的激活函数产生输出。在人工神经网络中被频繁使用的节点与真实的神经元有很多相似之处。

2.3.1 命题的基本逻辑

在数学和许多算法中用到的几个逻辑表达如下：

“如果天开始下雨，那么就打开你的伞”

一般可以表达为：

“如果 a，那么 b”

通常我们需要知道一个给定命题的逻辑表达是 TRUE 还是 FALSE。命题和陈述虽然是一个表示真或假的陈述句，但不能同时表达两种状态。例如：“地球是个蓝色星球。”是真命题；“月亮会发光。”是假命题；“今晚你会干什么？”这不是命题。

许多命题是由一些子命题连接合成的，从而形成复合命题。复合命题的真值完全取决于子命题的真值和它们的连接方式。通常的连接方式有三种逻辑操作：与(AND)、或(OR)和非(NOT)，也可以被称为布尔运算。

假如 a 和 b 为两个命题，三个基本逻辑操作的定义如下所述。

(1) a AND b:如果 a 和 b 均为真，则 a AND b 为真；否则，a AND b 为假。

(2) a OR b:如果 a 和 b 均为假，则 a OR b 为假；否则，a OR b 为真。

(3) NOT a：如果 a 为真，则 NOT a 为假；否则，NOT a 为真。

图 2-7 给出了与、或、非真值表，其中 0 表示假，1 表示真。

a	b	a AND b
0	0	0
0	1	0
1	0	0
1	1	1

a	b	a OR b
0	0	0
0	1	1
1	0	1
1	1	1

a	NOT a
0	1
1	0

图 2-7　与、或、非真值表

2.3.2 McCulloch-Pitts 神经元

W. McCulloch 和 W. Pitts(1943 年)发表了一篇深具影响力的论文[2.11]，其中阐述了仅通过两状态的神经元实现基本计算的概念。这个研究是第一个尝试通过基本神经计算单元来理解神经元活动的研究，其高度概括了神经元与连接的生理学属性，包含了以下五个假设：

(1) 神经元的活动是一个 all-or-none 的二值过程；

(2) 为了激活神经元，一定数量的突触必须在一个周期内被激活，而这个数量与之前的激活状态和神经元的位置无关；

(3) 只有两个神经元之间存在明显的延迟才被称之为突触延迟；

(4) 抑制突触的活动能够阻止神经元的激活;

(5) 神经网络的结构不随时间改变。

W. McCulloch 和 W. Pitts 设想了神经响应等价于神经元刺激的命题。因此，他们用符号命题逻辑研究了复杂网络的行为。在这种 all-or-none 的神经元激活准则下，任何神经元的激活都各自表示一个命题。

值得注意的是，根据已知的神经元工作理论，神经元没有实现任何逻辑命题。但是，McCulloch 和 Pitts 模型可以被看成是最常见神经元模型的一个特例，并且可以用来研究某些非线性神经网络。此外，该模型促进了人工神经网络的发展，在计算机科学家和工程师中引起了巨大的影响。

将如图 2-8 所示的生物神经元的模型进行抽象，即可以得到经典的 MP 神经元模型，其中生物神经元的树突代表 MP 神经元的输入，生物神经元的突触代表 MP 神经元的连接权值，生物神经元的细胞体代表 MP 神经元的神经元状态以及激活函数，生物神经元的来自其他神经轴突的神经末梢代表 MP 神经元与其他神经元的连接，生物神经元中细胞体的最小激励输入对应 MP 神经元的阈值，生物神经元的轴突代表 MP 神经元的输出。

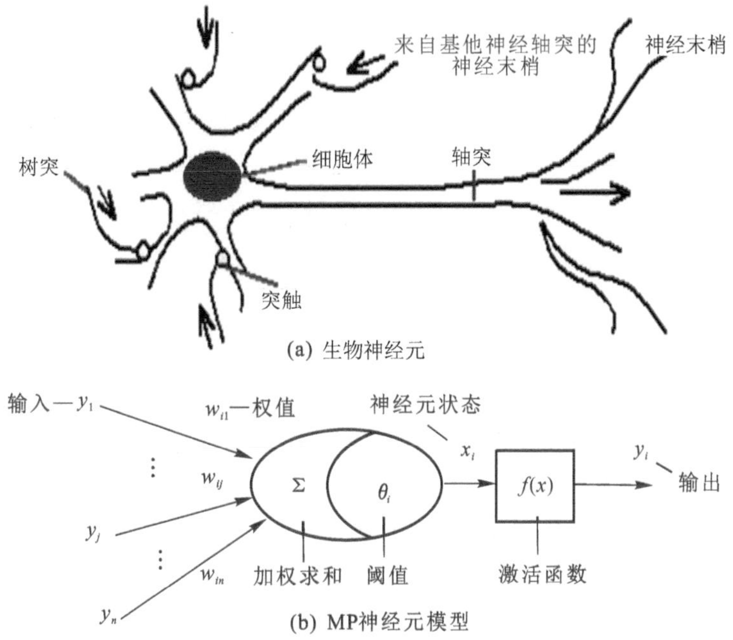

图 2-8 生物神经元与 MP 神经元模型

McCulloch 和 Pitts 神经元是二值的，其仅假设 0 和 1 两种状态。每个神经元有一个固定的阈值，并接收来自于有固定权重的突触的输入。这种简单的神经操作表现为，神经元响应突触的输入即反应了前突触神经元的状态。如果被抑制的突触没有激活，则神经元将集中突触输入，并且判断输入之和是否大于阈值。如果大于阈值，则神经元激活，输出为1；否则，神经元保持抑制状态，输出为0。

尽管该神经元十分简单，但是代表了大部分神经元模型共用的某些重要特征，即输入刺激的集合决定了网络输入与神经元是否被激活。图2-9显示了McCulloch和Pitts神经元的激活函数。

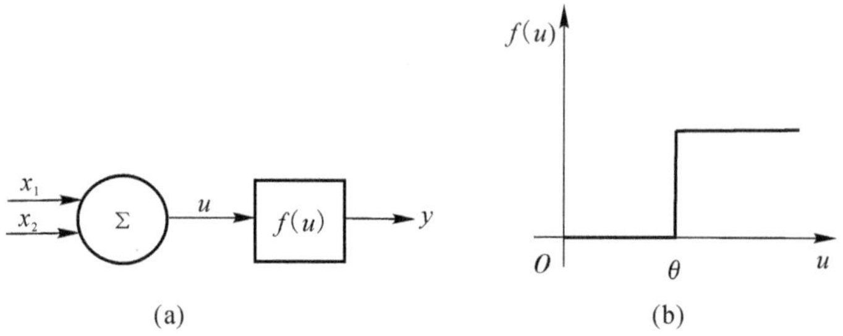

图2-9　激活函数

为了展示该单元的行为，一般假设有两个输入x_1和x_2以及一个阈值$\theta=1$。在该情况中，若x_1或x_2的值为1，则神经元被激活，产生一个输出1，因此该操作像图2-7中的逻辑或。假设神经元阈值为$\theta=2$，则当x_1和x_2均为1时，神经元才激活，该操作像图2-7中的逻辑与。

通常地，我们把如图2-8所示的MP神经元模型表示成如图2-10所示的简化模型。其中$x_i(i=1, 2, \cdots, n)$为加于输入端(突触)上的输入信号；w_i为相应的突触连接权系数，它是模拟突触传递强度的一个比例系数；Σ表示突触后信号的空间累加；θ表示神经元的阈值；f表示神经元的激活函数。该模型的数学表达式为

$$y=f(s); \quad s=\sum_{i=1}^{n} w_i x_i-\theta \tag{2-1}$$

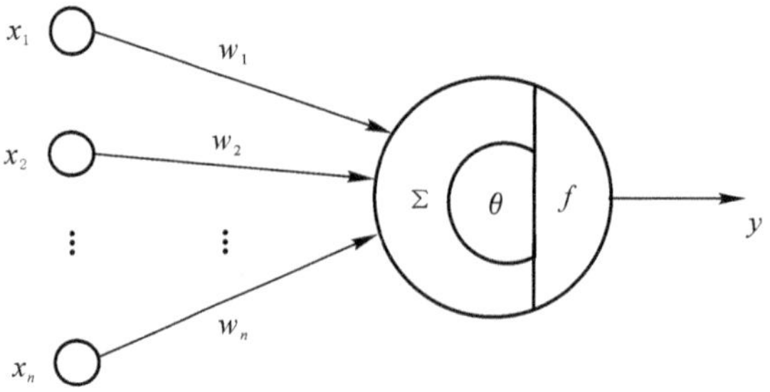

图2-10　人工神经元简化模型

这里 y 代表人工神经元的输出，s 代表人工神经元的净输入，其中激活函数 f 的基本作用包括：① 控制输入对输出的激活作用；② 对输入、输出进行函数转换；③ 将可能无限域的输入变换成指定的有限范围内的输出。由此可见，这种基本的人工神经元模型模拟的是生物神经元的一阶特性，它包括如下几个基本要素：

> 输入：$\boldsymbol{x}=[x_1, \cdots, x_n]^{\mathrm{T}}$
>
> 连接权值：$\boldsymbol{w}=[w_1, \cdots, w_n]$
>
> 神经元阈值：θ
>
> 神经元净输入：$s=\sum_{i=1}^{n} w_i x_i-\theta$，向量形式为 $s=\boldsymbol{wx}-\theta$
>
> 神经元输出：$y=f(s)$

2.3.3 基本 integrate-and-fire 神经元

假设有一个无干扰的神经元，对应的膜电势的时间变量输入为 $u(t)$，神经通道的功能可以通过一个简单的积分算子描述：

$$\tau_{\mathrm{m}} \frac{\mathrm{d}u(t)}{\mathrm{d}t}=u_{\mathrm{res}}-u(t)+R_{\mathrm{m}} i(t) \tag{2-2}$$

其中，τ_{m} 为由通道平均电导率决定的神经元时间变量；u_{res} 为神经元的休眠电势；$i(t)$ 为输入电流，由前突触神经元激活产生的突触电流的总和决定；R_{m} 为神经元的电阻。我们可以看到神经元膜电势的变化率正比于当前的膜电势总和、休眠电势以及输入信号产生的电势。公式右侧的最后一项为欧姆定律($u=R \cdot i$)。

输入到神经元的电流 $i(t)$ 是输入突触电流的总和，这些电流取决于单个突触的效率，第 j 个突触的效率由变量 w_j 表示。因此，输入到神经元的总电流可以表示为多个突触电流与其效率乘积之和，即

$$i(t)=\sum_{j} \sum_{t_j^{\mathrm{f}}} w_j f(t-t_j^{\mathrm{f}}) \tag{2-3}$$

其中，函数 $f(\cdot)$ 是后突触响应的形式，在 McCulloch-Pitts 模型中，该函数被称为激活函数。变量 t_j^{f} 表示突触 j 的前突触神经元的激活时间，后突触神经元的激活时间由膜电势 u 达到阈值 θ 的时刻决定，即

$$u(t^{\mathrm{f}})=\theta \tag{2-4}$$

神经元激活之后，膜电势须被重新设置为休眠状态。其中一种常见方法是立刻将膜电势设为一个固定值 u_{res}。

2.3.4 一般的可计算神经元

大部分神经网络中的计算单元是一个积分算子，例如在 McCulloch-Pitts 模型以及 integrate-and-fire 模型中。像大脑一样，人工神经元是一个信息处理单元，是神经网络中的基本操作单元。图 2-11 给出了典型的人工神经元及其重要组成部分：由连接权重描述的突触、累加操作和激活函数。

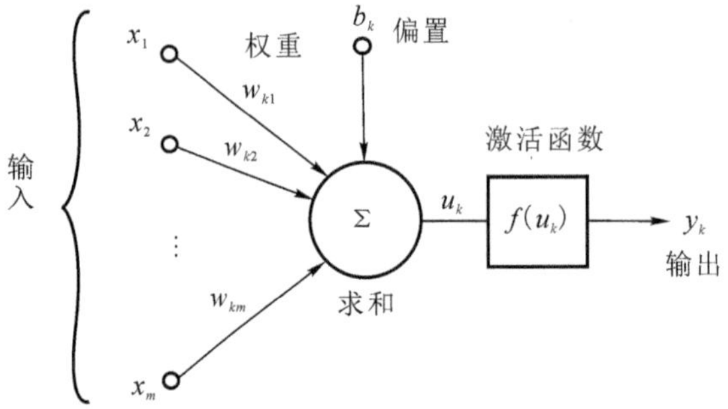

图 2-11 神经元的非线性模型

具体来说，输入信号 x_j 与神经元 k 相连的突触 j 的权重 w_{kj} 相乘，累加节点将所有输入信号和神经元偏置 b_k 相加。该操作由点积构成，即输入与权重的线性组合加偏置 b_k。由于能够将任意幅度的输出信号限制在某特定值内，故激活函数也被称为压缩函数。

偏置对网络输入增加或减少的影响取决于其为正或负。神经元的激活函数通常使用固定阈值 θ，例如，当网络输入大于阈值时，McCulloch-Pitts 神经元将被激活，即

$$y=f(u)=\begin{cases}1 & u\geqslant\theta\\0 & \text{其他}\end{cases} \tag{2-5}$$

其中，$u=x_1+x_2$ 表示图 2-9 中的神经元。这里阈值 θ 可以被偏置权重 b 替代，所以可以表示为

$$y=f(u)=\begin{cases}1 & u\geqslant 0\\0 & \text{其他}\end{cases} \tag{2-6}$$

其中 $u=x_1+x_2+b$。然而，在学习过程中，偏置可能会被调整，所以假设阈值是固定的。

值得注意的是，一般神经元输出的是一个数值，而其内含的离散动作势能却被忽略。真实神经元的响应是在输出激活率从 0 到每秒几百动作电势的动态范围内，因此在学习过程中激活函数应该可以被修正。

神经元 k 的数学表达可以表示为

$$y_k=f(u_k)=f\left(\sum_{j=1}^{m}w_{kj}x_j+b_k\right) \tag{2-7}$$

其中，x_j 为输入信号，w_{kj} 为神经元 k 的突触权重，u_k 表示输入到激活函数的网络输入，b_k 表示神经元 k 的偏置，$f(\cdot)$为激活函数，y_k 为神经元的输出信号。

我们还可通过定义一个与权重值 $w_{k0}=b_k$ 相连的常量输入信号 $x_0=1$，将上述公式简化为

$$y_k=f(u_k)=f\left(\sum_{j=0}^{m}w_{kj}x_j\right) \tag{2-8}$$

图 2-12 给出了神经元的修正模型。

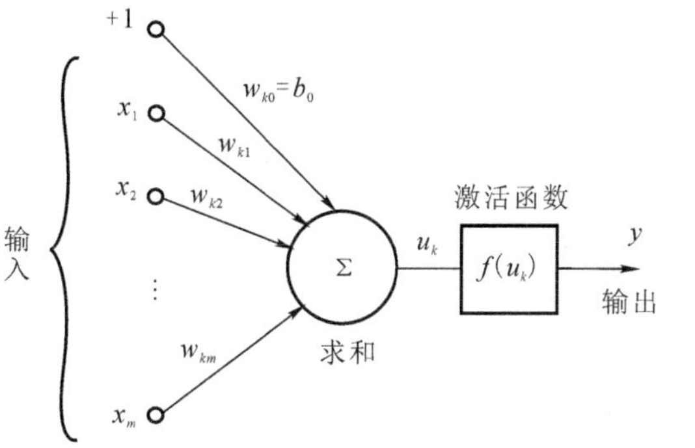

图 2-12　神经元的修正模型

激活函数 $f(u_k)$决定了在输入为 u_k 时神经元 k 的输出。

激活函数(又称传递函数、激励函数、活化函数等)，执行的是对该神经元所获得的网络输入的变换。在人工神经网络中，激活函数起着重要的作用。从级数展开的角度分析：如果把单隐层前馈神经网络的映射关系看成是一种广义级数展开的话，那么传递函数的作用在于提供一个“母基”，它与输入到隐层间的连接权一起，构造了不同的展开函数，而隐层与输出层的连接权则代表的就是展开的系数。因此，如果能够借鉴函数逼近理论设计灵活有效的传递函数，则可以使网络以更少的参数、更少的隐节点，完成从输入到输出的映射，从而提高神经网络的泛化能力。

组成人工神经网络的几种常用的神经元激活函数有硬极限激活函数、双极性硬极限激活函数、线性激活函数、sigmoid 函数(sigmoid unit)、饱和线性激活函数等。图 2-13 给出了几种常用的激活函数。

(1) 硬极限激活函数。其响应函数如图 2-13(a)所示，激活函数的形式如下：

$$f(s)=\begin{cases}1 & s\geqslant 0\\0 & s<0\end{cases} \tag{2-9}$$

在经典的感知器模型中，采用的就是这种硬极限激活函数，或者是双极性的硬极限激活函数，其激活函数的形式如下：

$$f(s)=\begin{cases}1 & s\geqslant 0\\-1 & s<0\end{cases} \tag{2-10}$$

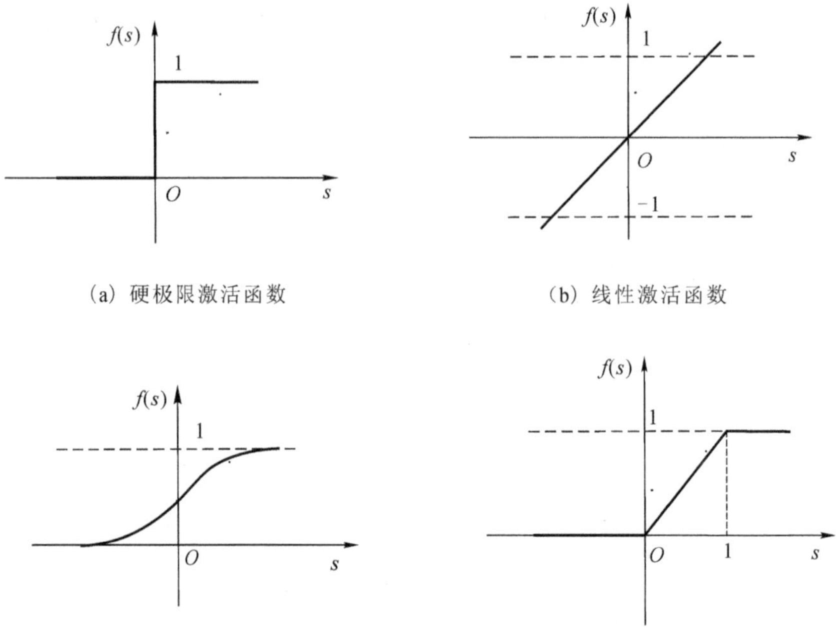

(a) 硬极限激活函数　　(b) 线性激活函数

(c) sigmoid 激活函数　　(d) 饱和线性激活函数

图 2-13　几种常用的神经元激活函数

在 MATLAB 的人工神经网络软件中，对应的函数分别是 hardlim 和 hardlims。更一般的硬极限激活函数形式为

$$f(s)=\begin{cases}\beta & s\geqslant \theta\\-\gamma & s<\theta\end{cases} \tag{2-11}$$

这里 β、γ、θ 均为非负实数，θ 为阈值函数(threshold function)。如果 $\beta=1$，$\gamma=0$，则该激活函数就退化为硬极限激活函数；如果 $\beta=\gamma=1$，则退化为双极性的硬极限激活函数。

(2) 线性激活函数。又称为纯线性激活函数，其响应函数如图 2-13(b)所示，激活函数的形式如下：

$$f(s)=k\times s+c \tag{2-12}$$

这里 k 是斜率，c 是截距。对应在 MATLAB 人工神经网络软件中的函数是 pureline。

(3) sigmoid 激活函数[2.12]。它是前馈神经网络模型中一种典型的非线性激活函数，能够平衡线性和非线性行为，是人工神经网络中经常被使用的激活函数。该函数呈 S 型，又称为 S 型(sigmoid)激活函数，如图 2-13(c)所示，函数形式为

$$f(s)=\frac{1}{1+e^{-s}} \tag{2-13}$$

这种非线性激活函数具有较好的增益控制，其饱和值在0～1之间。在MATLAB的人工神经网络软件中，对应的函数是logsig。为了使它的饱和值更加灵活，可以采用如下形式的压缩函数(squashing function)：

$$f(s)=g+\frac{h}{1+e^{-d\times s}} \tag{2-14}$$

其中，g、h、d 为可调常数。对于这种激活函数来说，函数的饱和值为 g 和 $g+h$。当 $g=-1$，$h=2$ 时，函数的饱和值在-1和$+1$之间，这时压缩函数变成一个双曲正切S型函数：

$$f(s)=\frac{e^{s}-e^{-s}}{e^{s}+e^{-s}} \tag{2-15}$$

在MATLAB的人工神经网络软件中，对应的函数是tansig函数。

(4) 饱和线性激活函数。如图2-13(d)所示的饱和线性函数具有如下形式：

$$f(s)=\begin{cases}0 & s<0\\ s & 0\leqslant s\leqslant 1\\ 1 & s\geqslant 1\end{cases} \tag{2-16}$$

此外，还有ReLU函数，该函数又称为修正线性单元(Rectified Linear Unit)[2.13]，是一种分段线性函数，它弥补了sigmoid函数以及tanh函数的梯度消失问题。ReLU函数的公式如下：

$$f(s)=\begin{cases}s & s>0\\ 0 & s\leqslant 0\end{cases} \tag{2-17}$$

ReLU函数的优点：当输入为正时(对于大多数输入空间来说)，不存在梯度消失问题；计算速度较快，ReLU函数只有线性关系，不管是前向传播还是反向传播，都比sigmod和tanh要快很多(sigmod和tanh要计算指数，计算速度会比较慢)。

ReLU函数的缺点：当输入为负时，梯度为0，会产生梯度消失问题。所以有了Leaky ReLU函数：

$$f(s)=\begin{cases}s & s>0\\ as & s\leqslant 0\end{cases} \tag{2-18}$$

其中 a 取值在0～1之间。

另外，还有以下几种激活函数。

竞争神经元激活函数(Compet)：

$$f(s)=\begin{cases}1 & s=\max(s)\\ 0 & \text{其他}\end{cases} \tag{2-19}$$

logistic函数：

$$f(s)=\frac{1}{1+e^{-s}} \tag{2-20}$$

径向基函数：该函数为非单调函数，主要用于径向基神经网络，其表达式为

$$f(s)=e^{-s^2} \tag{2-21}$$

假设输入 $\boldsymbol{p}=[1\quad 2]^{T}$，$\boldsymbol{w}=[1\quad 1]$，$b=-0.5$，图 2－14 给出了几种神经元激活函数作用于输入的结果。

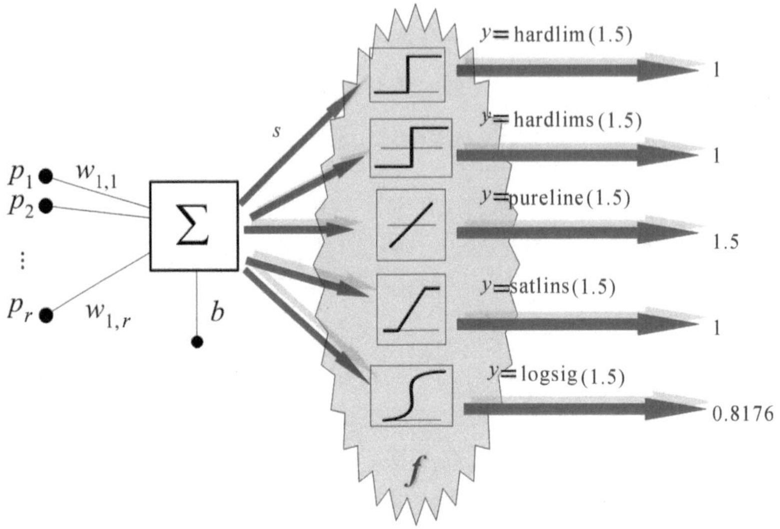

图 2－14　几种神经元激活函数作用于输入的结果

上述激活函数的形式虽然在一定程度上都能反映生物神经元的基本特性，但还有如下不同：首先，生物神经元激活的信息是脉冲，而上述模型激活的信息是模拟电压；其次，由于在上述模型中用一个等效的模拟电压来模拟生物神经元的脉冲密度，因此在模型中只有空间累加而没有时间累加(可以认为时间累加已隐含在等效的模拟电压之中)；最后，上述模型仅是对生物神经元一阶特性的近似，未考虑时延、不应期和疲劳等。尽管现代电子技术可以建立更为精确的人工神经元模型，但一般说来，实际问题中我们通常是不需要设计过于复杂的人工神经网络模型的，因为仅模拟一阶特性所搭建出来的人工神经网络模型已经能够较好地完成大部分的实际任务。

2.3.5　人工神经网络

如前所述，大脑神经网络系统之所以具有思维认识等高级功能，是由于它是由无数个神经元相互连接而构成的一个极为庞大而复杂的神经网络系统。人工神经网络也是一样，单个神经元的功能是很有限的，只有用许多神经元按一定规则连接构成的人工神经网络才

具有强大的功能。人工神经网络是一个并行和分布式的信息处理网络结构，它一般由许多个人工神经元组成，每个神经元只有一个输出，它可以连接到很多其他的神经元，每个神经元的输入有多个连接通道，每个连接通道对应于一个连接权系数。然而，如同生物的神经网络，在人工神经网络中并非所有神经元每次都一样地工作。如对于视、听、摸、想等不同的事件(输入不同)，各神经元参与工作的程度不同。当有声音时，处理声音的听觉神经元就要全力工作，视觉、触觉神经元基本不工作，主管思维的神经元部分参与工作；阅读时，听觉神经元基本不工作。在人工神经网络中以加权值控制节点参与工作的程度。例如，正权值相当于神经元突触受到刺激而兴奋，负权值相当于受到抑制而使神经元麻痹直到完全不工作。此外，按照生物神经网络中复杂的信息处理机制，与此相对应的神经网络具有不同的连接结构。

人工神经网络在很多方面和人类神经系统类似：

(1) 基本的信息主要在人工神经元(节点或单元)中处理；

(2) 这些神经元相互连接组成了神经网络；

(3) 信息通过被称为突触的神经元连接并传递；

(4) 突触的效率表示为相关权重，对应为储存在神经元中的信息；

(5) 通过学习环境刺激，调整连接权重，进而得到知识。

人工神经网络的一个重要特征是知识的存储，实际上存储的是神经元间的连接权重。如果知识被包含在连接的权重中，学习则变成了一种寻找最合适连接权重的过程，当给定环境刺激时，网络会产生适合的激活模式。在信息处理过程中，通过调节网络中的连接，它能够学习捕捉激活间的相互依赖性。这种现象展示了另外一个特性，人工神经网络中的知识分布在大量单元的连接中，而网络中没有哪个单独的神经元能保存特定的知识。

人工神经网络有三个主要特征：① 一系列神经元、节点或单元；② 神经元之间的连接模式被称为结构；③ 权值估计的方法被称为训练或学习。

人工神经网络模型在模拟生物神经网络时，已具备了生物神经元的某些基本特性，但是忽略了生物神经元的许多特性，如时间延迟等。因此，人工神经网络是生物神经网络固有特征的一种部分近似，包括：

(1) 并行分布处理的工作模式。如前所述，大脑中单个神经元的信息处理速度是很慢的，每次约 1 ms，比通常的电子门电路要慢几个数量级。每个神经元的处理功能也很有限，估计不会比计算机的一条指令更复杂。但是人脑对某一复杂过程的处理和反应却很快，一般只需几百毫秒。例如，要判定看到的两个图形是否一样，人眼实际上约需 400 ms，而在这个处理过程中，与脑神经系统的一些主要功能，如视觉、记忆、推理等有关。按照上述神经元的处理速度，如果采用串行工作模式，就必须在几百个串行步内完成，这实际上是不可能办到的。因此只能把它看成是一个由众多神经元所组成的超高密度的并行处理系统，并且大脑信息处理的并行速度已达到了极高的程度。

(2) 神经系统的可塑性和自组织性。神经系统的可塑性和自组织性与人脑的生长发育过程有关。例如，人的幼年时期约在 9 岁左右，学习语言的能力十分强，说明在幼年时期，大脑的可塑性和柔软性特别良好。从生理学的角度看，它体现在突触的可塑性和连接状态的变化，同时还表现在神经系统的自组织特性上。例如，在某一外界信息反复刺激下，接收该信息的神经细胞之间的突触结合强度会增强。这种可塑性反映出大脑功能既有先天的制约因素，也有可能通过后天的训练和学习而得到加强。神经网络的学习机制就是基于这种可塑性现象，并通过修正突触的结合强度来实现的。

(3) 信息处理与信息存储合二为一。大脑中的信息处理与信息存储是有机结合在一起的，而不像计算机那样存储地址和存储内容是彼此分开的。这种合二为一的优点是同时有大量相关知识参与信息过程，这对于提高网络信息处理的速度和智能是至关重要的。由于大脑神经元兼有信息处理和存储功能，因此在进行回忆时，不但不存在先找存储地址而后再调出所存内容的问题，而且还可以由一部分内容恢复全部内容。

(4) 系统的恰当退化和冗余备份(鲁棒性和容错性)。网络的高连接度意味着一定的误差和噪声不会使网络的性能恶化，即网络具有鲁棒性。此外，信息在神经网络中的存储是分布于大量的神经元之中，即一个事物的信息不只是对应于一个神经元的状态进行记忆，而是分散到很多神经元中进行记忆。而且每个神经元实际上存储着多种不同信息的部分内容。在分布存储的内容中，有许多是完成同一功能的，即网络具有冗余性。网络的冗余性导致网络的存储具有容错性，即其中某些神经元受到损伤或死亡时，仍不至于丢失其记忆的信息。

(5) 信息处理的系统性。大脑是一个复杂的大规模信息处理系统，单个的元件“神经元”不能体现全体宏观系统的功能。实际上，可以将大脑的各个部位看成是一个大系统中的许多子系统。各个子系统之间具有很强的相互联系，一些子系统可以调节另一些子系统的行为。例如，视觉系统和运动系统就存在很强的系统联系，可以相互协调各种信息处理功能。

(6) 求满意解而不是精确解。人类处理日常行为时，往往都不是一定要按最优或最精确的方式去求解，而是以能解决问题为原则，即求得满意解就行了。

(7) 能接收和处理模糊的、模拟的、随机的信息。

2.4 人工神经网络的分类

在人工神经网络模型中有三个要素：拓扑结构、神经元的特征、学习环境。在人工神经网络中，一旦神经元的形式和学习环境确定下来之后，那么由它所构成的人工神经网络的特性及能力则主要取决于网络的拓扑结构及学习方法。从不同的角度，可以将人工神经网络进行分类。

2.4.1 基于拓扑结构的分类

人工神经网络的拓扑结构在一定程度上决定着网络的功能与性能。按照网络的拓扑结构划分，人工神经网络可以分为前馈神经网络(包括层间有连接的和无连接的)、反馈神经网络和环状结构神经网络等。前馈神经网络要求网络结构中没有反馈回路。有的学者也常常按照信息在神经网络中的流向来定义前馈神经网络，即各个神经元接收前一级或同一级的输入，将输入以非线性函数的多次复合的形式输出到下一级的网络模型。反馈神经网络则定义为存在反馈支路的神经网络，或者是存在信息流反向传播的网络。环状结构神经网络指的是网络中神经元排列成环状结构，所有神经元之间都存在可能连接的网络。

图 2-15(a)给出的是一个多层前馈结构的人工神经网络模型(层间无连接)，图 2-15(b)给出的是一个反馈结构的人工神经网络模型，图 2-15(c)给出的是一个多层前馈结构的人工神经网络模型(层间有连接)，图 2-15(d)给出的是一个环状连接结构的人工神经网络模型。

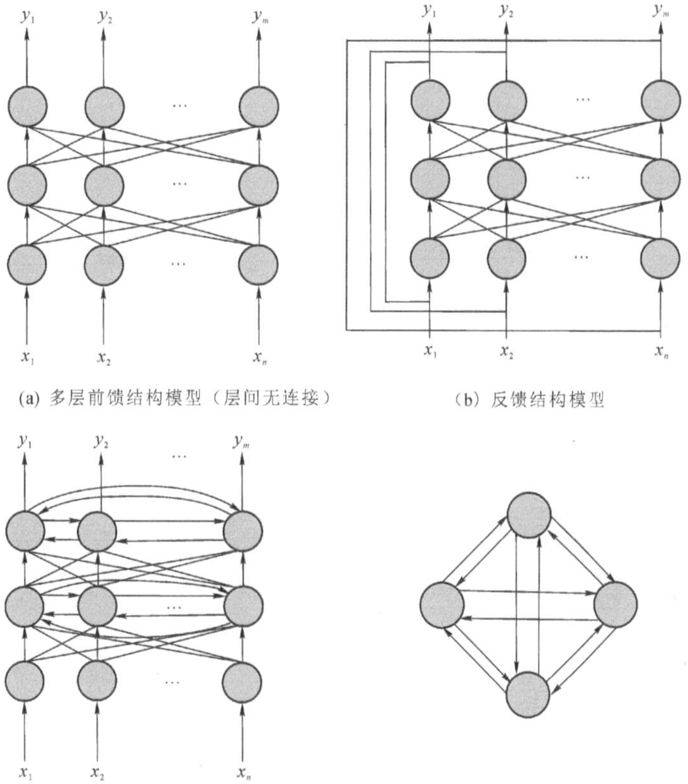

(a) 多层前馈结构模型（层间无连接）　(b) 反馈结构模型

(c) 多层前馈结构模型（层间有连接）　(d) 环状连接结构模型

图 2-15　人工神经网络模型

(1) 多层前馈人工神经网络模型(层间无连接)。该网络的结构如图 2-15(a)所示。多层前馈人工神经网络模型中的神经元是分层排列的，每个神经元只与前一层的神经元相连接，这是人工神经网络模型中最为典型的一种分层结构。最上一层为输出层，隐层的层数可以是一层或多层。根据前馈网络中神经元激活函数、隐层数目以及权值调整规则的不同，可以形成具有不同功能特点的人工神经网络模型。该多层前馈人工神经网络模型在所有的神经网络模型中是应用最广泛的一种，例如，多层感知器模型、反向传播神经网络模型、径向基函数神经网络模型都属于这种类型。

(2) 从输出到输入有反馈的反馈人工神经网络模型。网络的结构如图 2-15(b)所示。这种网络的本身是前馈型的，与前一种不同的是，它从输出到输入有反馈回路。例如，Hopfield 网络是一种典型的反馈人工神经网络模型，它是由相同的神经元构成的单层结构，一般情况下需要对称的连接来实现优化和联想记忆等功能。

(3) 层内互连的多层前馈人工神经网络模型。该网络的结构如图 2-15(c)所示。通过层内神经元之间的相互连接，可以实现同一层神经元之间横向抑制或兴奋的机制，从而限制层内能同时动作的神经元数目，或者把层内神经元分为若干组，让每组作为一个整体来动作。一些自组织竞争型的神经网络模型就属于这种类型。

(4) 环状连接结构人工神经网络模型。该网络的结构如图 2-15(d)所示。互连网络有局部互连和全互连两种。全互连网络中的每个神经元都与其他神经元相连，而局部互连是指互连只是局部的，有些神经元之间没有连接关系。这两种方式都属于环状连接结构人工神经网络模型。

这些不同结构的网络的划分也不是绝对的，因为有的情况下，一个网络中可能同时存在多种结构，即，除了这几种基本的模型之外，还有一些将这几类模型结合起来使用的混合模型，例如常用来进行模式识别的 Hamming 网络，就是一个前馈和反馈结构相结合的网络模型。还有在信号处理中常用到的自适应横向滤波器(均衡器)，采用的也是前馈和反馈结构混合的方式。

2.4.2 基于神经元特征的分类

如前所述，神经元的特征在很大程度上决定着网络的功能与性能，在不同的神经网络模型中，如感知器模型[2.14]、反向传播神经网络[2.15]、径向基函数神经网络[2.16]、自组织映射神经网络[2.17]、Hopfield 网络[2.18]、玻尔兹曼机[2.19]、自适应谐振理论网络[2.20]中，所采用的神经元函数不尽相同。一般地，我们按照神经元的特征把神经网络分为全局神经网络与局部神经网络。在全局神经网络中，一般神经元的激活函数是定义在无限的支撑区间上的，因此网络的一个或多个连接权系数或自适应可调参数在输入空间的每一点对任何输出都有影响。例如感知器模型、反向传播神经网络都属于全局逼近的神经网络模型。与之相对的就是神经元具有局部特性的神经网络，即，对输入空间的某个局部区域，只有少数几个连接权值影响网络输出。典型的有小脑模型关节控制器(Cerebellar Model Arculation Controller，CMAC)网络、B样条神经网络和径向基函数神经网络等。

CMAC神经网络采用固定的非线性输入层与可调的线性输出层，其结构如图2-16所示。实际上，它可看作是一种用于表示复杂非线性函数的查表结构。输入X中的每一矢量经过量化后输入隐层的存储矩阵，该矩阵由隐层神经元生成(隐层神经元的特性如图2-17所示)，每个输入变量会激活存储矩阵中若干个连续的神经元(或存储单元)。输出层是一个线性层，对某一输入样本，总可通过调整线性权值达到期望输出值。当输入相似时，其隐层的输出值也比较相近，因此CMAC遵循"输入相邻，输出相近"的原则，这种性质即是CMAC神经网络的局部泛化特性。CMAC网络可以看作是一种具有模糊联想记忆特性监督式(有导师)前馈神经网络。输入层非线性映射是设计确定的，训练只需要局部调整输出层的连接权，在输入数据充分激发的情况下，可以保证算法的收敛性以及收敛速度。CMAC神经网络具有实现简单、收敛速度快、泛化性能好的优点。但是，因为它只能用台阶函数逼近光滑曲线，所以存在逼近精度低的缺陷。

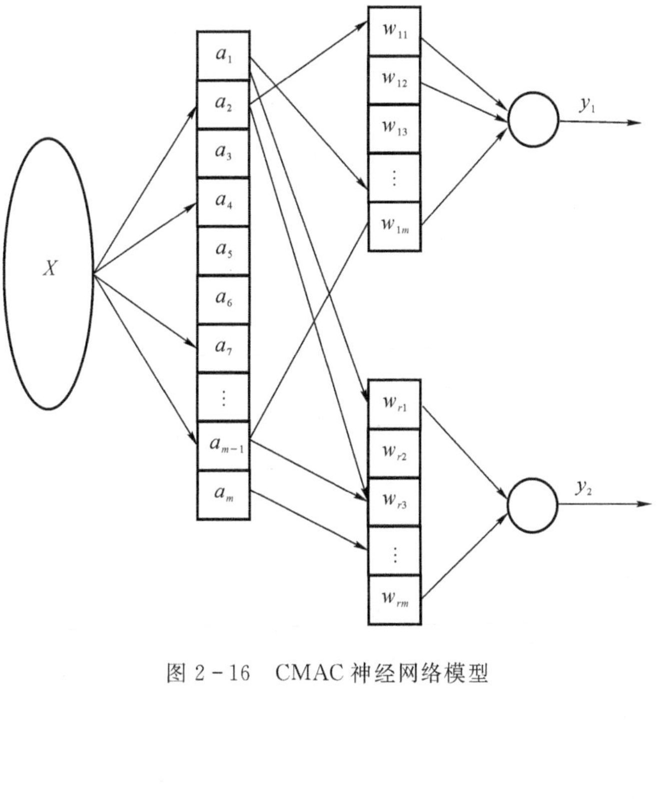

图2-16　CMAC神经网络模型

第2章　人工神经网络基础

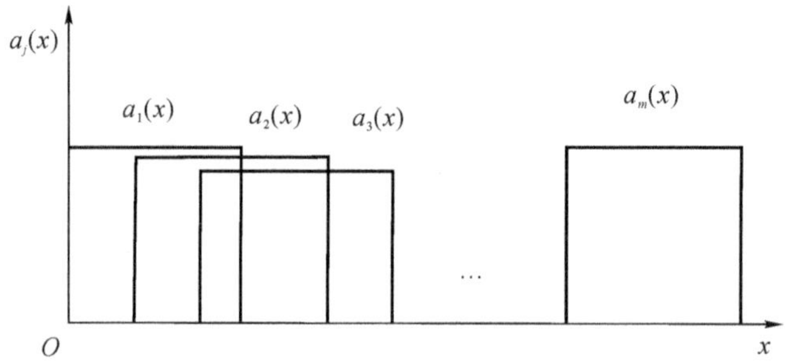

图 2-17　隐层神经元的特性

B样条神经网络则是采用B样条函数 $N_{j,k}(x)$（如图2-18所示）代替CMAC网络中的 $a_j(x)$。相比 $a_j(x)$，B样条函数具有正定性、紧密性的优点，即

$$N_{j,k}(x)=\begin{cases}\geqslant 0 & x\in[x_i,\ x_{i+k}]\\ =0 & \text{其他}\end{cases}\tag{2-22}$$

不仅如此，B样条函数还具有归一化的特点，即

$$\sum_{j=1}^{n}N_{j,k}(x)=1\tag{2-23}$$

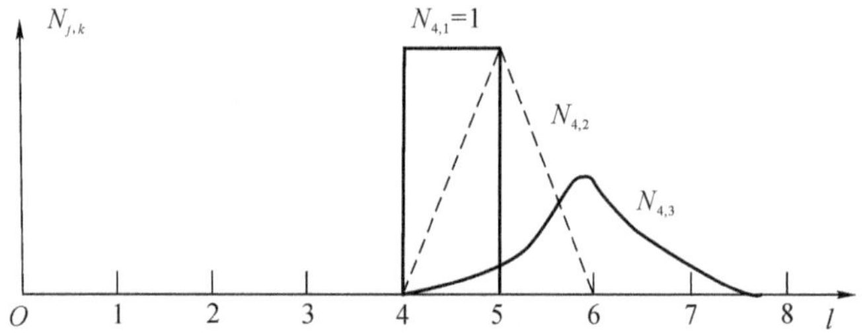

图 2-18　单变量的B样条函数

2.4.3　基于学习环境的分类

学习是人工神经网络研究的一项重要内容。人工神经网络的适应性是通过学习实现的。根据学习环境不同，人工神经网络的学习方式可分为有监督（教师、导师）学习和无监督（教师、导师）学习。

在有监督学习中，神经网络的工作分为两个阶段：训练阶段（学习阶段）与测试阶段（工作阶段）。首先已知一组训练样本，将训练样本的数据加到网络输入端，同时将相应的期望输出与网络输出相比较，得到误差信号，以此控制权值连接强度的调整，经多次训练后收敛到一个确定的权值。当样本情况发生变化时，通过学习继续修改权值以适应新的环境。

一旦训练完成，则学习过程结束，即可进入测试阶段以完成具体的任务。使用有监督学习的神经网络模型有感知器网络、反向传播神经网络等。

无监督学习则不给定训练样本，直接将网络置于环境之中，学习阶段与工作阶段是一个整体。此时，学习规则的变化服从连接权值的演变方程。无监督学习最简单的例子是Hebb学习规则。由Hebb提出的Hebb学习规则为神经网络的学习算法奠定了基础。Hebb规则认为学习过程最终发生在神经元之间的突触部位，突触的联系强度随着突触前后神经元的活动而变化。在此基础上，人们提出了各种学习规则和算法，以适应不同网络模型的需要。例如，竞争学习规则是一个更复杂的无监督学习的例子，它是根据已建立的聚类进行权值调整。自组织映射、适应谐振理论网络等都是与竞争学习有关的典型模型。

当然，这种根据学习环境的不同来分类网络的方式也不是绝对的，因为实际应用中不只存在这两大类网络模型，还包括兼具有监督与无监督两大特点的混合学习网络模型。一般地，常采用无监督学习来抽取数据特征，进行数据预处理，采用有监督学习实现精细的分类。

设计有效的学习算法，可使人工神经网络能够通过连接权值的调整，构造客观世界的内在表示，形成具有特色的信息处理方法，而信息存储和处理就体现在网络的连接中，这些都是神经网络设计人员孜孜以求的目标。在不同的学习环境下，可以通过设计学习规则来对权值进行调整，从而改善网络的输出行为。从这个方面出发，也可以对人工神经网络进行分类，例如感知器规则学习网络、deta规则学习网络、反向传播规则学习网络、Hebb学习规则、Boltzmann学习规则、竞争学习规则、死记式学习规则等，由于涉及内容过多，这里就不再赘述。

2.5 人工神经网络的学习方法

在神经科学中最令人振奋的发现是突触效率可以通过输入刺激来进行调节，该发现被认为是人类大脑学习和记忆的基础。因此，学习是一个环境刺激调节突触权重的过程。对于哺乳动物来说，神经元的数目在出生时已经大致固定，新生的神经元无法用来存储新的知识，只有学习这一行为可以简单地修正突触强度，或者形成新的突触连接形式，或释放已有突触，从而完成新知识的存储。

在神经计算中，学习过程对应着网络参数通过适应环境刺激在网络中的表示而发生的自我调节。在标准神经网络学习算法中，这些自由参数基本上对应着神经元的连接权重。更多复杂的学习能够动态调整人工神经网络的其他参数，例如网络结构和神经元的激活函数。其中环境刺激对应着被用来训练网络的输入数据。

神经网络学习主要包含以下几步：① 网络输入模式的表示；② 网络自由参数的调节，进而产生一个能够反映输入数据的模式。

在大部分神经网络应用中，首先通过一定的学习规则调节网络参数，然后网络被应用于新的数据集，其对应的是网络训练和网络应用。

神经网络通过一个权值更新的迭代过程进行网络的学习。这种权值更新的学习方式主要包含三类：有监督学习、无监督学习和增强学习。

2.5.1 有监督学习

有监督学习策略通过把知识表示成明确的输入-输出对的模式来体现监督者或专家的概念。当数据的类别已知时，有监督学习可以训练神经网络。图 2-19 给出了一种监督机制。网络的自由参数依据输入与误差信号的组合进行更新，其中误差信号为当前网络实际输出和期望输出之间的差异。

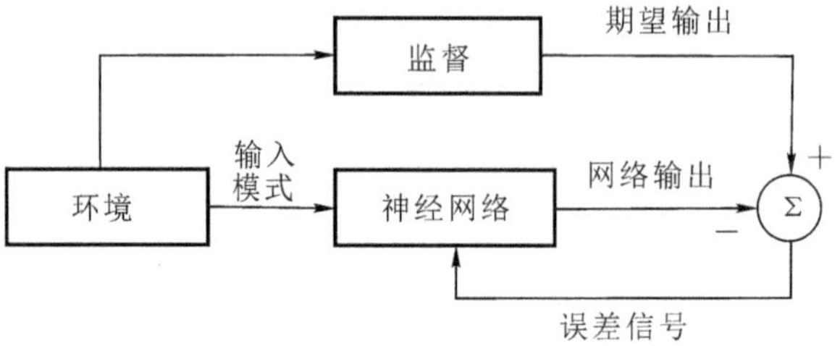

图 2-19 有监督学习

在图 2-20 中，输入信号经过一个或多个隐层后，网络产生一个信号 $\boldsymbol{x}(t)$ 来刺激神经元 j，其为前馈神经网络输出单元，其中 t 为离散时间索引。神经元的输出信号 $y_j(t)$ 与期望输出 $d_j(t)$ 进行对比，产生误差信号 $e_j(t)$。

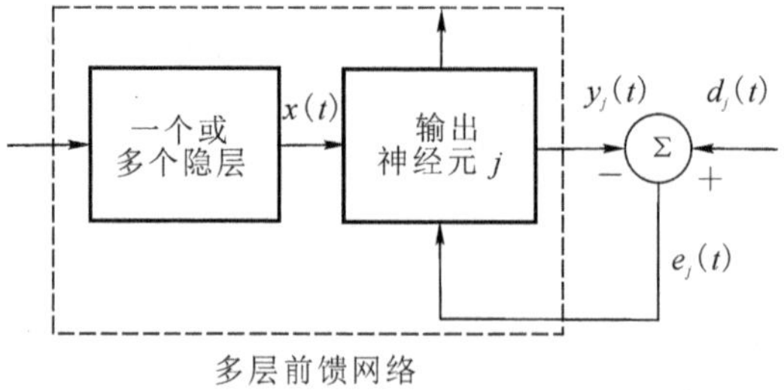

图 2-20 误差修正学习

在每一个时间点 t，网络的输出都会与期望值比较，产生一个误差值，因此误差信号可以用来修正与调节神经元 j 的权值。监督学习的目标是使得神经网络的输出在每一步与期望的输出更加接近，是通过最小化损失函数（误差值）来实现的。误差损失函数可以写为

$$L(t)=\frac{1}{2}e_j^2(t) \tag{2-24}$$

当使用监督学习训练好网络之后，在实际应用中，网络可能遇到未见过的新数据，对这些新数据的处理能力是人工神经网络的另一个重要能力，即泛化能力。泛化主要指的是网络在未被用来进行网络学习的新模式上表现出来的性能。

假设我们想用一个多层前馈神经网络逼近图 2－21(a)中实线给出的函数 $\sin(x)\cos(2x)$，则其仅仅需要少量训练样本就可以调整好一个简单多层前馈神经网络的权重，包含一个输入单元、一个输出单元和由五个 sigmoid 单元组成的隐层。

由于大部分真实数据包含一定的噪声，例如不相关数据或被干扰的数据，为了分析噪声数据与网络的逼近能力之间的关系，我们在输入数据中加入某些服从均值为 0 和方差为 0.15 的均匀分布的噪声。在该情况下，如果神经网络不能够被充分训练，则将无法获得较满意的逼近效果，从而导致欠拟合(图 2－21(b))。相反地，当网络能够完美地逼近输入数据时，则会发生过拟合(图 2－21(c))。更好的训练通常考虑了逼近精度与未知数据的泛化之间的权衡(图 2－21(d))。

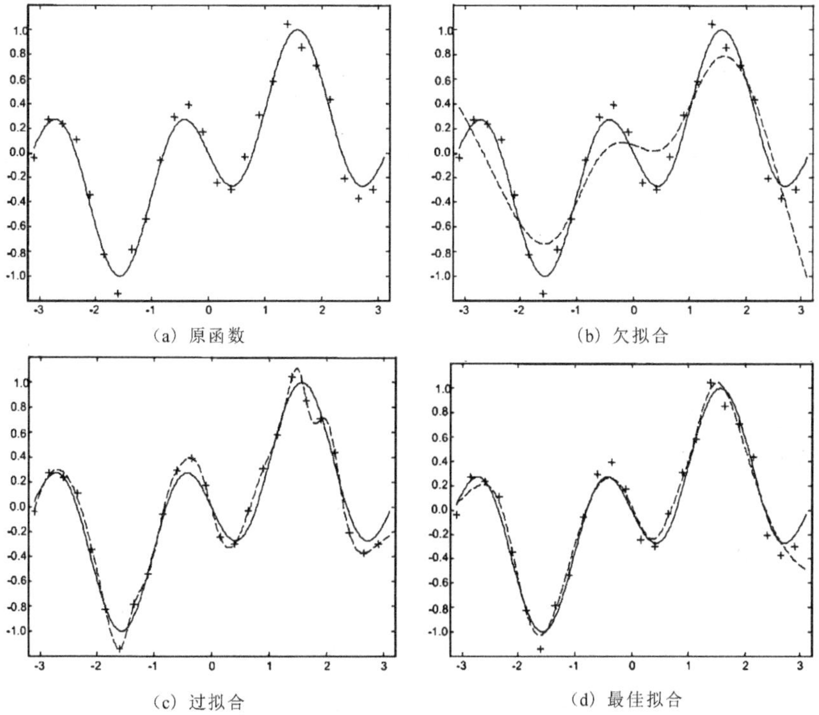

(a) 原函数　(b) 欠拟合　(c) 过拟合　(d) 最佳拟合

图 2－21　函数的训练

从生物学角度看，泛化能力对于我们认知世界非常重要。如果人们只记住了某些特定的事例，而不是提取这些事例下的基本规则，那么当出现之前从未出现过的事例时，人们将会不知所措。

2.5.2 无监督学习

在无监督或自组织学习方法中，不存在被告知的输入-输出对模式，没有与输入数据相关的监督信息可以被用来评估网络的性能，如图 2-22 所示。在这种情况下，没有误差信息被反馈到网络中来修正参数。因此，无监督学习中数据的类别信息是未知的或未标记的。在无监督学习过程中，网络需要不断地调整自己，以适应输入数据内在的统计规则，创造能够对输入数据的特征进行编码的内在表示，从而实现自动分类的能力。通常自组织算法采用竞争学习方案。

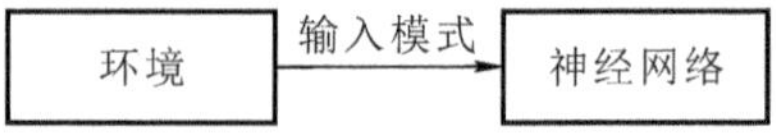

图 2-22　无监督学习

在竞争学习中，网络输出神经元之间相互竞争，在每次迭代中只有一个输出神经元会被激活。该特性使得算法能够发现数据中显著的统计特征，从而实现数据模式的分类。神经网络中竞争学习策略主要有以下几步：

(1) 一个集合中的神经元除了它们的连接权重外具有相同特性；

(2) 每个神经元的权重是有约束的；

(3) 神经元之间是相互竞争的，即赢得竞争的是胜者。

当单个神经元从相似模式的数据中学习到特定知识之后，这些神经元可以认为是不同输入模式类别的特征提取或特征检测算子。用竞争学习方案训练的竞争神经网络具有一个全连接的输出神经元层，如图 2-23 所示，其神经元之间还包含侧向连接，它能够在学习过程中约束相邻的神经元。

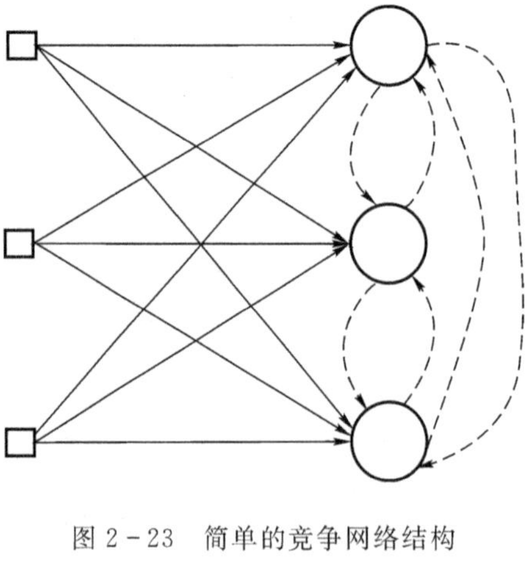

图 2-23　简单的竞争网络结构

作为胜利者的神经元 i 必须满足在欧式距离度量下，与之对应的权值向量$\boldsymbol{w}_i$ 和特征输入模式 $\boldsymbol{x}$ 之间的距离是最小的。因此，输出神经元为

$$i = \arg\min_i \| \boldsymbol{x} - \boldsymbol{w}_i \| \tag{2-25}$$

如果神经元与规定的输入模式不对应，则该神经元不需要学习。然而，如果神经元 i 赢得了竞争，则将对神经元 i 的权值向量$\boldsymbol{w}_i$ 进行调整，调整向量为 $\Delta\boldsymbol{w}_i$，且

$$\Delta\boldsymbol{w}_i = \begin{cases} \alpha(\boldsymbol{x} - \boldsymbol{w}_i) & i\ 获胜 \\ \boldsymbol{0} & i\ 失败 \end{cases} \tag{2-26}$$

其中，α 为学习率，用来控制权值向量$\boldsymbol{w}_i$ 在输入向量 $\boldsymbol{x}$ 方向上的逼近步长。

2.5.3 增强学习

增强学习不同于上述两种方法，其直接从与环境的交互中学习，而不取决于明确的监督信息或完整的环境模型。通常可利用的信息仅仅是神经网络对任务完成的好坏程度，进一步来讲，这是以网络的参数、网络响应和激励为依据的神经网络与环境的互动。换句话来讲是网络把状态映射到动作，从而最大化一个奖励信号。

与众不同的是，增强学习包含着反复试验搜索与延迟奖励，平衡着探索和利用两个过程。为了获得更多的奖励，增强学习网络倾向于利用已探索过的有效动作。相反，为了发现更多此类动作，必须尝试之前未探索的动作。因此，该网络必须利用已有的知识获得奖励，而且为了在未来产生更好的动作可选择新的探索。图 2-24 给出了增强学习系统中的网络-环境交互过程。网络输出反馈到环境中，而环境则根据网络性能的好坏产生一个奖励信号。

图 2-24 增强学习过程

2.6 人工神经网络的向量与矩阵基础

在人工神经网络的研究中，其输入、输出及网络的权值和偏置通常用向量或者矩阵的形式表示，这些都是理解神经网络的概念、原理以及运行机制的基础。因此在本章的最后，有必要把相关的向量空间以及矩阵理论的基础知识进行简要的介绍，在此基础上可以方便地对神经网络模型进行分析。

2.6.1 线性向量空间与生成空间

若 $\boldsymbol{X}$ 是一组定义在标量域 F 上且满足如下条件的元素向量集合，则称 $\boldsymbol{X}$ 为线性向量空间。

(1) 满足向量加。一个被称为向量加的操作定义为：对于任意 $\boldsymbol{x}\in\boldsymbol{X}$，任意 $\boldsymbol{y}\in\boldsymbol{X}$，有 $\boldsymbol{x}+\boldsymbol{y}\in\boldsymbol{X}$成立。

(2) 对任意 $\boldsymbol{x}$，$\boldsymbol{y}\in\boldsymbol{X}$，满足 $\boldsymbol{x}+\boldsymbol{y}=\boldsymbol{y}+\boldsymbol{x}$。

(3) 对任意 $\boldsymbol{x}$，$\boldsymbol{y}$，$z\in\boldsymbol{X}$，满足$(\boldsymbol{x}+\boldsymbol{y})+z=\boldsymbol{x}+(\boldsymbol{y}+z)$。

(4) 存在唯一称为零向量的向量 $\boldsymbol{0}\in\boldsymbol{X}$，对于所有的 $\boldsymbol{x}\in\boldsymbol{X}$，都有 $\boldsymbol{x}+\boldsymbol{0}=\boldsymbol{x}$。

(5) 对于 $\boldsymbol{X}$ 中每一个向量，存在唯一的向量 $-\boldsymbol{x}$，使得 $\boldsymbol{x}+(-\boldsymbol{x})=\boldsymbol{0}$。

(6) 满足向量乘。一个被称为向量乘的操作定义为：对于所有 $a\in F$ 的标量，以及所有的 $\boldsymbol{x}\in\boldsymbol{X}$，都有 $a\boldsymbol{x}\in\boldsymbol{X}$。

(7) 对于所有的向量 $\boldsymbol{x}\in\boldsymbol{X}$ 和标量 1，满足 $1\boldsymbol{x}=\boldsymbol{x}$。

(8) 对于任意标量 $a\in F$ 和 $b\in F$，以及任意向量 $\boldsymbol{x}\in\boldsymbol{X}$，满足 $a(b\boldsymbol{x})=(ab)\boldsymbol{x}$。

(9) 对于任意标量 $a\in F$ 和 $b\in F$，以及任意向量 $\boldsymbol{x}\in\boldsymbol{X}$，满足$(a+b)\boldsymbol{x}=a\boldsymbol{x}+b\boldsymbol{x}$。

(10) 对于任意标量 $a\in F$ 和 $b\in F$，以及任意向量 $\boldsymbol{x}\in\boldsymbol{X}$，满足 $a(\boldsymbol{x}+\boldsymbol{y})=a\boldsymbol{x}+a\boldsymbol{y}$。

例如，在单神经元的感知器神经网络模型里，网络的判决平面为 $\boldsymbol{wp}+b=0$，当 $b=0$ 时，那么判定边界就构成一个线性向量空间。因为假设 $\boldsymbol{p}_1$、$\boldsymbol{p}_2$ 分别是判定边界上的两个向量，它们一定满足 $\boldsymbol{wp}_1=0$，$\boldsymbol{wp}_2=0$，然后可得 $\boldsymbol{w}(\boldsymbol{p}_1+\boldsymbol{p}_2)=0$，所以二者的向量和也在判定边界上。类似地，可以判断其满足加法的交换律和结合律(条件(2)和(3))。条件(4)要求零向量在判定边界上，这也是满足的，因为 $\boldsymbol{w0}=0$，所以零向量也在边界上。对于条件(5)，若 $\boldsymbol{p}$ 在判定边界上，则有 $\boldsymbol{w}(-\boldsymbol{p})=0$，所以 $-\boldsymbol{p}$ 也在判定边界上。类似地可以判断条件(6)、(7)、(8)、(9)也是满足的。因此单感知机模型的判决面构成一个线性向量空间。但是当 b 不为 0 时，判决面构成一个线性向量空间。可以很容易地验证，欧几里得空间 $\mathbf{R}^2$ 也是一个线性向量空间，但如果 $\mathbf{R}^2$ 的任意一个子集不一定能够生成一个线性向量空间。另一方面，非负的连续函数则不能构成一个向量空间，因为它既不满足可乘性，也不满足存在负元素。如果一个线性空间存在一个子集，且空间中的每个向量都能写成该子集向量的线性组合，那么该子集就能够生成一个空间。

2.6.2 基集合、内积与范数

在描述一个人工神经网络的输入、输出、权值、阈值时，我们通常定义向量的形式，向量的运算是人工神经网络的基础，而基集合(或基集)是描述空间的一个重要特征，因此这里讨论基集合、内积与范数的定义。

1. 基集合

一个向量空间的维数是由生成该空间所需要的最少向量个数决定的。$\boldsymbol{X}$ 的基集合是由生成 $\boldsymbol{X}$ 的线性无关的向量组成的集合。任何基集合包含了生成空间所需要的最少个数的向量，因此向量空间的维数 $\mathrm{Dim}(\boldsymbol{X})$就等于基集中元素的个数，任何向量空间都可以有多个基集合，但是每个基集合都必须包含相同数目的元素。换句话说，如果 $\boldsymbol{X}$ 是一个有限维的向量空间，则 $\boldsymbol{X}$ 的每个基集合的元素数量相等。

2. 内积

满足下列条件的标量函数，都可以定义为内积：

(1) $(\boldsymbol{x}, \boldsymbol{y})=(\boldsymbol{y}, \boldsymbol{x})$；

(2) $(\boldsymbol{x}, a\boldsymbol{y}_1+b\boldsymbol{y}_2)=a(\boldsymbol{x}, \boldsymbol{y}_1)+b(\boldsymbol{x}, \boldsymbol{y}_2)$；

(3) $(\boldsymbol{x}, \boldsymbol{x})\geqslant 0$，当且仅当是零向量时，$(\boldsymbol{x}, \boldsymbol{x})=0$。

对于 n 维实数空间中的向量来说，其标准内积为

$$\boldsymbol{x}^{\mathrm{T}}\boldsymbol{y}=x_1y_1+x_2y_2+\cdots+x_ny_n \tag{2-27}$$

另外，对于定义在$[-1, 1]$上的所有的连续函数的集合，其标量函数：

$$(\chi, \beta)=\int_{-1}^{1}\chi(t)\beta(t)\mathrm{d}t \tag{2-28}$$

也构成了内积。

3. 范数

如果一个向量 $\boldsymbol{x}$ 的标量函数满足下列条件，则被称为范数。

(1) $\|\boldsymbol{x}\|\geqslant 0$；

(2) $\|\boldsymbol{x}\|=0$，当且仅当 $\boldsymbol{x}=\boldsymbol{0}$；

(3) $\|a\boldsymbol{x}\|=|a|\ \|\boldsymbol{x}\|$，对于所有的标量 a；

(4) $\|\boldsymbol{x}+\boldsymbol{y}\|\leqslant\|\boldsymbol{x}\|+\|\boldsymbol{y}\|$。

2.6.3 正交、向量展开与互逆基向量

1. 正交

如果两个向量 $\boldsymbol{x}, \boldsymbol{y}\in\boldsymbol{X}$，满足$(\boldsymbol{x}, \boldsymbol{y})=0$，那么就说这两个向量之间是正交的。如果一个向量和一个平面中的所有向量都是正交的，那么就说向量和平面是正交的。如果一个平面中的所有向量和另外一个平面中的所有向量都是正交的，就说两个平面是正交的。正交性是神经网络里非常重要的概念，例如在感知器模型进行模式识别时，判决平面与权值向量之间就是正交的；如果利用 Hebb 规则对一个线性联想器进行训练实现模式识别，若模式向量是归一的和正交的，那么就可以得到很好的联想结果。

2. 向量展开

有限维空间的向量可以表示为一列数的形式，向量展开提供了用一列数据来表示向量的方法。给定向量空间 $\boldsymbol{X}$ 中的一组基集合$\{\boldsymbol{g}_1, \cdots, \boldsymbol{g}_n\}$，那么对任意属于 $\boldsymbol{X}$ 的向量 $\boldsymbol{x}$，都有唯一的展开式：

$$x = \sum_{i=1}^{n} \alpha_i g_i \qquad (2-29)$$

那么 $\boldsymbol{x}$ 就可以用一组数(α_1, α_2, …, α_n)来表示。

3. 互逆基向量

如果需要向量展开式，而基集合又不是正交的，那么就必须引入互逆基向量：

$$(\boldsymbol{g}_i, \boldsymbol{v}_j) = \begin{cases} 0 & i \neq j \\ 1 & i = j \end{cases} \qquad (2-30)$$

那么($\boldsymbol{v}_1$, $\boldsymbol{v}_2$, …, $\boldsymbol{v}_n$)就称为(α_1, α_2, …, α_n)的一组互逆基向量。

2.6.4 线性变换与矩阵表示

1. 线性变换

一个变换由三部分组成：

(1) 一个被称为定义域(domain)的元素集合：$X=\{x_i\}$。

(2) 一个被称为值域(range)的元素集合：$Y=\{y_i\}$。

(3) 一个联系 X 和 Y 的规则。

线性变换定义为满足下面式子的变换：

(1) 对于所有 x_1, $x_2 \in X$, $A(x_1+x_2)=A(x_1)+A(x_2)$；

(2) 对于所有 $x \in X$ 和标量 a, $A(ax)=a\,A(x)$。

2. 矩阵表示

任何两个有限维向量空间的线性变换都可以用矩阵(运算)表示。一个线性变换可以表示为一个矩阵的乘。一个线性变换的矩阵表示也不唯一，如果改变定义域或值域的基集，变换矩阵也将改变。

本章参考文献

[2.1] 焦李成，公茂果，王爽，等. 自然计算、机器学习与图像理解前沿[M]. 西安：西安电子科技大学出版社，2008.

[2.2] 焦李成. 神经网络系统理论[M]. 西安：西安电子科技大学出版社，1990.

[2.3] 焦李成. 神经网络计算[M]. 西安：西安电子科技大学出版社，1993.

[2.4] 焦李成. 神经网络的应用与实现[M]. 西安：西安电子科技大学出版社，1993.

[2.5] 焦李成. 非线性传递函数理论与应用[M]. 西安：西安电子科技大学出版社，1992.

[2.6] HOSMER D W, LEMESHOW S. Applied logistic regression[M]. J. Wiley: Technometrics. 2000.

[2.7] MEHROTA K, MOHAN C K, RANKA S. Elements of artificial neural networks[M]. Cambridge

MA：MIT Press，1996.

[2.8] 严平凡，张长水. 人工神经网络与模拟进化计算[M]. 北京：清华大学出版社，2002.

[2.9] 周志华，曹存根. 神经网络及其应用[M]. 北京：清华大学出版社，2004.

[2.10] 崔伟东，周志华，李星. 神经网络 VC 维计算研究[M]. 西安：西安电子科技大学出版社，2002.

[2.11] MCCULLOCH W S，PITTS W. A logical calculus of the ideas immanent in nervous activity[J]. The bulletin of mathematical biophysics，1943，5(4)：115－133.

[2.12] HAN J，MORAG C. The influence of the sigmoid function parameters on the speed of backpropagation learning[C]. International Workshop on Natural to Artificial Neural Computation，1995：195－201.

[2.13] GLOROT X，BORDES A，BENGIO Y. Deep sparse rectifier neural networks[C]. Proceedings of the 14th International Conference on Artificial Intelligence and Statistics（AISTATS），2010：315－323.

[2.14] ROSENBLATT F. The perceptron：A probabilistic model for information storage and organization in the brain[J]. Psychological Review，1958，65(6)：386－408.

[2.15] RUMELHART D E，HINTON G E，WILLIAMS R J. Learning internal representations by back-propagating errors[J]. Nature，1986，323(99)：533－536.

[2.16] CHEN S，CHNG E S，ALKADHIMI K. Regularized orthogonal least squares algorithm for constructing radial basis function networks[J]. International Journal of Control，1996，64(5)：829－837.

[2.17] KOHONEN T. The self-organizing map[J]. IEEE Proceedings of ICNN，1990，1(1－3)：1－6.

[2.18] HOPFIELD J J. Neural networks and physical systems with emergent collective computational abilities[J]. Proceedings of the National Academy of Sciences，1982，79(8)：2554－2558.

[2.19] ACKLEY D H，HINTON G E，SEJNOWSKI T J. A learning algorithm for Boltzmann machines [M].Connectionist models and their implications：readings from cognitive science. 1988.

[2.20] POSTMA E O，HUDSON P T W. Adaptive resonance theory[J]. Handbook of Brain Theory & Neural Networks，1995，931(2)：87－90.

第3章 前馈神经网络

前馈神经网络是一种典型的神经计算模型，提供了一种普遍且实用的方法，能够从样例中学习取值为实数或离散值的函数，目前前馈神经网络已广泛应用于模式识别、图像处理、生物信息学、金融预测、视觉场景分析、语音识别、机器人控制等领域。本章从单个神经元模型入手，首先介绍单感知器神经元以及经典的感知器学习规则；其次介绍以自适应线性网络为代表的单层前馈神经网络，以及训练网络的最陡梯度下降学习规则和随机梯度下降学习规则；在此基础上，研究多层前馈神经网络模型和反向传播学习算法，对其性能和改进算法进行分析；之后，将前馈神经网络中两种重要的规则即感知器模型中的感知器规则和自适应线性网络中衍生的最小均方(Least Mean Square，LMS)或最陡梯度下降学习规则进行对比，将感知器模型与最优 Bayes 分类器、Fisher 判别进行对比分析；最后，介绍神经网络的设计和泛化，以及深度前馈神经网络的特点。

3.1 单神经元模型

作为一种重要的统计学习方法，有监督的前馈人工神经网络模型能够直接从观测数据中学习样本内在蕴含的特性，为众多工程实践中的函数学习和模式识别问题提供了一种简单有效的方法，它不仅对于训练数据中的噪声有很好的鲁棒性，而且还具有并行性和容错性[3.1-3.20]，目前已广泛应用于模式识别、图像处理、生物信息学、金融预测、视觉场景分析、语音识别、机器人控制等领域。如前所述，组成前馈神经网络的几种主要单元有感知器(perceptron)、线性单元(linear unit)和 S 型单元(sigmoid 单元)等。使用这些单元可以组成前馈神经网络中几种经典的前馈神经网络模型，如多层感知器(Multiple Layer Perceptron，MLP)模型、自适应线性网络(Adaptive Linear Network，ALN)模型、反向传播神经网络(Back Propagation Neural Network，BPNN)模型等。我们首先讨论感知器神经元模型与相应的学习规则。

3.1.1 单感知器神经元和感知器学习规则

1943 年，McCulloch 和 Pitts 发表了第一篇系统地研究人工神经网络的论文，首次提出了"似脑机器"(mind-like machine)的思想，这种机器可由基于生物神经元特性的互连模型与阈值加权得到，这就是神经网络的概念。在论文中，他们构造了一个模拟大脑基本组成的神经元模型——McCulloch-Pitts(M-P)数学模型[3.21]，该模型对逻辑操作系统表现出了通用性。但是，这个非线性双阈值二元离散神经计算模型仅是一个数学模型，并不具有学习能力。之后，他们制定了新的目标，即从"似脑机器"到"学习机器"，使这个模型第一次具有了学习能力，1947 年，在 M-P 数学模型的基础上，他们提出了单感知器神经元模型与著名的感知器学习规则。

为了描述一个神经元模型，我们需要指定几个基本要素：输入、连接权值与偏置、净输入，以及神经元的激活函数[3.22]。一个感知器神经元(单神经元感知器)以一组实数(x_1，x_2,…，x_n)为输入。一般地，在神经网络中一个神经元总是和多个神经元之间互相有连接，假设当前神经元和 n 个神经元之间有连接，其连接权值(weight)为 w_1，w_2，…，w_n，用来决定与当前神经元连接的第 i 个神经元输入 x_i 对输出的贡献率。最常采用的计算净输入的方式是采用线性加权组合的方式，计算实数输入 x_1，x_2，…，x_n 在这组权值 w_1，w_2，…，w_n 加权下的一个线性组合，令 $-w_0$ 为该神经元的阈值(threshold)，那么神经元的净输入定义为该神经元的线性加权之和与神经元的阈值之差。感知器神经元的激活函数 f 为硬阈值函数，假设其是双极性的，那么，如果神经元的线性加权之和大于阈值 $-w_0$，则输出为 $+1$，否则输出为 -1。感知器神经元的输出可以写为

$$y(x_1, x_2, \cdots, x_n)=\begin{cases}1 & w_1x_1+w_2x_2+\cdots+w_nx_n>-w_0\\ -1 & \text{其他}\end{cases} \tag{3-1}$$

单神经元感知器模型如图 3-1 所示[3.23]。

为了简化表示，假设 $x_0=1$，就可以把式(3-1)中的不等式以向量形式写为：$\boldsymbol{w}\cdot\boldsymbol{x}>0$，其中 $\boldsymbol{w}=[w_0, w_1, \cdots, w_n]$，$\boldsymbol{x}=[x_0, x_1, \cdots, x_n]$，即

$$y(\boldsymbol{x})=f(\boldsymbol{w}\cdot\boldsymbol{x})=\text{sgn}(\boldsymbol{w}\cdot\boldsymbol{x}) \tag{3-2}$$

其中

$$\text{sgn}(t)=\begin{cases}+1 & t>0\\ 0 & t=0\\ -1 & t<0\end{cases} \tag{3-3}$$

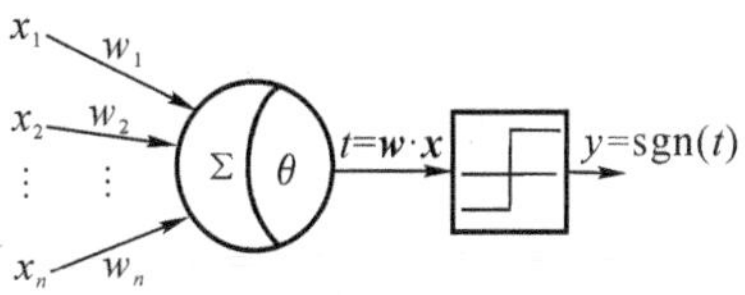

图 3-1　单神经元感知器模型

代表神经元的硬阈值激活函数。学习一个感知器需要确定实数阈值 w_0 和权值 w_1，w_2…，w_n 的值，这就是通常所说的神经网络的学习过程。感知器学习要考虑的候选假设空间 H 就是所有可能的实数的权阈值向量的集合：

$$H=\{\boldsymbol{w}\mid\boldsymbol{w}\in\mathbf{R}^{(n+1)}\} \tag{3-4}$$

对于大部分输入模式来说，图 3-1 所示的感知器模型的输出为 $+1$ 或 -1。如果把 $+1$ 和 -1 看作是代表两类模式的类别标签的话，那么单神经元的感知器模型就是一个天然的

二分类的分类器。感知器可以看成是在 $n+1$ 维实数空间上(空间点为 $x_0, x_1, x_2, \cdots, x_n$)由方程 $\boldsymbol{w}\cdot\boldsymbol{x}=0$ 定义的一个超平面(或称为决策面)。对于在超平面的某一边的所有点(学习问题的正例),感知器的输出为 $+1$;对于在超平面的另一边的所有点(学习问题的负例),感知器的输出为 -1。

在模式分类的问题中,假设已知一组训练样例集合 D:$\{(\boldsymbol{x}_1, t_1), (\boldsymbol{x}_2, t_2), \cdots, (\boldsymbol{x}_Q, t_Q)\}$,$t_i\in\{+1, -1\}$,$i=1, \cdots, Q$,期望利用这些训练样例来学习出一个感知器神经元模型中正确的权阈值向量 $\boldsymbol{w}$(或相应的决策面 $\boldsymbol{w}\cdot\boldsymbol{x}=0$),以便将样例集合正确地分开。当然,因为决策面 $\boldsymbol{w}\cdot\boldsymbol{x}=0$ 的形式决定了其是一个线性决策面,只能解决线性可分的问题。实际上,并非所有学习问题里的正负样例都能用一个线性超平面分开,而可以用线性超平面分开的正负样例集称为线性可分的例子集。

对于单感知器来说,其决策面由那些使得净输入为零,即满足 $n=\boldsymbol{w}\cdot\boldsymbol{x}=w_0+w_1x_1+w_2x_2+\cdots+w_nx_n=0$ 的那些输入向量确定,即边界上的所有点均满足使得神经元净输入为 $n=0$。因此,对于边界上的所有点而言,输入向量 $\boldsymbol{x}=[x_1, x_2, \cdots, x_n]$与权值向量 $\boldsymbol{w}=[w_1, w_2, \cdots, w_n]$的内积都是一样的,即 $\boldsymbol{w}\cdot\boldsymbol{x}=w_0$,或者说,输入向量在权值向量上都有相同的投影。换言之,权值向量和决策面是一一对应的,一旦权值向量确定,那么就唯一地确定了一个判决平面。如果考虑输入矢量是二维的情况,可以看到:决策面就变成了一条直线,即 $w_0+w_1x_1+w_2x_2=0$,直线的斜率为 $-\dfrac{w_1}{w_2}$,而权值向量 $\boldsymbol{w}=[w_{1,1}, w_{1,2}]$ 所在直线的斜率为 $\dfrac{w_2}{w_1}$。观察后发现:权值向量所在的直线斜率与决策线的斜率乘积恒为 -1,即满足是正交的关系。在分界面的任意一侧取点进行验证,就会发现:对于权值向量指向的那部分区域的样本点,经过感知器单元的输出始终是 $+1$;而与权值向量指向相反的那部分区域的样本点,经过感知器单元的输出始终是 -1,如图 3-2 所示。即:在感知器神经元中,由判决平面所确定的权值向量总是指向神经元输出为 $+1$ 的区域。在输入样本是二维或者三维的情况下,如果样本是线性可分的,则可以直观地划定一个决策边界,当决策面确定了之后,就能够确定出两个方向相反的决策面正交的权值向量。根据训练样例的类别标签,再得到一个确定的权值向量。

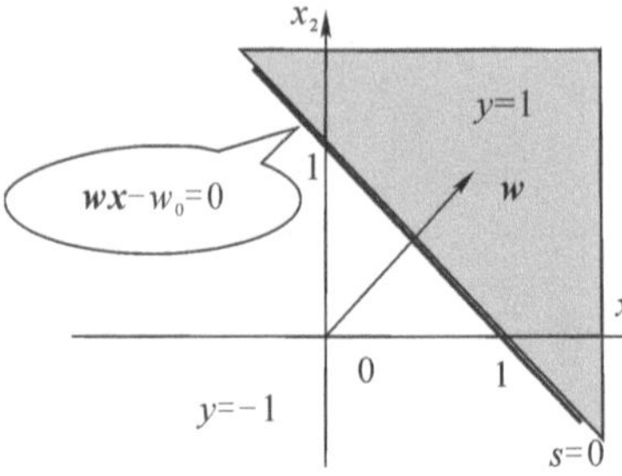

图 3-2 感知器神经元决策边界

尽管由权值向量的两个结论(正交性与指向)可以确定出权值向量,然而在高维的情况下却无法利用该方法,这时则需要设计一个学习规则,自动地调整权值到一个正确的位置,这就是神经网络学习中的一种经典的学习规则——感知器学习规则。感知器学习规则是一种有导师的学习规则,其基本原理是:逐步地将样本集中的样本输入到网络中,根据输出结果和理想输出之间的差别来调整神经元的权值矩阵。基本的感知器学习规则非常简单，在输入样本的期望输出不等于其实际输出时，根据误差的大小调整权值。如果期望输出为+1，而实际输出为−1，那么权值向量就朝向输入样本转动(权值向量总是指向神经元输出为+1 的区域)，即 $\boldsymbol{w}=\boldsymbol{w}+\boldsymbol{x}$；反之，如果期望输出为−1，而实际输出为+1，那么权值向量就偏离输入样本转动，即 $\boldsymbol{w}=\boldsymbol{w}-\boldsymbol{x}$。

具有单个神经元的感知器模型能实现 AND、OR、NAND、NOR 等初等布尔函数运算，但是并非所有的布尔函数均能用单神经元感知器实现。例如，异或(XOR)函数就不能用单神经元感知器实现。研究单个的感知器的意义远没有研究多个感知器和多层感知器的意义重大，但却是多层感知器以及多层前馈神经网络的基础。下面给出单感知器神经元模型的训练算法。

算法 3.1：单感知器学习规则

随机给出初始的权值 $\boldsymbol{w}$；

repeat

用感知器对各个训练样例进行分类：

对每一个训练样例 $\boldsymbol{x}$，如果其目标分类为 t，而感知器对它的分类输出为 y，则

用下面的感知器学习规则修改各个权值：

$$\boldsymbol{w}=\boldsymbol{w}+\Delta\boldsymbol{w}=\boldsymbol{w}+\alpha(t-y)\boldsymbol{x} \tag{3-5}$$

其中 α 为一个很小的正数，称为学习速率

until 感知器能够对所有的训练样例进行正确分类

可以证明：若训练样例是线性可分、且 α 值充分小的话，则在有限多次使用感知器学习规则后，上述过程收敛于能够对所有的训练样例进行正确分类的权向量。这里我们直观地说明上述过程的合理性。首先，若感知器对训练例 $\boldsymbol{x}$ 已经正确分类了，我们有$(t-y)=0$，权值没有改动；其次，若训练样例本身的类别标签为+1，而感知器给出错误的输出−1，我们的任务是提高内积 $\boldsymbol{w}\cdot\boldsymbol{x}$ 的值，而使用感知器学习规则恰可达到这一目的(当 x_i 为负时，w_i 减少；当 x_i 为正时，w_i 增加。目的是使内积 $\boldsymbol{w}\cdot\boldsymbol{x}$ 的值增加)；最后，若训练样例本身的期望输出为−1，而感知器给出错误的输出+1，我们的任务是减少内积 $\boldsymbol{w}\cdot\boldsymbol{x}$ 的值，而使用感知器学习规则也恰可达到这一目的。这一算法还可以推广至多个感知器神经元模型的训练算法。

3.1.2 线性单元的梯度下降算法

最陡梯度下降算法是前馈神经网络经典的学习方法，为了使用梯度下降算法，需要单元的输入-输出是非线性且可微的函数。一种通常的选择就是 sigmoid 单元(S-函数)。与图 3-1 所示的感知器神经元相似，sigmoid 单元先计算输入的线性组合，然后应用阈值得到

输出。

sigmoid 函数的特性：

(1) 非线性，单调性。

(2) 无限次可微。

(3) 当权值很大时可近似阈值函数，当权值很小时可近似线性函数。

sigmoid 单元的输出可以描述为

$$y=\sigma(\boldsymbol{w}\cdot\boldsymbol{x})\quad\left(\text{其中 }\sigma(t)=\frac{1}{1+\mathrm{e}^{-t}}\right)\tag{3-6}$$

其中 σ 经常被称为 sigmoid 函数或 logistic 函数，它的输出范围为 0 到 1 之间，是一个单调递增的函数(因为偏置可以统一到神经元的权值向量里，在式(3－6)中没有考虑偏置)。由于这个函数把非常大的输入值域映射到一个小范围的输出，故也常被称为 sigmoid 单元的挤压函数(squashing function)。sigmoid 函数的优点是它的导数可以很容易地用它的输出来表示：

$$\dot{\sigma}(t)=\left(\frac{1}{1+\mathrm{e}^{-t}}\right)'=\sigma(t)\times[1+\sigma(t)]\tag{3-7}$$

实际上，S-函数 $\sigma(t)$ 可以换成 $\frac{1}{1+\mathrm{e}^{-kt}}(k>0)$，或是取值范围在[－1，＋1]的双极性 S-函数，称为双曲正切函数(tanh 函数)。

激活函数的选择对网络的收敛速度有较大的影响，针对不同的实际问题，激活函数的选择也应不同。常用的激活函数有以下几种形式：

(1) 阈值函数。该函数通常也称为阶跃函数。当激活函数采用阶跃函数时，人工神经元模型即为 MP 模型。此时神经元的输出取 1 或 0，反映了神经元的兴奋或抑制。

(2) 线性函数。该函数可以在输出结果为任意值时作为输出神经元的激活函数，但是当网络复杂时，线性激活函数大大降低了网络的收敛性，故一般较少采用。

(3) 对数 S 形函数。对数 S 形函数的输出介于 0～1 之间，常被"要求输出在 0～1 范围"的信号选用。它是神经元中使用最为广泛的激活函数。

(4) 双曲正切 S 形函数。双曲正切 S 形函数类似于被平滑的阶跃函数，它的形状与对数 S 形函数相同，以原点对称，其输出介于－1～1 之间，常被"要求输出在－1～1 范围"的信号选用。

有时，也可以使用其他容易计算导数的可微函数代替 S-函数 $\sigma(t)$，如图 3－3 所示的线性激活函数，其中

$$\sigma(t)=t\tag{3-8}$$

常称这种具有线性激活函数的神经元为线性元件(单

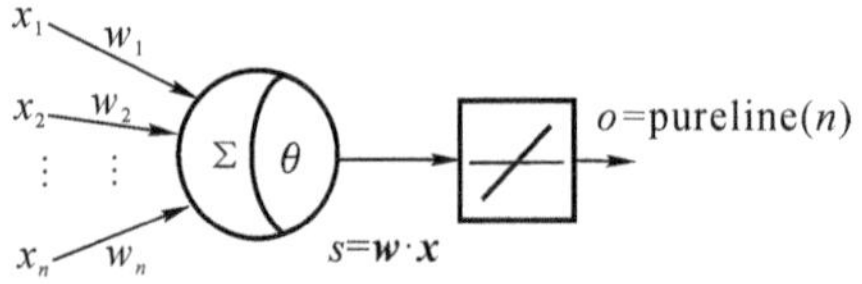

图 3－3　线性神经元模型

元)。此外，还有以分段多项式函数等作为激活函数的前馈神经网络。下面针对简单的具有线性激活函数的神经元模型(线性元件)介绍一种基于最陡梯度下降算法的训练规则。多层感知器网络学习的基本算法——反向传播(Back-Propagation，BP)算法，就是基于最陡梯度下降算法的。

神经网络有几种不同的学习规则，体现在训练网络时为优化网络性能而调整网络参数(权值、偏置等)的方法不同，包括联想学习、竞争学习、性能学习等。基于梯度下降算法的训练规则是一种基于性能学习的规则，它首先为神经元的训练定义一个表征其性能的性能函数，在网络性能好时，性能函数较小，一般地，采用训练样本的误差平方和来定义性能函数。基于梯度下降算法的训练规则要求激活函数是连续可微的函数，计算性能函数对于可调权阈值向量的梯度(变化最快的方向)，在进行权值更新时，沿着负梯度的方向(使得性能函数下降最快的方向)更新权阈值向量。这种基于梯度下降算法的规则常用于搜索具有连续参数的假设所形成的空间。由上节对于单感知器神经元模型的分析结果可知，如果训练样例是非线性可分的，那么感知器训练算法会失效，而在这种情况下采用梯度下降算法能保证收敛于目标的最佳近似。

下面推导线性元件的梯度下降算法训练规则。首先定义含有 Q 个样例的训练例子集合 D：$\{(\boldsymbol{x}_1, t_1), (\boldsymbol{x}_2, t_2), \cdots, (\boldsymbol{x}_Q, t_Q)\}$，$t_d$ 为对于样例 $\boldsymbol{x}_d \in D$ 的目标输出值，假设线性单元对于样例 $\boldsymbol{x}_d$ 的真实输出值为 y_d，定义具有权值向量 $\boldsymbol{w}$ 的元件输出的训练误差：

$$E(\boldsymbol{w}) = \frac{1}{2}\sum_{d \in D}(t_d - y_d)^2 \tag{3-9}$$

使用贝叶斯理论可以证明：在一定条件下，使 E 达到最小就要搜索空间 H 中满足最可能与训练数据一致的输出的权值 $\boldsymbol{w}$。对于单个的线性元件来说，$E(\boldsymbol{w})$曲面是一个具有唯一的全局最小值的 n 维的抛物面。我们对神经网络进行训练的任务是寻找合适的 $\boldsymbol{w}$，使定义的训练误差 E 达到最小。为了实现该目的，可以从随机选定的某个 $\boldsymbol{w}$ 开始，采用最陡梯度下降算法逐步修改 $\boldsymbol{w}$，直到 $E(\boldsymbol{w})$达到最小值。梯度下降法在每一步沿着使 $E(\boldsymbol{w})$值下降最陡的方向来修改 $\boldsymbol{w}$，而这个方向就是 $E(\boldsymbol{w})$的梯度的反方向。

定义梯度$\nabla E(\boldsymbol{w})$为误差函数 $E(\boldsymbol{w})$对权值向量 $\boldsymbol{w}$ 的偏导：

$$\nabla E(\boldsymbol{w}) = \left[\frac{\partial E}{\partial w_0}, \frac{\partial E}{\partial w_1}, \cdots, \frac{\partial E}{\partial w_n}\right] \tag{3-10}$$

$\boldsymbol{w}$ 在每一步按照所计算的梯度向量进行修改，修改的幅度依赖于系统的参数——学习速率 α，即 $\boldsymbol{w} \leftarrow \boldsymbol{w} - \alpha \times \nabla E(\boldsymbol{w})$，而相应的各分量的修改为：$w_i \leftarrow w_i - \alpha \dfrac{\partial E}{\partial w_i}$。设 x_{id} 为样例 d 的第 i 个输入，求出分量修改式中的偏导数，就可以得到分量的修改规则：$w_i \leftarrow w_i + \alpha \sum\limits_{d \in D}(t_d - y_d)x_{id}$，这就是基于梯度下降算法的学习规则。梯度下降算法是一种重要的通用学习范型，它是搜索庞大假设空间或无限假设空间的一种策略。当假设空间包含连续参数化的假设以及误差对于这些假设参数可微时，均可以采用该规则。基于最陡梯度下降算法的神经网络学习规则如算法 3.2 所述。

算法 3.2：线性元件的梯度学习规则

随机给出初始的权值 $\boldsymbol{w}$；

repeat

初始化：$\Delta w_i \leftarrow 0$；

对 D 中的每一个训练样例 $\boldsymbol{x}_d$：

设其目标输出值为 t_d，而线性元件对它的实际输出值为 y_d，对权值 $\boldsymbol{w}$ 做：$\boldsymbol{w} \leftarrow \boldsymbol{w} - \alpha \times \nabla E(\boldsymbol{w})$

即对每一个权值 w_i 做：$w_i \leftarrow w_i + \alpha \sum_{d \in D} (t_d - y_d) x_{id}$

until　终止条件被满足($E(\boldsymbol{w})$达到最小或接近给定的最小值)

对比算法 3.1 的感知器学习规则和算法 3.2 的线性元件的梯度学习规则，我们会发现算法 3.2 具有更加广泛的适用范围，因为对于任何连续参数的假设空间，如果所定义的性能函数对各个连续参数都是可导的，则无论何种类型的神经元均可用算法 3.2。此外，感知器学习规则根据阈值化的感知器输出的误差更新权值，梯度算法则根据输入的非阈值化线性组合的误差来更新权值，这个差异会给算法带来不同的收敛特性[3.24]。如果训练样例集是线性可分的，那么采用算法 3.1 的感知器学习规则经过有限次的迭代之后会收敛于能够对所有的训练样例进行正确分类的权向量；梯度算法可能经过极长的时间，渐近收敛到最小误差假设。然而，对于线性不可分的训练样例集 D，采用算法 3.1 则不能得到正确的分类(单感知器神经元一旦权值和偏置确定，那么只能唯一地确定一个线性分界面)，而如果采用算法 3.2，则能够获得使训练样例集的训练误差 $E(\boldsymbol{w})$达到最小的权向量 $\boldsymbol{w}$，即无论训练样例是否线性可分都会收敛。在一定条件下，这相当于得到了搜索空间 H 中最可能与训练数据一致的假设，虽然可能无法收敛到真正的最优值，但是采用算法 3.2 能够收敛于对目标的最佳近似。

另一方面，在对训练样例集 D 的处理中，算法 3.1 每遇到一个训练样例就修改每个权值 w_i 一次，即输入下一个样本时使用的是更新的权值 w_i；而算法 3.2 可以累积各个训练样例的误差来计算Δw_i，然后对 w_i 做一次修改。对于算法 3.2 来说，如果所定义的误差曲面有多个极小点，那么算法从任意一个初始权值开始，则可能陷于局部极小，即不能保证找到误差曲面的全局最小点；另外，在该算法中，如果选择的学习速率 α 设置得太小，可能导致向着局部极小点的收敛速度太慢，如果太大，则有可能越过局部极小点。下一节的随机梯度下降算法试图克服算法 3.2 中标准梯度学习算法的缺陷，可以看作是算法 3.2 的一种随机近似，又称为随机梯度下降算法或 Delta 规则、最小均方差(Least Mean Square, LMS)规则。该方法根据某个单独样例的误差增量计算权值更新，以得到近似的梯度下降搜索。

3.1.3 随机梯度下降算法

随机梯度下降算法如算法 3.3 所述，其具体做法是：在对训练样例集 D 的处理中，像算法 3.1 一样，每遇到一个样本就修改权值 $\boldsymbol{w}$ 一次(这意味着在遇到下一个样本时使用权值 $\boldsymbol{w}$ 的新值)。假设输入训练样例 $\boldsymbol{x}$ 的目标输出值为 t，线性元件的真实输出值为 y，与输入值 x_i 连接的相应的权值为 w_i，则修改的计算式为：$w_i \leftarrow w_i + \alpha(t-y)x_i$。这可以看作是为每个单独的训练样例定义不同的误差函数。在迭代所有训练样例时，这些权值更新的序列给出了对于原来误差函数的梯度下降的一个合理近似。如果学习速率 α 取的充分小，那么可以使随机梯度下降以任意程度接近于真实梯度下降，算法 3.3 的结果可无限接近于算法 3.2 的结果。一般来说，算法 3.2 每修改一次，权值的计算量较大，但是学习速率 α 可使用较大的值；算法 3.3 每修改一次，权值的计算量较小，但需使用较小的 α 值。在有多个极小点时，算法 3.2 容易陷于局部极小，而算法 3.3 则可能避免，因为它的搜索带有一定的随机性。算法 3.3 针对线性元件，可推广至算法 3.2 的变体。当然，用算法 3.3 也可以进行具有 sigmoid 单元的元件的学习。

算法 3.3：随机梯度下降算法

随机给出初始的权值 w_i；

repeat

  初始化：$\Delta w_i \leftarrow 0$；

  对训练样例 $\boldsymbol{x}_i$：

    设其目标输出值为 t_i，而线性元件对它的实际输出值为 y_i，对权值 $\boldsymbol{w}$ 做：

    $\boldsymbol{w} \leftarrow \boldsymbol{w} + \alpha(t_i - y_i)\boldsymbol{x}_i$

until 终止条件被满足(所有训练样例均被学习并且 $E(\boldsymbol{w})$ 达到给定值)

将标准梯度下降算法和随机梯度下降算法进行对比，我们会发现：标准梯度下降算法是在权值更新前对所有样例汇总误差，而随机梯度下降算法的权值是通过考查每个训练样例来更新的；在标准梯度下降算法中，权值更新的每一步对多个样例求和，需要更多的计算；由于标准梯度下降算法使用真正的梯度，故对于每一次权值更新经常使用比随机梯度下降算法大的速率；如果标准误差曲面有多个局部极小值，随机梯度下降算法有时可能避免陷入这些局部极小值中。在实践中，标准梯度和随机梯度下降算法都被广泛应用在神经网络的训练中。

3.2 单层前馈神经网络

在介绍了前馈神经网络中几种基本的元件和学习规则后，这节中我们将介绍单层的前馈神经网络模型。

3.2.1 自适应线性网络

自适应线性网络是一种典型的单层前馈神经网络，被广泛用于信号处理中实现自适应的滤波。假设输入 $\boldsymbol{x}\in\mathbf{R}^R$，网络有 S 个神经元，每个神经元都是线性元件，S 个神经元的权值 $\boldsymbol{W}\in\mathbf{R}^{S\times R}$ 和偏置 $\boldsymbol{b}\in\mathbf{R}^{S\times 1}$ 用矩形框表示，对应的维数标注其上，其简化模型如图 3-4 所示。

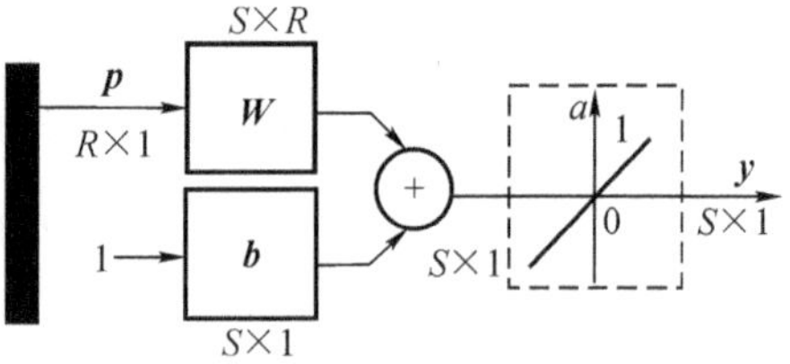

图 3-4 自适应线性网络模型

神经网络的输出 $\boldsymbol{y}\in\mathbf{R}^S$ 可以表示为

$$\boldsymbol{y}=\text{pureline}(\boldsymbol{Wx}+\boldsymbol{b}) \tag{3-11}$$

自适应线性网络中采用的是基于性能学习的规则。假设具有 Q 个训练样本的集合 $\{(\boldsymbol{x}_1, \boldsymbol{t}_1), (\boldsymbol{x}_2, \boldsymbol{t}_2), \cdots, (\boldsymbol{x}_Q, \boldsymbol{t}_Q)\}$，$(\boldsymbol{x}_i, \boldsymbol{t}_i)$ 为第 i 组训练样本对，令 $\boldsymbol{P}=[\boldsymbol{x}_1, \boldsymbol{x}_2, \cdots, \boldsymbol{x}_Q]\in\mathbf{R}^{R\times Q}$，$\boldsymbol{T}=[\boldsymbol{t}_1, \boldsymbol{t}_2, \cdots, \boldsymbol{t}_Q]\in\mathbf{R}^{S\times Q}$，$\boldsymbol{Y}=[\boldsymbol{y}_1, \boldsymbol{y}_2, \cdots, \boldsymbol{y}_Q]\in\mathbf{R}^{S\times Q}$，$\mathbf{1}_Q=[\underbrace{1, 1, .., 1}_{\text{共}Q\text{个}}]\in\mathbf{R}^{1\times Q}$，$\boldsymbol{I}_Q$ 为 $Q\times Q$ 的单位矩阵，采用输出误差的期望来定义性能函数，实际中可以用均方误差来进行近似，即

$$\begin{aligned}E(\boldsymbol{W}, \boldsymbol{b})&=E[(\boldsymbol{T}-\boldsymbol{Y})^2]\approx\frac{1}{Q}\sum_{d=1}^{Q}\boldsymbol{e}_d^2=\frac{1}{Q}\sum_{d=1}^{Q}(\boldsymbol{t}_d-\boldsymbol{y}_d)^2\\&=\frac{1}{Q}\times\mathbf{1}_Q\times[\boldsymbol{Y}-(\boldsymbol{WP}+\boldsymbol{b}\cdot\mathbf{1}_Q)]\times\boldsymbol{I}_Q\times[\boldsymbol{Y}-(\boldsymbol{WP}+\boldsymbol{b}\cdot\mathbf{1}_Q)]^{\mathrm{T}}\end{aligned} \tag{3-12}$$

将权值和偏置写在一个变量 $\boldsymbol{X}$ 里，令 $\boldsymbol{X}=[\boldsymbol{W}, \boldsymbol{b}]\in\mathbf{R}^{(S+1)\times Q}$，$\boldsymbol{Z}=[\boldsymbol{x}_1, \boldsymbol{x}_2, \cdots, \boldsymbol{x}_Q, \boldsymbol{I}_Q^{\mathrm{T}}]\in\mathbf{R}^{(R+1)\times Q}$，那么性能函数可以重写为

$$\begin{aligned}E(\boldsymbol{X})&=E[(\boldsymbol{T}-\boldsymbol{Y})^2]=E[(\boldsymbol{T}-\boldsymbol{XZ})^2]\\&=E(\boldsymbol{T}^2)+\boldsymbol{X}E(\boldsymbol{ZZ}^{\mathrm{T}})\boldsymbol{X}^{\mathrm{T}}-2\boldsymbol{X}E(\boldsymbol{TZ})\end{aligned} \tag{3-13}$$

显然这是一个关于变量 $\boldsymbol{X}$ 的二次函数，因为 $E(\boldsymbol{T}^2)$ 和 $E(\boldsymbol{ZZ}^{\mathrm{T}})$ 均为常量，即在误差平面上存在一个全局极小点。那么根据 3.1.2 节所述的标准梯度下降算法计算梯度 $\nabla E(\boldsymbol{X})$，沿着负梯度的方向去更新权值和偏置向量，就会得到使网络收敛到误差最小的权值和偏置，最小点 $\boldsymbol{X}^*$ 可以通过计算下式

$$\begin{aligned}\nabla E(\boldsymbol{X})&=\nabla[E(\boldsymbol{T}^2)+\boldsymbol{X}E(\boldsymbol{ZZ}^{\mathrm{T}})\boldsymbol{X}^{\mathrm{T}}-2\boldsymbol{X}E(\boldsymbol{TZ})]\\&=-2E(\boldsymbol{TZ})+2E(\boldsymbol{ZZ}^{\mathrm{T}})\boldsymbol{X}=\mathbf{0}\end{aligned} \tag{3-14}$$

的解得到，即 $\boldsymbol{X}^*=[E(\boldsymbol{ZZ}^{\mathrm{T}})]^{-1}E(\boldsymbol{TZ})$。当然，也可以采用 3.1.3 节所述的随机梯度下降算法进行学习，以第 k 次迭代的估计均方误差代替期望来定义性能函数：

$$E(\boldsymbol{X})=\hat{E}[(\boldsymbol{T}-\boldsymbol{Y})^2]=[\boldsymbol{T}(k)-\boldsymbol{Y}(k)]^2 \tag{3-15}$$

那么关于权值和偏置的近似梯度就可以写为

$$[\hat{\nabla}e^2(k)]_j = \frac{\partial e^2(k)}{\partial w_{i,j}} = 2e(k)\frac{\partial e(k)}{\partial w_{i,j}} \quad i=1, 2, \cdots, S; j=1, 2, \cdots, R \tag{3-16}$$

$$[\hat{\nabla}e^2(k)]_{(R+1)} = \frac{\partial e^2(k)}{\partial b_i} = 2e(k)\frac{\partial e(k)}{\partial b_i} \quad i=1, 2, \cdots, S \tag{3-17}$$

采用最陡梯度进行权值和偏置的更新，得到：

$$\boldsymbol{X}(k+1) = \boldsymbol{X}(k) - \eta\frac{\partial e^2(k)}{\partial \boldsymbol{X}} = \boldsymbol{X}(k) + 2\eta e(k)\boldsymbol{X}(k) \tag{3-18}$$

即

$$\boldsymbol{W}(k+1) = \boldsymbol{W}(k) + 2\eta e(k)\frac{\partial e(k)}{\partial \boldsymbol{W}} = \boldsymbol{W}(k) + 2\eta e(k)\boldsymbol{P}(k) \tag{3-19}$$

$$\boldsymbol{b}(k+1) = \boldsymbol{b}(k) + 2\eta e(k)\frac{\partial e(k)}{\partial \boldsymbol{b}} = \boldsymbol{b}(k) + 2\eta e(k) \tag{3-20}$$

在确定性能函数时，应保证具有选择性、有效性和实用性。除了采用误差的期望、估计均方误差作为性能函数之外，还可以采用如下几种误差函数作为性能函数，其形式和优缺点如下所述。

(1) $\int_0^T e^2(t)\mathrm{d}t$：选择性不好，响应迅速，可能有震荡，物理意义明确。

(2) $\int_0^T te^2(t)\mathrm{d}t$：考虑稳态响应后的误差，具有较好的选择性 。

(3) $\int_0^T |e(t)|\mathrm{d}t$：选择性不太好，系统具有比较好的瞬态响应，易于计算机实现。

(4) $\int_0^T t|e(t)|\mathrm{d}t$：考虑稳态响应后的误差，具有较好的选择性。

3.2.2 线性联想器网络

1949 年，D.O.Hebb 从心理学的角度提出了至今仍对神经网络理论有着重要影响的 Hebb 规则：当细胞 A 的轴突到细胞 B 的距离近到足够刺激它，且反复地或持续地刺激 B，那么在这两个细胞或一个细胞中将会发生某种增长过程或代谢反应，增加 A 对 B 的刺激效果，在此激励下学习可被定义为神经学状态中的连续变化[3.25]。线性联想器就是建立在 Hebb 规则基础上的一种单层前馈神经网络，如图 3-5 所示，它的基本结构和自适应线性网络是类似的，只是这里不再考虑偏置。

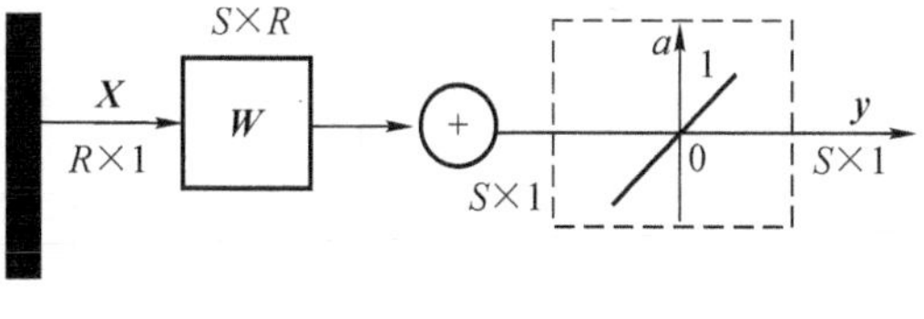

图 3-5 线性联想器网络模型

线性联想器网络的输出 $\boldsymbol{y} \in \mathbf{R}^S$ 可以表示为

$$\boldsymbol{y} = \text{pureline}(\boldsymbol{Wx}) \tag{3-21}$$

在无监督的学习模式下，神经元的 Hebb 规则学习方式可以描述为

$$w_{ij}(k+1)=w_{ij}(k)+\alpha y_{iq}x_{jq} \tag{3-22}$$

其中，w_{ij} 为第 j 个神经元到第 i 个神经元的连接，y_{iq}、x_{jq} 分别为当输入第 q 个样本时第 i 个神经元的输出和第 j 个神经元的输入。在有监督的学习模式下，神经元的 Hebb 规则学习方式可以描述为

$$w_{ij}(k+1)=w_{ij}(k)+\alpha t_{iq}x_{jq} \tag{3-23}$$

其中，t_{iq} 为当输入第 q 个样本时第 i 个输出神经元的期望输出。考虑有监督的情况，假设含有 Q 个训练样本的集合为$\{(\boldsymbol{x}_1, \boldsymbol{t}_1), (\boldsymbol{x}_2, \boldsymbol{t}_2), \cdots, (\boldsymbol{x}_Q, \boldsymbol{t}_Q)\}$，其中$(\boldsymbol{x}_i, \boldsymbol{t}_i)$为第 i 组训练样本对，那么训练规则可以写为矩阵的形式：

$$\boldsymbol{W}(k+1)=\boldsymbol{W}(k)+\alpha \boldsymbol{t}_q\boldsymbol{x}_q \tag{3-24}$$

如果在训练之初，网络的权值矩阵设为$\boldsymbol{W}(0)=\boldsymbol{0}^{R\times S}$，并且令学习步长 $\alpha=1$，那么当依次输入 Q 个样本进行训练之后，得到的权值矩阵为

$$\boldsymbol{W}=\boldsymbol{t}_1\boldsymbol{x}_1+\boldsymbol{t}_2\boldsymbol{x}_2+\cdots+\boldsymbol{t}_Q\boldsymbol{x}_Q=\sum_{q=1}^{Q}\boldsymbol{t}_q\boldsymbol{x}_q \tag{3-25}$$

令 $\boldsymbol{P}=[\boldsymbol{x}_1, \boldsymbol{x}_2, \cdots, \boldsymbol{x}_Q]\in \mathbf{R}^{R\times Q}$，$\boldsymbol{T}=[\boldsymbol{t}_1, \boldsymbol{t}_2, \cdots, \boldsymbol{t}_Q]\in \mathbf{R}^{S\times Q}$，那么进一步可以将权值矩阵写为

$$\boldsymbol{W}=\boldsymbol{TP} \tag{3-26}$$

在测试阶段，输入训练集合中的任一样本 $\boldsymbol{x}_j(j=1, 2, \cdots, Q)$作为测试样本，那么神经网络的输出为

$$\boldsymbol{y}=\boldsymbol{W}\boldsymbol{x}_j=\sum_{q=1}^{Q}\boldsymbol{t}_q(\boldsymbol{x}_q\boldsymbol{x}_j) \tag{3-27}$$

如果训练样本均为标准向量且互相正交，那么可以得到：

$$\boldsymbol{y}=\boldsymbol{W}\boldsymbol{x}_j=\sum_{q=1}^{Q}\boldsymbol{t}_q\langle \boldsymbol{x}_q, \boldsymbol{x}_j\rangle=\boldsymbol{t}_j\langle \boldsymbol{x}_j, \boldsymbol{x}_j\rangle=\boldsymbol{t}_j \tag{3-28}$$

即网络的输出等于其相应的目标输出。如果输入模式是标准向量但不是正交向量，那么网络的输出是期望输出 $\boldsymbol{t}_j$ 与误差项之和：

$$\boldsymbol{y}=\boldsymbol{W}\boldsymbol{x}_j=\sum_{q=1}^{Q}\boldsymbol{t}_q\langle \boldsymbol{x}_q, \boldsymbol{x}_j\rangle=\boldsymbol{t}_j+\sum_{i=1, i\neq q}^{Q}\boldsymbol{t}_i\langle \boldsymbol{x}_i, \boldsymbol{x}_j\rangle \tag{3-29}$$

即网络的输出与其相应的目标输出有误差，而误差的大小则是由训练样本集合中的样本相关性带来的。

上述规则为基本的有监督 Hebb 学习规则，也可以根据性能学习的思想，定义误差函数，以最小化误差函数为目的来训练网络：

$$E(\boldsymbol{W})=\sum_{i=1}^{Q}(\boldsymbol{t}_i-\boldsymbol{W}\boldsymbol{x}_i)^2=\|\boldsymbol{T}-\boldsymbol{WP}\|^2 \tag{3-30}$$

如果样本矩阵 $\boldsymbol{P}$ 的逆是存在的，那么误差函数能够最小化为 0，即取 $\boldsymbol{W}=\boldsymbol{P}^{-1}$ 时；如果样本矩阵 $\boldsymbol{P}$ 的逆不存在，为了最小化上述误差函数，权值矩阵可以通过伪逆规则得到，即取 $\boldsymbol{W}=\boldsymbol{P}^{+}=(\boldsymbol{P}^{\mathrm{T}}\boldsymbol{P})^{-1}\boldsymbol{P}^{\mathrm{T}}$。上述规则为基本的有监督 Hebb 学习规则，也可以根据性能学习的思想，定义误差函数，以最小化误差函数为目的来训练网络。不同于感知器模型典型的应用场合是模式分类，线性联想器常用在记忆和联想等应用中。

3.3　多层前馈神经网络

具有单个神经元单元的单层前馈神经网络的学习能力是有限的，将这些单元组成多层网络，只要每一层有足够数量的单元，包含三层单元的前馈神经网络就能够以高精度逼近复杂形状的函数，典型的多层前馈神经网络模型如图 3－6 所示。如前所述，单个感知器只能表示线性的决策曲面，而多层感知器则可以表示复杂的非线性决策曲面。这样，即使是一个中等规模的网络也能够表示很大范围的高度非线性的函数，这使得前馈神经网络成为学习未知形式的离散和连续函数的很好选择。因此，多层前馈神经网络已经成功应用到很多学习任务，典型的如手写体识别、语音识别和机器人控制等。

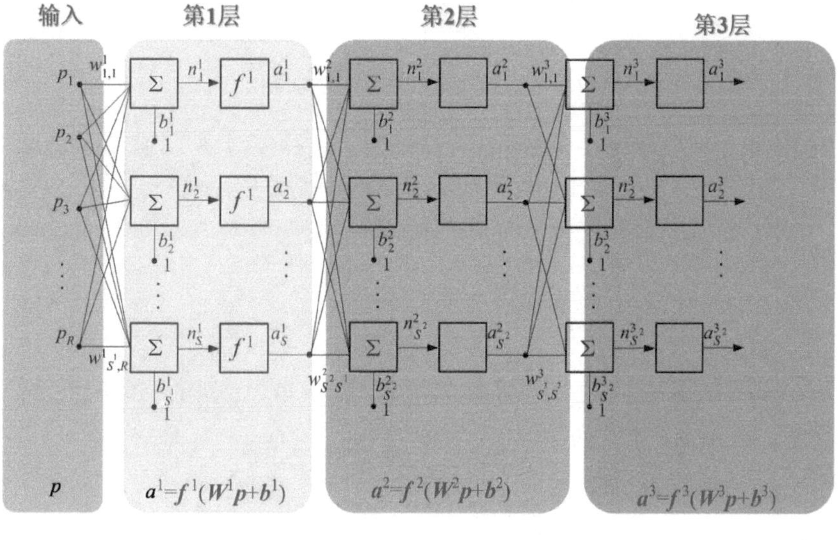

图 3－6　多层前馈神经网络模型

对多层前馈神经网络模型来说，反向传播算法是最常见的多层前馈神经网络学习算法。它考虑固定连接的有权神经网络所能表示的所有函数空间，使用梯度下降算法对所有可能的假设空间进行搜索，迭代减小前馈神经网络的误差以拟合训练数据。只要训练误差是关于假设参数的可导函数，都可以使用反向传播算法。反向传播算法最令人感兴趣的特征之一是，它能够发现网络输入中没有明确出现的特征。确切地讲，多层前馈神经网络的隐层能够表示对学习目标函数有用的、但隐含在网络输入中的中间特征。但是需要指出的是：使用梯度下降的训练方法只能在学习过程中收敛到误差最小化的权值，但这些权值不能保证完成给定的训练要求。

多层前馈神经网络可以实现比单层前馈神经网络更加强大的非线性逼近并产生非线性的决策曲面，因此在完成许多复杂实际任务的时候，常常采用多层前馈神经网络。如图3-7所示给出了几个模式分类的问题(黑点代表一类数据，白点代表一类数据)，它们用单个感知器神经元产生的线性分界面无法正确地分开，即均为线性不可分的问题。

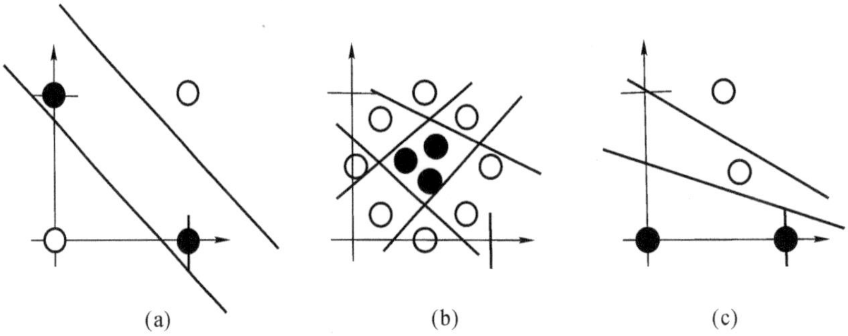

图 3-7　线性不可分模式分类问题

对于这些问题，必须采用多个神经元和多层的前馈神经网络实现，现在以如图3-8所示的模式分类问题(黑点代表输出为+1的一类，白点代表输出为-1的一类)为例来说明多层前馈神经网络是如何解决线性不可分的模式分类问题的。

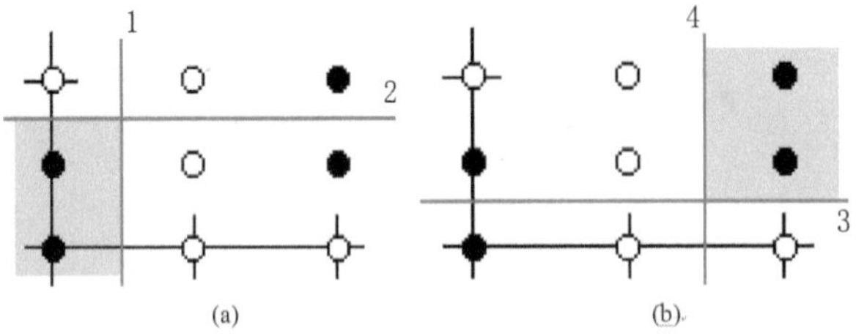

图 3-8　多层前馈神经网络求解线性不可分问题

求解过程如下：首先用两个感知器神经元产生如图3-8(a)所示的分界面1和分界面2，根据前面感知器规则里得到的结论，可以由如图所示的两个分界面直接确定两个神经元的取值，即 $\boldsymbol{w}_1=[-1\quad 0]$，$\boldsymbol{w}_2=[0\quad -1]$，$b_1=0.5$，$b_2=0.75$。第二层再利用一个神经元将两个神经元产生的区域“与”在一起，如图3-9子网络1所示。为了实现“与”的功能，这里将第二层神经元的权值设为 $w_3=[1 \quad 1]$，$b_3=-1.5$。给定神经网络任意一个输入样本，只有该样本使得前两个神经元的输出全部为+1时，第三个神经元的输出才可能为+1，即只有样本落在图 3-8(a)所示的阴影区域时，才能使得子网络 1 的输出为+1。

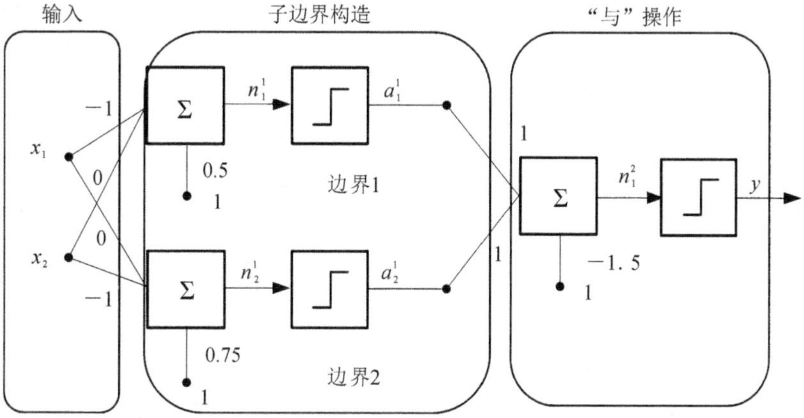

图 3-9 完成第一个区域划分的子网络 1

类似地，用两个感知器神经元产生如图 3-8(b)所示的分界面 3 和分界面 4，可以将右上角的两个样本从其他样本中分出来，实现的子网络 2 及对应的权值和偏置如图 3-10 所示。

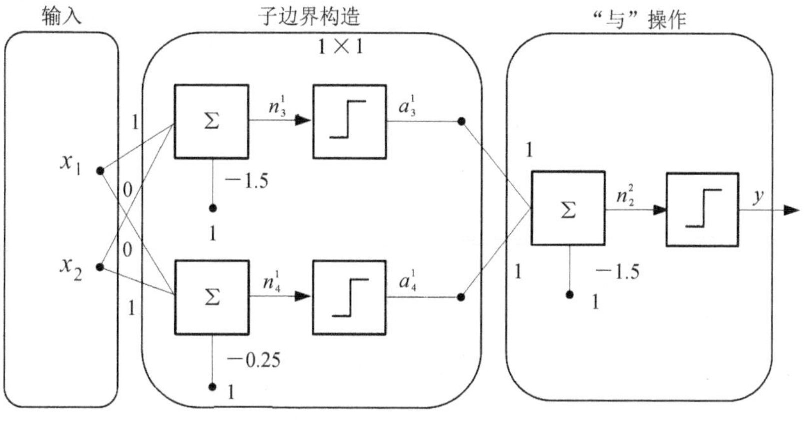

图 3-10 完成第二个区域划分的子网络 2

最后，需要把子网络 1 和子网络 2 确定的两部分输出为+1 的区域“并”在一起。这里需要再构建一层网络，采用一个取值为 $w=[1 \quad 1]$、偏置为 $b=-0.5$ 的神经元把两部分结果合并。给定一个输入，如果它使子网络 1 和子网络 2 的输出权值任意一个为+1，那么第三层网络的输出为+1，只有在子网络 1 和子网络 2 的输出均为−1 时，输出才是−1，这样就实现了将两部分结果“并”在一起，实现的神经网络结构如图 3－11 所示。

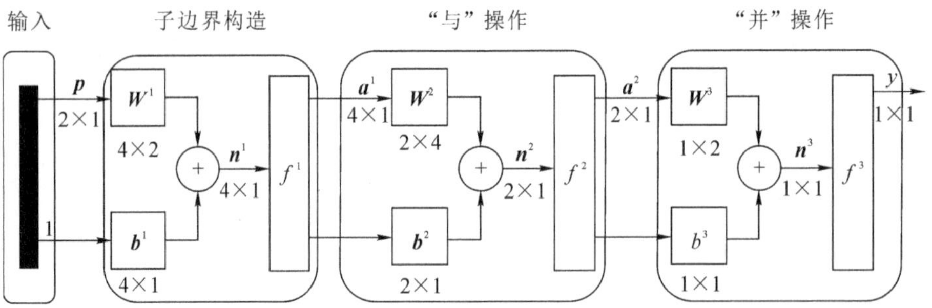

图 3－11　实现线性不可分问题的多层前馈神经网络

用上标表示神经网络的层数，我们可以把图 3－11 所示的多层前馈神经网络的权值 $\boldsymbol{W}^1$、$\boldsymbol{W}^2$、$\boldsymbol{W}^3$ 和偏置 $\boldsymbol{b}^1$、$\boldsymbol{b}^2$、$\boldsymbol{b}^3$ 确定出来，即

$$\boldsymbol{W}^1=\begin{bmatrix}-1 & 0\\ 0 & -1\\ 1 & 0\\ 0 & 1\end{bmatrix}\qquad \boldsymbol{b}^1=\begin{bmatrix}0.5\\ 0.75\\ -1.5\\ -0.25\end{bmatrix}$$

$$\boldsymbol{W}^2=\begin{bmatrix}1 & 1 & 0 & 0\\ 0 & 0 & 1 & 1\end{bmatrix}\quad \boldsymbol{b}^2=\begin{bmatrix}-1.5\\ -1.5\end{bmatrix}$$

$$\boldsymbol{W}^3=\begin{bmatrix}1 & 1\end{bmatrix}\qquad b^3=-0.5$$

由于输入样本在低维空间，因此很容易观察出分类样本所需要的分界面，进而确定出其权值；但是如果样本是高维的，则需要设计对应的学习规则。然而，遗憾的是，单感知器神经元所采用的感知器规则无法推广到隐层神经元的学习，因为感知器规则需要知道期望输出，而隐层神经元的期望输出为未知的。

3.3.1　反向传播算法

梯度下降算法的优点之一在于它可以用在隐层神经网络的训练中，因此梯度下降算法是多层前馈神经网络学习的一种常用方法。梯度下降算法要求误差函数必须是可导的，线性元件虽然满足这个条件，但是如果在多层前馈神经网络模型中采用线性元件，多层前馈神经网络也只能产生线性函数，即采用线性元件的多层前馈神经网络和单层的前馈神经网络本质上是一样的。因此，在多层前馈神经网络中通常采用 sigmoid 单元(简称 S-元件)和线性元件配合使用。

假设训练样例集为$\langle \boldsymbol{x}, \boldsymbol{t} \rangle$，其中$\boldsymbol{x}=(x_1, x_2, \cdots, x_n)$是网络的输入，$\boldsymbol{t}=(t_1, t_2, \cdots, t_n)$是对应的目标输出值。反向传播神经网络采用的是与自适应线性网络中类似的性能学习，同 LMS 算法类似，首先定义误差函数，再对训练样例集进行递推，每一趟扫描又逐个处理训练样例；在处理一个训练样例时，先从输入向前计算结果，再向后传播误差，并根据误差值修改权值。值得指出的是，误差函数是隐层可调参数的一个隐函数，因此需要用到隐函数求导的法则。

以均方误差定义性能函数：

$$F=E[(\boldsymbol{t}-\boldsymbol{y})^2] \approx \frac{1}{Q}\sum_{d=1}^{Q}\boldsymbol{e}_d^2 \tag{3-31}$$

或者用近似均方误差代替均方误差：

$$\hat{F}=(\boldsymbol{t}-\boldsymbol{y})^2 \tag{3-32}$$

在近似均方误差和最陡梯度下降学习算法下，网络各层的权值与偏置的更新公式可统一写为

$$w_{i,j}^m(k+1)=w_{i,j}^m(k)-\alpha\frac{\partial \hat{F}}{\partial w_{i,j}^m} \tag{3-33}$$

$$b_i^m(k+1)=b_i^m(k)-\alpha\frac{\partial \hat{F}}{\partial b_i^m} \tag{3-34}$$

其中$m=1, 2, \cdots, M$，M为网络总的层数，第m层的单元数目为l^m，α为学习步长。实现最陡梯度下降学习的关键是求出性能函数对于各层权值和偏置的偏导数$\dfrac{\partial \hat{F}}{\partial w_{i,j}^m}$、$\dfrac{\partial \hat{F}}{\partial b_i^m}$。为了方便地求出性能函数对各层权值和偏置的偏导数，这里定义第m层神经元的敏感度向量为

$$\boldsymbol{s}^m \equiv \frac{\partial \hat{F}}{\partial \boldsymbol{n}^m}=\left[\frac{\partial \hat{F}}{\partial n_1^m} \quad \cdots \quad \frac{\partial \hat{F}}{\partial n_i^m} \quad \cdots \quad \frac{\partial \hat{F}}{\partial n_{l^m+1}^m}\right] \tag{3-35}$$

其中n_i^m为第m层的第i个神经元的净输入。每一维分量是第m层的第i个神经元的敏感度函数，即

$$s_i^m \equiv \frac{\partial \hat{F}}{\partial n_i^m} \tag{3-36}$$

敏感度函数定义为性能函数对于第m层的第i个神经元的净输入的偏导数。这里引入第$m+1$层的第i个神经元的净输入n_i^{m+1}作为隐变量，来计算敏感度函数：

$$s_i^m \equiv \frac{\partial \hat{F}}{\partial n_i^m}=\frac{\partial \hat{F}}{\partial n_i^{m+1}} \times \frac{\partial n_i^{m+1}}{\partial n_i^m} \tag{3-37}$$

如敏感度的定义，上式中$\dfrac{\partial \hat{F}}{\partial n_i^m}$为第$m$层的第$i$个神经元的敏感度函数，而第$m+1$层的

第 i 个神经元的净输入与第 m 层的第 i 个神经元的净输入之间有如下关系：

$$n_i^{m+1} = \sum_{j=1}^{sm} w_{i,j}^{m+1} a_j^m + b_i^m = \sum_{j=1}^{sm-1} w_{i,j}^{m+1} f^m(n_j^m) + b_i^m \tag{3-38}$$

为方便起见，假设每一层的单元具有相同的激活函数，其中 $f^m(\cdot)$是第 m 层的激活函数。那么，

$$\frac{\partial n_i^{m+1}}{\partial n_j^m} = \frac{\partial\left(\sum\limits_{j=1}^{sm-1} w_{i,j}^{m+1} a_j^m + b_i^m\right)}{\partial n_j^m} = w_{i,j}^{m+1} \times \frac{\partial f^m(n_i^m)}{\partial n_i^m} = w_{i,j}^{m+1} \times \dot{f}^m(n_i^m) \tag{3-39}$$

其中 $\dot{f}^m(\cdot)$是第 m 层的激活函数对于输入的导数。定义：

$$\dot{\boldsymbol{F}}^m(\boldsymbol{n}^m) = \begin{bmatrix} \dot{f}^m(n_1^m) & 0 & \cdots & 0 \\ 0 & \dot{f}^m(n_2^m) & \cdots & 0 \\ \vdots & \vdots & & \vdots \\ 0 & 0 & \cdots & \dot{f}^m(n_{sm}^m) \end{bmatrix} \tag{3-40}$$

那么第 $m+1$ 层的净输入向量相对第 m 层的净输入向量的倒数为

$$\frac{\partial \boldsymbol{n}^{m+1}}{\partial \boldsymbol{n}^m} = \begin{bmatrix} \dfrac{\partial n_1^{m+1}}{\partial n_1^m} & \dfrac{\partial n_1^{m+1}}{\partial n_2^m} & \cdots & \dfrac{\partial n_1^{m+1}}{\partial n_{sm}^m} \\ \dfrac{\partial n_2^{m+1}}{\partial n_1^m} & \dfrac{\partial n_2^{m+1}}{\partial n_2^m} & \cdots & \dfrac{\partial n_2^{m+1}}{\partial n_{sm}^m} \\ \vdots & \vdots & & \vdots \\ \dfrac{\partial n_{sm+1}^{m+1}}{\partial n_1^m} & \dfrac{\partial n_{sm+1}^{m+1}}{\partial_2^m} & \cdots & \dfrac{\partial n_{sm+1}^{m+1}}{\partial n_{sm}^m} \end{bmatrix} = \boldsymbol{W}^{m+1} \times \dot{\boldsymbol{F}}^m(\boldsymbol{n}^m) \tag{3-41}$$

接下来，第 m 层单元的敏感度向量就可以记为

$$\boldsymbol{s}^m = \frac{\partial \hat{F}}{\partial \boldsymbol{n}^m} = \left(\frac{\partial \boldsymbol{n}^{m+1}}{\partial \boldsymbol{n}^m}\right)^{\mathrm{T}} \times \frac{\partial \hat{F}}{\partial \boldsymbol{n}^{m+1}} = \dot{\boldsymbol{F}}^m(\boldsymbol{n}^m) \times (\boldsymbol{W}^{m+1})^{\mathrm{T}} \times \boldsymbol{s}^{m+1} \tag{3-42}$$

这样第 m 层单元的敏感度函数就可以通过第 $m+1$ 层单元的敏感度函数(即后一层单元的敏感度函数)获得。当网络中每一层的敏感度向量都计算出来后，可以利用它来计算性能函数对各层的权值和偏置的梯度，即

$$\frac{\partial \hat{F}}{\partial w_{i,j}^m} = \frac{\partial \hat{F}}{\partial n_i^m} \times \frac{\partial n_i^m}{\partial w_{i,j}^m} = s_i^m \times \frac{\partial n_i^m}{\partial w_{i,j}^m} = s_i^m \times a_j^{m-1} \tag{3-43}$$

$$\frac{\partial \hat{F}}{\partial b_i^m} = \frac{\partial \hat{F}}{\partial n_i^m} \times \frac{\partial n_i^m}{\partial b_i^m} = s_i^m \times \frac{\partial n_i^m}{\partial b_i^m} = s_i^m \tag{3-44}$$

网络的权值与偏置的更新公式可记成如下向量的形式：

$$\boldsymbol{W}^m(k+1)=\boldsymbol{W}^m(k)-\alpha\times\boldsymbol{s}^m\times(\boldsymbol{a}^{m-1})^{\mathrm{T}} \tag{3-45}$$

$$\boldsymbol{b}^m(k+1)=\boldsymbol{b}^m(k)-\alpha\times\boldsymbol{s}^m \tag{3-46}$$

考虑具有两层(隐层是 sigmoid 单元，输出层为线性单元)结构的前馈神经网络模型，设有 n_{in} 个网络输入节点，每一个输入节点代表一个输入分量；全体输入分量合在一起记为 $\boldsymbol{x}$，作为隐层中每一个元件的输入；在隐层有多个隐藏 S-元件，计算出每个 S-元件对输入 $\boldsymbol{x}$ 的输出，并传输给输出层的所有 S-元件；在输出层，有多个输出线性元件，元件的输入是隐层的输出，计算出最终网络的输出。从输入节点 i 到隐藏 S-元件 j 的输入值记为 x_{ji}，相应的权值记为 w_{ji}，采用上述算法训练的一个单隐层的前馈神经网络模型如图 3-12 所示。

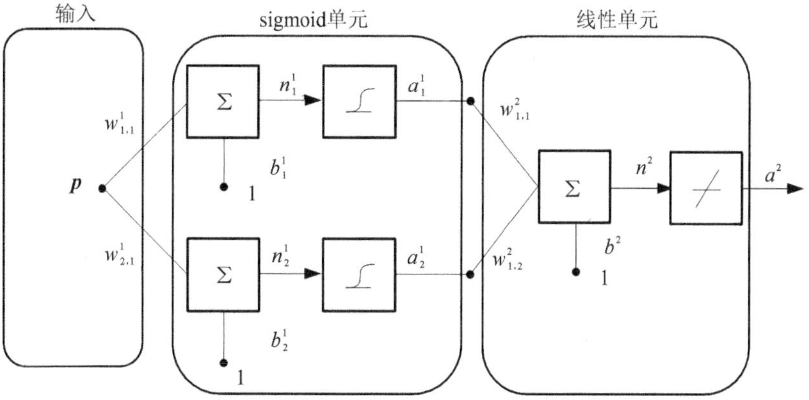

图 3-12　反向传播神经网络

在该模型中，隐层的输出可以写为

$$\boldsymbol{a}^1=f^1(\boldsymbol{W}^1\boldsymbol{p})=\mathrm{sigmoid}(\boldsymbol{W}^1\boldsymbol{p})=\frac{1}{1+\exp(-\boldsymbol{W}^1\boldsymbol{p})} \tag{3-47}$$

其中，$\boldsymbol{W}^1$、f^1、$\boldsymbol{a}^1$ 分别是隐层的权值矩阵、激活函数和输出，$\boldsymbol{p}$ 为网络的输入。经过线性输出层之后，网络的最终输出为

$$y=a^2=f^2(\boldsymbol{W}^2\boldsymbol{a}^1)=\mathrm{pureline}(\boldsymbol{W}^2\boldsymbol{a}^1) \tag{3-48}$$

其中，$\boldsymbol{W}^2$、f^2、a^2 分别是线性层的权值矩阵、激活函数和输出。在使用梯度下降算法训练网络时，首先计算隐层的适应度函数 $\dot{f}^1(\boldsymbol{n}^1)$：

$$\dot{f}^1(\boldsymbol{n}^1)=\frac{\mathrm{d}}{\mathrm{d}n}\left(\frac{1}{1+\mathrm{e}^{-\boldsymbol{n}}}\right)=\frac{\mathrm{e}^{-\boldsymbol{n}}}{(1+\mathrm{e}^{-\boldsymbol{n}})^2}=\left(1-\frac{1}{1+\mathrm{e}^{-\boldsymbol{n}}}\right)\left(\frac{1}{1+\mathrm{e}^{-\boldsymbol{n}}}\right)=(1-\boldsymbol{a}^1)\boldsymbol{a}^1 \tag{3-49}$$

再计算输出层的适应度函数 $\dot{f}^2(n^2)$：

$$\dot{f}^2(n^2)=\frac{\mathrm{d}}{\mathrm{d}n}(n)=1 \tag{3-50}$$

那么输出层神经元的敏感度函数：

$$\boldsymbol{s}^2\equiv\frac{\partial \hat{F}}{\partial \boldsymbol{n}^2}=-2\dot{\boldsymbol{F}}^2(\boldsymbol{n}^2)\times(\boldsymbol{t}-\boldsymbol{y})=-2[1]\times(\boldsymbol{t}-\boldsymbol{y}) \tag{3-51}$$

接下来再计算隐层神经元的敏感度函数：

$$\boldsymbol{s}^1\equiv\frac{\partial \hat{F}}{\partial \boldsymbol{n}^1}=\dot{\boldsymbol{F}}^1(\boldsymbol{n}^1)\times(\boldsymbol{W}^1)^{\mathrm{T}}\times\boldsymbol{s}^2=\begin{bmatrix}(1-\boldsymbol{a}^1)\boldsymbol{a}^1 & 0\\ 0 & (1-a^2)a^2\end{bmatrix}\times(\boldsymbol{W}^1)^{\mathrm{T}}\times\boldsymbol{s}^2 \tag{3-52}$$

计算出敏感度函数 $\boldsymbol{s}^2$、$\boldsymbol{s}^1$ 之后，代入公式(3-45)和(3-46)，就可以依次更新各层的权值和偏置。具体实现见算法 3.4。

算法 3.4　反向传播算法

(1) 建立前馈神经网络；

(2) 将网络上的各个权值随机初始化；

repeat

for 每一个训练例〈$\boldsymbol{x}$，$\boldsymbol{t}$〉

do 根据网络输入 $\boldsymbol{x}$ 向前计算各个隐层单元的输出(前向传播)；

计算每一个输出单元的误差、性能函数和敏感度函数；

计算每一个隐藏单元的敏感度函数(后向传播)；

修改网络的各层权值和偏置

until 终止条件满足

定理　只要隐层神经元的个数充分，则隐层激活函数为 S 型函数，输出为线性的单隐层网络可逼近任意函数。

已经证明：这种结构的单隐层神经网络可以用来逼近任意函数。由上述分析可以看到：反向传播算法实现了一种对可能的网络权值空间的梯度下降搜索，它通过迭代地减小训练样本的目标值和网络实际输出间的误差，以最小化性能函数。在这种情况下，这个单隐层网络的性能指数可能不再是如自适应线性网络中的二次函数，此时性能曲面有多个极小值。虽然反向传播算法是最常见的多层前馈网络学习算法，但是由上述训练过程可以看出：梯度下降决定了反向传播只能收敛到局部而非全局最优，在理论上并不能保证网络收敛到性能函数的全局极小点。在反向传播算法的基础上也提出了很多其他的算法，包括对于特殊任务的一些算法。例如，用递归网络方法来训练包含有向环的网络，类似级联相关的算法，在改变权的同时，也能改变网络结构。目前，关于反向传播算法存在多种变体，如冲量的反向传播算法等，而使用反向传播算法的单层线性单元网络是信号处理中常见的 LMS 算法。下面对反向传播算法的性能进行分析。

理论上，基于最陡梯度下降的反向传播算法可能陷入局部极小点，目前人们对局部极小点问题仍缺乏理论上的分析结果，但实际上问题并不像想象的那样严重。这主要是因为以下两方面的原因：

(1) 当网络的权值较多时，一个权值陷入极小点不等于别的权值也陷入极小点，权值越多，逃离某权值的局部极小点的机会越多。

(2) 若权值的初始值接近0，网络所表达的函数接近于线性函数(没有什么局部极小点)，则只有在学习过程中权值的绝对值达到较大时，网络才表示高度非线性函数(含有很多局部极小点)，而此时权值已经接近全局极小点，即使陷入局部极小点也与全局极小点没有太大的区别。

因为局部极小点问题在实际上并不很严重，所以反向传播算法的实用价值是很大的。此外，还有一些避免陷入局部极小点的诱导方法，例如：

(1) 在算法中使用随机梯度下降算法而不是真正的梯度下降算法。随机梯度下降算法的实质是：在处理每一个例子时使用不同的误差曲面的梯度，而不同的误差曲面有不同的局部极小点，所以整个过程不太容易陷入任何一个这样的局部极小点。

(2) 用多个具有相同结构和不同权值初始化的网络对同一个训练例集进行学习，在它们分别落入不同的局部极小点时，以对独立验证集具有最佳结果的网络作为学习的结果；或全体网络形成一个“决策委员会”，取它们的平均结果作为学习的结果。

(3) 引入冲量使过程“冲过”局部极小点(但有时也会“冲过”全局极小点)。

3.3.2 改进的反向传播算法

可以看到在上面的算法中使用的是随机梯度下降算法，我们可以将基本算法改为真正的梯度下降算法，即：先积累各个训练样例的误差，然后对权值做一次修改，而不是迭代地对训练样例进行权值的修改。在真正的梯度下降算法中，假设权值向量 $\boldsymbol{w}$ 对训练样例集 D 的误差定义为

$$E(\boldsymbol{w}) \equiv \frac{1}{2}\sum_{d \in D}\sum_{k}(t_{kd} - y_{kd})^2 \tag{3-53}$$

引入冲量，在第 n 次主循环(处理第 n 个训练样例时)中，对权值的修改部分地依赖于上一次扫描中对权值的修改：

$$\Delta w_{ji}(n) = \eta\,\delta_j x_{ji} + \alpha\,\Delta w_{ji}(n-1) \tag{3-54}$$

其中 $\alpha \in [0, 1)$ 称为冲量，目的是使权值的修改在一定程度上保持上一次的修改方向(增或减)。冲量的引入有时可加快收敛，有时可避免陷入局部极小点。

3.3.3 反向传播算法实现的几点说明

反向传播算法使用最速下降方法在权空间迭代计算，以获得最优权值的一种近似。使

用的学习步长越小，从一次迭代到另一次迭代中网络的突触权值的变化量就越小，轨迹在权值空间就越光滑。在反向传播算法中，动量的使用对更新权值来说是一个较小的变化，而它对学习算法会产生有利的影响，动量项可以防止学习过程停止在误差曲面上的局部最小值，这对于得到全局极值点可能是有帮助的。动量和学习率参数一般会随着迭代的增加而逐步地减小。

在一个训练过程中，一个训练集合的完全呈现称为一个回合(epoch)。对于一个给定的训练集合，反向传播算法可以以下面几种基本形式进行学习：

(1) 串行方式，又称为在线方式、模式方式或随机方式。在这种运行方式里，在每个训练样本呈现之后进行权值更新。首先将一个样本对提交给网络，完成前馈计算和反向传播，修改网络的权值和偏置，接着将第二个样本提交给网络，重复前述过程，直到回合中的最后一个例子也被处理过。

(2) 并行方式。权值更新要在组成一个回合的所有训练样本都呈现完之后才进行，即整个训练集合在全部提交完之后才进行权值更新。

从在线运行的角度看，训练的串行方式比并行要好，因为对每一个突触权值来说，需要更少的局部存储。而且，训练以随机的方式利用一个模式接着一个模式的方法更新权值，使得在权值空间的搜索自然具有随机性，从而使反向传播算法陷入局部最小的可能性降低。同样，串行方式的随机性质使得要得到算法收敛的理论条件变得困难了，相比较而言，训练集中的方法为梯度向量提供了一个精确的估计，只要简单的条件就可以保证收敛到局部最小。集中的方式更容易并行化。当训练数据的样本冗余，即数据集合包含同一模式的几个备份时，串行方式一次更新只呈现一个例子，从而串行方式可以利用这种冗余，当数据集很大且高度冗余时尤其如此。尽管串行方式有一些缺点，但一直以来比较流行，其原因主要是算法的实现比较简单，它为大型问题和困难问题提供了有效的解决方法。

通常，不能证明迭代多少次反向传播算法已经收敛，并且也没有确定的停止其运行的准则。相反地，根据其具体的实际领域，有一些合理的参考准则，它们每个都有自己的实际用处，这些准则可以用于中止权值的调整。例如，当梯度向量的欧几里得范数达到一个充分小的梯度阈值时，可以认为反向传播算法已经收敛，或者当每一个 Epoch 均方误差变化的绝对速率足够小时，认为反向传播算法已经收敛。

学习步长应该是依赖连接的。在应用中，我们可以设定所有突触权值都是可调的，或者设置某些权值固定。此时，误差信号仍然执行反向传播的过程，而固定了的权值向量不再发生修改。均方误差变化的绝对速率如果每个回合在 0.1%～1%之间，一般认为它已经足够小。如果用过小的值，会导致学习算法过早中止。

除了上述的学习方式、学习速率之外，在前馈神经网络的训练中还有其他几个重要的问题，包括训练样本、目标函数、网络结构、收敛性与局部极小值、泛化能力等。例如，在训练过程中，训练样本的质量和数量直接影响着训练的结果。由于训练过程中有限样本的问题，所训练得到的网络在训练集上的误差与其他样本的误差就会不一样；另外，如果网络规模不合适(过大)，出现过拟合，网络虽然在训练集上误差可能持续下降，但是对其他样本的误差可能会上升。泛化能力定义为经过训练后的网络对未在训练集中出现的(但是来自同一分布)样本作出正确反应的能力。一般地，当网络结构一定时，为了获得好的泛化能力，需要训练的样本量应当比可调参数量大，学习结果才是可靠的。目标函数直接表达系统要实现的目标，是设计、评价系统的重要指标，因为神经网络的学习本质上就基于目标函数的寻优过程，因此在设计目标函数时，应该本着选择性、有效性和实用性的原则。网络的选择也影响着网络的性能。关于网络的选择，包括网络的拓扑形式、网络的层数、隐层节点数目的确定以及激活函数的确定等。一般地，训练样本一定时，如何确定网络结构以保证较好的泛化能力，即找到能够与给定样本符合的最简单(即规模最小)的网络，可以通过逐步增长或逐步修剪，以及增加正规化约束等措施来实现。

3.4 感知器准则和 LMS 算法

在介绍了前馈神经网络中几种经典的模型(包括感知器模型、自适应线性网络模型和反向传播神经网络模型)之后，首先我们将感知器网络中采用的感知器准则和自适应线性网络中采用的 LMS 算法进行一下对比。

感知器网络和自适应线性网络大约是在 20 世纪 50 年代同时产生的。Rosenbaltt 的感知器是前馈神经网络的基础，其中经典的感知器准则在神经网络的学习规则中具有重要的历史意义。如前所述，感知器有许多吸引人的优点：它的线性、迷人的学习法则，以及它清楚地作为一种并行计算范例的简单性。只要限制为由线性组合器和随后的一个非线性元素组成的神经元模型，不管非线性采用什么形式，由于感知器状态稳定的决策特征基本不变，因此一个单感知器神经元只能实现在线性可分模式上进行模式分类。

对于感知器的第一个批评是 Minsky 和 Selfridge 在 1961 年提出的。他们指出：由定义的感知器不管用哪种形式都不能推广到二进制数的奇偶校验的情况，更不用说一般的抽象。这在后来的名著《感知器》一书中得到了严格的数学证明[3.26]。在对感知器给出一些详细的数学分析之后，Minsky 和 Papert 指出：建立在局部学习例子基础上的感知器从本质上无法进行全局的泛化。即，没有任何理由保证单层感知器的优点能带到多层感知器中。这些结论在很大程度上导致了一个持续到 20 世纪 80 年代中期对感知器而且是一般神经网络计算能力的严重怀疑。但是历史证明这种推测是不公正的，因为现在已经有许多神经网络的高级形式，它们的计算能力比感知器要强大得多。

从自适应线性网络衍生出的 LMS 算法是一个建立在线性网络模型上的方便高效的方法，它经历住了时间的考验，沿用至今，是自适应信号处理的重要工具之一。LMS 算法是代表基于误差修正学习的单层感知器的不同实现。感知器模型中使用的是 MP 神经元，而

LMS 算法使用一个线性神经元。感知器的学习过程执行有限步后停止，相反，在 LMS 算法中发生持续学习(这是指当信号处理不停止时学习就不停止)。反向传播算法就是 LMS 算法的一个推广。

3.5　感知器网络和 Bayes 分类器

如前所述，单感知器模型是一个天然的二分类的分类器，感知器与 Bayes 最优分类器的经典模式分类器具有一定的联系，本节中将感知器模型与 Bayes 分类器进行一下对比。可以证明：在数据服从高斯(Gauss)分布的情况下，Bayes 分类器会退化成为一个线性分类器，这和感知器采用的形式是一样的，但是感知器的线性并不是由于 Gauss 假设而具有的。

考虑两类问题(记为类)$\wp_1$ 和$\wp_2$，在 Bayes 分类或 Bayes 假设检验中，需要最小化平均风险 $\Re$：

$$\Re = c_{11} p_1 \int_{H_1} f_{\boldsymbol{x}}(\boldsymbol{x} \mid \wp_1)\,\mathrm{d}\boldsymbol{x} + c_{22} p_2 \int_{H_2} f_{\boldsymbol{x}}(\boldsymbol{x} \mid \wp_2)\,\mathrm{d}\boldsymbol{x} + c_{21} p_1 \int_{H_2} f_{\boldsymbol{x}}(\boldsymbol{x} \mid \wp_1)\,\mathrm{d}\boldsymbol{x} + c_{12} p_2 \int_{H_1} f_{\boldsymbol{x}}(\boldsymbol{x} \mid \wp_2)\,\mathrm{d}\boldsymbol{x} \tag{3-55}$$

其中，各项定义如下：

p_i——观察向量 $\boldsymbol{x}$(表示随机向量 $\boldsymbol{X}$ 的实现值)取自子空间 H_i 的先验概率，$p_1+p_2=1$；

c_{ij}——当类$\wp_j$ 是真实的类(即观察向量 $\boldsymbol{x}$ 取自子空间 H_j)时，决定支持由子空间 H_i 代表的类$\wp_i$ 的代价；

$f_{\boldsymbol{x}}(\boldsymbol{x} \mid \wp_i)$——随机向量 $\boldsymbol{X}$ 的条件概率密度函数，即观察向量 $\boldsymbol{x}$ 取自子空间 H_i 时前两项表示正确决策或分类，后面表示错误决策或分类。每个决策通过两个因子乘积加权作出决策的代价和发生的相对频率(即先验概率)。

Bayes 分类器的设计目的在于确定一个最小化平均风险的策略，因为我们需要作出这样的决策，在全部观察空间 H 中，每个观察向量 $\boldsymbol{x}$ 必须被假定或者属于 H_1 或者属于 H_2。因此：

$$H = H_1 + H_2 \tag{3-56}$$

相应地，平均风险可以改写为

$$\Re = c_{11} p_1 \int_{H_1} f_{\boldsymbol{x}}(\boldsymbol{x} \mid \wp_1)\,\mathrm{d}\boldsymbol{x} + c_{22} p_2 \int_{H-H_1} f_{\boldsymbol{x}}(\boldsymbol{x} \mid \wp_2)\,\mathrm{d}\boldsymbol{x} + c_{21} p_1 \int_{H-H_1} f_{\boldsymbol{x}}(\boldsymbol{x} \mid \wp_1)\,\mathrm{d}\boldsymbol{x} + c_{12} p_2 \int_{H_1} f_{\boldsymbol{x}}(\boldsymbol{x} \mid \wp_2)\,\mathrm{d}\boldsymbol{x} \tag{3-57}$$

由于 $c_{11}<c_{21}$，$c_{22}<c_{12}$，且有

$$\int_{H} f_{\boldsymbol{x}}(\boldsymbol{x} \mid \wp_2)\,\mathrm{d}\boldsymbol{x} = \int_{H} f_{\boldsymbol{x}}(\boldsymbol{x} \mid \wp_1)\,\mathrm{d}\boldsymbol{x} = 1 \tag{3-58}$$

因此可得

$$\Re = c_{21}p_1 + c_{22}p_2 + \int_{H_1} [p_2(c_{12} - c_{22})f_x(\boldsymbol{x}|\wp_2) - p_1(c_{21} - c_{11})f_x p_2(\boldsymbol{x}|\wp_1)]\mathrm{d}\boldsymbol{x} \tag{3-59}$$

式(3-59)的前面两项代表一个固定代价。因为需要最小化平均风险，所以可得到以下最优分类的策略：

(1) 所有使被积函数(即方括号里的表达式)为负的观察向量 $\boldsymbol{x}$ 的值都归于子空间 H_1(即类$\wp_1$)，因为此时积分对风险有一个负的贡献。

(2) 所有使被积函数为正的观察向量 $\boldsymbol{x}$ 的值都必须从子空间 H_1 中排除(即分配给类$\wp_2$)，因为此时积分对风险有一个正的贡献。

(3) 使被积函数为 0 的 $\boldsymbol{x}$ 的值对平均风险没有影响，因此可以任意分配。我们假设这些点分配给子空间 H_2(即类$\wp_2$)。

在此基础上，我们可以得到 Bayes 分类器的公式：

$$p_1(c_{21} - c_{11})f_x(\boldsymbol{x}|\wp_1) > p_2(c_{12} - c_{22})f_x(\boldsymbol{x}|\wp_2) \tag{3-60}$$

若满足式(3-60)，则把观察向量分配给子空间 H_1(即类$\wp_1$)，否则分配给子空间 H_2(即类$\wp_2$)。

为了简化 Bayes 分类器的公式，定义：

$$\Lambda(\boldsymbol{x}) = \frac{f_x(\boldsymbol{x}|\wp_1)}{f_x(\boldsymbol{x}|\wp_2)} \tag{3-61}$$

$$\xi = \frac{p_2(c_{12} - c_{22})}{p_1(c_{21} - c_{11})} \tag{3-62}$$

这里的变量 $\Lambda(\boldsymbol{x})$是两个条件概率密度函数的比，称为似然比(likelihood ratio)；变量 ξ 称为检验的阈值。假如对一个观察向量 $\boldsymbol{x}$，似然比比阈值大，就把观察向量分配给类$\wp_1$，反之，分配给$\wp_2$。那么公式(3-60)变成：

$$\log\Lambda(\boldsymbol{x}) > \log\xi \tag{3-63}$$

这样的一个最优分类策略分别被称为似然比检验和对数似然比检验。现在考虑一个数据满足 Gauss 分布时的 Bayes 分类器的特殊情形。在该情况下，随机向量 $\boldsymbol{X}$ 的均值依赖于 $\boldsymbol{X}$ 是属于$\wp_1$ 还是$\wp_2$，但 $\boldsymbol{X}$ 的协方差阵对两类都是一样的，也就是说：

对于类$\wp_1$，有

$$E[\boldsymbol{X}] = \boldsymbol{\mu}_1, \quad E[(\boldsymbol{X} - \boldsymbol{\mu}_1)(\boldsymbol{X} - \boldsymbol{\mu}_1)^{\mathrm{T}}] = \boldsymbol{C}$$

对于类$\wp_2$，有

$$E[\boldsymbol{X}] = \boldsymbol{\mu}_2, \quad E[(\boldsymbol{X} - \boldsymbol{\mu}_2)(\boldsymbol{X} - \boldsymbol{\mu}_2)^{\mathrm{T}}] = \boldsymbol{C}$$

协方差阵是非对角的，这意味着取自类$\wp_1$ 和$\wp_2$ 的样本是相关的，假设协方差阵是非奇异的，这样它的逆矩阵存在。在这个背景下，我们可以把 $\boldsymbol{x}$ 的条件概率密度函数表示如下：

$$f_x(\boldsymbol{x}|\wp_i)=\frac{1}{(2\pi)^{\frac{m}{2}}(\det(\boldsymbol{C})^{\frac{1}{2}})}\exp\left(-\frac{1}{2}(\boldsymbol{X}-\boldsymbol{\mu}_i)^{\mathrm{T}}\boldsymbol{C}^{-1}(\boldsymbol{X}-\boldsymbol{\mu}_i)\right)\quad i=1,\ 2 \tag{3-64}$$

这里 m 是观察向量的维数。进一步作如下假设。

(1) 两类的概率相同：

$$p_1=p_2=\frac{1}{2} \tag{3-65}$$

(2) 错误分类造成同样的代价，正确分类的代价为 0，即

$$c_{21}=c_{12},\quad c_{11}=c_{22}=0 \tag{3-66}$$

将似然比取对数，得到

$$\begin{aligned}\log\Lambda(\boldsymbol{x})&=-\frac{1}{2}(\boldsymbol{X}-\boldsymbol{\mu}_1)^{\mathrm{T}}\boldsymbol{C}^{-1}(\boldsymbol{X}-\boldsymbol{\mu}_1)+\frac{1}{2}(\boldsymbol{X}-\boldsymbol{\mu}_2)^{\mathrm{T}}\boldsymbol{C}^{-1}(\boldsymbol{X}-\boldsymbol{\mu}_2)\\&=(\boldsymbol{\mu}_1-\boldsymbol{\mu}_2)^{\mathrm{T}}\boldsymbol{C}^{-1}\boldsymbol{x}+\frac{1}{2}(\boldsymbol{\mu}_2^{\mathrm{T}}\boldsymbol{C}^{-1}\boldsymbol{\mu}_2-\boldsymbol{\mu}_1^{\mathrm{T}}\boldsymbol{C}^{-1}\boldsymbol{\mu}_1)\end{aligned} \tag{3-67}$$

这时的检验阈值取对数，得到

$$\log\xi=0 \tag{3-68}$$

将式(3-68)代入 Bayes 分类器公式，则解决当前问题的 Bayes 分类器退化为一个线性分类器，其决策面方程为

$$y=\boldsymbol{w}^{\mathrm{T}}\boldsymbol{x}+b \tag{3-69}$$

其中：

$$\begin{cases}y=\log\Lambda(\boldsymbol{x})\\ \boldsymbol{w}=\boldsymbol{C}^{-1}(\boldsymbol{\mu}_1-\boldsymbol{\mu}_2)\\ b=\frac{1}{2}(\boldsymbol{\mu}_2^{\mathrm{T}}\boldsymbol{C}^{-1}\boldsymbol{\mu}_2-\boldsymbol{\mu}_1^{\mathrm{T}}\boldsymbol{C}^{-1}\boldsymbol{\mu}_1)\end{cases} \tag{3-70}$$

换句话说，分类器由一个权值向量和偏置构成的线性组合器构成。与高斯环境下的 Bayes 分类器和感知器是类似的，即，它们都是线性分类器。存在的区别是：感知器运行的前提是待分模式且是线性可分的，导出 Bayes 分类中假设两个高斯分布的模式是相互重叠的，重叠的程度由均值和协方差矩阵决定。当输入是线性不可分且重叠分布时，感知器收敛算法会出现一个问题，因为两类间的判决边界会持续振荡。在原理上，感知器收敛算法是非参数化和自适应的分类方法，实现简单，它的存储需求仅仅是权值集合和偏置。Bayes 分类器是基于最小化分类误差概率的思想设计的，在 Guass 数据分布情况下，假设两类样例的均值不同，但协方差矩阵相同，在该情况下，Bayes 分类器退化为线性分类器。Bayes

分类器的设计是固定的，但可以使它变成自适应的，代价是增加存储量和更高计算复杂度。感知器学习算法是非参数化的，这指的是它没有关于固定分布形式的假设，它通过关注分布重叠的地方的误差来运行。当输入由非线性物理机制产生同时它们的分布是严重偏离而且是非高斯分布时，感知器算法将工作得很好。而 Bayes 是参数化的，它的导出是建立在 Gauss 分布的假设上的，这可能会限制它的应用范围。

3.6 感知器网络和 Fisher 判别

在一个多层感知器被训练好之后，作出分类的最优决策规则应该是什么？对一组有限的独立同分布的训练样本使用反向传播算法训练多层感知分类器，一种假设就是该多层感知器可能得到固有的后验类概率的一个渐进近似。

当一个决策边界由一个多层感知器的输出经过一些固定阈值判断形成时，决策边界的所有形状和方向可以试探地（对单隐层的情况）用相应的隐层神经元的数目和与之连接的突触权值的比来解释。一个更合适的处理就是把隐层神经元作为非线性特征检测器，将在原始空间非线性可分的类映射为在隐层激活输出的空间，此处它们更可能是线性可分的。

在采用反向传播算法的多层前馈感知器模型中，隐层神经元有着重要的作用，因为隐层神经元扮演着特征检测器的角色。对于一个从两个类别标签中确定一个的分类决策问题，多层感知器最大化一个判别函数，该判别函数为加权类间协方差和总体协方差矩阵的伪逆这两个矩阵乘积的逆。这种情况下，定义的判别函数对于多层感知器来说是唯一的，它与 Fisher 的线性判别式非常类似。Fisher 的线性判别式描述一个多维问题到一维问题的线性变换。

假设两类数据的均值不同，区别两类的 Fisher 准则可以表示为

$$J(\boldsymbol{w})=\frac{\boldsymbol{w}^{\mathrm{T}}\boldsymbol{C}_{\mathrm{b}}\boldsymbol{w}}{\boldsymbol{w}^{\mathrm{T}}\boldsymbol{C}_{\mathrm{t}}\boldsymbol{w}} \tag{3-71}$$

这里 $\boldsymbol{C}_{\mathrm{b}}$ 是类间协方差矩阵，定义为

$$\boldsymbol{C}_{\mathrm{b}}=(\boldsymbol{\mu}_2-\boldsymbol{\mu}_1)(\boldsymbol{\mu}_2-\boldsymbol{\mu}_1)^{\mathrm{T}} \tag{3-72}$$

$\boldsymbol{C}_{\mathrm{t}}$ 是总的类内协方差矩阵，定义为

$$\boldsymbol{C}_{\mathrm{t}}=\sum_{n\in\vartheta_1}(\boldsymbol{x}_n-\boldsymbol{\mu}_1)(\boldsymbol{x}_n-\boldsymbol{\mu}_1)^{\mathrm{T}}+\sum_{n\in\vartheta_2}(\boldsymbol{x}_n-\boldsymbol{\mu}_2)(\boldsymbol{x}_n-\boldsymbol{\mu}_2)^{\mathrm{T}} \tag{3-73}$$

类内协方差矩阵与训练集的样本协方差矩阵成比例，它是对称且非负定的，在训练集足够大时通常是非奇异矩阵。类间协方差矩阵也是对称和非负定的，但它是奇异矩阵最大化 Fisher 判别的线性判别式。

3.7 神经网络设计

神经网络的设计与其说是一门科学，不如说是一门艺术，因为这个设计中的很多数值因素依赖于个人的经验。从某个意义上这是正确的，但是也有些方法能对训练算法有重大的提高。例如，就反向传播算法来说，可以考虑以下这些目标来设计算法：

(1) 串行更新而不是集中更新。串行方式的训练学习要比集中学习的方式更快，特别是训练数据量很多且高度冗余时，更是如此。

(2) 最大可能的信息内容。对呈现给反向传播算法的每一个训练样本的挑选必须建立在其信息内容对解决问题有最大可能的基础上。

出于对权阈值空间进行更多搜索的愿望，可以尝试下面的两种方法来达到上述目标：

(1) 使用训练误差最大的样本。

(2) 使用的样本要与以前使用的样本有根本区别。

在模式分类的任务中使用串行的反向传播学习，经常使用的一个简单技巧是将样本每个回合呈现给多层感知器的顺序随机化(即弄乱)。理想情况下，随机化可以确保一个回合中的相继的样本很少属于同一类。

对于一个更加改良的技巧，我们强调使用图表，这涉及呈现给网络更加困难的模式而不是容易的模式。一个特定的模式是容易还是困难，可以通过检查其产生的误差来进行比较和确认。但有几个问题要注意：一个回合中呈现给网络的样本分布是变形的；例外点或是错误标记的样本的出现对于算法的性能有一个灾难性的后果；学习这样的例外点会对网络在输入空间中更大可能区域的泛化能力带来损害。

(1) 初始化。网络的突触权值和偏置初值的选择对一个成功的网络设计有巨大的帮助。当突触权值在开始被赋予一个较大的初始值时，网络的神经元很快就会陷入饱和，如果这种情况发生，反向传播算法的局部梯度向量会出现一个很小的值，结果导致学习算法非常缓慢。当初值是一个较小的值时，反向传播算法可能就在误差曲面原点的一个非常光滑的区域内进行，特别是反对称的情况下这种可能性就更大。不幸的是，这个原点是个鞍点，这个鞍点是一个稳定点，在该点处与马鞍正交的误差曲面的曲率为正，而沿着马鞍方向为负。由于这些原因，使用过大或过小的初始化权值都应该避免，恰当的初始化应选择在两者之间。

(2) 输入规整化。这包括去均值、去相关、协方差均衡等。每一个不同的输入变量都需要预处理，使得它关于训练集求平均的均值接近于0，或者与标准偏差相比是比较小的。要加速反向传播学习的过程，输入变量的规整化必须包括下面两个步骤：训练集包含的输入变量应该是不相关的；去相关后的输入变量应该调整其长度使得它们的协方差近似相等，这样可以保证网络中的不同权值以大约相等的速度进行学习。

(3) 激活函数。当 sigmoid 激活函数是反对称而不是非对称时，一个反向传播算法训练的多层感知器会学得快一点。例子是双曲正切的 sigmoid 型非线性。在激活函数的范围内选择目标值是很重要的，好的策略是：使得神经元诱导局部区域的标准偏差位于它的 sigmoid 激活函数的线性部分和饱和部分的过渡区域。

(4) 从提示中学习、从例子中学习的过程可以推广为包括从提示中学习，这可以通过在学习过程中包含有关函数的相关先验知识来实现。这些知识包括不变性、对称性或关于函数的其他知识，可以用来加速函数的逼近实现的搜索，更重要的是，可以提高最后估计的质量。

(5) 学习速率。多层感知器的所有神经元理论上应以同一速率进行学习。由于网络最后一层的局域梯度通常比别的层大，因此，最后一层的学习速率应该设小，输入较多的神经元的学习速率应该比输入较少的神经元的小，学习速率应与该神经元的突触连接的平方根成反比。

(6) 对训练数据的过度拟合是神经网络学习中的一个重要问题。过度拟合会导致网络泛化到新的数据时性能很差，尽管网络对于训练数据表现非常好。交叉验证方法可以用来估计梯度下降搜索的合适终止点，从而最小化过度拟合的风险。

3.8 神经网络泛化

术语"泛化"是从心理学而来的，假设测试数据是从与训练样本相同的数据集中抽取来的。泛化可以看成是一个非线性插值的问题。当一个神经网络使用太多的样本进行学习时，它可能完成对训练样本的记忆，这种情况可能会出现在找到一个存在于训练数据集中但对于将要建模的固有函数却为假的特征的时候，这种现象称为过拟合。当网络被过训练后就失去了在相近输入、输出模式之间进行泛化的能力，原因在于在突触的权值空间中存储了输入空间中由于噪声带来的非希望因素。

对泛化有影响的三个因素为：训练集的大小、神经网络的体系结构和当前问题的物理复杂度。适当的训练集大小或样本复杂度问题已经在前面讨论了。VC 维数为这个问题的重要原则性解决方案提供了理论基础。特别地，我们有与分布无关的和最坏情况下的公式以估算能够形成一个好的泛化性能的训练样本的大小，不幸的是，通常发现，在实际需要的训练样本集大小和由这些公式预测的训练样本大小之间存在巨大的数值差异，这使得样本复杂度问题成为一个持续公开的研究领域。

得到一个好的泛化所需要的是训练集的大小 N 满足：

$$N=O\left(\frac{W}{\varepsilon}\right) \tag{3-74}$$

这里 W 是网络中自由参数的总数，ε 表示测试数据中容许分类误差的部分。

3.9　深度前馈神经网络

深度前馈神经网络仍沿用机器学习的范式，即数据、模型、优化和求解四个部分。机器学习强调基于数据先验的特征学习(包括特征提取与筛选，得到可分性判别特征)与分类器的设计，并且模型的表达能力受限于特征学习(统计或变换，本质上为浅层，如图 3-13)，其优势在于优化目标函数可利用凸优化相关算法或软件进行快速地求解，其核心理念在于追求精度、速度。

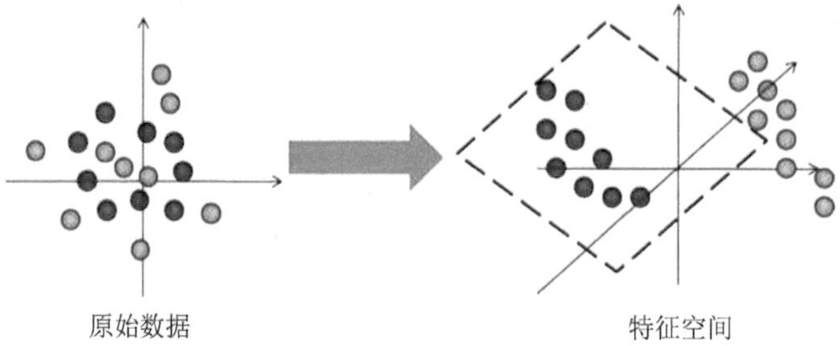

图 3-13　可分性判别特征的学习

相较于机器学习，深度前馈神经网络减小了对数据先验的依赖性，模型对数据的表征能力(挖掘数据深层的语义信息或统计特性)随着层级的加深(线性与非线性逐层复合)而呈现愈来愈深刻、本质的刻画。模型的缺点有：

(1) 在训练阶段，有类标数据较少，网络模型参数较多，训练不充分，易出现过拟合现象。

(2) 优化目标函数为非凸优化问题，依赖于初值的选取。选择较好时，可以避免过早地陷入局部最优，求得的解逼近最优解；若选择不好，网络易出现欠拟合等，见图 3-14。

(3) 利用反向传播算法优化求解时，易出现梯度弥散的现象，导致网络模型训练不充分(参数更新时效性和有效性差)。

众所周知，数据的差异性对深度前馈神经网络的影响是至关重要的，譬如分类任务，类内的聚集特性越强，说明相似度越高，即共性特征为主，个性化特征为辅；类间的疏散特性越大，说明类与类之间的差异性明显，即个性化特征为主，共性特征为辅。对于利用深度前馈神经网络进行特征学习而言，层级参数的组合多样性、容许性强，使得权值参数带有判别特性，即类内强调共性，类间注重个性，参数组合下满意度最高的模型状态也间接说明二者(共性与个性)是矛盾统一的。本质上，深度前馈神经网络将数据的表示分级，高级的表示建立在低级的表示上，即将一个复杂的问题分成一系列嵌套的、简单的表示学习问题。例如，第一个隐层从图像的像素和邻近像素的像素值中识别边缘；第二个隐层将边缘整合起来识别轮廓和角点；第三个隐层提取特定的轮廓和角点作为抽象的高层语义特征；最后，通过一个线性分类器识别图像中的目标。

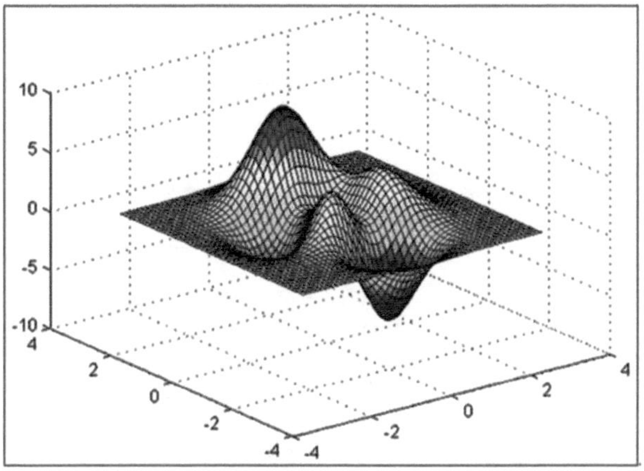

图 3-14　可视化非凸优化问题——局部极小值

从物理角度来看，深度前馈神经网络所有数学运算(包括线性和非线性)的意义在于以下五种形式：升维或降维、放大或缩小、旋转、平移、扭曲或弯曲(非线性操作完成，不同的激活函数对输入的扭曲程度不同)。即，每层神经网络的物理释义为：通过现有的不同物质的组合形成新物质，例如碳氧原子通过不同组合形成若干分子，从分子层面继续迭代这种组合思想，可以形成 DNA、细胞、组织、器官，最终可以形成一个完整的人；同样地，继续迭代还会有家庭、公司、国家等，这种现象在身边随处可见。

从实验角度观察，深度前馈神经网络的模型架构具有以下特点：

(1) 线性可分视角：深度前馈神经网络的学习就是学习如何利用线性变换和非线性变换(激活函数)，将输入空间投向线性可分/稀疏的空间去分类/回归。

(2) 增加节点数：增加维度，即增加线性转换能力。

(3) 增加层数：增加激活函数的次数，即增加非线性转换次数。

为了满足以上的特点，可参照图 3-15 使学到的特征具有可分特性。

其中的两个隐层前馈神经网络模型结构为：

```
layer_defs=[];
layer_defs.push({type:'input', out_sx:1, out_sy:1, out_depth:2});
layer_defs.push({type:'fc', num_neurons:6, activation:'tanh'});
layer_defs.push({type:'fc', num_neurons:2, activation:'tanh'});
layer_defs.push({type:'softmax', num_classes:2});
```

net=new convnetjs.Net();

net.makeLayers(layer_defs);

trainer=new convnetjs.SGDTrainer(net, {learning_rate:0.01, momentum:0.1, batcg_size:10, 12_decey:0.001});

激活函数为 tanh；采用随机梯度下降的方式求解，分类器为 softmax；从图 3-15 可知，图 3-15(a)为原始数据所在空间的可视化；通过线性和非线性操作的两次变换，得到特征空间下的可分性如图 3-15(b)所示。

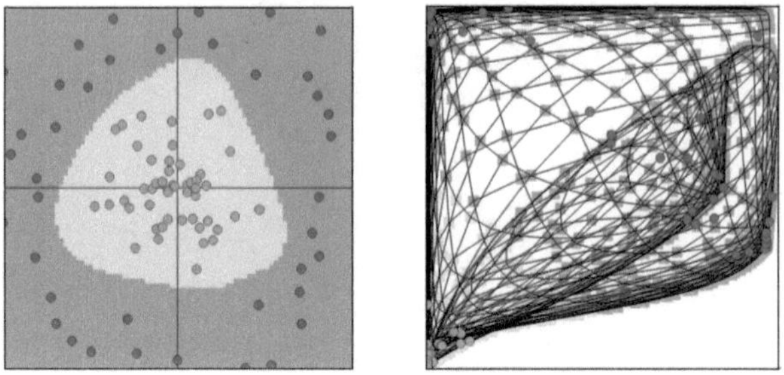

(a)　　　　　　(b)

图 3-15　两个隐层前馈神经网络的特征学习可视化

本章参考文献

[3.1] 焦李成，公茂果，王爽，等. 自然计算、机器学习与图像理解前沿[M]. 西安：西安电子科技大学出版社，2008.

[3.2] 焦李成. 神经网络计算[M]. 西安：西安电子科技大学出版社，1993.

[3.3] 焦李成. 神经网络的应用与实现[M]. 西安：西安电子科技大学出版社，1993.

[3.4] 焦李成. 非线性传递函数理论与应用[M]. 西安：西安电子科技大学出版社，1992.

[3.5] RUMELHART D E, HINTON G E, WILLIAMS R J. Learning internal representations by back-propagating errors[J]. Nature, 1986, 323(99): 533-536.

[3.6] LECUN Y, BOTTOU L, BENGIO Y, et al. Gradient-based learning applied to document recognition[J]. Proceedings of the IEEE, 1998, 86(11): 2278-2324.

[3.7] TIKHONOV N, VASILIY Y A. Solution of Ill-posed problems [M]. Washington, DC: Winston, 1977.

[3.8] TIKHONOV N. On solving ill-posed problem and method of regularization[J]. Doklady Aksdemii Nauk USSR, 1963, 153: 501-504.

[3.9] IVANOV V K . On linear problems which are not well-posed[J]. Ural State University, 1962: 270-272.

[3.10] PHILLIPS D L. A Technique for the numerical solution of certain integral equations of the first kind[J]. Journal of the Acm, 1962, 9(1): 84 - 97.

[3.11] GIROSI F. Regularization theory and neural networks architectures[J]. Neural Compt, 1995, 7(2): 219 - 269.

[3.12] CHURCHHOUSE R F. Spline functions: Basic theory[J]. Bulletin of the London Mathematical Society, 1982, 14.

[3.13] POGGIO T, GIROSI F. Networks for approximation and learning[J]. Proceedings of the IEEE, 1990, 78(9): 1481 - 1497.

[3.14] HAYKIN S. Neural networks: a comprehensive foundation[M]. New York: Macmillan, 1994.

[3.15] POGGIO T, GIROSI F. A sparse representation for function approximation [J]. Neural Computation, 1998, 10(6): 1445 - 1454.

[3.16] FRIEDMAN J H. Multivariate adaptive regression spline[J]. Annals of Statistics, 1991, 19(1): 1 - 67.

[3.17] PIGGIO T, GIROSI F. A theory of networks for approximation and learning[J]. Massachusetts Institute of Technology, Cambridge Mass, 1989.

[3.18] HARDER R L, DESMARAIS R N . Interpolation using surface splines[J]. Journal of Aircraft, 1972, 9(2): 189 - 191.

[3.19] HASTIE T J, TIBSHIRANI R J . Generalized additive models[J]. Statistical Science, 1986, 1(3): 297 - 310.

[3.20] BREIMAN L. Hinging hyperplanes for regression, classification, and function approximation[J]. IEEE Transactions on Information Theory, 1993, 39(3): 999 - 1013.

[3.21] MCCULLOCH W S, PITTS W H . A logical calculus of ideas immanent in nervous activity[J]. The Bulletin of Mathematical Biophysics, 1942, 5:115 - 133.

[3.22] WIDROW B, HOFF M E. Adaptive switching circuits[M]. Cambridge, MA: MIT Press, 1988.

[3.23] ROSENBLATT F. The perceptron: A probabilistic model for information storage and organization in the brain[M]. Cambridge, MA: MIT Press, 1988.

[3.24] MINSKY M, PAPERT S. Perceptrons[M]. Cambridge, MA: MIT Press, 1969.

[3.25] HEBB DO. The organization of behavior[M]. New York: Wiley, 1949.

第4章 反馈神经网络

反馈神经网络(Recurrent Neural Network，RNN)，又称自联想记忆网络，常用来实现模式联想和优化的功能，其设计目的是通过一个递归结构的网络来储存一组平衡点，当给网络输入一组初始值时，网络可以随着时间的演化而最终收敛到所设计的平衡点上。Hopfield 网络是反馈神经网络的代表，当前时刻的输出反馈为网络下一时刻的输入。当给定某个初始状态后，该网络最终能在设计点上达到平衡，在理想状态下，网络的输出恰好是原始设计的平衡点。

人工神经网络按其运行过程的信息流向来分类，可分为两大类：前馈神经网络和反馈神经网络[4.1-4.5]。在第 3 章主要介绍了前馈神经网络模型，通过许多具有简单处理能力的神经元的相互组合作用，可使整个网络获得复杂的非线性逼近能力和模式识别功能。前馈神经网络模型结构中没有反馈的分支，信息的流向始终是朝前的，而反馈神经网络指的是自身结构中带有局部或全局反馈的神经网络模型。反馈网络能够表现出非线性动力学系统的动态特性，它所具有的主要特性有[4.6]：① 网络系统具有若干个稳定状态，当网络从某一初始状态开始经过时间演化后，网络总可以收敛到某一个稳定的平衡状态；② 系统稳定的平衡状态可以通过设计网络的权值而被存储到网络中。如果将反馈神经网络稳定的平衡状态看作为一种记忆原型的话，那么网络由任意一个初始状态向稳定状态的演化过程实质上是一种寻找记忆的过程，而网络所具有的稳定平衡点就是实现联想记忆的基础。因此，对于前馈神经网络，研究的重点着重于分析网络的学习规则和训练过程，以及研究如何提高网络整体的非线性处理能力。与前馈神经网络不同，反馈神经网络的设计和应用必须建立在对其系统所具有的动力学特性理解的基础上。因此，对于反馈网络的研究更侧重于网络的稳定性、稳定的平衡状态以及判定其稳定的能量函数等基本问题上。

在反馈神经网络模型中，我们关心的主要问题之一就是反馈神经网络的稳定性，研究的重点是如何设计和利用稳定的反馈网络。由于反馈网络的输出端又反馈到其输入端，所以网络在输入的激励下，会产生不断的状态变化。当有输入之后，可以求出网络的输出，这个输出再反馈到输入从而产生新的输出，这个过程一直进行下去。如果所设计的反馈神经网络是一个能够收敛的稳定网络，则这个反馈与迭代的计算过程所产生的变化会越来越小，最终会趋于一个稳定的平衡状态，那么网络最后就会输出一个稳定的恒值。因此，设计反馈神经网络的关键问题在于确定它在稳定条件下的权系数，另外，还有如何分析其稳定性的问题。

目前，多种反馈神经网络模型已经应用于盲信号分离/解卷积、时间序列预测、语音处理和模式分类等信号处理的众多领域，同时，反馈神经网络也是非线性控制的重要工具之一。在本章中，我们将集中讨论反馈神经网络，通过反馈网络神经元状态的变迁而最终稳定于平衡状态，得到联想存储或优化计算等任务的结果。这里我们主要讨论由物理学家霍普菲尔德(J. Hopfield)提出的反馈神经网络模型。

4.1 Hopfield 反馈神经网络的结构与激活函数

早在 1982 年，美国加州工学院物理学家霍普菲尔德(J.Hopfield)发表了一篇对人工神经网络研究颇有影响的论文。他提出了一种具有相互连接的反馈型人工神经网络模型——霍普菲尔德网络(Hopfield 网络)[4.4]，并将“能量函数”的概念引入到对称 Hopfield 网络的研究中，给出了 Hopfield 反馈神经网络的稳定性判据，并用来解决约束优化问题，如 TSP (Traveling Salesman Problem)问题。他利用多元 Hopfield 反馈神经网络的多吸引子及其吸引域，实现了信息的联想记忆(associative memory)功能。另外，他还指出：Hopfield 网络与电子模拟线路之间存在着明显的对应关系，使得该网络不仅易于理解，而且便于实现。它所执行的运算在本质上不同于布尔代数运算，所以对新一代电子计算机具有很大的吸引力[4.4, 4.7]。

20 世纪末，Hopfield 反馈神经网络已经成功地应用于多种场合，现在仍常有新的应用的报道。具体的应用方向主要集中在以下几个方面：图像处理、语音处理、信号处理、数据查询、容错计算、模式分类、模式识别等。由于其简单和快速收敛的特性，在各个领域都有大量广泛的运用。但是，离散型 Hopfield 反馈神经网络的样本容量(即网络中能还原的样本个数)比较小的问题始终限制其发展，为了进一步提高 Hopfield 反馈神经网络的容量，国内外做了大量的研究工作，但是，基本上都是以增加样本的维数，扩大网络的规模和复杂程度，以及牺牲网络的收敛速度为代价的。因此，如何充分地保留和发挥 Hopfield 反馈神经网络自身的优势，又进一步提高 Hopfield 反馈神经网络的样本容量是一个非常值得研究的问题。

基本的 Hopfield 网络是一个单层对称全反馈的网络，根据其激活函数的选取不同，可以把它分为离散型 Hopfield 反馈神经网络(Discrete Hopfield Neural Network，DHNN)和连续型 Hopfield 反馈神经网络(Continuous Hopfield Neural Network，CHNN)。DHNN 的激活函数为二值型的，其输入、输出取值为离散的{0，1}，主要用于联想记忆，如 J.Hopfield提出的离散型的 Hopfield 反馈神经网络[4.4, 4.8]。CHNN 的激活函数的输入与输出之间的关系为连续可微的单调上升函数，主要用于优化计算。用于优化时，要求

Hopfield 反馈神经网络具有唯一的一个平衡稳定点，该平衡点对应于待求解的目标，而且随着时间的增长，要求网络的所有状态都趋近于这个平衡点，从数学上看，就是要求神经网络必须是全局稳定的。

图 4－1 给出了 Hopfield 反馈神经网络中编号为 j 的一个神经元。

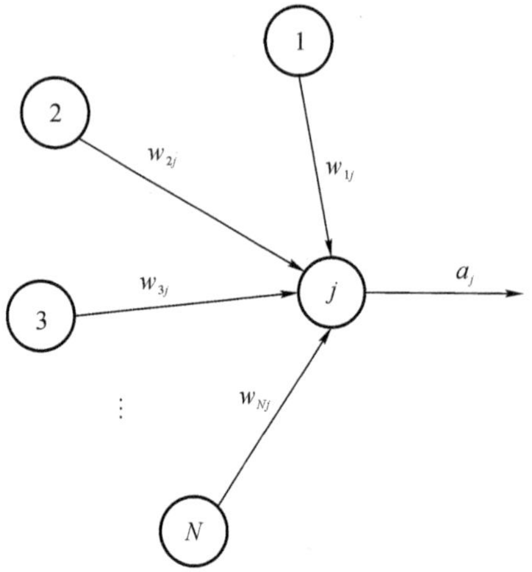

图 4－1　离散型 Hopfield 反馈网络神经元 j

假设这是一个离散型的 Hopfield 反馈神经网络，激活函数 $f(\cdot)$是一个如图 4－2 所示的二值的硬阈值函数，则有

$$a_j=f(n_j)=\text{sgn}(n_j)=\begin{cases}1 & n_j>0\\0 & n_j=0\\-1 & n_j<0\end{cases} \tag{4-1}$$

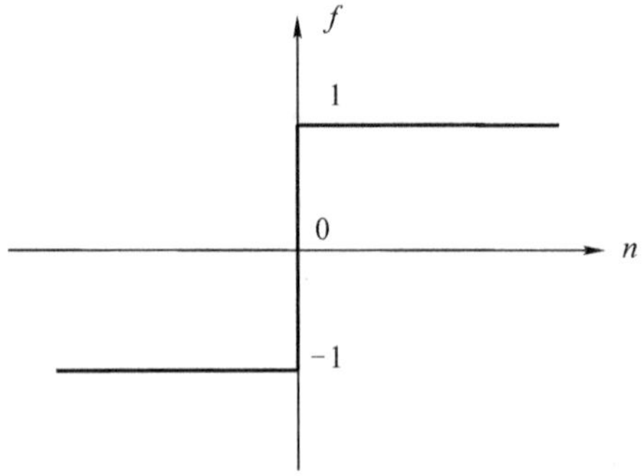

图 4－2　离散型 Hopfield 反馈神经网络中的激活函数

设当前神经元的阈值为 θ_j，有 N 个神经元与之有连接，那么当前输出 a_j 可以记为

$$a_j=\operatorname{sgn}\left(\sum_{i=1}^{N}w_{ij}a_i-\theta_j\right) \tag{4-2}$$

由这些基本单元构成的 Hopfield 反馈神经网络结构如图 4－3 所示[4.5]。

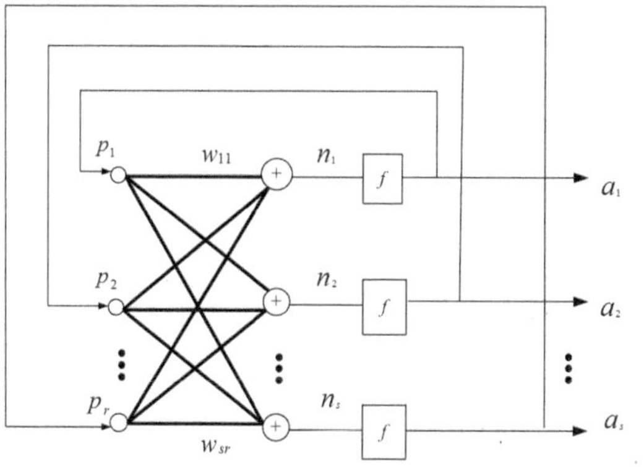

图 4－3　Hopfield 反馈神经网络结构图

该网络是一个具有 r 个输入神经元，s 个输出神经元的单层全反馈 Hopfield 反馈神经网络模型。全反馈的概念是指每个神经元的输出都与其他神经元的输入相连，所以其输入神经元的数目与输出层神经元的数目是相等的，有 $r=s$。记第 i 个神经元的输出 $a_i=f(n_i)$，其中 n_i 为第 i 个神经元的净输入，f 为该神经元的激活函数。

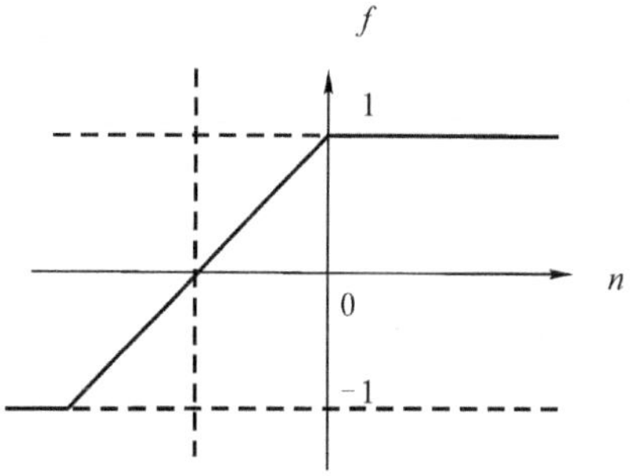

图 4－4　连续型 Hopfield 反馈神经网络中的激活函数

如果 $f(\cdot)$ 为一个连续单调上升的有界函数，则称这种网络为连续型 Hopfield 反馈神经网络，图 4－4 所示为一个饱和线性激活函数，它满足连续单调上升的有界函数的条件，常作为连续型 Hopfield 反馈神经网络的激活函数，形式如式(4－3)所示：

$$a_i=\begin{cases} n_i & -2b\leqslant n_i<0 \\ 1 & n_i\geqslant 0 \\ -1 & n_i<-2b \end{cases}\qquad i=1,2,\cdots,r \tag{4-3}$$

4.2 Hopfield 反馈神经网络的状态轨迹

为了便于理解 Hopfield 反馈神经网络的收敛性，首先分析网络的状态轨迹的概念。对于一个由 r 个输入神经元和 r 个输出神经元组成的 Hopfield 反馈网络，若将加权输入之和(净输入)n 视作 Hopfield 反馈神经网络的状态，则具有 r 个神经元的 Hopfield 反馈神经网络的状态变量为 $\boldsymbol{N}=[n_1, n_2, \cdots, n_r]$，类似地，Hopfield 反馈神经网络的输出也可以写成一个输出变量 $\boldsymbol{A}=[a_1, a_2, \cdots, a_r]^{\mathrm{T}}$。

状态变量和输出变量均为时间的函数。在某一时刻 t，分别用 $\boldsymbol{N}(t)$和 $\boldsymbol{A}(t)$来表示状态变量和输出变量。在下一时刻 $t+1$，可以得到状态变量 $\boldsymbol{N}(t+1)$，而 $\boldsymbol{N}(t+1)$又引起输出变量 $\boldsymbol{A}(t+1)$的变化，这是个随着时间反馈演化的过程，在该过程中网络的状态变量 $\boldsymbol{N}(t)$不断地随着时间发生变化。在一个 r 维状态空间上，可以用一条轨迹来描述这种状态变化情况。假设从状态变量的某一个初始值 $\boldsymbol{N}(t_0)$出发，考虑相邻 Δt 时刻的状态变化，可以得到每相邻 Δt 时刻的网络状态 $\boldsymbol{N}(t_0+\Delta t)\rightarrow\boldsymbol{N}(t_0+2\Delta t)\rightarrow\cdots\rightarrow\boldsymbol{N}(t_0+m\Delta t)$，$m\in\mathbf{Z}^+$，这些在空间上的点组成的确定轨迹，是演化过程中所有可能状态的集合，我们称这个状态空间为相空间。

假设网络的输入为 $\boldsymbol{P}=[p_1, p_2, \cdots, p_r]$，网络的连接权值为 $\boldsymbol{W}$，对于不同的网络连接权值 w_{ij} 和输入 $p_j(j=1, 2, \cdots, r)$，反馈网络状态轨迹可能出现不同的情况，例如：状态轨迹为网络的稳定点，状态轨迹为极限环，状态轨迹为混沌现象，以及状态轨迹为发散的情况等。对于一个由 r 个神经元组成的反馈神经网络系统，它的行为就是由这些状态轨迹的情况来决定的。图 4-5 描述了一个三维相空间上三条不同的状态轨迹 A、B、C，分别给出了离散型 Hopfield 反馈神经网络和连续型 Hopfield 反馈神经网络的轨迹。

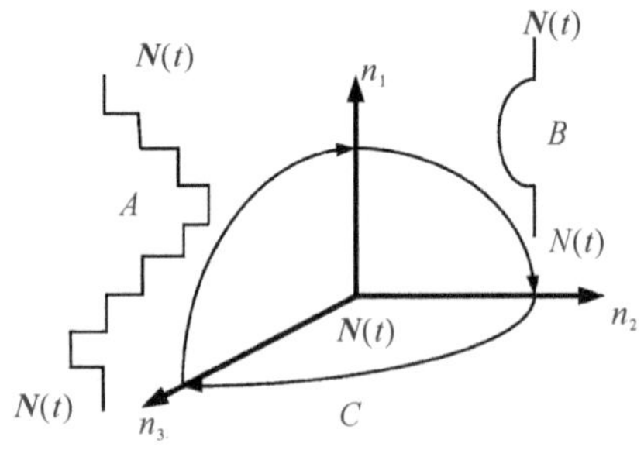

图 4-5　Hopfield 反馈神经网络在三维空间中的状态轨迹

对于离散型的 Hopfield 反馈神经网络来说，因为状态变量 $\boldsymbol{N}(t)$中每个值可能为$\{+1, -1\}$或$\{0, 1\}$，故当权值 w_{ij} 确定时，其轨迹是跳跃的阶梯式，如图 4-5 中 A 所示；对于连续型的 Hopfield 反馈神经网络来说，因为 $f(\cdot)$是连续的，故其轨迹也是连续的，如图 4-5 中 B、C 所示。下面分别讨论反馈网络状态轨迹为网络的稳定点、极限环、混沌状态时的几种情况。

4.2.1 状态轨迹为网络的稳定点

在相空间中，Hopfield 反馈神经网络的状态轨迹从系统在 t_0 时刻状态的初值 $N(t_0)$开始，经过一定的时间 $t(t>0)$后，到达 t_0+t 时刻的网络状态 $N(t_0+t)$。如果 $N(t_0+t+\Delta t)=N(t_0+t)$，$\Delta t>0$，则状态 $N(t_0+t)$称为 Hopfield 反馈神经网络的稳定点或平衡点。处于稳定时的网络状态叫作稳定状态，又称为定吸引子。

对于一个非线性系统来说，不同的初始值 $N(t_0)$，可能有不同的轨迹，到达不同的稳定点，这些稳定点也可以认为是 Hopfield 反馈神经网络的解。在一个非线性 Hopfield 反馈神经网络中，可能存在着不同类型的稳定点，而网络设计的目的是希望网络最终收敛到所要求的稳定点上，并且还要有一定的稳定域。根据不同情况，这些稳定点可以分为以下几种：

(1) 渐近稳定点。如果在稳定点 N_e 周围的 $N(\sigma)$区域内，从任一个初始状态 $N(t_0)$出发的每个运动，当 $t\to\infty$时都收敛于 N_e，则称稳定点 N_e 为渐近稳定点。此时，不仅存在一个稳定点 N_e，而且还存在一个稳定域。有时称此稳定点为吸引子，其对应的稳定域为吸引域，如图 4-6(a)所示。

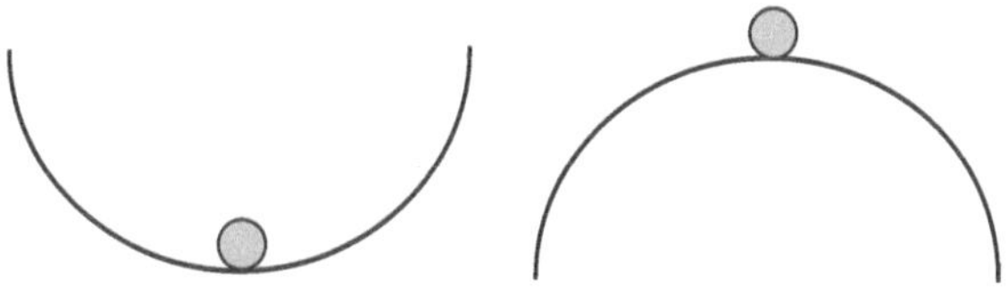

(a) 渐进稳定点　　(b) 不稳定平衡点

图 4-6　渐近稳定点和不稳定平衡点

(2) 不稳定平衡点 N_{en}。在某些特定的轨迹演化过程中，网络能够到达稳定点 N_{en}，但对于其他方向上的任意一个小的区域 $N(\sigma)$，不管 $N(\sigma)$取多么小，其轨迹在时间 t 以后总是偏离 N_{en}，如图 4-6(b)所示。

(3) Hopfield 反馈神经网络的解。如果 Hopfield 反馈神经网络最后稳定到期望的稳定点，且该稳定点又是渐近稳定点，那么这个点称为网络的解。

(4) Hopfield 反馈神经网络的伪稳定点。Hopfield 反馈神经网络最终稳定到一个渐近稳定点上，但这个稳定点不是网络设计所要求的解，这个稳定点称为伪稳定点。

4.2.2 状态轨迹为极限环

系统的一个状态可由相空间的一个点表示，称为相点。系统相点的轨迹称为相图。上节分析了 Hopfield 反馈神经网络系统最终收敛于一个稳定点的情况，反映在相图上为一个趋向吸引子的相图，如图 4-7(a)所示。在某些参数的情况下，Hopfield 反馈神经网络的状态变量 $N(t)$的轨迹还可能是一个圆，或一个环，即状态 $N(t)$沿着环重复旋转，永不停止，此时的输出变量 $A(t)$也出现周期变化，即出现振荡，如图 4-5 所示中 C 的轨迹或者如图 4-7(b)所示的相图，即是极限环出现的情形。对于离散型的 Hopfield 反馈神经网络，轨迹变化可能在两种状态下来回跳动，其极限环为 2。如果在 r 种状态下循环变化，称其极限环为 r。

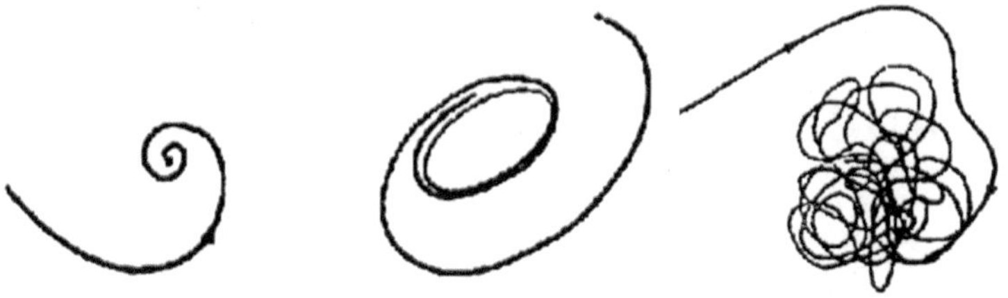

(a) 趋向吸引力　　(b) 趋向极限环　　(c) 趋向混沌状态

图 4-7　不同状态的相图

4.2.3　状态轨迹为混沌状态

如果 Hopfield 反馈神经网络的状态变量 $N(t)$的轨迹在某个确定的范围内运动，但既不重复，又不能停下来，状态变化为无穷多个，而轨迹也不能发散到无穷远，这种现象称为混沌(chaos)。在出现混沌的情况下，系统输出变化为无穷多个，并且随时间推移不能趋向稳定，但又不发散，如图 4-7(c)所示。这种网络状态的混沌现象越来越引起人们的重视，在人类脑电波的测试中也存在这种现象。

4.2.4　状态轨迹发散

如果 Hopfield 反馈神经网络的状态变量 $N(t)$的轨迹随时间一直延伸到无穷远，此时神经网络的状态发散，系统的输出也发散。在 Hopfield 反馈神经网络中，由于输出激活函数是一个有界的函数，虽然状态变量 $N(t)$是发散的，但其输出状态 $A(t)$还是稳定的，而 $A(t)$的稳定反过来又限制了状态的发散。一般来说，除非神经元的输入输出激活函数是线性的，否则，在非线性神经网络中发散现象是不会发生的。

4.2.5　设计目标

目前的 Hopfield 反馈神经网络模型是利用第一种情况即稳定的专门轨迹来解决某些问

题的。如果把系统的稳定点视作一个记忆的话，那么从初始状态朝这个稳定点移动的过程就是寻找该记忆的过程。状态的初始值可以认为是给定的有关该记忆的部分信息，状态变量 $N(t)$移动的过程，是从部分信息去寻找全部信息，即联想记忆的过程。如果把系统的稳定点考虑为一个能量函数的极小点，在状态空间中，从初始状态 $N(t_0)\to N(t_0+t)$，最后到达状态 N^*。若 N^* 为稳定点，则可以看作是 N^* 把 $N(t_0)$吸引了过去，在 $N(t_0)$时能量比较大，而吸引到 N^* 时能量已为极小了。根据此道理，可以把这个能量的极小点作为一个优化目标函数的极小点，把状态变化的过程看成是优化某一个目标函数的过程。因此，反馈神经网络状态移动的过程实际上是一种计算联想记忆或优化的过程。求该优化问题的解并不需要真的去计算，只需要去形成一类反馈神经网络，适当地讨论其权重 w_{ij}，使其 t_0 时刻的初始输入状态 $A(t_0)$向稳定吸引子状态移动，就可以达到这个目的。

Hopfield 反馈神经网络的功能之一是可用于联想记忆，也即联想存储器。这是人类的智能特点之一，人类所谓的触景生情就是见到同一类过去见到过的事物，容易产生对过去情景的回味和思议。Hopfield 反馈神经网络用作联想记忆时，首先通过一个学习训练过程来确定神经网络中的权值系数，使所记忆的信息在神经网络所代表的 n 维立方体的某一个顶角处的能量最小。当网络的权值系数确定之后，只要给网络指定一个输入向量，这个输入向量可能是局部数据，即不完全或者部分不正确的数据，但是 Hopfield 反馈神经网络仍然能够产生所记忆信息的完整输出。Hopfield 反馈神经网络利用稳定吸引子以及从初始状态到稳定吸引子的运行过程来对信息进行储存。

一般的 Hopfield 反馈神经网络都常采用单层的结构。Hopfield 反馈神经网络的设计目的是：通过对神经元之间的权值和神经元阈值的设计，使得单层的 Hopfield 反馈神经网络系统能够达到稳定收敛，即，系统不会出现振荡和混沌现象，经时间演化后收敛到一个稳定点。一个非线性 Hopfield 反馈神经网络能够有很多个稳定点，对神经网络连接权值的设计，要求其中的某些稳定点是所要求的解。对于用作联想记忆的 Hopfield 反馈神经网络，希望稳定点就是一个记忆，那么记忆容量就与稳定点的数量有关，希望记忆的量越大，稳定点的数目也越大，但稳定点数目的增加可能会引起吸引域的减小，从而使得网络的联想功能减弱。对于实现优化的反馈神经网络，由于目标函数(即系统中的能量函数)往往要求只有一个全局最小，稳定点越多，陷入局部最小的可能性就越大，因而要求系统的稳定点越少越好。关于吸引域的设计，总是希望稳定点有尽可能大的吸引域，而并非希望的稳定点的吸引域要尽可能小。因为状态空间是一个多维空间，状态随时间的变化轨迹可能是多种形状，所以吸引域就很难用一个明确的解析式来表达，这在设计时要尽可能地考虑到。下面将详细地介绍离散型 Hopfield 反馈神经网络模型和连续型 Hopfield 反馈神经网络模型。

4.3 离散型 Hopfield 反馈神经网络

4.3.1 模型结构

最早提出的 Hopfield 反馈神经网络模型是一种具有离散二值输出的神经网络，神经元的输出只取两个值，分别表示神经元处于激活和抑制两种状态，所以也称为离散型 Hopfield 反馈神经网络(DHNN)。在 DHNN 模型中，每个神经元节点的输出可以有两个状态，其采用的激活函数与 MP 神经元类似，输出为+1 或−1，或者是 0 或 1。

首先考虑结构如图 4-8 所示的由三个神经元组成的离散型 Hopfield 反馈神经网络模型。在图中，第 0 层仅仅是作为网络的输入，它不是实际神经元，不具有计算功能；而第 1 层是实际神经元，执行对输入信息和权系数的乘积求累加和，并由非线性的激活函数 f 处理后产生输出信息。f 是一个简单的阈值函数，如果神经元的输出信息大于阈值 θ，则神经元的输出就取值为 1；小于阈值 θ，则神经元的输出就取值为 0。如果权矩阵中有 $w_{ij}=w_{ji}$，且取 $w_{ii}=0$，即称该离散型 Hopfield 反馈神经网络模型采用对称连接。因此，采用对称连接的离散型 Hopfield 反馈神经网络结构可以用一个加权元向量图表示。图 4-9(a)所示为一个三节点离散型 Hopfield 反馈神经网络结构，其中，每个输入神经元节点除了不与具有相同节点号的输出互相连接之外，与其他节点均两两相连[4.9]。

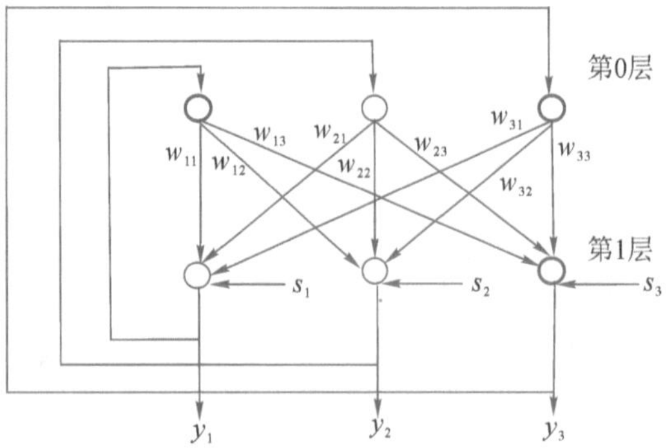

图 4-8　三个神经元组成的 Hopfield 网络

根据图 4-9(a)，考虑到离散 Hopfield 反馈神经网络的权值特性 $w_{ij}=w_{ji}$，网络各节点加权输入和可以表示为式(4-4)：

$$\begin{cases} n_1=w_{12}a_2+w_{13}a_3 \\ n_2=w_{21}a_1+w_{23}a_3 \\ n_3=w_{31}a_1+w_{32}a_2 \end{cases} \tag{4-4}$$

或者是式(4-5)：

$$n_j(t) = \sum_{\substack{i=1 \\ i \neq j}}^{3} w_{ij} a_i \quad j=1, 2, 3 \tag{4-5}$$

由此可得简化后等价的 Hopfield 反馈神经网络结构如图 4-9(b)所示。

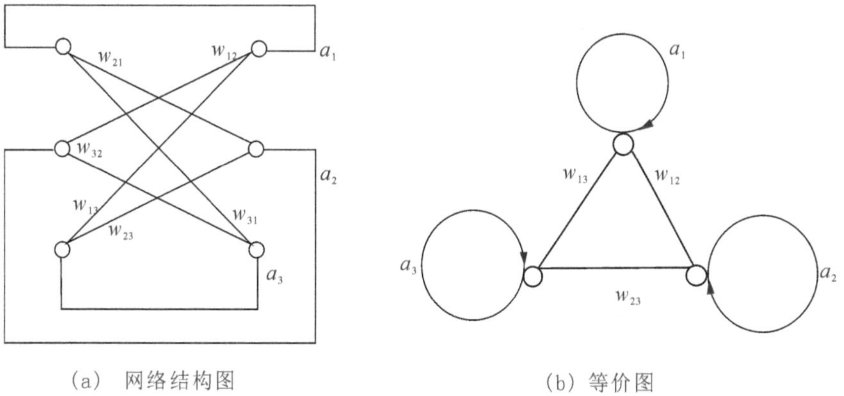

图 4-9 三节点离散型 Hopfield 网络结构图与等价图

4.3.2 联想记忆功能

联想记忆是离散型 Hopfield 反馈神经网络的一个重要应用。要想实现联想记忆，Hopfield 反馈神经网络必须具有两个基本条件：一是网络能收敛到稳定的平衡状态，并以其作为样本的记忆信息；二是网络具有回忆能力，能够从某一残缺的信息回忆起所属的完整的记忆信息。因此，离散型 Hopfield 反馈神经网络实现联想记忆的过程分为两个阶段[4.6]，即学习记忆阶段和联想回忆阶段。

在学习记忆阶段中，设计者通过某一设计方法确定一组合适的权值，使神经网络记忆期望的稳定平衡点。而联想回忆阶段则是神经网络的工作过程。此时，当给定神经网络某一个输入模式时，神经网络就能够通过自身的动力学状态演化过程最终达到稳定的平衡点，从而实现自联想或异联想回忆。

离散型 Hopfield 反馈神经网络有两种基本的工作方式[4.8-4.10]：串行异步方式和并行同步方式。

(1) 串行异步方式：任意时刻随机地或确定性地选择神经网络中的一个神经元进行状态更新，而其余神经元的状态保持不变。

(2) 并行同步方式：任意时刻神经网络中部分神经元(比如同一层的神经元)的状态同时更新。如果任意时刻神经网络中全部神经元同时进行状态更新，那么称之为全并行同步方式。具有 s 个神经元的离散型 Hopfield 反馈神经网络共有 2^s 个状态的可能性。其输出状态是一个包含+1或−1（0或1)的矢量，每一时刻 Hopfield 反馈神经网络将处于某一种状态下。当 Hopfield 反馈神经网络状态的更新变化采用随机异步策略，即随机地选择下一个要更新的神经元，且允许所有神经元具有相同的平均变化概率时，则在神经网络状态更新的过程中，存在三种情况：由−1变为+1；由+1变为−1；状态保持不变。在任一时刻，神经网络中只有一个神经元被选择进行状态更新或保持，所以异步状态更新的网络从某一初态开始需经过多次更新状态后才可以达到某种稳态。这种更新方式的特点是：容易实现，每个神经元有自己的状态更新时刻，不需要同步机制；另外，功能上的串行状态更新可以限制网络的输出状态，避免不同稳态等概率地出现；此外，异步状态更新更接近实际的生物神经系统的表现。

霍普菲尔德(J.Hopfield)给 Hopfield 网络定义了一个能量函数，以研究神经网络的稳定性。对于上述神经网络模型，能量函数定义如下：

$$E=-\frac{1}{2}\sum_{i=1}^{s}\sum_{\substack{j=1\\j\neq i}}^{s}w_{ij}a_ia_j-\sum_{k=1}^{r}I_ka_k \tag{4-6}$$

Hopfield 指出网络的每一个稳定状态都对应于能量函数的一个局部极小点，在异步更新的情况下，网络的能量函数是递减的，即 $\Delta E\leqslant 0$。业已证明：如果离散型 Hopfield 网络的自反馈小于0(包括自反馈为0的情况)，则在异步工作方式时，网络总是收敛于稳定状态；如果网络连接权值构成的矩阵正定，则在同步工作方式时，网络总是收敛于稳定状态或 Hamming 距离小于2的极限环。

4.3.3 Hebb 学习规则

在离散型 Hopfield 反馈神经网络训练过程中，运用的是无监督的 Hebb 调节规则，无监督 Hebb 规则是一种无指导的死记式学习算法，即：当神经元输入与输出节点的状态相同(即同时兴奋或抑制)时，从第 j 个到第 i 个神经元之间的连接强度增强，否则就减弱。离散型 Hopfield 反馈神经网络的学习目的是对具有 q 个不同的输入样本组 $\boldsymbol{P}=[\boldsymbol{p}^1, \boldsymbol{p}^2, \cdots, \boldsymbol{p}^q]\in\mathbf{R}^{r\times q}$，希望通过调节计算有限的权值矩阵，使得当每一组输入样本 $\boldsymbol{p}^k(k=1, 2, \cdots, q)$作为系统的初始值，经过神经网络的运行工作后，系统能够收敛到各自输入样本矢量本身。当 $k=1$ 时，对于第 i 个神经元，由 Hebb 学习规则可以得到神经网络权值对输入矢量的学习关系式，如式(4-7)所示：

$$w_{ij}=\alpha p_j^1p_i^1 \tag{4-7}$$

其中学习速率 $\alpha>0$。在实际学习规则的运用中，一般取 $\alpha=1$ 或 $\alpha=1/r$，即，当神经元输入 $\boldsymbol{P}$ 与输出 $\boldsymbol{A}$ 的状态相同(即同时为+1或−1)时，从第 j 个到第 i 个神经元之间的连接强度 w_{ij} 增强(增量为正)，否则 w_{ij} 减弱(增量为负)。

那么由式(4－7)求出的权值 w_{ij} 是否能够保证神经网络的输出等于神经网络的输入呢？取 $\alpha=1$ 的情况来验证一下。对于第 i 个输出节点，当输入第一个样本 $\boldsymbol{p}^1$ 时，其输出可以写为如式(4－8)所示：

$$a_i^1=\text{sgn}(\sum_{j=1}^{r}w_{ij}p_j^1)=\text{sgn}(\sum_{j=1}^{r}p_j^1p_i^1p_j^1)=\text{sgn}(p_i^1)=p_i^1 \tag{4-8}$$

因为 p_i^1 和 a_i^1 均取二值{－1，＋1}，所以当其为正值时，即为＋1；当其为负值时，即为－1。同符号值相乘时，输出必为＋1；而且由 $\text{sgn}(p_i^1)$可以看出，不一定需要 $\text{sgn}(p_i^1)$的值，只要符号函数 sgn(•)中的变量符号与 p_i^1 的符号相同，即能保证 $\text{sgn}(\cdot)=p_i^1$，这个符号相同的范围就是一个稳定域。

当 $k=1$ 时，Hebb 规则能够保证对于输入 $\boldsymbol{p}_i$，有 $p_i^1=a_i^1$ 成立，从而使网络收敛到输出本身。现在的问题是：对于同一权值矢量 $\boldsymbol{W}$，离散型 Hopfield 反馈神经网络不仅要能够使一组输入状态收敛到其稳态值，而且要能够同时记忆多个稳态值，即同一个网络权矢量必须能够记忆多组输入样本，使其同时收敛到对应的不同稳态值。所以，根据 Hebb 规则的权值设计方法，当 k 由 1 开始增加直至样本个数为 q 时，需要在原有已设计出的连接权值的基础上，增加一个新的量 $p_j^kp_i^k$，$k=2，3，\cdots，q$。因此，对 Hopfield 反馈神经网络所有输入样本记忆权值的设计公式应为

$$w_{ij}=\alpha\sum_{k=1}^{q}t_j^kt_i^k \tag{4-9}$$

式中 t_j^k 代表第 k 个待记忆样本，$t_j^k=p_j^k$。式(4－9)称为推广的学习规则，当学习速率 $\alpha=1$ 时，称为 t 的外积和公式。DHNN 的设计目的是使任意输入矢量经过网络循环最终收敛到网络所记忆的某个样本上。

因为 Hopfield 反馈神经网络具有对称性，即 $w_{ij}=w_{ji}$，$w_{ii}=0$，所以完整的 Hopfield 反馈神经网络权值设计公式如式(4－10)所示：

$$w_{ij}=\alpha\sum_{\substack{k=1\\i\neq j}}^{q}t_j^kt_i^k \tag{4-10}$$

记 $\boldsymbol{T}=[t_1，t_2，\cdots，t_r]$，用向量形式表示权值设计公式，则得到式(4－11)：

$$\boldsymbol{W}=\alpha\sum_{k=1}^{q}[\boldsymbol{T}^k(\boldsymbol{T}^k)^{\mathrm{T}}-\boldsymbol{I}] \tag{4-11}$$

其中，$\boldsymbol{I}$ 为单位对角矩阵。当 $\alpha=1$ 时，有式(4－12)：

$$\boldsymbol{W}=\sum_{k=1}^{q}\boldsymbol{T}^k(\boldsymbol{T}^k)^{\mathrm{T}}-\boldsymbol{I} \tag{4-12}$$

由式(4－11)和式(4－12)所得到的 Hopfield 反馈神经网络的权值矩阵为零对角阵。

采用如上所述的 Hebb 学习规则来设计 Hopfield 反馈神经网络的记忆权值，不仅设计

简单，而且满足 $w_{ij}=w_{ji}$ 的对称条件，能够保证 Hopfield 反馈神经网络在异步工作时收敛。在同步工作时，Hopfield 反馈神经网络或者收敛，或者出现极限环为 2 的情况[4.11]。在设计 Hopfield 反馈神经网络权值时，与前馈神经网络不同的是，常令初始权值 $w_{ij}=0$。每当一个样本出现时，就在原权值上加一个修正量，即 $w_{ij}=w_{ij}+t_j^k t_i^k$，对于第 k 个样本，当第 i 个神经元输出与第 j 个神经元输入同时处于兴奋状态或者同时处于抑制状态时，$t_j^k t_i^k>0$；当 $t_j^k t_i^k$ 中一个处于兴奋状态一个处于抑制状态时，$t_j^k t_i^k<0$，这和 Hebb 所提出的生物神经细胞之间的作用规律相同。

4.3.4 影响记忆容量的因素

如前所述，设计离散型 Hopfield 反馈神经网络的目的，是希望通过所设计的权值矩阵 $\boldsymbol{W}$ 储存多个期望模式。由上述 Hebb 学习公式的推导过程可以看出：当网络只记忆一个稳定模式时，该模式必定被 Hopfield 反馈神经网络准确无误地记忆住，即所设计的 $\boldsymbol{W}$ 值一定能够满足正比于输入和输出矢量的乘积关系。但是，当需要记忆的模式增多时，情况则发生了变化，主要表现在如下两点[4.12]：

(1) 权值移动。在离散型 Hopfield 反馈神经网络的学习过程中，网络对记忆样本输入 $\boldsymbol{T}^1$，$\boldsymbol{T}^2$，…，$\boldsymbol{T}^q$ 的权值学习记忆实际上是逐个实现的。当 $k=1$ 时，有式(4-13)：

$$\begin{cases} w_{ij}=t_j^k t_i^k \quad i\neq j \\ a_i^1=\operatorname{sgn}\left(\sum_{j=1}^{r} w_{ij}t_j^1\right)=\operatorname{sgn}\left(\sum_{j=1}^{r} t_j^1 t_i^1 t_j^1\right)=t_i^1 \end{cases} \tag{4-13}$$

此时，神经网络准确地记住了样本 $\boldsymbol{T}^1$。当 $k=2$ 时，为了记忆样本 $\boldsymbol{T}^2$，需要在记忆了样本 $\boldsymbol{T}^1$ 的权值上加上对样本 $\boldsymbol{T}^2$ 的记忆项 $\boldsymbol{T}^2(\boldsymbol{T}^2)^{\mathrm{T}}-\boldsymbol{I}$，将网络的权值向量在原来取值的基础上进行移动。在此情况下，所求出的新的神经网络连接权值为 $w_{ij}=t_j^1 t_i^1+t_j^2 t_i^2$，对于样本 $\boldsymbol{T}^1$ 来说，网络的输出为式(4-14)：

$$a_i^1=\operatorname{sgn}\left(\sum_{j=1}^{r} w_{ij}t_j^1\right)=\operatorname{sgn}\left(t_i^1+\sum_{j=1}^{r} t_j^2 t_i^2 t_j^1\right) \tag{4-14}$$

此时，这个输出可能不再对所有的输出均满足加权输入和与输出符号一致的条件。神经网络有可能部分地遗忘了以前已记忆的模式。

另一方面，由于在学习样本 $\boldsymbol{T}^2$ 时，权矩阵 $\boldsymbol{W}$ 是在已学习了 $\boldsymbol{T}^1$ 的基础上进行修正的，因权矩阵 $\boldsymbol{W}$ 初始值不再为零，所以输入学习样本 $\boldsymbol{T}^2$ 后调整得出的新的 $\boldsymbol{W}$ 值对记忆样本 $\boldsymbol{T}^2$ 来说，也未必对所有的输出同时满足符号函数的条件，即难以保证网络对 $\boldsymbol{T}^2$ 的精确记忆。随着学习样本数 k 的增加，权矩阵 $\boldsymbol{W}$ 将进一步发生变化，当学习了第 q 个样本 $\boldsymbol{T}^q$ 后，权值又在前 $q-1$ 个样本修正的基础上产生了变化，这也是 Hopfield 反馈神经网络在精确地学习了第一个样本后的第 $q-1$ 次移动。不难想象，此时的权矩阵 $\boldsymbol{W}$ 对于 $\boldsymbol{p}^1$ 来说，使每个输出继续能够同时满足符号条件的可能性有多大？同样，对于其他模式 $\boldsymbol{T}^k(k=2, 3, \cdots, q-1)$，也存在着同样的问题。因此，这样学习很可能会出现一个问题：网络部分甚至全部地遗忘了先前已经学习过的样本。即使对于刚刚进入 Hopfield 反馈神经网络的样本 $\boldsymbol{T}^q$，由于前 $q-1$ 个样本所形成的记忆权值难以预先保证其可靠性，因而也无法保证修正后所得的最终权值矩阵 $\boldsymbol{W}$ 满足其符号条件，也就无法保证网络能够记忆样本 $\boldsymbol{T}^q$。

从动力学的角度来看[4.13]，当 k 值较小时，利用 Hopfield 反馈神经网络的 Hebb 学习规则，可以使输入的学习样本成为神经网络的吸引子。随着 k 值的增大，不但难以使后来的样本成为神经网络的吸引子，而且有可能使得已经记忆住的吸引子的吸引域变小，进而使得原本处于吸引子位置上的样本从吸引子的位置发生移动，从而对于已经记忆的样本发生遗忘，这种现象称为“疲劳”[4.14]。

(2)交叉干扰。假设 Hopfield 反馈神经网络的权矩阵 $\boldsymbol{W}$ 已经设计完成，网络的输入矢量为 $\boldsymbol{P}$，并希望其成为网络的稳定输出矢量 $\boldsymbol{A}$，按同步更新规则，Hopfield 反馈神经网络状态演变方程为式(4-15)：

$$\boldsymbol{A}=\boldsymbol{P}=\mathrm{sgn}(\boldsymbol{N})=\mathrm{sgn}(\boldsymbol{WP}) \tag{4-15}$$

实际上，式(4-15)就是 $\boldsymbol{P}$ 成为稳定输出矢量的条件，式中 $\boldsymbol{N}$ 为神经网络的加权输入和矩阵。

设输入矢量 $\boldsymbol{P}$ 的维数为 $r\times q$，取 $\alpha=1/r$，因为对于离散型 Hopfield 反馈神经网络有 $\boldsymbol{p}^k\in\{-1, 1\}$，$k=1, 2, \cdots, q$，所以有 $p_i^k p_j^k=p_j^k p_i^k=1$。当网络某个矢量 $\boldsymbol{p}^i(i\in[1, q])$ 作为 Hopfield 反馈神经网络的输入矢量时，可得 Hopfield 反馈神经网络的加权输入和 n_i^l，如式(4-16)所示：

$$\begin{aligned}n_i^l&=\sum_{\substack{j=1\\j\neq i}}^{r} w_{ij}\, p_j^l=\frac{1}{r}\sum_{\substack{j=1\\j\neq i}}^{r}\sum_{k=1}^{q} p_i^k\, p_j^k\, p_j^l=\frac{1}{r}\sum_{\substack{j=1\\j\neq i}}^{r}\left[p_i^l\, p_j^l\, p_j^l+\sum_{\substack{k=1\\k\neq l}}^{q} p_i^k\, p_j^k\, p_j^l\right]\\&=p_i^l+\frac{1}{r}\sum_{\substack{j=1\\j\neq i}}^{r}\sum_{\substack{k=1\\k\neq l}}^{q} p_i^k\, p_j^k\, p_j^l\end{aligned} \tag{4-16}$$

上式右边中第一项为期望记忆的样本，而第二项则是当网络学习多个样本时，在回忆阶段即验证该记忆样本时，所产生的相互干扰，称为交叉干扰项。由 sgn(·)函数的符号性质可知，仅式(4-16)中第一项可使网络产生正确的输出，而第二项可能对第一项造成扰动。网络对于所学习过的某个样本能否正确地回忆，完全取决于式(4-16)中第一项与第二项的符号关系及数值的大小。

4.3.5 网络的记忆容量确定

从上节对网络的记忆容量产生影响的权值移动和交叉干扰上看，采用 Hebb 学习规则对网络记忆样本的数量是有限制的[4.15]，通过上面的分析也已经很清楚地得知，当交叉干扰项的幅值大于正确记忆值时，将产生错误输出，那么，能否保证 Hopfield 反馈神经网络记忆住所有样本？答案是肯定的。当所期望记忆的样本是两两正交时，采用 Hebb 学习规则的 Hopfield 反馈神经网络能够准确实现网络可记忆样本数量的上限值。

在 Hopfield 反馈神经网络神经元为二值输出的情况下，即 $p_j \in \{-1, +1\}$时，并且在两个 r 维样本矢量的各个分量中，有 $r/2$ 是相同的$+1$，有 $r/2$ 是相反的-1，则对于任意一个数 l，$l \in [1, r]$，有

$$\boldsymbol{P}^l (\boldsymbol{P}^k)^{\mathrm{T}} = \begin{cases} 0 & l \neq k \\ 1 & l = k \end{cases} \tag{4-17}$$

下面用外积和公式所得到的权值矩阵进行迭代计算，在输入样本 $\boldsymbol{P}^k (k=1, 2, \cdots, q)$ 中任取一个 $\boldsymbol{P}^l$ 作为初始输入，求 Hopfield 反馈神经网络的加权输入和 $\boldsymbol{N}^l$，结果如式(4-18)所示：

$$\begin{aligned} \boldsymbol{N}^l = \boldsymbol{W}\boldsymbol{P}^l &= [\boldsymbol{P}^1 \quad \boldsymbol{P}^2 \quad \cdots \quad \boldsymbol{P}^l \quad \cdots \quad \boldsymbol{P}^q] \begin{bmatrix} (\boldsymbol{P}^1)^{\mathrm{T}} \\ (\boldsymbol{P}^2)^{\mathrm{T}} \\ \vdots \\ (\boldsymbol{P}^l)^{\mathrm{T}} \\ \vdots \\ (\boldsymbol{P}^n)^{\mathrm{T}} \end{bmatrix} \boldsymbol{P}^l - q\boldsymbol{P}^l \\ &= [\boldsymbol{P}^1 \quad \boldsymbol{P}^2 \quad \cdots \quad \boldsymbol{P}^l \quad \cdots \quad \boldsymbol{P}^q] - q\boldsymbol{P}^l \\ &= \boldsymbol{P}^l (\boldsymbol{P}^l)^{\mathrm{T}} \boldsymbol{P}^l - q\boldsymbol{P}^l \\ &= (r-q)\boldsymbol{P}^l \end{aligned} \tag{4-18}$$

由上式结果可知，只要满足 $r>q$，则有 $\mathrm{sgn}(\boldsymbol{N}^l) = \boldsymbol{P}^l$，即在样本正交的情况下能够保证网络的稳定解为输入待记忆的模式。然而，对于一般的非正交的记忆样本，从前面的交叉干扰的分析过程中已经得知，网络不能保证收敛到所希望的记忆样本上。

离散型 Hopfield 反馈神经网络用于联想记忆时有两个突出的特点[4.16]，即记忆是分布式的，而联想是动态的。这与人脑的联想记忆实现机理相类似。利用网络稳定的平衡点来存储记忆样本，按照反馈动力学运动规律唤起记忆，显示了离散 Hopfield 反馈神经网络联想记忆实现方法的重要价值。然而，离散型 Hopfield 反馈神经网络也存在其局限性，主要表现在[4.16]：第一，记忆容量是有限性的；第二，会联想与记忆起一些伪稳定点；第三，当记忆样本较接近时，网络不能始终回忆出正确的记忆等。

另外，对于网络的平衡稳定问题，并没有一个简便的方法来求解网络的平衡稳定点，只有靠用一个一个样本依次去测试寻找。所以，真正想利用好 Hopfield 网络并不是一件容易的事情。点并不是可以任意设置的，也没有一个通用的方式来事先知道平衡稳定点。

4.3.6 网络权值设计的其他方法

用 Hebb 规则设计出的离散型 Hopfield 反馈神经网络权值能够保证网络在异步工作时稳定收敛，尤其在记忆样本是正交的条件下[4.17]，可以保证每个记忆样本收敛到自己，并有一定范围的吸引域，但对于那些不是正交的记忆样本，用此规则设计出来的网络则不一定能收敛到本身。

下面介绍几种其他的权值设计方法，针对以上不足加以改进。

1. Delta($\boldsymbol{\delta}$)学习规则

离散型 Hopfield 反馈神经网络的 δ 学习规则与前馈神经网络的 δ 规则类似，权值的变化量为 $\Delta \boldsymbol{w}=\eta\times\delta\times\boldsymbol{p}$，其中 η 代表学习步长，δ 代表误差项，$\boldsymbol{p}$ 代表输入，那么权值更新的基本公式为

$$w_{ij}(t+1)=w_{ij}(t)+\eta[T(t)-A(t)]P(t) \tag{4-19}$$

即通过计算每个神经元节点的实际激活值 $A(t)$，与期望状态 $T(t)$进行比较，若不相等，则将二者的误差的一部分作为调整量，若相同，则相应的权值保持不变。

2. 伪逆法

对于输入样本 $\boldsymbol{P}=[\boldsymbol{P}^1, \boldsymbol{P}^2, \cdots, \boldsymbol{P}^q]\in \mathbf{R}^{r\times q}$，假设网络的期望输出可以写成一个与输入样本相对应的矩阵 $\boldsymbol{A}$，输入和输出之间可用一个权矩阵 $\boldsymbol{W}$ 来映射，即有：$\boldsymbol{W}\times\boldsymbol{P}=\boldsymbol{N}$，$\boldsymbol{A}=\text{sgn}(\boldsymbol{N})$，由此可得式(4-20)：

$$\boldsymbol{W}=\boldsymbol{N}\times\boldsymbol{P}^{+} \tag{4-20}$$

其中 $\boldsymbol{P}^{+}$ 为 $\boldsymbol{P}$ 的伪逆，即

$$\boldsymbol{P}^{+}=(\boldsymbol{P}^{\mathrm{T}}\boldsymbol{P})^{-1}\boldsymbol{P}^{\mathrm{T}} \tag{4-21}$$

如果输入样本之间是线性无关的，则 $\boldsymbol{P}^{\mathrm{T}}\boldsymbol{P}$ 满秩，其逆矩阵存在，则可根据式(4-20)求解权值矩阵 $\boldsymbol{W}$。

用伪逆法求出的权矩阵 $\boldsymbol{W}$，可以保证对所记忆的模式在输入时仍能够正确收敛到样本自己，在选择 $\boldsymbol{A}$ 值时，只要满足 $\boldsymbol{A}$ 矩阵中的每个元素与 $\boldsymbol{W}\times\boldsymbol{P}$ 矩阵中的每个元素有相同的符号，甚至可以简单地选择 $\boldsymbol{A}$ 与 $\boldsymbol{P}$ 具有相同符号的值，即可满足收敛到学习样本的本身。然而，当记忆样本之间是线性相关时，对由 Hebb 规则所设计出的网络存在的问题，伪逆法也解决不了，甚至无法求解，相比之下，由于存在求逆等运算，伪逆法较为繁琐，而 Hebb 规则相对要容易一些[4.18]。

3. 正交化的权值设计

正交化的权值设计方法的基本思想和出发点是为了满足下面四个要求[4.19]：

(1) 保证系统在异步工作时的稳定性，即它的权值是对称的，满足

$$w_{ij}=w_{ji} \tag{4-22}$$

（2）保证所有要求记忆的稳定平衡点都能收敛到自己；

（3）使伪稳定点的数目尽可能少；

（4）使稳定点的吸引域尽可能大。

基于上述考虑，正交化权值计算公式推导如下：

假设有 q 个需要存储的稳定平衡点 $\boldsymbol{T}^1$，$\boldsymbol{T}^2$，…，$\boldsymbol{T}^q\in\mathbf{R}^s$，计算 $s\times(q-1)$阶矩阵 $\boldsymbol{Y}\in\mathbf{R}^{s\times(q-1)}$：

$$\boldsymbol{Y}=[\boldsymbol{T}^1-\boldsymbol{T}^q, \boldsymbol{T}^2-\boldsymbol{T}^q, \cdots, \boldsymbol{T}^{q-1}-\boldsymbol{T}^q]^{\mathrm{T}} \tag{4-23}$$

对矩阵 $\boldsymbol{Y}$ 进行奇异值和酉矩阵分解，如存在两个正交矩阵 $\boldsymbol{U}$ 和 $\boldsymbol{V}$ 以及一个对角值为 λ_1，λ_2，…的奇异值的对角矩阵 $\boldsymbol{A}$，满足式(4-24)：

$$\boldsymbol{Y}=\boldsymbol{U}\times\boldsymbol{A}\times\boldsymbol{V} \tag{4-24}$$

其中

$$\boldsymbol{Y}=[\boldsymbol{T}^1, \boldsymbol{T}^2, \cdots, \boldsymbol{T}^q]$$

$$\boldsymbol{U}=[\boldsymbol{U}^1, \boldsymbol{U}^2, \cdots, \boldsymbol{U}^s]^{\mathrm{T}}$$

$$\boldsymbol{V}=[\boldsymbol{V}^1, \boldsymbol{V}^2, \cdots, \boldsymbol{V}^{q-1}]^{\mathrm{T}}$$

$$\boldsymbol{A}=\begin{bmatrix}\lambda_1 & & \cdots & & 0\\ & \ddots & & & \\ \vdots & & \lambda_k & & \vdots\\ & & & \ddots & \\ 0 & & \cdots & & 0\end{bmatrix}$$

对角矩阵 $\boldsymbol{A}$ 中仅有 k 个非零奇异值，即

$$k=\mathrm{rank}(\boldsymbol{A}) \tag{4-25}$$

设$\{\boldsymbol{U}^1, \boldsymbol{U}^2, \cdots, \boldsymbol{U}^k\}$为 k 组正交基，而$\{\boldsymbol{U}^{k+1}, \boldsymbol{U}^{k+2}, \cdots, \boldsymbol{U}^s\}$为 s 维空间中的补充正交基，下面利用矩阵 $\boldsymbol{U}$ 来设计权值。

定义：

$$\boldsymbol{W}^+=\sum_{j=1}^{k}\boldsymbol{U}^i\ (\boldsymbol{U}^i)^{\mathrm{T}},\quad \boldsymbol{W}^-=\sum_{j=k+1}^{s}\boldsymbol{U}^i\ (\boldsymbol{U}^i)^{\mathrm{T}} \tag{4-26}$$

总的连接权值为

$$\boldsymbol{W}_\tau=\boldsymbol{W}^+-\tau\boldsymbol{W}^- \tag{4-27}$$

其中 τ 为大于-1 的参数。

定义网络的阈值为

$$\boldsymbol{B}_\tau=\boldsymbol{T}^q-\boldsymbol{W}_\tau\boldsymbol{T}^q \tag{4-28}$$

由此可见，网络的权矩阵是由两部分权矩阵$\boldsymbol{W}^+$和$\boldsymbol{W}^-$相加而成的，每一部分权所采用的都是类似于外积和法得到的，只是用的不是原始要求记忆的样本，而是分解后正交矩阵

的分量。这两部分权矩阵均满足对称条件，即有下式成立：

$$w_{ij}^{+}=w_{ji}^{+},\quad w_{ij}^{-}=w_{ji}^{-} \tag{4-29}$$

因而满足式(4－29)的对称条件，就保证了系统在异步时能够收敛并且不会出现极限环[4.20]。

下面我们来推导只要根据上面步骤设计网络的权值，就可以保证记忆样本能够收敛到自身的有效性。

(1) 对于输入样本中的任意目标矢量 $\boldsymbol{T}^1$，$\boldsymbol{T}^2$，…，$\boldsymbol{T}^i$，…，$\boldsymbol{T}^q\in\mathbf{R}^s$，因为 $\boldsymbol{T}^i-\boldsymbol{T}^q$ 是 $\boldsymbol{Y}$ 中的一个矢量，它属于 $\boldsymbol{A}$ 的秩所决定的 k 个基空间中的矢量，所以必然存在一些系数 α_1，α_2，…，α_k，使得

$$\boldsymbol{T}^i-\boldsymbol{T}^q=\alpha_1\boldsymbol{U}^1+\alpha_2\boldsymbol{U}^2+\cdots+\alpha_k\boldsymbol{U}^k \tag{4-30}$$

即

$$\boldsymbol{T}^i=\alpha_1\boldsymbol{U}^1+\alpha_2\boldsymbol{U}^2+\cdots+\alpha_k\boldsymbol{U}^k+\boldsymbol{T}^q \tag{4-31}$$

对 $\boldsymbol{U}$ 中任意一个 $\boldsymbol{U}^i$，有

$$\boldsymbol{W}_\tau\boldsymbol{U}^i=\boldsymbol{W}^+\boldsymbol{U}^i-\tau\boldsymbol{W}^-\boldsymbol{U}^i=\boldsymbol{U}^i \tag{4-32}$$

对于任意输入样本 $\boldsymbol{T}^i$，网络输出为

$$\begin{aligned}\boldsymbol{A}^i&=\mathrm{sgn}(\boldsymbol{W}_\tau\boldsymbol{T}^i+\boldsymbol{B}_\tau)\\&=\mathrm{sgn}(\boldsymbol{W}^+\boldsymbol{T}^i-\tau\boldsymbol{W}^-\boldsymbol{T}^i+\boldsymbol{T}^q-\boldsymbol{W}^+\boldsymbol{T}^q+\tau\boldsymbol{W}^-\boldsymbol{T}^q)\\&=\mathrm{sgn}[\boldsymbol{W}^+(\boldsymbol{T}^i-\boldsymbol{T}^q)-\tau\boldsymbol{W}^-(\boldsymbol{T}^i-\boldsymbol{T}^q)+\boldsymbol{T}^q]\\&=\mathrm{sgn}[(\boldsymbol{T}^i-\boldsymbol{T}^q)+\boldsymbol{T}^q]=\boldsymbol{T}^i\end{aligned} \tag{4-33}$$

(2) 当选择第 q 个样本 $\boldsymbol{T}^q$ 作为输入时，有

$$\begin{aligned}\boldsymbol{A}^q&=\mathrm{sgn}(\boldsymbol{W}_\tau\boldsymbol{T}^q+\boldsymbol{B}_\tau)=\mathrm{sgn}(\boldsymbol{W}_\tau\boldsymbol{T}^q+\boldsymbol{T}^q-\boldsymbol{W}_\tau\boldsymbol{T}^q)\\&=\mathrm{sgn}(\boldsymbol{T}^q)=\boldsymbol{T}^q\end{aligned} \tag{4-34}$$

(3) 如果输入一个不是记忆样本的样本，则网络输出为

$$\begin{aligned}\boldsymbol{A}&=\mathrm{sgn}(\boldsymbol{W}_\tau\times\boldsymbol{P}+\boldsymbol{B}_\tau)\\&=\mathrm{sgn}[(\boldsymbol{W}^+-\tau\boldsymbol{W}^-)(\boldsymbol{P}-\boldsymbol{T}^q)+\boldsymbol{T}^q]\end{aligned} \tag{4-35}$$

因为输入不是已学习过的记忆样本，$\boldsymbol{P}-\boldsymbol{T}^q$ 不是 $\boldsymbol{Y}$ 中的矢量，则必然有$\boldsymbol{W}_\tau\neq\boldsymbol{P}-\boldsymbol{T}^q$，并且在设计过程中可以通过调节参数 τ 的大小，来控制 $\boldsymbol{P}-\boldsymbol{T}^q$ 与$\boldsymbol{T}^q$ 的符号，以保证输入矢量与记忆样本之间存在足够的大小余额，从而使 $\mathrm{sgn}(\boldsymbol{W}_\tau\times\boldsymbol{P}+\boldsymbol{B}_\tau)\neq\boldsymbol{P}$，使 $\boldsymbol{P}$ 不能收敛到自身。

调节参数 τ 可以改变伪稳定点的数目。在串行工作的情况下，伪稳定点数目的减少就意味着每个期望稳定点的稳定域的扩大。对于任意一个不在记忆中的样本，总可以设计一个 τ 把输入样本排除在外。

4.4 连续型 Hopfield 反馈神经网络

4.4.1 模型结构

上述离散型的 Hopfield 反馈神经网络也可以推广到输入和输出都取连续数值的情形。这时神经网络的基本结构不变，状态输出方程形式上也相同。考虑一种采用 S 型单元的连续型 Hopfield 反馈神经网络，若定义网络中第 i 个神经元的输入总和为 n_i，输出状态为 a_i，则网络的状态转移方程可写为：

$$a_i = f\left(\sum_{j=1}^{r} w_{ij} p_j + b_i\right) \tag{4-36}$$

其中神经元的激活函数 f 为 S 型的函数：

$$f_1 = \frac{1}{1+\mathrm{e}^{-\lambda(n_i+b_i)}} \tag{4-37}$$

或线性饱和函数：

$$f_2 = \tanh[\lambda(n_i+b_i)] \tag{4-38}$$

分别如图 4-10(a)、(b)所示。

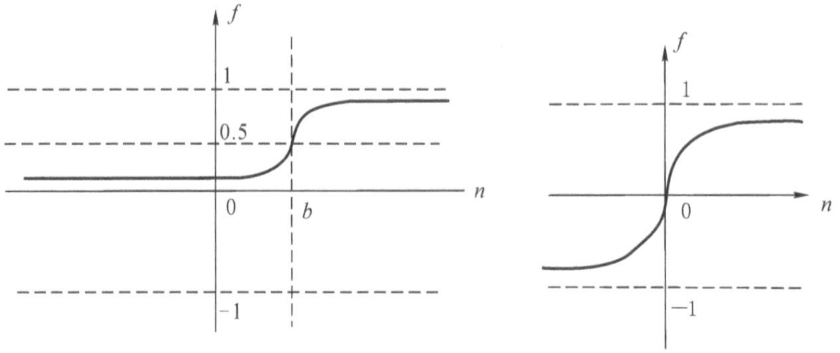

(a) S型函数　　(b) 线性饱和函数(b=0)

图 4-10　连续型 Hopfield 反馈神经网络的激活函数

图 4-11 给出了连续型 Hopfield 神经网络模型。其中，神经元特性用具有反馈电路的运算放大器模拟，C_i 为输入电容，R_i 为输入电阻，w_{ij} 为神经元之间的连接权值，跨导 T_{ij} 用于模拟神经元之间互连的突触特性。

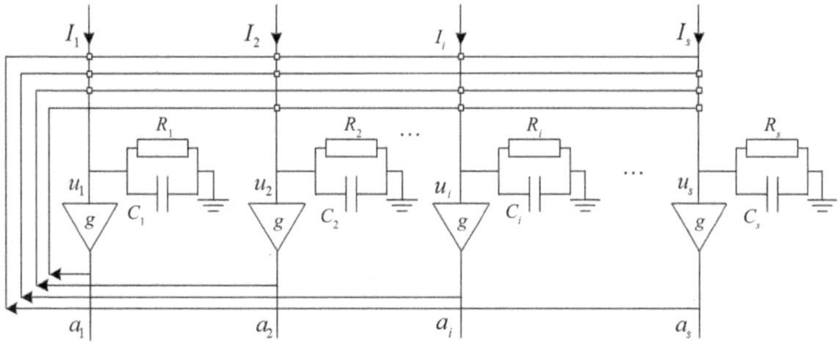

图 4-11 连续型 Hopfield 反馈神经网络实现模型

根据图 4-11 列出电路方程为

$$\begin{cases}\dfrac{\mathrm{d}u_i}{\mathrm{d}t}=-\dfrac{u_i}{\tau_i}+\sum\limits_{j=1}^{K}w_{ij}a_j+I_i \\ v_i=g(u_i) \qquad i=1,\ 2,\ \cdots,\ s\end{cases} \tag{4-39}$$

式中，u_i、a_i、I_i 分别表示第 i 个神经元的输入电压、输出电压和外部输入激励。$\tau_i=\rho_i C_i$ 为时间常数，漏电导 $\rho_i^{-1}=R_i^{-1}+\sum\limits_{j=1}^{K}T_{ij}$。激活函数为线性饱和函数($b=0$ 时) $g(x)=\tanh(\lambda x)$，λ 表示输出的锐度参数。

连续型 Hopfield 网络的能量函数定义为

$$E=-\frac{1}{2}\sum_{i=1}^{s}\sum_{\substack{j=1\\ j\neq i}}^{s}w_{ij}a_i a_j-\sum_{i=1}^{r}I_i a_i+\sum_{i=1}^{s}\frac{1}{\rho}\int_0^{v_i}g^{-1}(v)\mathrm{d}v \tag{4-40}$$

能量函数中的积分项是人为加上的，它是人工神经网络电路设计中产生的(为了使设计优化的结果能在电路中得以实现，在能量函数中加上了这一项)。在运算放大器的放大倍数足够大时，可以忽略不计，因而它对能量函数和优化问题的结果影响不大。

假设网络是对称的，对式(4-40)求时间导数，也可以得到：

$$\frac{\mathrm{d}E}{\mathrm{d}t}\leqslant 0 \tag{4-41}$$

即随着时间变化，网络状态轨迹总是沿着能量函数减小的方向演化，当 $t\to\infty$时，网络收敛到稳态。网络的稳态平衡点对应于其计算能量函数的极小点，因而它可以广泛地用于神经优化和联想记忆问题。可以用如图 4-12 所示的简化模型来表示。

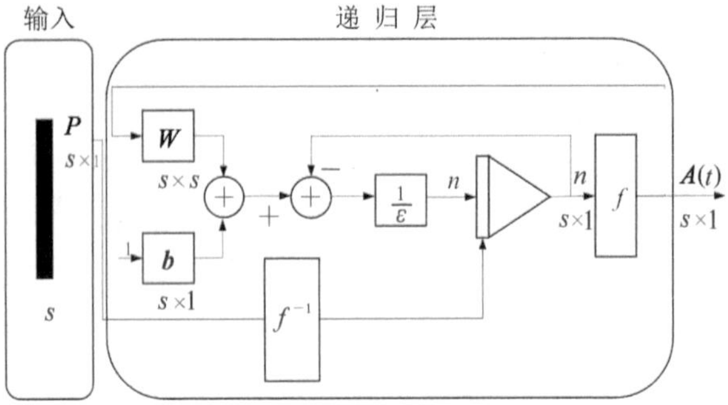

图 4-12 连续型 Hopfield 反馈神经网络简化模型

4.4.2 求解组合优化问题

在实际的许多问题中，可以通过神经网络的基本知识来解答。下面就以典型的 TSP (Traveling Salesman Problem)问题为例，说明连续的 Hopfield 反馈神经网络在组合优化问题中的应用[4.21, 4.22]。

TSP 问题即“旅行商问题”，它是一个十分有名的较难求解的优化问题，其要求很简单：在 n 个城市的集合$\{A, B, C, D, \cdots\}$中，如果已知城市之间的距离为 d_{AB}，d_{BC}，d_{CD}，…，那么总的距离 $d=d_{AB}+d_{BC}+d_{CD}+\cdots$，要求找出一条经过每个城市各一次，最终回到起点的最短路径，使得总距离 d 最短[4.23, 4.24]。这是一个典型的完全非确定性多项式问题(Nondeterministic Polynomial Complete，简称 NP 完全问题)，因为对于 n 个城市的全排列组合共有 $n!$种可能的情况，而 TSP 并没有限定路径的方向，即为全组合，所以在固定城市数为 n 的条件下，其路径总数 S_n 为 $S_n=n!/(2n)(n\geqslant 4)$，例如 $n=4$ 时，$S_n=3$，即有三种方式，如图 4-13 所示。

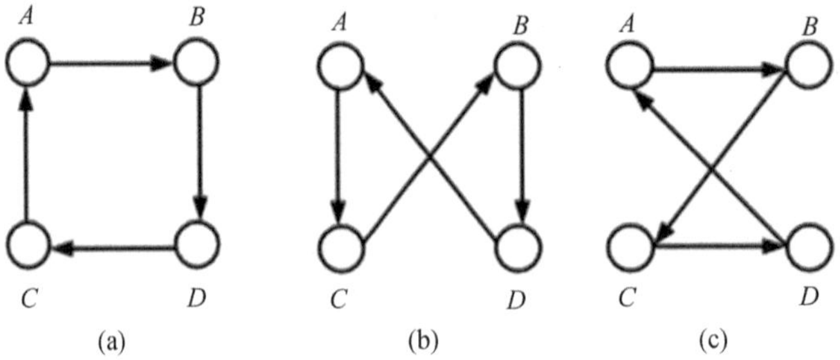

图 4-13 $n=4$ 时的 TSP 路径图

当城市数目增加时，对应的 TSP 路径数目显著地增加，如表 4-1 所示。

表 4-1 城市数和对应的旅行方案数

城市数	旅行方案数目 $=n!/(2n)$	城市数	旅行方案数目 $=n!/(2n)$
3	1	12	19958400
4	3	13	239500800
5	12	14	3113510400
6	60	15	4.3589145×10^{10}
7	360	16	6.5383718×10^{11}
8	2520	17	1.0461394×10^{13}
9	20160	18	1.7784371×10^{14}
11	1814400		

由斯特林(Stirlin)公式，路径总数可以写为

$$S_n=\frac{1}{2n}\left[\sqrt{2\pi n}\times e^{n(\ln n-1)}\right] \tag{4-42}$$

若采用穷举搜索法，则需要考虑所有可能的情况，找出所有的路径，再分别对其进行比较，以找出最佳路径，因其计算复杂程度随城市数目的增加呈指数增长，可能达到无法进行的地步。从表 4-1 中可以看到，当城市数为 16 时，旅行方案数已超过 6×10^{11} 种。而每增加一个城市，所增加的方案数为

$$\frac{\dfrac{(n+1)!}{2(n+1)}}{\dfrac{n!}{2n}}=n \tag{4-43}$$

这类问题是典型的 NP 难问题。由于求解最优解的负担太重，通常比较现实的做法是求其次最优解[4.25, 4.26]。采用连续型的 Hopfield 网络模型来求解 TSP 问题，开辟了一条解决这一问题的新途径。其基本思想是把 TSP 映射到连续型的 Hopfield 网络上，通过网络状态的动态演化逐步趋向稳态而自动地搜索出优化解。虽然它可以保证其解向能量函数的最小值方向收敛，但不能确保达到全局最小值点。

为了便于连续型的 Hopfield 神经网络模型优化的实现，必须首先找到过程的一个合适的表达方法。TSP 的解是若干城市的有序排列，任何一个城市在最终路径上的位置可用一个 n 维的 0、1 矢量表示，对于所有 n 个城市，则需要一个 $n\times n$ 维矩阵，例如以 5 个城市为例，一种可能的排列矩阵如表 4-2 所示。

表 4-2　一种可能的排列矩阵

	1	2	3	4	5
A	0	1	0	0	0
B	0	0	0	1	0
C	1	0	0	0	0
D	0	0	1	0	0
E	0	0	0	0	1

其中，行矢量表示城市名，列矢量表示城市在旅行中排的序号。该矩阵可以唯一地确定一条有效的行程路径，即

$$C \to A \to D \to B \to E$$

很明显，这样的排列矩阵不能随机设置。为了满足约束条件，该矩阵中每一行以及每一列中只能有一个元素为1，其余元素均为零，因此这个矩阵又被称为关联矩阵。若用d_{xy}表示从城市 x 到城市 y 的距离，则上面路径的总长度为

$$d_{xy}=d_{CA}+d_{AD}+d_{DB}+d_{BE} \tag{4-44}$$

TSP 的最优解是求满足长度d_{xy}为最短的一条有效路径。为了解决该问题，必须构造这样一个网络：该网络所定义的能量的最小值对应于最优(或次最优)的路径距离，在网络运行时，其能量函数能够不断地降低。在网络运行稳定后，网络输出能代表城市被访问的次序，即构成上述的关联矩阵。可以看出：在采用连续型 Hopfield 反馈神经网络求解 TSP 问题时，关键就是如何构造合适的能量函数。

1. 目标函数 $f(v)$

对于一个有 n 个城市的 TSP 问题，需要 $n\times n$ 个节点的连续型 Hopfield 网络。假设每个神经元的输出记为v_{xi}和v_{yj}，行下标 x 和 y 表示不同的城市名，列下标 i 和 j 表示城市在路径中所处的次序位置，通过v_{xi}和v_{yj}取 0 或 1，可以通过关联矩阵确定出不同种的访问路径。用d_{xy}表示两个不同城市之间的距离，对于选定的任一v_{xi}和与它相邻的另一个城市 y 的状态，可以有$v_{y(j+1)}$和$v_{y(j-1)}$。那么，可以构造如下的目标函数 $f(v)$：

$$f(v)=\frac{P}{2}\sum_{\substack{x\\x\neq y}}\sum_{y}\sum_{i}d_{xy}v_{xi}(v_{y(i+1)}+v_{y(i-1)}) \tag{4-45}$$

这里所选择的 $f(v)$表示的是对应于所经过的所有路径长度的总量，其数值为一次有效路径总长度的倍数。当路径为最佳时，$f(v)$达到最小值，它是神经元输出的函数。

当$v_{xi}=0$ 时，有 $f(v)=0$，代表此神经元的输出对 $f(v)$没有贡献；当$v_{xi}=1$ 时，通过与 i 相邻位置的城市 y 的$i+1$ 和 $i-1$ 的距离，如在关联矩阵中$v_{D3}=1$，那么，与 $i=3$ 相邻

位上的两个城市分别为v_{A2}和v_{B4}，此时在 $f(v)$中可得到d_{AD}和d_{DB}两个相加的量，依次类推，把推销员走过的全部距离全加起来，即得 $f(v)$。

2. 约束条件 $g(v)$

约束条件要保证关联矩阵的每一行每一列中只有一个值为 1，其他值均为零，用三项表示为

$$g(v)=\frac{Q}{2}\sum_{\substack{x\\x\neq y}}\sum_{y}\sum_{i}v_{xi}v_{yi}+\frac{S}{2}\sum_{x}\sum_{y}\sum_{\substack{i\\i\neq j}}v_{xi}v_{xj}+\frac{T}{2}\sum_{x}\sum_{y}(v_{xi}-n)^2 \tag{4-46}$$

其中：

第一项，当且仅当关联矩阵中每一列包含不多于一个 1 元素时，此项为最小；

第二项，当且仅当关联矩阵中每一行包含不多于一个 1 元素时，此项为最小；

第三项，当且仅当关联矩阵中元素为 1 的个数为 n 时，此项为最小。

即 $g(v)$保证满足了所有三项要求，收敛到有效解时其值为 0。

3. 总的能量函数 E

总的能量函数 E 用目标函数 $f(v)$和约束条件 $g(v)$定义：

$$E=f(v)+g(v) \tag{4-47}$$

选择使用高增益放大器，这样能量函数中的积分项可以忽略不计，解得网络的连接权值为

$$\begin{aligned}w_{xi,yi}=&-S\delta_{xy}(1-\delta_{ij}) &&\text{行抑制}\\&-Q\delta_{ij}(1-\delta_{xy}) &&\text{列抑制}\\&-T &&\text{全局抑制}\\&-Pd_{xy}(\delta_{j(i+1)}+\delta_{j(i-1)}) &&\text{路径长度}\end{aligned} \tag{4-48}$$

式(4-48)中：

$$\delta_{ij}=\begin{cases}1 & i=j\\0 & i\neq j\end{cases} \tag{4-49}$$

外部输入偏置电流为：

$$I_{xi}=C \tag{4-50}$$

求解 TSP 的连续型 Hopfield 反馈神经网络模型的演化方程可表示为：

$$\begin{cases}dU_{xi}=-S\sum\limits_{j\neq i}V_{xy}-Q\sum\limits_{j\neq x}V_{yi}-T\sum\limits_{x}\sum\limits_{j}(V_{xj}-n)\\\qquad=-P\sum\limits_{y}d_{xy}(V_{y(i+1)}+V_{y(i-1)})-\dfrac{U_{xi}}{R_{xi}C_{xi}}\\V_{xi}=f(U_{xi})=\dfrac{1}{2}\left[1+\text{th}\left\{\dfrac{U_{xi}}{U_0}\right\}\right]\end{cases} \tag{4-51}$$

式中 U_0 为初始值，非线性函数取近似于 S 型单元激活函数的双曲正切函数。霍普菲尔德和泰克(Tank)经过实验，认为取初始值为：$S=Q=P=500$，$T=200$，$RC=1$，$U_0=0.02$ 时，用其求解 10 个城市的 TSP 问题，获得了良好的效果。后来人们发现，用连续 Hopfield 网络求解像 TSP 这样的约束优化问题时，模型中 S、Q、P、T 的取值对求解过程有很大影响。

4.5 实时递归神经网络

无论是离散型 Hopfield 反馈神经网络还是连续型 Hopfield 反馈神经网络，递归性都是其本质的特征，本节将介绍一种实时递归神经网络模型。

4.5.1 实时递归网络

递归作为解决复杂性问题的一种方法论基础，目前已得到了人们的认识和发展。递归的实质是借助于"回归"，把未知的归结为已知的，把复杂的归结为简单的。这一过程形成了事物内在结构上的循环特性，通过某一可以反复执行的操作，彼此互通并构成统一整体。反馈神经网络利用的就是这种递归的思想，因此又叫递归神经网络。这种递归神经网络是在前馈式神经网络的基础上，加入了内部反馈，带内部自反馈的隐层节点可以存储过去的输入输出信息，这可以大大提高网络的学习效率。实验结果表明，该网络的收敛速度比一般 BP 网络有了很大提高，具有很好的实用性[4.27]。目前较多都是采用在基于 Elman 网络结构的基础上来对递归神经网络进行研究。

递归神经网络到现在已发展了几十年，期间人们出于不同的应用目的，构建出多种不同的网络结构形式，各种网络都有其不同的特点。到目前为止，其数目不下几十种。由于递归网络中存在内部反馈，且递归变量网络输出或隐层单元的状态信息用紧凑的形式来保留系统所有以前的信息，所以它能用很少的记忆单元来描述任何系统的动力学特性。首先，递归神经网络以其内在的动态特性已经成功地应用在动态系统的建模和有时序特性的信号处理中；其次，递归网络模型是节约的网络模型，它无须存储所有的输入信息但又能在网络中反映系统的所有历史信息对当前系统响应的影响。正是由于递归网络的这些特性，使得它在动态领域的应用有很大的吸引力。

对角递归神经网络(Diagonal Recurrent Neural Networks，DRNN)是一种结构最简单的局部递归型网络，或者更具体地说，它是一种最简单的局部输出具有反馈的前馈结构的递归神经网络，只有一个隐层[4.28, 4.29]，如图 4-14 所示为一个多输入多输出对角递归神经网络模型。

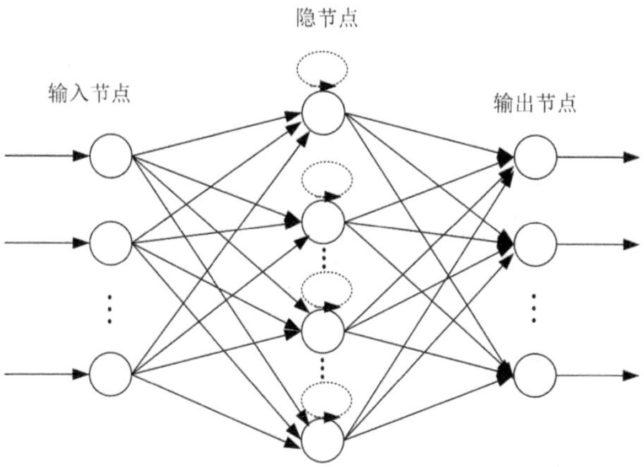

图 4-14　对角递归神经网络模型

假设每一层的神经元数目分别为 n^0，n^1，…，那么在输入层：

$$x_j^0(k)=x_j(k) \quad j=1,2,\cdots,n^0 \tag{4-52}$$

设$\{w_{ij}^0\}$为输入层到隐层的连接权值，$\{w_l^2\}$为关联层的权值，那么隐层的神经元的净输入为

$$s_i^1(k)=\sum_{j=1}^{n1} w_{ij}^0 x_j^0(k)+w_l^2 c_i(k) \qquad i=1,2,\cdots,n^1 \tag{4-53}$$

而隐层神经元的输出为

$$x_i^1(k)=f^1(s_i^1(k)) \tag{4-54}$$

根据信号的递归传递关系，关联层对于隐层神经元的输入为

$$c_i(k)=x_i^1(k-1) \quad i=1,2,\cdots,n^l \tag{4-55}$$

输出层的输出为

$$y(k)=\sum_{i=1}^{n^l} w_i^1 x_i^1(k) \tag{4-56}$$

其中$\{w_i^1\}$是隐层到输出层的连接权值。它利用网络的内部状态反馈来描述系统的非线性动力学特性，能更直接地反映系统的动态特性，更适合于实时应用的工业过程建模、仿真和控制等任务中。

针对递归网络的动态特点，国内外学者已经提出了很多学习规则，并且得到广泛应用。大致可分为以下几类：梯度下降类规则、最小二乘递推算法规则、卡尔曼滤波算法规则、模拟退火算法规则等[4,30]。目前应用最广泛的还是梯度下降类规则，其推导过程与前馈神经网络模型类似，这里不再赘述。

4.5.2 Kalman 实时递推算法

本质上，Kalman 滤波器中所采用的自适应滤波算法也是一种递归学习的规则。Kalman 滤波器是由卡尔曼(R.E.Kalman)于 1960 年提出的，Kalman 提出了利用系统状态的空间表示法在时间上的转移关系，推导出一整套的递推计算公式——Kalman 滤波器[4.31]。它在时域中进行分析和计算，把滤波器的适用范围从平稳随机过程推广到了一般非平稳随机过程，从连续时间的滤波算法推广到了适用于计算机操作的离散时间递推算法。它使整个估计理论的发展向前迈进了一大步，成为现代控制理论中一个重要的分支。Kalman 滤波器已成为控制、信号处理与通信领域最基本最重要的计算方法和工具之一，并已成功地应用到航空、航天、工业过程及社会经济等不同领域。但随着微型计算机的普及应用，对 Kalman 滤波器的数值稳定性、计算效率、实用性和有效性的要求越来越高。为此，人们在如何改善 Kalman 滤波的计算复杂性和数值稳定性方面做了大量的探索工作[4.32−4.34]。

实际上，Kalman 滤波理论是一套由计算机实现的实时递推算法[4.35, 4.36]，它所处理的对象是随机信号，利用系统噪声和观测噪声的统计特性，以系统的观测量作为滤波器的输入，以所要的估计值(系统的状态或参数)作为滤波器的输出，滤波器的输入与输出之间是由时间更新和观测更新算法联系在一起的，根据系统方程和观测方程估计出所需要处理的信号。所以，Kalman 滤波与常规滤波的含义与方法完全不同，实质上是一种基于非线性模型的最优估计方法。

在实际的随机控制系统和信息处理问题中，通常所得到的观测信号中不仅包含所需信号，而且还包含有随机观测噪声和干扰信号。通过对一系列带有观测噪声和干扰信号的实际观测数据的处理，从中得到所需要的各种参量的估计值，或者学习这些参数，这可以看成是一个神经网络的学习问题。在实践中，经常碰到以下两类任务：首先，系统的结构参数部分或全部未知、有待确定；其次，实施最优控制需要随时了解系统的状态，而由于种种限制，系统中的一部分或全部状态变量不能直接测得。这就形成了估计的两类问题——参数估计和状态估计。一般的估计问题都是由验前信息、估计约束条件和估计准则三部分构成的。若设：

(1) $\bar{\boldsymbol{X}}$ 为 n 维未知状态或参数，$\bar{\bar{\boldsymbol{X}}}$ 为其估计值；

(2) $\bar{\boldsymbol{Z}}$ 为与 $\boldsymbol{X}$ 有关的 m 维观测向量，它与 $\bar{\boldsymbol{X}}$ 的关系可表示为：

$$\bar{\boldsymbol{Z}}=f(\bar{\boldsymbol{X}},\bar{\boldsymbol{V}}) \tag{4-57}$$

其中，$\bar{\boldsymbol{V}}$ 为 m 维观测噪声，它的统计规律部分或全部已知。由上述表示可知，估计问题可叙述为：给定观测向量 $\bar{\boldsymbol{Z}}$ 和观测噪声向量 $\bar{\boldsymbol{V}}$ 的全部或部分统计规律，根据选定的准则和约束条件，确定一个函数 $H(\bar{\boldsymbol{Z}})$，使得它成为在选定准则下 $\bar{\boldsymbol{X}}$ 的最优估计，即

$$\overline{\overline{X}}=H(\overline{Z}) \tag{4-58}$$

在衡量估计的好坏时，必须要有一个估计准则。在实际应用中，估计准则有很多种，这类似于性能学习中的性能函数，因此可以随着最优估计的标准不同而不同。估计准则以某种方式度量了估计的精确性，它体现了估计是否是最优的含义。准则一般用一个函数来表达，称这个函数为指标函数或损失函数。损失函数是根据先验信息选定的，而估计式是通过损失函数的极小化或极大化导出的。不同的损失函数导致了不同的估计方法。目前常用的估计准则是直接误差准则、误差函数矩准则和直接概率准则。

(1) 直接误差准则：是指以某种形式的误差为自变量的函数作为损失函数的准则。在这类准则中，损失函数是误差的凸函数，估计式是通过损失函数的极小化导出的，而与观测噪声的统计特性无关。因此这类准则适用于观测噪声统计规律未知的情况。最小二乘估计及其各种推广形式都是以误差的平方和最小作为估计准则。

(2) 误差函数矩准则：是以直接误差函数矩作为损失函数的准则。特别地，可以把损失函数选作直接函数误差，以其均值为零和方差最小为准则。在这类准则中，要求观测噪声的有关矩是已知的，它比直接误差准则要求更多的信息，因而具有更高的精度。最小方差估计、线性最小方差估计等都是属于这类准则的估计。

(3) 直接概率准则：这类准则的损失函数是以某种形式误差的概率密度函数构成的。估计式由损失函数的极值条件导出[4.34]。这类准则与概率密度有关，需要有关的概率密度存在，而且要知道它的形式。极大似然估计和极大后验估计就是这类准则的直接应用。

4.5.3 Kalman 滤波规则与应用

Kalman 滤波规则[4.37]是从随机状态空间模型导出的线性动态系统状态的最小均方估计，它来源于确定性最小二乘估计的 LMS 滤波算法，但它增加了描述动态方程中的不确定性而引起的模型误差，因而更能反映实际情况。卡尔曼滤波方法的特点是不要求保存过去的测量数据。当新的数据测得之后，根据新的数据和前一时刻的测量估计值，借助系统本身的状态转移方程，按照一套递推公式，就可算出新的各个量的估计值。因此，从某种意义上说，它与序贯平差是相似的，这种方法十分适合动态测量，即目标是运动的，如飞机、船舶、卫星、导弹等。Kalman 滤波方法可以根据初始状态的误差估计和有限的观测数据，利用计算机，逐步计算出目标航迹的实时状态的最优估计，以及预报下一时刻的运动状态，以达到及时最优控制的目的，这是其他处理方法所不能比拟的。

在对运动目标的状态跟踪算法中，可由 MATLAB 语言编程仿真连续的 Hopfield 网络目标跟踪和 Kalman 滤波器的目标跟踪过程，通过比较两者对同一目标的跟踪轨迹和跟踪误差曲线，表明传统的 Kalman 滤波器和 Hopfield 网络状态估计算法的滤波特性性能很形似，尤其是在干扰噪声序列一致时，在跟踪误差的起伏变化上基本一致。从计算时间的角度来说，特别是当要处理的数据量比较大时，Hopfield 网络就显示出了优势。Hopfield 网络的收敛时间往往可以通过调节时间参数从而使得其收敛时间限制在毫秒级甚至纳秒级，所以 Hopfield 网络更加适合实时性要求比较高的领域。

4.6 Hopfield 反馈神经网络在人脸识别中的应用

作为反馈网络的代表性网络，Hopfield 网络在实际中有着广泛的应用，这种网络的主要应用形式有联想记忆和优化计算两种形式，例如 TSP、人脸识别系统等。用 Hopfield 网络解决具体的优化问题，需要按以下步骤进行：

(1) 对于待定的问题，选择一种合适的表示方法，使得神经网络的输出与问题的解对应起来；

(2) 构造网络的能量函数，使其最小值对应于问题的最佳解；

(3)由能量函数倒推神经网络的结构；

(4) 运行网络，其稳定状态就是在一定条件下问题的解。

Hopfield 反馈神经网络可以用于模式识别，本节从一个简单的人脸识别的例子出发，首先介绍一下 Hopfield 网络人脸识别的原理，其次给出 Hopfield 神经网络的人脸识别过程。

1. Hopfield 反馈神经网络训练识别流程图

训练阶段：每人 2 幅图片，10 人共 20 幅图片，构成训练集；

识别阶段：另外抽取每人 1 幅图片，10 人共 10 幅图片，构成识别集。

Hopfield 网络训练识别流程图包括训练阶段流程图和识别阶段流程图，分别如图 4-15(a)、(b)所示。

2. 基于 Hopfield 反馈神经网络的人脸识别系统流程图

基于 Hopfield 反馈神经网络的人脸识别算法的具体步骤可以表述如下：

(1) 将人脸库中的人脸分为训练样本与识别样本，每人用两幅人脸作为训练样本，进行 K—L 变换，求取训练样本的特征向量 $\boldsymbol{U}$，再从每个人的人脸库中取一副人脸图像(10 人一组)。在特征向量 $\boldsymbol{U}$ 上作投影，将求出的人脸图像组在 $\boldsymbol{U}$ 上的投影系数作为其特征向量，$\boldsymbol{T}=[\boldsymbol{t}_1, \boldsymbol{t}_2, \cdots, \boldsymbol{t}_n]$，其中 $\boldsymbol{t}_i$ 为某一人脸的特征参数，表示网络的各类模式特征的库向量(n 为待识别的人脸总数)。

(2) 将 $\boldsymbol{T}$ 作为 Hopfield 网络的目标向量，建立 Hopfield 网络。

(3) 运行网络至平衡状态，保存网络模型和输出向量 $\boldsymbol{Y}$。

(4) 将待识别的人脸图像在 $\boldsymbol{U}$ 上投影，得到其特征向量 $\boldsymbol{t}_i$，将 $\boldsymbol{t}_i$ 作为输入的向量送入建立的网络中运行；也可以将一组人脸的图像对 $\boldsymbol{U}$ 投影到 $\boldsymbol{T}$，将 $\boldsymbol{T}$ 投入到网络中运行。

(5) 当网络运行达到平衡状态时，输出结果 $\boldsymbol{Y}'=[x_1, x_2, \cdots, x_n]$，每一幅人脸图像收到与之接近的平衡点。

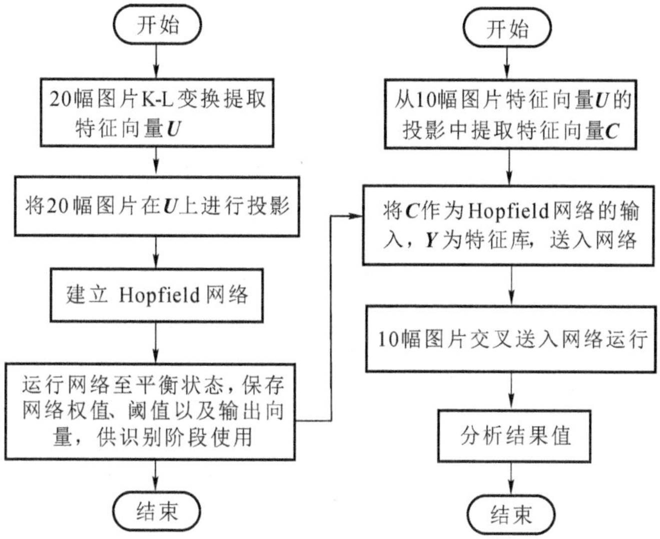

（a）训练阶段　　（b）识别阶段

图 4-15　Hopfield 网络人脸识别流程图

（6）计算 $\boldsymbol{Y}'$ 与特征库中所有人脸特征向量 $\boldsymbol{Y}$ 的距离 D，D 最小者为所识别的人脸。距离公式如下：

$$D=\sqrt{\sum_{j=1}^{n}[x(i,j)-y(i,j)]^2}\quad i=1,2,\cdots,m \tag{4-59}$$

其中，m 表示待识别的人的总数，n 表示每个人所提取的特征向量中的特征值的个数。基于 Hopfield 反馈神经网络的人脸识别系统实现框图如图 4-16 所示。

实验的图像来源于 ORL 标准人脸数据库，ORL 人脸库中每个人有 10 张标准脸图片，每张人脸图片的大小为 100×100，10 张人脸图片在灰度、表情和偏转方向上都存在一定的变化。训练样本由每个人 2 张、10 人共 20 张图片组成，主要用于建立每个人的人脸特征库；识别样本有 5 组，共 50 张人脸图片(包含用于训练的 2 组样本)。识别时分为两种情况进行：

（1）选择训练样本的人脸图像组进行识别；

（2）选择识别样本的人脸图像组进行识别。

实验分别用 5 组人脸数据送入网络进行人脸识别，其中 2 组为训练样本，3 组为非训练样本。每组人脸数据由 10 个人组成，每人一张人脸照片。从实际的实验数据可以看出，当识别的用户为声称的用户时，数据值与非法的用户识别结果相比，有着明显的分界。通过设定阈值，该方法就可以用于人脸识别，也可以用于人脸库的相同或者相似的人脸图像检索；同时，通过设定阈值，还可以根据实际应用的需要，提高或者降低拒识率和错误率。

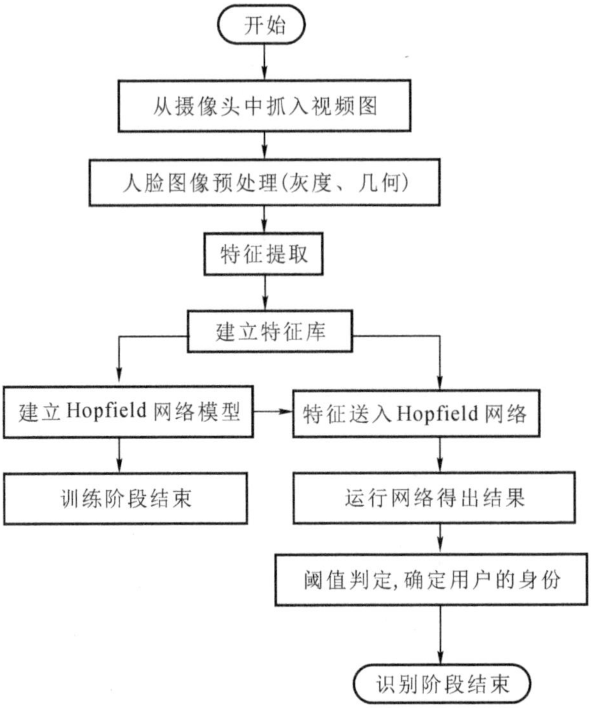

图 4-16　基于 Hopfield 反馈神经网络的人脸识别系统实现框图

为了验证 Hopfield 反馈神经网络的人脸识别的效果，将 Hopfield 反馈神经网络的人脸识别结果与最小距离分类法和 BP 神经网络的识别方法的实验结果进行比较，经多组人脸识别的数据比较，Hopfield 神经网络较 BP 网络和最小距离分类法都有更高的识别率和更好的稳定性。由于 BP 神经网络是需要训练的神经网络，其识别效果在一定程度上依赖于网络的训练速度，通过实验表明，小数量的训练组的增加并不能有效地改变网络的识别正确率。在实验中，我们将 5 组数据的前 4 组用于 BP 网络的训练，第 5 组数据应用于识别时，识别的正确率并没有得到太大的变化。在实际的应用中，小样本集(如两三张)的人脸识别应用得非常广泛。

本章参考文献

[4.1]　焦李成. 神经网络的应用与实现[M]. 西安：西安电子科技大学出版社，1993.
[4.2]　焦李成. 非线性传递函数理论与应用[M]. 西安：西安电子科技大学出版社，1992.
[4.3]　NELISHIA P，QU R. Hyper-heuristics：Theory and applications[M]. Berlin：Springer，2018.

[4.4] HOPFIELD, J J. Neural networks and physical systems with emergent collective computational abilities[J]. Proceedings of the National Academy of Sciences, 1982, 79(8): 2554 - 2558.

[4.5] NECSULESCU D, JIANG Y W, KIM B. Neural network based feedback linearization control of an unmanned aerial vehicle[J]. International Journal of Automation and Computing, 2007, 4(1): 71 - 79.

[4.6] ANDERSON J A. A simple neural network generating an interactive memory[J]. Mathematical Biosciences, 1972, 14(3 - 4): 187 - 220.

[4.7] HAGAN M T. 神经网络设计[M]. 戴葵，等译. 北京：机械工业出版社，2002.

[4.8] 魏海坤. 神经网络结构设计的理论和方法[M]. 北京：国防工业出版社，1996.

[4.9] 焦李成. 神经网络系统理论[M]. 西安：西安电子科技大学出版社，1996.

[4.10] ZHAO H. Designing asymmetric neural networks with associative memory[J]. Physical Review E, 2004, 70(6): 066137.

[4.11] HOPFIELD J J. Neurons with graded response have collective computational properties like those of two-state neurons[J]. Proceedings of the National Academy of Sciences, 1984, 81(10): 3088 - 3092.

[4.12] LIAO X, Wong K. Global exponential stability of hybrid bidirectional associative memory neural networks with discrete delays[J]. Physical Review E, 2003, 67(4): 042901.

[4.13] SUTTON R S.Two problems with backpropagation and other steepest-descent learning procedures for networks[C]. Proceedings of 8th Annual Conference of the Cognitive Science Society Lawrence Erlbaum Associates, 1986: 823 - 831.

[4.14] MONTANA D J, DAVIS L. Training feedforward neural networks using genetic algorithm[C]. Proceedings of 11th IJCAI, San Mateo, 1989: 762 - 767.

[4.15] PARK D C, WOO Y J. Weighted centroid neural network for edge preserving image compression [J]. IEEE Transactions on Neural Networks, 2001, 1134 - 1146.

[4.16] PAO Y H. Adaptive pattern recognition and neural networks[M]. MA: Addison-Wesley, 1989.

[4.17] DONY R D, HAYKIN S. Neural network approaches to image compression[J]. Proceedings of the IEEE, 1995, 83(2): 288 - 303.

[4.18] POGGIO T, GIROSI F. A sparse representation for function approximation [J]. Neural Computation, 1998, 10(6): 1445 - 1454.

[4.19] ZHANG Q. Wavelet networks[J]. IEEE Transactions on Neural Networks, 1992, 3(6): 889 - 898.

[4.20] OJA E. Data compression, feature extraction, and autoassociation in feed-forward neural networks [J]. Artificial Neural Networks, 1991: 737 - 745.

[4.21] WALKER N P, et al. Image compression using neural networks[J]. GEC J. Res, 1994, 11(2): 66 - 75.

[4.22] GIROSI F. Regularization theory and neural networks architectures[J]. Neural Compt, 1995, 7(2): 219 - 269.

[4.23] CHEN T, CHEN H. Universal approximation to nonlinear operators by neural networks with arbitrary activation functions and its application to dynamical systems[J]. IEEE Transactions on

Neural Networks, 1995, 6(4): 911－917.

[4.24] GIROLAMI M. Mercer kernel-based clustering in feature space[J]. IEEE Transactions on Neural Networks, 2002, 13(3): 780－784.

[4.25] REDDY N S, LEE C S, KIM J H, et al. Determination of the beta-approach curve and beta-transus temperature for titanium alloys using sensitivity analysis of a trained neural network[J]. Materials Science and Engineering a Structural Processing, 2006, 434(1－2): 218－226.

[4.26] XIE X, Seung H S. Learning in neural networks by reinforcement of irregular spiking[J]. Physical Review E, 2004, 69(4): 041909.

[4.27] KALMAN R E. A new approach to linear filtering and prediction theory[J]. Trans. ASME, Journal of Basic Engineering(82D), 1960: 35－46.

[4.28] 唐富华，郭银景，杨阳，等. 一种改进的递归神经网络及其仿真研究[J]. 北京理工大学学报，2005，25(05)：399－401.

[4.29] WEN Chen. Recurrent neural networks applied to robotic motion control[D]. Toronto: University of Toronto, 2002.

[4.30] LARY D J, MUSSA H Y. Using an extend Kalman filter learning algorithm for feed-forward neural networks to describe tracer correlations[J]. Atmospheric Chemistry and Physics Discussion, 2004(4): 3653－3667.

[4.31] 付梦印，邓志红，张继伟. Klaman 滤波器理论及其在导航系统中的应用[M]. 北京：科学出版社，2003.

[4.32] PUSKORIUS G V, Feldkamp L A. Decoupled extended Kalman filter training of feedforward layered networks[C]. International Joint Conference on Neural Networks, Seattle, 1991(1): 771－777.

[4.33] HAYKIN S S. Kalman filtering and neural networks: Adaptive and learning systems for singal processing, communications, and control[M]. New York: Johnwily, 2001.

[4.34] 郑晓昆. 相位阵列雷达信号目标识别算法的研究[D]. 西安：西北工业大学，2001.

[4.35] 张洪才，张友民，一种 U-D 分解自适应推广 Kalman 滤波及应用[J]. 西北工业大学学报，1993，11(3)：345－350.

[4.36] 田晓宇，李明干，刘沛. 基于 Kalman 滤波的神经网络学习算法及其应用[J]. 计算数字与工程，2005，33(2)：40－43.

[4.37] 熊万龙. 基于 Kalman 滤波器的自主车辆定位方法研究[D]. 长沙：国防科学技术大学，2005.

第5章 竞争学习神经网络

1868年，E.Mach发现马赫带效应，并提出了解释马赫带效应的有关视网膜神经元相互作用的理论。该理论指出：在实际的生物神经网络（如人的视网膜神经网络）中，存在着一种“侧抑制”现象，即一个神经细胞兴奋后会刺激相近的神经元，通过它的分支对周围其他神经细胞产生抑制。这种侧抑制现象使神经细胞之间出现竞争，虽然开始阶段各个神经细胞都处于不同程度的兴奋状态，但由于侧抑制的作用，各细胞之间相互竞争导致的最终结果是：兴奋作用最强的神经细胞所产生的抑制作用战胜了它周围所有其他细胞的抑制作用而“胜出”了。竞争学习规则就是基于上述生物结构和竞争现象而形成的一种学习策略，它已经用于多种神经网络模型中以完成自组织聚类、模式识别等功能。自组织竞争人工神经网络正是基于竞争学习的思想，它能够对输入模式进行自组织训练和判断，并将其最终分为不同的类型。

在实际的生物神经网络（如人的视网膜神经网络）中，某个细胞的激活总会影响邻近的细胞，刺激某个细胞得到较大反应，再刺激它的邻近细胞时，反应会减弱。也就是说，周围的细胞抑制了它的反应，这种现象被称之为侧抑制。竞争学习是基于生物神经元相互竞争对外界刺激模式响应的这种“侧抑制”机制而提出的一种人工神经网络的学习规则。竞争取胜的单元的连接权向着对这一刺激模式竞争更有利的方向变化。相对来说，竞争取胜的单元抑制了竞争失败的单元对刺激模式的响应。这种自适应学习，使网络单元具有选择接受外界刺激模式的特性。这是一种特殊的竞争学习的形式。竞争学习的更一般形式是不仅允许单个胜者出现，而且允许多个胜者出现，学习发生在胜者集合中各单元的连接权上。与反向传播前馈神经网络相比，在竞争学习神经网络中，自组织自适应的学习能力可以进一步拓宽人工神经网络在模式识别、分类等方面的应用；另一方面，竞争学习神经网络的核心——竞争层，又是许多其他神经网络模型的重要组成部分，例如科荷伦（Kohonen）神经网络（又称特性图）、自适应共振理论神经网络等均包含竞争层[5.1-5.4]。

5.1 内星与外星学习规则

格劳斯贝格(S. Grossberg)提出了两种类型的神经元模型：内星(Instar)与外星(Outstar)[5.5]，用以解释人类及动物的竞争学习现象。一个内星是通过连接权矢量 $\boldsymbol{w}=[w_1, w_2, \cdots, w_r]$ 接收一组输入信号，可以被训练用来识别一个矢量；而外星是通过连接权矢量 $\boldsymbol{w}=[w_1, w_2, \cdots, w_r]$ 向外输出一组信号，可以被训练用来产生矢量。由 r 个输入构成的 Grossberg 内星和外星模型分别如图 5-1 和图 5-2 所示。

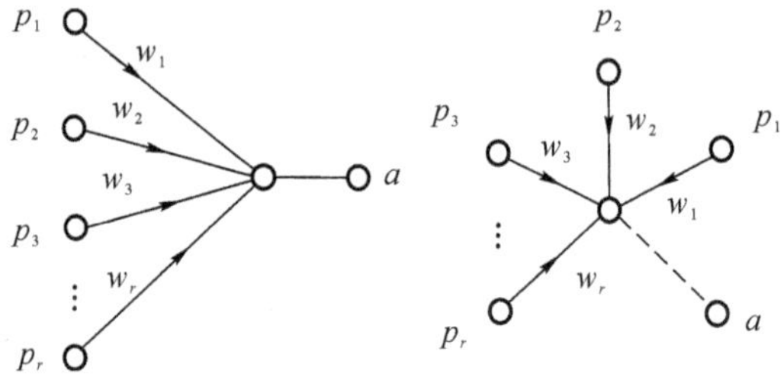

图 5-1　Grossberg 内星模型图

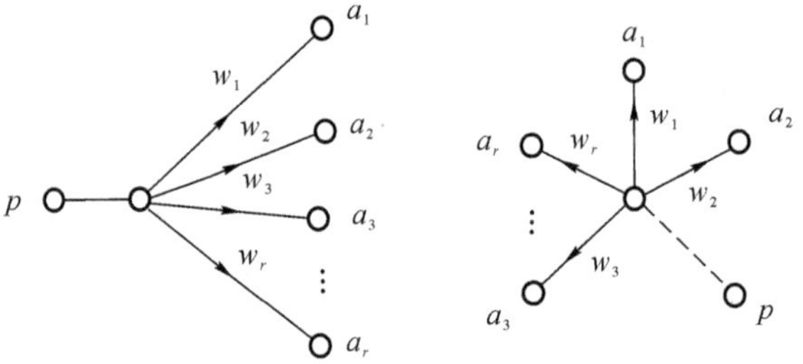

图 5-2　Grossberg 外星模型图

从图 5-1 和图 5-2 中可以清楚地看出，内星是通过连接权矢量 $\boldsymbol{w}=[w_1, w_2, \cdots, w_r]$ 接收一组输入信号 $\boldsymbol{p}=[p_1, p_2, \cdots, p_r]$；而外星则是通过连接权矢量向外输出一组信号。它们之所以被称为内星和外星，主要是因为其网络的结构像星形，且内星的信号流向星的内部，而外星的信号流向星的外部。下面分别讨论这两种神经元模型的学习规则及其功效，以及由内星规则发展而来的 Kohonen 学习规则。

5.1.1 Instar 学习规则

在如图 5-3 所示的内星模型中，可以通过设计学习规则来调整网络权值，使得某一神经元节点只响应特定的输入矢量 $\boldsymbol{p}$，这是借助于调节网络权矢量 $\boldsymbol{w}=[w_1, w_2, \cdots, w_r]$ 近

似于输入矢量 $\boldsymbol{p}=[p_1, p_2, \cdots, p_r]$来实现的[5,6]。

内星模型中实现输入/输出转换的激活函数是硬阈值函数。在图 5－3 所示的内星网络中，神经元的输出为

$$a=\text{hardlim}(\boldsymbol{w}\boldsymbol{p}^{\mathrm{T}}+b) \tag{5-1}$$

当 $\boldsymbol{w}\boldsymbol{p}^{\mathrm{T}}\geqslant -b$ 时，神经元的净输入为非负，这个内星神经元将是活跃的。考虑到 $\boldsymbol{w}$ 和 $\boldsymbol{p}$ 的内积定义为

$$\boldsymbol{w}\boldsymbol{p}^{\mathrm{T}}=\|\boldsymbol{w}\|\|\boldsymbol{p}\|\cos\theta \tag{5-2}$$

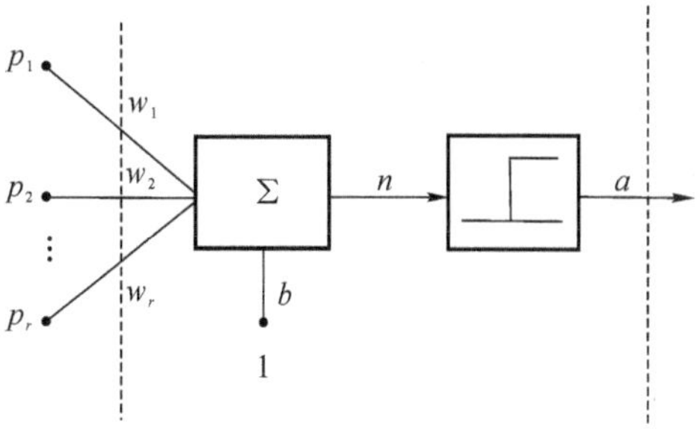

图 5－3　内星网络

在正规化向量的条件下，该取值在二者同方向时最大，即当权值向量取为输入待识别的模式时，神经元的净输出是最大的。因此，如果令神经元的偏置

$$b=-\|\boldsymbol{w}\|\|\boldsymbol{p}\| \tag{5-3}$$

仅当 $\boldsymbol{w}=\boldsymbol{p}$ 时，内星神经元将被激活。增大神经元的偏置，将使更多的输入模式被激活。若取偏置

$$b>-\|\boldsymbol{w}\|\|\boldsymbol{p}\| \tag{5-4}$$

则当 $\boldsymbol{w}$ 和 $\boldsymbol{p}$ 的夹角满足不超过某一给定角度时，内星神经元将被激活。当 b 增加时，内星神经元中更多的模式将被激活。这里，b 常被称为相似度函数，典型的相似度值 $b=-0.95$，这意味着输入矢量与权矢量之间的夹角只要小于 18°，输入到神经元的模式就会被激活。如果选相似度值 $b=-0.9$，则其夹角扩大到 25°，即输入矢量与权矢量之间的夹角小于 25°时，输入到神经元的模式会被激活。

下面定义 w_{ij} 为网络中第 j 个神经元到第 i 个神经元的连接权值，a_i 为第 i 个神经元的输出，p_j 为第 j 个神经元的输入。Grossberg 内星模型的权值修正原则为：只在内星神经元是活跃时才允许修改权值，调整公式为

$$w_{ij}(q)=w_{ij}(q-1)+\alpha\times a_i(q)p_j(q)-\gamma\times a_i(q)w_{ij}(q-1) \tag{5-5}$$

其中，α 为学习速率(或学习步长)，γ 为遗忘速率。在遗忘速率为 0 时，该规则退化为一个基本的无监督的 Hebb 学习规则。该规则根据两个相连的神经元的输出值来自适应地调整其连接权值，且基于著名的 Hebb 假设：当细胞 A 的轴突到细胞 B 的距离仅到足够刺激它，且反复地或持续地刺激 B 时，在这两个细胞或一个细胞中将会发生某种增长过程或代谢反应，增加 A 对 B 的刺激效果。然而，在这个基本的规则中，权值可以任意地变大，而没有权值减小的机制，加入遗忘项之后可以使权值是有界的。

通常地，在式(5－5)的权值调整公式中，令 $\alpha=\gamma$，则

$$w_{ij}(q)=w_{ij}(q-1)+\alpha\times a_i(q)[p_j(q)-w_{ij}(q-1)] \tag{5-6}$$

将第 i 个神经元的连接权值写成向量的形式：$\boldsymbol{w}_i(q)=[w_{i1}, w_{i2}, \cdots, w_{ir}]$，则式

(5-6)所示的 Grossberg 内星模型的权值修正规则重写如下：

$$\boldsymbol{w}_i(q)=\boldsymbol{w}_i(q-1)+\alpha a_i(q)[\boldsymbol{p}(q)-\boldsymbol{w}_i(q-1)] \tag{5-7}$$

当内星神经元不活跃，即神经元的输出 $a_i=0$ 时，式(5-7)可以写为

$$\boldsymbol{w}_i(q)=\boldsymbol{w}_i(q-1) \tag{5-8}$$

可见，权值向量保持不变。

考虑内星神经元活跃的情况，即神经元的输出 $a_i=1$时，式(5-7)可以写为

$$\begin{aligned}\boldsymbol{w}_i(q)&=\boldsymbol{w}_i(q-1)+\alpha[\boldsymbol{p}(q)-\boldsymbol{w}_i(q-1)]\\&=(1-\alpha)\boldsymbol{w}_i(q-1)+\alpha\boldsymbol{p}(q)\end{aligned} \tag{5-9}$$

假设权值向量为低维（二维）的情况，$\boldsymbol{w}_i(q)$和$\boldsymbol{w}_i(q-1)$分别为当前时刻的权值向量和上一时刻的权值向量，当加入输入向量 $\boldsymbol{p}(q)$后，权值调整可以在二维权值空间上用图 5-4 进行描述。

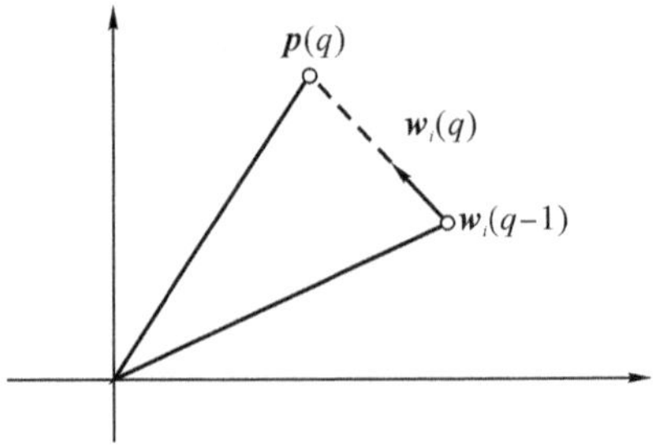

图 5-4　内星网络权值调整示意图

在图 5-4 所示的内星权值调整示意图中，内星神经元连接强度的变化量 $\Delta\boldsymbol{w}_i(q)$为

$$\Delta\boldsymbol{w}_i(q)=\alpha\times a_i(q)[\boldsymbol{p}(q)-\boldsymbol{w}_i(q-1)] \tag{5-10}$$

由式(5-10)可见，内星神经元连接强度的变化量 $\Delta\boldsymbol{w}_i$是与输出成正比的。如果内星神经元的输出 a_i 被某一外部方式保持为高值 1，那么通过不断反复地学习，权值将能够逐渐趋近于输入矢量 $\boldsymbol{p}$ 的值，并使 $\Delta\boldsymbol{w}_i$逐渐减少，直至最终达到 $\boldsymbol{w}=\boldsymbol{p}$，从而使内星权矢量“记住”了输入矢量 $\boldsymbol{p}$，达到了用内星来识别一个矢量的目的。另一方面，如果内星神经元的输出保持为低值 0，那么网络权矢量被学习的可能性较小，甚至不能被学习[5,7]。

现在考虑不同的输入矢量$\boldsymbol{p}^1$ 和$\boldsymbol{p}^2$ 分别出现在同一内星时的情况。首先，为了训练的需要，必须将每一输入矢量都进行归一化处理，即对每一个输入矢量$\boldsymbol{p}^q$($q=1$，2)，用$1/\sqrt{\sum_{j=1}^{r}(p_j^q)^2}$ 去乘以每一个输入元素，得到的单位矢量用来进行神经网络的训练。当第一个矢量$\boldsymbol{p}^1$ 输入给内星网络之后，网络经过上述的内星权值调整规则进行训练，最终达到$\boldsymbol{w}=\boldsymbol{p}^1$。此后，给内星输入另一个输入矢量$\boldsymbol{p}^2$，此时内星的加权输入和为新矢量$\boldsymbol{p}^2$ 与已学习过的矢量$\boldsymbol{p}^1$ 的点积，即

$$N=\boldsymbol{w}\cdot\boldsymbol{p}^2=(\boldsymbol{p}^1)\cdot\boldsymbol{p}^2=\|\boldsymbol{p}^1\|\,\|\boldsymbol{p}^2\|\cos\theta_{12}=\cos\theta_{12} \tag{5-11}$$

因为输入矢量的模已被单位化为 1，所以内星的加权输入和等于输入矢量$\boldsymbol{p}^1$ 和$\boldsymbol{p}^2$ 之间夹角的余弦。

根据不同的情况，内星网络的加权输入和可分为如下几种情况：

(1) $\boldsymbol{p}^2=\boldsymbol{p}^1$，即 $\theta_{12}=0°$时，内星加权输入和为$+1$；

(2) $\boldsymbol{p}^2 \neq \boldsymbol{p}^1$，随着$\boldsymbol{p}^2$向离开$\boldsymbol{p}^1$的方向移动，内星加权输入和将逐渐减少，直到$\boldsymbol{p}^2$与$\boldsymbol{p}^1$垂直，即$\theta_{12}=90°$时，内星加权输入和为0；

(3) $\boldsymbol{p}^2=-\boldsymbol{p}^1$，即$\theta_{12}=180°$时，内星加权输入和达到最小值－1。

由此可见，对于一个已训练过的内星网络，当输入端再次出现该学习过的输入矢量时，内星产生值为＋1的加权输入和；而与学习过的矢量不相同的输入出现时，所产生的加权输入和总是小于＋1。如果将内星的加权输入和送入到一个具有略大于－1的二值型激活函数，则对于一个已学习过或接近于已学习过的矢量输入，同样能够使内星的输出为＋1，而其他情况下的输出均为0。因此，在求内星加权输入和公式中的权值与输入矢量的点积时，反映了输入矢量与网络权矢量之间的相似度。当相似度接近1时，表明输入矢量与权矢量相似，并通过进一步学习，能够使权矢量对其输入矢量具有更大的相似度。当多个相似的输入矢量输入到内星网络之后，最终的训练结果是使网络的权矢量趋向于相似输入矢量的平均值[5.8]。如前所述，内星网络中的相似度是由偏差b来控制的，由设计者在训练前选定。

5.1.2 Outstar 学习规则

Grossberg 外星网络的激活函数是线性函数，它被用来学习回忆一个矢量，其网络输入也可以是另一个神经元模型的输出，如图5－5所示[5.9]。

在外星网络中，神经元的输出为

$$\boldsymbol{a}=\text{satlins}(\boldsymbol{w}\,\boldsymbol{p}^{\mathrm{T}}) \qquad (5-12)$$

当有刺激($p_i=1$)时，希望网络能够回忆起一个特定模式$\boldsymbol{a}^*$，令

$$\boldsymbol{w}=\boldsymbol{a}^* \qquad (5-13)$$

那么，当$p_i=1$时，网络的输出为

$$\begin{aligned}\boldsymbol{a}&=\text{satlins}(\boldsymbol{w}\,\boldsymbol{p}^{\mathrm{T}})\\&=\text{satlins}(\boldsymbol{a}^*\cdot 1)\\&=\boldsymbol{a}^*\end{aligned} \qquad (5-14)$$

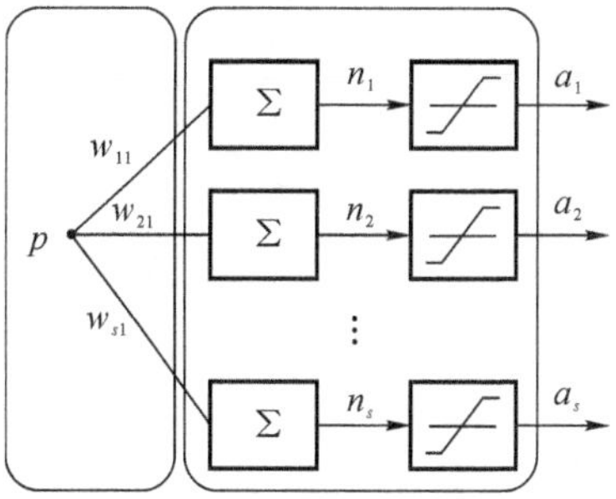

图5－5 Outstar网络

则模式可以被正确回忆，即代表模式的权值矩阵的列向量将被回忆起来。

考虑采用上述记忆机制的含有s个线性神经元的外星网络，通过训练使得其输出为一个特别的矢量$\boldsymbol{a}$，所采用的方法与内星识别矢量时的方法极其相似[5.10]。定义w_{ij}为第j个神经元到第i个神经元的连接权值，对于一个外星模型，其Grossberg学习规则为

$$w_{ij}(q)=w_{ij}(q-1)+\alpha a_i(q)p_j(q)-\gamma p_j(q)w_{ij}(q-1) \qquad (5-15)$$

其中，α为学习速率，γ为遗忘速率。通常地，在式(5－15)中，令$\gamma=\alpha$，则

$$w_{ij}(q)=w_{ij}(q-1)+\alpha\times p_j(q)[a_i(q)-w_{ij}(q-1)] \qquad (5-16)$$

其向量形式为

$$w_i(q)=w_i(q-1)+\alpha\times p(q)\times[a(q)-w_i(q-1)] \tag{5-17}$$

与内星规则不同，外星连接强度的变化量 Δw_i 是与输入矢量 p 成正比的[5.11]。这意味着当输入矢量被保持为高值，比如接近 1 时，每个权值 w_{ij} 将趋于输出值 a_i，若 $p_i=1$，则外星规则使权值矢量等于输出矢量。当 $p_i=0$ 时，网络权值将得不到任何学习与修正[5.12]。

当有 r 个外星神经元相并联，每个外星与 s 个线性神经元相连组成一层外星时，外星网络如图 5-5 所示。每当某个外星的输入节点被置为 1 时，与其相连的权值矢量 w_{ij} 就会被训练成对应的线性神经元的输出矢量 a，其权值修正方式如上所述[5.13]。

5.1.3 Kohonen 学习规则

科荷伦(Kohonen)学习规则是由内星规则发展而来的。对于取值为 0 或 1 的内星输出，只对输出为 1 的内星权矩阵进行修正，即学习规则只应用于输出为 1 的内星上，将内星学习规则中的 a_i 取值为 1，则可以导出 Kohonen 规则为

$$w_{ij}(q)=w_{ij}(q-1)+\alpha[p_j(q)-w_{ij}(q-1)] \tag{5-18}$$

将第 i 个神经元的连接权值 $w_i(q)=[w_{i1},\ w_{i2},\ \cdots,\ w_{ir}]$ 写成向量的形式，即

$$w_i(q)=w_i(q-1)+\alpha[p(q)-w_i(q-1)] \tag{5-19}$$

而其他神经元的权值不变。Kohonen 学习规则实际上是内星学习规则的一个特例，但它比采用内星规则进行网络设计要节省更多的学习时间，因而常常用来替代内星学习规则[5.14]。

Kohonen 学习规则通过输入向量进行神经元权值的调整，因此在模式识别的应用中是很有效的。通过学习，那些最靠近输入向量的神经元权值向量得到修正，使之更靠近输入向量，其结果是获胜的神经元在下一次相似的输入向量出现时，获胜的可能性会更大；而对于那些与输入向量相差很远的神经元权值向量，获胜的可能性将变得很小。这样，当经过越来越多的训练样本学习后，每一个网络层中的神经元权值向量很快被调整为最接近某一类输入向量的值。得到的结果是，如果神经元的数量足够多，则具有相似输入向量的各类模式作为输入向量时，其对应的神经元输出为 1；而对于其他模式的输入向量，其对应的神经元输出为 0。所以，Kohonen 网络具有对输入向量进行学习分类的能力。

5.2 自组织竞争网络

在生物神经细胞中存在一种特征敏感细胞，这种细胞只对外界信号刺激的某一特征敏感，并且这种特征是通过自学习形成的。在人脑的脑皮层中，对于外界信号刺激的感知和处理是分区进行的。有学者认为，脑皮层通过邻近神经细胞的相互竞争学习，自适应地发

展成为对不同性质的信号敏感的区域。根据这一特征现象，芬兰学者 Kohonen 模仿人类大脑皮质层的这种行为，提出了自组织特征映射神经网络模型。他认为一个神经网络在接受外界输入模式时，会自适应地对输入信号的特征进行学习，进而自组织成不同的区域，并且在各个区域对输入模式具有不同的响应特征。在输出空间中，这些神经元将形成一张映射图，映射图中功能相同的神经元靠得比较近，功能不同的神经元分得比较开，这就是为什么称之为自组织特征映射网络的原因。

自组织特征映射网络在结构上与前面介绍的竞争学习神经网络一样，在功能上，自组织特征映射网络也具有同样的分类功能，此外，它还能实现功能相同的神经元在空间分布上的聚集。自组织竞争网络中的自组织映射过程是通过竞争学习完成的。所谓竞争学习，是指同一层神经元之间相互竞争，竞争胜利的神经元修改与其连接的连接权值。典型的竞争学习网络由隐层和竞争层组成，网络的输出由竞争层各神经元的输出组成，除了在竞争中获胜的神经元以外，其余的神经元的输出都是 0，竞争激活函数输入向量中最大元素对应的神经元是竞争的获胜者，其输出固定是 1。所采用的竞争学习规则是一种无监督的学习方法，在学习中只需要向网络提供一些学习样本，而无需提供理想的目标输出，网络则会根据输入样本的特性进行自组织映射，实现样本的自动分类。在训练过程中，网络除了要对获胜的神经元的权值进行调整之外，还要对获胜神经元邻域内所有的神经元进行权值修正，从而使相近的神经元具有相同的功能。当网络稳定时，每一个邻域的所有节点对某种输入具有类似的输出，并且聚类后的概率分布与输入模式的概率分布相接近。

5.2.1 网络结构

竞争神经网络由单层神经元网络组成，输入层的节点数目为 r，输出层的节点数目为 s，其输入节点与输出节点之间为全连接。因为网络在学习中的竞争特性也表现在输出层上，所以在竞争神经网络中把输出层又称为竞争层，而与输入节点相连的权值及其输入合称为输入层[5,15]。实际上，在竞争神经网络中，输入层和竞争层的加权输入和共用同一个激活函数，如图 5-6 所示。

竞争神经网络的激活函数为二值型{0，1}硬阈值函数。从网络的结构图中可以看出，自组织竞争网络的权值有两类：一类是输入节点 j 到 i 的权值 w_{ij} $(i=1, 2, \cdots, s; j=1, 2, \cdots, r)$，这些权值是可以通过训练进行调整的；另一类是竞争层中互相抑制的权值 w_{ik} $(k=1, 2, \cdots, s)$，这类权值是固定不变的，且满足一定的分布关系，如距离相近的抑制强，距离远的抑制弱。另外，第二类的权值是一种对称权值，即有 $w_{ik}=w_{ki}$，同时相同神经元之间的权值起加强作用，即满足 $w_{11}=w_{22}=\cdots=w_{kk}>0$，而不同神经元之间的权值相互抑制，对于 $k\neq j$，有 $w_{ij}<0$。下面来具体分析竞争网络的输出情况。

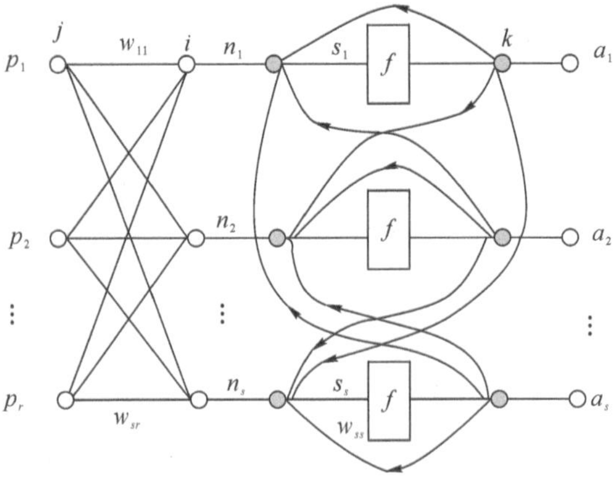

图 5-6　竞争神经网络结构图

假设网络的输入矩阵为 $\mathbf{P}=[p_1, p_2, \cdots, p_r]^T$，网络对应的输出为 $\mathbf{A}=[a_1, a_2, \cdots, a_s]^T$。因为竞争神经网络中含有两种权值，所以其激活函数的加权输入和也分为两部分：来自输入节点的加权输入和 **N**，以及来自竞争层内互相抑制的加权输入和 **G**。具体地说，第 i 个神经元接收的输入包括：

（1）来自输入节点的加权输入和，即

$$n_i = \sum_{j=1}^{r} w_{ij} \cdot p_j \tag{5-20}$$

（2）来自竞争层内互相抑制的加权输入和，即

$$g_i = \sum_{k \in D} w_{ik} \cdot a_k \tag{5-21}$$

这里 D 表示竞争层中含有神经元节点的某个区域。如果 D 表示的是整个竞争层，则竞争后只能有一个神经元兴奋而获胜；如果竞争层被分成若干个区域，则竞争后每个区域可产生一个获胜者。

由于竞争层内互相抑制的加权输入和 g_i 与网络第 k 个神经元的输出值 a_k 有关，而输出值又是由网络竞争后的结果所决定的，因此 g_i 的值也是由竞争结果确定的。为了方便起见，下面以 D 为整个网络输出节点的情况为例，分析竞争层内互相抑制的加权输入和 g_i 的可能结果。

（1）如果在竞争之后，第 i 个节点赢了，则有

$$a_k=1 \quad k=i \tag{5-22}$$

而其他所有节点的输出均为零，即

$$a_k=0 \quad k=1, 2, \cdots, s; k\neq i \tag{5-23}$$

此时

$$g_i = \sum_{k=1}^{s} w_{ik} \cdot a_k = w_{ii} > 0 \tag{5-24}$$

（2）如果在竞争后，第 i 个节点输了，而赢的节点为 l，其输出为 1，则

$$a_k = \begin{cases} 1 & k = l \\ 0 & k = 1, 2, \cdots, s; k \neq l \end{cases} \tag{5-25}$$

此时

$$g_i = \sum_{k=1}^{s} w_{ik} \cdot a_k = w_{il} < 0 \tag{5-26}$$

所以对整个网络的加权输入总和有下式成立：

$$s_i = \begin{cases} n_l + w_{ll} & \text{赢的节点为 } i = l \\ n_i - |w_{il}| & \text{赢的节点为 } i = 1, 2, \cdots, s; i \neq l \end{cases} \tag{5-27}$$

由此可以看出，竞争后只有获胜的那个节点的加权输入总和最大。竞争神经网络的输出为

$$a_k = \begin{cases} 1 & s_k = \max s_i; i = 1, 2, \cdots, s \\ 0 & \text{其他} \end{cases} \tag{5-28}$$

因为在权值修正的过程中只修正输入层中的权值 w_{ij}，竞争层内的权值 w_{ik} 是固定不变的，它们对改善竞争的结果只起到了加强或削弱的作用，即对获胜节点增加一个正值，使其更易获胜，对输出节点增加一个负值，使其更不易获胜，而对改变节点竞争结果起决定性作用的还是输入层的加权和 n_i，所以在判断竞争神经网络节点胜负的结果时，可直接采用 n_i，即

$$n_i = \max\left(\sum_{j=1}^{r} w_{ij} p_j\right) \tag{5-29}$$

上述模型中取偏差 b 为零是判定竞争神经网络获胜节点时的典型情况，偶尔也采用下式进行竞争结果的判定：

$$n_i = \max\left(\sum_{j=1}^{r} w_{ij} p_j + b\right) \quad -1 < b < 0 \tag{5-30}$$

通过上面的分析，可以将竞争网络的工作原理总结如下[5.16]：竞争网络的激活函数使加权输入和为最大的节点赢得输出为 1，而其他神经元的输出皆为 0。

5.2.2 竞争学习规则

竞争神经网络在经过竞争而求得获胜节点后，则对与获胜节点相连的权值进行调整，调整权值的目的是为了使权值与其输入矢量之间的差别越来越小，从而使训练后的竞争网络的权值能够代表对应输入矢量的特征，把相似的输入矢量分成同一类，并由输出来指示所代表的类别。

根据 5.2.1 节的讨论，在竞争神经网络中，第 j 个神经元与第 i 个神经元的连接权值调整量为

$$\Delta w_{ij}=\alpha \cdot (p_j - w_{ij}) \tag{5-31}$$

式中：α 为学习速率，且 $0<\alpha<1$，一般的取值范围为 0.01～0.3；p_j 为经过归一化处理后的输入。实现连接权值的调整，可以用 Instar 规则或 Kohonen 规则。不论采用哪种学习方法，层中每个最接近输入矢量的神经元将通过每次权值调整而使权值矢量逐渐趋于这些输入矢量，从而使竞争神经网络通过学习而识别出在网络输入端所出现的矢量，并将其分为某一类。

5.2.3 网络的训练过程

研究网络的训练过程是为了更好地设计出网络。在训练过程中，只有与获胜节点相连的权值才能得到修正，通过其学习规则使修正后的权值更加接近其获胜输入矢量。训练的结果是，获胜的节点对将来再次出现的相似矢量更加容易获胜，即这些矢量更加容易赢得该节点的胜利。当输入一个非常不同的矢量时，这个节点就不易取胜，但可能使其他某个节点获胜，从而将输入矢量归为另一类矢量群中。随着输入矢量的重复出现，与胜者相连的权矢量不断地得到调整，以使其更加接近于某一类输入矢量。最终，如果有足够的神经元节点，则每一组输入矢量都能使某一个节点的输出为 1 而聚为该类。通过样本的重复训练，自组织竞争网络将所有输入矢量进行了分类[5.17]。因此，竞争神经网络的学习和训练过程，实际上是对输入矢量的划分聚类过程，目的是使得获胜节点与输入矢量之间的权矢量代表获胜输入矢量。

训练集 $\boldsymbol{P}$ 中的样本逐个输入到网络中进行训练，当达到最大循环次数时，网络已重复多次训练了 $\boldsymbol{P}$ 中的所有矢量，当训练结束后，对于用于训练的模式 $\boldsymbol{P}$，在网络输出矢量中，其值为 1 的代表一种类型，而每类的典型模式值由该输出节点与输入节点相连的权矢量表示。

在竞争神经网络的设计中，输入层节点数目 r 是由已知输入矢量所决定的，但是竞争层的神经元数 s 是由设计者确定的，它们代表输入矢量可能被划为的种类数，其值若被选得过少，则会出现有些输入矢量无法被分类的不良结果，但若被选得太大，竞争后可能有许多节点都被空闲，而且在网络竞争过程中还占用了大量的设计量和时间，在一定程度上造成了一定的浪费，所以一般情况下，可以根据输入矢量的维数及其估计，再适当地增加些数目来确定。另外，还要事先确定的参数有学习速率和最大循环次数。竞争网络的训练是在达到最大循环次数后停止，这个数一般可取输入矢量数组的 15～20 倍，即：使每组输入矢量能够在网络中重复出现 15～20 次。

5.3 Kohonen 自组织映射网络

具有相同感受野并具有相同功能的视皮层神经元，在垂直于皮层表面的方向上呈柱状分布，只对某一种视觉特征发生反应，从而形成了该种视觉特征的基本功能单位，这就是神经细胞模型中存在的具有细胞聚类的功能柱。目前，大体有两种功能柱理论，即特征提取功能柱和空间频率功能柱。视觉生理心理学研究发现，在视皮层内存在着许多视觉特征的功能柱，它是由多个细胞聚合而成的，在接受外界刺激后会自动形成。一个功能柱中的细胞完成同一种功能，如颜色柱、眼优势柱和方位柱。

Kohonen 自组织映射网络就是受到生物视觉细胞中这些现象的激励而提出的一种人工神经网络模型。当外界输入不同的样本到 Kohonen 自组织映射网络中时，一开始输入样本引起输出兴奋的位置各不相同，但通过网络自组织后会形成一些输出群，它们分别代表了输入样本的分布，反映了输入样本的图形分布特征，所以 Kohonen 自组织映射网络也常常被称为特性图。Kohonen 自组织映射网络使输入样本通过竞争学习后，功能相同的输入靠得比较近，而不同的分得比较开，以此将一些无规则的输入自动排开，在连接权值的调整过程中，使权的分布与输入样本的概率密度分布相似。因此，Kohonen 自组织映射网络可以作为一种样本特征检测器，在样本排序、样本分类以及样本检测等方面有广泛的应用。

一般地，Kohonen 自组织映射网络的权矢量收敛到所代表的输入矢量的平均值，它反映了输入数据的统计特性。再扩大一点，如果说一般的竞争学习网络能够训练识别出输入矢量的点特征，那么 Kohonen 自组织映射网络能够表现出输入矢量在线上或平面上的分布特征。当随机样本输入到 Kohonen 自组织映射网络时，如果样本足够多，那么在权值分布上可近似于输入随机样本的概率密度分布，在输出神经元上也反映了这种分布，即概率大的样本集中在输出空间的某一个区域，如果输入的样本有几种分布类型，则它们各自会根据其概率分布集中到输出空间的各个不同的区域。每一个区域代表同一类的样本，这个区域可逐步缩小，使区域的划分越来越明显。在这种情况下，不论输入样本是多少维的，都可投影到低维的数据空间的某个区域上，这种形式也称为数据降维或者数据压缩。同时，如果样本在高维空间中比较相近，则在低维空间中的投影也比较相近，这样就可以从中取出样本空间中较多的信息。遗憾的是，Kohonen 自组织映射网络在将高维数据映射到低维时会出现畸变，且压缩比越大，畸变越大；另外，Kohonen 自组织映射网络要求的输入节点数很大，因而一般说来，Kohonen 自组织映射网络比其他类型的人工神经网络（如 BP 网络）的规模要大[5.18]。

5.3.1 网络的拓扑结构

与基本竞争学习神经网络类似，Kohonen 自组织映射网络的结构也是两层：输入层和竞争层。与基本的竞争神经网络的不同之处在于：Kohonen 自组织映射网络的竞争层可以由一维或二维网络矩阵的方式组成，且权值修正的策略也不同。

（1）一维 Kohonen 自组织映射网络结构与基本竞争学习网络相同。

（2）二维 Kohonen 自组织映射网络结构如图 5－7 所示，网络上层有 s 个输出节点，按二维形式排成一个节点矩阵，输入节点处于下方，有 r 个矢量，即 r 个节点，所有输入节点到所有输出节点之间都有权值连接，而且在二维平面上的输出节点相互间也可能是局部连接的。

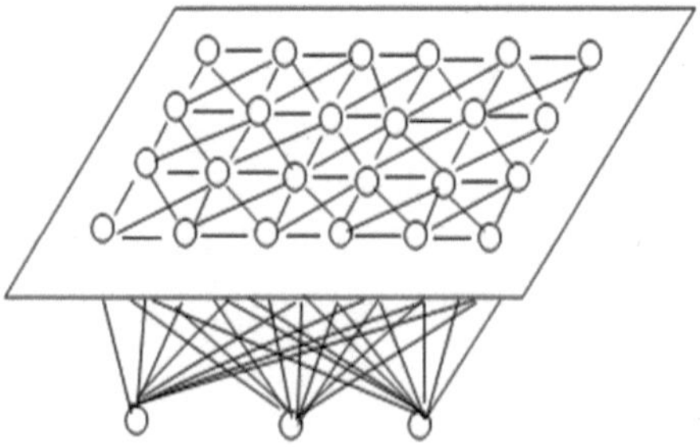

图 5-7　二维 Kohonen 自组织映射网络结构图

Kohonen 自组织映射网络的激活函数为一个二值型的函数。一般情况下偏置 b 值固定，其学习方法与普通的竞争学习算法相同。在竞争层，每个神经元都有自己的邻域，图 5-8所示为一个在二维层中的主神经元。主神经元具有在其周围增加直径的邻域。一个直径为 1 的邻域包括主神经元及其周围神经元所组成的区域 D_1（邻层 1）；直径为 2 的邻域包括直径为 1 的神经元以及它们的邻域 D_2（邻层 2）；直径为 3 的邻域包括直径为 2 的神经元以及它们的邻域 D_3（邻层 3）。图中主神经元的位置是通过从左上端第一列开始按从左到右、从上到下的顺序找到的。

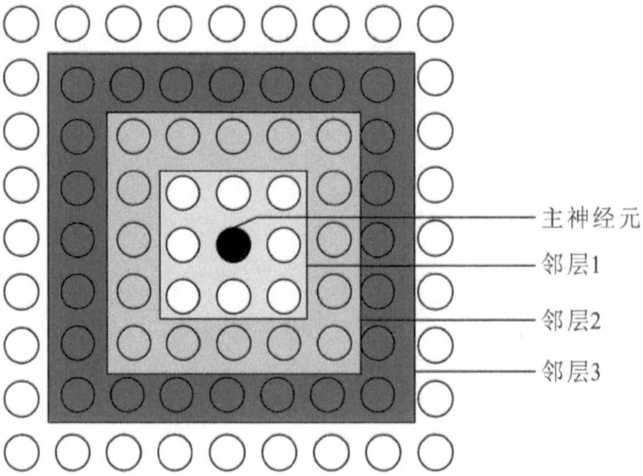

图 5-8　二维神经元层示意图

特性图的激活函数也是二值型函数，同竞争网络一样，可以取偏置 b 为零或固定为一常数。竞争层的竞争结果不仅使加权输入和为最大值者获胜而输出为 1，同时使获胜节点周围的邻域也输出为 1。另外，在权值调整的方式上，特性图网络不仅调整与获胜节点相连的权值，而且对获胜节点邻域节点的权值也进行调整，即：使其周围 D_k 区域内的神经元在不同程度上也得到兴奋，在 D_k 以外的神经元都被抑制。这个 D_k 区域可以是以获胜节点为中心的正方形，也可以是六角形，二维网络邻域形状如图 5-9 所示。对于一维输出，D_k 则为以 k 为中心的下上邻点。

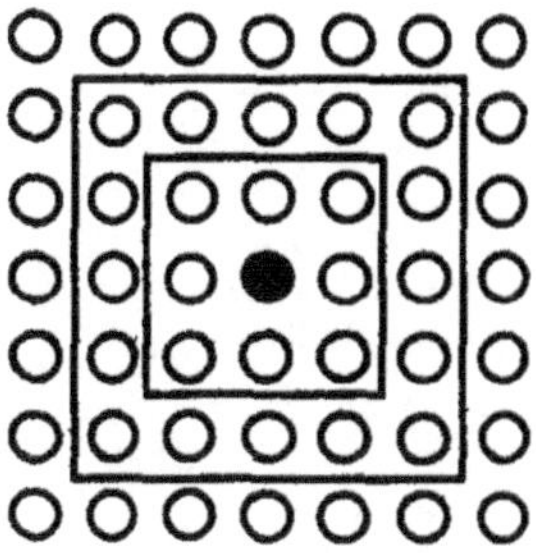

(a) 正方形区域

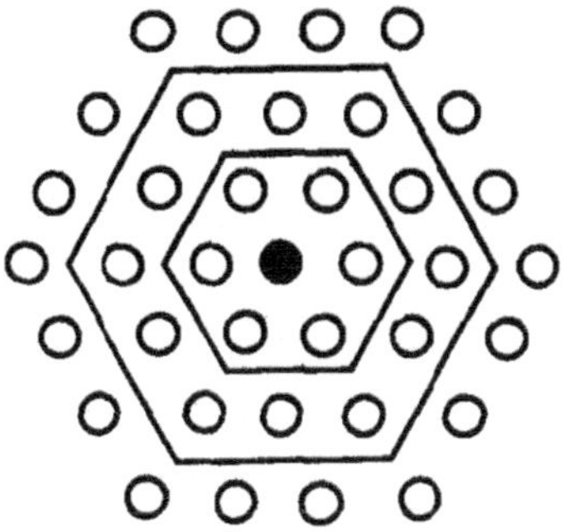

(b) 六角形区域

图 5-9　二维网络邻域形状

5.3.2　网络的训练过程

Kohonen 自组织映射网络在训练开始时和普通的竞争神经网络一样，其输入节点竞争的胜利者代表某类模式。然后定义获胜节点的邻域节点，即以获胜节点为中心的某一半径内的所有节点，并对与其相似的权矩阵进行调整。随着训练的持续进行，获胜节点的半径将逐渐变小，直到最后只包含获胜节点本身。也就是说，在训练的初始阶段，不但对获胜的节点作权值的调整，而且对其周围较大范围内的几何邻接节点也作相应的调整，而随着训练过程的进行，与获胜输出节点相连的权矩阵就越来越接近其所代表的模式类，此时，需要对获胜节点进行较细致的权矩阵调整。同时，只对其几何邻接较接近的节点进行相应的调整。这样，在训练结束后，几何上相近的输出节点所连接的权矢量既有联系(即类似性)，又相互有区别，保证了对于同一类输入模式获胜节点能作出最大的响应，而相邻节点作出较少的响应。几何上相邻的节点代表特征上相似的模式类别[5,19]。

特性图的初始权值一般被设置得很小。特性图不同于常规竞争学习网络那样仅修正其权值，除了修正获胜的权值之外，特性图还修正它的邻域权值。结果是邻域的神经元也逐渐趋于相似的权矢量，并对相似的输入矢量作出响应。在输入矢量 $\boldsymbol{P}$ 满足某种概率分布时，假设样本特征数(即 Kohonen 自组织映射网络的输入节点)为 N，输出节点数为 K，设计如下训练步骤：

(1) 随机设置 Kohonen 自组织映射网络的初始权值为

$$0<w_{ij}<1 \quad i=0, 1, \cdots, N-1; j=0, 1, \cdots, K-1$$

其中，w_{ij}是第j个输出神经元到第i个输入神经元的连接权值。

(2) 输入一个新样本到网络：

$$\boldsymbol{P}=[p_0, p_1, \cdots, p_{N-1}]^{\mathrm{T}}$$

计算$\boldsymbol{P}$到第j个输出节点的距离：

$$d_j(t)=\sum_{i=0}^{N-1}[p_i-w_{ij}(t)]^2 \quad j=0, 1, \cdots, K-1 \tag{5-32}$$

(3) 选择与$\boldsymbol{P}$距离最近的节点：

$$d_{j^*}(t)=\min_{0\leqslant j\leqslant K-1}[d_j(t)] \tag{5-33}$$

(4) 按照如下规则调整网络权值：

$$w_{ij}(t)=w_{ij}(t-1)+\alpha(t-1)[p_i-w_{ij}(t-1)] \qquad j\in \mathrm{NE}_{j^*}(t) \tag{5-34}$$

$$w_{ij}(t)=w_{ij}(t-1) \qquad j\notin \mathrm{NE}_{j^*}(t) \tag{5-35}$$

其中：$i=0, 1, \cdots, N-1$；$0<\alpha(t)<1$为增益函数，随时间递减；$\mathrm{NE}_{j^*}(t)$是节点j的邻域，随时间递减。

(5) 当所有的样本输入到网络之后，如果满足

$$\max_{0\leqslant i\leqslant N-1; 0\leqslant j\leqslant K-1}[|w_{ij}(t)-w_{ij}(t-1)|]<\varepsilon \tag{5-36}$$

或达到预先取定的迭代次数，则学习结束，否则转到步骤(2)。

在该训练过程中，神经元参与彼此的竞争活动，而具有最大输出的神经元节点是获胜者。该获胜节点具有抑制其他竞争者和激活其邻近节点的能力，但是只有获胜节点才允许有输出，也只有获胜者和其邻近节点的权值允许被调节。获胜者的邻近节点的范围在训练过程中是可变的。在训练开始时，一般将邻近范围取的较大，随着训练的进行，其邻近范围逐渐缩小。因为只有获胜节点是输入图形的最佳匹配，因此 Kohonen 自组织映射网络模仿了输入图形的分布，或者说该网络能提取输入图形的特征，把输入图形特征相似的分到一类，由某一获胜节点表示[5.20]。如果输入矢量是以遍历整个输入空间的概率出现，则特性图训练的最终结果将是以接近于输入矢量之间等距离的位置排列；如果输入矢量是以遍历输入空间的变化频率出现，则特性图将趋于将神经元定位为一个正比于输入矢量频率的面积。由此，特性图通过被训练，能够学习输入矢量的类型与其贡献的大小而将其分类。

5.4 对传网络

对传网络(Counter Propagation Network，CPN)是美国学者 R. Hechi-Nielson 在 1987 年首次提出的。从结构上看，CPN 是一种层次结构的网络，实际上，CPN 是把两种著名的网络算法，即 Kohonen 自组织映射理论与 Grossberg 外星模型组合起来而形成的网络。

5.4.1 网络结构

对传网络为两层结构：第一层为 Kohonen 层，采用无指导的训练方法对输入数据进行自组织竞争的分类或压缩；第二层为 Grossberg 层[5.21]。第一层的激活函数为二值硬阈值激活函数，而第二层的激活函数为线性激活函数。

CPN 的网络结构如图 5－10 所示。

（1）记 Kohonen 层的连接权值矩阵为 $\boldsymbol{W}_1$，偏置矩阵为 $\boldsymbol{B}_1$，网络的输入为 $\boldsymbol{P}$，激活函数为 F_1，这样 Kohonen 层的输出为

$$\boldsymbol{K}=F_1(\boldsymbol{W}_1\cdot\boldsymbol{P}+\boldsymbol{B}_1) \tag{5-37}$$

（2）对于 Grossberg 层，记 Grossberg 层的连接权值矩阵为 $\boldsymbol{W}_2$，偏置矩阵为 $\boldsymbol{B}_2$，激活函数为 F_2，从前层输出的 $\boldsymbol{K}$ 作为它的输入，假设对应于输入的输出为 $\boldsymbol{G}$，那么 $\boldsymbol{G}$ 可以写为

$$\boldsymbol{G}=F_2(\boldsymbol{W}_2\cdot\boldsymbol{K}+\boldsymbol{B}_2) \tag{5-38}$$

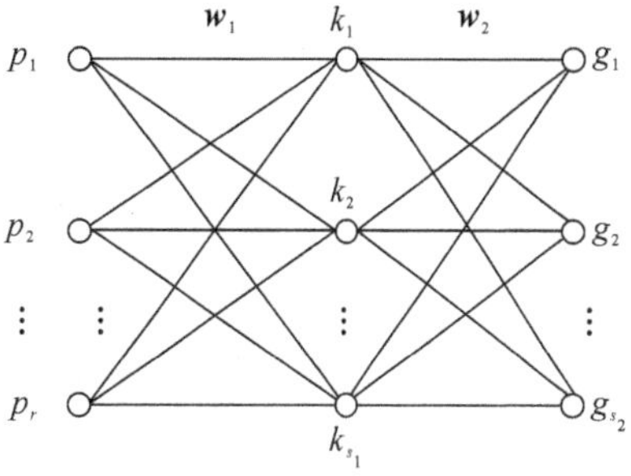

图 5－10　对传神经网络结构图

5.4.2 学习规则

（1）在 Kohonen 层，通过竞争学习规则对获胜节点采用 Kohonen 规则调整与其相连的权矢量：

$$\Delta\boldsymbol{W}_1=\alpha_1\cdot(\boldsymbol{P}-\boldsymbol{W}_1) \tag{5-39}$$

其中，α_1 是第一层的学习速率。

（2）在 Grossberg 层，对与在 Kohonen 层输出为 1 的输入相连的权值进行如下调整：

$$\Delta\boldsymbol{W}_2=\alpha_2\cdot(\boldsymbol{G}-\boldsymbol{W}_2) \tag{5-40}$$

其中，α_2 是第二层的学习速率。式(5－40)就是外星规则的变形，以此来迫使权矢量逼近与输入 1 对应的输出目标矢量。

5.4.3 训练过程

网络模型的整体训练步骤如下：

第一步，初始化：

（1）归一化处理输入 $\boldsymbol{P}$ 和目标矢量 $\boldsymbol{G}$；

（2）对归一化权矢量 $\boldsymbol{W}_1$ 和 $\boldsymbol{W}_2$ 进行随机取值；

（3）选取最大循环次数、学习速率 α_1 和 α_2。

第二步，Kohonen 层无指导的训练过程：重复对输入的样本进行竞争计算，对获胜 Kohonen 层的获胜节点按 Kohonen 学习规则对与其连接的权矢量进行修正。

第三步，Grossberg 层有指导的训练过程：寻找层输入为 1 的节点，并对与该节点相连的权矢量进行修正。

第四步，检查最大循环次数是否达到，如果是，则停止训练，否则转入第二步。

经过充分训练后的 CPN 可使其 Kohonen 层的权矢量收敛到相似输入矢量的平均值，而使 Grossberg 层权矢量收敛到目标矢量的平均值。当 CPN 在训练完成之后进行工作时，只要对网络输入一个矢量 $\boldsymbol{X}$，则在 Kohonen 层经过竞争后产生获胜节点，并在 Grossberg 层使获胜节点所产生的信息向前传送，在输出端得到输出矢量 $\boldsymbol{Y}$，这种由输入矢量 $\boldsymbol{X}$ 得到输出矢量 $\boldsymbol{Y}$ 的过程有时也称为异联想，更广泛地说，它实现了一种计算过程。

当训练 CPN 使其 Grossberg 层的目标矢量 $\boldsymbol{G}$ 等于 Kohonen 层的输入矢量 $\boldsymbol{P}$ 时，则可实现数据压缩。具体做法是：首先训练 CPN，使其 $\boldsymbol{G}=\boldsymbol{P}$，然后，将输入数据输入 CPN，在 Kohonen 层输出得到 0、1 数据，这些数据为输入的压缩码。解码时，将在 Kohonen 层压缩的 0、1 码送入 Grossberg 层，在其输出端对应得到解压缩的矢量。实际上从 Grossberg 层输出端得到的仅是同类矢量的平均值，并不是精确的原始矢量，它只反映了输入矢量的统计特性。如果采用反向传播神经网络也可以完成上述功能，而且可以得到更精确的信息，所以对于某些要求精确映射的问题，使用对传神经网络不太合适。但是对传神经网络也具有一定的优势，它可以先把输入矢量进行聚类，然后再用 Grossberg 层进行监督式训练，这种处理方式在不少场合下是适用的，并且节省了大量的时间。此外，它最突出的优点是将监督式和无监督式的训练方法有机地结合起来，从而提高了训练速度[5.22]。

5.5 竞争学习神经网络的研究趋势与典型应用

5.5.1 研究趋势

竞争神经网络是以实际生物神经网络中的侧抑制现象和生物体在认知过程中的自学习的“无师自通”现象（即无监督学习）为根据的网络。它由多层前馈神经网络组成，同一层的神经元之间有相互抑制、相互竞争作用，从而避免了基于误差反向传播等神经网络必须提供学习样本的缺点。

竞争学习神经网络以其所具有的诸如拓扑结构保持、概率分布保持、无导师学习及可视化等特性吸引了广泛的注意，各种关于竞争算法的应用研究成果不断涌现，现已被广泛应用于语音识别、图像处理、分类聚类、组合优化、数据分析和预测等众多信息处理领域。但是，它的应用也存在一定的局限性。如利用它来解决旅行商问题（TSP），虽然有时间复杂度低、可扩展性好等特点，但是通用性差，若应用于求解其他组合优化问题，尚需要进一步研究映射的具体方法。而且，竞争学习网络模型不仅要调整神经元的权值，还要对神经元邻域内的所有神经元进行权值修正，导致它的收敛速度慢，这是它应用的主要瓶颈。因此，对网络结构进行优化并对算法进行改进仍是竞争学习网络研究的主要方向。以下就是竞争学习神经网络几个可能的改进方向。

1. 基于动态确定神经元数目的改进

竞争学习神经网络应用中最常见的就是自组织映射(Self-Organizing Map，SOM)网络及其改进模型。传统的自组织映射网络模型存在着许多不足，特别是需要预先给定网络单元数目及其结构形状的限制。为此，人们提出了多种在训练过程中动态确定网络形状和单元数目的解决方案，比较有代表性的是 Alahakoon 提出的 GSOM[5.23] (Growing Self-Organizing Map)，它和 SOM 网络在功能上基本一致，但是 GSOM 可以根据输入数据调整神经网络的形状和规模。在 GSOM 中，不但神经网络的结构可以根据神经节点的增加而改变，而且神经网络可以交叉存取自组织节点的权向量。王莉等提出的树型动态增长模型 TGSOM[5.24] 与 GSOM 的不同在于它可以按需要方便地在任意合适位置生成新节点，克服了 GSOM 的缺点。Fritzke 提出了增长细胞结构(Growing Cell Structure，GCS)算法[5.25]，该算法从一个由 3 个神经元构成的三角形结构开始，在每次迭代中，记录下每个神经元获胜的次数，选出获胜次数最多的神经元，在其最大的一边上增加一个含初始权值的新节点，并重新计算新节点及各邻接节点的获胜次数，同时，可根据节点的获胜次数进行节点的删除操作。Deng 和 Kasabov 提出的 ESOM 模型[5.26] 吸收了 GCS 的特点，但它的节点插入机制使得原型向量发展得更快。ESOM 的网络结构与 SOM 的结构有所不同，ESOM 事先不需要在特征空间中保留拓扑结构的限制条件，同时原型节点也并没有按照一维或二维网格进行排列。

2. 基于匹配神经元策略的改进

竞争学习机制经常会使得竞争层中有些节点始终不能获胜，尽管 SOM 采用拓扑结构来克服此缺点，但并不是非常有效，为此提出了很多克服此缺点的算法，比较典型的有 TASOM(Time Adaptive SOM)、RSOM、DSOM。在 TASOM[5.27] 中，每个神经元都有自己的学习速率和邻域函数，并且能根据学习时间自动地调整学习速率和邻域的大小。RSOM 算法[5.28] 的核心思想是，首先对所有训练样本用一个 SOM 网络进行训练，得到一组输出节点，之后按最邻近原则将所有原始训练样本分配到相应的节点，由此形成一个模式分类树的根节点。考察根节点所属输出节点，对分配到其中的样本进行可分性判决条件的检测，若不可分，则将该节点属性赋为叶节点，停止该节点的分解；若可分，则用与根节点 SOM 网络训练完全相同的算法对该节点进行训练，得到相应的 SOM 网络，并将该节点的样本分配到相应的输出节点。通过递归的方法对所有中间节点进行类似的分析，直到没有节点需要进一步生长为止，由此得到一棵 RSOM 树。RSOM 算法的优点在于大样本集分类和复杂模式识别的问题能够自适应地快速确定网络的结构和规模。DSOM 算法[5.29] 在网络训练过程中能自适应地调整网络结构，使得对同一类输入数据产生相似响应的神经元在空间上也互相靠近，从而获得可视化效果，以精确判定恰当的数据聚类数。

3. 与其他算法的组合

例如，许海洋、王万森提出了一种基于SOM神经网络和K-均值的图像分割算法[5.30]，将该算法应用于彩色图像的分割，能够取得较好的结果。肖云等人将核学习的方法应用于自组织映射聚类中，提出了一种核自组织映射聚类算法[5.31]。黄文龙、焦李成等人把人工免疫系统的原理应用于竞争网络，提出了一种新的结构自适应免疫抗体竞争网络[5.32]，这种网络无须预先设定聚类数目，实现了完全非监督的图像分割，增强了网络的鲁棒性。将此算法用于合成纹理图像、遥感图像和合成孔径雷达图像的分割，都取得了较好的分割结果。此外，竞争网络还与遗传算法、EM算法等结合，都取得了很好的效果。

过去对竞争学习算法的研究往往局限于在网络模型和网络结构均已确定的情况下，让学习算法只确定神经元间的连接强度大小。近年来人们已开始重视研究既能确定网络结构又能确定连接强度大小的学习算法，并已在实践中得到广泛的应用。总之，竞争学习算法的应用十分广泛，有着较好的发展前景，值得大家作进一步的研究。

5.5.2 典型应用

竞争学习神经网络是一种具有高度自适应性、自组织性和并行计算结构的网络，特别适合于特征提取、模式分类等应用。由于其输出分布反映了输入模式的统计特征，故也广泛应用在图像处理领域，其中Kohonen自组织神经网络应用最广泛。

1. 模式分类和特征提取

文献[5.33]利用人工神经网络中“自组织竞争神经网络”的原理及聚类功能，选取耕地面积、人均耕地、农业总产值、乡镇企业产值、财政收入、农民人均收入等6项社会经济相关指标，较为客观地将宝兴县11个乡(镇)划分为3类社会经济区域，并对其分类结果进行了分析。结果表明，该网络能很好地反映并提取样本间复杂的信息，实现科学合理的社会经济区划。相比传统的系统聚类法，自组织竞争神经网络由于在运行过程中人为主观因素介入少，因此分类结果具有更大的可靠性，适于在社会经济分区中应用。

由于SOM是将高维的输入数据以低维的形式表达出来，可以作为一种可视化的方法，适用于对数据进行分析以提取有用的信息，故在数据挖掘中广为应用。文献[5.34]提出了一种将自组织映射网络直接用于调查表结果的聚类方法。为了了解建立环境友好型企业的运行情况，此文献对一个城市的49个制造企业进行了问卷调查，并用SOM网络进行了聚类。结果显示这些企业有4种不同的分类。与此同时，还制定了一个新的程序，将一维的SOM和二维的SOM联合并用来观察训练结果。新的程序减少了主观因素，并达到了满意的聚类效果。

文献[5.35]提出了一种用来进行数据分析聚类的新型自组织映射网络——Growing Hierarchical Self-Organizing Map(GHSOM)，它的特点是不需要预先获知关于数据集的任何信息，在聚类的同时也将数据集的层次结构呈现出来。使用GHSOM对高维数据——小鼠中枢神经系统数据集和酵母细胞周期数据集进行聚类和分类处理，得到了比较理想的数据处理能力。

2. 图像处理

文献[5.36]把层次自组织映射网络(HSOM)应用在多磁共振图像分割上。该网络是由几个层次的自组织映射网络以金字塔式组成的。SOM 网络曾经被用于分割多磁共振图像，但是往往会出现下分割或过割的问题。通过结合自组织映射网络的概念和用多尺度图像分割的地形特征，HSOM 被证明已克服了 SOM 网络的主要缺点。对处于正常状态和病理情况下的人类大脑的多磁共振图像，文献里还用 HSOM 的分割结果与使用自组织映射网络和 K-均值聚类算法作了比较。实验结果表明 HSOM 的多尺度分割在病理条件下的临床诊断方面具有非常好的前景。

文献[5.37]提出了一种新的层次自组织映射网络(NHSOM)来解决图像压缩问题。此网络使用了评估函数来动态地调整特征数，有效地反映了数据的分布。而且此网络还采用了分裂的 LBG 算法来加速 SOM 网络的收敛，减少了训练时间。实验结果证明了此网络在图像压缩方面比 LBG、SOM、HSOM、改进的 ART2 和 EEMVQ 都要好。

3. TSP

旅行商问题(TSP)是组合优化中最典型的 NP 完全问题之一，具有很强的工程背景和应用价值。文献[5.38]在分析了标准 SOM 算法在求解 TSP 问题的不足和在寻求总体最优解的潜力的基础上，引入泛化竞争和局部渗透这两个新的学习机制，提出了一种新的 SOM 算法——渗透的 SOM(Infiltrative SOM，ISOM)算法。通过泛化竞争和局部渗透策略的协同作用，即总体竞争和局部渗透并举、先倾向总体竞争后倾向局部渗透、在总体竞争基础上的局部渗透，实现了在总体路径寻优指导下的局部路径优化，从而使所得路径尽可能接近最优解。通过对 TSPLIB 中 14 组 TSP 实例的测试结果及与 KNIES、SETSP、Budinich 和 ESOM 等类 SOM 算法的比较，表明该算法既简单又能使解的质量得到很大提高，同时还保持了解的良好的稳健特性。

5.6 基于 SOFM 的人口统计指标分类

人口统计指标是反映人口自然和社会经济属性的统计尺度，出生率和死亡率是人口统计中的两个重要指标。由于各方面的原因，我国人口的出生率正在不断地下降，死亡率却在不断地增加。因此，正确对各个地区的出生率和死亡率进行分类是制定合理政策的基础。

5.6.1 问题描述

通过分析历史资料，我们得到 2007 年我国各个地区的出生率和死亡率的情况，表 5-1 给出了 10 个地区的统计情况。

表 5-1 出生率和死亡率表

出生率/(‰)	8.32	7.91	13.33	11.30	10.21	6.89	9.37	12.75	13.86	9.19
死亡率/(‰)	4.92	5.86	6.78	5.97	5.73	5.36	7.07	6.40	5.99	5.96

将表 5.1 中的数据作为网络的输入样本 ***P***，***P*** 是一个二维随机向量，它的分布情况如图 5-11 所示。此处我们选用自组织映射网络对 ***P*** 进行分类。

MATLAB 程序如下：

```
P=[8.32 7.91 13.33 11.30 10.21 6.89 9.37 12.75 13.86 9.19;
    4.92 5.86 6.78  5.97  5.73  5.36 7.07 6.40  5.99  5.96;];
plot(P(1, :), P(2, :), '+b');
title('输入向量');
xlabel('P(1, :)');
ylabel('P(2, :)');
```

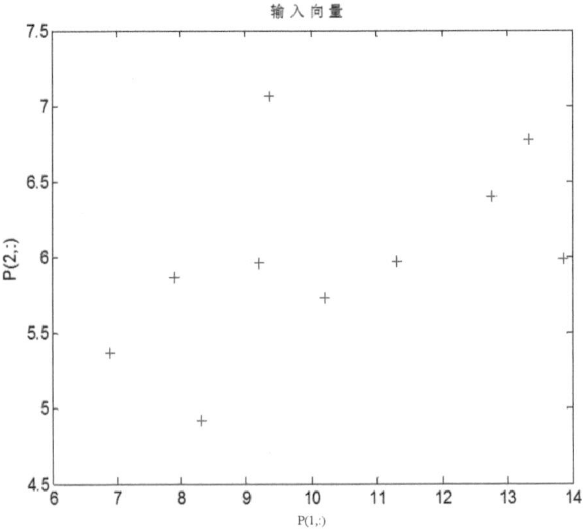

图 5-11 样本数据的分布

5.6.2 网络的创建

使用具有 12 个神经元的二维映射网络来对这些输入向量分类。该网络竞争层神经元的组织结构为 3×4，通过默认的距离函数 linkdist 来计算距离。使用函数 newsom 来创建自组织映射网络，代码如下：

```
net=newsom(minmax(P), [3 4]);
```

注：minmax(P)指定了输入向量 **P** 中元素的最大值和最小值，[3 4]表示创建网络的竞争层为 3×4 的结构，神经元的个数是 12。网络结构是可以调整的，此处的样本量不是很大，所以选择这样的竞争层是合适的。网络竞争层神经元的个数和排列对于网络性能来说是很重要的，如果神经元个数比较少，就可能无法对输入向量进行正确的分类。

对于该网络，查看它的初始权值：

```
w1_init=net.IW{1, 1};
hold on
plotsom(w1_init, net.layers{1}.distances);
```

运行结果如图 5-12 所示，图中每一个点表示一个神经元，其坐标为相应的权值，在初始状态下，这些神经元都拥有相同的权值，即为输入向量最大值和最小值的平均值。所以这些点在图中是重合的，看起来就像一个点，实际上是 12 个点。

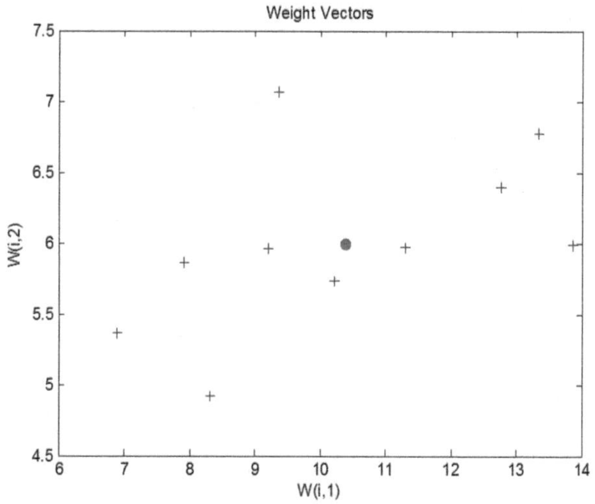

图 5-12　网络初始权值的分布

在 MATLAB 命令行中可以查看初始权值矩阵 w1_init，可得

```
w1_init=
   10.3750    5.9950
   10.3750    5.9950
   10.3750    5.9950
   10.3750    5.9950
   10.3750    5.9950
   10.3750    5.9950
   10.3750    5.9950
   10.3750    5.9950
   10.3750    5.9950
```

```
10.3750      5.9950
10.3750      5.9950
10.3750      5.9950
```

5.6.3 网络的训练

使用函数 train 对网络进行训练。对 train 函数只需指定训练步数和样本向量，其余设置使用默认值。网络训练步数对于网络性能的影响较大，所以这里将步数设置为 100、300 和 500，并分别观察其权值分布。

步数为 100 时的权值分布如图 5-13 所示。代码如下：

```
net.trainParam.epochs=100;
net=train(net, P);
figure;
w1_init=net.IW{1, 1};
plotsom(w1_init, net.layers{1}.distances);
```

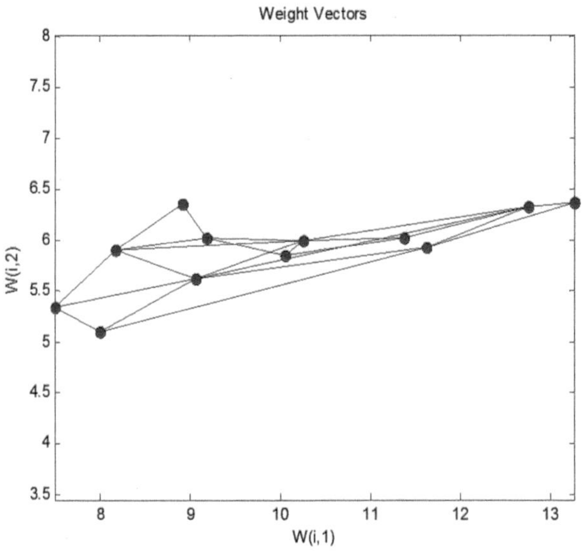

图 5-13　权值分布(训练步数为 100)

步数为 300 时的权值分布如图 5-14 所示。代码如下：

```
net.trainParam.epochs=300;
net=init(net);
net=train(net, P);
figure;
w1_init=net.IW{1, 1};
plotsom(w1_init, net.layers{1}.distances);
```

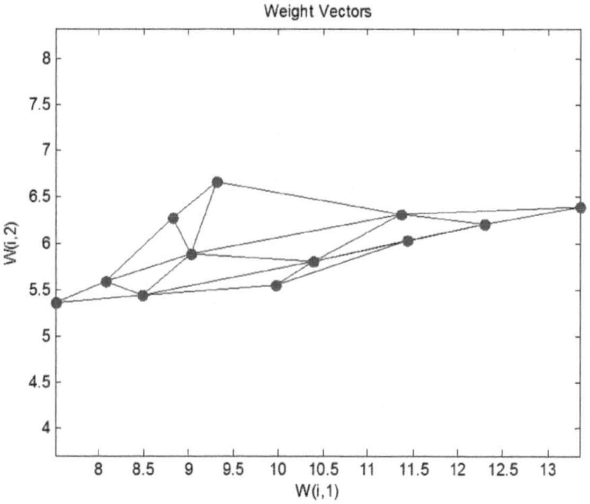

图 5-14　权值分布(训练步数为 300)

步数为 500 时的权值分布如图 5-15 所示。代码如下：

```
net.trainParam.epochs=500;
net=init(net);
net=train(net, P);
figure;
w1_init=net.IW{1, 1};
plotsom(w1_init, net.layers{1}.distances);
```

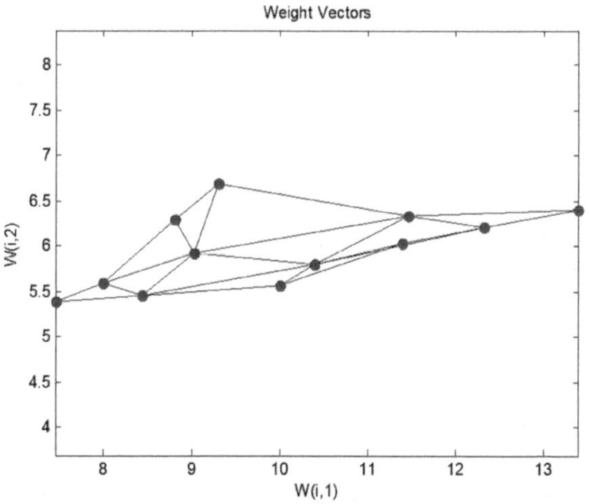

图 5-15　权值分布(训练步数为 500)

从图 5-13～图 5-15 可以看出，训练后对应的每个神经元的权值不再像初始时那样重合在一起了。训练 100 步之后，神经元就开始自组织地分布了，每个神经元可以区分不同的输入向量，随着训练步数的增加，神经元的权值分布更加合理，但是，当步数达到一定数值后，权值分布的改变就不是很明显了。如训练 300 步和训练 500 步后的权值分布就基本相当。

5.6.4 网络的测试与使用

网络训练好后，其权值就固定下来了。以后对于每一个输入值，网络就会输出相应的分类值。因此，可以利用这一点来进行网络的测试和使用。

利用仿真函数 sim 来观察网络对于输入数据的分类结果。代码如下：

```
Y=sim(net, P);
Y=vec2ind(Y)
```

结果为

```
Y=
    4    2    12    10    8    1    6    11    12    5
```

对结果进行分析，如表 5-2 所示。

表 5-2 分类结果

样本序号	类别	激发神经元的索引	样本序号	类别	激发神经元的索引
1	1	4	6	6	1
2	2	2	7	7	6
3 和 9	3	12	8	8	11
4	4	10	10	9	5
5	5	8			

现在，输入一个某地的出生率和死亡率，检验它属于哪一类。代码如下：

```
p=[7.88; 5.39];
y=sim(net, p);
y=vec2ind(y)
```

结果为

```
y=
    2
```

由此可见，此时激发了神经网络的第 2 根神经元，所以 ***p*** 属于第 2 类。通过直接对比数据也可以看出，***p*** 确实与输入向量中的第 2 组数据非常接近。

本例的完整 MATLAB 代码如下：

```
P=[
    8.32 7.91 13.33 11.30 10.21 6.89 9.37 12.75 13.86 9.19;
    4.92 5.86 6.78  5.97  5.73  5.36 7.07 6.40  5.99  5.96;];
plot(P(1, :), P(2, :), '+b');
title('输入向量');
xlabel('P(1, :)');
ylabel('P(2, :)');
net=newsom(minmax(P), [3 4]);
w1_init=net.IW{1, 1};
hold on
plotsom(w1_init, net.layers{1}.distances);
a=[100 300 500];
for i=1:3
    net.trainParam.epochs=a(i);
    net=init(net);
    net=train(net, P);
    figure;
    w1_init=net.IW{1, 1};
    plotsom(w1_init, net.layers{1}.distances);
end
Y=sim(net, P);
Y=vec2ind(Y)
p=[7.88; 5.39];
y=sim(net, p);
y=vec2ind(y)
```

本章参考文献

[5.1] 焦李成. 神经网络系统理论[M]. 西安:西安电子科技大学出版社,1990.

[5.2] 焦李成. 神经网络的应用与实现[M]. 西安:西安电子科技大学出版社, 1993.

[5.3] 焦李成. 非线性传递函数理论与应用[M]. 西安:西安电子科技大学出版社, 1992.

[5.4] 焦李成, 刘静, 钟伟才. 协同进化计算与多智能体系统[M]. 北京:科学出版社, 2006.

[5.5] GROSSBERG S. On the serial learning of lists[J]. Mathematical Biosciences, 1969, 4(1):201-253.

[5.6] PATTEN T, LI W, BEBIS G, et al. Automatic heliothis zea classification using image analysis[C]. 16th IEEE International Conference on Tools with Artifical Intelligence, 2004: 320-327.

[5.7] KARUNAKARAN C, JAYAS D S, WHITE N D G . X-ray image analysis to detect infestation due to cryptolestes ferrugineus in stored wheat [C]. Electrical and Computer Engineering, IEEE

CCECE, 2002, 2: 902 - 907.

[5.8] WANG C J, WU C H. Neural networks for target detection[C]. IEEE International Symposium on Circuits and Systems, 1990, 3: 1863 - 1866.

[5.9] CARPENTER G A. A distributed outstar network for spatial pattern learning[J]. Neural Networks, 1994, 7(1): 159 - 168.

[5.10] KALRA P K, MISHRA D, TYAGI K. A novel complex-valued counterpropagation network [C]. Computational Intelligence and Data Mining, 2007: 81 - 87.

[5.11] MORENO J, SEBASTIAN G, FERNANDEZ M A, et al. A neural architecture for the identification of number sequences [C]. Brazilian Symposium on Neural Networks, IEEE, 1998: 241 - 246.

[5.12] LIU J, WANG D . Data compression for image recognition using neural network[C]. International Joint Conference on Neural Networks, IEEE, 1992, 4: 333 - 338.

[5.13] KIA S J, COGHILL G G. A mapping neural network using unsupervised and supervised training [C]. Ijcnn-91-seattle International Joint Conference on Neural Networks, IEEE, 1991, 2: 587 - 590.

[5.14] KOHONEN T. The self-organizing maps[J]. Proceedings of the IEEE, 1990, 78(9): 1464 - 1480.

[5.15] GROSSBERG S. Some networks that can learn, remember, and reproduce any number of complicated space-time patterns, I[J]. Indiana University Mathematics Journal, 1969, 19(1): 135 - 166.

[5.16] OJA E. Data compression, feature extraction, and auto association in feed- forward neural networks[M]. Artificial Neural Networks, Amsterdam: Elsevier, 1991.

[5.17] PANG S . Credit risk evaluation model based on self-organizing competitive network[C]. IEEE International Conference on Control & Automation, 2007: 2725 - 2728.

[5.18] KOHONEN T. Automatic formation of topological maps in self-organizing systems [C]. Proceedings of the 2nd Scandinavian Conference on Image Analysis, 1981: 214 - 220.

[5.19] KOHONEN T. Self-organized formation of topologically correct feature maps [J]. Biological Cybernetics, 1982, 43(1): 59 - 69.

[5.20] KOHONEN T. Self-organization and associative memory [M]. Berlin: Springer Science & Business Media, 2012.

[5.21] HECHI-NIELSON R. Neurocomputing[M]. New Jersy: Addison-Welseley, Reading, 1990.

[5.22] HECHI-NIELSON R. Theory of the backpropagation neural network [C]. Proceedings of the International Joint Conference on Neural Network I, IEEE Press, 1989, 593 - 611.

[5.23] ALAHAKOON D,HALGAMUGE S. K. Dynamic self-organizing maps with controlled growth for knowledge discovery[J]. IEEE Transactions on Neural Networks,2000, 11(3): 601 - 614.

[5.24] 王莉,王正欧. TGSOM:一种用于数据聚类的动态自组织映射神经网络[J]. 电子与信息学报, 2003, 25(3): 313 - 319.

[5.25] FRITZKE B. Growing cell structures-a self-organizing network for unsupervised and supervised learning[J]. IEEE Transactions on Neural Network,1994, 7(9): 1411 - 1460.

[5.26] DENG D, KASABOV N. ESOM: An algorithm to evolve self-organizing maps from online data streams[C]. Proceedings of the IEEE-INNS-ENNS International Joint Conference, 2000, 6: 3 - 8.
[5.27] SHAH-HOSSEINI H, Safabakhsh R. TASOM: a new time adaptive self-organizing map[J]. IEEE Transactions on Systems, Man, and Cybernetics, 2003, 33(2): 271 - 282.
[5.28] 张乐峰，虞华，夏胜平，等. RSOM算法及其应用研究[J]. 复旦学报，2004，43(5)：704 - 709.
[5.29] SU M C, CHANG H T. A new model of self-organizing neural networks and its application in data projection[J]. IEEE Transactions on Neural Networks, 2001, 12(1): 153 - 158.
[5.30] 许海洋，王万森. 基于SOM神经网络和K-均值算法的图像分割[J]. 计算机工程与应用，2005，41(21)：38 - 40.
[5.31] 肖云，韩崇昭. 基于核的自组织映射聚类[J]. 西安交通大学学报，2005，39(12)：1307 - 1310.
[5.32] 黄文龙，焦李成，贾建. 一种结构自适应免疫抗体竞争网络的非监督图像分割[J]. 西安电子科技大学学报，2008，35(3).
[5.33] 杨娟，王昌全，李冰，等. 自组织竞争神经网络及其在社会经济区划中的应用[J]. 西南师范大学学报(自然科学版)，2007，32(4)：98 - 102.
[5.34] BHANDARKAR S M, NAMMALWAR P. Segmentation of multispectral MR images using a hierarchical self-organizing map [C]. Fourteenth IEEE Symposium on Computer-based Medical Systems, IEEE Computer Society, 2001: 294 - 299.
[5.35] 郝伟. 基于自组织映射网络的数据挖掘算法研究及应用[D]. 上海：上海大学，2006.
[5.36] TSAI C F, JHUANG C A, LIU C W. Gray image compression using new hierarchical self-organizing map technique [C]. 3rd International Conference on Innovative Computing Information and Control, 2008: 544.
[5.37] YU Y, HE P, ZHANG Y H, et al. The application of SOM network to clustering enterprises based on questionnaires [C]. Fourth International Conference on Fuzzy Systems and Knowledge Discovery, 2007, 3: 706 - 710.
[5.38] 张军英，周斌. 基于泛化竞争和局部渗透机制的自组织网TSP问题求解方法[J]. 计算机学报，2008(2)：220 - 227.

第6章 进化神经网络

结构设计和网络参数学习是人工神经网络理论研究与工程应用中的两个重要问题。在结构设计方面，目前现有模型中大都采用经验凑试的方法解决；在网络参数学习的策略方面，仍多用基于最速梯度下降的训练方法。进化计算是起源于20世纪60年代的一种模拟生物种群进化过程的随机优化算法，它具有通用性强、实现简单、鲁棒性强和适于并行处理等特点。20世纪90年代，进化算法与神经网络的结合已经开始受到人们的关注，许多国内外研究者在人工神经网络结构与权值的进化优化设计方面做了大量的工作，并已形成了一个新颖的进化神经网络(Evolutionary Neural Networks，ENN)研究领域[6.1]。进化神经网络是将进化算法与神经网络的连接权值学习、网络结构的进化、神经元的参数学习等有机结合得到的神经网络模型。进化神经网络同时具有神经网络的结构并行与进化算法的巨并行特点，而且具有较强的鲁棒性。我们致力于进化计算与神经网络学习的基础研究与应用研究，并取得了一定的成果[6.2-6.10]。最近十几年，该领域的研究非常活跃，初步研究已取得了许多有价值的结论和成果，为工程上的广泛深入应用带来了充满希望的前景。

人工神经网络因其特有的大规模并行结构、信息的分布式存储和并行处理特点，使其具有良好的自适应性、自组织性和容错性，有较强的学习、记忆、联想和识别功能等，在众多领域取得了令人瞩目的广泛应用和发展。然而，人工神经网络的应用中仍然存在学习与泛化能力还不能令人满意、适应能力较差、网络构造困难等问题。这些问题均与人工神经网络的两个重要问题——结构设计和网络参数学习密切相关。因此，研究拓扑结构的优化设计与高效的优化学习算法已成为人工神经网络工程应用面临的两大主要问题[6.11]。

进化算法(Evolutionary Algorithm，EA) 是一种模拟生物进化过程的随机优化算法，其主要优点是简单、通用、鲁棒性强和适于并行处理。它比盲目的搜索效率高得多，又比专门针对特定问题的算法通用性强，它是一种与问题无关的优化求解模式[6.12]。

6.1 进化算法

6.1.1 进化算法的提出

1859 年，达尔文《物种起源》的出版标志着进化论的正式提出。达尔文的进化论是一种自适应的搜索和优化机制，体现了适者生存、物竞天择、优胜劣汰的自然选择原则。在进化论思想诞生将近一个世纪之后，自然进化的特征再次激发了学术界的极大兴趣。早在 20 世纪 50 年代后期，就已经有学者开始利用计算机模拟生物的遗传系统了，虽然只是纯粹的研究生物现象，但其中已经使用了现代遗传算法的一些表示方式。1965 年，德国的 I.Rechenberg等人正式提出了进化策略的方法[6.13]。1965 年，美国的 L.J.Fogel 正式提出了进化规划[6.14]，并在计算中采用了具有多个个体的规模群体。同在 60 年代，美国的 J.H.Holland教授提出了系统本身和外部环境相互协调的遗传算法[6.15]，并于 1968 年提出模式理论，而模式理论最终成为遗传算法的主要理论基础。1975 年，J.H.Holland 教授的专著《自然界和人工系统的适应性》(*Adaptation in Natural and Artificial Systems*)正式出版，全面介绍了遗传算法，被看作是遗传算法问世的标志，而 J.H.Holland 教授也被视作遗传算法的创始人。1975 年，德国的 H.P.Schwefel 在其博士论文中发展了进化策略，采用了多个个体组成群体，而且进化操作的方式包括了变异(mutation)和重组(reeombination)，使得进化策略更加完善。1989 年，J.H.Holland 教授的学生——D.E.Goldberg 博士出版专著《遗传算法——搜索、优化及机器学习》(*Genetie Algorithms in Search,Optimization and Machine Learning*)[6.16]，全面系统地介绍了遗传算法。美国的 J.R.Koza 于 1989 年提出了遗传规划的概念，并于 1992 年出版专著《遗传规划——应用自然选择法则的计算机程序设计》(*Genetic Progamming ：on the Programming of Computer by Means of Natural Selection*)。这本书全面介绍了遗传规划的基本原理及应用实例，表明遗传规划已经成为进化计算中的一个重要分支。

目前，进化计算已引起了包括数学、物理、化学、生物学、计算机科学等领域的科学家的极大兴趣。进化计算的研究领域和内容十分广泛，如进化计算的设计与分析、进化计算的理论基础及其在各个领域的应用等。随着理论的深入研究和应用领域的不断拓展，进化计算必将取得更大的发展。我国进化计算理论的研究主要开始于 20 世纪 90 年代后期，目前已成为人工智能领域内继专家系统、人工神经网络之后的第三个热点问题。

6.1.2 进化算法的基本框架

进化计算是一种模拟生物进化过程与机制来求解问题的自适应人工智能技术，它的核心思想来源于这样的基本认识：从简单到复杂、从低级到高级的生物进化过程本身是一个自然的、并行发生的、稳健的优化过程。以遗传算法为代表的进化算法便是基于以上思想发展起来的一类随机搜索技术，它是一种具有“生成＋检测”(generate-and-test)的迭代过程的搜索算法。

该算法体现了群体搜索和群体中个体之间信息交换的两大策略，即交叉和变异，为每个个体提供了优化的机会，从而使整个群体在优胜劣汰(survival of the fittest)的选择机制下保证了进化的趋势。从理论上分析，迭代过程中，在保留上一代最佳个体的前提下，进化算法基本上都是全局收敛的，体现了生物进化中的4个要素，即：繁殖、变异、竞争和自然选择[6.16]。目前进化算法是基于生物进化原理的各种仿真计算方法的总称。

目前研究的进化算法主要有三种典型的算法[6.10－6.16]：遗传算法(Genetic Algorithm，GA)、进化规划(Evolutionary Programming，EP)和进化策略(Evolutionary Strategies，ES)。虽然它们是彼此独立地发展起来的，各自有不同的侧重点，各自有不同的生物进化背景，各自强调生物进化过程中的不同特性，但它们都能产生一种鲁棒性较强的计算机算法，而且具有相同的理论基础，即统属于多点并行的迭代式优化算法，如图6－1所示。

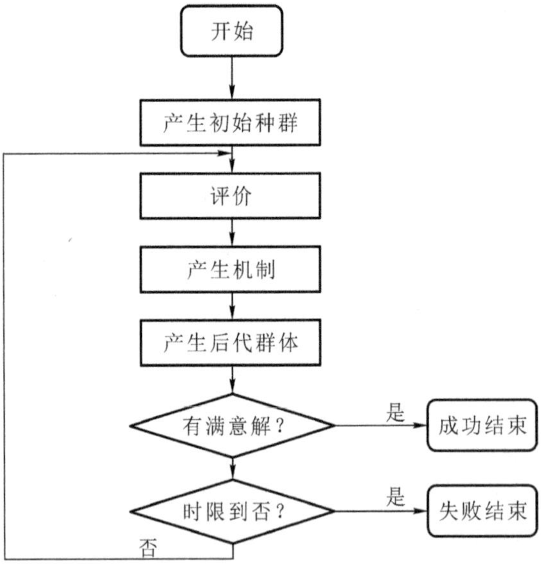

图6－1　进化算法总体框架

如上所述，进化算法虽然具有三种类型，但实质基本相同，具有相似的总体框架，故可以在理论上统一描述为下面的形式：

初始化：$t=0$，$P(0)=\{a_1(0),\cdots,a_\mu(0)\}$；

计算适应度 $P(0)$：$\{\Phi(a_1(0)),\cdots,\Phi(a_\mu(0))\}$；

do{

交叉：$P'(t)=r_{\Theta_r}(P(t))$，$k=1, 2, \cdots, \mu$；

变异：$P''(t)=m_{\Theta_m}(P'(t))$，$k=1, 2, \cdots, \mu$；

计算适应度 $P''(t)$：$\{\Phi(a_1''(t)), \cdots, \Phi(a_\mu''(t))\}$；

选择：$P(t+1)=(P''(t)\cup Q)$；

$t=t+1$；

}while($\Lambda(P(t))\neq T$)

其中：

f：$\mathbf{R}^n\rightarrow\mathbf{R}$，为被优化的目标函数(不失一般性，这里考虑函数最小化问题)。

Φ：$I\rightarrow\mathbf{R}$，为适应度函数，其中 I 是个体的空间，一般不要求个体的适应值与目标函数值相等，但 f 总是 Φ 的变量；$a\in I$，为个体；$\mu\geqslant1$，为父辈群体规模；λ 为子代群体规模，即在每一代通过交叉和变异产生的个体数；在进化代 t，群体 $P(t)=\{a_1(t), \cdots, a_\mu(t)\}$由个体 $a_i(t)\in I$ 组成。

r：$I^\mu\rightarrow I^\lambda$，为交叉算子，其控制参数集为 Θ_r。

m：$I^\lambda\rightarrow I^\lambda$，为变异算子，其控制参数集为 Θ_λ；这里 r 和 m 均指宏算子，即把群体变换为群体，把相应作用在个体上的算子分别记为 r'和 m'；选择算子 s：$(I^\lambda\cup I^\mu)\rightarrow I^\mu$，用于产生下一代父辈群体，其控制参数集为 Θ_s。

Λ：$I^\mu\rightarrow\{T, F\}$，为停止准则，其中 T 表示真，F 表示假；$Q\in\{\Phi, P(t)\}$表示在选择过程中所附加考虑的个体集合。

在进化算法的这个统一框架下，我们就可以分别讨论遗传算法、进化算法和进化策略的搜索点表示、适应度值的计算、交叉、变异和选择机制的一些情况，并给出每个算法的一个标准形式。

6.1.3 进化算法的特点及应用

相比于其他传统优化算法，如单纯形算法、梯度算法、模拟退火算法、神经网络算法等，进化算法的主要特点如下：

(1) 进化计算具有宽广的适用范围。由于进化计算采用灵活的编码方式(二进制编码、实数编码和字符集编码等)，算法处理的是编码集合，因此对优化对象没有过多限制，而传统的优化算法往往直接利用优化变量的实际值本身进行优化计算。另外，对一些非数值概念或很难用数值概念而只能用代码的优化问题(这类问题称为非数值优化问题)，进化算法的这种处理方式就显示出其独特的优越性。

(2) 进化计算的搜索初始点是初始群体，而不是单一的初始点，这种方式有利于搜索过程以较大的概率跳出局部极值点，提高了算法搜索到问题全局最优解的能力。传统优化算法不仅依赖于直接应用目标函数的具体值，而且也往往需要应用目标函数的导数值等其他一些辅助信息来确定搜索方向。

(3) 进化计算具有内在的并行计算特征。一是进化计算是内在并行的；二是进化计算的内含并行性。由于进化计算采用种群的方式组织搜索，因而可以并行搜索解空间内的多个区域，并相互交流信息。

(4) 进化计算是一种启发式随机搜索算法，而很多传统优化算法使用的是确定性的搜索方法，一个搜索点到另一个搜索点的转移有确定的转移关系，这种确定性使得算法的搜索具有定向性，从而很难达到问题的全局最优解，且数值稳定性不好。

(5) 进化计算具有稳健性。进化计算利用个体的适应值推动群体的进化，用它求解不同问题时，只需要设计相应的适应性评价函数，而无须修改算法的其他部分，算法在速度和效益之间的权衡使得它能适应不同的环境并取得较好的效果。

(6) 进化计算构造简单、易于实现，可以相互之间结合使用，也可以与其他启发式算法结合使用。

这样，概括起来说，进化计算具有通用、并行、稳健、简单与全局优化能力强等突出优点。上述这些具有特色的技术和方法使得进化算法使用简单、鲁棒性强、易于并行化，从而获得了广泛的应用。

进化计算作为一种适应性极强、效果良好、操作简单的全局优化技术，从产生至今其应用领域遍及科技、工程、经济和社会生活的各个方面[6.17, 6.18]。其主要应用领域有：

(1) 组合优化。组合优化是进化算法最基本最重要的研究和应用领域，复杂的组合优化问题通常带有大量的局部极值，目标往往具有不可微、不连续、多维、多目标、有约束、高度非线性等特征。大规模的组合优化问题是 NP-hard 问题，传统优化方法难以取得满意解。进化计算在这类问题上的应用取得了成功。TSP(Traveling Salesman Problem)、JSS(Job Shop Scheduling)和 0—1 背包问题(Knapsack Problem)都是典型的组合优化问题，进化计算在解决该类问题上表现出超出其他算法的求解能力。

(2) 函数优化。函数优化是进化算法的经典应用领域，也是对算法进行性能评价的常用范例。人们构造出了各种复杂形式的测试函数，用它们更能反映出算法的效果。对于其他方法较难求解的非线性、多模型、多目标复杂函数的优化问题，用进化算法却可以容易地得到较好的结果。

(3) 机器学习。学习能力是高级自适应系统所应具备的能力之一，进化算法中的遗传算法从一开始就与机器学习有着密切的联系，基于遗传算法的机器学习，特别是分类器系统，在很多领域中得到了应用。例如，遗传算法被用来学习模糊控制规则，利用遗传算法来学习隶属度函数，从而更好地改进了模糊系统的性能[6.19, 6.21]。

(4) 人工生命。人工生命就是用计算机、机械等人工媒体模拟或构造出的具有自然生物系统特有行为的人造系统，自组织能力和自学习能力是人工生命的两大主要特征。基于进化算法的进化模型是研究人工生命的重要理论基础，同时又为人工生命的研究和实现提供了一个有效的工具。如进化算法用来实现细胞自动机规则以完成一定的任务，基于遗传信息处理模型的人工生命的合成等[6.22, 6.23]。

(5) 自动控制。在自动控制领域有很多与优化相关的问题需要求解，这些优化问题通常要么是通过积分表达的，要么是写不出明确而严格的解析表达式，进化计算在求解这类自动控制问题方面已显示出其独特的优点。

(6) 机器人学。机器人是一类复杂的难以精确建模的人工系统，而进化计算来自于对人工自适应系统的研究，所以机器人学自然也是进化计算的一个重要应用领域。例如，进化计算已在机器人的运动轨道设计等方面取得成功应用。

(7) 人工神经网络。进化计算在人工神经网络中的应用可分为支持性与协作性两大类。进化计算对神经网络的支持性表现在：利用进化算法为神经网络分类器选择特征矢量或对特征矢量进行空间变换，使变换后的特征矢量更为适合神经网络分类器；用进化算法选择神经网络的学习规则与学习算法参数，如学习速率、动量系数等；利用进化算法分析神经网络的性能。

(8) 信号处理。进化计算在 IIR 自适应滤波器设计、FIR 数字滤波器设计、非线性校正、噪声控制、语音信号处理中得到了很好的应用。

6.2 遗传算法

遗传算法(Genetic Algorithm，GA)的创始人是美国密西根大学的 Holland 教授，其基本思想是基于 Darwin 的进化论和 Mendel 的遗传学说。1967 年，Bagley 发表关于遗传算法应用的论文，首次提出了“遗传算法”这一术语。1975 年，Holland 教授出版了在遗传算法领域具有里程碑意义的著作——《自然和人工系统中的适应性》[6.15]，第一次明确提出了“遗传算法”的概念。在这本书中，Holland 教授为所有的适应系统建立了一种通用理论框架，并展示了如何将自然界的进化应用到人工系统中去。此后，遗传算法的研究引起了国内外学者的关注。

从 1985 年到 1993 年，召开了五届国际遗传算法学术会议，遗传算法已经有了很大的发展，并开始渗透到人工智能、神经网络、机器人和运筹学等领域。遗传算法是多学科相互结合与渗透的产物，它已经发展成一种自组织、自适应的综合技术，广泛用在计算机科学、工程设计管理科学和社会科学等领域。

6.2.1 遗传算法的基本概念及理论基础

1. 基本概念

在遗传算法中使用了一些生物学的概念，在此，首先对使用的这些概念进行描述和解释。

1）个体

$S=\{0, 1\}^l$ 称为个体空间，$A=a=a_0a_1a_2\cdots a_{l-1}$ 称为个体或者染色体，分量 $a_i\in\{0, 1\}$ 称为基因，基因的取值称为等位基因，l 称为个体的长度。

2）种群

个体空间 S 中 N 个个体组成的一个子集称为种群，即

$$\vec{A}=\{A_1, A_2, \cdots, A_N\} \tag{6-1}$$

其中，$A_i\in S$，N 称为种群规模。

3）选择算子

在种群中选择一个个体的随机映射 T_s：$S^N\to S$，依下述概率规则来选择：

$$P[T_s(\vec{A})=A_i]=\frac{f(A_i)}{\sum_{i=1}^{n}f(A_i)} \tag{6-2}$$

4）交叉算子

交叉算子指从母体空间到个体空间的映射：T_c：$S^2\to S$。

5）变异算子

变异算子指从个体到个体的随机映射：T_m：$S\to S$。

6）适应度

每个个体对应于优化问题的一个解 x_i，每个解 x_i 对应于一个函数值 f_i 作为它对环境的适应度。

2. 理论基础

遗传算法从群体开始搜索过程，群体中的每个个体在后续迭代中不断进化，称为遗传。遗传算法主要通过交叉、变异、选择运算实现，交叉或变异运算生成下一代染色体，称为后代。染色体的好坏用适应度来衡量，根据适应度的大小从上一代和后代中选择一定数量的个体，作为下一代群体，再继续进化，这样经过若干代之后，算法最后收敛到一个最适应环境的个体上，求得问题的最优解。

遗传算法在整个进化过程中的遗传操作是随机的，但它所呈现出的特性并不是完全随机搜索，它能有效地利用历史信息来推测下一代期望性能有所提高的寻优点集，这样一代代地不断进化。遗传算法所涉及的五大要素有：解空间的编码和解码、初始群体的设定、适应度函数的设计、遗传算子的设计和控制参数的设置。

Holland 和 Goldberg 为解释进化算法的功效而建立了基于模式分析的模式定理、隐含并行性定理以及积木块假设。

1）模式定理

定理 6.1 适应值在种群平均适应值之上的、长度较短的、低阶的模式在遗传算法的迭代过程中将按指数增长率被采样。

模式定理告诉我们，遗传算法根据模式的适应值、长度和阶次来为模式分配搜索次数。为那些适应值较高、长度较短、阶次较低的模式分配的搜索次数按照指数率增长，而为那些适应值较低、长度较长、阶次较高的模式分配的搜索次数按照指数率衰减[6.24]。

模式定理保证了较优的模式的样本数呈指数级增长，从而满足了寻找最优解的必要条件，即遗传算法存在着寻找到全局最优解的可能性。

2）隐含并行性定理

定理 6.2 设 $\varepsilon\in(0, 1)$是一个很小的数，$l_s<[(l-1)\cdot\varepsilon]+1$，群体规模为 $N=2^{l_s/2}$，则遗传算法在一次迭代中所处理的“存活率”大于 $1-\varepsilon$ 的模式数约为$O(N^3)$个模式。

隐含并行性定理反映出遗传算法对空间的搜索效率是非常高的，它对种群进行一次处理就表示处理了 $O(N^3)$个模式。同时，隐含并行性定理反映出遗传算法存储空间信息的能力也是很强的，每个种群中存储了 $O(N^3)$个模式的信息。

3）积木块假设

定义 6.1 具有高适应值的、长度短的、低阶的模式称为积木块(Building Block)。

假设 6.1 高于平均适应值的、长度短的、低阶的模式(积木块)在遗传算子的作用下相互结合，能生成高于平均适应值的、长的、高阶的模式，可最终生成全局最优解。

积木块假设指出，遗传算法具有寻找全局最优解的能力，即积木块假设在遗传算子的作用下，能够生成高于平均适应值的、长的、高阶的模式，最终生成全局最优解。

6.2.2 遗传算法的流程及特点

遗传算法是建立在自然选择和群体遗传机制基础上的随机迭代、进化，是具有广泛适应性的概率搜索寻优算法。

对于某个给定的优化问题，目标函数为

$$H=f(x, y, z, \cdots)\quad x, y, z\in\Omega\quad H\in\mathbf{R} \tag{6-3}$$

要求$(x_0, y_0, z_0, \cdots)$，使 H 为极大值或极小值，以适应优化的需要。此处，Ω 是$(x, y, z, \cdots)$的定义域，H 为实数，f 为解空间$(x, y, z, \cdots)\in\Omega$ 到实数域 $H\in\mathbf{R}$ 的一种映射。遗传算法要根据目标函数 H 设定一个适应性函数 f，用以判别某个样本的优劣程度。

遗传算法的流程如图 6-2 所示。

遗传算法的基本步骤如下：

(1) 选择编码策略，把参数集合 X 和域转换为位串结构空间 S。

(2) 定义适应度函数 $f(X)$。

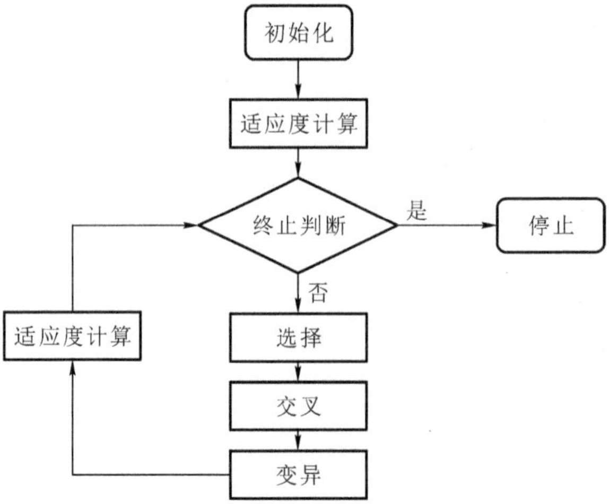

图 6-2 遗传算法流程图

(3) 确定遗传策略，包括选择群体大小 N，确定选择、交叉、变异方法，以及确定交叉概率 p_c、变异概率 p_m 等遗传参数。

(4) 随机初始化生成群体 P。

(5) 计算群体中个体位串解码后的适应度函数值 $f(X)$。

(6) 按照遗传策略，运用选择算子、交叉算子和变异算子作用于群体，形成下一代群体。

(7) 判断群体性能是否满足某一指标，或者已完成预定迭代次数，不满足则返回步骤(6)，或者修改遗传策略再返回步骤(6)。

标准遗传算法具有如下主要特点：

(1) 遗传算法必须通过适当的方法对问题的可行解进行编码。解空间中的可行解是个体的表现型，它在遗传算法的搜索空间中对应的编码形式是个体的基因型。

(2) 遗传算法基于个体的适应度来进行概率选择操作。

(3) 在遗传算法中，个体的重组使用交叉算子。

(4) 在遗传算法中，变异操作使用随机变异技术。

(5) 遗传算法擅长对离散空间的搜索，它较多地应用于组合优化问题。

6.2.3 遗传算法的应用

由于遗传算法具有上述的众多特点，因此它广泛应用于很多学科，而且它不依赖于问题的具体领域，具有自适应性、全局优化性和隐含并行性，体现出很强的解决问题的能力。

1. 函数优化问题

函数优化是遗传算法的经典应用领域，对于非线性、多模型、多目标的函数优化问题，遗传算法可以得到较好的结果。另外，遗传算法也是求解组合优化问题的最佳工具之一。实践证明，遗传算法对于组合优化问题中的 NP 完全问题非常有效。

2. 机器学习

用遗传算法学习获取知识，构成以遗传算法为核心的机器学习系统，在许多领域得到了应用。例如，基于遗传算法的机器学习可用于调整神经网络的连接权值，也可用于神经网络结构的优化设计。

3. 自动控制

在自动控制领域中有许多与优化相关的问题需要求解，使遗传算法在此领域的应用日益增加。例如基于遗传算法的模糊控制器优化设计、利用遗传算法进行神经网络的结构优化设计和权值学习，都显示出了遗传算法在这些领域中应用的可行性。

4. 生产调度问题

针对作业调度问题而建立起来的数学模型在多数情况下难以精确求解，即使经过一些简化后可以进行求解，也会因太过简化而使求解结果误差过大，遗传算法已成为解决复杂调度问题的有效工具。

5. 人工智能与计算机科学

人工智能是计算机等人工媒体模拟或构造出的具有自然生物系统特有行为的人造系统。人工智能与遗传算法有着密切的关系，基于遗传算法的进化模拟是研究人工智能的重要理论基础。

作为一种搜索算法，遗传算法通过对编码、适应度函数、复制、交叉和变异等主要操作的适当设计和运行后，可以做到兼顾全局搜索和局部搜索。然而，相对于其鲜明的生物基础，其数学基础还不够完善，主要表现在以下几个方面：

（1）编码问题。对于不同的问题，若编码选择不当，可能导致积木块假设不成立而使遗传算法很难收敛到最优解。

遗传算法中基本的二进制码存在映射误差，对连续函数的优化问题具有局部搜索能力差的缺点。而常用的一些比较成熟的编码方式，如格雷码编码、实数编码、排列编码、二倍体编码、DNA 编码等又各有优缺点。

（2）早熟收敛。早熟收敛指群体过早失去多样性而收敛到局部最优解。导致遗传算法早熟的原因可以归结为以下几个方面：

① 群体规模。当群体规模太小时，会造成有效等位基因先天缺失；当群体规模太大时，又会造成计算量急剧增大。

② 选择压力。当群体中的最优个体期望抽样较大时，个体的选择压力太大，导致群体的多样性迅速降低；相反，当群体中的最优个体期望抽样较小时，也会出现进化停滞现象。

③ 变异概率。当变异概率比较小时，群体多样性下降太快，容易导致有效基因的迅速丢失且难以恢复；当变异概率比较大时，尽管群体多样性可以保持在较高的水平，但是高阶模式被破坏的概率也随之增大。

④ 适应函数性质。当适应函数高度非线性或者当最优解附近为非常平缓的超平面时，高阶竞争模式适应度值之间的差异非常小，适应度值在比例选择方式下的模式竞争激烈，导致当前最佳个体适应度值的改进出现停滞。

(3) 参数选择问题。目前参数选择是根据经验来确定的，缺乏理论依据。如果编码空间选择不当，即最优参数落在区间之外，则无论如何寻优，也是无法找到全局最优解的。

(4) 进化时间长。进化过程中产生大量数据，计算量大，时间长。

为了更好地利用遗传算法的寻优能力和其他方面的优点，需要对其进行不断改进。遗传算法的改进途径有：改变遗传算法的组成成分或使用技术；采用混合遗传算法；采用动态自适应技术；采用非标准的遗传操作算子以及采用并行遗传算法等。

近年来，在遗传算法的改进中引入了许多新的数学工具，吸收了一些生物学的最新成果，可以预期，随着计算机技术的进步和生物学研究的深入，遗传算法在操作技术和方法上将更通用、更有效。

6.3 进化规划

6.3.1 进化规划的发展

20 世纪 60 年代中期，美国的 L.J. Fogel 等人为了求解预测问题[6.14]而提出了一种有限机进化模型——进化规划(Evolutionary Programming，EP)，他们借用进化思想对一群有限自动机进行进化并获得了较好的有限态自动机。进化规划根据被正确预测的符号数来度量适应度，通过变异，父代群体中的每个机器产生一个子代，父代和子代中最好的那一半被选择生存下来。

20 世纪 90 年代，D.B. Fogel 借助进化策略方法对进化规划进行了发展，将进化规划思想拓展到实数空间[6.25]，并在其变异运算中引入了正态分布。这样，进化规划就演变成为一种优化搜索算法，并在很多实际领域中得到了应用。

后来，H. P. Schwefel 提出的带有自适应的进化规划算法[6.26]要优于不带自适应的进化规划算法。1999 年，姚新等利用柯西分布代替进化规划中的正态分布，提出了快速进化规划算法(FEP)[6.12]。接着，M.Iwanmatsu[6.27]利用 Levy-type 分布代替正态分布，提出了推广进化规划算法(GEP)。2004 年，计明军等人提出单点变异进化规划算法(SPMEP)[6.28]，在每次迭代中只对父代的一个分量进行变异，使算法的精度有了数量级的提高。2005 年，董宏斌等人提出的混合策略进化规划算法[6.29]综合了几种进化规划算法的优点，使算法的精度得到进一步的提高。

6.3.2 进化规划算法的组成

进化规划算法的基本思想也是源于对自然界中生物进化过程的一种模仿，但是在算法的实现上，其与遗传算法和进化策略都有细微的差别。

进化规划算法主要由以下几部分组成。

1. 个体的表示

在进化规划中，搜索空间是一个 n 维空间，与此相对应，搜索点就是一个 n 维向量 $\boldsymbol{x}\in\mathbf{R}^n$。算法中，组成进化群体的每一个个体 $\boldsymbol{X}$ 就直接用这个 n 维向量来表示，即：$\boldsymbol{X}=\boldsymbol{x}\in\mathbf{R}^n$。

2. 适应度评价

在进化规划中，个体适应度 $F(\boldsymbol{X})$是由它所对应的目标函数 $f(\boldsymbol{x})$通过某种比例变换而得到的，这种比例变换既是为了保证各个个体的适应度总取正值，又维持了各个个体之间的竞争关系。即个体的适应度由下式来确定：

$$F(\boldsymbol{X})=\delta[f(\boldsymbol{x})] \tag{6-4}$$

式中，δ 为某种比例变换函数。

3. 变异算子

进化规划是从整体的角度出发来模拟生物的进化过程的，它着眼于整个群体的进化，强调的是“物种的进化过程”。

进化规划的独特之处在于：在进化规划中，个体的变异操作是唯一的一种最优个体搜索方法。因为交叉运算之类的个体重组算子强调的是个体的进化机制，所以在进化规划中不使用这些算子。在标准的进化规划中，变异操作使用的是高斯变异算子，以及后来发展的柯西变异算子、Levy 变异算子以及单点变异算子。

4. 选择算子

选择算子可采用轮赌选择、无回放随机选择、回放余数随机选择、排序选择、竞争选择等策略。

6.3.3 进化规划的特点及应用

与遗传算法和进化策略相比，进化规划主要具有以下几个特点：

(1) 进化规划对生物进化过程的模拟着眼于物种的进化过程，所以它不使用个体重组方面的操作算子，如不使用交叉算子。

(2) 进化规划中的选择运算着重于群体中各个个体之间的竞争选择。

(3) 进化规划直接以问题的可行解作为个体的表现形式，无需再对个体进行编码处理，也无需考虑随机扰动因素对个体的影响，便于应用。

(4) 进化规划以 n 维实数空间上的优化问题为主要处理对象。

进化规划进入到20世纪90年代后得到了高度的重视，在无线电通信系统、树型网络设计、电力系统等领域取得了丰硕的成果。方剑等人利用进化规划优化了神经网络的结构和权值[6.30]；刘民等人将进化规划应用到并行多机调度问题中，其解的质量优于启发式算法和模拟退火算法[6.31]；石立宝等人用进化规划求解带有阀点负荷的经济调度问题，进一步拓展了电力系统经济调度计算方法的应用前景[6.32]；曲润涛等人采用进化规划求解最优通信生成树，并将这一方法扩展到有约束最优通信生成树问题[6.33]；R.Gnanadass等人基于进化算法提出求解具有非光滑燃料费用函数的存在爬坡率限制的最优潮流方法[6.34]；等等。

6.4 进化策略

6.4.1 进化策略概述

20世纪60年代，I.Rechenberg 利用生物变异的思想提出了一种新的进化计算方法——进化策略(Evolution Strategies, ES) [6.13]。进化策略是专门为求解参数优化问题而设计的，而且在进化策略算法中引进了自适应机制，隐含并行性和群体全局搜索性是它的两个显著特征。进化策略具有较强的鲁棒性，对于一些复杂的非线性系统求解具有独特的优越性能。

其发展过程如下：

1. (1+1)—ES

1963年，I.Rechenberg 最早提出的这种优化算法只有一个个体，并由此衍生同样仅为一个的下一代新个体，故称为(1+1)—ES。进化策略中的个体用传统的十进制实型数表示，即

$$X^{t+1}=X^{t}+N(0,\sigma) \tag{6-5}$$

式中，X^t 为第 t 代个体的数值；$N(0,\sigma)$是服从正态分布的随机数，其均值为0，标准差为 σ。

因此，进化策略中的个体含有两个变量，为二元组$\langle X,\sigma\rangle$。新个体的 X^{t+1} 是在旧个体 X^t 的基础上添加一个独立随机变量 $N(0,\sigma)$。假若新个体的适应度优于旧个体，则用新个

体代替旧个体；否则，舍弃性能欠佳的新个体，重新产生下一代新个体。在进化策略中，个体的这种进化方式称作突变。(1+1)—ES仅仅使用一个个体，进化操作只有突变一种，亦即用独立的随机变量修正旧个体，以求提高个体素质。显然，这是最简单的进化策略。

2. (μ+1)—ES

早期的(1+1)—ES没有体现群体的作用，只是单个个体在进化，具有明显的局限性。Rochenberg(1975)提出了第一个多个体的ES，即(μ+1)—ES或称稳态ES(steady-state ES)，通过仿真研究得出以下结论：

(1) 如果以每一代产生的进化而非每次适应值函数计算产生的进化来衡量进化速度，则交叉可以显著地加速进化。

(2) 如果把变异步长嵌入进化过程，作为内在策略参数，而非外部的控制，则种群可以在进化过程中通过自学习调节进化步长。尽管(μ+1)—ES没有得到广泛应用，但这是第一个基于种群的ES，常用于多处理机下的异步并行计算，并引入了交叉算子，把变异步长以内在参数(策略参数)形式作为个体基因的一部分参与进化。

3. (μ+λ)—ES及(μ, λ)—ES

1975年，H. P. Schwefel[6.26]提出了更进一步的多成员ES版本：(μ+λ)—ES和(μ, λ)—ES。这两种进化策略都采用含有μ个个体的父代群体，并通过重组和突变产生λ个新个体，它们的差别仅在于下一代群体的组成上。(μ+λ)—ES表示父代与子代个体同时竞争选择μ个作为下一代，属于精英保留型；(μ, λ)—ES只在子代中选择μ个进入下一代，无论其父代个体多么优秀，都被“遗忘”。

近年来，(μ, λ)—ES得到广泛的应用，这是由于这种进化策略使每个个体的寿命只有一代，更新进化很快，特别适合于目标函数有噪声干扰或优化程度明显受迭代次数影响的情况。

6.4.2 进化策略的基本原理

进化策略是以实数表达问题的进化算法，进化策略具有两种基本形式：(μ, λ)—ES和(μ+λ)—ES。(μ+λ)—ES采用含有μ个个体的父代群体，由它们通过重组和变异产生λ个新个体。由μ+λ个个体择优选择μ个个体作为下一代群体。(μ, λ)—ES从λ个新个体中选择μ个个体作为下一代，要求$\lambda>\mu$。

概括地说，进化策略的工作步骤如下：

(1) 确定问题的表达方式。

(2) 随机生成初始群体，并计算其适应度。

(3) 根据进化策略，产生新的个体。

① 重组：将两个父代个体交换目标变量和控制因子，产生新个体。

② 突变：对重组的个体添加随机量，产生新个体并计算其适应度。

③ 选择：选择优良个体组成下一代群体。

(4) 反复执行(3)，直至达到终止条件，选择最佳个体作为进化结果。

基于此，进化策略的基本原理为：随机产生一个适用于所给问题环境的初始种群，即搜索空间，种群中的每个个体为实数编码，计算每个个体的适应值；依据达尔文的进化原则，选择遗传算子(重组、突变等)，对种群不断进行迭代优化，直到在某一代上找到最优解或近似最优解。

6.4.3 进化策略的重要特征及应用

进化策略和遗传算法对生物进化过程的模拟都是着眼于单个个体在其生存环境中的进化，强调的是“个体的进化过程”。同遗传算法和进化规划相比，进化策略主要具有下面几个特征：

(1) 进化策略的个体中含有随机扰动因素。

(2) 进化策略以 n 维实数空间上的优化问题为主要处理对象，主要采用实数编码的方法。

(3) 进化策略中各个个体的适应度等于个体所对应的目标函数值。

(4) 个体的变异运算是进化策略中所采用的主要搜索技术，而个体之间的交叉运算只是进化策略中所采用的辅助搜索技术。

(5) 进化策略中的选择运算是按照确定的方式进行的，每次都是从群体中选取最好的几个个体，将它们保留到下一代群体中。

进化策略最初用于连续函数优化，表现出了较好的性能。现在，进化策略在离散组合优化[6.35-6.38]、多目标优化[6.39]、约束优化[6.40]、含噪声的优化[6.41]、并行计算[6.42-6.44]等方面也得到了应用。在遗传算法有应用的领域，几乎都可以看到进化策略的应用。

在进化算法的三个分支，即遗传算法、进化规划、进化策略中，进化策略在求解连续函数优化问题方面具有良好的性能，其收敛速度较快，精度较高，但从发表的论文数量来看，遗传算法的研究最为广泛、深入，进化策略次之，进化规划研究较少，另外，在进化策略的发源地欧洲，研究成果相对较多。在国内，人们对遗传算法的偏爱也很明显。这种现象与很多有关介绍进化算法的教材有很大关系，很多教材一般以遗传算法为主，进化策略只是其中的一个章节，占的篇幅也较少，另外很多进化算法综述也主要以遗传算法为主。

6.5 进化神经网络

6.5.1 进化神经网络概述

生命科学与工程科学的相互交叉、相互渗透和相互促进是近代科学技术发展的一个显著特点，人工神经网络和以遗传算法为代表的进化算法都是模拟生物处理模式以获得智能信息处理功能的理论，它们与模糊集理论一起形成了“计算智能”的研究领域。

其中，神经网络着眼于脑的微观网络结构，通过大量神经元的复杂连接，采用由底向上的方法，通过自学习、自组织和非线性动力学所形成的并行分布方式，来处理难以语言化的信息。对于某一具体问题，神经网络的设计是极其复杂的工作，至今仍没有系统的规律可以遵循。目前，一般凭设计者主观经验与反复实验挑选神经网络设计所需的工具。这样不仅使设计工作的效率很低，而且还不能保证设计出的网络结构和权值等参数是最优的，从而造成资源的大量浪费和网络的性能低下，这种状况极大地限制了神经网络的应用与发展。而进化算法则是模拟生物的进化现象(自然选择、交叉、变异等)，并采用自然进化机制来表现复杂现象的一种概率搜索方法，可以快速有效地解决各种困难问题。

神经网络和进化算法二者目标相近而方法各异，既有各自特点，又存在各自的问题。因此，将它们相互结合，可以达到取长补短的作用。

下面把进化算法和几个主要的传统搜索方法作一简要对比，以此来看一看进化算法的鲁棒性到底强在哪里？作为一个搜索方法，它的优越性到底体现在何处？

解析方法是常用的搜索方法之一。它通常是通过求解使目标函数梯度为零的一组非线性方程来进行搜索的。一般而言，当目标函数连续可微，解的空间方程比较简单时，解析法还是有效的。但是，当方程的变量有几十或几百个时，它就无能为力了。爬山法也是常用的搜索方法，它和解析法一样都属于寻找局部最优解的方法。对于爬山法而言，只有在更好的解位于当前解附近的前提下，才能继续向最优解搜索。显然这种方法对于具有单峰分布的解空间才能进行行之有效的搜索，并得到最优解。

另一种典型的搜索方法是穷举法。该方法简单易行，即在一个连续有限搜索空间或离散无限搜索空间中，计算空间中每个点的目标函数值，且每次计算一个。显然，这种方法效率太低且鲁棒性不强。许多实际问题所对应的搜索空间都很大，不允许一点一点地慢慢求解。

随机搜索方法比起上述的搜索方法有所改进，是一种常用的方法，但它的效率依然不高。一般而言，只有解在搜索空间中形成紧致分布时，它的搜索才有效。但这一条件在实际应用中难以满足。需要指出的是，必须把随机搜索(random search)和随机化技术(randomized technique)区分开来。进化算法就是一种利用随机化技术来指导对一个被编码的参数空间进行高效搜索的方法。而另一种搜索方法——模拟退火方法也是利用随机化技术来指导对于最小能量状态的搜索。因此，随机化搜索技术并不意味着无方向搜索，这一点与随机搜索有所不同。

当然，前述的几种传统的搜索方法虽然鲁棒性不强，但这些方法在一定的条件下，尤其是将它们混合使用也是有效的。不过，当面临更为复杂的问题时，必须采用像进化算法这样更好的方法。

进化算法具有十分顽强的鲁棒性，这是因为比起普通的优化搜索方法，它采用了许多独特的方法和技术，归纳起来，主要有以下几个方面：

(1) 进化算法的处理对象不是参数本身，而是对参数集进行了编码的个体。此编码操作使进化算法可直接对结构对象进行操作。所谓结构对象，是泛指集合、序列、矩阵、树、图、链和表等各种一维或多维结构形式的对象。

(2) 如前所述，许多传统搜索方法都是单点搜索方法，即通过一些变动规则，问题的解从搜索空间中的当前解(点)移到另一解(点)。这种点对点的搜索方法，对于多峰分布的搜索空间常常会陷于局部的某个单峰解。相反，进化算法是采用同时处理群体中多个个体的方法，即同时对搜索空间中的多个解进行评估。更形象地说，进化算法是并行地爬多个峰。这一特点使进化算法具有较好的全局搜索性能，减少了陷于局部最优解的风险。同时，这使进化算法本身也十分易于并行实现。

(3) 在标准的进化算法中，基本上不用搜索空间的知识或其他辅助信息，而仅用适应度函数值来评估个体，并在此基础上进行进化操作。需要强调指出的是，进化算法的适应度函数不仅不受连续可微的约束，而且其定义域可以任意设定。对适应度函数的唯一要求是对于输入可计算出加以比较的正的输出。进化算法的这一特点使它的应用范围大大扩展。

上述这些具有特色的技术和方法使得进化算法使用简单，鲁棒性强，易于并行化，从而获得了广泛的应用。

进化算法的优点使得用其设计神经网络在理论上是可行的，利用 Holland 的模式定理[6.15]可以说明进化算法对解决这类复杂问题的有效性，并且被许多实例所证实。

进化算法与神经网络的结合已经越来越受到人们的关注，并已形成了一种新颖的进化神经网络(Evolutionary Neural Networks，ENN)研究领域。近些年，该领域的研究非常活跃，已经取得了很多有价值的结论和成果，并在工程上已经有一些成功的应用实例，这为进化神经网络更为广泛深入的应用带来了充满希望的前景。

6.5.2 进化神经网络的研究方法

进化神经网络的研究涉及权值的训练、结构的设计、学习规则的学习、网络输入特征的选择、遗传强化学习、初始权值选择和神经网络分析等。进化神经网络研究的核心问题是：用什么样的进化算法进化神经网络，才能得到待求问题的满意解，即如何利用人工神经网络与进化搜索过程的相互作用，而不是神经网络和进化搜索过程本身。所以下面集中讨论神经网络和进化搜索过程的两种模型，即：前向神经网络和遗传算法，但所有的讨论对于其他模型也同样适用。

进化神经网络的一个主要特点是对动态环境的自适应性，这种自适应性主要是通过三个不同层次的进化来实现，即：连接权值的进化、网络结构的进化和学习规则的进化，它们以不同的时间尺度进化，在自适应中也起着不同的作用。

在进化神经网络的框架中，连接权值的进化处于最底层，学习规则的进化处于中间层，网络结构的进化是最高级的一个进化层次。连接权值的进化的目的是通过一个具有固定结构的ENN的进化，找到一个连接权值的次最优集。网络结构的进化是对于当前的任务得到最优结构的进化。学习规则的进化是指学习是如何指导进化的和学习本身是如何进化的，它实际上是一个学习规则的学习问题。

1. 连接权值的进化[6.45-6.48]

连接权值的进化可以描述为一个最小化误差函数的处理过程，大多数有监督的学习，如BP算法和共轭梯度算法，都是基于梯度信息的训练算法，这些算法都有一个很严重的缺陷，即容易陷入误差函数的局部最小值，而无法跳出来搜索到全局最优解。遗传算法是克服这一不足的有效解决办法，主要是由于遗传算法是一种全局优化搜索算法，因而能够避开局部极小点，而且在进化过程中无需提供所要解决问题的梯度信息。

用遗传算法优化神经网络连接权值的过程如下：

(1) 随机产生一组初始权值，采用某种编码方案对每个个体进行编码，从而构成基因码链，即染色体，每个基因码链对应一个神经网络的连接关系。

(2) 对所产生的神经网络计算它的误差函数，从而确定其适应度函数值，误差函数值越大，则适应度越小。

(3) 选择若干适应度函数值大的个体直接进入下一代，适应度值小的个体被淘汰。

(4) 利用交叉、变异等遗传算子对当前一代群体进行处理，并产生下一代群体。

(5) 重复步骤(2)、(3)、(4)，使初始确定的一组权值分布不断进化，直到训练目标满足条件为止。

2. 网络结构的进化[6.49-6.53]

神经网络的结构包括网络的拓扑结构(即网络的连接方式)和节点的转化函数两部分。结构的优劣对网络的处理能力有很大的影响，好的结构能圆满解决问题，同时不允许冗余节点和冗余连接的存在。但是神经网络结构的设计基本上还依赖于人的经验，没有系统的方法来设计适当的网络结构。人们在设计网络结构时，或者预先确定，或者采用递增或递减的探测方法[6.54-6.56]，但这种办法不能避免BP算法的固有不足。

利用遗传算法，可以把结构问题转化为生物进化过程，并通过杂交、变异等进化形式来获得结构优化问题的最优解。用遗传算法来进化神经网络结构的步骤如下：

(1) 随机产生 N 个结构，对每个结构进行编码，每个编码个体对应一个结构。

(2) 用许多不同的初始值分布对个体集中的结构进行训练。

(3) 根据训练结构或其他策略确定每个个体的适应度。

(4) 选择若干适应度值最大的个体，直接继承给下一代。

(5) 对当前一代群体进行交叉和变异等遗传操作，以产生下一代群体。

(6) 重复步骤(2)～(5)，直到当前一代群体中的某个个体能满足要求为止。

这里所说的神经网络结构一般是指神经网络的拓扑结构，对神经网络拓扑结构的描述方法有两种，即直接编码模式和间接编码模式。直接编码模式就是用一个 $N\times N$ 的矩阵 $\boldsymbol{C}=(C_{ij})_{N\times N}$ 表示一个网络结构，其中 N 表示网络的节点数，C_{ij} 的值说明网络中节点之间是否有连接，为 1 表示存在连接，为 0 表示没有连接。用这样一个矩阵表示一个神经网络，级联矩阵的所有行(或列)所得到的一个二进制串，就对应一个神经网络结构。这种编码模式的优点是简单直接，缺点是对大结构神经网络不适用，对大结构神经网络采用这种编码模式，编码长度很长，导致算法的搜索空间显著增大。间接编码模式只编码模式有关结构的最重要的特性，如隐层数、每层的隐节点数、层与层之间的连接数等参数。这种编码模式可以显著缩短字符串长度，但使进化规则变得复杂。

3. 学习规则的进化

对于一个典型的学习规则的进化，其循环过程可描述如下：

(1) 对当前代的每一个个体进行解码而进入学习规则。

(2) 对用随机产生的结构(或在某些情况下预先定义的结构)和一个初始权值，用已解码的学习规则训练之。

(3) 根据上述训练结果和其他准则，计算每个个体(已编码的学习规则)的适应度。

(4) 根据其适应度给当前代的每个个体产生多个子代个体。

(5) 对由上述过程产生的子代个体运用遗传算子，获得新一代。

6.5.3 进化神经网络的新进展

纵观国内外进化神经网络的研究成果，进化神经网络在各个方面已经引起了很多研究学者的关注，相继提出了一系列的新进化神经网络算法，并对算法的应用展开了广泛的研究。Y. W. Chen 等人[6.56]将进化神经网络应用于盲源分离，采用通过遗传算法更新的分离矩阵作为网络的连接权值，采取了一个简单原始的独立方程作为适应度函数，模拟结果表明该算法在分离混合信号尤其是具有不同信号的峰源时非常有效。D. Wicker 等人[6.57]针对小神经网络系统提出了一种多层次的比赛选择算法。A. Abraham[6.58]提出了一种联合进化学习和局部搜索方法的动态启发式元学习方法改进学习，并用直接进化方法使其快速收敛。J. E. Fieldsend 等人在文献[6.59]中全面系统地阐述了 Pareto-ENN 模型及其应用。S. J. Han[6.60]等人将进化神经网络应用于异常行为监测，与传统的神经网络方法相比，能够在更短的时间内获得最优网络。W. Gao 提出了一种联合免疫克隆规划和 BP 神经网络的新 ENN 方法[6.61]，在该算法中网络的结构和连接权值同时进化，并通过求解典型问题可以看到，该算法在计算精度和效率上较传统进化神经网络算法都有所提高。

6.6 进化神经网络应用实例

应用实例：用遗传算法解决异或(XOR)问题。异或问题一直是考察一种算法是否有效的典型问题，异或问题的本质就是映射问题：(0, 0)→0，(1, 0)→1，(0, 1)→1，(1, 1)→0。具体步骤如下：

(1) 优化 XOR 网络的权值。

假设神经网络的结构如图 6-3 所示。神经元的激活函数采用 S 型函数，即

$$f(x)=\frac{1}{1+e^{-\frac{2x}{u}}} \tag{6-6}$$

其中，u 为一常数。学习样本共 4 个，即(0, 0, 0)、(1, 1, 0)、(0, 1, 1)和(1, 0, 1)。

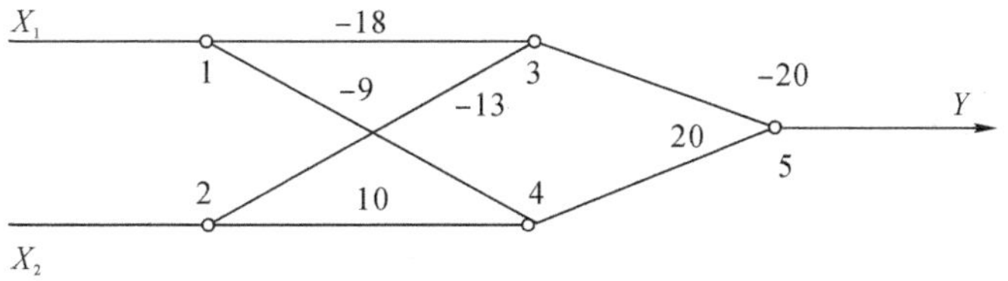

图 6-3　XOR 问题的一种权值分布

① 编码方法。采用二进制编码方案。由于网络中的权值有 c_{13}、c_{14}、c_{23}、c_{24}、c_{35}、c_{45}，共 6 个，阈值有 3 个，即节点 3、节点 4、节点 5 的阈值。假设权值和阈值都在 −30.0 到 30.0 之间，每个权值或阈值可以用一个 8 位 0、1 串表示，则一个 72 位的 0、1 串就对应于一个神经网络。

② 适应度函数的确定方法很多，在本例中有 4 种可供选择的方案：

$$F=C-e$$

$$F=1/e$$

$$F=C-E$$

$$F=1/E$$

其中，C 为一常数；e 为误差，$e=\sum_{m}\sum_{k}|Y_{mk}-\overline{Y}_{mk}|$，$Y_{mk}$、$\overline{Y}_{mk}$ 分别为第 m 个训练样本的第 k 个输出节点的期望输出与实际输出；E 为网络的能量函数。

这样，遗传算法在解该问题时的步骤如下：

① 随机生成初始种群，共 n 个个体，每个个体由 72 位的二值基因链码表示，而每一个基因链码对应于一个神经网络的一组连接关系。

② 把群体中的每一个基因链码翻译成一组连接权值，对 n 组连接权值的每一组计算由

其决定的神经网络的e，并根据选择的适应度函数计算每一个基因链码的适应度函数值F_i。

③ 根据每个个体的适应度F_i，计算其选择概率P_s，即

$$P_s=\frac{F_i}{\sum_{i=1}^{n}F_i} \tag{6-7}$$

在实际训练中，一般将适应度最大的个体直接遗传给下一代。

④ 只用一点交叉，但在训练中将整个0、1串分为两部分：连接权值部分和阈值部分，对于图6-3所示的网络结构，前48位为连接权子串，后24位为阈值子串。对这两个子串分别进行一点交叉。基于这种考虑的原因是在整个训练过程中将权值与阈值分开。

⑤ 以变异概率P_m随机地改变0、1串中的某些位。

⑥ 从当前父代和子代的所有个体中选择出n个适应度较大的个体构成下一代群体，然后再计算出适应度值，开始新一轮的迭代。终止条件为群体适应度趋于稳定或误差e小于某一给定值，或已达到预定的进化代数。

表6-1中给出了遗传算法用于解决该问题的一些数据，其中的一些参数为：$n=50$，$P_m=0.04$，$P_c=0.04$，$F=1/E$。

表6-1　训练结果的比较

	最终权值	10次训练中的收敛系数	收敛速度		最终权值	10次训练中的收敛系数	收敛速度
遗传算法	$c_{13}=-18.407$ $c_{14}=-9.225$ $c_{23}=-13.123$ $c_{24}=-10.630$ $c_{35}=-19.380$ $c_{45}=-19.844$ $Q(3)=4.641$ $Q(4)=-15.781$ $Q(5)=-10.938$	10	由快到慢	BP学习算法	$c_{13}=5.895$ $c_{14}=4.184$ $c_{23}=5.904$ $c_{24}=4.185$ $c_{35}=8.207$ $c_{45}=-8.912$ $Q(3)=-2.545$ $Q(4)=-6.426$ $Q(5)=-3.816$	8	较快

(2) 权值与结构共同进化。

同样采用二进制编码方案，以图6-4为例，假设网络已定为3层，同层节点之间没有连接权值相连，节点的转换函数仍为S型函数。在此前提下，我们来进化网络拓扑结构中的连接性质(即两节点间是否相连)和权值。

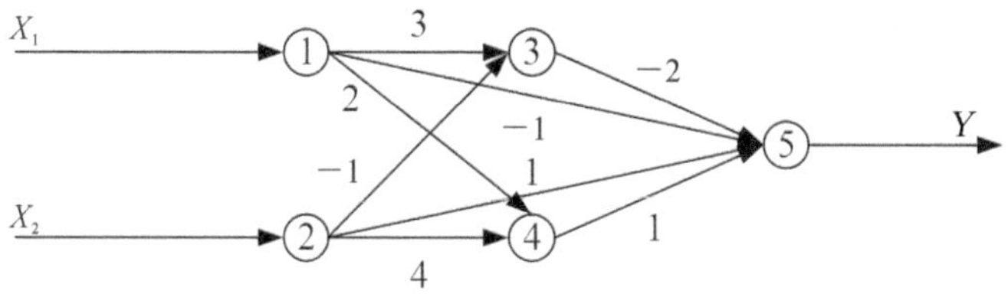

图 6-4 XOR 问题的一种可能结构

① 编码方法采用二进制编码，包括连接性质和权值两部分。连接性质决定了对应的两节点间有无权值相连，权值说明两节点间的联系程度。下面是对于图 6-4 所示的网络的一种编码方法，其中对于每 3 个连续 0、1 串之前的值，1 表示该两点间有权值相连，0 表示该两点间没有权值相连。编码方法如下：

110 1 010 1 101 1 111 1 010 1 100 1 001 1 100

② 适应度函数。同样可以选择 $F=1/E$。

③ 交叉。采用一点交叉和两点交叉。

④ 变异。分别对连接性质和权值两部分进行变异，赋予不同的变异概率，即连接变异概率 P_{mc} 和权值变异概率 P_{mv}。

⑤ 终止条件与前面类似。

设定 $n=50$，$P_{mc}=0.07$，$P_{mv}=0.08$，$P_c=0.87$。训练 40 代后，将图 6-4 网络结构进化成了图 6-3 网络结构。

本章参考文献

[6.1] ZURADA J M. Introduction to artificial neural systems [M]. St. Paul West Publishing Company, 1992.

[6.2] 焦李成，刘静，钟伟才. 协同进化计算与多智能体系统[M]. 北京：科学出版社，2006.

[6.3] JIAO L C, LIU J, ZHONG W C, et al. Coevolutionary computation and multiagent systems[M]. Southampton, England: WIT Press, 2012.

[6.4] JIAO L C. Evolutionary-based image segmentation methods [M]. London, UK: Intechopen Limited, 2011.

[6.5] JIAO L C, GONG M, Ma W P. An Artificial immune dynamical system for optimization[M]. USA: Idea Group Inc., 2008.

[6.6] JIAO L C, GONG M, MA W P. Multi-objective optimization using artificial immune systems[M]. USA: Idea Group Inc., 2008.

[6.7] HAO Y, LIU JM, WANG Y P, et al. Computational intelligence and security [M]. Berlin: Springer, 2005.

[6.8] JIAO L C, WANG L P, GAO X B, et al. Advances in nature computation[M]. Berlin: Springer, 2006.
[6.9] 焦李成，李阳阳，刘芳，等. 量子计算、优化与学习[M]. 北京：科学出版社，2017.
[6.10] LIU J, HUSSEIN A, ABBASS K, et al. Evolutionary computation and complex networks[M]. Springer, 2018.
[6.11] 焦李成. 进化计算与进化神经网络：计算智能的新方向[J]. 电子科技，1995(1)：9-19.
[6.12] Yao X. Evolving artificial neural networks[J]. Proceedings of the IEEE, 1999, 87(9): 1423-1447.
[6.13] RECHENBERG I. Cybernetic solution path of an experimental problem[M]. New Jersey: IEEE Press, 1965.
[6.14] FOGEL L J, et al. Artificial intelligence through simulation evolution[M]. Chichester: John Wiley, 1966.
[6.15] HOLLAND J H. Adaptive of natural and artificial systems: An introductory analysis with application to biology, control, and artificial intelligence[M]. 2nd edition. Cambridge, MA: MIT Press, 1992.
[6.16] GOLDBERG D E. Genetic Algorithms in search, optimization and machine learning[M]. New Jersey: Addison-Wesley Publishing Company, 1989.
[6.17] 周明，孙树栋. 遗传算法原理及应用. 北京：国防工业出版社，1999.
[6.18] 康立山，陈毓屏. 演化计算[J]. 数值计算与计算机应用，1995，16(3)：173-179.
[6.19] KENNETH J. Learning with genetic algorithms: An overview[J]. Machine Learning, 1988, 3(2-3): 121-138.
[6.20] MCAULAY A D, OH J C. Improving learning of genetic rule-based classifier systems[J]. IEEE Transactions on Systems, Man and Cybernetics, 1994, 24(1): 152-159.
[6.21] KADABA N, NYGARD K E, Juell P L. Integration of adaptive machine learning and knowledge-based systems for routing and scheduling applications[J]. Expert Systems with Applications, 1991, 2(1): 15-27.
[6.22] BLAIR J B. Co-evolution in the successful learning of backgammon strategy[J]. Machine Learning, 1998, 32(3): 241-243.
[6.23] JUILLE H . Coevolutionary learning: A case study[C]. Proceedings International Conference on Machine Learning, 1998: 24-27.
[6.24] BOOKER L B, GOLDBERG D E. Classifier systems and genetic systems[J]. Artificial Intelligence. 1989, 40: 235-282.
[6.25] FOGEL D B. Evolutionary computation: Toward a new philosophy of machine intelligence[M]. New Jersey: IEEE Press, 1995.
[6.26] SCHWEFEL H P. Evolutions strategies and numerische optimierung[D], Technische Universitat Berlin, Germany, 1975.
[6.27] IWANMATSU M. Generalized evolutionary programming with Lévy-type mutation[J]. Computer Physics Communications, 2002, 147(1): 729-732.
[6.28] JI M J, TANG H W, GUO J. A single-point mutation evolutionary, programming[J]. Information

Processing Letters, 2004, 90(2): 293 - 299.
[6.29] DONG H B, HE J, HUANG H K, et al. A mixed mutation strategy evolutionary programming combined with species conservation technique[C]. Proceedings of 4th Mexican International Conference on Artificial Intelligence, 2005: 593 - 602.
[6.30] 方剑，黄成军. 基于进化规划的神经网络设计方法[J]. 上海交通大学学报，1997(12): 76 - 81.
[6.31] 刘民，吴澄，蒋新松. 进化规划方法在并行多机调度问题中的应用[J]. 清华大学学报，1998，38(8): 100 - 103.
[6.32] 石立宝，徐国禹，丰强. 进化规划在计及阀点负荷的经济调度中的应用[J]. 重庆大学学报. 1998，21(4): 49 - 54.
[6.33] 曲润涛，席裕庚，韩兵. 基于进化规划求解最优通信生成树[J]. 通信学报，2000，21(1): 55 - 59.
[6.34] GNANADASS R, PADHY N P, PALANIVELU T G, et al. Evolutionary programming based optimal power flow for generating units with non-smooth fuel cost functions[J]. Electric Machines & Power Systems, 2004, 33(3): 349 - 361.
[6.35] CAI J B, THIERAUF G. A parallel evolution strategy for solving discrete structural optimization [J]. Advances in Engineering Software, 1996, 27(1 - 2): 91 - 96.
[6.36] THIERAUF G, CAI J B. Aparallel evolution strategy for solving discrete structural optimization [J]. Advances in Engineering Software, 1997, 4: 318 - 324.
[6.37] EBENAU C, ROTTSCHAFER J, THIERAUF G. An advanced evolutionary strategy with an adaptive penalty function for mixed-discrete structuraloptimization[J]. Advances in Engineering Software, 2005, 36(1): 29 - 38.
[6.38] YANG S M, SHAO D G, LUO Y J . A novel evolution strategy for multiobjective optimization problem[J]. Applied Mathematics and Computation, 2005, 170(2): 850 - 873.
[6.39] MEZURAMONTES E, COELLO C A C. A simple multimembered evolution strategy to solve constrained optimization problems[J]. IEEE Transactions on Evolutionary Computation, 2005, 9(1): 1 - 17.
[6.40] ANROLD D V, BEYER H G. Investigation of the (μ, λ)—ES in the presence of noise[C]. Proceedings of the 2001 Congress on Evolutionary Computation, 2001, 1: 332 - 339.
[6.41] BERLICH R, KUNZE M. Parallel evolutionary algorithms[J]. Nuclear in Sturments & Methods in Physics Research. 2003(502): 467 - 470.
[6.42] GUO G Q, YU S Y. Evolutionary parallel local search for function optimization[J]. IEEE Transactions on System, Man, Cybernetics-Part B, 2003, 33(6): 864 - 876.
[6.43] RUPELA V, DOZIER G. Parallel and distributed evolutionary computations for multimodal function optimization[C]. Proceedings of the 5th Biannual World Automation Congress, 2002: 307 - 312.
[6.44] ACKLEY D H, LITTMAN M L. Interactions between learning and volution[M]. MA. Addison Wesley Pub, 1992: 487 - 509.
[6.45] WHITLEY L D, HANSON T. Optimizing neural networks using faster more accurate genetic

search[C]. Proceedings of the 3rd International Conference on Genetic Algorithms, 1989: 391-396.

[6.46] BELEW R K. Evolving networks: Using the genetic algorithms with connectionist learning[M]. MA: Addsion Wesley Pub, 1992.

[6.47] YAO X. A review of evolutionary artificial neural networks[J]. International Journal of Intelligent Systems, 1993, 8(4): 539-567.

[6.48] HARP S A, Samad T, Guha A. Towards the genetic synthesis of neural networks [C]. International Conference on Genetic Algorithms, 1989: 360-369.

[6.49] KITANO H. Designing neural network using genetic algorithm with graph generation systems[J]. Parallel Computing, 1990(4): 461-476.

[6.50] MJOLSNESS E, SHARP D H, ALPERT B K. Scaling, machine learning, and genetic neural nets [J]. Advances in Applied Mathematics, 1989, 10(2): 137-163.

[6.51] GRUAU F, WHITLEY D. The cellular developmental of neural networks: The interaction of learning and evolution[J]. Technical Report 93-04, MA: Ecole Normale Superieue de Lion, 1993: 145-148.

[6.52] MANIEZZO V. Genetic evolution of the topology and weight distribution of neural networks[J]. IEEE Transactions on Neural Networks, 1994, 5(1): 39-53.

[6.53] SIETEMA J. Creating artificial neural network that generalize[J]. Neural Networks, 1994(4): 45-48.

[6.54] BORNHOLDT S. General asymmetries neural networks and structure designed by genetic algorithms[J]. Neural Networks, 1992(5): 31-35.

[6.55] ANGELINE P J, SAUNDERS G M, POLLACK J B. An evolutionary algorithm that constructs recurrent neural networks[J]. IEEE Transactions on Neural Networks, 1994, 5(1): 54-65.

[6.56] CHEN Y W, ZENG X Y, NAKAO Z. Blind signal separation by an evolutionary neural network with higher-order statistics [C]. International Conference on Knowledge-based Intelligent Engineering Systems & Allied Technologies, IEEE, 2000, 2: 566-571.

[6.57] WICKER D, RIZKI M M. TAMBURINO L A. The multi-tiered tournament selection for evolutionary neural network synthesis[C]. Combinations of Evolutionary Computation and Neural Networks, IEEE Symposium, 2000: 207-215.

[6.58] ABRAHAM A. Optimization of evolutionary neural networks using hybrid learning algorithms[C]. IJCNN, 2002, 3: 2797-2802.

[6.59] FIELDSEND J E, SINGH S. Pareto evolutionary neural networks[J]. IEEE Transactions on Neural Networks, 2005, 16(2): 338-354.

[6.60] HAN S J, CHO S B. Evolutionary neural networks for anomaly detection based on the behavior of a program[J]. IEEE Transactions on Systems Man & Cybernetics, Part B, 2006, 36(3): 559.

[6.61] GAO W. New evolutionary neural networks[C]. Proceedings of 2005 First International Conference on Neural Interface and Control, 2005: 167-171.

第7章 正则神经网络

从样本中学习的过程可以看作是函数逼近问题，然而从已知的一组稀疏的样本或数据中估计一个未知函数的问题可能存在无数个满足条件的解，即这是一个病态的问题。一种解决方法是通过假设被逼近函数的一些先验知识得到一个确定的解，如给待逼近的函数集强加上一个光滑性的约束，这就是正则化技术。正则神经网络就是基于正则化技术的神经网络模型。

7.1 正则化技术和正则学习

从样本中学习的过程可以看作是函数逼近问题，众所周知，从已知的一组稀疏的样本或数据中估计一个未知函数的问题可能存在无数个满足条件的解，即这是一个病态的问题。一种解决方法是通过假设被逼近函数的一些先验知识得到一个确定的解，如给待逼近的函数集强加上一个光滑性的约束。20 世纪 60 年代，Tikhonov、Ivanov 和 Phillips 发现如果将某个误差泛函和正则化泛函之和最小化，而不是仅仅最小化误差泛函的话，就能得到病态问题的一个能够收敛于正确解的解序列，如今这种处理方法已经成为大家的共识，并被称之为正则化技术。正则化技术表明：最小化经验误差这种从直观经验上看似乎是合理的方法实质上是行不通的，而最小化正则泛函和误差泛函却是可行的。这和人类视觉系统的光学成像的逆过程是十分类似的，人类视觉系统对自然景物成像时把三维世界投影为二维图像，这个过程中丢失了大量信息，所以它的逆过程不存在唯一解，只有附加一些自然的约束才能有一个确定的输出，因此我们仅仅从一幅照片中无法准确判断其中景物真实的大小、形状等信息。除了函数逼近，用于模式识别的正则方法也具有类似的解释。在模式识别中，可以获得的各类模式的样本数据往往是带噪的，并且样本的数目相对于维数来说是高度稀疏的，因而由这些数据本身并不足以给出各个模式分布的一个可靠估计。解决这个问题的方法同样也是利用某些先验知识进行约束。虽然正则化技术并没有一套严密的理论依据，但它显示了存在更好的学习准则的可能性，并且在数值分析、机器学习等领域得到了成功的应用[7.1-7.5]。

正则化技术最初是用于解决如病态方程组、弗雷德霍姆第一积分方程的求解及函数的解析延拓等数学问题的，后来 Poggio 等人将任何能把一种不适定问题转变为适定问题的方法统称为正则化方法[7.6]。他们建立的正则化理论的主要思想是引入适当的先验知识以限制容许解的集合，在正则模型中除了数据的误差项之外，还定义了通常称为稳定子(stabilizer)的光滑性函数，又称罚泛函。如果用 Bayes 理论解释的话，误差项对应着数据噪声模型，而稳定子对应着光滑性的先验。

设对函数 f 随机采样得到的含噪数据集 $S=\{(X_i, Y_i)\in\mathbf{R}^d\times\mathbf{R}\}_{i=1}^{P}$ 属于某一定义在 $\mathbf{R}^d$ 上的某个函数空间。在所有的正则化方法中，Tikhonov 正则化方法是最古老的且在正则化问题中处于核心地位的一种方法。根据 Tikhonov 正则化方法，正则化问题的一般类型具有最小化如下目标函数的形式：

$$\min_{f\in H}\left\{\sum_{i=1}^{P}L[Y_i, f(X_i)]+\lambda J(f)\right\} \tag{7-1}$$

其中，$L[Y_i, f(X_i)]$是衡量误差的损失函数，$J(f)$为罚泛函，H 为定义的 $J(f)$所在的函数空间。由式(7-1)可以看出：如果把上述模型看成是求解一个欠定方程的问题，则 Tikhonov 正则化的思想是在数据的拟合程度和方程的最小范数解之间寻求一种折中，通过在目标函数中设定一个正则化参数 λ 来调节它们两者之间的平衡。参数选取得越大，所求的解的范数越小，但此时数据拟合的精度降低；反之，正则化参数选取得越小，则式(7-1)越接近于未正则化的原问题，此时正则化后的问题可能还存在某种程度上的欠定。

20 世纪 90 年代初，F. Girosi、M. Jones 和 T. Poggio 证明了由正则技术导出的逼近方法等效于单隐层神经网络，并称之为正则网络(Regularization Network，RN)。正则网络的建立与模式识别中的 Parzen 窗技术和势函数理论密切相关，同时也启发人们在 Bayes 判决的框架下给出各种逼近方法的统一的统计解释。根据不同的稳定子，这类网络可分为包括 RBF 网络在内的三大类网络，如图 7-1 所示。其中径向基稳定子正则网络是一种典型的具

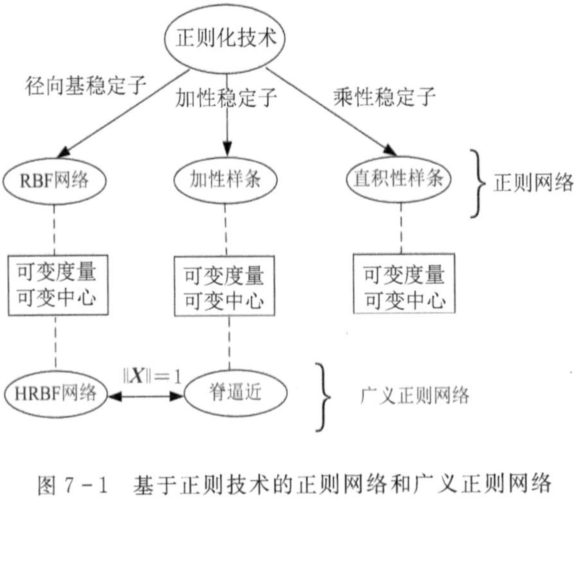

图 7-1　基于正则技术的正则网络和广义正则网络

有径向稳定子的正则化网络，它包括传统的一维和多维样条逼近技术，采用的基函数有高斯径向基函数、非高斯径向基函数、瘦扁样条和多维二次函数等。此外，样条函数的张量积(tensor product)以及加性样条也都证明属于正则网络。后来，Poggio 和 Girosi 又把它们推广到综合基函数(Hyper Basis Functions，HBF)，由此得到综合径向基网络(HRBF)和脊逼近方法等。具有综合基函数的广义正则网络依赖于不同的稳定子，也就是依赖于我们对待逼近函数的不同先验假设，可以分为几大类，如综合基函数网络、脊逼近、张量积样条函数及具有单隐层和适当的激活函数(如高斯函数)的类感知器网络等。

正则化网络使用一个具有单隐层和线性输出层结构的三层前向神经网络作逼近。假设网络的输入维数为 d，输出维数为 m，训练样本集 S 中有 P 个学习样本，为了在函数逼近任务中得到函数 f 的一个特定的估计，需要一些重建该函数所必需的先验知识。最一般的形式莫过于假设该函数是光滑的，直观的解释即两个相似的输入对应两个相似的输出。这是所有正则化方法的一个基本出发点：即从一个可变的准则中求出一个病态问题的包含数据和先验光滑度信息的解。

一般光滑度定义为 Hilbert 空间中函数的光滑性 $\varphi(f)$，该值越小，函数就越光滑。函数逼近问题可以表示成最小化目标函数 L 的一个优化问题：

$$\begin{aligned} L(f) &= \sum_{i=1}^{P} [f(\boldsymbol{X}_i) - \boldsymbol{Y}_i]^2 + \lambda\varphi(f) \\ &= \sum_{i=1}^{P} [f(\boldsymbol{X}_i) - \boldsymbol{Y}_i]^2 + \lambda \| f \|_H^2 \end{aligned} \tag{7-2}$$

其中 λ 为一个正常数，称为正则参数。式(7-2)中的第一项迫使求得的解逼近数据，相当于损失函数；第二项的泛函项 $\varphi(f) = \| f \|_H^2$ 要求逼近是光滑的，相当于罚函数。正则参数 λ 控制两项之间的平衡，可根据交叉验证或结构风险最小化等方法来进行选择。

采用不同的罚泛函(或稳定子)对应着对于待逼近函数不同的光滑性假设。函数的光滑度实质上是函数“振荡(oscillatory)”行为的一种测度。因此在一个可微函数类中，如果一个函数比另一个函数振荡小，则称该函数比另一函数光滑。如果在频域中观察，光滑函数在高频部分具有更小的能量。假设稳定子可以定义为

$$\varphi(f) = \int_{\mathbf{R}^d} \frac{|\widetilde{f}(\boldsymbol{s})|^2}{\widetilde{G}(\boldsymbol{s})} \mathrm{d}\boldsymbol{s} \tag{7-3}$$

其中，～表示 Fourier 变换；$\widetilde{G}$ 为一正函数，当 $\| \boldsymbol{s} \| \to \infty$时，它也趋向于$\infty$，即 $\widetilde{G}^{-1}$ 是一个高通滤波器，目的是增加对 f 的高频分量的惩罚。对于上述定义的表达式，若存在一个函数 G 使得泛函 $\varphi(f)$是半正定(semi-norm)的，则该泛函拥有一个有限维的零空间。

可以证明，对于相当广泛的泛函 φ，通过最小化式(7-2)可以得到相同形式的解。假设

式(7-3)的稳定子是对称的，那么 G 的 Fourier 变换 $\tilde{G}$ 为实对称的。在这种情况下，最小化式(7-2)可以得到如下形式的解：

$$f(\boldsymbol{X})=\sum_{i=1}^{P}c_iG(\boldsymbol{X}-\boldsymbol{X}_i)+\sum_{\alpha=1}^{k}d_\alpha\psi_\alpha(\boldsymbol{X}) \tag{7-4}$$

其中，$\{\psi_\alpha\}_{\alpha=1}^{k}$ 是泛函 φ 的 k 维零空间中的一组基，通常为多项式函数集，因此又称这一项为多项式项；系数 $d_\alpha(\alpha=1, 2, \cdots, k)$ 和 $c_i(i=1, 2, \cdots, P)$ 则由数据决定，系数 d_α 和 c_i 组成向量 $\boldsymbol{c}$、$\boldsymbol{d}$，$\boldsymbol{c}=[c_1, c_2, \cdots, c_P]$，$\boldsymbol{d}=[d_1, d_2, \cdots, d_k]$。记 $\boldsymbol{I}$ 为单位阵，定义：

$$(\boldsymbol{Y})_i=\boldsymbol{Y}_i,\ (\boldsymbol{c})_i=c_i,\ (\boldsymbol{d})_i=d_i$$
$$(G)_{ij}=G(\boldsymbol{X}_i-\boldsymbol{X}_j),\ (\Psi)_{\alpha i}=\Psi_\alpha(\boldsymbol{X}_i) \tag{7-5}$$

则式(7-4)可以用下列线性系统描述：

$$\begin{cases}(G+\lambda\boldsymbol{I})\boldsymbol{c}+\boldsymbol{\Psi}^{\mathrm{T}}\boldsymbol{d}=\boldsymbol{Y}\\ \boldsymbol{\Psi c}=\boldsymbol{0}\end{cases} \tag{7-6}$$

将式(7-2)中的数据项换为 $\sum_{i=1}^{P}V[f(\boldsymbol{X}_i)-\boldsymbol{Y}_i]$($V$ 为任一可微函数)，得到的解的形式同式(7-6)类似，但是不能通过求解线性方程来得到各个系数[7.8]。当 $\lambda=0$ 时，逼近过程是一个纯粹的插值操作，在这种情况下，系统解的存在性取决于基函数 G[7.9]。

式(7-4)的逼近形式给出了正则网络的一种简单的解释。在式(7-3)形式的稳定子定义下，下面讨论三种具有不同基函数 G 的稳定子，其中每一种稳定子对应一种不同的函数光滑性假设。

7.2 具有径向基稳定子的正则网络

大部分常用的稳定子均具有径向对称性，即满足：

$$\varphi[f(\boldsymbol{X})]=\varphi[f(\boldsymbol{RX})] \tag{7-7}$$

其中，$\boldsymbol{R}$ 为任意旋转矩阵，与旋转不变稳定子对应的是径向基函数 $G(\|\boldsymbol{X}\|)$。因此，径向基稳定子正则网络又称径向基网络，高斯核是它最常用的一种稳定子。在上述定义下，高斯核具有这样的形式：

$$\varphi(f)=\int_{\mathbf{R}^d}\mathrm{e}^{\|\boldsymbol{s}\|^2/\beta}\,|\tilde{f}(\boldsymbol{s})|^2\mathrm{d}\boldsymbol{s} \tag{7-8}$$

其中尺度因子 β 为一正的常数，从而有 $\tilde{G}(\boldsymbol{s})=\mathrm{e}^{-\|\boldsymbol{s}\|^2/\beta}$，即基函数为高斯形式。高斯函数是正定的，它的一个缺点就是出现了 β[7.10]，可由交叉验证方法来选择一个好的 β 值。

另外还有 $\tilde{G}(\boldsymbol{s})=\|\boldsymbol{s}\|^{-2m}$ 的 Duchon 多维样条，它对应的基函数为

$$G(\boldsymbol{X})=\begin{cases}\|\boldsymbol{X}\|^{2m-d}\ln\|\boldsymbol{X}\| & 若\ d\ 为偶数且\ 2m-d>0\\ \|\boldsymbol{X}\|^{2m-d} & 其他\end{cases} \tag{7-9}$$

此时，$\varphi(f)$的零空间是一个维数 $k=\binom{d+m-1}{d}$ 的多项式矢量空间。这样的基函数是径向并且条件正定的。在二维的情况下，它生成的是"瘦扁"基函数 $G(\boldsymbol{X})=\|\boldsymbol{X}\|^2\ln\|\boldsymbol{X}\|$[7.11]。

此外，还有其他一些可用作基函数的函数，下面给出它们的函数形式以及正定情况：

$G(\boldsymbol{X})=\mathrm{e}^{-\beta\boldsymbol{X}^2}$	高斯核，正定函数
$G(\boldsymbol{X})=\|\boldsymbol{X}\|^{2n}\ln\|\boldsymbol{X}\|$	瘦扁样条，n 阶条件正定函数
$G(\boldsymbol{X})=\sqrt{\boldsymbol{X}^2+\boldsymbol{c}^2}$	多二次核，一阶条件正定函数
$G(\boldsymbol{X})=\dfrac{1}{\sqrt{\boldsymbol{c}^2+\boldsymbol{X}^2}}$	逆多二次核，正定函数
$G(\boldsymbol{X})=\|\boldsymbol{X}\|^{2n+1}$	瘦扁样条，n 阶条件正定函数

7.3 具有张量积稳定子的正则网络

除了径向对称型的稳定子外，还可以选择某种基函数的张量积形式作为稳定子函数，即取如下的函数形式：

$$\widetilde{G}(\boldsymbol{s})=\prod_{j=1}^{d}\widetilde{g}(s_j) \tag{7-10}$$

其中 s_j 表示矢量 $\boldsymbol{s}$ 的第 j 维坐标，$\widetilde{g}$ 取合适的一维函数。当 g 为正定函数时，显然 $\varphi(f)$就是一个范数，它的零空间是空的；而当 g 为条件正定时，$\varphi(f)$的零空间的结构就比较复杂。由定义式(7-3)，式(7-10)的 $\widetilde{G}(\boldsymbol{s})$对应的稳定子为

$$\varphi(f)=\int_{\mathbf{R}^d}\frac{|\widetilde{f}(\boldsymbol{s})|^2}{\prod_{j=1}^{d}\widetilde{g}(s_j)}\mathrm{d}\boldsymbol{s} \tag{7-11}$$

则我们得到张量积基函数为

$$G(\boldsymbol{X})=\prod_{j=1}^{d}g(x^j) \tag{7-12}$$

其中，x^j 为矢量 $\boldsymbol{X}$ 的第 j 维坐标，$g(x)$为 $\widetilde{g}(s)$的逆 Fourier 变换。例如当 $\widetilde{g}(s)=\dfrac{1}{1+s^2}$ 时，$G(\boldsymbol{X})=\prod_{j=1}^{d}\mathrm{e}^{-|x^j|}=\mathrm{e}^{-\sum_{j=1}^{d}|x^j|}=\mathrm{e}^{-\|\boldsymbol{X}\|_{l_1}}$。

7.4 具有加性稳定子的正则网络

加性模型是在统计学中非常普遍的一种通用线性模型[7.12]，它简单好用，具有较低的

复杂度。假设待逼近的函数是加性的，即

$$f(\boldsymbol{X})=\sum_{\mu=1}^{d} f_{\mu}(x^{u}) \tag{7-13}$$

其中，x^{μ} 为输入矢量 $\boldsymbol{X}$ 的第 μ 维变量，f_{μ} 为一维函数，它是 f 的一个加性单元。利用前述正则方法，通过如下的正则泛函，把光滑性约束强加给每一个加性函数单元，可以得到目标函数：

$$L(f)=\sum_{i=1}^{P}\left[Y_{i}-\sum_{\mu=1}^{d} f_{\mu}(x_{i}^{\mu})\right]^{2}+\lambda \sum_{\mu=1}^{d} \frac{1}{\theta_{\mu}} \int_{\mathbf{R}} \frac{|\widetilde{f}_{\mu}(s)|^{2}}{\widetilde{g}(s)} \mathrm{d} s \tag{7-14}$$

其中 θ_{μ} 为一正参数，它允许将不同的光滑度加到不同的加性函数单元上，而不是整个函数 f。类似式(7-4)，如果忽略零空间项，则逼近式变成如下通用的形式：

$$f(\boldsymbol{X})=\sum_{i=1}^{P} c_{i} G(\boldsymbol{X}-\boldsymbol{X}_{i}) \tag{7-15}$$

实现加性逼近最简单直接的方法就是能够找到一个稳定子，对应加性基函数：

$$G(\boldsymbol{X})=\sum_{\mu=1}^{d} \theta_{\mu} g(x^{\mu}) \tag{7-16}$$

通过选择如上稳定子，则有 $G(\boldsymbol{X}-\boldsymbol{X}_{i})=\sum_{\mu=1}^{d} \theta_{\mu} g(x^{\mu}-x_{i}^{\mu})$，代入式(7-15)中并与式(7-13)作比较，则式(7-13)中的加性单元可以写成：

$$f_{\mu}(\boldsymbol{X})=\theta_{\mu} \sum_{i=1}^{P} c_{i} G(x^{\mu}-x_{i}^{\mu}) \tag{7-17}$$

其中 θ_{μ} 为一固定参数。这里需要注意的是：因为系数集 c_i 的存在，各个加性单元之间并不是独立的。

在上述几种正则网络模型中，径向基函数可以推广到综合基函数，这意味着通常采用少于样本数目的中心就已经足够执行一个给定的任务。例如一张脸可以仅用一个特征眉毛来识别，杯子可以只用颜色来识别等等。类似地，我们也可以将加性模型推广到脊逼近方法，脊逼近技术依赖于先验信息，它把一维函数的求和与通常的光滑性假设结合起来。典型的脊逼近方法有 Breiman 的 hinge 函数、投影跟踪回归和多层感知器等。

7.5 正则网络的贝叶斯解释

众所周知，式(7-2)的可变原理既能从函数分析中得出，也可以基于统计学原理，从概率的框架中得到。这里简单地说明它们之间的联系。

设对定义在 $\mathbf{R}^{d}$ 上的函数 f 随机采样得到数目为 P 的含噪数据集：

$$f(X_{i})=Y_{i}+\varepsilon_{i} \qquad i=1,\ 2,\ \cdots,\ P \tag{7-18}$$

其中 ε_i 与给定分布独立。要从数据集中估计函数 f，可以从概率的角度将函数 f 看成是一个已知先验分布的随机场。定义如下：

(1) $P(f|S)$为给定样本集合时函数 f 的概率(后验概率)。

(2) $P(S|f)$为给定函数 f 后 S 的条件概率。如果基于数据的函数为 f，则 $P(S|f)$就是在一系列点$\{X_i\}_{i=1}^{P}$对函数 f 随机采样得到测量值$\{Y_i\}_{i=1}^{P}$的概率。

(3) $P(f)$为随机场 f 的先验概率。这包含着我们关于函数的一个先验知识，它能用来对模型加强约束，然后给某些满足约束的函数分配较大的概率。

(4) 假设概率分布 $P(S|f)$和 $P(f)$已知，可以通过 Bayes 公式计算后验分布概率 $P(f|S)$：

$$P(f|S)\propto P(S|f)P(f) \tag{7-19}$$

进一步假设噪声变量为正态分布，方差为 σ，这样概率 $P(S|f)$可以写成：

$$P(S|f)\propto \exp\left\{-\frac{1}{2\sigma^2}\sum_{i=1}^{P}\left[Y_i-f(X_i)\right]^2\right\} \tag{7-20}$$

模型的先验概率分布 $P(f)$可以类似离散的情况来选择，即函数定义在一个 d 维网格上的有限子集上。假设先验概率 $P(f)$可以写成：

$$P(f)\propto \mathrm{e}^{-\alpha\varphi(f)} \tag{7-21}$$

那么该概率分布的形式仅给那些光滑性泛函 $\varphi(f)$小的函数以高概率，即包含了我们对系统的一个先验知识。根据 Bayes 公式(7-19)，函数 f 的后验概率为

$$P(f|S)\propto \exp\left\{-\frac{1}{2\sigma^2}\left(\sum_{i=1}^{P}\left[Y_i-f(X_i)\right]^2+2\alpha\sigma^2\varphi(f)\right)\right\} \tag{7-22}$$

通过概率分布式(7-22)来估计函数 f 的方法称为最大后验概率(Maximum A Posteriori,MAP)估计，即得到最大化后验概率 $P(f|S)$的函数，这等价于最小化式(7-22)右面的指数部分。因此函数 f 的 MAP 估计问题对应着最小化如下泛函：

$$L(f)=\sum_{i=1}^{P}\left[Y_i-f(X_i)\right]^2+\lambda\varphi(f) \tag{7-23}$$

其中参数 $\lambda=2\alpha\sigma^2$，就是通常我们所谓的“正则参数”。它决定了噪声大小和先验假设强弱之间的一个均衡，即控制着解的光滑度和数据的拟合程度之间的折中。式(7-21)中的泛函 $\varphi(f)$在统计物理学中是非常普遍的，它起一个能量函数的作用，而由 $\varphi(f)$描述的物理系统的相关函数就是基函数 $G(\boldsymbol{X})$。

正如前面已经指出的：先验概率可以看作是复杂度的衡量，具有高复杂度的函数被分配给一个小概率。Rissanen 曾经建议根据所需编码的位长度来衡量假设的复杂度，他证明了 MAP 估计接近于最小描述长度原理，即给定 S 时，用最紧凑的方法描述函数 f 被认为是对函数 f 的最好假设，Solomonoff 也提出了类似的观点。这些理论把数据压缩与 Bayes

推理编码、正则技术、函数逼近等相关学科都相互联系起来，是我们深入理解正则化技术的基础。

7.6 径向基神经网络

基本的径向基函数(Radical Basis Function，RBF)网络是一个单隐层的前馈模型：输入层由源节点(感知单元)构成；第二层是一个有足够高维数的隐层；输出层提供网络对输入的响应。从输入空间到隐层空间的变换是非线性的，而从隐层空间到输出空间的变换是线性的，网络结构如图 7-2 所示。其中输入层节点数为 L，隐层节点数为 M，输出层节点数为 N。

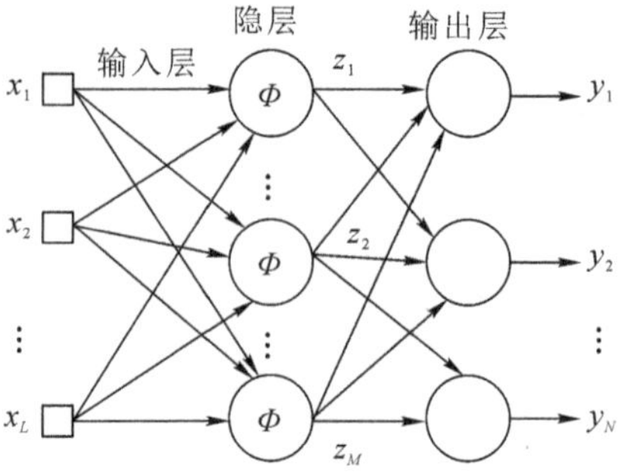

图 7-2 径向基函数网络

隐层节点的输出为

$$z_i(t)=f\left[\sum_{j=1}^{L}\frac{(x_j-c_{ij})^2}{\sigma_{ij}^2}\right]\quad（其中\ f(x)=\mathrm{e}^{-\frac{x}{2}}）\tag{7-24}$$

f 的自变量定义了一个中心在 c_{ij}、方差为 σ_{ij} 的超椭球，可进一步写为

$$z_{ip}=\Phi(\|\boldsymbol{X}_p-\boldsymbol{C}_i\|)\exp\left[-\sum_{j=1}^{L}\frac{(x_j-c_{ij})^2}{\sigma_{ij}^2}\right]\tag{7-25}$$

其中，z_{ip} 表示当输入第 p 个样本 $\boldsymbol{X}_p$ 时隐节点 i 的输出，$\boldsymbol{C}_i$ 表示径向对称函数的中心，σ_{ij} 表示径向对称函数的方差。通过上述径向基函数，输入矢量被扩展到相对高维的隐层单元空间，接下来我们定义一个线性网络：

$$y_{ip}=W_{i0}+\sum_{j}W_{ij}\Phi(\|\boldsymbol{X}_p-\boldsymbol{C}_i\|)\tag{7-26}$$

其中，y_{ip} 表示当输入第 p 个样本 $\boldsymbol{X}_p$ 时第 i 个目标节点的输出，W_{ij} 表示第 j 个径向基函数连接到第 i 个输出节点的权值，W_{i0} 为第 i 个目标节点的阈值。

虽然 RBF 网络和典型的多层前馈网络(多层感知器)都是非线性多层前馈网络，但这两种网络在很多方面都有区别。

(1) RBF 网络是单隐层的，但是多层感知器可能有一个或多个隐层。

(2) RBF 网络的隐层是非线性的，输出层是线性的。而作为分类器的多层感知器的隐层和输出层通常都是非线性的。

(3) 在 RBF 网络的隐层中，每个单元计算该单元的输入矢量和中心之间的欧几里得范数(距离)。而多层感知器的每个隐层单元计算该单元的输入矢量和突触权值矢量的内积。

（4）多层感知器构造了非线性输入-输出映射的全局拟合。因此，当输入空间中的某个区域训练数据很少或不存在训练数据时，它们仍然对该区域具有推广能力。而 RBF 网络是采用指数衰减的局部非线性函数（例如高斯函数）构造对非线性输入-输出映射的局部拟合。因此，RBF 网络具有快速学习的能力，并减少了对训练数据的训练顺序的敏感度。然而，我们发现为了使映射达到期望的平滑度，所需要的基函数的个数就必须很大。

7.7 正则神经网络应用实例

将 RBF 神经网络用于 CDMA 多用户检测中时，采用 RBF 网络的多用户检测器如图 7-3所示。由于 RBF 网络和 BP 网络同属于前向网络，因此 RBF 网络在运行时也需要周期性地发送训练样本，它也分为训练期和检测期两个部分。在训练期中，期望用户发送一组训练序列，RBF 网络根据训练样本，利用进化算法调整网络的结构和权值。在检测期中，期望用户发射实际的传输信号，这时网络的结构就不再改变。

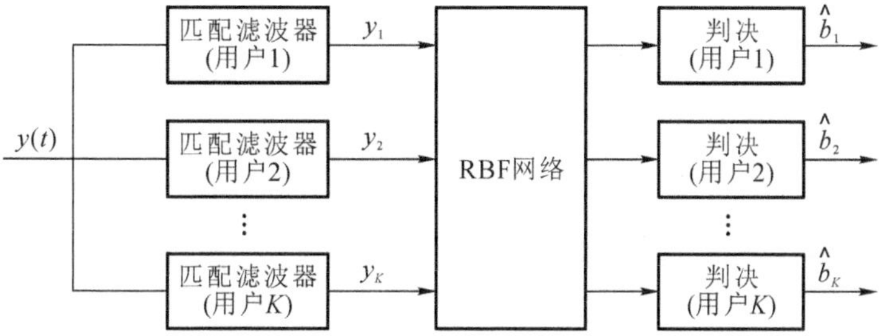

图 7-3 RBF 网络多用户检测器

在本节中，我们将采用计算机模拟的方法检验基于 RBF 网络的多用户检测接收机在不同的 CDMA 信道环境下的性能。为了便于比较，我们也同时计算了在相同情况下采用 BP 网络和基于进化的 RBF 神经网络的性能。在仿真中，我们采用了三层 BP 网络，输入层节点采用线性函数，输出层和隐层节点采用 sigmoid 函数。RBF 网络的核函数采用高斯核函数。我们对所有网络均采用了构造算法，即在训练网络的过程中，根据特定问题的需要，逐渐增加隐节点的个数，直到满足特定的均方误差（MSE）要求为止。在基于进化的 RBF 神经网络中，我们用遗传算法优化求解高斯核函数的中心与偏置。实验 7.1～实验 7.7 仿真了 CDMA 的信道为同步、高斯信道的情况下（即假设信道只叠加了白噪声信号），干扰用户的个数为 1～7 个时，各种多用户检测器的性能。为了方便起见，我们将期望用户设为用户 1，并采用归一化的信号能量为 $E_1=1$。在本节的实验中，信号的扩频增益为 7。不失一般性，假设信号间的互相关系数为 1/7。计算用户 1 信噪比（SNR，用分贝表示）不同时的误码率曲线。

实验 7.1 本实验考虑一个两用户信道，有一个强干扰用户设为用户 2，并且有 $E_2/E_1=39.8$。在单次实验中，对每个数据点，每次训练样本的长度是 80 个，数据的长度是100 000 个。实验结果如图 7-4 所示。图 7-4 的结果是由 200 次实验结果的集平均得到的。

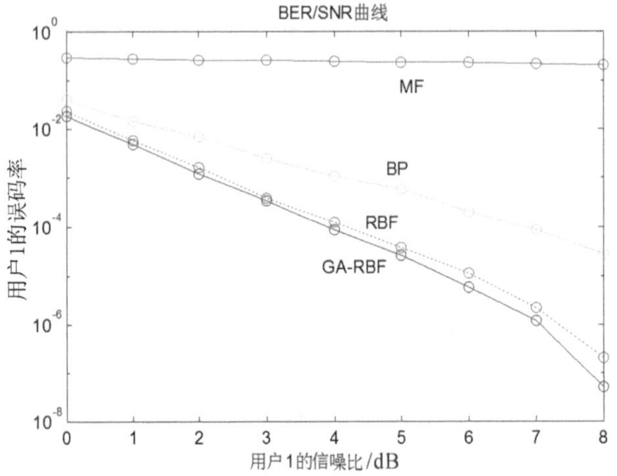

图 7-4 同步两用户的多用户检测

实验 7.2 本实验考虑一个三用户信道，干扰用户设为用户 2 和用户 3，并且有 $E_2/E_1=25$，$E_3/E_1=25$。在单次实验中，对每个数据点，每次训练样本的长度是 80 个，数据的长度是 100 000 个。实验结果如图 7-5 所示。图 7-5 的结果是由 100 次实验结果的集平均得到的。

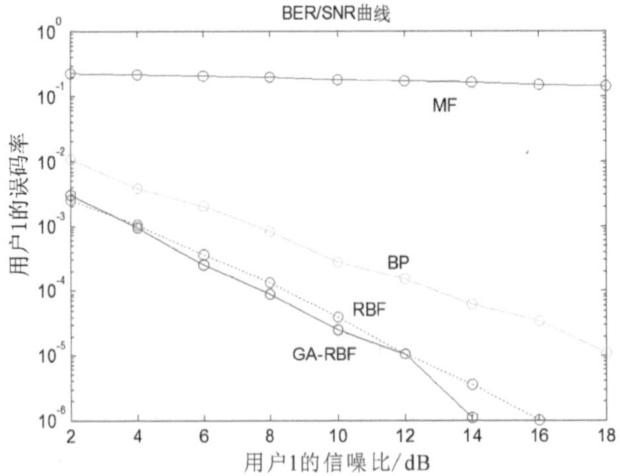

图 7-5 同步三用户的多用户检测

实验 7.3 本实验考虑一个四用户信道，干扰用户设为用户 2～4，并且有 $E_1=E_2$，$E_2/E_1=E_3/E_1=25$。在单次实验中，对每个数据点，每次训练样本的长度是 80 个，数据的长度是 100 000 个。实验结果如图 7-6 所示。图 7-6 的结果是由 100 次实验结果的集平均得到的。

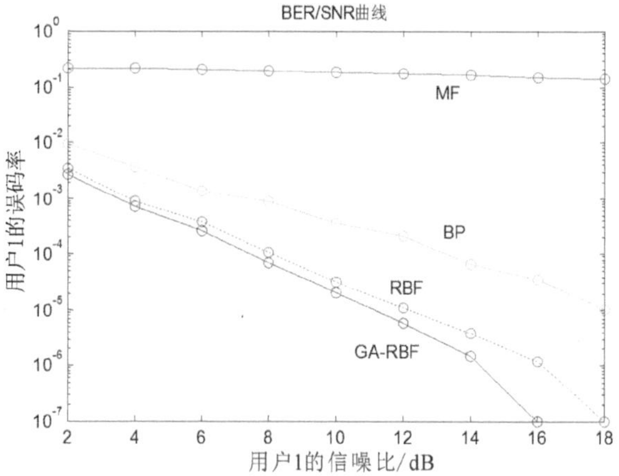

图 7-6 同步四用户的多用户检测

实验 7.4 本实验考虑一个五用户信道，干扰用户设为用户 2～5，并且有 $E_1=E_2=E_3$，$E_4/E_1=E_5/E_1=25$。在单次实验中，对每个数据点，每次训练样本的长度是 80 个，数据的长度是 100 000 个。实验结果如图 7-7 所示。图 7-7 的结果是由 100 次实验结果的集平均得到的。

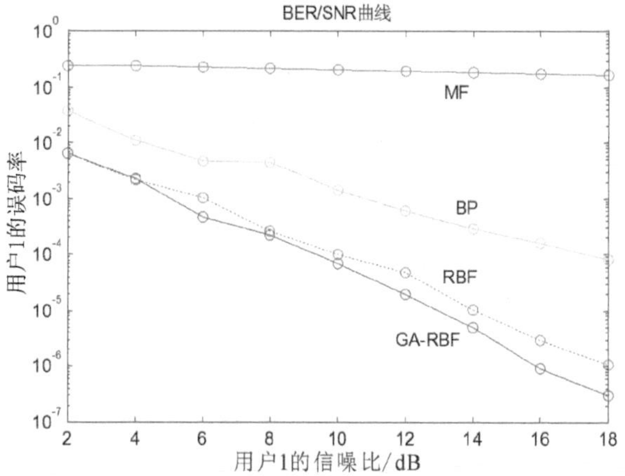

图 7-7 同步五用户的多用户检测

实验 7.5 本实验考虑一个六用户信道，干扰用户设为用户 2～6，并且有 $E_1=E_2=E_3=E_4$，$E_5/E_1=E_6/E_1=25$。在单次实验中，对每个数据点，每次训练样本的长度是 150 个，数据的长度是 100 000 个。实验结果如图 7-8 所示。图 7-8 的结果是由 200 次实验结果的集平均得到的。

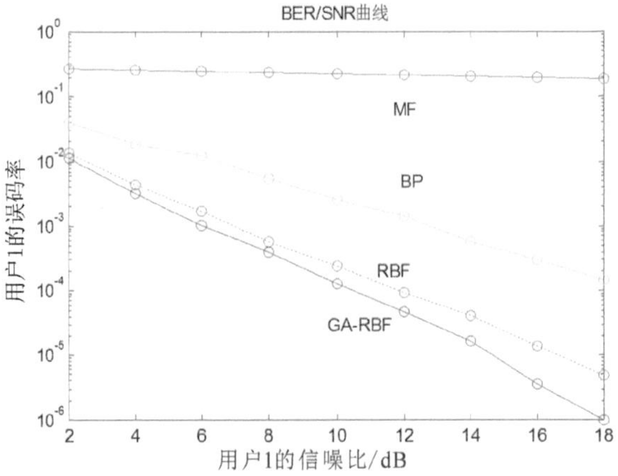

图 7-8 同步六用户的多用户检测

实验 7.6 本实验考虑一个七用户信道，干扰用户设为用户 2～7，并且有 $E_1=E_2=E_3$，$E_4/E_1=E_5/E_1=1.58$，$E_6/E_1=E_7/E_1=25$。在单次实验中，对每个数据点，每次训练样本的长度是 200 个，数据的长度是 100 000 个。实验结果如图 7-9 所示。图 7-9 的结果是由 100 次实验结果的集平均得到的。

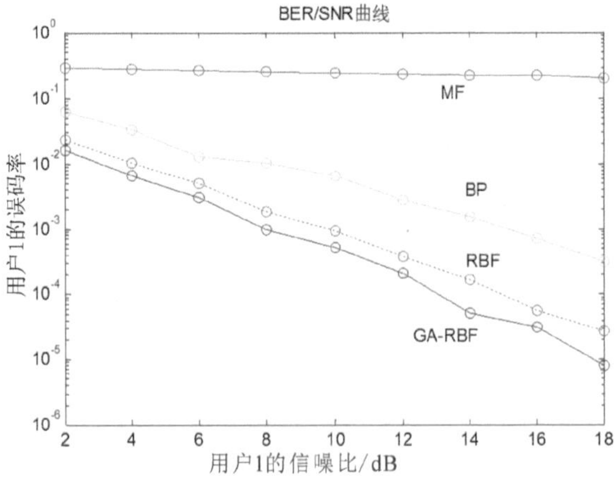

图 7-9 同步七用户的多用户检测

实验 7.7　本实验考虑一个八用户信道，干扰用户设为用户 2～8，并且有 $E_1=E_2=E_3$，$E_4/E_1=E_5/E_1=E_6/E_7=1.58$，$E_7/E_1=E_8/E_1=25$。在单次实验中，对每个数据点，每次训练样本的长度是 270 个，数据的长度是 100 000 个。实验结果如图 7-10 所示。图 7-10的结果是由 100 次实验结果的集平均得到的。

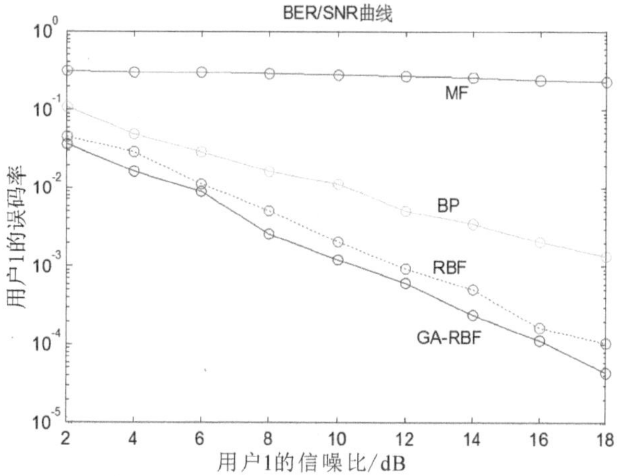

图 7-10　同步八用户的多用户检测

在图 7-4～图 7-10 中，MF 表示多用户匹配滤波检测器的误码率，BP 表示 BP 网络的误码率，RBF 表示广义 RBF 网络的误码率。GA-RBF 表示基于遗传算法的 RBF 网络的误码率，同时为了表述方便，广义 RBF 的误码率用虚线表示。

本章参考文献

[7.1]　焦李成. 神经网络计算[M]. 西安：西安电子科技大学出版社，1993.

[7.2]　焦李成. 神经网络的应用与实现[M]. 西安：西安电子科技大学出版社，1993.

[7.3]　焦李成. 非线性传递函数理论与应用[M]. 西安：西安电子科技大学出版社，1992.

[7.4]　焦李成，赵进，杨淑媛，等. 深度学习、优化与识别[M]. 北京：清华大学出版社，2017.

[7.5]　焦李成. 神经网络系统理论[M]. 西安：西安电子科技大学出版社，1990.

[7.6]　POGGIO T，GIROSI F. A sparse representation for function approximation [J]. Neural Computation，1998，10(6)：1445.

[7.7]　GERSHO A，GRAN R. Vector quantization and signal compression[M]. Norwell，MA：Kluwer Academic Publishers，1992.

[7.8]　DIANAT S A，NASRABADI N M，Venkataraman S. A non-linear predictor for differential pulse-code encoder (DPCM) using artificial neural networks[C]. International Conference on Acoustics，

Speech, and Signal Processing, IEEE, 1991: 2793-2796.

[7.9] COTTRELL G W, MUNRO P. Principal components analysis of images via back propagation[J]. Visual Communications and Image Processing, 1988, 1001: 1070-1077.

[7.10] Hatami S, Yazdanpanah M J, Forozandeh B, et al. A modified method for codebook design with neural network in VQ based image compression circuits and systems[C]. ISCAS, 2003, (2): 612-615.

[7.11] DE ALMEIDA FILHO W T, NETO A D D, Junior A M B. A neural and morphological method for wavelet-based image compression[C]. Proceedings of the 2002 International Joint Conference on Neural Networks, IEEE, 2002, 3: 2168-2173.

[7.12] Park D C, Woo Y J. Weighted centroid neural network for edge preserving image compression[J]. IEEE Transactions on Neural Networks, 2001, 12(5): 1134-1146.

第8章 支撑矢量机网络

监督学习问题就是以最优化的方式选择逼近期望响应的问题，这里的最优化是以某种统计意义定义的，其可行性取决于这样一个问题：训练样本是否包含足够的信息来构建具有良好推广能力的学习机器？对这个问题的回答在于使用由 Vapnik 和 Chervonenkis 所开创的工具——支撑矢量机。

学习能力是人作为智能动物的主要特征之一，感知器算法标志着人们对学习进行数学研究的开始。有监督学习或监督学习模型又称为基于样本数据的学习模型，包括三个互相关联的部分，从数学角度可以抽象为环境、教师和学习机器(算法)。

1. 环境

环境是静态的，提供向量 $\boldsymbol{x}$，它带有一固定但是未知的累积概率分布函数。

2. 教师

教师为每个从环境中获得的输入向量 $\boldsymbol{x}$ 提供一个期望响应 d，其根据是条件累积概率分布函数 $F_x(\boldsymbol{x}|d)$，它同样是固定但未知的。期望响应 d 和输入向量 $\boldsymbol{x}$ 的关系是

$$d=f(\boldsymbol{x}, v) \tag{8-1}$$

其中 v 是噪声项，允许教师是有噪声的。

3. 学习机器(算法)

学习机器(神经网络)能实现一组输入-输出映射函数，描述为

$$y=F(\boldsymbol{x}, \boldsymbol{w}) \tag{8-2}$$

其中，y 是学习机器对输入 $\boldsymbol{x}$ 的实际响应，$\boldsymbol{w}$ 是一组选自参数(突触权值)空间 W 的自由参数(权值)。

有监督学习问题就是以最优化的方式选择逼近期望响应 d 的特定函数 $F(\boldsymbol{x}, \boldsymbol{w})$的问题，这里的最优化是以某种统计意义定义的。这种选择本身基于 N 个独立同分布(iid)的训练样本，为表示方便，重写如下：

$$\wp=\{(\boldsymbol{x}_i, d_i)\}_{i=1}^{N} \tag{8-3}$$

每个样例由学习机器以联合累积概率分布函数 $F_{x,D}(\boldsymbol{x}, d)$ 得到，同样是固定但未知的。监督学习的可行性取决于这样一个问题：训练样本$\{(\boldsymbol{x}_i, d_i)\}$是否包含足够的信息来构建具有良好推广能力的学习机器？对这个问题的回答在于使用由 Vapnik 和 Chervonenkis 所开创的工具——支撑矢量机[8.1-8.8]。

1962 年，A. B. J. Novikoff 证明了关于感知器收敛性的第一个定理，它在一定意义上将导致学习机器具有推广能力的原因和最小化训练集上的误差的原则联系了起来[8.9]。但正是上述定理，使得众多学者认为决定学习机器好的推广能力(即小的检验误差)的唯一因素就是它在训练集上误差最小。由于对上述问题的理解存在分歧，故对学习问题的研究分化为两个分支：学习过程的理论分析和学习过程的应用分析。对学习过程的理论分析主要有四个标志性的成就，即密度估计的非参数方法、正则化理论、算法复杂度思想和统计学习理论。

统计学习理论基础的创立是在 20 世纪 60 年代至 70 年代，早在 1968 年，Vapnik 和 Chervonenkis 已经对指示函数集(即模式识别问题)提出了 VC 熵和 VC 维数的概念，通过它们发现了泛函空间的大数定律(频率一致收敛于其概率的充分必要条件)，研究了它与学习过程的联系，并得到了关于收敛速率的非渐近界的主要结论[8.10]。他们在 1971 年对这些工作进行了完整的证明[8.11]，并在 1974 年得到一个全新的归纳原则：结构风险最小化归纳原则[8.12]。在 1976 年到 1981 年间，他们把最初针对指示函数集的这些结论推广到了实函数集，主要内容有：大数定律(泛函空间均值一致收敛于期望的充分必要条件)，完全有界的函数集和无界函数集一致收敛速率的界，以及结构风险最小化原则[8.13]。在 1989 年，Vapnik 发现了经验风险最小化归纳原则和最大似然方法一致性的充分必要条件，完成了对经验风险最小化归纳推理的分析[8.14]。在此基础上，从 1992 年到 1995 年期间构造了一种普适而有效的学习机：支撑矢量机(support vector machines)[8.15-8.17]。

基于结构风险原则的支撑矢量机与其他学习机相比具有良好的推广能力。支撑矢量机具有很强的普适性，它的最终求解可以化为一个具有线性约束的二次凸规划问题，不存在局部极小，对小规模的训练样本集合来说，用梯度下降法、共轭梯度法等来求解二次规划直接而简单；通过引入核方法，可以将线性支撑矢量机简单地推广到非线性支撑矢量机，而且对于高维样本几乎不增加额外的计算量。已经证明：支撑矢量机与采用线性规划算法的三层前向神经网络是等价的。目前支撑矢量机正以其显著的优点吸引了越来越多人的兴趣。

8.1 引子——偏置/方差困境

对于 N 个独立同分布的样本对，每个样例由学习机器以联合累积概率分布函数从样本集合中抽取出来。像其他分布函数一样，联合累积概率分布函数是固定但是未知的。如前所述，监督学习的可行性取决于训练样本是否包含足够的信息来构建具有良好推广能力的学习机器。在学习机器开始训练之前，所有逼近函数都是等可能的。随着学习机器训练的进行，与训练数据集相符的那些逼近函数的可能性增加了。当训练数据集的数目增加时，经验风险泛函的最小点依概率收敛到真实风险泛函的最小点。

首先讨论多层感知器模型逼近误差的界。Barron(1992)指出：使用具有 m_0 个输入节点和 m_1 个隐层神经元的多层感知器而导致的风险 R 的界为

$$R \leqslant O\left(\frac{C_f^2}{m_1}\right) + O\left(\frac{m_0 m_1}{N}\log N\right) \tag{8-4}$$

风险 R 的界中的两项表达式表示两种对隐层大小相互冲突的要求之间的折中。

(1) 最佳逼近的精确度。为了满足这个要求，根据通用逼近定理，隐层的大小 m_1 必须足够大。

(2) 近似的经验拟合精确度。为了满足这个要求，我们必须使用一个小的比值 m_1/N。由于训练集的大小固定为 N，隐层的大小 m_1 应该保持较小，这和第一个要求是矛盾的。

为了得到好的泛化，训练样本数目 N 应该大于网络中自由参数总数与估计误差均方值之比。因此，具有最小规模的神经网络有更小的可能性去学习训练数据的独有特征或者噪声，这样可能对新的数据有更好的泛化。在神经网络的设计中，为了达到上述目的，通常利用两种途径：

(1) 网络生长。从一个小的感知器开始，小到能实现当前任务即可，然后仅当用这个多层感知器不能实现具体的设计要求时，再增加一个新的隐层神经元或者一层新的隐层神经元。

(2) 网络修剪。在这种方法中，我们以一个很大的具有足够解决当前问题性能的多层感知器开始，然后通过选择的和有序的方式削弱或者消除某些突触权值来修剪多层感知器。

网络的设计本质上是统计的，我们需要在训练数据的可靠性和模型的适应度之间寻找一个适当的折中，即解决偏置方差困境的方法。下面首先介绍偏置/方差困境。

定义 $f(\boldsymbol{x})$和神经网络实现的输入输出函数 $F(\boldsymbol{x}, \boldsymbol{w})$之间的平方距离为

$$L_{\text{av}}[f(\boldsymbol{x}), F(\boldsymbol{x}, \boldsymbol{w})] = E_{\wp}\{[E(D|\boldsymbol{X}=\boldsymbol{x}) - F(\boldsymbol{x}, \wp)]^2\} \tag{8-5}$$

式(8-5)是在整个训练样本之上计算的回归函数 $f(\boldsymbol{x}) = E(D|\boldsymbol{X}=\boldsymbol{x})$和逼近函数 $F(\boldsymbol{x}, \boldsymbol{w})$之间的估计误差的平均值。注意到：条件均值 $E(D|\boldsymbol{X}=\boldsymbol{x})$关于训练数据样本$\wp$为一个常量期望。进一步发现：

$$\begin{aligned} &E(D|\boldsymbol{X}=\boldsymbol{x}) - F(\boldsymbol{x}, \wp) \\ &\quad = \{E(D|\boldsymbol{X}=\boldsymbol{x}) - E_{\wp}[F(\boldsymbol{x}, \wp)]\} + \{E_{\wp}[F(\boldsymbol{x}, \wp)] - F(\boldsymbol{x}, \wp)\} \end{aligned} \tag{8-6}$$

则有

$$L_{\mathrm{av}}[f(\boldsymbol{x}),\ F(\boldsymbol{x},\ \wp)]=B^2(\boldsymbol{w})+V(\boldsymbol{w}) \tag{8-7}$$

其中：

$$\begin{cases}B(\boldsymbol{w})=E_{\wp}[F(\boldsymbol{x},\ \wp)]-E(D\,|\,\boldsymbol{X}=\boldsymbol{x})\\V(\boldsymbol{w})=E_{\wp}\{(F(\boldsymbol{x},\ \wp)-E_{\wp}[F(\boldsymbol{x},\ \wp)])^2\}\end{cases} \tag{8-8}$$

现在作两点说明：

(1) 式(8-7)中的项$B(\boldsymbol{w})$是逼近函数$F(\boldsymbol{x},\ \wp)$的平均值对于回归函数$f(\boldsymbol{x})=E(D\,|\,\boldsymbol{X}=\boldsymbol{x})$的偏置，这一项说明由函数$F(\boldsymbol{x},\ \boldsymbol{w})$定义的神经网络不能准确地逼近回归函数$f(\boldsymbol{x})=E(D\,|\,\boldsymbol{X}=\boldsymbol{x})$。因此我们可以将偏置$B(\boldsymbol{w})$看作是一个逼近误差。

(2) 式(8-7)中的项$V(\boldsymbol{w})$是在整个训练样本$\wp$上测量的逼近函数$F(\boldsymbol{x},\ \boldsymbol{w})$的方差。这个项说明包含在训练样本$\wp$中的关于回归函数$f(\boldsymbol{x})$的信息是不充分的。因此我们可以将$V(\boldsymbol{w})$看作是估计误差的体现。

不过我们发现：在训练样本大小固定的神经网络中，当通过样例学习时，获得小偏置的代价是方差大。对于单个神经网络，只有当训练样本的数量无限时，才能同时消除偏置和方差两者。于是就有了偏置/方差困境，其结果是不可避免的慢收敛性(Geman，1992)。如果我们愿意引入偏置的话，这样消除误差或者大大消减方差就会成为可能，但是必须保证在网络设计中带入的偏置是无害的。这样偏置/方差困境可以在一定程度上避免。例如在模式分类中，在下述意义下偏置被认为是无害的，那就是只有当我们试图推断未在预料的分类之中的回归时，偏置才大大提高均方误差。一般来说，必须为特定的应用设计偏置。达到这样目标的一个实用的方法是使用约束网络，这种网络往往比通用网络有更好的性能。约束以及由此而来的偏置可以采用如下两种方式，采取先验知识的形式嵌入网络设计中：

(1) 共享权值，其中网络的几个突触由一个权值控制；

(2) 给网络中每个神经元分配局部接收域。

8.2 VC维

VC维是对由学习机器实现的分类函数族的容量或表示能力的测度。在统计学习理论中，有限的VC维是经验风险最小化原则的一致收敛性的充分必要条件。

经验风险泛函$R_{\mathrm{emp}}(\boldsymbol{w})$到实际风险泛函$R(\boldsymbol{w})$的一致收敛性理论包括收敛速度的界。它们基于称为Vapnik-Chervonenkis维(简称VC维)的重要参数，其名称是为了纪念它的创立者Vapnik和Chervonenkis。

二分指的是二值分类函数或判定规则。二分总体的VC维指的是函数集以全部的分类方式(2^l 种)分散(shatter)样本的最大数 l。对实函数集来说，可以构造一个与之对应的指示函数集，而该指示函数集的 VC 维数就被认为是该实函数集的 VC 维数。换句话说：分类函数集$\{F(\boldsymbol{x}, \boldsymbol{w}): \boldsymbol{w} \in W\}$的 VC 维是指被机器学习的训练样本的最大数量，这种学习对于分类函数所有可能的二分标记是无错误的。

VC 维是一个与几何概念的维没有关系的纯粹组合概念，它在统计学习理论里面扮演着一个中心的角色。从设计的观点看，VC 维也是重要的。粗略地说，学习一个类所需要的样本的数量正比于那个类的 VC 维，因此需要关注 VC 维的估计。

在一些情况下，VC 维由神经网络的自由参数决定。然而在大多数实际情况下，很难通过分析的手段计算 VC 维，尽管如此，神经网络的 VC 维通常是容易处理的。这时下面的两个结论具有特殊意义。

(1) 令 NN 表示由神经元构成的任意前馈网络，阈值激活函数为

$$\varphi(v)=\begin{cases}1 & v \geqslant 0 \\ 0 & v<0\end{cases} \tag{8-9}$$

NN 的 VC 维为 $O(W\log W)$，其中 W 是网络中自由参数的总数。

(2) 令 NN 表示一个多层前馈网络，其神经元使用一个 sigmoid 激活函数，即

$$\varphi(v)=\frac{1}{1+\exp(-v)} \tag{8-10}$$

NN 的 VC 维为 $O(W^2)$，其中 W 是网络中自由参数的总数。

这两条结论归功于 Koiran 和 Sontag(1996)，他们是通过首先证明包含两类神经元(一类是线性的，令一类使用阈值激活函数)的网络具有了正比于 W^2 的 VC 维，然后得出这一结论，即多层前馈网络具有有限的 VC 维。

Cover 定理指出：将复杂的模式分类问题非线性地投射到高维空间将比投射到低维空间更可能是线性可分的。由感知器可知，一旦模式是线性可分的，则相应的分类问题相对而言就更容易解决。但是，有时使用非线性映射就足够导致线性可分，而且不必升高隐层单元空间维数。

Cover 定理的推论指出：若一组随机指定的输入模式(向量)的集合在 m_1 维空间中线性可分，则它的元素数目的最大期望等于 $2m_1$。该推论表明，$2m_1$ 是对一族具有 m_1 维自由度的决策曲面的分离能力的自然定义，在一定程度上，一个曲面的分离能力与 VC 维有着密切联系。

在第 7 章介绍正则化理论中，其要求最小化的量为：

$$\zeta(F)=\zeta_s(F)+\lambda\zeta_c(F)=\frac{1}{2}\sum_{i=1}^{N}[d_i-F(\boldsymbol{x}_i)]^2+\frac{1}{2}\lambda\ \|\mathrm{d}F\|^2 \tag{8-11}$$

其中，λ 是一个正的实数，叫正则化参数；$\zeta(F)$叫作 Tikhonov 泛函。使 Tikhonov 泛函

$\zeta(F)$最小的解函数(也就是正则化问题的解)记为$F_\lambda(\boldsymbol{x})$。$\zeta_s(F)$是标准误差项，$\zeta_c(F)$是正则化项。

在 SVM 中，给定训练样本$\{(\boldsymbol{x}_i, d_i)\}_{i=1}^N$，找到权值向量$\boldsymbol{w}$和偏置$b$的最优值，使得它们满足下面的约束条件：

$$d_i(\boldsymbol{w}^{\mathrm{T}}\boldsymbol{x}_i+b)\geqslant 1 \qquad i=1, 2, \cdots, N \tag{8-12}$$

并且权值向量$\boldsymbol{w}$最小化代价函数：

$$\Phi(\boldsymbol{w})=\frac{1}{2}\boldsymbol{w}^{\mathrm{T}}\boldsymbol{w} \tag{8-13}$$

包含比例因子是为了表示方便。这个约束优化问题称为原问题(primal problem)，它的特点是：

(1) 代价函数$\Phi(\boldsymbol{w})$是$\boldsymbol{w}$的凸函数；

(2) 约束条件关于$\boldsymbol{w}$是线性的。

因此可以使用 Lagrange 乘子方法解决约束优化问题。首先建立 Lagrange 函数：

$$J(\boldsymbol{w}, b, a)=\frac{1}{2}\boldsymbol{w}^{\mathrm{T}}\boldsymbol{w}-\sum_{i=1}^{N}\alpha_i[d_i(\boldsymbol{w}^{\mathrm{T}}\boldsymbol{x}_i+b)-1] \tag{8-14}$$

其中辅助非负变量α_i称作 Lagrange 乘子。得到两个最优化条件：

$$\frac{\partial J(\boldsymbol{w}, b, a)}{\partial \boldsymbol{w}}=0 \tag{8-15}$$

$$\frac{\partial J(\boldsymbol{w}, b, a)}{\partial b}=0 \tag{8-16}$$

应用最优化条件式(8-15)到 Lagrange 函数，得到：

$$\boldsymbol{w}=\sum_{i=1}^{N}\alpha_i d_i \boldsymbol{x}_i \tag{8-17}$$

应用最优化条件式(8-16)到 Lagrange 函数，得到：

$$\sum_{i=1}^{N}\alpha_i d_i=0 \tag{8-18}$$

解向量定义为N个训练样本的展开。但是注意，尽管由于 Lagrange 函数的凸性这个解是唯一的，但不能认为 Lagrange 系数α_i也是唯一的。

Mercer 定理指出：$K(\boldsymbol{x}, \boldsymbol{x}')$表示一个连续的对称核，其中$\boldsymbol{x}$核定义在闭区间，即$\boldsymbol{a}\leqslant\boldsymbol{x}\leqslant\boldsymbol{b}$。核$K(\boldsymbol{x}, \boldsymbol{x}')$可以被展开成为级数

$$K(\boldsymbol{x}, \boldsymbol{x}')=\sum_{i=1}^{\infty}\lambda_i\varphi_i(\boldsymbol{x})\varphi_i(\boldsymbol{x}') \tag{8-19}$$

其中所有的λ_i都是正的。为了保证这个展开式是合理的并且为绝对一致收敛的，充要条

件是

$$\int_a^b \int_a^b K(\boldsymbol{x}, \boldsymbol{x}')\Psi(\boldsymbol{x})\Psi(\boldsymbol{x}')\mathrm{d}\boldsymbol{x}\,\mathrm{d}\boldsymbol{x}' \geqslant 0 \tag{8-20}$$

对于所有满足 $\int_a^b \Psi^2(\boldsymbol{x})\mathrm{d}\boldsymbol{x} < \infty$的 $\Psi(\cdot)$ 成立。函数 $\varphi_i(\boldsymbol{x})$称为展开的特征函数，$\lambda_i$ 称为特征值。所有的特征值均为整数意味着核 $K(\boldsymbol{x}, \boldsymbol{x}')$是正定的。Mercer 定理仅告诉我们一个候选核是不是一个在某个空间中的内积核，从而允许用于一个支撑矢量基，但是，它并没有告诉我们如何去构造函数 $\varphi_i(\boldsymbol{x})$。

8.3 SRM 和 SVM 网络

传统神经网络与其他经典的学习算法将经验风险最小化（Empirical Risk Minimization，ERM)原理作为其当然的出发点，而对其合理性、适用范围、可以达到的近似质量等理论问题没有十分严格的理论结论。VC 理论严格地证明了 ERM 原理合理性的依据：一致收敛的充分必要条件、快速收敛的充分条件及一致分布和概率分布无关的充分必要条件，它们构成了统计学习渐进理论的三个最重要的成果。

不同于 ERM，结构风险最小化(Structural Risk Minimization，SRM)原理提供了一种对于给定的样本数据在近似精度和模型近似复杂度之间进行折中的定量方法，即在近似函数集的结构中找出一个最佳子集，确保使实际风险的上界达到极小。然而上述一般算法的计算量太大，不是一种在实际应用中可行的算法。在实际应用中可行的是以下两种算法。

第一种算法：在函数集中，根据所给样本数据集的大小和其他的先验知识，选定一个子集，使其置信区间足够小；然后在子集中求解经验风险的最小化问题。这种算法通过选择适当的近似函数结构，使置信区间保持不变，然后进行经验极小化，这是在传统神经网络中应用的方法。

第二种算法：首先找出一种特殊的函数集，其结构中每一个子集的经验风险都相同(等于 0 或一个非常小的数)；然后求出使置信区间为最小的一个子集，则该子集的确保风险为极小。这种方法在保持经验风险不变的条件下，使置信区间极小，也就是支撑矢量机算法。近年来基于支撑矢量机(SVM)理论的支撑矢量机网络得到国外学者高度的重视，被普遍认为是神经网络学习的一个新的研究方向。

8.4 线性支撑矢量机网络

假定训练数据(x_1, y_1)，(x_2, y_2)，…，(x_l, y_l)，$\boldsymbol{x} \in \mathbf{R}^n$，$y_i \in \{+1, -1\}$，$i=1, 2,$

…，l，被一个分类超平面(或者判别函数)：

$$D(\boldsymbol{x}):(\boldsymbol{w}\cdot\boldsymbol{x})-b=0 \tag{8-21}$$

正确地分开。按照直观的推测，与两类样本点距离最大(称为边缘最大)的分类超平面会获得最佳的推广能力(即最为稳妥地描述了两种样本的界限)。最优超平面由离它最近的少数样本点(即支持向量)决定，而与其他样本无关。假设为了使超平面能将两类样本 $y=1$ 和 $y=-1$ 正确地分开，则需要 $\boldsymbol{w}$、b 满足：

$$\begin{cases}(\boldsymbol{w}\cdot\boldsymbol{x})-b\geqslant+1 & y=+1\\(\boldsymbol{w}\cdot\boldsymbol{x})-b\leqslant-1 & y=-1\end{cases} \tag{8-22}$$

令 $\boldsymbol{Y}=[y_1, y_2, \cdots, y_l]$，则式(8-22)可改写成：

$$\boldsymbol{Y}[(\boldsymbol{w}\cdot\boldsymbol{x})-b]\geqslant+1 \tag{8-23}$$

计算可知任意一样本点 x_i 到分界面的距离为$\dfrac{D(x_i)}{\|\boldsymbol{w}\|}$，若存在一个 τ，对任一样本都有

$$\frac{y_i D(x_i)}{\|\boldsymbol{w}\|}\geqslant\tau \tag{8-24}$$

则称 τ 为判别函数的余量，它表示样本点与分界面之间的最小距离。余量越大，基于该分界面的分类推广能力越好。对同一组分类样本，可作出许多分界面，其中余量最大者称为最优分界面，如图 8-1 所示。

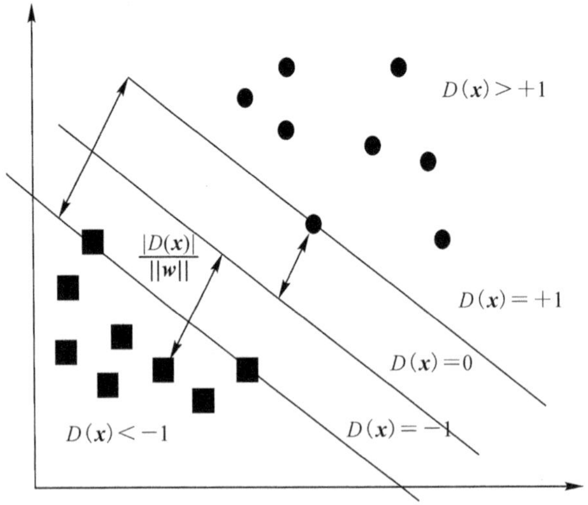

图 8-1　最优分界面

因此，求最优分界面的问题可表述为下列二次优化问题。对于给定的训练样本 $(x_i, y_i)(i=1, 2, \cdots, l)$，在约束条件下：

$$y_i[(\boldsymbol{w}\cdot x_i)-b]\geqslant+1 \qquad i=1, 2, \cdots, l \tag{8-25}$$

求使下列二次泛函取极小值的 $\boldsymbol{w}$、b：

$$\eta(\boldsymbol{w})=\frac{1}{2}\|\boldsymbol{w}\|^2 \tag{8-26}$$

若参数满足约束条件 $\|\boldsymbol{w}\|\leqslant c$，则可以对判别函数集作出一个 SRM 原理所要求的结构：

$$S_k=\{(\boldsymbol{w}\cdot\boldsymbol{x})-b: \|\boldsymbol{w}\|^2\leqslant c_k\} \qquad c_1<c_2<\cdots<c_k$$

$$\min_{w,\, b}\max_{\alpha_i} Q(\boldsymbol{w}, b, \alpha)$$

$$Q(\boldsymbol{w}, b, \alpha)=\frac{1}{2}\|\boldsymbol{w}\|^2-\sum_{i=1}^{l}\alpha_i\{y_i[(\boldsymbol{w}\cdot x_i)-b]-1\} \tag{8-27}$$

其中，$\alpha_i\geqslant 0$ 为拉格朗日乘子。利用 Kuhn-Tucker 条件，可将式(8-27)中的 $\boldsymbol{w}$ 和 b 仅用 α_i 表示，得到原优化问题的对偶优化问题。

对于给定的训练样本$(x_i, y_i)(i=1, 2, \cdots, l)$，在约束条件

$$\sum_{i=1}^{l} y_i\alpha_i=0 \quad \alpha_i\geqslant 0; \; i=1, 2, \cdots, l \tag{8-28}$$

下，求参数 $\alpha_i(i=1, 2, \cdots, l)$，使下列泛函取极大值：

$$Q(\alpha)=\sum_{i=1}^{l}\alpha_i-\frac{1}{2}\sum_{i=1}^{l}\sum_{j=1}^{l}\alpha_i\alpha_j y_i y_j(x_i, x_j) \tag{8-29}$$

因为式(8-29)中只需计算输入矢量之间的内积，约束条件也很简单，所以该对偶优化问题比原问题简单得多，较容易用标准的二次规划方法求解。

8.5 非线性支撑矢量机网络

在输入空间中构造最优分界面的方法类似于经典的感知器(单个神经元)方法。这种方法仅当样本集为线性可分时才能使经验误差等于零。由于许多问题，甚至包括像异或(XOR)这样简单的问题都不是线性可分的，因此用这种方法求得的解常常由于经验误差过大而失去意义。

解决这个问题的第一个途径是多层感知器，即神经网络方法，其实质就是将近似函数集由感知器所用的简单线性指示函数扩展成由许多线性指示函数叠加成的一个更为复杂的近似函数集，再用 S 形函数来近似指示函数中的单位阶跃函数(或符号函数)，从而得到使经验误差极小化的一种容易操作的算法，即 BP 学习算法。BP 算法是基于梯度寻优的一种逐步修正的方法，存在前面所指出的一些缺点和问题，作为一种学习机，它的性能不容易

进行设计和控制。

第二个途径是保留简单的线性指示函数，但是将输入矢量映射到一个高维的特征矢量空间，并在该特征空间中构造最优分界面，这就是支撑矢量机(SVM)方法。

设用非线性变换函数：

$$\psi_i = g_i \qquad i=1,\ 2,\ \cdots,\ m \tag{8-30}$$

将 n 维输入矢量空间的矢量 $\boldsymbol{x}$ 变换为 m 维特征矢量空间的矢量 $\boldsymbol{\psi}(m>n)$，即

$$\boldsymbol{\psi} = \{g_1(\boldsymbol{x}),\ g_2(\boldsymbol{x}),\ \cdots,\ g_m(\boldsymbol{x})\} \tag{8-31}$$

由上述讨论可知，特征空间中构造最优分界面只涉及计算两个矢量的内积：

$$(\boldsymbol{\psi}_i,\ \boldsymbol{\psi}_j) = \sum_{k=1}^{m} g_k(\boldsymbol{x}_i) g_k(\boldsymbol{x}_j) \tag{8-32}$$

实际上并不需要直接利用非线性变换 $g_k(\boldsymbol{x})$，$k=1$，…，m 来求内积$(\boldsymbol{\psi}_i,\ \boldsymbol{\psi}_j)$，因为特征空间的维数 m 很高，直接利用式(8-32)计算会很困难甚至不可能做到。从式(8-32)可见，特征空间中两个矢量 $\boldsymbol{\psi}_i$ 与 $\boldsymbol{\psi}_j$ 的内积，是它们在输入空间中的源像 $\boldsymbol{x}_i$ 与 $\boldsymbol{x}_j$ 的函数：

$$(\boldsymbol{\psi}_i,\ \boldsymbol{\psi}_j) = K(\boldsymbol{x}_i,\ \boldsymbol{x}_j) \tag{8-33}$$

根据 Hilbert-Schmidt 定理，只要 $K(\boldsymbol{x}_i,\ \boldsymbol{x}_j)$是一个对称正定函数，并满足下列 Mercer 条件，则 $K(\boldsymbol{x}_i,\ \boldsymbol{x}_j)$代表特征空间中两个矢量 $\boldsymbol{\psi}_i$ 与 $\boldsymbol{\psi}_j$ 的内积。这两个矢量 $\boldsymbol{\psi}_i$ 与 $\boldsymbol{\psi}_j$ 分别是输入空间中的矢量 $\boldsymbol{x}_i$ 与 $\boldsymbol{x}_j$ 到特征空间中的某个非线性映射的像。函数 $K(\boldsymbol{x}_i,\ \boldsymbol{x}_j)$称为核。

Mercer 条件：

$$\iint K(\boldsymbol{x}_i,\ \boldsymbol{x}_j)\varphi(\boldsymbol{x}_i)\mathrm{d}\boldsymbol{x}_i \mathrm{d}\boldsymbol{x}_j > 0 \tag{8-34}$$

其中，φ 为任意非零函数，并满足：

$$\iint \varphi^2(\boldsymbol{x})\mathrm{d}\boldsymbol{x} < 0 \tag{8-35}$$

选定某个满足条件式(8-34)与(8-35)的核后，只需用它取代式(8-32)中的内积，便可从输入空间映射到高维的特征空间，在那里设计的最优分界面用输入空间变量表达的形式。在高维的特征空间中，最优分界面是一个超平面(线性的)，其所对应的输入空间最优分界面则是一个超曲面(非线性的)：

$$D(\boldsymbol{x}) = \sum_{i=1}^{s} \alpha_i^* \tilde{\boldsymbol{y}}_i K(\tilde{\boldsymbol{x}}_i \cdot \boldsymbol{x}) \tag{8-36}$$

其中的参数 $\alpha_i(i=1,\ 2,\ \cdots,\ s,\ s<l)$是下列二次优化问题之非零解，$\tilde{\boldsymbol{y}}_i$ 是与支撑矢量 $\tilde{\boldsymbol{x}}_i$ 对应的样本输出。

给定训练样本 $\boldsymbol{x}_i$、$\boldsymbol{y}_i(i=1,\ \cdots,\ l)$、核函数 $K(\boldsymbol{x}_i,\ \boldsymbol{x}_j)$和调节参数 C，在约束条件：

$$\sum_{i=1}^{l}\alpha_i \boldsymbol{y}_i = 0 \quad 0 \leqslant \alpha_i \leqslant C;\ i=1, \cdots, l \tag{8-37}$$

下，求泛函：

$$Q(\boldsymbol{\alpha}) = \sum_{i=1}^{n}\alpha_i - \frac{1}{2}\sum_{i=1}^{l}\sum_{j=1}^{l}\alpha_i\alpha_j \boldsymbol{y}_i\boldsymbol{y}_j(\boldsymbol{x}_i, \boldsymbol{x}_j) \tag{8-38}$$

的极小值。与最优分界面对应的支撑矢量机的判别函数为

$$y = f(\boldsymbol{x}, \boldsymbol{\alpha}) = \mathrm{sgn}\left\{\sum_{i=1}^{s}\alpha_i^* \tilde{\boldsymbol{y}}_i K(\tilde{\boldsymbol{x}}_i \cdot \boldsymbol{x})\right\} \tag{8-39}$$

由式(8-38)可以看出支撑矢量机具有与神经网络类似的结构，可用图 8-2 所示的网络表示，因此支撑矢量机又称为 SVM 网络。

常用的满足 Mercer 条件的核函数有 d 次多项式、径向基函数等，选用不同的核函数可构造不同的支撑矢量机。关于 SVM 网络的论述详见文献[8.13]和[8.14]。

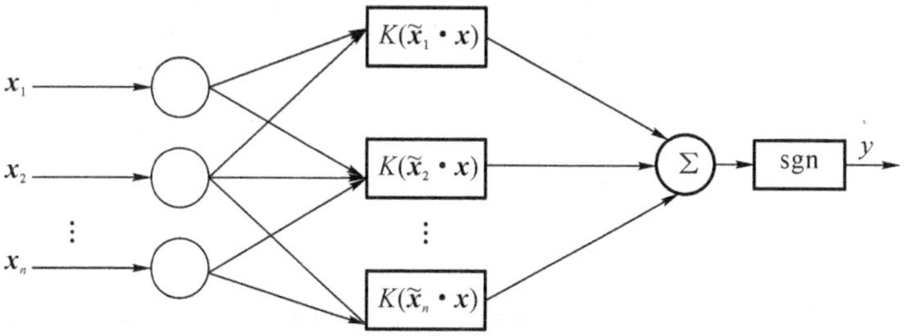

图 8-2　SVM 网络

8.6　支撑矢量机网络应用实例

合成孔径雷达(Synthetic Aperture Radar，SAR)是一种高分辨率的主动式微波成像雷达，不仅具有全天候、全天时的成像特点，而且具有很强的穿透性，正是这些特点，使其在国民经济和国防事业中起着日益重要的作用。SAR 图像的应用不可避免地涉及 SAR 图像的检测和识别问题。

下面应用 SVM 网络对 SAR 图像中的桥梁进行识别，问题可归结如下：对同一目标从不同角度不同距离获得不同 SAR 图像，然后对图像中的桥梁进行切割，得到多幅包含桥梁的子图像，现要求把同一桥梁的子图像归为一类。本实验中 SAR 图像的来源是 Sandia 国

家实验室①，我们获得了三幅关于 Washington 地区的 SAR 图像，图 8－3 给出了其中的一幅，在图中标出了 12 座桥梁。图 8－4 中给出了 12 幅切割下来的桥梁的子图像，子图像的大小为 30×30。为补充样本不足，我们对切割下的子图像进行了旋转、伸缩和偏心处理(桥梁中心偏离子图像中心)，对每座桥梁得到 60 幅子图像。当然经旋转后的 SAR 图像与实际从不同方向进行 SAR 成像得到的图像会有所差别，因为实际地貌和建筑物都是三维立体的，从各个方向反射的雷达回波肯定会有所不同。为了克服噪声的影响，我们对所有的图像进行了 Hough 变换。

图 8－3　Washington. D. C 的 SAR 图像

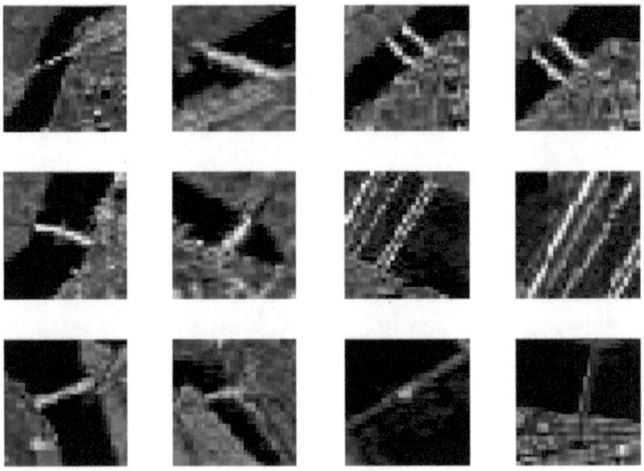

图 8－4　分割下来的 12 座桥梁

① URL：http://www.sandia.gov/radar/imagery.html

具体实验时，令 $C=1000$。我们采用了 Gaussian 核函数，核参数的选择范围为 $p=21\sim30$，间隔为 1，在参数范围内取最优的结果。这里，我们进行 5 次 3 倍交叉验证，共训练 15 次。实验结果见表 8－1。

表 8－1　SAR 桥梁的识别结果

方　法	训练时间/s	检验时间/s	支撑矢量个数	平均误识率/(%)
one-against-one	2.63×10^3	3.25×10^3	4379	5.89
one-against-all	3.74×10^4	8.74×10^3	3192	5.59
SVM 网络	9.05×10^3	2.78×10^3	1528	6.00

本章参考文献

[8.1] 焦李成，公茂果，王爽，等. 自然计算、机器学习与图像理解前沿[M]. 西安：西安电子科技大学出版社，2008.

[8.2] 焦李成. 神经网络的应用与实现[M]. 西安：西安电子科技大学出版社，1993.

[8.3] 焦李成. 非线性传递函数理论与应用[M]. 西安：西安电子科技大学出版社，1992.

[8.4] 焦李成，赵进，杨淑媛，等. 深度学习、优化与识别[M]. 北京：清华大学出版社，2017.

[8.5] 焦李成，张向荣，侯彪，等. 智能 SAR 图像处理与解译[M]. 北京：科学出版社，2008.

[8.6] Cortes C，Vapnik V. Support-vector networks[J]. Machine Learning，1995，20(3)：273－297.

[8.7] BURGES C J C . A tutorial on support vector machines for pattern recognition[J]. Data Mining and Knowledge Discovery，1998，2(2)：121－167.

[8.8] 王仁宏，梁学章. 多元函数逼近[M]. 北京：北京出版社，1988.

[8.9] NOVIKOFF A B J. On convergence proofs for perceptrons[J]. Proc. Sympos. Math. Theory of Automata，1963：615－622.

[8.10] VAPNIK V N，CHERVONENKIS A Y. Uniform convergence of frequencies of occurrence of events to their probabilities[J]. Soviet Mathematics Doklady，1968，9(4)：915－918.

[8.11] VAPNIK V N，CHERVONENKIS A Y. On the uniform convergence of relative frequencies of events to their probabilities[J]. Theory of Probability and Its Applications，1971，16(2)：264－280.

[8.12] VAPNIK V N，CHERVONENKIS A Y. Ordered risk minimization. II[J]. Automation & Remote Control，1974(9)：1403－1412.

[8.13] VAPNIK V，STERIN A. On structural risk minimization or overall risk in a problem of pattern recognition[J]. Automation and Remote Control，1977，10(3)：1495－1503.

[8.14] VAPNIK V. Inductive principles of the search for empirical dependences (Methods based on weak convergence of probability measures) [C]. Second Workshop on Computational Learning Theory, 1989.

[8.15] CORTES C, VAPNIK V. Support vector machines[J]. Machine Learning, 1995, 20: 273-293.

[8.16] ZHOU W, LI Z, JIAO L. A new principle for measuring the generalization performance of SVMs [C]. International Conference on Signal Processing. 2002.

[8.17] ZHANG L, ZHOU W, JIAO L. Support vector machines based on scaling kernels [C]. International Conference on Signal Processing. IEEE, 2002.

[8.18] ZHANG L, ZHOU W, JIAO L. Wavelet support vector machine[J]. IEEE Transactions on Systems Man & Cybernetics Part B Cybernetics A Publication of the IEEE Systems Man & Cybernetics Society, 2004, 34(1): 34.

第9章 模糊神经网络

计算智能的三大主要分支为进化算法、模糊逻辑和人工神经网络。在第6章中我们已经介绍了人工神经网络与进化算法的结合，本章将从理论研究与客观实践的角度探讨模糊逻辑理论和人工神经网络两种计算智能方法的结合与应用。通过理论分析模糊逻辑理论和人工神经网络的互补性，将模糊逻辑和神经网络相结合产生了一种新的技术领域，即模糊神经网络(Fuzzy Neural Network，FNN)。模糊神经网络是一种引入模糊算法或模糊权系数的神经网络模型。由于它充分考虑了神经网络与模糊系统的互补性，因此是一个集语言、逻辑推理、分布式处理和非线性动力学过程于一身的系统，近年来国内外众多研究者均对此进行了追踪。

模糊神经网络是一种集模糊逻辑推理的强大结构性知识表达能力与神经网络的强大自学习能力于一体的新技术，它汇集了模糊理论与神经网络的优点，集学习、联想、识别、自适应及模糊信息处理于一体。也就是说，模糊神经网络是一种新型的神经网络，它是在网络中引入模糊算法或模糊权系数的神经网络。模糊神经网络的特点在于把模糊逻辑方法和神经网络方法结合在一起[9.1－9.7]。

模糊逻辑和神经网络是智能模拟领域中各具特点的两个热点研究内容[9.8]。神经网络是以生物神经网络为模拟对象，试图在模拟推理及自学习等方面向前发展，使人工智能更接近人脑的自组织和并行处理等功能。模糊信息处理以模糊逻辑为基础，抓住人类思维中的模糊性这个特点，模仿人的模糊综合判断推理，从而来处理常规方法难以解决的模糊信息处理的难题。因此，无论从模糊控制，还是从神经网络控制研究的角度来看，两者的结合可以说代表了该领域未来的主要发展方向，也是当前研究的热点。

模糊神经网络是对神经网络的模糊化，模糊化可以在神经网络的输入、输出、学习算法和神经元上进行。输入和输出模糊化的关键在于建立合适的隶属函数，使输入和输出转化为相应的隶属度，将它们的取值范围限定在[0，1]之间。传统神经网络只允许一个输出神经元为1，其余神经元皆为0，而模糊神经网络却允许多个输出神经元同时取非0值。因此从模式识别的角度来说，模糊神经网络特别适合于区分那些相互重叠、边界模糊的模式。学习算法模糊化的关键之处在于要建立合理的模糊误差测度，其他因素如初始权值的选取和学习常数的大小等都需做合理的调整。当然，在训练过程中样本也必须是模糊的。

简言之，模糊神经网络就是具有模糊权系数或者输入信号是模糊量的神经网络。模糊神经网络这一新兴领域的开拓者归功于美国南加利福尼亚大学信号和图像处理研究所的B.Kosko[9.9]教授。模糊神经网络的性能在很大程度上受网络本身结构的制约，所以如何构成良好的网络结构，以利于神经网络实现模糊输入、模糊推理、网络中的传播和最终结果的理解等，已成为许多学者所关心并加以研究的问题。

9.1 模糊数学理论

1965年，美国著名的控制论专家L. A. Zaden发表了第一篇开创性论文*Fuzzy Sets*，提出了模糊集，标志着模糊数学的诞生。模糊数学是研究如何描述和处理模糊性现象的一个数学分支。笼统地说，模糊集是一种特别定义的集合，它可用来描述模糊现象。有关模糊集合、模糊逻辑等的数学理论，称之为模糊数学[9.10]。

9.1.1 模糊集合及其运算

定义9.1 设给定论域X，若X到[0, 1]闭区间的任一映射：

$$\mu_A: X \to [0, 1],\ x \to \mu_A(x),\ x \in X \tag{9-1}$$

都确定X的一个模糊子集A，则$\mu_A(x)$称为模糊子集的隶属函数，也称为x对模糊集A的隶属度。隶属度也可记为$A(x)$。在不混淆的情况下，模糊子集也称模糊集合。

上述定义表明，论域X上的模糊子集A由隶属函数$\mu_A(x)$来表征，$\mu_A(x)$的取值范围为闭区间[0, 1]，$\mu_A(x)$的大小反映了x对于模糊子集A的从属程度。当$\mu_A(x)$的值域为{0, 1}时，$\mu_A(x)$蜕化成一个经典子集的特征函数，模糊子集A便蜕化成一个经典子集。由此不难看出，经典集合是模糊集合的特殊形态，模糊集合是经典集合概念的推广。

当X为有限集$\{x_1, x_2, \cdots, x_n\}$时，模糊集可表示为

$$A = \frac{A(x_1)}{x_1} + \frac{A(x_2)}{x_2} + \cdots + \frac{A(x_n)}{x_n} \tag{9-2}$$

当X是有限连续域时，模糊集可表示为

$$A = \int_X \frac{\mu_A(x)}{x} \tag{9-3}$$

定义9.2 设A与B是论域上的模糊集，若$\mu_A(x) \equiv \mu_B(x)$，则称A与B相等，记为$A=B$；若$\mu_A(x) \leqslant \mu_B(x)$，则称$A$包含于$B$，记为$A \subset B$；若$\mu_A(x) \equiv 0$，则$A$为空集，记为$A \equiv \varnothing$。

模糊集A与B的并集记为$A \cup B$，用隶属函数表示为

$$\mu_{A \cup B}(x) = \max[\mu_A(x),\ \mu_B(x)] \tag{9-4}$$

模糊集 A 与 B 的交集记为 $A\cap B$，用隶属函数表示为

$$\mu_{A\cap B}(x)=\min[\mu_A(x),\ \mu_B(x)] \tag{9-5}$$

模糊集 A 的余集记为 $\overline{A}$，用隶属函数表示为

$$\mu_{\overline{A}}(x)=1-\mu_A(x) \tag{9-6}$$

9.1.2　模糊数及其运算

在实际问题中，一些历史数据和一些实际测量值(尤其是估计值)很难用精确的数字给出，往往用“大约”“左右”等语言描述，模糊数及其运算就成为表述这些模糊信息并进行加工的好方法。

定义 9.3　设 I 是实数域 $\mathbf{R}^l$ 上的正则模糊集，且对任意 $\alpha\in[0,1]$，I_α 均为一闭区间，则称 I 是一个模糊数。常见的三角模糊数与梯形模糊数有如下定义：

三角模糊数为

$$\mu(x,a,b)=\max\left[\min\left(\frac{x-a}{b-a},\ \frac{c-x}{c-b}\right),\ 0\right]$$

梯形模糊数为

$$\mu(x,a,b,c,d)=\max\left[\min\left(\frac{x-a}{b-a},\ 1,\ \frac{d-x}{d-c}\right),\ 0\right]\qquad a\leqslant b\leqslant c\leqslant d$$

模糊算术运算包括模糊乘和模糊加两种基本运算。

1. 模糊乘

设 $\underset{\sim}{N}$、$\underset{\sim}{M}$ 是两个模糊集，它们的隶属函数分别为 $\mu_{\underset{\sim}{N}}(x)$、$\mu_{\underset{\sim}{M}}(y)$，则 $\underset{\sim}{N}$ 和 $\underset{\sim}{M}$ 的模糊乘表示为 $P=\underset{\sim}{N}\odot\underset{\sim}{M}$，其中，符号⊙表示模糊乘运算。模糊乘 P 的隶属函数由下式给出：

$$\mu_P(Z)=\underset{Z=X\cdot Y}{\mathrm{SUPT}}[\mu_{\underset{\sim}{N}}(x),\ \mu_{\underset{\sim}{M}}(y)] \tag{9-7}$$

或

$$\mu_P(X+Y)=\bigvee_{X\cdot Y}[\mu_{\underset{\sim}{N}}(x)\wedge\mu_{\underset{\sim}{M}}(y)] \tag{9-8}$$

式(9-7)、式(9-8)定义了基于扩张原理的模糊乘运算。

模糊乘的意义如图 9-1 所示。

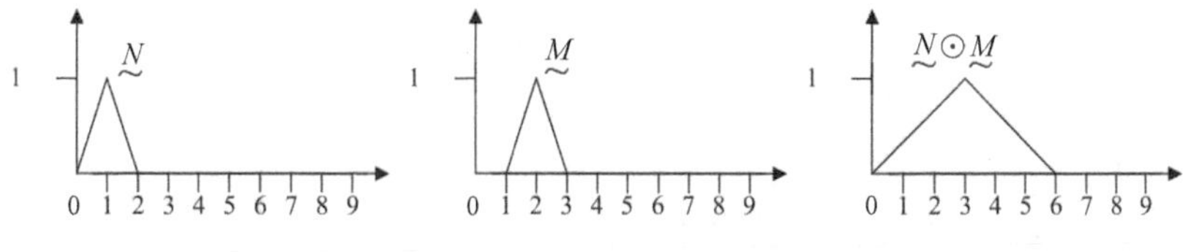

图 9-1　模糊乘

2. 模糊加

设 $\underset{\sim}{N}$、$\underset{\sim}{M}$ 是两个模糊集，它们的隶属函数分别为 $\mu_{\underset{\sim}{N}}(x)$、$\mu_{\underset{\sim}{M}}(y)$，则 $\underset{\sim}{N}$ 和 $\underset{\sim}{M}$ 的模糊加 H 表示为 $\underset{\sim}{H}=\underset{\sim}{N}\oplus\underset{\sim}{M}$，其中，符号$\oplus$表示模糊加运算。模糊加 H 的隶属函数由下式给出：

$$\mu_{\underset{\sim}{H}}(Z)=\underset{Z=X+Y}{\mathrm{SUPT}}[\mu_{\underset{\sim}{N}}(x),\ \mu_{\underset{\sim}{M}}(y)] \tag{9-9}$$

或

$$\mu_{\underset{\sim}{H}}(X+Y)=\bigvee_{X+Y}[\mu_{\underset{\sim}{N}}(x)\wedge\mu_{\underset{\sim}{M}}(y)] \tag{9-10}$$

式(9-9)、式(9-10)定义了基于扩张原理的模糊加运算。

模糊加的意义如图 9-2 所示。

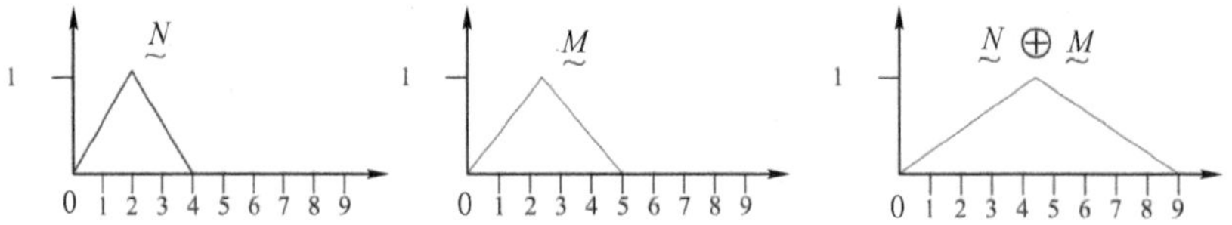

图 9-2　模糊加

9.2　模糊神经网络

模糊神经网络是一种集模糊逻辑推理的强大结构性知识表达能力与神经网络的强大自学习能力于一体的新技术，它汇集了模糊理论与神经网络的优点，如学习、联想、识别、自适应及模糊信息处理等。也就是说，模糊神经网络是一种新型的神经网络，它是在网络中引入模糊算法或模糊权系数的神经网络。模糊神经网络的特点在于把模糊逻辑方法和神经网络方法结合在一起[9.11]。

9.2.1　模糊神经网络的基础知识

神经网络具有并行计算、分布式信息存储、容错能力强以及自适应学习等优点，但神经网络不适合表达基于规则的知识。因此在神经网络的训练时，由于不能很好地利用先验知识，常常只能将初始权值取为零或随机数，从而增加了网络的训练时间或使网络陷入非要求的局部极值。这是神经网络的不足。

另一方面，模糊逻辑也是一种处理不确定性、非线性等问题的有力工具。它比较适合于表达那些模糊或定性知识，其推理方式比较适合于人的思维模式，但是一般说来模糊逻辑系统缺乏学习和自适应能力。

由此可以想到，若能将模糊逻辑和神经网络适当地结合起来，综合二者的长处，应该可以得到比单独的神经网络系统或单独的模糊逻辑系统更好的系统，这样就诞生了模糊神经网络系统[9.12]。

1. 模糊逻辑系统

模糊逻辑系统通常由模糊规则库、模糊推理机、模糊器和去模糊器四个部分组成。其基本框架结构如图 9-3 所示。

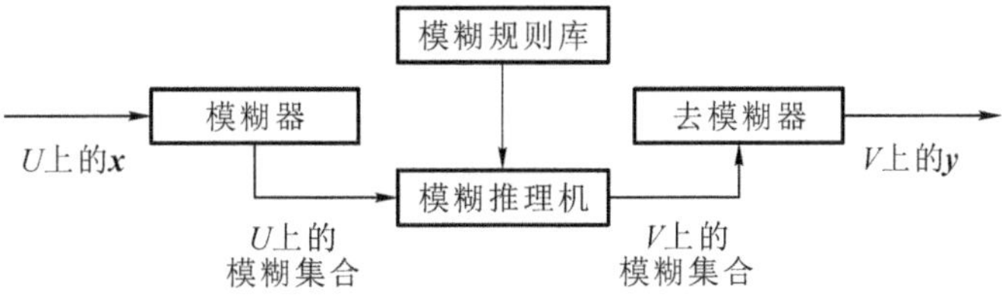

图 9-3　模糊逻辑系统的基本框架结构

(1) 模糊规则库：由具有多输入、单输出形式的若干条模糊“if-then”规则的总和所组成，即

$$R^{(l)}: \text{if} \quad x_1 \text{ 为 } F_1^l, \cdots, \text{且 } x_n \text{ 为 } F_n^l, \text{ then } \boldsymbol{y} \text{ 为 } G^L$$

其中：$\boldsymbol{x}=(x_1, x_2, \cdots, x_n)^{\mathrm{T}} \in U_1 \times \cdots \times U_n$，$\boldsymbol{y} \in V$ 均为语言变量，分别为模糊逻辑系统的输入和输出；F_n^l 和 G^L 分别为 $U_i \in \mathbf{R}$ 和 $V \in \mathbf{R}$ 上的模糊集合；$l=1, 2, \cdots, M$，M 为模糊规则库所包含的模糊“if-then”规则的总数。

(2) 模糊推理机：其作用是根据模糊逻辑法则把模糊规则中的模糊“if-then”规则转换成某种映射，即将 $U=U_1 \times \cdots \times U_n$ 上的模糊集合映射成 V 上的模糊集合。

(3) 模糊器：其作用是将一个确定的点 $\boldsymbol{x}=(x_1, x_2, \cdots, x_n)^{\mathrm{T}} \in U$ 映射为 U 上的一个模糊集合 A'。

(4)去模糊器：其作用是把 V 上的一个模糊集合 G 映射为一个确定的点 $\boldsymbol{y} \in V$。

2. 模糊逻辑系统与神经网络的结合

根据模糊逻辑系统和神经网络连接的形式、使用功能和融合形态，可将它们的结合归纳成以下五大类[9.12]：

(1) 松散型结合。在同一系统中，对于可用“if-then”规则来表示的部分用模糊逻辑系统描述，而对于很难用“if-then”规则表示的部分则用神经网络描述，两者之间没有直接联系。

(2) 并联型结合。模糊逻辑系统和神经网络在系统中按并联方式连接，即享有共同的输入。按起作用的轻重程度，还可分为同等型和补助型。在补助型中，系统输出主要由子系统 1 (FS 或 NN)决定，而子系统 2 (NN 或 FS)的输出起补偿作用。

(3) 串联型结合。模糊逻辑系统和神经网络在系统中按串联方式连接，即一方的输出成为另一方的输入。这种情形可看成是两段推理或者串联中的前者作为后者输入信号的预处理部分。

(4) 网络学习型结合。系统由模糊逻辑系统表示，但模糊逻辑系统的隶属函数等通过神经网络的学习来生成和调整。

(5) 结构等价型结合。模糊逻辑系统由一等价结构的神经网络表示。神经网络不再是一黑箱，它的所有节点和参数都具有一定的意义，即对应模糊逻辑系统的隶属函数或推理过程。该种结合方式最能体现神经网络原理与模糊规则的融合，是应用最为广泛的模糊神经网络模型，其结构见图 9-4。

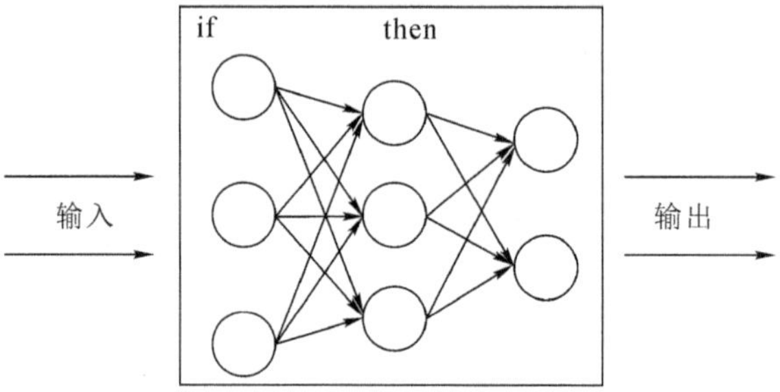

图 9-4　模糊神经网络模型

3. 模糊神经网络的结构

模糊神经网络模型有不同的网络拓扑结构，但它们的结构大体相似，如图 9-5 所示。模糊神经网络基本上都是三层结构：模糊化层、模糊推理层和去模糊化层[9.13]。

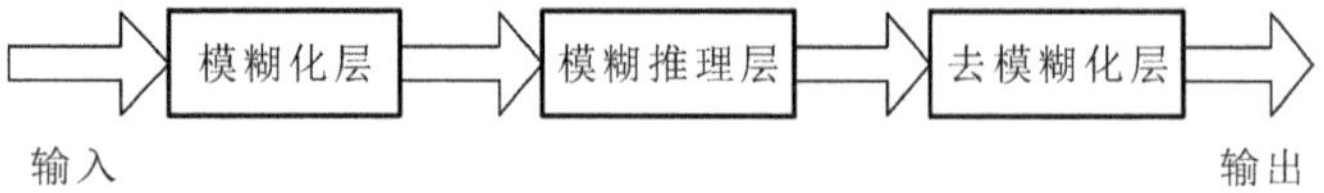

图 9-5　模糊神经网络的拓扑结构

第一层：模糊化层。模糊化层是每一类模糊神经网络必要的组成部分，它实现输入变量的模糊化，完成一个隶属函数的计算。

第二层：模糊推理层。模糊推理层是网络结构中相对重要的部分，联系着模糊推理的前提和结论，用于实现网络的模糊映射。模糊推理层的结构是多样化的，可以是反向传播(BP)网络，也可以是径向基函数(RBF)网络或者其他网络。不同的结构对应不同的算法，不过模糊神经网络各种模型的主要区别就在于这一层。

第三层：去模糊化层。去模糊化层将推理结论变量的分布型基本模糊状态转化成确定状态，负责给出确定的输出以便系统执行。在一些特定的网络中，可以不构造去模糊化层。

为了增强模糊神经网络的自适应性，通常模糊化层、模糊推理层和去模糊化层均由多层网络组成。这样通过网络学习，就可以实现模糊推理模型中的隶属函数和模糊规则的自动调整。下面是一个典型4层的模糊神经网络结构，如图9-6所示。

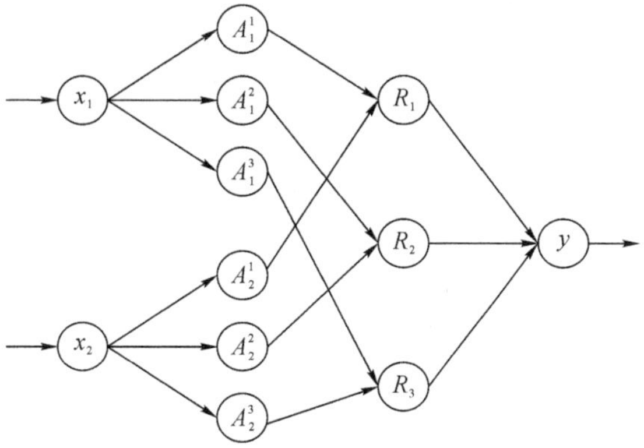

图9-6　典型的模糊神经网络

对于一般的 n 维输入且包含 H 个模糊规则的FNN，各层处理过程可表示如下：

(1) 输入层：x_i，$i=1, 2, \cdots, n$，其中，x_i 就是FNN的第 i 个输入，此层有 n 个节点。

(2) 隶属函数层：

$$\mu_{ij}^2(x_i)=\exp\left[-\frac{(x_i-w_{ik})^2}{\sigma_{ik}^2}\right] \quad i=1, 2, \cdots, n;\ k=1, 2\cdots, H \tag{9-11}$$

其中，w_{ik} 和 σ_{ik}^2 分别是第 i 个输入变量的第 k 个模糊集合的高斯函数的均值和标准差，它们是FNN的可调参数。此层有 $n\times H$ 个节点。

(3) 模糊规则层：

$$\mu_k=\prod_{i=1}^{n}\mu_{ij}^2(x_i) \quad k=1, 2, \cdots, H \tag{9-12}$$

其中，μ_k 为第 k 条规则的激活度。此层有 H 个节点。

(4) 去模糊层：

$$y=\frac{\sum_{k=1}^{H}\mu_k v_k}{\sum_{k=1}^{H}\mu_k} \tag{9-13}$$

其中，y 为FNN的输出，v_k 为第三、四层间的可调权系数。此层只有一个节点。

在这个模糊神经网络中，可调参数有三类：一类是规则中结论的数值 v_k，它们是第三、四层间的权系数，代表规则参数；第二、三类可调参数分别是高斯型隶属函数的均值 w_{ik} 和标准差 σ_{ik}，它们位于第二层的节点中，代表输入隶属函数的参数。

4. 模糊神经网络的特点

除具有一般神经网络的性质和特点外，模糊神经网络还具有一些特殊性质[9.8]：

(1) 由于采用模糊数学中的计算方法，使一些处理单元的计算变得较为简便，因而加快了处理信息的速度。

(2) 由于采用了模糊化的运行机制，加强了系统的容错能力。

(3) 模糊神经网络大大增强了系统处理信息的手段，使系统处理信息的方法变得更加灵活。

(4) 模糊神经网络扩大了系统处理信息的范围和能力，使系统可同时处理确定性信息和不确定性信息。

(5) 模糊神经网络解决了神经网络内部的“黑箱”问题，内部是透明的。

(6) 模糊系统的模糊规则及隶属函数的生成与修正，利用局部节点或权值的确定和调整，学习速度较快。

同时，模糊神经网络的实现方法也存在一些困难。如一些模糊神经网络结构过于复杂，节点和连接权的物理意义不明确；学习算法冗长，程序实现困难；还有的网络收敛性差，或者训练后网络的推广能力(即泛化)受到限制。再有，模糊推理中的模糊规则提取与隶属函数的自动生成一直是阻碍模糊推理应用的一大难题，这些都是以后模糊神经网络需解决的问题。

9.2.2 模糊神经网络的发展历程

1974 年，S. C. Lee 和 E. T. Lee 在 *Cybernetics* 杂志上发表了 *Fuzzy sets and neural networks* 一文，首次把模糊集和神经网络联系在一起；接着，在 1975 年，他们又在 *Math. Biosci* 杂志上发表了 *Fuzzy neural networks* 一文，明确地对模糊神经网络进行了研究。在文章中，作者用 0 和 1 之间的中间值推广了 McCulloch-Pitts 神经网络模型。在以后一段时间中，由于神经网络的研究仍处于低潮，因此在这方面的研究没有取得什么进展。1985 年，J. M. Keller 和 D. Huut 提出把模糊隶属函数和感知器算法相结合。1989 年，T. Yamakawa 提出了初始的模糊神经元，这种模糊神经元具有模糊权系数，但输入信号是实数。1992 年，T. Yamakawa 又提出了新的模糊神经元，新的模糊神经元的每个输入端不是具有单一的权系数，而是模糊权系数和实数权系数串联的集合。同年，K. Nakamura 和 M. Tokunaga 也分别提出了与 T. Yamakawa 的新模糊神经元类同的模糊神经元。1992 年，D. Nauck 和

R. Kruse提出用单一模糊权系数的模糊神经元进行模糊控制及过程学习。而在这一年，I. Requena和 M. Delgado 提出了具有实数权系数、模糊阈值和模糊输入的模糊神经元。1990 年到 1992 年期间，M. M. Gupta 提出了多种模糊神经元模型，这些模型中有和上面的模糊神经元模型类似的，还有含模糊权系数并可以输入模糊量的模糊神经元。1992 年开始，J. J. Backley发表了多篇关于混合模糊神经网络的文章，它们也反映了人们近三十年来的兴趣点。

模糊神经网络无论作为逼近器，还是模式存储器，都是需要学习和优化权系数的。学习算法是模糊神经网络优化权系数的关键。对于逻辑模糊神经网络，可采用基于误差的学习算法，即监视学习算法。对于算术模糊神经网络，则有模糊 BP 算法、遗传算法等。对于混合模糊神经网络，目前尚未有合理的算法，不过，混合模糊神经网络一般用于计算而不用于学习，因此不必一定学习。

9.2.3 模糊神经网络的学习算法

1. BP 算法

常规模糊神经网络应用最多、最成熟的学习算法是 BP 算法。BP 算法的初始化即是选择网络的初始权值，一般取零左右很小的随机数。当达到规定学习次数或期望输出误差指标，或误差指标改变量小于某个闭值时，学习结束；否则，继续学习。模糊神经网络 BP 算法流程图如图 9－7 所示。

在权值初始化后的调整过程中，取误差函数为

$$E=\frac{1}{2}\sum_{i=1}^{r}(y_i^d-y_i)^2 \tag{9-14}$$

其中，y_i^d 和 y_i 分别表示期望输出和实际输出，r 表示训练集个数。随后各权值修改为

$$\begin{cases}\Delta w_{ik}=-\eta_w\dfrac{\partial E}{\partial w_{ik}}\\[2mm]\Delta\sigma_{ik}=-\eta_\sigma\dfrac{\partial E}{\partial\sigma_{ik}}\\[2mm]\Delta v_k=-\eta_k\dfrac{\partial E}{\partial v_k}\end{cases} \tag{9-15}$$

对于给定的不同的监督信号，按照上述方法，反复地修正权值，使网络的输出接近所有的期望输出。此外，还有很多改进的 BP 算法，在此不再赘述。BP 算法虽然是一种常用的和成熟的前向网络的学习算

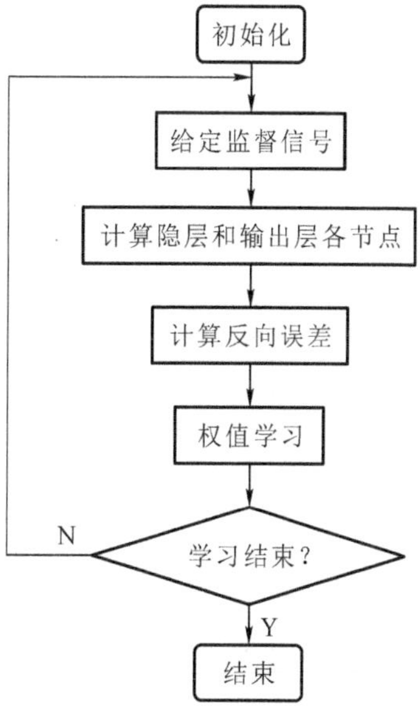

图 9－7　模糊神经网络 BP 算法流程图

法，但由于它本质上属于一种迭代算法，容易陷入局部最小。以 BP 流程为思想，通过遗传算法进行学习的模糊神经网络在理论上可以达到全局最优，并且对误差函数没有苛刻要求，比一般梯度下降 BP 方法具有更强的学习能力。

2. 遗传算法

遗传算法是一种直接随机搜索方法，它的主要步骤包括编码、选择、交叉、变异等。在这里只对优化过程的目标函数及一些参数加以介绍。

1）模糊数

如图 9－8 所示的模糊神经网络，优化的目的是寻找最优的权系数 W_i、V_i，$W_i=(W_{i1}, W_{i2}, W_{i3})$，$V_i=(V_{i1}, V_{i2}, V_{i3})$，其中 $1\leqslant i\leqslant 4$。$W_{i2}=(W_{i1}+W_{i3})/2$，$V_{i2}=(V_{i1}+V_{i3})/2$。由此可知：只要知道 W_{i1}、W_{i3} 和 V_{i1}、V_{i3}，就可以确定权系数 W_i 和 V_i。因此，遗传算法只需对模糊权系数 W_i、V_i 的支持集进行追踪寻优即可。群体的个体编码 P 表示为 $P=(W_{11}, W_{13}, \cdots, V_{41}, V_{43})$。$P$ 的编码采用二进制数。

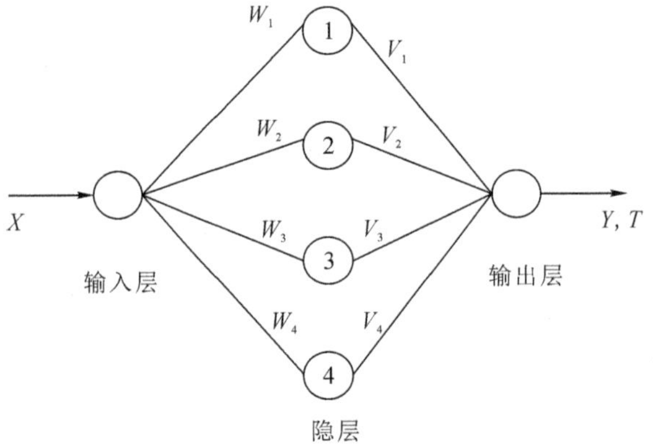

图 9－8　遗传学习模糊神经网络

2）遗传算法的有关参数

遗传算法的参数主要有三个，分别是群体数 S、交叉率 C、变异率 M。一般按经验进行选取。在这里，这些参数确定如下：$S=2000$，$C=0.8$，$M=0.0009$。

3）优化的目标函数

设 Y_1 的 α 截集为 $Y_1[\alpha]$，有 $Y_1[\alpha]=[y_{11}(\alpha), y_{12}(\alpha)]$，设 T_1 的 α 截集为 $T_1[\alpha]$，有 $T_1[\alpha]=[t_{11}(\alpha), t_{12}(\alpha)]$，$\alpha\in\{0, 0.1, 0.2, \cdots, 0.9, 1.0\}$，则定义：

$$E_1=\frac{1}{2}\sum_{\alpha}\sum_{l}[y_{l1}(\alpha)-t_{l1}(\alpha)]^2/L \tag{9-16}$$

$$E_2=\frac{1}{2}\sum_{\alpha}\sum_{l}[y_{l2}(\alpha)-t_{l2}(\alpha)]^2/L \tag{9-17}$$

这里 $E=E_1+E_2$，遗传算法的目的就是寻找恰当的权系数 W_i、V_i，使 E 的值趋于 0。

4）模糊神经网络的激活函数

图 9－8 所示的模糊神经网络中，隐层和输出层的激活函数 f 如下：

$$f(x)=\begin{cases}-\tau & x\leqslant-\tau \\ x & -\tau<x\leqslant\tau \\ \tau & x>\tau\end{cases} \tag{9-18}$$

其中 t 是正整数，一般根据应用情况选择 t 的值。由于输出的目标模糊数 T 在[－1，1]区间之内，故在输出层中 t 的值通常取 1。采用遗传算法对图 9－8 的模糊神经网络进行学习之后，可得出在不同输入/输出要求下的学习结果。

9.3 典型模糊神经网络

模糊神经网络可用于模糊回归、模糊控制器[9.14]、模糊专家系统、模糊谱系分析、模糊矩阵方程、通用逼近器等。模糊神经网络主要有三种结构：输入信号为普通变量，连接权为模糊变量；输入信号为模糊变量，连接权为普通变量；输入信号与连接权均为模糊变量。根据三种形式的模糊神经网络中所执行的运算方法不同，模糊神经网络可分为逻辑模糊神经网络、算术模糊神经网络和混合模糊神经网络。下面分别对模糊神经网络的不同结构形式进行介绍。

9.3.1 逻辑模糊神经网络

逻辑模糊神经网络是由逻辑模糊神经元组成的。逻辑模糊神经元是具有模糊权系数，并且可对输入的模糊信号执行逻辑操作的神经元，如图 9－9 所示。模糊神经元所执行的模糊运算有逻辑运算、算术运算和其他运算。然而，模糊神经元的基础也是传统神经元，它们可从传统神经元推导出。

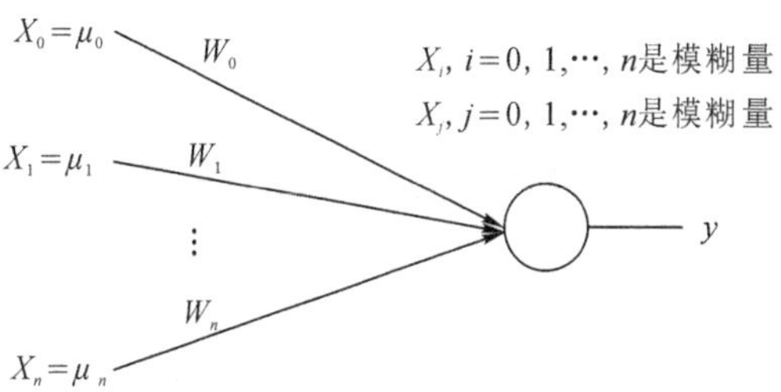

图 9－9　模糊神经元模型

可执行模糊运算的模糊神经网络是从一般神经网络发展而得到的。对于一般神经网络，它的基本单元是传统神经元。传统神经元的模型由下式描述：

$$Y_i=f\left[\sum_{i=1}^{n}W_{ij}X_j-\theta_i\right] \tag{9-19}$$

当阈值 $\theta_i=0$ 时，有

$$Y_i=f\left[\sum_{i=1}^{n}W_{ij}X_j\right] \tag{9-20}$$

其中：X_j 是神经元的输入；W_{ij} 是权系数；$f[\cdot]$ 是非线性激活函数；Y_i 是神经元的输出。

如果把式(9-20)中的有关运算改为模糊运算，则可以得到基于模糊运算的模糊神经元，这种神经元的模型可以表示为

$$Y_i=f\left[\bigoplus_{i=1}^{n}W_{ij}\odot X_j\right] \tag{9-21}$$

其中：$\oplus$表示模糊加运算；$\odot$表示模糊乘运算。同理，式(9-21)中的运算也可以用模糊逻辑运算取代。因此，有"或"神经元：

$$Y_i=\operatorname*{OR}_{i=1}^{n}(W_{ij}\ \text{AND}\ X_j) \tag{9-22}$$

或者表示为

$$Y_i=\bigvee_{j=1}^{n}(W_{ij}\wedge X_j) \tag{9-23}$$

同理，有"与"神经元：

$$Y_i=\operatorname*{AND}_{j=1}^{n}(W_{ij}\ \text{OR}\ X_j) \tag{9-24}$$

或者表示为

$$Y_i=\bigwedge_{j=1}^{n}(W_{ij}\vee X_j) \tag{9-25}$$

9.3.2 算术模糊神经网络

算术模糊神经网络是可以对输入模糊信号执行模糊算术运算，并含有模糊权系数的神经网络。通常算术模糊神经网络也称为常规模糊神经网络，或称标准模糊神经网络，简称为 FNN。

常规模糊神经网络有三种基本类型，分别用 FNN1、FNN2、FNN3 表示，其意义如下：

(1) FNN1 是含有模糊权系数而输入信号为实数的网络。

(2) FNN2 是含有实数权系数而输入信号为模糊数的网络。

(3) FNN3 是含有模糊权系数而输入信号为模糊数的网络。

常规模糊神经网络最典型的结构是 FNN3 型，而 FNN1、FNN2 型结构和 FNN3 型结构相同，其运算过程都可以从 FNN3 型结构及运算过程中推出。在 FNN3 中，权系数和输入信号都是模糊数，而神经元对信息的处理采用模糊加、模糊乘和非线性的 S 函数。典型的 FNN3 的结构如图 9-10 所示。它是一个三层神经网络，有含 2 个神经元的输入层，含 2 个神经元的隐层和含 1 个神经元的输出层。网络中的神经元分别用编号 1～5 标出。

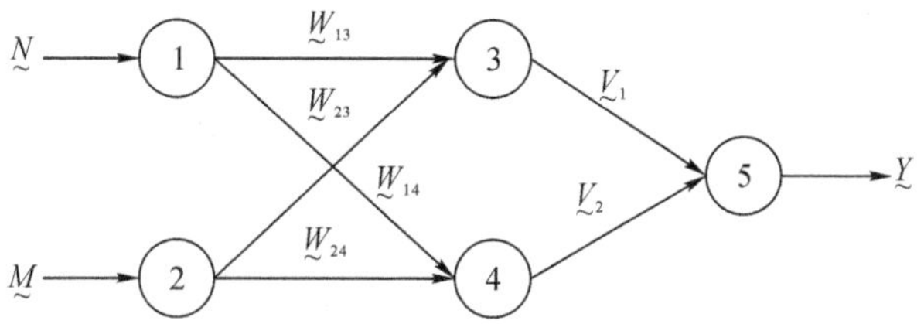

图 9-10　算术模糊神经网络

很明显，对神经元 3，它的输入为 U_3：

$$\underset{\sim}{U}_3=(\underset{\sim}{N}\odot\underset{\sim}{W}_{13})\oplus(\underset{\sim}{M}\odot\underset{\sim}{W}_{23}) \tag{9-26}$$

对于神经元 4，其输入为 U_4：

$$\underset{\sim}{U}_4=(\underset{\sim}{N}\odot\underset{\sim}{W}_{14})\oplus(\underset{\sim}{M}\odot\underset{\sim}{W}_{24}) \tag{9-27}$$

用 O_3、O_4 分别表示神经元 3、4 的输出，则有

$$\underset{\sim}{O}_3=f(\underset{\sim}{U}_3),\ \underset{\sim}{O}_4=f(\underset{\sim}{U}_4) \tag{9-28}$$

对于神经元 5，其输入为 U_5，输出为 Y，则有

$$\underset{\sim}{U}_5=(\underset{\sim}{O}_3\odot\underset{\sim}{V}_1)\oplus(\underset{\sim}{O}_4\odot\underset{\sim}{V}_2) \tag{9-29}$$

$$\underset{\sim}{Y}=f(\underset{\sim}{U}_5) \tag{9-30}$$

最后的输出 Y 是由 S 函数求出的，故模糊数 $Y\in[0,1]$。对于模糊神经网络，在输入为 N、M 时其输出为 Y，则可以看作 N、M 通过神经网络后映射为 Y，并表示为

$$\underset{\sim}{Y}=\text{FNN}(\underset{\sim}{N},\underset{\sim}{M}) \tag{9-31}$$

9.3.3　混合模糊神经网络

混合模糊神经网络(Hybrid Fuzzy Neural Net，HFNN)在网络的拓扑结构上，和常规模糊神经网络是一样的。它们之间的不同仅在于以下两点：

(1) 输入到神经元的数据聚合方法不同。

(2) 神经元的激活函数(即传递函数)不同。

在混合模糊神经网络中，任何操作都可以用于聚合数据，任何函数都可以用作传递函数去产生网络的输出。对于专门的应用用途，可选择与之相关而有效的聚合运算和传递函数。而在常规模糊神经网络(也即标准模糊神经网络)中，数据的聚合方法采用模糊加或乘运算，传递函数采用 S 函数。

下面就以具体的混合模糊神经网络来说明它的网络操作情况。

为了具体说明混合模糊神经网络的操作过程，首先考虑图 9-11 所示的网络拓扑结构。在这个网络中各个神经元的聚合运算和传递函数可以是不同的。正是因为它不像常规模糊神经网络那样采用标准的加、乘运算以及 S 函数，而是可随意在任何层任何神经元采用不

同的操作，所以，它被称为混合模糊神经网络。

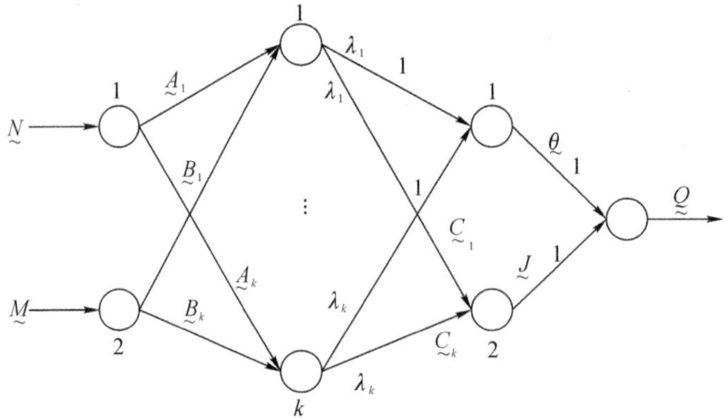

图 9-11　混合模糊神经网络

1. 输入层和第 1 隐层的工作情况

在第 1 隐层中一共有 K 个神经元，在输入层中有 2 个节点和第 1 隐层的一个神经元连接；也即是说，第 1 隐层的每个神经元有 2 个输入端。设 L 是所有实模糊数的集合，在图 9-11中，$\underset{\sim}{N}$、$\underset{\sim}{M}$、$\underset{\sim}{A}_k$、$\underset{\sim}{B}_k$、$\underset{\sim}{C}_k$、$\underset{\sim}{Q}$、$\underset{\sim}{J}$ 是实模糊数。用 E 表示两个模糊数之间相等的程度测量，并且在 $\underset{\sim}{N}=\underset{\sim}{M}$ 时，有 $E(\underset{\sim}{N},\underset{\sim}{M})=0$，在 $\underset{\sim}{N}\neq\underset{\sim}{M}$ 时，有 $E(\underset{\sim}{N},\underset{\sim}{M})>0$，则在第 1 隐层的第 k 个神经元的输入用 I_{1k} 表示，有

$$I_{1k}=\max(E(\underset{\sim}{N},\underset{\sim}{A}_k),\ E(\underset{\sim}{M},\underset{\sim}{B}_k)) \tag{9-32}$$

其中，$\underset{\sim}{A}_k$、$\underset{\sim}{B}_k$ 是权系数。

很明显，在混合模糊神经元中，输入信号 $\underset{\sim}{N}$、$\underset{\sim}{M}$ 和权系数 $\underset{\sim}{A}_k$、$\underset{\sim}{B}_k$ 之间的交互作用是用测度 $E(\underset{\sim}{N},\underset{\sim}{A}_k)$、$E(\underset{\sim}{M},\underset{\sim}{B}_k)$来量度的，最后求出它的最大值作为输出。

在混合模糊神经网络第 1 隐层中，传递函数 f 为阶跃函数，并且有输出 λ_k：

$$\lambda_k=f(I_{1k})=\begin{cases}1, & I_{1k}<\tau\\ 0, & I_{1k}\geqslant\tau\end{cases} \tag{9-33}$$

其中：τ 为神经网络的阈值，$\tau>0$；$1\leqslant k\leqslant K$。

在这里，第 1 隐层的所有神经元的传递函数相同，阈值相同。

2. 第 2 隐层的工作情况

在第 2 隐层中，第 1 个神经元的权系数为 1。从图 9-11 中可以看出，输入第 2 隐层第 1 个神经元的输入数据为 I_{21}，即有

$$\underset{\sim}{I}_{21}=\sum_{k=1}^{K}\lambda_k \tag{9-34}$$

由于 λ_k 是实数 0 或 1，故 $\underset{\sim}{I}_{21}$ 是精确值。该神经元的传递函数采用相同函数，故有 $f(x)=X$，因此这个神经元的输出 $\underset{\sim}{\theta}$ 等于其输入 $\underset{\sim}{I}_{21}$，即 $\underset{\sim}{\theta}=\underset{\sim}{I}_{21}$。对于第 2 隐层第 2 个神经元，它的权系数分别为 $\underset{\sim}{C}_1$，$\underset{\sim}{C}_2$，…，$\underset{\sim}{C}_k$，则其输入表示为 I_{22}，并有

$$\underset{\sim}{I}_{22}=\sum_{k=1}^{K}\lambda_k\underset{\sim}{C}_k \tag{9-35}$$

其中，λ_k、$\underset{\sim}{C}_k$ 的取值如下：

$$\lambda_k\underset{\sim}{C}_k=\begin{cases}\underset{\sim}{C}_k & \lambda_k=1\\ 0 & \lambda_k\neq 1\end{cases} \tag{9-36}$$

这个神经元的传递函数也采用相同函数，故而有输出 J：

$$\underset{\sim}{J}=\underset{\sim}{I}_{22} \tag{9-37}$$

3. 输出层的工作情况

在输出层中，权系数为 1 或 0，但是输出层神经元的聚合操作是除法，所以输出神经元的输入数据为 $\underset{\sim}{I}$：

$$\underset{\sim}{I}=\begin{cases}\underset{\sim}{J}/\underset{\sim}{\theta} & \underset{\sim}{\theta}>0\\ 0 & \underset{\sim}{\theta}\leqslant 0\end{cases} \tag{9-38}$$

传递函数也采用相同函数，所以输出等于输入，即有 $\underset{\sim}{Q}=\underset{\sim}{I}$。

从上面分析可以知道，图 9-11 所示的混合模糊神经网络的最后输出 $\underset{\sim}{Q}$ 可表示为

$$\underset{\sim}{Q}=\frac{\underset{\sim}{J}}{\underset{\sim}{\theta}}=\frac{\underset{\sim}{I}_{22}}{\underset{\sim}{I}_{21}}=\frac{\sum_{k=1}^{K}\lambda_k\underset{\sim}{C}_k}{\sum_{k=1}^{K}\lambda_k} \tag{9-39}$$

当 $\lambda_k=1$ 时，有

$$\underset{\sim}{Q}=\sum_{k=1}^{K}\frac{\underset{\sim}{C}_k}{K} \tag{9-40}$$

9.4 模糊神经网络应用实例

神经网络和模糊逻辑系统是非线性系统建模和控制中比较有效的两类方法。随着相关领域科学技术的发展，模糊理论与神经网络技术的研究在各自的学科里取得了引人注目的成就和突破性进展。尤其是神经网络中的三层 BP 网络可实现任意连续非线性映射的理论成果和模糊逻辑系统中的万能逼近定理，使它们在非线性系统的辨识、建模和控制中占据重要地位。近年来，这两类方法日趋融合，已成为智能控制方法研究中的一个新的热点。

9.4.1 系统辨识和建模

模糊神经网络的一类重要应用是对非线性系统进行逼近。对于复杂非线性系统而言，要建立系统准确的数学模型非常困难，因此只能根据系统的输入/输出数据和对被控对象的分析得到实验模型。目前常用的有两种方法：一是利用线性模型来近似描述复杂系统，显然这对于有严重非线性的系统误差较大；二是根据被控对象已知的信息，选择与之相近的非线性数学模型，这显然具有很大的局限性。模糊神经网络是一种本质非线性模型，又易于表达非线性系统的动态特性，而且从理论上已经证明了模糊神经网络可以作为万能逼近器以任意精度逼近连续非线性系统，因此模糊神经网络建模和辨识方法被认为是解决此类问题的一种可行的方法。

过程建模是模糊神经网络一个重要应用方面。Takagi 等曾在 1991 年提出了 NNDFR (Neural Network Driven Fuzzy Reasoning)，并使用 NNDFR 建立了日本大阪湾 COD 浓度的预测模型；1992 年也有学者提出了 ANFIS(Adaptive Network based Fuzzy Inference System)，并将其应用在复杂系统建模过程中；Nie 等于 1996 年利用无监督的自组织对向传播网络和自增长、自适应的向量划分(selfgrowing adaptive vector quantization)方法，设计出简化的模糊逻辑模型，并将其用在 pH 值建模过程中；1997 年 Zhang 等提出了一种动态的模糊神经网络，利用过程知识初始化反馈模糊神经网络的结构，并将其应用于 CSTR 的 pH 值动态建模过程中。

另外，基于模糊神经网络建立的预测模型也是应用的重要部分。国内很多学者提出了许多方法来提高神经网络的训练速度和泛化能力，同时解决一般模糊神经网络由于输入增多而导致模糊规则膨胀的问题，如提出了多输入模糊神经网络的结构和算法，并将其应用于建筑投标报价系统、电力负荷的预测、管网热负荷的预测，以及预测发酵模型等领域。

9.4.2 系统控制

模糊神经网络在控制中的应用主要有：神经网络学习控制、神经网络自适应控制、神经网络内模控制、神经网络预测控制、神经网络自适应评判控制、神经网络推断控制等。在基于模糊神经网络的控制器方面，H. R. Berenji 等于 1992 年采用增强式学习方法提出了 GARIC 控制器结构[9.15]，该系统通过 3 个神经网络完成了控制的功能：ASN 进行普通模糊控制，AEN 评价控制效果，SAM 随机综合 ASN 和 AEN 的过程，然后产生控制信号；C. T. Lin等于 1994 年提出了一种自动构造模糊系统的方法[9.16]，该方法应用多层前向网络构造模糊控制器，一个网络作为模糊预测器，其余的网络则作为模糊控制器；C. L. Chen 等提出了运用模糊神经网络对 PID 控制器的参数进行调整的方法[9.17]；陆文娟等于 1999 年研究了基于模糊神经网络的机械手自适应控制，在常规控制器提取初始模糊规则的基础上，利用专家经验对初始规则进行补充，再使用反向传播算法对参数在线调整[9.18]。

下面给出几种典型的模糊神经网络控制结构方案。

（1）模糊神经网络监督控制。在一些复杂系统中，利用传统的控制理论设计控制器非常困难，而操作工人却能很好地控制系统，在这种情况下，可以用FNN学习人的控制行为，即对人工控制器建模，然后用FNN控制器代替人工控制器。这种通过对人工或传统控制器进行学习，然后用模糊神经网络控制器取代或逐渐取代原控制器的方法，称为模糊神经网络监督控制。

（2）模糊神经网络自适应控制。与传统自适应控制类似，模糊神经网络自适应控制包括自校正自适应控制和模型参考自适应控制。上述两种自适应控制策略可以分为直接自适应控制和间接自适应控制。

直接自适应控制：直接用FNN构成控制器，并采用参数自适应地对FNN控制器参数进行在线整定，以期达到设计指标。

间接自适应控制：FNN用作过程参数或过程中某些部分的在线估计器，而控制器则基于得到的估计器来进行设计。

（3）模糊神经网络内模控制。模糊神经网络内模控制具有结构简单、性能良好的优点，为非线性系统控制提供了有效的方法。模糊神经网络内模控制经全面检验表明是一种重要的非线性系统控制方法。神经网络、模糊控制等智能控制理论和方法的引入，为非线性内模控制的研究开辟了新途径。

（4）FNN复合控制器。将FNN控制策略与其他常规控制策略(例如PID控制、最优控制、滑模变结构控制等)相结合，可构成FNN复合控制器。这种控制器可以充分利用常规控制策略成熟的设计方法，还可以利用FNN来智能补偿系统中的未建模动态或不可测扰动的能力，提高控制品质，大大拓宽了常规控制策略控制对象的范围。

9.4.3 问题和难点

模糊神经网络的研究已经引起越来越多学者的重视。特别是21世纪以来，国际和国内人工智能学术界举办了多次学术会议，会议的主题多涉及智能系统的集成，会议的论文集和一些国际上比较有影响的期刊也不断地刊载有关模糊神经网络以及其他非数值算法混合系统方面的文章。总的来说，模糊神经网络的研究取得了许多成果，并在多个领域内得到了初步应用。然而，模糊神经网络仍未形成统一的理论体系，许多问题亟待深入研究。总结以往的研究现状，模糊神经网络的理论和应用还存在相当多的问题和难点：

（1）虽然模糊神经网络中参数的初始化和隐层节点数的确定方法已经有人进行了研究，但从实际应用来看，如何确定隐层节点数仍有待进一步研究。

（2）在控制系统中，无论是模糊神经网络用作辨识器还是控制器，通常都是多输入的，随着输入维数的增加，网络的计算复杂性将呈指数上升，网络结构也将随之变得庞大。如何进行网络优化，还需进一步研究。

(3) 现有的线性系统设计理论非常完备，如何将FNN与线性系统设计理论有效结合解决非线性系统的控制问题，仍然是目前FNN研究的重要课题。

本章参考文献

[9.1] JIAO L C, WANG L P, GAO X B, et al. Advances in nature computation[M]. Berlin: Springer, 2006.

[9.2] 高新波. 模糊聚类分析及其应用[M]. 西安: 西安电子科技大学出版社, 2004.

[9.3] WANG L P, JIAO L C, Shi G M, et al. Fuzzy system and knowledge discovery[M]. Berlin: Springer, 2006.

[9.4] HAO Y, LIU J M, WANG Y P, et al. Computational intelligence and security[M]. Berlin: Springer, 2005.

[9.5] WANG L P, JIAO L C. Advances in nature computation and data mining[M]. Xi'An: XiDian University Press, 2006.

[9.6] 沙福泰. 模糊信息处理与模糊神经网络[J]. 舰船电子对抗, 1999(3): 33-36.

[9.7] 张晓琴. 基于模糊神经网络盲均衡算法的研究[D]. 太原: 太原理工大学, 2008.

[9.8] 刘增良. 模糊逻辑与神经网络[M]. 北京: 北京航空航天大学出版社, 1996.

[9.9] KOSKO B. Fuzzy associative memories, In: Kondel A(ed). Fuzzy Expert System Reading, MA: Addison Weley, 1987.

[9.10] ZADEH L A. Fuzzy Sets[J]. Information and Control, 1965, 8(3): 338-353.

[9.11] 李鸿吉. 模糊数学基础及实用算法[M]. 北京: 科学出版社, 2005.

[9.12] KOSKO B. Fuzzy associative memories[J]. Expert Systems with Applications, 1991, 3(4): 525.

[9.13] FORBUSK O. Qualitative process theory[J]. Artificial Intelligence, 1984, 24, 66-73.

[9.14] 李士勇. 模糊控制、神经控制和智能控制论[M]. 哈尔滨: 哈尔滨工业大学出版社, 1996.

[9.15] BERENJI H R, KHEDKAR P. Learning and tuning fuzzy logic controllers through reinforcements [J]. IEEE Transactions on Neural Networks, 1992, 3(5): 724.

[9.16] LIN C T. Reinforcement structure/parameter learning for neural-network-based fuzzy logic control systems[J]. IEEE Transactions on Fuzzy Systems, 1994, 2(1): 46-63.

[9.17] CHEN C L, CHANG F Y. Design and analysis of neural/fuzzy variable structural PID control systems[J]. IEEE Proceedings—Control Theory and Applications, 1996, 143(2): 200-208.

[9.18] 陆文娟, 戴民, 程鹏. 基于模糊神经网络的机械手自适应控制[J]. 清华大学学报(自然科学版), 1999, 39(5): 24-27.

第10章 多尺度神经网络

将多尺度分析的运算融合到单隐层前向神经网络中，就形成了子波神经网络(Wavelet Neural Network，WNN)或脊波神经网络，它们所具有的强大的空间映射能力及简单结构，以及在高维空间的良好逼近特性，使其成为从输入输出数据模拟复杂非线性模型的普适学习手段。

10.1 多尺度分析

子波分析理论带给人们很多启示，其中最重要的启发之一就是信号的多尺度分析，又称多分辨分析[10.1-10.3]。对信号进行多尺度分析指的是：将待处理的某个原始信号在不同的尺度上进行分解，然后根据信号处理的要求，由信号的各个分量可以更好地分析信号，并且能够无失真地重建原始信号。这样，在某一个分辨度检测不到的现象，可能在另一个分辨度却很容易观察处理。打个比方来说，尺度就好比人的视野，多尺度分析就是可以既见森林又见树木，甚至树叶。利用多尺度分析的概念，方便地统一了各种具体子波基的构造方法，并成功地建立了快速子波分解和重构算法。下面首先给出最常用的二进多尺度分析的定义。

定义 10.1[10.4]　空间 $L^2(\mathbf{R})$ 的二进多尺度分析是指构造该空间内一个子空间列 $\{V_j\}_{j\in\mathbf{Z}}$，使其具有以下性质：

(1) 单调性(包容性)：

$$\cdots\subset V_2\subset V_1\subset V_0\subset V_{-1}\subset V_{-2}\subset\cdots \tag{10-1}$$

(2) 逼近性：

$$\operatorname{close}\left\{\bigcup_{j=-\infty}^{\infty} V_j\right\}=L^2(\mathbf{R}),\quad \bigcap_{j=-\infty}^{\infty} V_j=\{0\} \tag{10-2}$$

(3) 伸缩性：

$$\varphi(t)\in V_j\Leftrightarrow\varphi(2t)\in V_{j-1} \tag{10-3}$$

(4) 平移不变性：

$$\varphi(t)\in V_j\Leftrightarrow\varphi(t-2^{j-1}k)\in V_j,\quad k\in\mathbf{Z} \tag{10-4}$$

(5) Riesz 基存在性：存在 $\varphi(t)\in V_0$，使得$\{\varphi(2^{-j}t-k)\}_{k\in\mathbf{Z}}$构成 V_j 的 Riesz 基。

利用子波的上述多尺度分析特性可以把函数表示成不同尺度上的近似，记 V 为尺度空间，则 V_j 对应于 2^{-j} 上的分辨率。这样就可以将信号在感兴趣的区域中进行局部细化，而不必对整个问题进行重新剖分。

由于 $V_j\subset V_{j-1}$，记 W_j 是 V_j 在 V_{j-1} 中的正交补，即

$$V_{j-1}=V_j\oplus W_j,\ W_j\perp V_j \tag{10-5}$$

记 W 为子波空间，重复使用式(10-5)得到：

$$L^2(\mathbf{R})=\bigoplus_{j\in\mathbf{Z}}W_j \tag{10-6}$$

正如尺度函数 $\varphi(t)$生成空间 V_0 一样，存在一个函数 $\psi(t)$生成闭子空间 W_0，称 $\psi(t)$为子波函数。

令 $\psi_{j,k}=2^{-j/2}\psi(2^{-j}t-k)(j,\ k\in\mathbf{Z})$，根据多尺度分析的定义，对于函数 $f(x)\in L^2(\mathbf{R})$，则有如下展开式：

$$\hat{f}(x)=\sum_{j,\ k\in\mathbf{Z}}\langle f,\ \psi_{j,k}\rangle\psi_{j,k}(x) \tag{10-7}$$

视觉现象被普遍认为是一个具有上述特点的固有的多尺度现象，视觉现象在数学上的多尺度表示已经成为人们理解视觉如何工作的关键[10.5,10.6]。生物学家们指出：人类视网膜上的视觉神经元具有很好的多尺度特性，利用这种多尺度特性，我们可以感知目标的形状、位置和大小，它曾经激发了子波早期工作的灵感，将视觉皮层 V1 区域中神经元的响应性质与子波函数作比较，可以得到许多重要的结果[10.7, 10.8]。首先，V1 区域中包含有一族具有不同位置和尺度的神经元；第二，对于激励响应最好的单个神经元来说，它具有一个确定的位置和尺度；第三，视觉系统中 V1 区域细胞的输出符合一个明确的非线性阈值函数。为了获得景物的稀疏表示，所有这些事实都支持这样一个结论，即 V1 区域可以实现将一幅图像进行子波变换，以及可对变换系数进行阈值处理。也就是说：子波函数可以认为很好地模拟了视觉的这种多尺度特性[10.9, 10.10]，它也是子波多尺度理论建立的生物学基础。

10.2　子波神经网络

子波是指由一个函数(母波)伸缩和平移所产生的 $L^2(\mathbf{R})$的标准正交基。特别的，存在函数 $\psi(t)$，使得

$$\psi_{m,n}(t)=2^{m/2}\psi(2^m t-n) \tag{10-8}$$

产生 $L^2(\mathbf{R})$的一个标准正交基。对于给定的一个多分辨分析(Multi-Resolution Analysis, MRA)$\{V_m\}$，如果 $V_{m+1}=W_m\oplus V_m$，则得到 $L^2(\mathbf{R})$的正交直和分解：

$$L^2(\mathbf{R})=\bigoplus_m W_m \tag{10-9}$$

其中，W_m 是由 $\{2^{m/2}\psi(2^m t-n)\}_{n=-\infty}^{+\infty}$ 张成的子空间。

如果函数 $\varphi\in L^2(\mathbf{R})$ 产生一个 MRA，则称 φ 为尺度函数。$\varphi(x)$ 和 $\psi(x)$ 的两尺度关系为

$$\varphi(t)=\sqrt{2}\sum_k h_k\varphi(2t-k),\ \psi(t)=\sqrt{2}\sum_k g_k\psi(2t-k) \tag{10-10}$$

其中，$\{h_k\}$ 和 $\{g_k\}$ 称为再构造序列，并且：

$$g_k=(-1)^{k-1}h_{-(k-1)} \tag{10-11}$$

尺度函数的伸缩和平移产生 $L^2(\mathbf{R})$ 的一个 MRA，即闭子空间的嵌套链：

$$\cdots\subset V_{-1}\subset V_0\subset V_1\cdots$$

使得

$$\bigcap_m V_m=\{0\},\qquad \mathrm{close}\{\bigcup_m V_m\}=L^2(\mathbf{R}) \tag{10-12}$$

其中，V_m 是由 $\{2^{m/2}\varphi(2^m t-n)\}_{n=-\infty}^{+\infty}$ 或 $\{\varphi_{m,n}(t)\}_{n=-\infty}^{+\infty}$ 张成的子空间。L^2 空间的函数 $f(t)$ 存在两种分解形式：

$$f(t)=\sum_{m,n}\langle f,\psi_{m,n}\rangle\psi_{m,n}(t) \tag{10-13}$$

以及

$$f(t)=\sum_n\langle f,\varphi_{m_0,n}\rangle\varphi_{m_0,n}(t)+\sum_{m>m_0,n}\langle f,\psi_{m,n}\rangle\psi_{m,n}(t) \tag{10-14}$$

其中，$\langle\cdot,\cdot\rangle$ 表示内积；m_0 是任意整数，表示分解的最低分辨率或尺度。

近年来，随着子波理论研究的不断深入，尺度函数的诸多特性以及用不同层级的尺度空间去匹配被逼近信号的思想，已经在神经网络的研究中有了一些成功的应用。自从 1992 年 Zhang 提出子波神经网络以来，已经有一系列的文章对这一模型进行了研究。将小波变换的运算融合到单隐层前馈神经网络中去，就形成了所谓的子波神经网络(WNN)，它所具有的强大的空间映射能力及简单结构，使其成为从输入输出数据模拟复杂非线性模型的普适学习手段。简言之，子波神经网络具有如下的特点：

(1) 它建立在坚实的泛函分析理论基础上，子波变换的理论体系为网络的分析和综合提供了可靠的理论依据，避免了多层前向神经网络设计上的盲目性。同时不同类型的子波神经网络在不同程度上避免了其学习过程陷入局部最优。

(2) 子波基函数的时频局部化性质使训练数据中的时频信息得到充分的利用，进而给出信号的一个自适应的多分辨表示，并且避免了网络节点间的相互干扰，加快了网络的收敛速度。

(3) 具有很强的函数学习能力、泛化能力和抗噪能力，并且子波变换的理论体系十分有利于网络的收敛性分析。

(4) 子波基函数的选取具有较大的自由度，从而可以针对实际问题的具体特性选取子波基函数与之匹配。

10.2.1 多变量函数估计子波网络

从理论上讲，任何一个 L^2 函数 Ψ，当采样点无穷密集时，均可以用其平移尺度系 $\{\Psi(\langle \boldsymbol{a}, \boldsymbol{x}\rangle + b): \boldsymbol{a}\in \mathbf{R}^N, b\in \mathbf{R}\}$ 作为多变量函数估计的基函数。而对于 $f: \mathbf{R}^N \to \mathbf{R}^M$ 映射，均可分解为 M 个 $f_i: \mathbf{R}^N \to \mathbf{R}(i=1, 2, \cdots, M)$ 的映射，这样多变量函数估计如果选取一子波函数作为基标量，则可得到如下的估计方程：

$$y_i(t) = \sum_{l=1}^{L} w_{il}\Psi\left(\sum_{n=1}^{N} a_{ln}x_n(t) - b_l\right) \tag{10-15}$$

其中，x_n 和 y_i 分别表示第 n 个输入模式分量和第 i 个输出模式分量；L、N、M 分别表示隐层单元数以及输入、输出模式维数；w_{il} 表示输出层第 i 个单元至隐层第 l 个单元的连接权重；b_l 表示隐层第 l 个单元的平移分量。可以看出，待训练的参数有 a_{ln}、b_l、w_{il}。多变量函数估计子波网络的模型如图 10-1 所示。

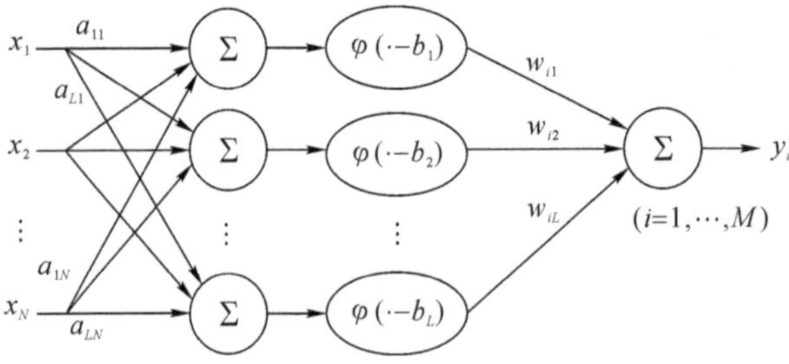

图 10-1 多变量函数估计子波网络

下面推导基于梯度的网络学习算法。设第 l 个隐层节点的输入和输出分别为

$$g_l(t) = \sum_{n=1}^{N} a_{ln}x_n(t) - b_l, \quad \Psi_l(t) = \Psi(g_l(t)) \tag{10-16}$$

第 i 个输出层节点的输入、输出、输出误差分别为

$$\varphi_i(t) = \sum_{i=1}^{L} w_{il}\Psi_i(t), \ y_i(t) = f(\varphi_i(t)), \ e_i(t) = d_i(t) - y_i(t) \tag{10-17}$$

其中 $f(x)$ 表示输出层节点的激活函数。输出的误差为 $E(t) = \frac{1}{2}\sum_{i=1}^{M} |e_i(t)|^2$，则

$$\frac{\partial E(t)}{\partial w_{il}} = -e_i(t)f'(\varphi_i(t))\Psi_l(t) \tag{10-18}$$

$$\frac{\partial E(t)}{\partial a_{ln}} = -\sum_{i=1}^{M} e_i(t)w_{il}f'(\varphi_i(t))\Psi'(g_l(t))x_n(t) \tag{10-19}$$

$$\frac{\partial E(t)}{\partial b_l}=\sum_{i=1}^{M}e_i(t)f'(\varphi_i(t))w_{il}\Psi'(g_l(t)) \tag{10-20}$$

参数更新公式为：

$$w_{il}(t+1)=w_{il}(t)-\mu\frac{\partial E(t)}{\partial w_{il}} \tag{10-21}$$

$$b_l(t+1)=b_l(t)-\mu\frac{\partial E(t)}{\partial b_l} \tag{10-22}$$

$$a_{ln}(t+1)=a_{ln}(t)-\mu\frac{\partial E(t)}{\partial a_{ln}} \tag{10-23}$$

上述各式中，$n=1, 2, \cdots, N$；$l=1, 2, \cdots, L$；$i=1, 2, \cdots, M$。

10.2.2 正交多分辨子波网络

上面的模型是利用小波函数(或尺度函数)替换普通神经网络中的激活函数，而从多分辨分析的角度利用正交小波基构造的网络结构则如图 10-2 所示。以紧支正交小波和尺度函数构造的正交小波网络具有系统化的设计方法，能够根据辨识样本的分布和逼近误差的要求确定网络结构和参数；此外，正交小波网络还能够明确给出逼近误差估计，网络参数获取不存在局部最小问题。

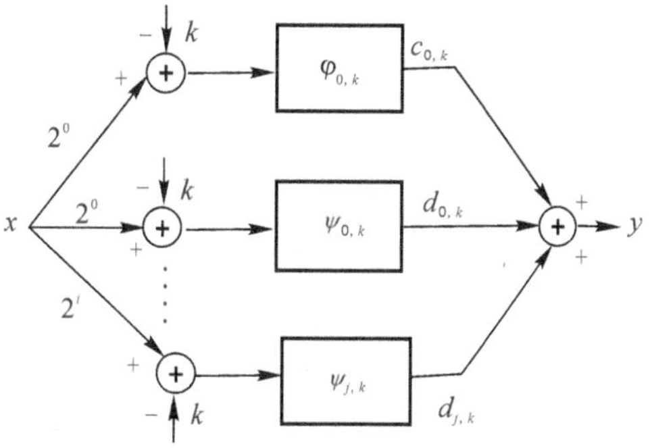

图 10-2 正交多分辨子波网络结构图

令 $C_n=\langle f, \varphi_{0,n}\rangle D_{m,n}=\langle f, \psi_{m,n}\rangle$，网络的逼近方程为

$$y=\sum_{n}C_n\varphi_{0,n}(x)+\sum_{n,\,m=0,\,\cdots,j}D_{m,n}\psi_{m,n}(x) \tag{10-24}$$

类似于前面的子波网络模型，参数 C_n、$D_{m,n}$ 也可以选择得到。当输入样本 x 是空间分布均匀时，可由 x 的采样间距和数据长度定下最大分解级数，然后用梯度下降学习算法或最小二乘法(LS)先求出最粗尺度时$\{\varphi_{0,n}\}$ 的系数$\{C_n\}$，之后再根据逼近误差逐层用梯度下降学习算法或 LS 求出$\{\psi_{m,n}\}$的系数$\{D_{m,n}\}$，直到满足预先给定的精度要求为止。由于函数 $\varphi_{0,n}$ 和 $\psi_{m,n}$ 的正交性条件

$$\langle\varphi_{0,n}, \varphi_{0,n'}\rangle=\delta_{nn'}, \langle\psi_{m,n}, \psi_{m',n'}\rangle=\delta_{mm'}\cdot\delta_{nn'} \tag{10-25}$$

可知：系数$\{C_n\}$和$\{D_{m,n}\}$的确定是互不影响的，整个求解过程呈递阶的形式进行下去。上述即为正交小波网络递阶逼近算法的基本思想。采用这种递阶逼近算法可使正交小波网络在逼近函数的过程中不存在局部最小的问题，而且可以建立网络结构与逼近精度之间的明确关系，这与连续的多变量函数估计子波网络相比，显然是一个很大的优点。

10.2.3 多子波神经网络

作为子波概念的推广，多子波已成为国际上研究的前沿和热点。多子波可以同时具有正交性、正则性、对称性和紧支撑，并且其光滑程度可以通过两尺度变换根据问题的要求而提高。多尺度函数的这些特性在信号处理中是非常有用的。因此，用多尺度函数作为节点函数而构成的网络具有许多值得研究的优良性质。

多子波神经网络的概念和模型如下：

设有多尺度函数 $\varphi(t)=[\varphi^1(t), \varphi^2(t), \cdots, \varphi^r(t)]^{\mathrm{T}}$ 满足双尺度方程

$$\varphi(t)=\sum_{k\in\mathbf{Z}} p_k \varphi(2t-k) \tag{10-26}$$

$\varphi^1(t)$的伸缩平移 $\varphi_{j,k}^l(t)=2^{\frac{j}{2}}\varphi_{j,k}^l(2^j t-k)(l=1, 2, \cdots, r; k\in\mathbf{Z})$张成了尺度空间 V_j。我们考虑正交多尺度函数的情况。这时，$\{\varphi_{j,k}^l | l=1, 2, \cdots, r; k\in\mathbf{Z}\}$构成了 V_j 的标准正交基，并且存在多子波 $\psi(t)=[\psi^1(t), \psi^2(t), \cdots, \psi^r(t)]^{\mathrm{T}}$ 使得 $\psi_{j,k}^l(t)=2^{\frac{j}{2}}\psi^l(2^j t-k)(l=1, 2, \cdots, r; k\in\mathbf{Z})$张成了 V_j 在 V_{j+1}中的直交补空间 W_j，并且$\{\psi_{j,k}^l | l=1, 2, \cdots, r; k\in\mathbf{Z}\}$构成了 W_j的标准正交基。由多分辨理论可知 $V_j\subseteq V_{j+1}$，并且$\bigcup V_j=L^2(\mathbf{R})$。所以对于任意的 $f\in L^2(\mathbf{R})$，有正整数 J_0，使得当 $J>J_0$ 时，总有

$$\| f-f_J \|_2<\varepsilon \tag{10-27}$$

其中$\| \cdot \|_2$ 表示 L^2 空间范数，ε 是事先给定的任意小的正数，且

$$f_J=\sum_{l=1}^{r}\sum_{k\in\mathbf{Z}}\langle f, \varphi_{J,k}^l\rangle \varphi_{J,k}^l(t) \tag{10-28}$$

从神经网络的角度看，式(10-28)中 $f_J(t)$可以用图 10-3 所示的网络来学习(图为 $r=2$ 的情况)。由于这一网络来源于多子波理论，故我们将之称为多子波神经网络。

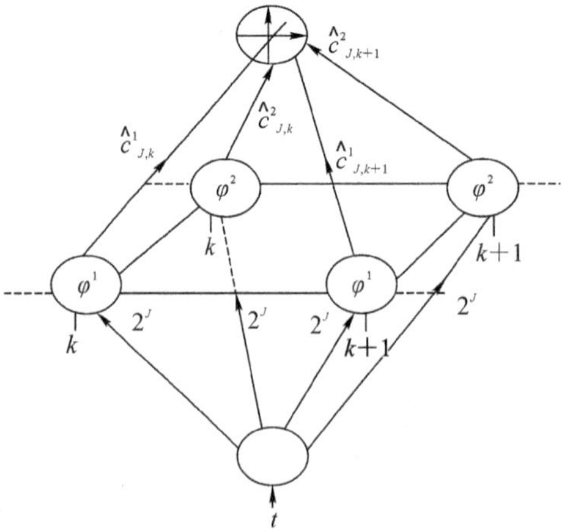

图 10-3 多子波神经网络结构图

该网络的输入输出表达式为

$$\hat{f}_J = \sum_{l=1}^{r} \sum_{k \in \mathbf{Z}} \hat{c}_{J,k}^{l} \varphi_{J,k}^{l}(t) \tag{10-29}$$

隐层节点的权值均为 2^J，前排节点的节点函数均为 $\varphi^1(t)$，阈值分别为 k，$k+1$，…，后排节点的节点函数均为 $\varphi^2(t)$，阈值分别为 k，$k+1$，…。输出层相应的权值分别为 $\hat{c}_{J,k}^1$，$\hat{c}_{J,k+1}^1$，…和 $\hat{c}_{J,k}^2$，$\hat{c}_{J,k+1}^2$，…。

10.3 多尺度几何分析

表面看来，子波似乎已经挖掘了所有可能的多尺度表示的现象，然而随着研究的深入，最近有新的证据表明：至少有两种对立论点同这种将视觉系统看作是一种子波变换加阈值化处理的简单观点相矛盾。

第一种论点与视觉系统可由子波函数来构造的基本概念相矛盾。首先，研究表明皮层细胞的响应性质不仅对外部激励的位置和尺度敏感，而且对激励的方向和形状也相当敏感；其次，研究自然图像的数据库发现，能够稀疏化表示自然景物的最佳基元素类型具有高度明确的方向性[10.11－10.13]，这是子波函数所不具有的；再次，由于边缘是图像的重要特征，因此可以从基于边缘的图像的数学模型来寻求对图像的最优稀疏表示[10.14]，这样就要求我们找到具有高度方向化特征的基函数。简言之，由于人类视觉皮层细胞的反应特性与自然图像统计结构的编码方式之间是类似的，因此存在一种数学方法或者编码方式可以模拟人类的视觉效应。来自生物学的研究已经证明了视觉系统是用最少的视觉神经元“捕获”自然场景中的关键信息的，这种效应对应的是对自然场景的“最稀疏”的表示（或变换）方式，这种表示方式的直接结果是对景物的“最稀疏”编码[10.11]。

第二种类型的论点与视觉系统是简单的基于单层分析元素的输出的观点相矛盾。最近的大脑图像试验证明：目标图像包含长的直线和曲线，可以被看作 fMRI（functional Magnetic Resonance Imaging）神经响应[10.15，10.16]。结论指出当 V3 区域对这样的激励反应时，显示出潜在的神经行为，这一行为分布于整个区域中，执行着一个复杂的整体化工作而非简单的逐点处理。Gestalt 使用所谓的“好的连续”的原则证明了这种整体化工作的类型。他认为：与人们对于一个系统的一般认识，即一个独立的分析元素产生一个独立输出的观点正好相反，V3 区域表现出的是一种“整体性”或“全局性”的行为。或者说，这种整体化的行为是一种非线性的行为。这同样也在 B. Julesz 的试验中有所体现[10.17，10.18]。

以上两类论点显示了：如果视觉信息处理系统中存在多尺度特性的话，那么子波函数还远不能描述它，因为这种多尺度特性至少应具有如下特点：

（1）多分辨特性；

（2）局域性；

（3）方向性；

（4）空间各向异性。

前两个性质是子波函数或传统的多尺度分析系统所具备的，而后两个性质是子波函数所不能够描述的。因为在高维空间中子波能提供的方向是有限的，例如二维的可分离张量积子波只具有水平、垂直和对角线三个方向。由于子波函数显示出数目少且固定的可选方向，它常被称为是空间等方向性的，因此它不具备空间各向异性的要求。既然子波函数不能满足上述要求，为了分析与视觉系统类似的高维复杂系统，并且高效地描述高维信息的几何特性，则需要一个新的多尺度系统，这就是调和分析中新近发展起来的多尺度几何分析系统。

自从20世纪末脊波分析的理论框架成功地建立之后，具有各种不同几何特征的分析处理工具也相继产生。它们给高维信号处理与图像处理带来了许多实用的新工具，如脊波(Ridgelet)、曲线波(Curvelet)、轮廓波(Contourlet)、Brushlet、Beamlet、Bandelet、Wedgelet、Platelets、Directionlet等方法。这些具有不同分析元素的新的多尺度系统为空间几何信息的检测提供了有效的工具，我们统称之为多尺度几何分析工具。

多尺度几何分析方法致力于发展一种新的高维函数的最优表示方法。它的理论框架最初是由曾经推动子波分析发展的一批先驱者(如Daubechies、Mallat、Donoho、Vetterli和Starck等人)构建的。按照时间顺序，目前已经建立起来的多尺度几何分析工具主要有：F. G. Meyer和R. R. Coifman构造的Brushlet(1997年)；D. L. Donoho提出的Wedgelet(1997年)；E. J. Candès和D. Donoho提出的Ridgelet变换(1998年)、单尺度Ridgelet变换(1999年)和基于局部脊波变换的Curvelet变换(1999年)；E. L. Pennec和S. Mallat提出的Bandelet变换(2000年)；D. L. Donoho和X. M. Huo提出的Beamlet变换(2001年)；M. N. Donoho和M. Vetterli提出的Contourlet变换(2002年)以及R. M. Willett提出的Platelets变换(2002年)等等。2004年，V. Velisavljevic和M. Vetterli等人又提出了Directionlet的概念，并且证明了使用Directionlet系统的最佳意义下的N项逼近将给出阶数为$O(N^{-1.55})$的L^2误差。

随着机器学习的兴起，将多尺度几何分析与神经网络结合，可学到更加有效的特征表示，增加了网络的逼近能力。2011年S.Mallat提出了一种基于小波变换的散射算子。2012年Mallat受到深度学习的启发，提出了小波散射卷积神经网络。该网络类似于深度神经网络，是非反馈式的，即滤波器是事先设定好的小波核，不需要通过学习获得。2017年段一平等人提出了一种基于卷积小波神经网络和马尔可夫随机场的SAR图像分割方法，将一个小波约束的池化层代替CNN中的传统池化层，在保持学习特征结构的同时能够抑制噪声。2018年Wiatowski等人将Mallat的小波散射理论扩展到任意框架，并加入下采样因子，提取的特征具有平移不变、形变稳定和非扩张的特性。杨景明等人提出了深度 Gabor 卷积神经网络，在 LeNet-5 模型中引入了 Gabor 层，采用 Gabor 核作为提取图像特征的卷积核，张宝昌等人将 Gabor 滤波器引入深度卷积神经网络中；Fujieda 等人提出了 wavelet 卷积网，将 wavelet 变换的多尺度和方向性的特征与神经网络的特征图级联，加强了特征表示，在纹理分类和图像标注方面表现良好。多尺度几何分析的方法与神经网络的结合能够充分地表征图像的方向性，且具有正则性，因而具有更好的逼近性，更快的收敛性，对于构建可解释深度神经网络有一定的借鉴意义。

作为一个前沿的研究领域，几何多尺度分析理论在近年来吸引了数学、计算机科学、信号和图像处理等多个领域的学者们的注意。由于它的建立和发展的时间还很短，目前关于它的理论和算法都处于不断丰富和完善中，它在各个领域的应用也正在逐步展开。

由于几何多尺度分析本身就是一门跨越多个学科领域的交叉学科，自它诞生之日起，它的理论和应用的发展一直受到了来自不同领域的科研工作者的共同关注。随着它的快速发展以及相关应用的深入，几何多尺度分析和其他领域的结合也逐渐增多。最近，借鉴自适应理论的几何多尺度分析方法得到了国内外学者们更多的关注。在多尺度几何分析理论的建立和应用过程中，各种机器学习方法如神经网络、进化计算和统计学习等理论和方法都被用来对其进行完善和发展，进而开发出更加灵活有效的多尺度几何分析工具。

众所周知，神经网络具有自学习、自适应、鲁棒性、容错性和推广能力，是应用最广泛的机器学习方法之一。将神经网络和多尺度几何分析两者的优势结合起来的必要性，正逐渐地被人们所认识。一种结合方法是用上述的几何多尺度工具对数据进行预处理，即在信息处理的特征空间里用多尺度几何工具中的变换方法来实现特征提取，然后将提取出的特征向量送入神经网络进行后续的分类、识别、分割等处理；另一种是在神经网络中直接采用方向基的并行几何多尺度神经网络模型（Multiscale Geometrical Neural Network, MGNN）。

神经元是神经网络中基本的信息处理单元，神经网络通过对神经元的建模和连接来模拟人脑的神经系统功能，并建立一种具有学习、联想、记忆和模式识别等智能信息处理功能的人工系统模型。在前馈神经网络中，神经元的激活函数决定了神经元的性质，反映了网络单元的输入输出特性，是影响网络性能和效率的一个重要因素。虽然神经网络是受到生物学习系统的启发而发展起来的，但由于大脑神经元的复杂性和人类关于脑科学认识的局限性，神经网络模型对生物神经系统的模拟是非常简单和高度近似的，它仍未能模拟生物学习系统中许多复杂的方面。实质上我们所讨论的神经网络的许多性质与生物系统并不一致。例如，神经网络每个元件的输出是单个的常数值，而生物神经元的输出是复杂的尖锋状时间序列；另外从模拟人脑神经元的激活函数看，人脑神经元具有非常复杂的特性，而并非人们最初认识到的简单的阈值函数。生物神经元受到传入的刺激，其反应又从输出端传到相连的其他神经元，输入和输出之间一般是一个非常复杂的非线性变换。

子波函数是一种性能良好的激活函数，由于它在时间域和频率域同时具有良好的局部化性质，故子波网络在逼近光滑函数时表现良好。对于具有奇异性的一维函数，子波网络也能较好地重构出原函数的形状及变化情况。然而当输入的维数 d 大于 1 时，在 $\mathbf{R}^d$ 中的单位圆 Ω_d 里，如果再要表示阶梯函数，阶数为 $O(\varepsilon^{-2(d-1)})$ 的子波必须给出一个阶数为 ε 的重构误差(即使用子波函数的 M 项展开以 $O(M^{-1/2(d-1)})$ 的阶数收敛)，换句话说，虽然子波函数是低维空间中好的基函数，但在处理高维非点状奇异性时是“失败”的。另外，张量积子波是一种主要的高维子波函数形式，但是它构造复杂，并且不能有效地分析高维空间中的数据。因此使得高维子波网络训练困难，难以达到真正实用。

方向性是高维空间的一个重要特征。以视觉系统为例，根据 1996 年 D.J.Field 的实验结果：当观看一副立体的自然景物时，人类的视觉系统会根据目标的方向信息自动寻找最少数目的神经元来对景物的信息进行最有效的表示。这种有效的表示不仅依赖于神经元在尺度和位置上的多分辨特性，还有方向上的多分辨特性，即多尺度几何特性。受视觉系统的多尺度几何特性的启发，如果我们选择能表征空间几何信息的方向基函数作为神经元的激活函数，将能更有效地处理高维信息，同时和生物神经系统更为一致。几何多尺度网络就是在此基础上发展起来的一种新的神经网络模型。

10.4 脊波网络

在机器学习领域，很多问题都可以归结为一个多维函数的回归问题，其数值方法的研究一直是数学和计算机科学的热点[10.14]。逼近多变量函数可以采用基于固定变换的方法和自适应的方法。典型的基于固定变换的逼近方法有傅里叶变换[10.15]、子波变换[10.16]等，它们将信号在一组固定的基函数下进行分解，优点是实现方式简单，缺点是随着维数的增加它们的计算复杂度剧增，即会出现“维数灾难”的问题。投影跟踪回归(Project Pursuit Regression，PPR)[10.17]和神经网络[10.18]都是能够克服“维数灾难”的自适应逼近方法，但它们在逼近方式和性能上却有所差别。PPR 是一种统计估计方法，它使用一组脊函数的和来逼近未知的函数 f：

$$\hat{f}_m(\boldsymbol{x})=\sum_{j=1}^{m} g_j(\boldsymbol{u}_j \cdot \boldsymbol{x}) \tag{10-30}$$

其中 $\|\boldsymbol{u}_j\|=1$。在第 m 步，PPR 以增加一个脊函数 $g_j(\boldsymbol{u}_j \cdot \boldsymbol{x})$ 的方式来扩充拟合 f_{m-1}，其中新的基函数 $g_j(\boldsymbol{u}_j \cdot \boldsymbol{x})$ 按照如下的方法获得：计算第 $m-1$ 步的逼近的余量 $\boldsymbol{r}_i=\boldsymbol{Y}_i-\sum_{j=1}^{m-1} g_j(\boldsymbol{u}_j \cdot \boldsymbol{x}_i)$；沿一个固定的方向 $\boldsymbol{u}$ 绘制余量 $\boldsymbol{r}_i$ 随 $\boldsymbol{u} \cdot \boldsymbol{x}_i$ 的变化；拟合曲线 g 并选择最好的方向 $\boldsymbol{u}$，使得余量的平方和 $\sum_i[\boldsymbol{r}_i-g(\boldsymbol{u} \cdot \boldsymbol{x}_i)]^2$ 最小，当余量变化不大时算法停止。PPR

的优点就是它在每一步都能自由地选择不同的脊函数，较好地利用了投影；其缺点就是由于它是按照范数收敛的，收敛速率非常慢，并且它没有自学习、自组织的功能，也不具备大规模并行处理的能力。

神经网络是一种非参数化函数逼近方法，三层前向神经网络能够逼近一个未知映射。如前面提到的多层感知器、径向基网络、子波神经网络等。传统的神经网络通常通过一系列 sigmoid 函数 $\rho(t)=\dfrac{e^t}{1+e^t}$ 的叠加来逼近未知函数 f [10.19]：

$$\hat{f}(\boldsymbol{x})=\sum_j \alpha_j \times \rho(k_j \cdot \boldsymbol{x}-b_j) \tag{10-31}$$

它和投影跟踪回归方法之间的一个主要差别就是当函数 ρ 中权值的范数 $\|k\|$ 较大时，由于 $\rho(k \cdot \boldsymbol{x}-b)$ 非常接近阶梯函数，所以神经网络允许非光滑的拟合。将满足容许性条件的子波函数代替 sigmoid 函数作为激活函数，就得到了子波网络(WNN)的各种模型[10.12, 10.20—10.22]。在使用子波网络逼近高维奇异性函数的目标函数时，虽然网络的训练和学习过程能补偿奇异性所带来的失真，但子波本身处理高维非点状奇异性的"失败"，使得子波函数逼近这类目标函数的结果表现出了奇异性扩散的迹象；另一方面，和其他神经网络一样，子波网络对高维样本的处理能力缺乏有效的方法，在高维时也需要大量增加节点的数目，从而增加了网络的复杂度。因此，研究一种能类似于子波在一维时的效果的数学工具，并且解决神经网络训练中的"维数灾难"问题是相当有意义的。

多尺度几何网络是建立在多尺度几何分析、神经网络和统计学等多门学科基础上的一种网络模型。新的调和分析工具为它带来了更多类型的神经元激励函数，同时神经网络固有的学习性和并行性又克服了固定变换的一些缺点，因此多尺度几何网络具有更强大的处理能力。例如，使用脊波函数作为神经元激励函数的脊波网络模型是一种既能像传统神经网络那样表示阶梯函数，在高维空间中又具有子波网络在一维时的效果的自适应网络。它同时具有投影跟踪回归算法的脊函数可调以及神经网络的并行学习等优点，可以对高维函数和某些具有空间不均匀性的函数进行有效的逼近。本节首先讨论一种连续的自适应脊波网络模型。

10.4.1 连续脊波网络

脊波可以看作是一种带有方向信息的子波函数，具有更多的维数信息，因此脊波网络能够逼近更加广泛的函数类；另一方面，由于脊函数对方向信息更为敏感，它能够自适应地调节脊波函数的方向向量，通过具有不同尺度、位置和方向的脊函数的叠加逼近某些具有空间不均匀性的函数。简言之，使用脊波函数作为神经元的激励函数具有许多优良的特点：首先，脊波函数使用维数非可分的基函数对高维信息具有逐步精细的描述特性，并且对线型和曲线型(采用多尺度脊波函数)的奇异性具有更好的逼近效果，这是以前的神经网络模型所不具备的；其次，同子波一样，脊波函数的形式多样，因此可以根据逼近函数的特点来选择不同形式的函数；最后，如果激励函数选用正交脊波函数，则能保证逼近函数表达式的唯一性。

在 E.J.Candès 给出的脊波定义下，对于任何多变量函数 $f\in L^1\cap L^2(\mathbf{R}^d)$，均可以展开为脊波函数叠加的形式：

$$f=c_\psi\int\langle f,\ \psi_\gamma\rangle\psi_\gamma\mu(\mathrm{d}\gamma)=\pi(2\pi)^{-d}K_\psi^{-1}\int\frac{\langle f,\ \psi_\gamma\rangle\psi_\gamma\sigma_d}{a^{d+1}}\mathrm{d}a\,\mathrm{d}u\,\mathrm{d}b \tag{10-32}$$

已经从数学上严格地证明：脊波除了能够提供一种稳定和固定的方式来逼近任意的多变量函数外，利用一组脊波函数的叠加还能够拟合一些具有空间不均匀性的函数，并且这种逼近相对于 Fourier 变换、子波变换来说能获得更好的逼近速率[10,23]。

对于输出为 m 维的函数 $f(\boldsymbol{x})$：$\mathbf{R}^d\rightarrow\mathbf{R}^m$ 来说，均可以分解为 m 个 $\mathbf{R}^d\rightarrow\mathbf{R}$ 的映射，选择脊波函数作为基变量，从而有如下使用脊波函数的逼近方程：

$$\hat{y}_i=\sum_j w_{ij}\psi\left\{\frac{\boldsymbol{u}_j\cdot\boldsymbol{x}-b_j}{a_j}\right\}\quad i=1,\ \cdots,\ m \tag{10-33}$$

其中 $\boldsymbol{x}$，$\boldsymbol{u}_j\in\mathbf{R}^d$，$\|\boldsymbol{u}_j\|=1$，$\hat{\boldsymbol{Y}}=[\hat{y}_1,\ \cdots,\ \hat{y}_m]$，$w_{ij}$ 表示脊函数的叠加系数。将脊波函数作为一个三层前向网络的隐层神经元的激励函数，就可以得到如图 10-4 所示的自适应脊波网络的结构，其中 w_{ij} 表示第 i 个脊函数连接到第 j 个输出节点的权值，w_{j0} 为第 j 个目标节点的阈值。

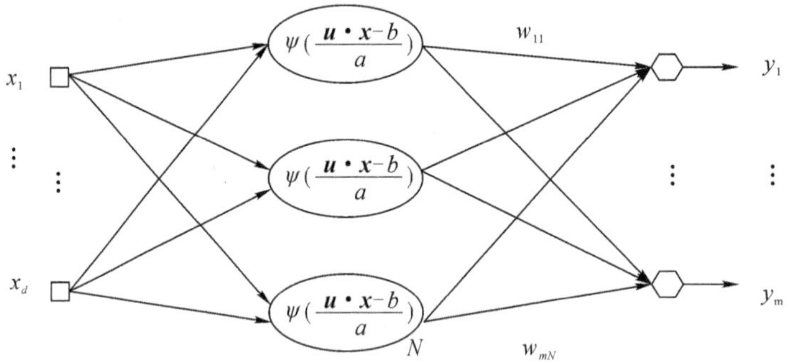

图 10-4　结构为 d-N-m 的自适应连续脊波网络模型

函数逼近是神经网络的一个基本任务。下面以函数逼近问题为例，给出上述脊波网络的学习算法。设共有 P 个学习样本，$\boldsymbol{X}=[\boldsymbol{X}_1,\ \cdots,\ \boldsymbol{X}_P]$，$\boldsymbol{Y}=[\boldsymbol{Y}_1,\ \cdots,\ \boldsymbol{Y}_P]$，其中 $\boldsymbol{X}_p=[x_{1p},\ \cdots,\ x_{dp}]$和$\boldsymbol{Y}_p=[y_{1p},\ \cdots,\ y_{mp}]$（$p=1,\ \cdots,\ P$）分别表示第 i 个输入样本和其对应的输出。记 $\boldsymbol{Z}_i=[z_{i1},\ \cdots,\ z_{iP}]$（$i=1,\ \cdots,\ N$）为第 i 个隐层神经元的输出，$\boldsymbol{u}_i=[u_{i1},\ \cdots,\ u_{id}]\in\mathbf{R}^d$ 且 $\|\boldsymbol{u}_i\|=1$，则对于第 p 个输入样本，网络的第 i 个隐层单元的输出 z_{ip} 可以写作：

$$z_{ip}=\psi\left\{\frac{\left(\sum_{j=1}^{d}u_{ij}\times x_{jp}\right)-b_i}{a_i}\right\}\quad i=1,\cdots,N;\ p=1,\cdots,P \tag{10-34}$$

接下来是一个具有连接权值 $w_{ji}(j=1,\cdots,m;\ i=0,\cdots,N)$ 的线性输出层：

$$y_{jp}=w_{j0}+\sum_{i=1}^{N}w_{ji}z_{ip}\quad j=1,\cdots,m;p=1,\cdots,P \tag{10-35}$$

下面我们分别从两个角度对自适应脊波网络进行分析。首先从脊波变换的角度来看，脊波变换可以看成是 θ 角上的 Radon 变换切片上的子波变换。输入 $\boldsymbol{X}$ 首先经过脊波函数的方向向量后得到 $\boldsymbol{r}=[r_1,\cdots,r_N]^{\mathrm{T}}$，其中 $r_i=\boldsymbol{u}_i\cdot\boldsymbol{X}(i=1,\cdots,N)$。假设当 $d=2$ 时，二维平面上某一个训练数据(x_1,x_2)经过一个脊波神经元后得到一维向量 $\boldsymbol{r}=(\boldsymbol{x}_1'+\boldsymbol{x}_2')$，其大小为$(x_1\cos\theta+x_2\sin\theta)$，如图 10-5 所示。从$(x_1,x_2)$到$(x_1',x_2')$的映射过程可以描述为：① 已知点$(x_1,x_2)$，过圆心作过$(x_1,0)$和$(0,x_2)$的圆，记为 C_1 和 C_2；② 记 C_1 和 C_2 与 $X_2=tg\theta\cdot X_1$ 的交点分别为 m_1 和 m_2；③ 将 m_1 投影到 X_1 轴得$(x_1',0)$，将 m_2 投影到 X_2 轴得$(0,x_2')$，最后得到点(x_1',x_2')；④ 映射后得到的新向量即为 $\boldsymbol{r}=(\boldsymbol{x}_1'+\boldsymbol{x}_2')$。可以设想：输入的样本经过这样的变换后，如果具有高维的非点状的奇异性(这里主要指的是直线型、曲线型和超平面型的奇异性)，则它所具有的高维奇异性得到了检测并转化成低维的、可用子波函数处理的点状奇异性。自适应脊波网络中方向向量对应的就是对数据进行投影的若干个方向，它依靠神经网络的训练算法求得。

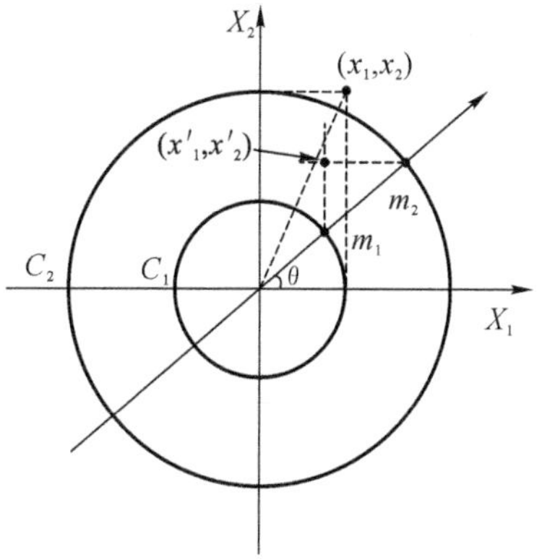

图 10-5　二维输入样本(x_1,x_2)经方向投影变为一维向量 $\boldsymbol{r}$ 的示意图

如果待拟合的函数在某个方向上具有直线型或超平面型的奇异性，经过某些标准脊波函数的方向投影后，这些奇异性就变成了低维的奇异性，即点的奇异性，然后交由后面的子波网络处理，如图 10-6 所示。空间的奇异性经过脊波函数的方向向量后变成了点状的奇异性，从而可以经子波基函数的伸缩和平移得到有效的逼近。如果待拟合的函数在某个

方向上具有曲线型的奇异性，则需要经过某些多尺度的脊波函数进行方向投影，同样也可以转变为点的奇异性。

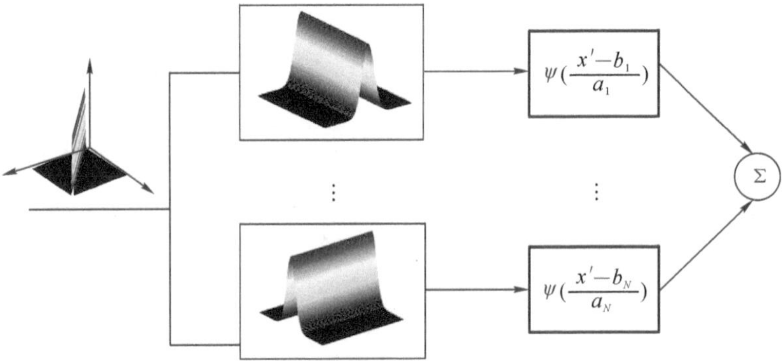

图 10-6　脊波网络逼近的示意图

其次，我们也可从激励函数的角度去解释脊波网络。众所周知，在使用前向神经网络逼近函数时，神经元的激励函数所在的空间决定着网络能够逼近的函数类，同时决定着网络的逼近性能。在脊波神经网络中，神经元所在的空间得到了扩充，脊波函数随着位置、方向和尺度不同而具有不同的形状，即网络被赋予了更丰富的激活函数。因此脊波网络不仅能够像子波网络那样能够处理 $L^P(\mathbf{R})$空间、Sobolev 空间、Holder 空间上的一些函数，还能处理一些子波网络不能有效逼近的空间和函数类，如限制在区间 $T=[0, 2\pi]$上的有界变差类 BV(1)等。

假设输入样本 $\boldsymbol{X}_p=[x_{1p}, \cdots, x_{dp}]$对应的期望输出为 $\boldsymbol{D}_p=[d_{1p}, \cdots, d_{mp}]$，网络的训练目标即是选择一组合适的 $\boldsymbol{u}$、$\boldsymbol{a}$、$\boldsymbol{b}$、$\boldsymbol{w}$ 来极小化目标函数(或误差函数)J：

$$J=\frac{1}{2}\sum_{p=1}^{P}e_p^2=\frac{1}{2}\sum_{p=1}^{P}\sum_{i=1}^{m}(y_{ip}-d_{ip})^2 \tag{10-36}$$

隐层节点数目的选择一直是神经网络训练中的一个重要问题。在这里，首先令隐层节点的初始值为 1，我们采用逐步增加节点的方法。当梯度值下降到某个很小的值而使得训练误差不再变化时，这时增加隐层节点的数目，每次增加 1 个，直到平方和误差满足给定的要求(即 $2J<\varepsilon$)为止。令 η 为学习步长，通常取 $0<\eta<0.1$，网络的训练按照最陡梯度下降的方法，$\boldsymbol{u}$、$\boldsymbol{a}$、$\boldsymbol{b}$、$\boldsymbol{w}$ 的梯度如式(10-37)～式(10-40)所示：

$$\frac{\partial J(k)}{\partial w_{ij}(k)}=\sum_{p=1}^{P}\sum_{i=1}^{m}[y_{ip}(k)-d_{ip}]z_{jp}(k)\quad i=1, \cdots, m; j=0, \cdots, N; j=0 \text{ 时 } z_{jp}=1 \tag{10-37}$$

$$\frac{\partial J(k)}{\partial a_j(k)}=\sum_{p=1}^{P}\sum_{i=1}^{m}[y_{ip}(k)-d_{ip}]w_{ij}(k)\frac{\partial\psi(\Sigma)}{\partial(\Sigma)}\frac{\sum_{l=1}^{d}[b_j(k)-u_{jl}(k)x_{lp}]}{a_j^2(k)}\quad j=1,\cdots,N \tag{10-38}$$

$$\frac{\partial J(k)}{\partial b_j(k)}=-\sum_{p=1}^{P}\sum_{i=1}^{m}[y_{ip}(k)-d_{ip}]w_{ij}(k)\frac{\partial\psi(\Sigma)}{\partial(\Sigma)}a_j^{-1}(k)\quad j=1,\cdots,N \tag{10-39}$$

$$\frac{\partial J(k)}{\partial u_{jl}(k)}=\sum_{p=1}^{P}\sum_{i=1}^{m}\frac{[y_{ip}(k)-d_{ip}]w_{ij}(k)x_{lp}}{a_j(k)}\frac{\partial\psi(\Sigma)}{\partial(\Sigma)}\frac{\sum_{r=1,\,r\neq l}^{d}u_{jr}^2(k)}{\left[\sum_{r=1}^{d}u_{jr}^2(k)\right]^{\frac{3}{2}}}\quad j=1,\cdots,N;l=1,\cdots,d \tag{10-40}$$

基于上述梯度，我们就得到网络参数的更新公式：

$$\begin{cases}w_{ij}(k+1)=w_{ij}(k)-\eta\dfrac{\partial J(k)}{\partial w_{ij}(k)}\\ a_j(k+1)=a_j(k)-\eta\dfrac{\partial J(k)}{\partial \alpha_j(k)}\\ b_j(k+1)=b_j(k)-\eta\dfrac{\partial J(k)}{\partial b_j(k)}\\ u_{jl}(k+1)=\dfrac{u_{jl}(k)-\eta\dfrac{\partial J(k)}{\partial u_{jl}(k)}}{\sqrt{\sum_{l=1}^{d}\left(u_{jl}(k)-\eta\dfrac{\partial J(k)}{\partial u_{jl}(k)}\right)^2}}\end{cases} \tag{10-41}$$

10.4.2 方向多分辨脊波网络

任何多变量函数 f 均能被分解成一组连续脊波函数 ψ_γ 的叠加形式，即 f 能用连续的脊波系数 $\langle f,\psi_\gamma\rangle$ 的集合完全重构。类似的，函数 f 的分解也对应着一个离散的框架表达式。框架系统是一种能获得高质量非线性逼近的有效方法，这在框架理论[10.4, 10.5]和子波分析[10.6]中均得到了充分的验证。根据 Littlewood-Paley 理论和框架理论，首先建立脊波的框架性条件，在此基础上，就可以构造一个完备的离散化脊波框架，进而得到一组具有离散参数的脊波函数[10.7]。

脊波神经元参数空间 Γ 可以记为：

$$\Gamma=\{\gamma=(a,u,b),\ a,b\in\mathbf{R},\ a>0,\ u\in S^{d-1}\} \tag{10-42}$$

将此参数空间进行离散化，选择的离散化尺度参数 a 为 $\{a_0^j\}_{j\geqslant j_0}$（$a_0>1$，$j_0$ 是最粗的尺度）；位置参数 b 为 $\{kb_0a_0^{-j}\}_{k,\,j\geqslant j_0}$。记 S^{d-1} 为 d 维空间中的单位球，在尺度 a_0^j，对球的

离散化集合用Σ_j表示，它是S^{d-1}上的一个ε_j网（对于$\varepsilon_0>0$，$\varepsilon_j=\varepsilon_0 a_0^{-(j-j_0)}$）。可以看出，对球的离散化是依赖于尺度的：尺度越精细，S^{d-1}上的抽样也就越精细。这样，就得到了脊波参数$\gamma=(a, u, b)$的离散化表示：

$$\gamma \in \Gamma=\{(a_0^j, u, kb_0 a_0^j), j \geqslant j_0, u \in \Sigma_j, k \in \mathbf{Z}\} \tag{10-43}$$

这里采用框架理论中常用的标记方式，可以得到如下脊波离散集[10.7]：

$$\psi_\gamma(x)=a_0^{j/2}\psi(a_0^j u \cdot x-kb_0) \tag{10-44}$$

由于方向向量要满足归一化的条件，在d维的方向向量$\boldsymbol{u}=[u_1, u_2, \cdots, u_d]$为[10.8]：

$$u_1=\cos\theta_1, u_2=\sin\theta_1\cos\theta_2, \cdots, u_d=\sin\theta_1\sin\theta_2\cdots\sin\theta_d \tag{10-45}$$

其中，$0\leqslant\theta_1, \cdots, \theta_{d-2}\leqslant\pi$，$0\leqslant\theta_{d-1}<2\pi$。

经证明：离散化Γ后，$\{\psi_\gamma(x)=a_0^{j/2}\psi(a_0^j u \cdot x-kb_0), \gamma\in\Gamma\}$构成$L^2$的一个框架[10.7]。

对于脊波参数的离散化，一种标准的选择就是$a_0=2$，$b_0=1$，$j_0=0$时的二进制脊波框架。同子波的框架分析相对应，存在一个函数φ，当φ和ψ具有某些正则度，ψ具有某些消失矩时，就可以构成L^2的一个框架：

$$\{\varphi(u_i \cdot x-kb_0), 2^{j/2}\psi(2^j u_i^j \cdot x-kb_0), j \geqslant 0, u_i^j \in \Sigma_j, k \in \mathbf{Z}\} \tag{10-46}$$

其中Σ_j是球面上一些等分布点的集合，分辨率为$\theta_0 2^{-j}$。考虑一种更特殊的情况——二维时的二进制脊波框架：

$$\begin{gathered}\{\varphi(x_1\cos\theta_i+x_2\sin\theta_i-k), 2^{j/2}\psi(2^j(x_1\cos\theta_i^j+x_2\sin\theta_i^j)-k), \\ j\geqslant 0, \theta_i^j=2\pi\theta_0 2^{-j}i, k\in\mathbf{Z}, i=0, 1, \cdots, 2^j-1\}\end{gathered} \tag{10-47}$$

在尺度j，θ_i^j是圆上跨度为$2\pi\theta_0 2^{-j}$的等空间点（θ_0^{-1}为一个整数）。取二进制框架中的尺度函数φ和相应的脊波函数ψ作为三层前向神经网络中隐层神经元的激励函数，分别构成函数f和g，系数c、d为对应的连接权值，则可得到如下方向多分辨脊波网络对应的网络方程：

$$\hat{y}=f_0(x)+\sum_{j=0}^{J}g_j(x)=\sum_{i=0}^{\theta_0^{-1}/2}\sum_k c_{i,0,k}\varphi_{i,0,k}(x)+\sum_{j=0}^{J}\sum_{i=0}^{\theta_0^{-1}2^j}\sum_k d_{i,j,k}\psi_{i,j,k}(x) \tag{10-48}$$

基于脊波网络方程式(10-48)，可得到图10-7所示的方向多分辨离散脊波网络模型。它具有两个子网络Ⅰ和Ⅱ，分别由脊波框架中的尺度函数$\varphi_{i,0,k}$和脊波函数$\psi_{i,j,k}$组成，为方便识别，分别记为φ_0（其中support$(\varphi_0)=[0, M]$）和ψ_j（其中support$(\psi_j)=[0, N_j]$）。设待逼近d维函数f的紧支撑为support$(f)=[0, L_1]\times[0, L_2]\times\cdots\times[0, L_d]$，并且令$\sum_{i=1}^{d}L_i=K$，则网络方程式(10-48)可重新写为：

$$\hat{y}=\sum_{i=0}^{\theta_0^{-1}/2}\sum_{k=-M+1}^{K-1}c_{i,0,k}\varphi_{i,0,k}(x)+\sum_{j=0}^{J}\sum_{i=0}^{\theta_0^{-1}2^j}\sum_{k=-2^jN_j+1}^{2^jK-1}d_{i,j,k}\psi_{i,j,k}(x) \tag{10-49}$$

式(10-49)给出了离散化神经元参数空间 Γ 后构造的网络方程，其中脊波网络对尺度和位置的离散化和离散子波网络类似，这里重点讨论方向的离散化。

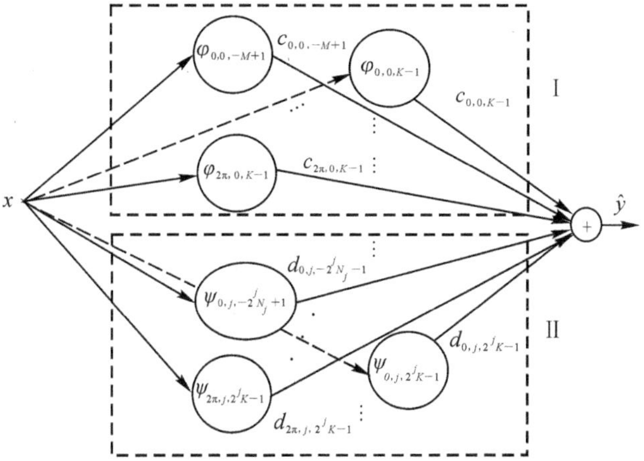

图 10-7 方向多分辨脊波网络

可以证明：离散化后的脊波方向所对应的点的集合中，每相邻两个点的空间距离的大小所具有的阶为 2^{-j}[10.12, 10.13]。如果对任意 $j\geqslant 0$，集合 Σ_j 满足等分布性质，则可以保证 Σ_j 是球 S^{d-1} 上 L_j 个近似等空间距离点的一个集合，其中 L_j 的阶数为 $2^{j(d-1)}$。由 L_j 的阶 $2^{j(d-1)}$ 通过简单的计算可得到：每一个尺度上的等空间点的个数比上一层尺度上的等空间点的个数要多 $O(2^{j(d-1)}(2^{d-1}-1))$ 个。这是一个与上一层尺度上的等空间点的个数有关而且是它的倍数的量。既然满足等分布性质，则只要确定了尺度 j 上的脊波方向的个数，则尺度 $j+1$ 上的脊波方向可以用这样的方法来近似的确定：保留尺度 j 上的方向不变，把尺度 j 上的每两个相邻方向所对应的点的连线等分为 2^{d-1} 份，然后除去两个端点，在其他的等分点对应的位置插入新的方向，连同尺度 j 上的方向一起构成尺度 $j+1$ 上的脊波方向。

特殊的，当 $d=2$，并且 $a_0=2$，$b_0=1$，$j_0=0$ 时，这时脊波方向的离散化是对单位圆而言的。不同尺度 j 上的方向为单位向量 $u_i^j=(\cos\theta_i^j, \sin\theta_i^j)$，此时 $L_j=2^j$ 个等空间点精确地构成对单位圆的二进划分，并且有

$$\theta_i^j=2\pi\theta_0 2^{-j}i \quad i=0, \cdots, 2^j-1;\ \theta_0^{-1}\text{ 为整数} \tag{10-50}$$

$$\Gamma_j=\{(2^j, \theta_i^j, 2^jk) \quad j\geqslant 0, k\in\mathbf{Z}, i=0, 1, \cdots, 2^j-1\} \tag{10-51}$$

令脊波变换 $R(f)(\gamma)=\langle R_u f, \psi_{a,b}\rangle$，则当方向固定后，将函数 f 沿直线 $\{tu: t\in\mathbf{R}\}$ 积分后作离散子波变换就可以实现离散的脊波变换。

考察脊波对于二维频域平面的剖分，脊波函数把频域划分成二进冠，即把同心的圆环 $\{\xi: 2^j \leqslant |\xi| \leqslant 2^{j+1}\}$ 按照脊波方向来进行分割，每一块就是脊波的局部化区域，随着尺度的增加，这样的区域将越来越多，在上述特殊的条件下，脊波函数则把频域划分成二进段的结构，如图 10-8 所示。这里选择 $a_0=2$，圆代表着尺度 2^j，不同的线段相应于不同的函数的支撑。在越精细的尺度上有越多的线段。

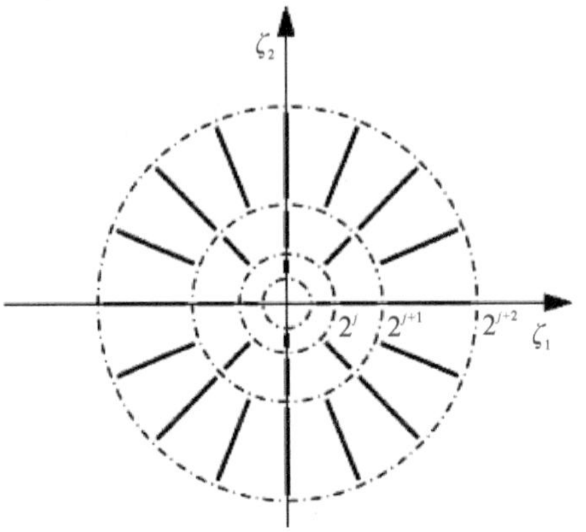

图 10-8　二维情况下离散脊波将频域平面剖分示意图

设输入 P 组训练样本 $\{(X_1, Y_1), \cdots, (X_P, Y_P)\}$，$\hat{Y}_p$ 是网络对于第 p 个训练样本 X_p 的实际输出，对应的期望输出是 Y_p。首先定义误差函数 E：

$$E = \| e \|^2 = \sum_p (\hat{Y}_p - Y_p)^2$$

$$= \sum_p \left[\sum_{l=0}^{\theta_0^{-1}/2} \sum_{m=-M+1}^{K-1} c_{l,0,k} \varphi_{i,0,k}(X_p) + \sum_{j=0}^{J} \sum_{i=0}^{\theta_0^{-1}2^j} \sum_{k=-2^j N_j+1}^{2^j K-1} d_{i,j,k} \psi_{i,j,k}(X_p) - Y_p \right]^2 \tag{10-52}$$

训练网络的过程就是最小化 E 的过程，这是一个优化问题，可用多种方法求解。这里采用经典的最陡梯度下降法，由式(10-52)可以得到如式(10-53)和式(10-54)所示的关于系数 c 和 d 的梯度形式。

$$\frac{\partial E}{\partial c_{i,0,k}} = 2 \sum_p \left[\sum_{l=0}^{\theta_0^{-1}/2} \sum_{m=-M+1}^{K-1} c_{l,0,m} \varphi_{l,0,m}(X_p) - Y_p \right] \varphi_{i,0,k}(X_p) \tag{10-53}$$

$$\frac{\partial E}{\partial d_{i,j,k}} = 2 \sum_p \left[\sum_{l=0}^{\theta_0^{-1}/2} \sum_{m=-M+1}^{K-1} c_{l,0,m} \varphi_{l,0,m}(X_p) + \sum_{n=0}^{j} \sum_{l=0}^{\theta_0^{-1}2^j} \sum_{m=-2^n N_n+1}^{2^n K-1} d_{l,n,m} \psi_{l,n,m}(X_p) - Y_p \right] \psi_{i,j,k}(X_p) \tag{10-54}$$

这样，我们就得到如式(10－55)和式(10－56)所示的子网络Ⅰ和Ⅱ的权值更新公式：

$$c_{i,0,k}(t+1)=c_{i,0,k}(t)-\eta\times\frac{\partial E}{\partial c_{i,0,k}}\quad i=0,\cdots,\theta_0^{-1}/2;\ k=-M+1,\cdots,K-1 \tag{10-55}$$

$$d_{i,j,k}(t+1)=d_{i,j,k}(t)-\eta\times\frac{\partial E}{\partial d_{i,j,k}} \tag{10-56}$$

$$i=0,\cdots,\theta_0^{-1}2^j;\ j=0,\cdots,J;\ k=-M+1,\cdots,K-1$$

算法的步骤如下所示，流程图如图 10－9 所示。

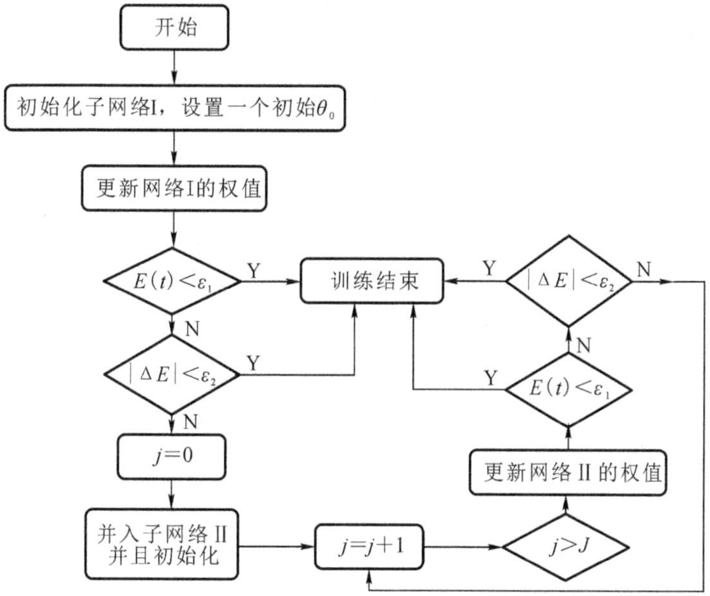

图 10－9　算法流程图

Step 1：设置子网络Ⅰ的隐层节点数，初始化网络权值，设置 θ_0；

Step 2：输入样本，训练网络Ⅰ，利用式(10－55)学习网络权值，停止规则为 $|E(t)|<\varepsilon_1$ 或 $|E(t+1)-E(t)|<\varepsilon_2$；

Step 3：令 $j=0$，并入子网络Ⅱ，初始化权值和隐层节点数目；

Step 4：训练整个网络，但是 $c_{i,0,k}$ 和 $d_{i,l,k}$ $(l=0,1,\cdots,j-1)$ 的值保持不变，使用式(10－56)学习网络权值，停止规则同 Step 2；

Step 5：$j=j+1$，当 $j<J$ 时(J 为给定的最大分解级数)，转到 Step 4。

我们分别用 Daubechies2 单子波和 GHM 多子波对分段线性函数和正弦函数进行了逼近。之所以使用 Daubechies2 是因为它在单子波中具有较短的支撑。实验中，均匀采样 64

个点。对于每一个给定的 J，当梯度的所有分量函数的最大模均小于 10^{-4} 时，我们认为网络达到了空间 V_J 对目标函数的逼近要求。当这时的结果不能达到所要求的逼近精度时，令 $J=J+1$。图 10-10(a)是 Daubechies2 单子波网络的逼近结果，迭代次数为 1440，均方误差为 1.4×10^{-8}。图 10-10(b)是 GHM 多子波网络的逼近结果，迭代次数为 527，训练点上的均方误差为 3.5×10^{-10}。图 10-10(c)给出了 $\|f-\hat{f}\|_2^2$ 随 J 的增大而减小的曲线，虚线对应于单子波网络，实线对应于多子波网络。这里及以下我们用 1024 点均方误差作为 $\|f-\hat{f}\|_2^2$ 的近似。从图中可以看出，多子波随层级空间的增大而逼近目标函数的速度明显快于单子波。图 10-10(d)给出了对于固定的 J，训练点上的均方误差随迭代次数的增加而减小的曲线。因为对于固定的 J，GHM 多子波网络的节点个数为 2^{J+1}，所以，为了使计算具有相同的复杂度，同时也为了使层级空间具有相同的维数，图 10-10(d)分别以虚线和实线给出了 J 等于 6 时的单子波网络和 J 等于 5 时的多子波网络的均方误差收敛曲线。由图可见，多子波网络的收敛速度明显快于单子波网络。为了更精确地给出实验结果，表 10-1给出了 J 从 1 到 5 的每一层级空间上网络的迭代次数、$\|f-\hat{f}\|_2^2$ 和 $\|f-\hat{f}\|_\infty$。表 10-2 给出了为使训练点均方误差达到所给精度，网络所进行的迭代次数。对于正弦函数，我们进行了同样的实验，结果与前一实验基本相同。其变化趋势及具体数值由图 10-11(a)～(d)及表 10-3 和表 10-4 给出。

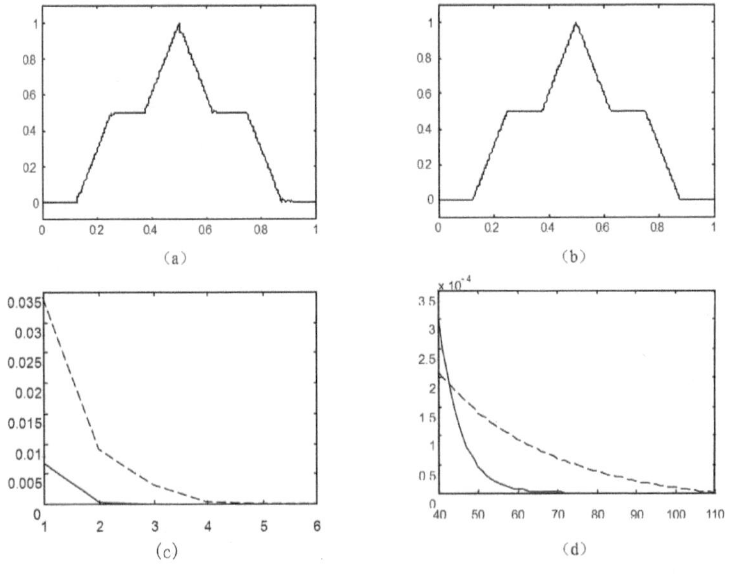

图 10-10　多子波网络与单子波网络对分段线性函数逼近性能对比

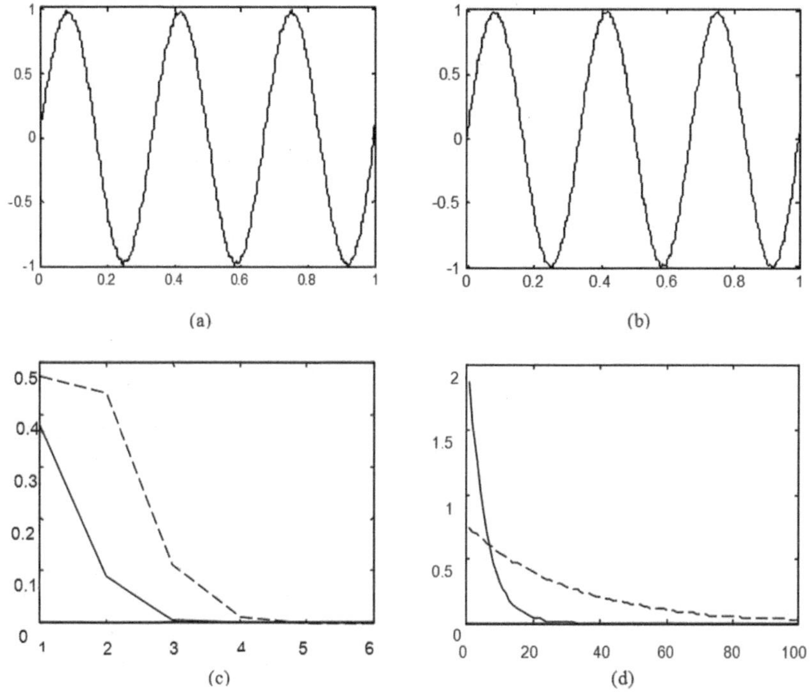

图 10－11　多子波网络与单子波网络对正弦函数逼近性能的对比

表 10－1　不同层级空间上网络的迭代次数

空间层级 J		1	2	3	4	5
迭代次数	GHM	22	33	50	71	112
	Daubechies	27	53	79	134	230
$\\|f-\hat{f}\\|_2^2$	GHM	0.0068	0.0002	0.0000	0.0000	0.0000
	Daubechies	0.0340	0.0089	0.0031	0.0004	0.0001
$\\|f-\hat{f}\\|_\infty$	GHM	0.1953	0.0408	0.0000	0.0001	0.0001
	Daubechies	0.3650	0.2356	0.1503	0.0763	0.0420

表 10-2　满足不同均方误差时网络所进行的迭代次数

节点函数＼次数＼均方误差	10^{-1}	10^{-2}	10^{-3}	10^{-4}	10^{-5}	10^{-6}	10^{-7}	10^{-8}	10^{-9}
GHM($J=5$)	10	22	34	46	59	71	83	95	107
Daubechies($J=6$)	1	1	2	64	133	204	274	345	416

表 10-3　不同层级空间上网络的迭代次数

空间层级 J		1	2	3	4	5
迭代次数	GHM	23	34	66	147	120
	Daubechies	27	57	115	234	546
$\Vert f-\hat{f}\Vert_2^2$	GHM	0.3824	0.0903	0.0055	0.0003	0.0001
	Daubechies	0.4783	0.4440	0.1147	0.0120	0.0011
$\Vert f-\hat{f}\Vert_\infty$	GHM	1.1175	0.7126	0.1737	0.0467	0.0951
	Daubechies	1.1940	1.1568	0.9889	0.3013	0.964

表 10-4　满足不同均方误差时网络所进行的迭代次数

节点函数＼次数＼均方误差	10^{-1}	10^{-2}	10^{-3}	10^{-4}	10^{-5}	10^{-6}	10^{-7}	10^{-8}	10^{-9}
GHM($J=5$)	17	29	41	53	65	77	90	102	114
Daubechies2($J=6$)	63	134	205	276	348	419	494	∞	∞

本章参考文献

[10.1]　焦李成，侯彪，王爽，等. 图像多尺度几何分析理论与应用[M]. 西安：西安电子科技大学出版社，2008.

[10.2] 焦李成，杨淑媛. 自适应多尺度网络理论与应用[M]. 北京：科学出版社，2008.

[10.3] STARCK J L, CANDES E, DONOHO D L. The curvelet transform for image denoising[J]. IEEE Transactions on Image Processing, 2002, 11(6): 670 - 684.

[10.4] DO M N. Directional multiresolution image representations[D]. Laussnne: Swiss Federal Institute of Technology, 2001.

[10.5] DO M N, VETTERLI M. Contourlets: a directional multiresolution image representation[C]. International Conference on Image Processing, 2002, 1: 1 - 357 - 360.

[10.6] PO D, DO M. Directional multiscale modeling of images using the contourlet transform[J]. IEEE Transactions on Image Processing, 2006, 15(6): 1620.

[10.7] DO M N, VETTERLI M. Contourlets: a new directional multiresolution image representation[C]. Conference Record of the Thirty-Sixth Asilomar Conference on Signals, Systems and Computers, 2002, 1: 497 - 501.

[10.8] LU Y, DO M N. CRISP-contourlets: a critically sampled directional multiresolution image representation[J]. Proceedings of SPIE—The International Society for Optical Engineering, 2003, 5207: 655 - 665.

[10.9] BURT P J, EDWARD B, ADELSON E H . The Laplacian pyramid as a compact image code[C]. IEEE Transactions on Communications, 1983, 31(4): 532 - 540.

[10.10] DO M N, VETTERLI M . Framing pyramids[J]. IEEE Transactions on Signal Processing, 2003, 51(9): 2329 - 2342.

[10.11] PARK S, SMITH M J T, MERSEREAU R M. A new directional filter bank for image analysis and classification [C]. IEEE International Conference on Acoustics, Speech, and Signal Processing, 1999, 1417 - 1420.

[10.12] BAMBERGER R H, SMITH M J T. A filter bank for the directional decomposition of images: theory and design[J]. IEEE Transactions on Signal Processing, 1992, 40(4): 0 - 893.

[10.13] SAID A, PEARLMAN W A. A new, fast, and efficient image codec based on set partitioning in hierarchical trees[J]. IEEE Transactions on Circuits and Systems for Video Technology, 1996, 6(3): 243 - 250.

[10.14] SHAPIRO, J. M. Embedded image coding using zero trees of wavelet coefficients[J]. IEEE Transactions on Signal Processing, 1993, 41(12): 3445 - 3462.

[10.15] RAMCHANDRAN K, VETTERLI M. Best wavelet packet bases in a rate-distortion sense[J]. IEEE Transactions on Image Processing, 1993, 2(2): 160 - 175.

[10.16] KURTH F, CLAUSEN M. Filter bank tree and M-band wavelet packet algorithms in audio signal processing[J]. IEEE Transactions on Signal Processing, 1999, 47(2): 549 - 554.

[10.17] JULESZ B. A brief outline of the texton theory of human vision[J]. Trends in Neurosciences, 1984, 7(2): 41 - 45.

[10.18] JULESZ B. Dialogues on perception[M]. Quarterly Review of Bidogy, Cambrige MA: MIT Press, 1995.

[10.19] ESLAMI R, RADHA H. Wavelet-based contourlet transform and its application to image coding [C]. International Conference on Image Processing, IEEE, 2004, 5: 3189－3192.

[10.20] SHU Z, LIU G, XIE Q, et al. Wavelet-based contourlet packet coding using an EBCOT-like algorithm[C]. International Congress on Image & Signal Processing, IEEE, 2011: 637－640.

[10.21] ESLAMI R, Radha H. Wavelet-based contourlet transform and its application to image coding, to appear in proc[C]. IEEE International Conference on Image Processing, Singapore, 2004, 5: 3189－3192.

[10.22] ESLAMI R, RADHA H. Wavelet-based contourlet packet image coding[C]. Conference on Information Sciences and Systems, The Johns Hopkins University, 2005: 16－18.

[10.23] COIFMAN R R, WICKERHAUSER M V. Entropy-based algorithms for best basis selection[J]. IEEE Transactions on Information Theory, 1992, 38(2): 713－718.

第11章 自编码网络

自动编码器是一种数据的压缩算法，其中数据的压缩和解压缩函数是数据相关的、有损的、从样本中自动学习的。在大部分提到自动编码器的场合，压缩和解压缩的函数是通过神经网络实现的，该网络称之为自编码网络。本章从自编码网络的背景出发，介绍了自编码网络模型及其研究进展和优化训练的方法，并简要阐明了网络的几种变体(如稀疏自编码、降噪自编码、收缩自编码和栈式自编码)的基本思想，同时对受限玻尔兹曼机的原理进行了阐述。

11.1 自编码网络背景介绍

随着神经网络的应用与大数据时代的到来[11.1－11.4]，结合智能计算的大数据分析成为热点，大数据技术结合深度学习算法成为大数据分析及处理的核心技术之一。深度学习目前受到了前所未有的关注，它是机器学习研究的新领域，掀起了机器学习领域的第二次浪潮，受到了学术界和工业界的高度关注[11.5, 11.6]，深度学习算法的学习能力不断提升必将推动数据科学的不断发展。深度学习概念是由 G. E. Hinton 等人于 2006 年提出来的[11.7]，深度学习通过组合低层特征形成更加抽象的高层表示属性类别或特征，以发现数据的分布式特征表示。深度学习架构由多层人工神经网络组成，人工神经网络是受到了大脑分层的结构启发，基于大脑神经元激活或抑制进行信号传输的原理设计出来的神经网络模型。深度学习是一种无监督学习算法，它无需人工输入或标注特征，而是通过海量数据自动学习特征。深度学习相对于浅层学习的优势在于深度学习通过深层非线性神经网络结构对复杂函数进行逼近，并且可以从少数样本集合中找到或学习到数据集的本质特征。

深度学习的核心思想是：把深度学习分层模型看作一个网络，则

(1) 无监督学习用于每一层网络的预训练；

(2) 预训练时，每次只训练一层网络，上一层网络的输出作为下一层网络的输入；

(3) 用监督学习去调整所有的层。

11.2 自编码网络的结构模型

自动编码器是 D. E. Rumelhart 于 1986 年提出来的[11,8]，是一个典型的三层神经网络，有一个输入层、一个隐层和一个输出层，其中输入层和输出层具有相同的维度，都为 n 维，隐层的维度为 m 维。其网络结构示意图如图 11-1 所示。

从输入层到隐层是编码过程，从隐层到输出层是解码过程，设 f 和 g 分别表示编码函数和解码函数，则

$$\boldsymbol{H}=f(\boldsymbol{X})=s_f(\boldsymbol{WX}+\boldsymbol{p}) \tag{11-1}$$

$$\boldsymbol{Y}=g(\boldsymbol{H})=s_g(\widetilde{\boldsymbol{W}}\boldsymbol{H}+\boldsymbol{q}) \tag{11-2}$$

其中 s_f 为编码器激活函数，通常取 sigmoid 函数，即 $f(x)=\dfrac{1}{1+\mathrm{e}^{-x}}$，$s_g$ 为解码器激活函数，通常取 sigmoid 函数或者恒等函数，输入层和隐层之间的权值矩阵为 $\boldsymbol{W}$，隐层与输出层之间的权值矩阵为 $\widetilde{\boldsymbol{W}}$，自动编码器的参数 $\boldsymbol{\theta}=\{\boldsymbol{W}, \widetilde{\boldsymbol{W}}, \boldsymbol{p}, \boldsymbol{q}\}$。

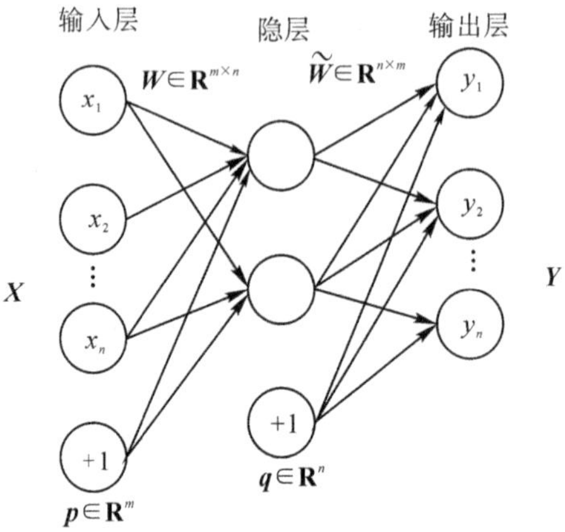

图 11-1 自动编码器网络结构示意图

输出层的输出数据 $\boldsymbol{Y}$ 可以看作是对输入层的输入数据 $\boldsymbol{X}$ 的预测，自动编码器可以利用反向传播算法调整神经网络的参数，当输出层的输出数据 $\boldsymbol{Y}$ 与输入层的输入数据 $\boldsymbol{X}$ 的接近程度可以接受的时候，那么该自动编码器就保留了原始输入数据的大部分信息，此时自动编码器神经网络就训练好了。定义重构误差函数 $L(\boldsymbol{X},\boldsymbol{Y})$来刻画 $\boldsymbol{Y}$ 与 $\boldsymbol{X}$ 的接近程度。

当 s_g 为恒等函数时：

$$L(\boldsymbol{X},\boldsymbol{Y})=\|\boldsymbol{X}-\boldsymbol{Y}\|^2 \tag{11-3}$$

当 s_g 为 sigmoid 函数时：

$$L(\boldsymbol{X},\boldsymbol{Y})=\sum_{i=0}^{n}[x_i\log y_i+(1-x_i)\log(1-y_i)] \tag{11-4}$$

当给定的训练样本集为 $\boldsymbol{S}=\{\boldsymbol{X}^{(i)}\}_{i=1}^{N}$时，自动编码器整体损失函数为

$$J_{\mathrm{AE}}(\boldsymbol{q})=\sum_{\boldsymbol{X}\in s}L[\boldsymbol{X}, g(f(\boldsymbol{X}))] \tag{11-5}$$

最后重复使用梯度下降算法迭代计算 $J_{\mathrm{AE}}(\boldsymbol{q})$的最小值，即可求解出自动编码器神经网络的参数 $\boldsymbol{\theta}$，完成自动编码器的训练。

11.3 自编码网络模型的研究进展

最开始提出自动编码器的主要目的是用作高维数据的降维，但是随着研究的不断发展，自动编码器被赋予了学习稀疏的、分布式的特征表达，为了避免学习恒等映射，可以通过添加约束条件来形成具有特定功能的衍生自动编码器。例如，在 AE 的损失函数式(11－5)中加入正则方程，可以得到正则自动编码器(RAE)，常用的有 L1 正则项和 L2 正则项，RAE 中的正则项也称为权重衰减项，该算法要求比较小的权重；要求隐层神经元大多数时候处于抑制状态的约束称为稀疏性约束，满足稀疏性约束的自动编码器称为稀疏自动编码器(SAE)；要求隐层神经元的表达对输入数据上的噪声干扰具有移动的鲁棒性称为噪声鲁棒性约束，满足噪声鲁棒性约束条件的自动编码器称为降噪自动编码器(DAE)；对降噪自动编码器做进一步处理，将添加干扰的数据噪声做边缘化处理，即用 DAE 的损失函数的泰勒展开式近似表示其期望损失函数，并做出相应的简化处理，就可以得到边缘降噪自动编码器(mDAE)。

11.4 自编码网络模型的优化算法

自动编码器的向前计算过程为

$$\begin{cases} z_i = \sum_{j=1}^{n} W_{ij}^{(1)} a_j^{(1)} + b_i^{(1)} \\ a_i^{(1)} = s(z_i^{(2)}) \\ z_i^{(3)} = \sum_{i=1}^{n} W_{ji}^{(2)} a_i^{(2)} + b_j^{(2)} \end{cases} \tag{11-6}$$

$$a_j^{(3)} = s(z_i^{(3)}) \tag{11-7}$$

$$y_j(n, \boldsymbol{W}, \boldsymbol{b}) = a_j^{(3)}$$

其中，$s(x)=1/(1+\exp(-x))$。

损失函数为

$$E(w) = \frac{1}{2}\sum_{i=1}^{n} [y_j(n, \boldsymbol{W}, \boldsymbol{b}) - n_i]^2$$

网络的训练采用反向传播算法，包含向前阶段和向后阶段两个过程。向前阶段使用式(11－6)、式(11－7)计算出预测值，在向后阶段利用误差向后传播的思想计算梯度，即先计算 $l+1$ 层的梯度，再计算 l 层的梯度。每个单元的输入用向量 $\boldsymbol{v}$ 表示，则每个参数的梯度为

$$\delta_j^{(2)} = \frac{\partial E}{\partial z_j^{(3)}} = (a_j^{(3)} - \upsilon_i) a_j^{(3)} (1 - a_j^{(3)}) \tag{11-8}$$

$$\nabla W_{ji}^{(2)} = \delta_j^{(2)} a_i^{(2)} \tag{11-9}$$

$$\nabla b_j^{(2)} = \delta_j^{(2)} \tag{11-10}$$

$$\delta_j^{(1)} = \frac{\partial E}{\partial z_j^{(2)}} = a_j^{(2)} (1 - a_j^{(2)}) \sum_{l=1}^{n} \delta_l^{(2)} W_{lj}^{(2)} \tag{11-11}$$

$$\nabla W_{ij}^{(1)} = \delta_j^{(1)} \upsilon_j \tag{11-12}$$

$$\nabla b_i^{(1)} = \delta_i^{(1)} \tag{11-13}$$

采用梯度下降更新策略对参数如下更新：

$$W_{ij}^{(l)} = W_{ij}^{(l)} - \alpha\ \nabla W_{ij}^{(l)} \tag{11-14}$$

$$b_i^{(l)} = b_i^{(l)} - \alpha\ \nabla b_i^{(l)} \tag{11-15}$$

使用 batch-method 训练时，可以把与这些单元相关的参数的梯度进行累加，作为总梯度来进行参数的更新。

11.5 受限玻尔兹曼机

受限玻尔兹曼机起源于图模型的神经网络，这种神经网络是由 Hopfield 神经网络那样的相互连接网络衍生而来的(图 11-2)。

多个受限玻尔兹曼机堆叠可组成深度置信网络[11.9]。另外，含有隐藏变量的玻尔兹曼机的网络训练非常困难，所以 G. Hinton 等人在玻尔兹曼机中加入了层内单元之间无连接的限制[11.10]。受限玻尔兹曼机是由可见层和隐层构成的两层结构，可见层和隐层又分别由可见变量和隐变量构成，见图 11-3。

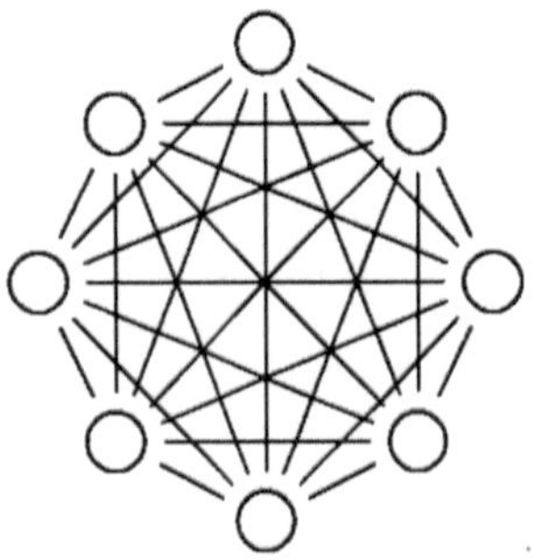

图 11-2　Hopfield 网络

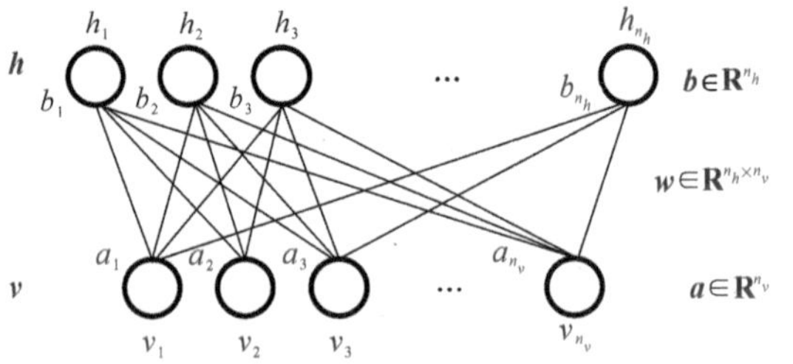

图 11-3　受限玻尔兹曼机

受限玻尔兹曼机是一种基于能量的模型，即能量最小时网络模型达到理想状态。网络结构分为两层：显层 $\boldsymbol{v} \in \{0, 1\}^n$ 用于数据的输入与输出，隐层 $\boldsymbol{h} \in \{0, 1\}^m$ 则被理解为数据的内在表达。

数据集为$\{\boldsymbol{v}_i\}_{i=1}^{N}$(本质上，玻尔兹曼机和受限玻尔兹曼机为自编码网络，是一种无监督学习方式)，受限(同一层的单元相互不连接)玻尔兹曼机建立的能量函数为

$$E(\boldsymbol{v}, \boldsymbol{h}) = -(\boldsymbol{a}^{\mathrm{T}} \cdot \boldsymbol{v} + \boldsymbol{b}^{\mathrm{T}} \cdot \boldsymbol{h} + \boldsymbol{v}^{\mathrm{T}} \cdot \boldsymbol{w} \cdot \boldsymbol{h}) \tag{11-16}$$

基于能量函数，可以建立$\boldsymbol{v}$、$\boldsymbol{h}$的联合分布函数：

$$\begin{cases} P(\boldsymbol{v}, \boldsymbol{h}) = \dfrac{1}{Z} \mathrm{e}^{-E(\boldsymbol{v}, \boldsymbol{h})} \\ Z = \sum\limits_{\boldsymbol{v}, \boldsymbol{h}} \mathrm{e}^{-E(\boldsymbol{v}, \boldsymbol{h})} \end{cases} \tag{11-17}$$

对于每一个样本$\boldsymbol{v}$，在参数$\boldsymbol{\theta}=(\boldsymbol{a}, \boldsymbol{b}, \boldsymbol{w})$确定的情况下，通过下式便得到对$\boldsymbol{v}$的一个估计：

$$\boldsymbol{v} \xrightarrow{P(\boldsymbol{h} | \boldsymbol{v}, \boldsymbol{\theta})} \boldsymbol{h} \xrightarrow{P(\boldsymbol{v} | \boldsymbol{h}, \boldsymbol{\theta})} \hat{\boldsymbol{v}} \tag{11-18}$$

其中的两个条件概率分布计算如下：

$$\begin{cases} P(\boldsymbol{h} | \boldsymbol{v}, \boldsymbol{\theta}) = \dfrac{1}{\widetilde{Z}_{\boldsymbol{v}}} \cdot \mathrm{e}^{(\boldsymbol{b}^{\mathrm{T}} \cdot \boldsymbol{h} + \boldsymbol{v}^{\mathrm{T}} \cdot \boldsymbol{w} \cdot \boldsymbol{h})} \\ \widetilde{Z}_{\boldsymbol{v}} = P(\boldsymbol{v}) \cdot Z \end{cases} \quad \begin{cases} P(\boldsymbol{v} | \boldsymbol{h}, \boldsymbol{\theta}) = \dfrac{1}{\widetilde{Z}_{h}} \cdot \mathrm{e}^{(\boldsymbol{a}^{\mathrm{T}} \cdot \boldsymbol{v} + \boldsymbol{v}^{\mathrm{T}} \cdot \boldsymbol{w} \cdot \boldsymbol{h})} \\ \widetilde{Z}_{\boldsymbol{h}} = P(\boldsymbol{h}) \cdot Z \end{cases} \tag{11-19}$$

进一步，在数据集上构建优化目标函数为

$$\begin{aligned} \max_{\boldsymbol{\theta}} J(\boldsymbol{\theta}) &= \sum_{i=1}^{N} \log P(\hat{\boldsymbol{v}}_i) = \sum_{i=1}^{N} \log \sum_{\boldsymbol{h}} P(\hat{\boldsymbol{v}}_i, \boldsymbol{h}) \\ &= \left(\sum_{i=1}^{N} \log \sum_{h} \mathrm{e}^{-E(\hat{\boldsymbol{v}}_i, \boldsymbol{h})}\right) - N \log Z \\ &= \left(\sum_{i=1}^{N} \log \sum_{h} \mathrm{e}^{-E(\hat{\boldsymbol{v}}_i, \boldsymbol{h})}\right) - N \log \sum_{v, h} \mathrm{e}^{-E(\hat{\boldsymbol{v}}, \boldsymbol{h})} \end{aligned} \tag{11-20}$$

通过对比散度算法求解，即如下的公式估计参数值：

$$\begin{cases} \dfrac{\partial J}{\partial w_{i, j}} \approx \dfrac{1}{N} \sum\limits_{n=1}^{N} \boldsymbol{v}_n(i) \boldsymbol{h}_n(j) - \dfrac{1}{N} \sum\limits_{n=1}^{N} \hat{\boldsymbol{v}}_n(i) \hat{\boldsymbol{h}}_n(j) \\ \dfrac{\partial J}{\partial a_i} \approx \dfrac{1}{N} \sum\limits_{n=1}^{N} \boldsymbol{v}_n(i) - \dfrac{1}{N} \sum\limits_{n=1}^{N} \hat{\boldsymbol{v}}_n(i) \\ \dfrac{\partial J}{\partial b_j} \approx \dfrac{1}{N} \sum\limits_{n=1}^{N} \boldsymbol{h}_n(i) - \dfrac{1}{N} \sum\limits_{n=1}^{N} \hat{\boldsymbol{h}}_n(i) \end{cases} \tag{11-21}$$

其中$\hat{\boldsymbol{v}}\hat{\boldsymbol{h}}$为估计值，即通过：

$$\boldsymbol{v} \longrightarrow \boldsymbol{h} \longrightarrow \hat{\boldsymbol{v}}_1 \longrightarrow \hat{\boldsymbol{h}}_1 \longrightarrow \hat{\boldsymbol{v}}_2 \longrightarrow \hat{\boldsymbol{h}}_2 \longrightarrow \cdots \tag{11-22}$$

若利用$(\hat{\boldsymbol{v}}, \hat{\boldsymbol{h}})=(\hat{\boldsymbol{v}}_1, \hat{\boldsymbol{h}}_1)$代入估算式子中，则称为一阶对比散度算法；若使用$(\hat{\boldsymbol{v}}, \hat{\boldsymbol{h}})=(\hat{\boldsymbol{v}}_2, \hat{\boldsymbol{h}}_2)$，则称为二阶对比散度算法，以此类推，可得到$k$阶对比散度算法。

玻尔兹曼机与受限玻尔兹曼机的区别在于，不限制同一层的单元是相互独立的，即可以相互连接，其推导公式与受限玻尔兹曼机类似，记$\boldsymbol{x}=(\boldsymbol{x}_v, \boldsymbol{x}_h)\in\mathbf{R}^{n+m}$且$\boldsymbol{x}_v=\boldsymbol{v}$，$\boldsymbol{x}_h=\boldsymbol{h}$，其能量函数为

$$E(\boldsymbol{x})=-(\boldsymbol{b}^{\mathrm{T}}\cdot\boldsymbol{x}+\boldsymbol{x}^{\mathrm{T}}\cdot\boldsymbol{w}\cdot\boldsymbol{x}) \tag{11-23}$$

进一步，概率密度函数为

$$P(\boldsymbol{x})=\frac{1}{Z}\mathrm{e}^{-E(\boldsymbol{x})} \tag{11-24}$$

其中$Z=\sum\mathrm{e}^{-E(\boldsymbol{x})}$，假设给定的数据集服从独立同分布，则优化目标函数为

$$\max_{\boldsymbol{\theta}} J(\boldsymbol{\theta})=\frac{1}{N}\sum_{n}\log P(\boldsymbol{x}_v^n) \tag{11-25}$$

其中$\boldsymbol{x}_v^n$是第n个样本$\boldsymbol{v}^n$，求解与之前的对比散度算法类似。

11.6　自编码网络的变体

11.6.1　稀疏自动编码器

自动编码器尽可能逼近一个恒等函数，使得输出信号等于输入信号，因此它能够学习对输入信号最重要的特征表示。当隐层神经元个数较多时，要得到输入信号的压缩表示，可以对该层的神经元加入稀疏性限制，即隐层的神经元激活值尽可能多的为0，这里默认使用的激活函数是sigmoid函数，若激活函数为tanh函数，我们希望神经元激活值尽可能多的为-1。简单来说，在网络的损失函数中加入正则化约束项进行稀疏约束，就可以得到稀疏自动编码器(Sparse Auto-Encoders，SAE)[11.11]。

11.2节已经对自编码网络的模型进行了介绍，这里不再赘述，自动编码器的目标是使得输出和输入尽可能一致，可以看出，图11-4所表示的自动编码器的损失函数可以表示为

$$J_E(\boldsymbol{W}, \boldsymbol{b})=\frac{1}{m}\sum_{r=1}^{m}\frac{1}{2}\left\|\boldsymbol{x}^{(r)}-\boldsymbol{x}^{(r)}\right\|^2 \tag{11-26}$$

其中，m为训练样本的个数，$\boldsymbol{W}$和$\boldsymbol{b}$为网络的权值与偏置，$\boldsymbol{x}$为网络的输出，即重建的信号，$\boldsymbol{x}$为网络输入信号。

这里，我们用$h_j(\boldsymbol{x}^{(r)})$表示对输入$\boldsymbol{x}^{(r)}$的隐层神经元$j$的激活度，那么隐层平均激活度为

$$\hat{p}_j=\frac{1}{m}\sum_{r=1}^{m}h_j(\boldsymbol{x}^{(r)}) \tag{11-27}$$

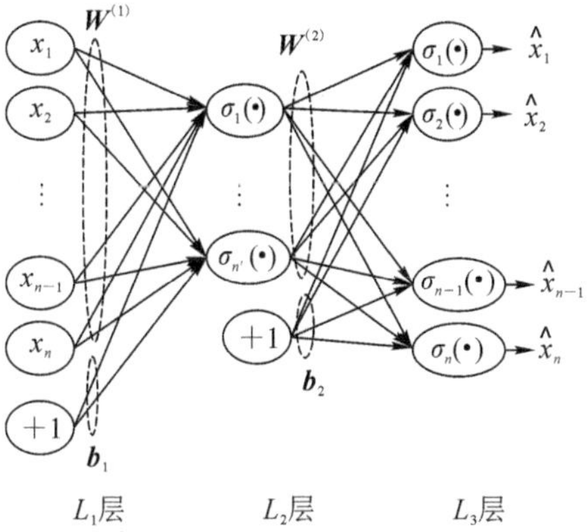

图 11-4　三层自动编码器原理图

为了约束稀疏性，使隐层神经元的平均激活度较小，令 p 为稀疏性参数，一般是一个接近于 0 的较小的正值，当使用 BP 算法时，稀疏性约束能够加速训练的收敛，这项约束的具体表现为在优化目标函数中加入一个额外的惩罚项，用于惩罚 $\hat{p}$ 和 p 明显不同的情况，从而保证隐层神经元的平均激活度较小，该惩罚因子的形式有很多，一般为 KL 散度：

$$J_{KL}(p \parallel \hat{p}) = \sum_{j=1}^{n'} p \log \frac{p}{\hat{p}_j} + (1-p)\log \frac{1-p}{1-\hat{p}_j} \tag{11-28}$$

这里，n'为隐层神经元个数，将这个约束式(11-28)加到自动编码器的损失函数式(11-26)中，并且加入权重衰减项以防止过拟合，那么就得到了稀疏自动编码器的损失函数表达式：

$$J_{SAE}(\boldsymbol{W}, \boldsymbol{b}) = J_E(\boldsymbol{W}, \boldsymbol{b}) + \beta J_{KL}(p \parallel \hat{p}) + \frac{\lambda}{2}\sum_{l=1}^{2}\sum_{i=1}^{s_l}\sum_{j=1}^{s_{l+1}}(w_{ij}^{(l)})^2 \tag{11-29}$$

其中 β 为控制稀疏性惩罚项，λ 为控制权重衰减的惩罚项，s_l 和 s_{l+1} 分别为相邻层的神经元的数量。

11.6.2　降噪自动编码器

降噪自动编码器(Denoising Auto-Encoders，DAE)是 Y. Bengio 等人在 2008 年提出的[11.12]，它不仅能够学习到压缩的特征表示，而且能够编码出更具有鲁棒性的特征。简单来说，为防止自动编码器在训练过程中对输入数据过拟合，向网络的输入数据加入随机噪声，使学习得到的编码器对噪声具有较强的鲁棒性，从而使模型的泛化能力更强。

图 11-5 说明了降噪自动编码器的原理，它能够对“损坏”的原始数据进行编码、解码并恢复真正的原始数据。其中 $\boldsymbol{x}$ 为原始输入数据，$\tilde{\boldsymbol{x}}$ 为经过噪声污染的 $\boldsymbol{x}$，即“损坏”的原始

数据，$\boldsymbol{y}$ 为隐层编码后的特征，$\boldsymbol{z}$ 是降噪自动编码器对原始输入重建后的数据。

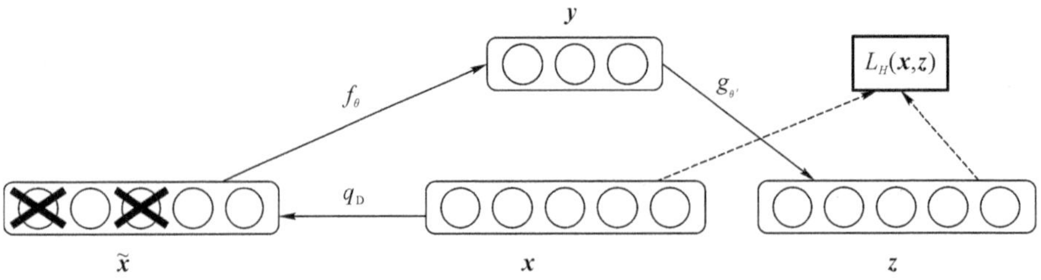

图 11－5　降噪自动编码器流程图

那么如何构造“损坏”的原始数据？具体来说，是将输入层节点的值以一定的概率置为0，通常使用二项分布，而其他节点的值保持不变，感觉好像部分特征“丢失”了。因此降噪自动编码器用于训练去“填补”这些缺失的值。

降噪自动编码器首先将受损的输入 $\tilde{\boldsymbol{x}}$ 映射为经过隐层编码的 $\boldsymbol{y}$：

$$\boldsymbol{y}=f_\theta(\tilde{\boldsymbol{x}})=s(\boldsymbol{W}\tilde{\boldsymbol{x}}+\boldsymbol{b}) \tag{11-30}$$

然后对 $\boldsymbol{y}$ 进行重建，得到最终的输出信号 $\boldsymbol{z}$：

$$\boldsymbol{z}=g_{\theta'}(y)=s(\boldsymbol{W}'\boldsymbol{y}+\boldsymbol{b}') \tag{11-31}$$

注意，与稀疏自动编码器对损失函数添加惩罚项不同，降噪自动编码器直接对损失函数的重构误差项最小化，避免学习到无编码功能的恒等函数，从而重建出真实的输入数据。

为了定性地理解降噪自动编码器的作用，在 MNIST 标准数据集上进行实验，图 11－6 给出了在不同的噪声级下训练后获得的滤波器。以小图像片表示，每个图像片对应一个所学权重矩阵 $\boldsymbol{W}$ 的行，即某个隐层神经元的输入权重。

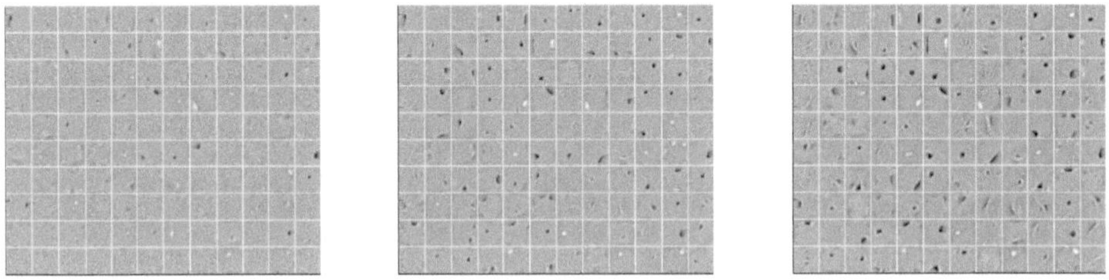

(a) 原始输入　　(b) 25%“损坏”的数据　　(c) 50%“损坏”的数据

图 11－6　训练后的降噪自动编码器对应的滤波器

由图 11－6(a)可以看出，原始输入学习到的特征比较相似，且不具有明显的特征结构；图 11－6(b)、图 11－6(c)经过不同程度“损坏”后的数据，更容易学习到不同的特征结构。

降噪自动编码器与人的感知机理类似，同一模态下部分损毁不影响整体的识别，例如人眼看物体时，若某一部分被遮挡，人仍然能够识别出来；不同模态(图像、文字、语音等)下，缺少其中某些模态也不太会影响整体的识别。

11.6.3 收缩自动编码器

收缩自动编码器(Contractive Auto-Encoders，CAE)相当于在自动编码器的损失函数中加入收缩惩罚项[11.13]。简单来说就是添加正则约束项，使得学习到的模型对输入的微小变化不敏感，从而更好地反映训练数据分布的特征。

常规的加入正则项约束的自动编码器损失函数为

$$J_{\mathrm{AE+wd}}(\boldsymbol{\theta})=\left(\sum_{\boldsymbol{x}\in D_n}L(\boldsymbol{x},\ g(f(\boldsymbol{x})))\right)+\lambda\sum_{ij}W_{ij}^2 \tag{11-32}$$

而收缩自动编码器的损失函数为

$$J_{\mathrm{CAE}}(\boldsymbol{\theta})=\sum_{\boldsymbol{x}\in D_n}L(\boldsymbol{x},\ g(f(\boldsymbol{x})))+\lambda\ \|J_f(\boldsymbol{x})\|_F^2 \tag{11-33}$$

式(11-32)、式(11-33)中，f 和 g 是对输入数据的编码、解码函数，其中式(11-33)里的惩罚项 $\|J_f(\boldsymbol{x})\|_F^2$ 是平方 Frobenius 范数，即编码器输出的特征向量的元素平方的和，表示为

$$\|J_f(\boldsymbol{x})\|_F^2=\sum_{ij}\left(\frac{\partial h_j(\boldsymbol{x})}{\partial \boldsymbol{x}_i}\right)^2 \tag{11-34}$$

该范数用于衡量编码器函数相关偏导数的 Jacobian 矩阵。h_j 为隐层神经元 j 对输入 x 的激活度，若网络使用的激活函数为 sigmoid 函数，则 $\|J_f(\boldsymbol{x})\|_F^2$ 的计算公式为

$$\|J_f(\boldsymbol{x})\|_F^2=\sum_{i=1}^{d_h}(h_i(1-h_i))^2\sum_{j=1}^{d_x}W_{ij}^2 \tag{11-35}$$

收缩自动编码器利用隐层神经元建立复杂非线性流形模型，与降噪自动编码器有一定的联系。Alain 等人认为在小高斯噪声限制下，当重构函数将输入信号映射到输出信号时，降噪重构误差和收缩惩罚项两者是等价的。

11.6.4 栈式自动编码器

自编码网络与受限玻尔兹曼机可以用来预训练网络，因此栈式自动编码器(Stacked Auto-encoders，SA)[11.14]与深度置信网络一样，都是利用逐层学习的思想模拟人脑的多层结构，对输入数据逐级进行从底层到高层的特征提取，因为更上层的自动编码器能够捕捉更高层次的特征组合刻画，最终形成适合模式分类的较理想特征。通常，自动编码器有多种用途，不仅可以作为无监督学习的特征提取器，还可以用于降噪以及神经网络的参数初始值预训练。

栈式自动编码器由多层稀疏自动编码器堆叠而成，前一层自动编码器的输出作为后一层自动编码器的输入，因为该网络每一层都是单独地进行贪婪训练，相当于对整个网络进

行预训练，所以该网络具有易训练、收敛快、准确度高等特点。

具体来说，存在一个 n 层栈式自动编码器，其中 $\boldsymbol{W}^{(k,1)}$、$\boldsymbol{W}^{(k,2)}$、$\boldsymbol{b}^{(k,1)}$、$\boldsymbol{b}^{(k,2)}$分别为第 k 个自动编码器对应的权重和偏置，f 为激活函数，则栈式自动编码器的信息处理过程可分为以下两个阶段：

(1) 按照信息从前向后的顺序逐层堆叠每个自动编码器的编码部分，即

$$\boldsymbol{a}^{(l)}=f(\boldsymbol{z}^{(l)}) \tag{11-36}$$

$$\boldsymbol{z}^{(l+1)}=\boldsymbol{W}^{(l,1)}\boldsymbol{a}^{(l)}+\boldsymbol{b}^{(l,1)} \tag{11-37}$$

(2) 按照信息从后向前的顺序逐层堆叠每个自动编码器的解码部分，即

$$\boldsymbol{a}^{(n+l)}=f(\boldsymbol{z}^{(n+l)}) \tag{11-38}$$

$$\boldsymbol{z}^{(n+l+1)}=\boldsymbol{W}^{(n-l,2)}\boldsymbol{a}^{(n+)}+\boldsymbol{b}^{(n-l,2)} \tag{11-39}$$

这样，$\boldsymbol{a}(n)$为最深的隐层单元的激活值，表示更高层次的特征组合。

栈式自动编码器在训练过程中，首先用原始输入来训练网络的第一层，得到其参数 $\boldsymbol{W}^{(1,1)}$、$\boldsymbol{W}^{(1,2)}$、$\boldsymbol{b}^{(1,1)}$、$\boldsymbol{b}^{(1,2)}$；然后将隐层单元激活值作为第二层的输入，继续训练得到第二层的参数 $\boldsymbol{W}^{(2,1)}$、$\boldsymbol{W}^{(2,2)}$、$\boldsymbol{b}^{(2,1)}$、$\boldsymbol{b}^{(2,2)}$；最后对后面各层采用同样的策略，即将上一隐层的输出作为下一层的输入。

在训练栈式自动编码器时，每个自动编码器是单独进行训练的，即训练每一层参数的时候，固定其他层的参数不变，最后将其堆叠起来，然后可以通过 BP 算法微调所有层的参数。若要将栈式自动编码器用于分类任务，需在编码器后接 softmax 分类器进行无监督的预训练和有监督的微调；若要用于语义分割等任务，可以进行无监督的预训练和无监督的微调。

11.7 自编码网络应用实例

11.7.1 图像分类

本节主要介绍通过栈式降噪自动编码器对遥感图像进行分类。文献[11.15]用无监督的 layer-wise 方法由下至上训练每一层网络，并在训练中加入噪声以得到更鲁棒的特征表示；采用反向传播对整个网络参数做进一步优化，在高分一号遥感数据上进行实验，其结果高于传统的支持向量机和 BP 神经网络的分类精度。

栈式降噪自动编码器(Stacked Denoising Auto-Encoders，SDAE)是降噪自动编码器的改进模型，关于降噪自动编码器的介绍可以参考 11.6.2 节。栈式降噪自动编码器的核心思想是通过对每层编码器的输入加入噪声来进行训练，从而学习到更强健的特征表达。

从结构上来看，栈式降噪自动编码器由多层无监督的降噪自动编码器网络以及一层有监督的 BP 神经网络组成，图 11-7 是 SDAE 的流程图，首先经过图 11-5 的降噪自动编码

器训练第一层后得到编码函数 f_θ(图 11-7(a))，并将结果表示用于训练第二级降噪自动编码器(图 11-7(b))，从而学习得到第二级编码函数 $f_\theta^{(2)}$。最后可以通过重复叠加降噪自动编码器得到最终的栈式降噪自动编码器(图 11-7(c))。

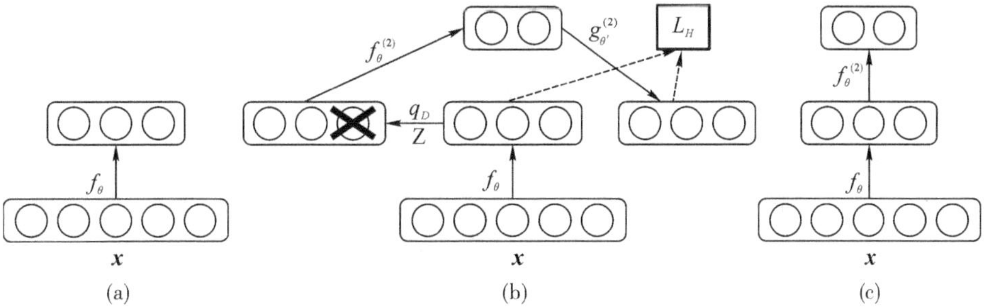

图 11-7　栈式降噪自动编码器流程图

SDAE 的学习过程分为无监督学习和有监督学习两步。首先使用无标记样本对降噪自编码器进行贪婪逐层学习(greedy layer-wise training)，把各层训练得到的权重堆叠起来，作为初始化网络的权重。然后采用有监督的方式通过 BP 算法微调所有层的参数，得到更加稳定的参数收敛位置。

遥感图像分类也就是逐像素的分割过程，文献[11.15]的输入样本的格式是以待分类的点为中心的 3×3 大小的图像块，由于邻域像素具有上下文(光谱、纹理等)一致性，采用图像块的输入能够避免斑点噪声的干扰。将输入样本 4 个波段灰度值送入 SDAE 进行训练分类，输出向量为 one-hot 形式，其处理流程如图 11-8 所示。

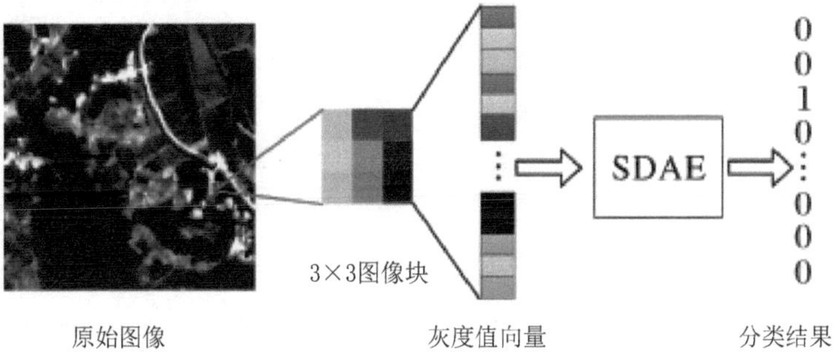

图 11-8　基于 SDAE 的遥感图像分类方法流程

图 11-9 为对比不同方法对测试区域分类的结果，SDAE 相比其他方法能够更好地保留地物细节。

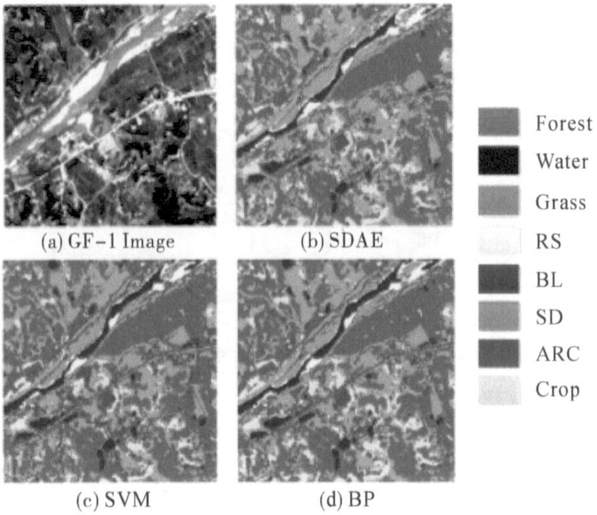

图 11-9　不同方法对测试区域的分类结果

11.7.2　目标检测

文献[11.16]用深度自编码网络(deep auto-encoder network)对运动目标进行检测，能够从动态背景中提取前景目标，主要包括两个子网络：

(1) 背景提取网络：采用三层的深度自编码网络，从有运动目标的图像中提取出干净的背景图像。

(2) 背景学习网络：将干净的背景作为输入数据送入另一个三层的深度自编码网络，训练得到学习的背景。

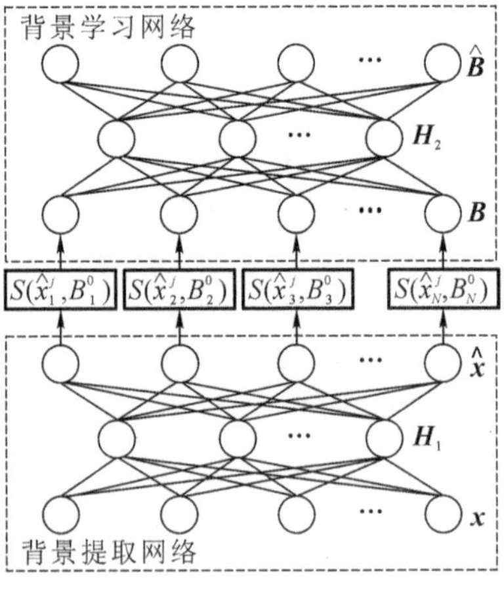

图 11-10　运动目标检测的深度自编码网络结构

由这两个子网络组成的运动目标检测的网络结构如图 11-10 所示。其中 $\boldsymbol{x}=\{\boldsymbol{x}^1, \boldsymbol{x}^2, \cdots, \boldsymbol{x}^D\}$ 为背景提取网络的输入，共有 D 个视频图像，实际操作中将其转换为一维向量，并将灰度值归一化到 0～1 之间，$\boldsymbol{B}$ 为通过背景提取网络得到的背景图像。$\boldsymbol{H}_1$ 为编码层，$\hat{\boldsymbol{x}}$ 是输入 $\boldsymbol{x}$ 的重构。$S(\hat{x}_k^j, B_k^0)$ 为分离函数，其中 $k=1, 2, \cdots, N$。N 为每个视频图像的维数，分离函数能从 $\hat{\boldsymbol{x}}$ 中分离出背景学

习网络的输入，$\boldsymbol{H}_2$ 为背景学习网络的编码层，$\hat{\boldsymbol{B}}$ 为背景学习网络的输出。

背景提取网络的代价函数为

$$L(\boldsymbol{x}^j, \theta_1) = E(\boldsymbol{x}^j) + \frac{1}{2}\sum_{i=1}^{N} \| \hat{x}_i^j - B_i^0 \|^2 \tag{11-40}$$

其中，$j=1, 2, \cdots, D$，式(11-40)的后半部分是背景的构造误差，使网络能尽可能学习到背景图像 $\boldsymbol{B}^0$。

式(11-40)中背景图像 $\boldsymbol{B}^0$ 通常会有一定的变化，因此作者采用背景学习网络对背景变化进行建模，该子网络的输入是经过阈值参数筛选过的背景图像集 $\boldsymbol{B}$，$\boldsymbol{B}=\{\boldsymbol{B}^1, \boldsymbol{B}^2, \cdots, \boldsymbol{B}^D\}$，背景学习网络的代价函数为

$$L(\boldsymbol{B}^j, \theta_2) = -\sum_{i=1}^{N}(B_i^j \ln \hat{B}_i^j + (1-B_i^j)\ln(1-\hat{B}_i^j)) \tag{11-41}$$

其中，$j=1, 2, \cdots, D$，$\hat{B}_i^j$ 表示背景学习网络的重构输出。

背景提取网络与背景学习网络的参数均采用梯度下降算法进行训练，在测试过程中，输入的视频帧转换为一维向量，记为 $\boldsymbol{y}$，经过背景提取网络的输出为 $\hat{\boldsymbol{y}}$，经过背景学习网络的输出为 $\hat{\boldsymbol{B}}$，则检测出的目标前景可表示为

$$F_i = \begin{cases} 0 & |\hat{y}_i - \hat{B}_i| \leqslant \varepsilon \\ 1 & |\hat{y}_i - \hat{B}_i| > \varepsilon \end{cases} \tag{11-42}$$

其中，i 为向量的维数，ε 为预设的参数，一般是接近于 0 的正数。

11.7.3 目标跟踪

文献[11.17]首次使用深度模型对单目标进行跟踪。该算法先用 SDAE 对输入数据进行离线训练得到特征，训练数据集为 Tiny Images Dataset，然后使用粒子滤波进行在线跟踪。

关于 SDAE 的网络原理请读者参考 11.7.1 节，SDAE 预训练的网络结构如图 11-11 所示，通过对 SDAE 进行无监督的训练，获得了更加鲁棒通用的目标特征，可以看出通过堆叠 4 个降噪自动编码器，且每个编码器的特征维数依次递减，能够获得对目标更加紧致的特征表示。

图 11-11(c)所示的在线跟踪网络是将离线训练好的堆叠降噪自动编码器与 sigmoid 分类层叠加，再对该分类网络进行微调，使得该网络对跟踪目标更加敏感，在实际跟踪中，采用粒子滤波从当前帧获取目标的候选块，将这些块输入分类网络，得到置信度最高的块即为预测目标块，若最高置信度的值小于规定的阈值，则目标已经发生了较大的变化，此时模型需要更新。

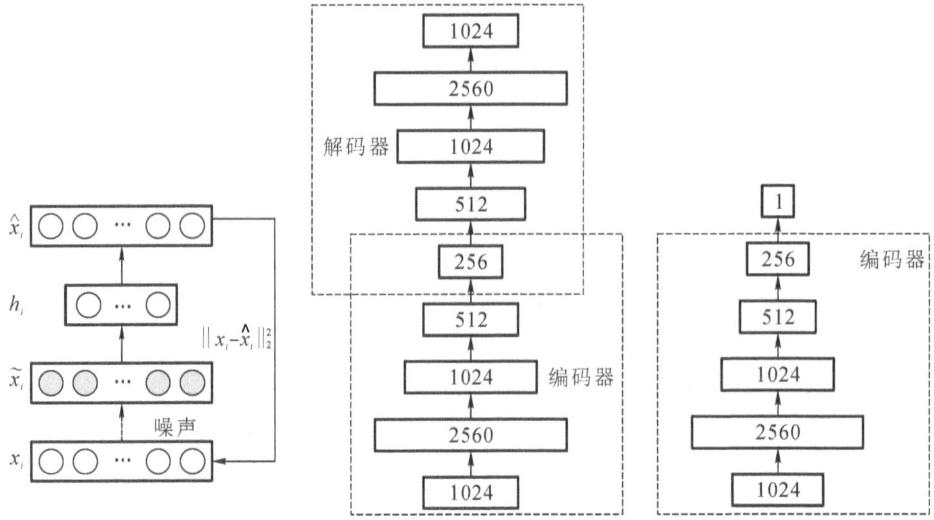

(a) 降噪自动编码器　(b) 堆叠自动编码器　(c) 在线跟踪的网络

图 11-11　跟踪网络模型

该算法的优点是采用预训练与微调相结合的方式，解决了训练数据不足的问题，但训练集包含的图片大小为 32×32，分辨率较低且 4 层的网络特征表达能力不足，其效果要低于人工提取特征的跟踪方法，如 Struck 方法。

上面提到的粒子滤波方法通常用于视觉跟踪。从统计的角度来看，它是一种基于观测序列的动态系统潜在状态变量估计的蒙特卡罗重要抽样方法。假设 s^t、y^t 分别表示在时间 t 的潜在状态和观察变量，那么目标跟踪对应于根据之前时间步骤的观测结果，找出每个时间步 t 的最可能状态的问题：

$$s^t=\arg\max p(s^t \mid y^{1:t-1})=\arg\max\int p(s^t \mid s^{t-1})p(s^{t-1} \mid y^{1:t-1})\mathrm{d}s^{t-1} \tag{11-43}$$

当新的观测 y^t 到达时，状态变量的后验分布将根据 Bayes 规则更新：

$$p(s^t \mid y^{1:t})=\frac{p(y^t \mid s^t)p(s^t \mid y^{1:t-1})}{p(y^t \mid y^{1:t-1})} \tag{11-44}$$

粒子滤波方法的特殊之处在于，它通过一组 n 个样本(称为粒子)来近似真实的后验状态分布 $p(s^t \mid y^{1:t})$，$\{s_i^t\}_{i=1}^n$ 相应的重要性权重 $\{w_i^t\}_{i=1}^n$ 总和为 1。粒子从重要性分布 $q(s^t \mid s^{1:t-1}, y^{1:t})$ 中提取，其权重更新如下：

$$w_i^t=w_i^{t-1}\cdot\frac{p(y^t \mid s_i^t)p(s_i^t \mid s_i^{t-1})}{q(s^t \mid s^{1:t-1}, y^{1:t})} \tag{11-45}$$

对于重要性分布 $q(s^t \mid s^{1:t-1}, y^{1:t})$ 的选择，通常将其简化为一阶马尔可夫过程

$q(s^t|s^{t-1})$，其中状态转换与观测无关。因此，权重更新为 $w_i^t=w_i^{t-1}p(y^t|s_i^t)$。注意，在每个权重更新步骤之后，权重之和可能不再等于 1。如果权重和小于阈值，则重新采样将从当前粒子集按其权重比例绘制 n 个粒子，然后将权重重置为 $1/N$。如果权重和高于阈值，则应用线性规范化以确保权重和为 1。

对于目标跟踪，状态变量 s_i 通常表示仿射变换参数，这些参数对应于平移、缩放、横纵比、旋转和偏斜。特别是 $q(s^t|s^{t-1})$的每个维度都是由正态分布独立建模的。对于每一帧，跟踪结果为具有最大权重的粒子。虽然许多跟踪器也采用相同的粒子滤波方法，但主要区别在于观测模型 $p(y^t|s_i^t)$。显然一个好的模型应该能够很好地区分跟踪对象和背景，同时对各种类型的对象变化仍然具有鲁棒性。对于判别跟踪器，该公式用于设置与分类器输出的置信度呈指数相关的概率。

使用粒子滤波器进行视觉跟踪的教程可以参考文献[11.18]，文献[11.19]改进了粒子滤波器框架并应用于视觉跟踪任务。

11.8 自编码网络的总结

自编码模型的重构误差的梯度与深度信任网络的 CD 更新规则表达式存在对应关系。堆栈自编码网络的结构单元除了上述的自编码模型之外，还可以使用自编码模型的一些变形，如降噪自编码模型和收缩自编码模型等。降噪自编码模型避免了一般的自编码模型可能会学习得到无编码功能的恒等函数和需要样本的个数大于样本的维数的限制，尝试通过最小化降噪重构误差，从含随机噪声的数据中重构真实的原始输入。降噪自编码模型使用由少量样本组成的微批次样本执行随机梯度下降算法，这样可以充分利用图处理单元的矩阵到矩阵快速运算使得算法能够更快地收敛。降噪自编码模型与得分匹配方法直接相关。得分匹配是一种归纳原理，当所求解的问题易于处理时，可以代替极大似然求解过程。

堆叠自动编码机(SAE)能有效地提取数据低维特征，其基本单元是自动编码器(AE)，由多个 AE 堆叠而成。每个 AE 可以视为一个单隐层的人工神经网络，通过寻求最优参数使得输出尽可能地重构输入，此时隐层输出可看作是输入降维后的低维特征。自动编码器(AE)依然采用梯度下降算法训练网络参数，使损失函数最小化。

作用：第一是数据去噪，第二是为进行可视化而降维。配合适当的维度和稀疏约束，自动编码器可以学习到比 PCA 等技术更有意思的数据投影。

优势：用 SAE 实现故障诊断从其开始就用于实现特征提取与故障分类。一个可能的解释是无论是编码器还是解码器均可用于整合特征提取算法与分类识别算法。换句话说，SAE 的训练需要少量的样本数据，再加上适当的分类识别技术即可实现较高性能的故障诊断效果，充分展现了其强大的特征提取能力和该方法的鲁棒性。

附1　对比散度算法

和 Gibbs 采样一样，对比散度算法也是一种近似算法，能够通过较少的迭代次数求出参数调整值。在对比散度算法一开始，可见单元的状态被设置成一个训练样本，并利用以下公式计算隐藏层单元的二值状态，在所有隐藏单元状态确定了之后，再来确定每个可见单元取值为1的概率，进而得到可见层的一个重构（见图11－12）。然后将重构的可见层作为真实的模型代入受限玻尔兹曼机求出隐层单元的估计，在训练中，可以利用可视层的状态与重构可视层的状态的误差来调整受限玻尔兹曼机的参数，从而使得的重构误差尽可能减小。

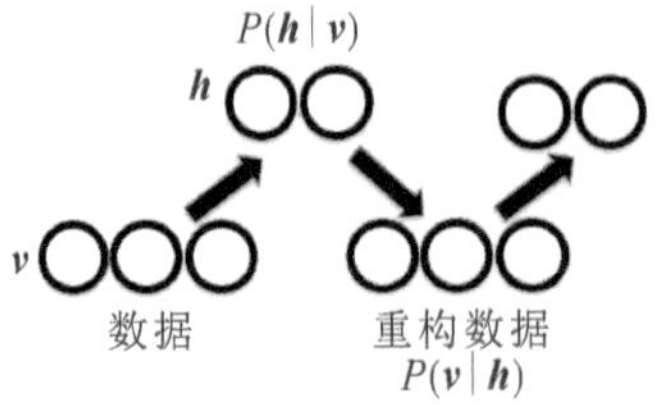

图11－12　对比散度算法计算流程

本章参考文献

[11.1]　焦李成. 神经网络系统理论[M]. 西安：西安电子科技大学出版社，1990.

[11.2]　焦李成. 神经网络计算[M]. 西安：西安电子科技大学出版社，1993.

[11.3]　焦李成. 神经网络的应用与实现[M]. 西安：西安电子科技大学出版社，1993.

[11.4]　焦李成. 非线性传递函数理论与应用[M]. 西安：西安电子科技大学出版社，1992.

[11.5]　焦李成，赵进，杨淑媛，等. 深度学习、优化与识别[M]. 北京：清华大学出版社，2017.

[11.6]　焦李成，尚荣华，刘芳，等. 稀疏学习、分类与识别[M]. 北京：科学出版社，2018.

[11.7]　HINTON G E，SALAKHUTDINOV R R. Reducing the dimensionality of data with neural networks[J]. Science，2006，313(5786)：504－507.

[11.8]　RUMELHART D E，HINTON G E，WILLIAMS R J. Learning representations by back-propagating errors[J]. Nature，1986，323(6088)：533－536.

[11.9]　ROUX N L，BENGIO Y. Representational power of restricted boltzmann machines and deep belief networks[J]. Neural Computation，2008，20(6)：1631－1649.

[11.10]　SALAKHUTDINOV R，HINTON G. Deep boltzmann machines[J]. Journal of Machine Learning Research，2009，5(2)：1967－2006.

[11.11]　HOSSEINT-ASI E，ZURADA J M，NASRAOUI O. Deep learning of part-based representation of data using sparse autoencoders with nonnegativity constraints[J]. IEEE Transactions on Neural Networks & Learning Systems，2016，27(12)：2486－2498.

[11.12] VINCENT P, LAROCHELLE H, BENGIO Y, et al. Extracting and composing robust features with denoising autoencoders[C]. International Conference on Machine Learning, ACM, 2008: 1096 - 1103.

[11.13] RIFAI S, VINCENT P, MULLER X, et al. Contractive auto-encoders: Explicit invariance during feature extraction[C]. Proceedings of the 28th International Conference on Maehine Learning, Omnipress, 2011: 833 - 840.

[11.14] ERHAN D, BENGIO Y, COURVILLE A, et al. Why does unsupervised pre-training help deep learning[J]. Journal of Machine Learning Research, 2010, 11(3): 625 - 660.

[11.15] 张一飞，陈忠，等. 基于栈式去噪自编码器的遥感图像分类[J]. 计算机应用，2016(A02): 171 - 174, 188.

[11.16] 徐培，蔡小路，何文伟，等. 基于深度自编码网络的运动目标检测[J]. 计算机应用，2014，34(10): 2934 - 2937.

[11.17] WANG N, YEUNG D Y. Learning a deep compact image representation for visual tracking[C]. International Conference on Neural Information Processing Systems, 2013: 809 - 817.

[11.18] ARULAMPALAM M S, MASKELL S, GORDON N, et al. A tutorial on particle filters for online nonlinear/non-gaussian bayesian tracking[J]. IEEE Transactions on Signal Processing, 2002, 50(2): 174 - 188.

[11.19] KWON J, LEE K. Visual tracking decomposition[C]. CVPR, 2010, 1269 - 1276.

第12章 卷积神经网络

卷积神经网络(Convolutional Neural Networks，CNN)是一类包含卷积计算且具有深度结构的前馈神经网络，其结构具有平移不变等特性，它的权值共享网络结构使之更类似于生物神经网络，降低了网络模型的复杂度。随着深度学习理论的提出和数值计算设备的更新，卷积神经网络得到了快速发展与应用，已成为当前语音分析和图像识别领域的研究热点。本章对卷积神经网络的历史、结构以及训练过程进行了简要的阐述，并通过卷积层、卷积核、池化层、参数正则化、激活函数等方面的调整介绍了几种网络的改进方法，对相关概念进行了补充。

12.1 卷积神经网络的历史

卷积神经网络是人工神经网络的一种，已成为当前语音分析和图像识别领域的研究热点，它的权值共享网络结构使之更类似于生物神经网络，降低了网络模型的复杂度，减少了权值的数量。该优点在网络的输入是多维图像时表现得更为明显，使图像可以直接作为网络的输入，避免了传统识别算法中复杂的特征提取和数据重建过程。卷积网络是为识别二维形状而特殊设计的一个多层感知器，这种网络结构对平移、比例缩放、倾斜或者其他形式的变形具有高度不变性[12.1－12.5]。

1962年Hubel和Wiesel通过对猫视觉皮层细胞的研究，提出了感受野(receptive field)的概念，1984年日本学者Fukushima基于感受野概念提出的神经认知机(neocognitron)可以看作是卷积神经网络的第一个实现网络，也是感受野概念在人工神经网络领域的首次应用。神经认知机将一个视觉模式分解成许多子模式(特征)，然后进入分层递阶式相连的特征平面进行处理，它试图将视觉系统模型化，使其能够在即使物体有位移或轻微变形的时候，也能完成识别。神经认知机能够利用位移恒定能力从激励模式中学习，并且可识别这些模式的变化，在其后的应用研究中，Fukushima将神经认知机主要用于手写数字的识别。随后，国内外的研究人员提出了多种卷积神经网络形式，在邮政编码识别和人脸识别等方面得到了大规模的应用。

通常神经认知机包含两类神经元，即承担特征抽取的S-元和抗变形的C-元。S-元中涉及两个重要参数，即感受野和阈值参数，前者确定输入连接的数目，后者则控制对特征子模式的反应程度。许多学者一直致力于提高神经认知机的性能的研究，在传统的神经认知机中，每个 S-元的感光区中由 C-元带来的视觉模糊量呈正态分布。如果感光区的边缘所产生的模糊效果比中央的来得大，S-元将会接受这种非正态模糊所导致的更大的变形容忍性。我们希望得到的是，训练模式与变形刺激模式在感受野的边缘与其中心所产生的效果之间的差异变得越来越大。为了有效地形成这种非正态模糊，Fukushima 提出了带双 C一元层的改进型神经认知机。

Trotin 等人提出了动态构造神经认知机并自动降低闭值的方法，初始态的神经认知机各层的神经元数目设为零，然后会对于给定的应用找到合适的网络规模。在构造网络过程中，利用一个反馈信号来预测降低阈值的效果，再基于这种预测来调节阈值。他们指出这种自动阈值调节后的识别率与手工设置阈值的识别率相当，然而，上述反馈信号的具体机制并未给出，并且他们在后来的研究中承认这种自动阈值调节是很困难的。

Hildebrandt 将神经认知机看作是一种线性相关分类器，也通过修改阈值以使神经认知机成为最优的分类器。Lovell 应用 Hildebrandt 的训练方法却没有成功。对此，Hildebrandt 的解释是，该方法只能应用于输出层，而不能应用于网络的每一层。事实上，Hildebrandt 没有考虑信息在网络传播中会逐层丢失。

Van Ooyen 和 Niehuis 为提高神经认知机的区别能力引入了一个新的参数。事实上，该参数作为一种抑制信号，抑制了神经元对重复激励特征的激励。多数神经网络在权值中记忆训练信息。根据 Hebb 学习规则，某种特征训练的次数越多，在以后的识别过程中就越容易被检测。也有学者将进化计算理论与神经认知机结合，通过减弱对重复性激励特征的训练学习，而使得网络注意那些不同的特征以助于提高区分能力。上述都是神经认知机的发展过程，而卷积神经网络可看作是神经认知机的推广形式，神经认知机是卷积神经网络的一种特例。

卷积神经网络本身可采用不同神经元和学习规则的组合形式。其中一种方法是采用 M-P神经元和 BP 学习规则的组合，常用于邮政编码识别中。还有一种是先归一化卷积神经网络，然后神经元计算出用输入信号将权值归一化处理后的值，再单独训练每个隐层得到权值，最后获胜的神经元输出活性，这个方法在处理二值数字图像时比较可行，但没有在大数据库中得到验证。第三种方法综合了前两种方法的优势，即采用 McCulloch-Pitts 神经元代替复杂的基于神经认知机的神经元。在该方法中，网络的隐层和神经认知机一样，是一层一层训练的，但是回避了耗时的误差反向传播算法。这种神经网络被称为改进的神经认知机。随后，神经认知机和改进的神经认知机作为卷积神经网络的例子，广泛用于各种识别任务中，比如大数据库的人脸识别和数字识别。下面详细介绍卷积神经网络的原理、网络结构及训练算法。

12.2 卷积神经网络的结构

目前有许多 CNN 架构的变体，但它们的基本结构非常相似。CNN 的基本体系结构通常由三种层构成，分别是卷积层、池化层和全连接层，如图 12-1 所示。

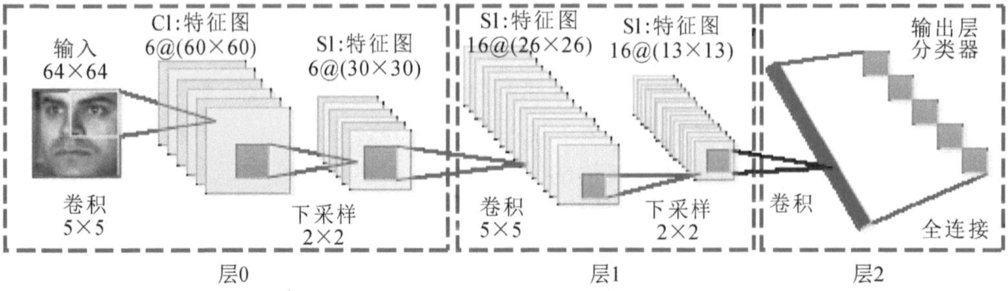

图 12-1 CNN 架构示意图

卷积层用于学习输入的特征表示。卷积层由几个特征图(feature maps)组成。一个特征图的每个神经元与它前一层的临近神经元相连，这样的一个邻近区域叫作该神经元在前一层的局部感知野。视觉皮层的神经元就是局部接受信息的，即这些神经元只响应某些特定区域的刺激。如图 12-2 所示，左图为全连接，右图为局部连接。

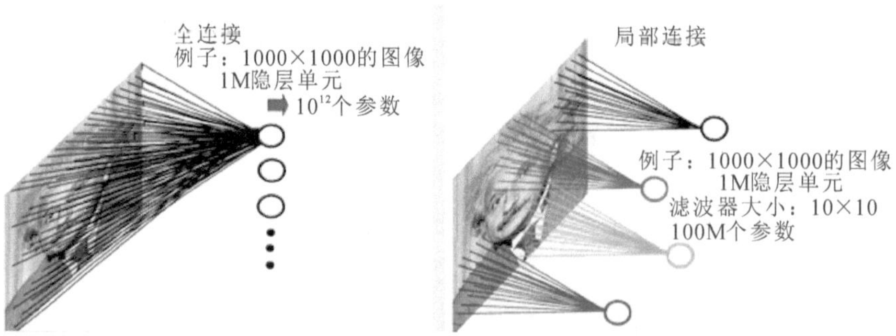

图 12-2 神经元区域响应图

在图 12-2 的局部连接中，假如每个神经元只和它前一层邻近的 10×10 个像素值相连，那么权值数据为 1 000 000×100 个参数，减少为原来的万分之一。而那 10×10 个像素值对应的 10×10 个参数，其实就相当于卷积操作。

为了计算一个新的特征图，输入特征图首先与一个学习好的卷积核(也被称为滤波器、特征检测器)做卷积，然后将结果传递给一个非线性激活函数。通过应用不同的卷积核得到新的特征图。注意到，生成一个特征图的核是相同的(也就是权值共享，即图像的一部分的统计特性与其他部分是一样的。这也意味着我们在这一部分学习的特征也能用在另一部分上，所以对于这个图像上的所有位置，我们都能使用同样的学习特征)。这样的一种权值共享模式有几个优点，如可以减少模型的复杂度，使网络更易训练等。激活函数描述CNN的非线性度，对多层网络检测非线性特征十分理想。典型的激活函数有sigmoid、tanh和ReLU。

池化层旨在通过降低特征图的分辨率实现空间不变性，它通常位于两个卷积层之间。每个池化层的特征图和它相应的前一卷积层的特征图相连，因此它们的特征图数量相同。典型的池化操作是平均池化和最大池化。通过叠加几个卷积和池化层，我们可以提取更抽象的特征表示。例如，人们可以计算图像一个区域上的某个特定特征的平均值(或最大值)。这些概要统计特征不仅具有低得多的维度(相比使用所有提取的特征)，同时还会改善结果(不容易过拟合)。这种聚合的操作就叫作池化(pooling)，有时也称为平均池化或者最大池化(取决于计算池化的方法)，如图12-3所示。

形式上，在获取到我们前面讨论过的卷积特征后，我们要确定池化区域的大小(假定为$m \times n$)，来池化我们的卷积特征。那么，我们把卷积特征划分到数个大小为$m \times n$的不相交区域上，然后用这些区域的平均(或最大)特征来获取池化后的卷积特征。这些池化后的特征便可以用来做分类。

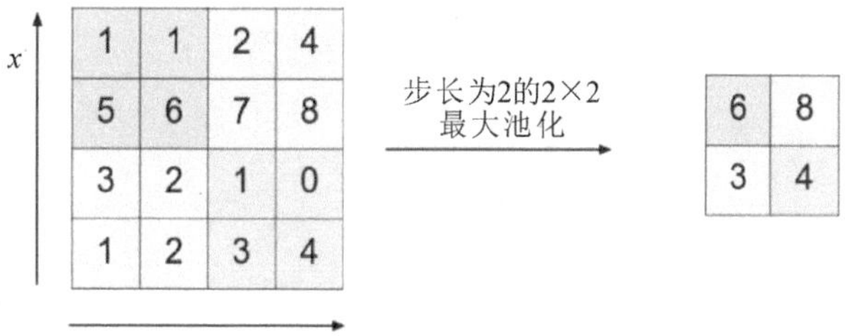

图12-3 最大池化操作示意图

在几个卷积和池化层之后，通常有一个或多个全连接层，如图12-4所示。它们将前一层所有的神经元与当前层的每个神经元相连接，在全连接层不保存空间信息。

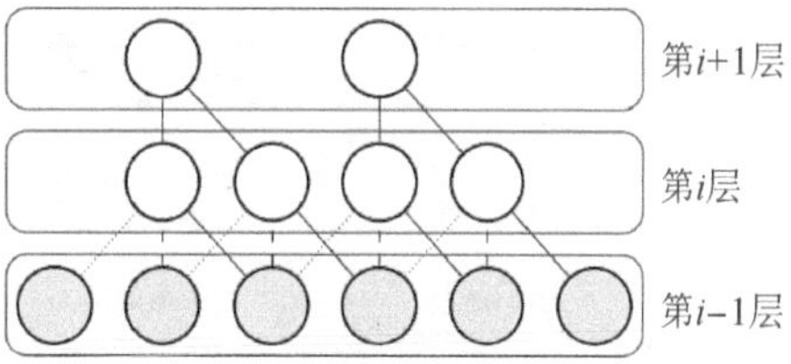

图12-4 卷积神经元连接示意图

最后的全连接层的输出传递到输出层。对于分类任务，由于softmax回归可以生成输出的well-formed概率分布而被普遍使用。给定训练集$\{(x^{(i)}, y^{(i)})$；$i \in 1, 2, \cdots, N, y^{(i)} \in 0, 1, \cdots, K-1\}$，其中$x^{(i)}$是第$i$个输入图像块，$y^{(i)}$是它的类标签，第$i$个输入属于第$j$类的预测值$a_j^{(i)}$，可以用如下的softmax函数转换：$p_j^i = \dfrac{e^{a_j^{(i)}}}{\sum_{l=0}^{K-1} e^{a_l^{(i)}}}$，softmax将预测转换为非负值，并进行正则化处理。在实际应用中，往往使用多层卷积，然后再使用全连接层进行训练。使用多层卷积的目的是一层卷积学到的特征往往是局部的，层数越高，学到的特征就越全局化。

12.3 卷积神经网络的学习算法

卷积网络在本质上是一种输入到输出的映射，它能够学习大量的输入与输出之间的映射关系，而不需要任何输入和输出之间的精确的数学表达式，只要用已知的模式对卷积网络加以训练，网络就具有输入输出对之间的映射能力。卷积网络执行的是有导师训练，所以其样本集是由形如（输入向量，理想输出向量）的向量对构成的。所有这些向量对，都应该是来源于网络即将模拟的系统的实际“运行”结果。它们可以是从实际运行系统中采集来的。在开始训练前，所有的权都应该用一些不同的小随机数进行初始化。“小随机数”用来保证网络不会因权值过大而进入饱和状态，从而导致训练失败；“不同”用来保证网络可以正常地学习。训练算法主要包括四步，这四步被分为两个阶段。

第一阶段，向前传播阶段：

(1) 从样本集中取一个样本$(\boldsymbol{X}, \boldsymbol{Y}_p)$，将 $\boldsymbol{X}$ 输入网络；

(2) 计算相应的实际输出 $\boldsymbol{O}_p$。

在此阶段，信息从输入层经过逐级的变换，传送到输出层。这个过程也是网络在完成训练后正常运行时执行的过程。

第二阶段，向后传播阶段：

(1) 计算实际输出 $\boldsymbol{O}_p$ 与相应的理想输出 $\boldsymbol{Y}_p$ 的差；

(2) 按极小化误差的方法调整权矩阵。

这两个阶段的工作一般应受到精度要求的控制。

12.4 卷积神经网络的改进设计

自从 2012 年 AlexNet 成功之后，出现了各种对 CNN 的改进，下面从五个方面(卷积层、卷积核、池化层、正则化以及激活函数)的改进设计来进行讨论。

12.4.1 卷积层

CNN 的基本卷积滤波器是底层局部图像块(patch)的一个广义的线性模型，对隐含概念的线性可分实例的提取效果较好。为提高滤波器特征表示能力，对卷积层的改进工作有以下几方面：

(1) network in network(NIN)：是由 Lin 等人提出的一种网络结构。它用一个微网络(micro-network，如多层感知器卷积 mlpconv，使得滤波器能够更加接近隐含概念的抽象表示)代替了卷积层的线性滤波器。NIN 的整体结构就是这些网络的堆积。

卷积层和 mlpconv 层的区别(从特征图的计算上来看)：形式上，卷积层的特征图计算

公式为

$$f_{i,j,k} = \max(w_k x_{i,j}, 0)$$

其中，i、j 是特征图的像素索引，$x_{i,j}$ 是以 (i,j) 为中心的输入块，k 是特征图的通道索引。

而 mlpconv 层的特征图计算公式为

$$\begin{cases} f_{i,j,k_1}^1 = \max(w_{k_1}^1 x_{i,j} + b_{k_1}, 0) \\ f_{i,j,k_n}^n = \max(w_{k_n}^n f_{i,j}^{n-1} + b_{k_n}, 0) \end{cases} \tag{12-1}$$

其中，n 是 mlpconv 层的层数。每一层特征图之间有连接，类似于循环神经网络结构。可以发现，mlpconv 层的特征图计算公式相当于在正常卷积层进行级联交叉通道参数池化。

（2）inception module：是由 Szegedy 等人提出的，可以被看作 NIN 的逻辑顶点（logical culmination），使用多种滤波器的大小来捕捉不同大小的不同可视化模式，通过 inception module 接近最理想的稀疏结构。特别地，inception module 由一个池化操作和三种卷积操作组成。1×1 的卷积被放在 3×3 和 5×5 的卷积之前作为维度下降模块，在不增加计算复杂度的情况下增加 CNN 的深度和宽度。在 inception module 作用下，网络参数可以被减少到 500 万，远小于 AlexNet 的 6000 万和 ZFNet 的 7500 万。

（3）bottleneck：字面意思为瓶颈，比较容易理解，在网络结构中表示输入输出维度就像一个瓶颈一样，差距较大，上窄下宽或是上宽下窄，目的就是为了降低参数数目，如图 12-5 所示，其中 1×1 的卷积在网络结构中可以起到改变输出维数的作用，ReLU 表示修正线性单元。

(a) ResNet34内的基础块　　　(b) ResNet50/101/152内的基础块

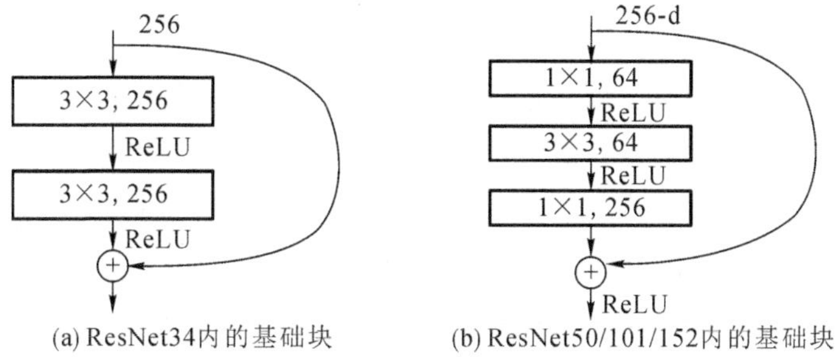

图 12-5　两种 ResNet 设计

具体来说，图 12-5(a) 无 bottleneck，若输入维数为 256，那么该结构块里面是两个 $3 \times 3 \times 256$ 的卷积，其参数数目可以计算为 $3 \times 3 \times 256 \times 256 \times 2 = 1\ 179\ 648$；图 12-5(b) 有 bottleneck，可以看到，1×1 的卷积首先将 256 维降到 64 维，中间层通道维数不变，还是 64 维，最后经过 1×1 卷积将 64 维升至 256 维，整个过程的参数数目为 $1 \times 1 \times 256 \times 64 + 3 \times 3 \times 64 \times 64 + 1 \times 1 \times 64 \times 256 = 69\ 632$，约为未使用 bottleneck 参数数目的 1/20，从而起到了减少计算和参数量的目的。

12.4.2 卷积核

1. 空洞卷积

常规的卷积神经网络扩大感受野通常采用池化操作，从而导致分辨率降低，不利于后续的模式识别任务，若采用较大的卷积核，扩大感受野的同时也会增加额外的计算量，为克服这样的缺点，空洞卷积应运而生，其目的就是为了在扩大感受野的同时，不降低图片分辨率且不引入额外参数及计算量。

空洞卷积(dilated/atrous convolution)又名膨胀卷积，简单理解为在标准的卷积里加入空洞，从而增加感受野的范围。扩张率指的是卷积核的间隔数量，一般的卷积核与空洞卷积核如图 12-6 所示，显然，一般的卷积是空洞卷积扩张率为 1 的特殊情况。

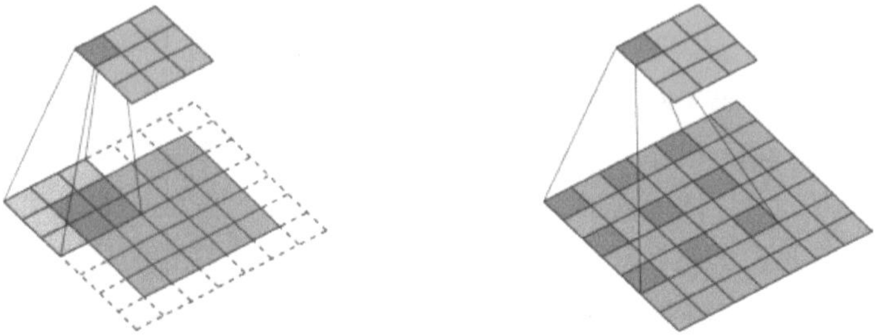

(a) 标准3×3卷积　　(b) 空洞3×3卷积

图 12-6　两种卷积核对比

空洞卷积的优势在于不进行池化操作，增大感受野的同时不损失信息，让每个卷积输出都包含较大范围的信息，然而，空洞卷积也正是由于空洞这一特性，导致一些问题，例如多次叠加扩张率为 2 的 3×3 卷积核，会出现网格效应(gridding effect)，即，使用底层特征图的部分像素点，从而忽略了其他像素点。

另一个问题是信息可能不相关。大的扩张率对大目标具有很好的特征表示，对于小目标信息相关性较低，因此，如何处理目标尺寸之间的关系，对于空洞卷积在网络中的设计具有一定的启发性。

2. 可变形卷积

常用的卷积核比较规则，一般为正方形，标准卷积中的规则格点采样使得网络难以适应几何形变。微软亚洲研究院(Microsoft Research Asia，MSRA)提出了一种不规则的卷积核——可变形卷积(deformable convolution)，它关注感兴趣的图像区域，使其具有更强的特征表示。

简单来说，针对卷积核中每个采样点的位置，均增加一个偏移变量，从而卷积核根据这些变量可以在当前位置附近随意地采样，与传统的卷积核相比，采样点不局限于规则的格点，两者的对比如图 12－7 所示。

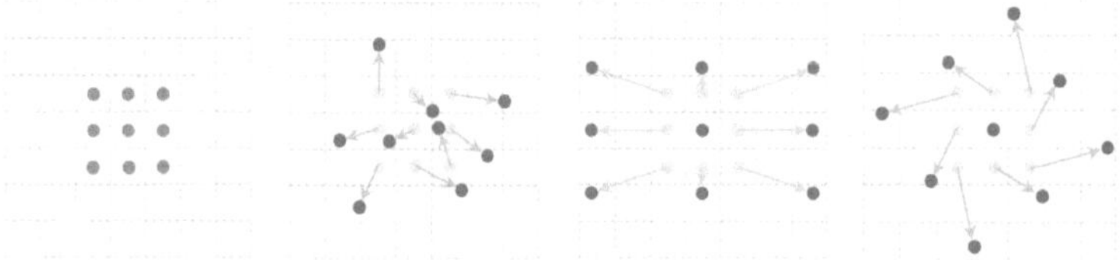

(a) (b) (c) (d)

图 12－7 正常 3×3 卷积与可变形卷积的采样方式对比图

可以看出，图 12－7(a)为正常卷积，图 12－7(b)、图 12－7(c)、图 12－7(d)为可变形卷积，在常规采样坐标(9 个绿色的规则采样点)上增加一个偏移量(蓝色箭头)，图 12－7(b)的偏移为无规则随机偏移，而图 12－7(c)、图 12－7(d)为图 12－7(b)的特殊情况，分别可以看作是比例变换和旋转变换。

由图 12－8 可以看出，可变形卷积核采样点能自适应图像内容，包括不同目标的尺寸大小和形变，图 12－8(a)为常规卷积中固定的感受野及卷积核采样点，图 12－8(b)为可变形卷积中自适应的感受野及卷积核采样点。

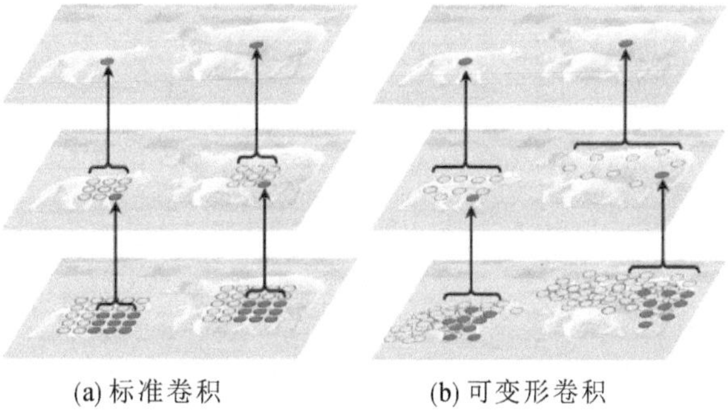

(a) 标准卷积 (b) 可变形卷积

图 12－8 两种卷积感受野与卷积核采样点的区别

可变形卷积神经网络不需要额外的监督信号，还可以通过标准的误差反向传播算法进行端到端的训练。可变形卷积能够显式地学习几何形变，打破了已有规则的卷积核结构，广泛应用于语义分割等领域并提高了性能。

12.4.3 池化层

池化是 CNN 的一个重要概念，它通过减少卷积层的连接数量来降低计算负担。到目前为止，在 CNN 中使用的典型的池化操作是平均池化或者最大池化，同时也存在一些改进的池化操作，如L_p池化、混合池化、随机池化等。

(1) L_p池化：是一个受生物学启发在复杂细胞上建立的池化过程。Bruna 的理论分析表明L_p池化相比于最大池化能提供更好的泛化。

L_p池化公式为：$\left(\sum_{i=1}^{N}|x_{l_i}|^p\right)^{\frac{1}{p}}$，其中$\{x_{l_1}, x_{l_2}\cdots, x_{l_N}\}$是一组有限的输入节点，当$p=1$时，$L_p$池化就相当于平均池化；当$p=2$时，是$L_2$池化；当$p=\infty$时，即$\max(|x_{l_1}|, \cdots, |x_{l_2}|, |x_{l_N}|)$相当于最大池化。

(2) 混合池化：受随机 Dropout 和 DropConnect 启发，Yu 等人提出混合池化方法，即最大池化和平均池化的结合。混合池化公式为

$$y_{kij}=\lambda \max_{(p, q)\in R_{ij}} x_{kpq}+(1-\lambda)\frac{1}{|R_{ij}|}\sum_{(p, q)\in R_{ij}} x_{kpq} \tag{12-2}$$

其中，y_{kij}是第k个特征图相应位置(i, j)处池化操作的输出，λ是0～1之间的随机值，R_{ij}是位置(i, j)的局部邻域，x_{kpq}是第k个特征图池化区域R_{ij}内在(p, q)处的元素。在前向传播过程中，λ被记录，并在反向传播中被调整。

(3) 随机池化(stochastic pooling)：保证特征图的非线性激活值可以被利用。具体地，随机池化先对每个区域R_j通过正则化区域内的激活值计算概率p，即$p_i=\dfrac{a_i}{\sum_{k\in R_j} a_k}$。然后从基于$p$的多项分布中采样来选择区域内的一个位置$l$。池化的激活值$s_j=a_l$，其中$l\sim P(p_1, p_2, \cdots, p_{|R_j|})$。随机池化被证明具有最大池化的优点，并且可以避免过拟合。

此外，还有频谱池化(spectral pooling)、立体金字塔状池化(spatial pyramid pooling)以及多尺度无序池化(multi-scale orderless pooling)等。

12.4.4 正则化

过拟合是深度 CNN 一个不可忽视的问题，这一问题可以通过正则化来有效地减少。这里介绍两种有效的正则化技术：Dropout 和 DropConnect。

(1) Dropout：就是在每次训练的时候，让网络某些隐层神经元以一定的概率p不工作。它最先由 Hinton 等人(在深度学习的推广中起了关键作用)在 2012 年提出，它已经被证明对减少过拟合十分有效。在文献[12.6]中，他们将 Dropout 应用在全连接层，Dropout 的输出是$r=m*a(\boldsymbol{W}\boldsymbol{v})$。其中，$\boldsymbol{v}=[v_1, v_2, \cdots, v_n]^{\mathrm{T}}$是特征提取器的输出，$\boldsymbol{W}$(大小是$d\times n$)是一个全连接的权重矩阵，$a(\cdot)$是一个非线性激活函数；$m$是一个大小为$d$的二值掩膜(binary mask)，元素服从伯努利分布(也叫二项分布)，即$m_i\sim \mathrm{Bernoulli}(p)$。Dropout 可以防止网络过于依赖任何一个神经元，使网络即使在某些信息缺失的情况下也能是准确的。

(2) DropConnect：将 Dropout 的想法更进一步，代替了其设置神经元的输出为 0，而是在前向传导时，输入的时候随机让一些输入神经元以一定的概率 p 不工作，在 BP 训练时，这些不工作的神经元显然也不会得到误差贡献。DropConnect 的输出 $r = a[(m * \boldsymbol{W})\boldsymbol{v}]$，其中 $m_{ij} \sim \text{Bernoulli}(p)$。此外，在训练过程中也掩盖了误差。和 Dropout 的区别就在于，Dropout 一个输出不工作了，那么这个输出作为下一级输入时对于下一级就一点儿都不工作，但是 DropConnect 不会，其泛化能力更强一点。

12.4.5 激活函数

在某个任务中，一个合适的激活函数能显著改善 CNN 的性能。为了用连续型的函数表达神经元的非线性变换能力，常采用 S 型的 sigmoid 和 tanh 函数作为激活函数。其中，sigmoid 函数，即 $f(x)=\dfrac{1}{1+\mathrm{e}^{-x}}$，是神经元的非线性作用函数。由于 BP 权值的调整采用梯度下降(gradient descent)公式 $\Delta W=-\eta\dfrac{\partial E}{\partial W}$，这个公式要求对网络输出值和训练差值 E 求导，所以要求网络输出值处处可导，而 sigmoid 函数正好满足处处可导，因此神经元的激活函数常用 sigmoid 型。tanh 函数 $f(x)=\dfrac{\mathrm{e}^{x}-\mathrm{e}^{-x}}{\mathrm{e}^{x}+\mathrm{e}^{-x}}$，与 sigmoid 函数趋势类似，如图 12-9 所示。

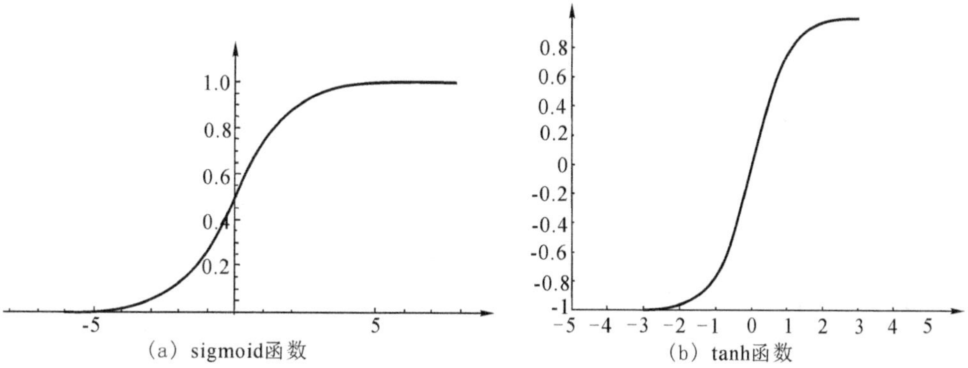

图 12-9　sigmoid 与 tanh 激活函数

除了上述 S 型的函数外，ReLU 也是一种常用的激活函数。ReLU 激活函数被定义为：$y_i=\max(0, z_i)$，其中 z_i 是第 i 个通道的输入，因此 ReLU 是一个分段线性函数，如图 12-10(a)所示。ReLU 中简单的 max 操作使得它的计算速度比 sigmoid 和 tanh 函数快，并且允许网络很容易地获得稀疏表示。使用 ReLU 作为激活函数的深度网络可以被有效地训练。尽管 ReLU 在 0 点处的不连续损害了 BP 算法的性能，并且它具有不活跃的零梯度单元，可能会导致基于梯度的优化不能够调整权值，但大量实证研究表明 ReLU 仍然比

sigmoid 和 tanh 激活函数效果更好。

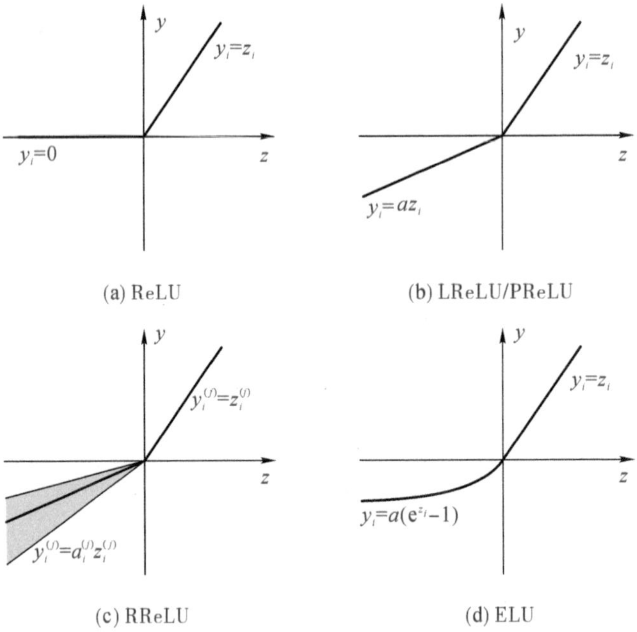

(a) ReLU　(b) LReLU/PReLU　(c) RReLU　(d) ELU

图 12-10　激活函数

针对 ReLU 激活函数的缺点，之后出现了很多对它的改进工作。

(1) Leaky ReLU(LReLU)或 Parametric ReLU(PReLU)：

$$y_i=\begin{cases}z_i & z_i\geqslant 0\\ az_i & z_i<0\end{cases}\tag{12-3}$$

如图 12-10(b)所示，其中 a 是(0，1)之间的一个预定义的参数。与 ReLU 相比，LReLU 压缩了负轴部分而不是将它始终映射为 0，使得函数在不活跃单元也具有了较小的非零梯度，从而便于权值调整。

(2) Randomized ReLU(RReLU)：在 RReLU 中，负轴部分的参数是从均匀分布的训练样本中随机抽取的，随后在测试样本中确定。函数被定义为

$$y_i^{(j)}=\begin{cases}z_i^{(j)} & z_i^{(j)}\geqslant 0\\ a_i^{(j)}z_i^{(j)} & z_i^{(j)}<0\end{cases}\tag{12-4}$$

如图 12-10(c)所示，其中 $z_i^{(j)}$ 表示第 j 个样本第 i 个通道的输入，$a_i^{(j)}$ 表示对应的样本参数，$y_i^{(j)}$ 表示对应的输出。由于该函数的随机性质使得它可以减少过拟合。同时，针对标准图像分类任务对 ReLU、LReLU 以及 RReLU 函数进行评估，得出结论：在调整激活单元的负轴部分加入非零梯度可以提高分类性能。

(3) Exponential Linear Unit (ELU)：指数线性单元可以更快地学习深度神经网络，提高分类准确率。ELU 利用了饱和函数作为负轴部分，对噪声具有鲁棒性。函数被定义为

$$y_i=\begin{cases}z_i & z_i\geqslant 0\\ a(e^{z_i}-1) & z_i<0\end{cases} \tag{12-5}$$

如图 12-10(d)所示，其中 a 是预定义的参数，用来控制负输入的值。

12.5 卷积神经网络应用实例

12.5.1 图像语义分割

图像的语义分割就是逐像素分类的过程，LinkNet[12.7]是一种进行语义分割的轻量型深度神经网络结构，可用于无人驾驶、增强现实等任务。它能够在 GPU 和 NVIDIA TX1 等嵌入式设备上提供实时性能。LinkNet 可以在 TX1 和 Titan X 上分别以 2 帧/秒和 19 帧/秒的速率处理分辨率为 1280×720 的输入图像，其网络架构如图 12-11 所示。图中，conv 为卷积操作，full-conv 为全卷积操作，max-pool 为最大池化操作。

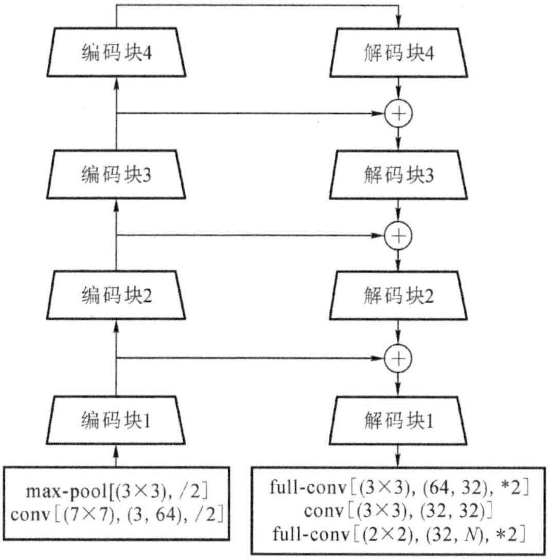

图 12-11 LinkNet 网络结构

LinkNet 的架构类似于 Unet 的网络架构，编码器的特征图和对应解码器上采样后的特征图级联，卷积层后加 BN(Batch Normalization)与 ReLU，图 12-12(a)为编码器，使用 ResNet-18 进行编码，使得模型更加轻量化且效果较好，具体层的细节如图中所示；图

12－12(b)为解码器，具体结构如图中所示。

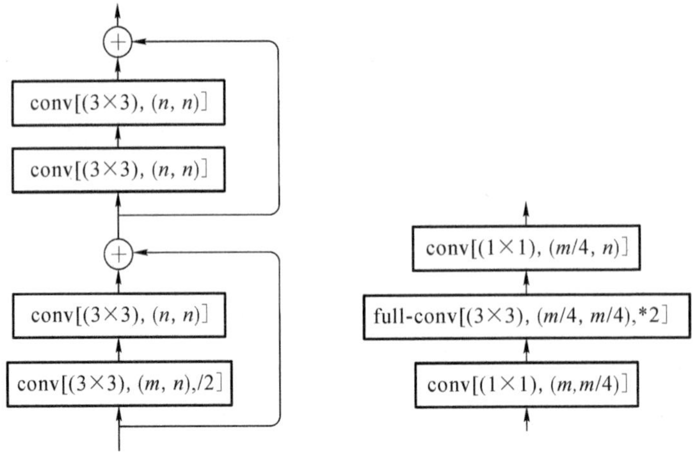

(a) 编码器中的卷积模块(i)　　(b) 解码器中的卷积模块(i)

图 12－12　LinkNet 网络中的模块

表 12－1 包含了整个 LinkNet 中每个块使用的特征图信息。

表 12－1　输入输出特征图个数

块	编码器		解码器	
	m	n	m	n
1	64	64	64	64
2	64	128	128	64
3	128	256	256	128
4	256	512	512	256

通用的语义分割方法直接将编码器的输出送入解码器进行分割，而 LinkNet 每个编码器层的输入分别与相应的解码器输出进行级联，从而给解码器补充丢失的空间信息。同时由于解码器在每一层共享编码器所学的信息，因此解码器可以使用较少的参数。与现有的分割网络相比，LinkNet 的整体效率更高，且能够实现实时操作。

12.5.2　目标检测

目标检测就是在给定的场景中确定目标的位置和类别，然而受尺寸、姿态、光照、遮挡等因素的干扰，给目标检测增加了一定的难度。传统的目标检测采用模板匹配的方法，而基于卷积神经网络的目标检测算法一般可分为两类：one-stage 算法与 two-stage 算法。最具代表性的 one-stage 算法包括 SSD、YOLO 等变体；two-stage 算法主要以 R-CNN、Fast R-CNN、Faster R-CNN 及基于 R-CNN 的变体算法为主。本节将介绍 two-stage 算法中的 Faster R-CNN。

Faster R-CNN 在 Fast R-CNN 的基础上将 selective search 的搜索方法换成 RPN (Region Proposal Network)，同时引入 anchor box 解决了目标形变，因此 Faster R-CNN 能够将特征提取、proposal 提取、目标框回归与分类整合在一个网络中，其结构如图12－13所示，主要包括以下四个部分。

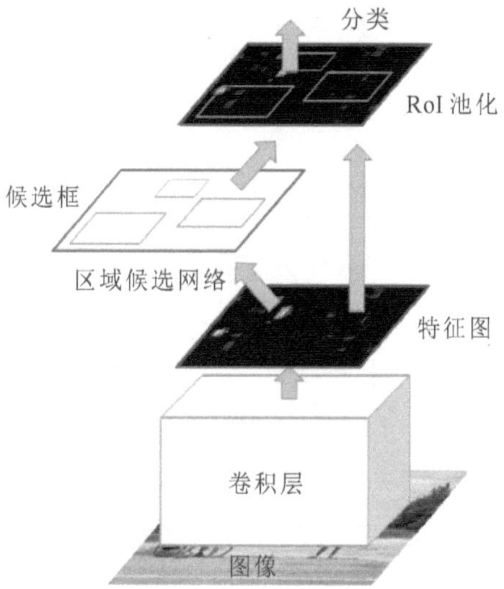

图 12－13　Faster CNN 网络结构

(1) 卷积：Faster R-CNN 是基于卷积神经网络的目标检测方法，该部分采用了卷积、ReLU 及池化操作提取输入图像的特征图，特征图被 RPN 层和全连接层所共享。

(2) RPN 网络：首先判断 anchors 属于前景还是背景，再利用回归修正 anchors 以获得精确的区域。

(3) RoI 池化：利用卷积层输出的特征图和 RPN 网络产生的区域提取区域的特征，将特征输入全连接层。

(4) 分类：利用提取区域的特征计算区域的类别，并采用目标框回归获得最终目标框的精确位置。

RPN 网络结构如图 12－14 所示，在特征图上滑动窗口能够得到目标的粗略位置，同时由于 anchors box 的比例不同，能够适应不同尺寸与分辨率的目标，后接目标分类和边界框回归，目标分类可以得到检测目标是前景还是背景，边界框回归通过计算边界框的偏移量，以获得更精确的目标框位置。

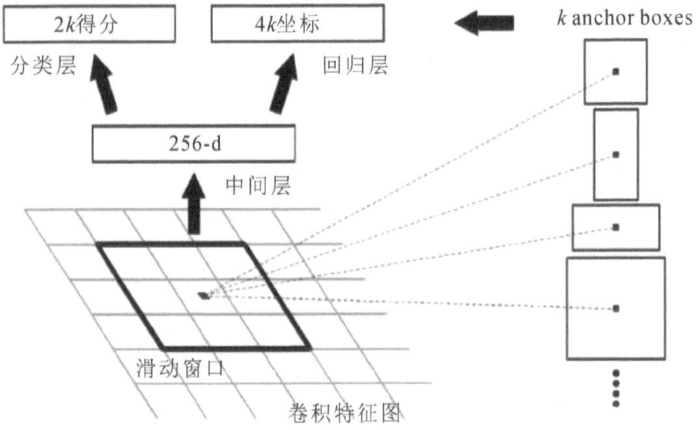

图 12-14　RPN 网络结构

RoI 池化操作是将不同大小的 RoI 转换为固定大小，从而提高了处理速度，主要步骤如下：

(1) 根据输入图像将 RoI 映射到特征图对应位置；

(2) 将映射后的区域划分为相同大小的 sections，其数量与输出的维度保持一致；

(3) 对每个 sections 进行最大池化操作。

Faster R-CNN 的损失函数为

$$L(\{p_i\},\{t_i\})=\frac{1}{N_{cls}}\sum_i L_{cls}(p_i,p_i^*)+\lambda\frac{1}{N_{reg}}\sum_i p_i^* L_{reg}(t_i,t_i^*) \tag{12-6}$$

其中，i 为 anchor 在一个小 batch 里的索引；p_i 为 anchor 预测为目标的概率；p_i^* 为标签值，当标签值为正时 $p_i^*=1$，当标签值为负时 $p_i^*=0$；$t_i=\{t_x, t_y, t_w, t_h\}$是预测边界框的坐标向量；$t_i^*$ 为对应的 ground truth；$L_{cls}(p_i, p_i^*)$ 是两个类别的对数损失；$L_{reg}(t_i, t_i^*)$为回归损失，采用 smooth L1 来计算；$p_i^* L_{reg}(t_i, t_i^*)$代表只有前景才能计入损失，背景不参加。有关该算法更多的细节可以参考文献[12.8]。

关于 R-CNN、Fast R-CNN、Faster R-CNN 算法的简要对比如表 12-2 所示。

表 12-2　R-CNN 系列算法对比

功能	R-CNN	Fast R-CNN	Faster R-CNN
候选框提取	选择性搜索	选择性搜索	RPN 网络
特征提取	卷积神经网络	卷积神经网络	卷积神经网络
分类	支撑向量机	RoI 池化＋分类层＋回归层	RoI 池化＋分类层＋回归层

12.5.3　目标跟踪

基于深度学习的视频目标跟踪方法由于任务的特殊性，跟踪目标事先无法得知，只能通过最初的目标框确定，并且训练数据比较稀缺，且模型的更新会耗费大量的时间，影响了其实时性。

SiameseFC 通过模板匹配的方法进行相似性度量[12.9]，计算出模板图像和待检测图像各位置的相似度，相似度最高的点即为目标中心位置，不仅跟踪效果好，而且效率高，该算法采用 ILSVRC15 数据库中用于目标检测的视频进行离线模型训练，同时不更新模型，保证了算法速度，SiameseFC 凭借其优势成为很多变体(如 CFNet、DCFNet)的基线，其流程图如图 12－15 所示。

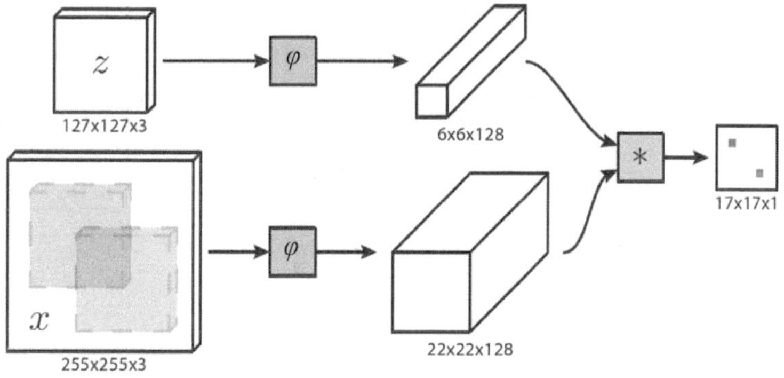

图 12－15　SiameseFC 流程图

可以看出 SiameseFC 主要分为上下两部分：

上半部分可以看作模板，z 是视频第一帧已知的目标框，φ 为特征映射操作，在文中为 AlexNet 网络，6×6×128 代表 z 经过 φ 后得到的特征。

下半部分的 x 为当前帧的搜索区域，经过相同的特征映射 φ，得到 22×22×128 的特征，并与上半部分得到的特征进行"＊"的互相关操作，最终得到响应图，代表着搜索区域中各个位置与模板相似度值，图上最大值对应的点即为目标中心。

由于上下两部分的 φ 相同，即网络结构保持一致，具有孪生神经网络的特性，且网络中只包含卷积层和池化层，因此是一种典型的全卷积神经网络。

在图 12－15 最终生成的得分响应图中，红点为正样本，蓝点为负样本，分别对应于 x 的红色区域和蓝色区域，针对正负样本构造有效的损失函数，SiameseFC 的损失函数为

$$L(y, v)=\frac{1}{|D|}\sum_{u\in D}l[y(u), v(u)] \tag{12-7}$$

其中：

$$l(y, v)=\log(1+\mathrm{e}^{-yv}) \tag{12-8}$$

这里 $u\in D$ 代表响应图中的位置，v 是得分响应图中每个点的真实值，即目标的概率，$y\in\{+1, -1\}$为对应的标签。当 v 较大且 $y=1$ 时跟踪正确，反之当 v 小且 $y=-1$ 时代表

跟踪错误。

网络的参数由 SGD 方法最小化损失函数得到：

$$\arg\min_{\theta} \underset{(z,x,y)}{E} L(y, v) \tag{12-9}$$

这里 $v=f(z, x;\theta)$，即为响应图具体位置做相关操作后的值。

在实际跟踪过程中，给定第一帧目标位置的 groundtruth，即为图 12-15 上半部分的模板 z，第二帧为下半部分的图像 x，确定搜索区域后与模板做相关操作，得到的响应图最大值点即为目标所在位置，接下来第三帧的搜索区域与第二帧确定的模板做相关，如此循环直到最后一帧，实现了整个视频序列的目标跟踪过程。

12.6 卷积神经网络的总结

卷积神经网络在下采样层可以保持一定局部平移不变性，在卷积层通过感受野和权值共享减少了神经网络需要训练的参数的个数。每个神经元只需要感受局部的图像区域，在更高层将这些感受不同局部区域的神经元综合起来就可以得到全局的信息。因此，可以减少网络连接的数目，通过权值共享降低了网络的复杂性。

总之，卷积神经网络相比于一般神经网络在图像理解中有其特殊的优点：

(1) 网络结构能较好适应图像的结构；

(2) 同时进行特征提取和分类，使得特征提取有助于特征分类；

(3) 权值共享可以减少网络的训练参数，使得神经网络结构变得更简单、适应性更强。由于同一特征通道上的神经元权值相同，因此网络可以并行学习，这也是卷积网络相对于神经元彼此相连网络的一大优势。

在卷积神经网络中，有大量需要预设的参数，与网络模型有关的参数包括如下八个方面：

(1) 卷积核的大小或卷积核的个数；

(2) 激活函数的种类；

(3) 池化方法的选择；

(4) 网络的层结构个数与全连接层的个数；

(5) Dropout 的概率；

(6) 有无预处理；

(7) 有无归一化；

(8) 参数初始化方式。

与训练有关的参数包括如下四个部分：

(1) Mini-Batch 的大小；

(2) 学习率；

（3）迭代次数；

（4）有无预训练。

本章参考文献

[12.1] 焦李成. 神经网络系统理论[M]. 西安：西安电子科技大学出版社，1990.

[12.2] 焦李成. 神经网络计算[M]. 西安：西安电子科技大学出版社，1993.

[12.3] 焦李成. 神经网络的应用与实现[M]. 西安：西安电子科技大学出版社，1993.

[12.4] 焦李成. 非线性传递函数理论与应用[M]. 西安：西安电子科技大学出版社，1992.

[12.5] 焦李成，赵进，杨淑媛，等. 深度学习、优化与识别[M]. 北京：清华大学出版社，2017.

[12.6] SRIVASTAVA N, HINTON G, KRIZHEVSKY A, et al. Dropout: A simple way to prevent neural networks from overfitting[J]. Journal of Machine Learning Research, 2014, 15(1): 1929-1958.

[12.7] CHAURASIA A, CULURCIELLO E. LinkNet: Exploiting encoder representations for efficient semantic segmentation[J]. IEEE Visual Communications and Image Proceeding (VCIP), 2017: 1-4.

[12.8] REN S, HE K, GIRSHICK R, et al. Faster R-CNN: Towards real-time object detection with region proposal networks[J]. IEEE Transactions on Pattern Analysis & Machine Intelligence, 2017, 39(6): 1137-1149.

[12.9] BERTINETTO L, VALMADRE J, HENRIQUES J F, et al. Fully-convolutional siamese networks for object tracking[C]. European Conference on Computer Vision, 2016: 850-865.

第13章 生成式对抗网络

生成式对抗网络(Generative Adversarial Networks, GAN)是一种复杂分布上无监督学习的深度学习模型，通过生成模型(generative model)和判别模型(discriminative model)的互相博弈，产生良好的输出。本章对该网络的原理、优缺点进行了介绍，并阐述了GAN的几个变体的改进思路，最后解释了模式崩溃现象，并说明了GAN中优化器不常采用SGD的原因。

13.1 生成式对抗网络介绍

生成式对抗网络(Generative Adversarial Networks, GAN)是一种深度学习模型，是近年来复杂分布上无监督学习最具前景的方法之一[13.1]。该网络由I. J. Goodfellow等人于2014年10月在其论文中首次提出，并给出了一个通过对抗过程估计生成模型的新框架[13.2]。框架中同时训练两个模型：捕获数据分布的生成模型G和估计样本来自训练数据的概率的判别模型D。G的训练程序是将D错误的概率最大化。例如，生成式网络模型G是一个用来生成图片的网络，该模型的输入为一个随机的噪声$\boldsymbol{z}$，通过这个噪声来生成相应的图片，该图片记作$G(\boldsymbol{z})$。识别网络模型D是一个判断网络，它用来判断网络是不是真实的样本。输入的样本图像为$\boldsymbol{x}$，$\boldsymbol{x}$既可能来自于模型G，也可能来自于真实的样本，$D(\boldsymbol{x})$表示$\boldsymbol{x}$为真实样本的概率，输出为1表示100%的真实图片，为0表示生成的真实图片。生成网络G的目的就是尽量生成真实的图片去欺骗识别网络D，识别网络D的目的就是区分出生成网络G和真实样本的图片。另外这个框架对应一个最大值集下限的双方对抗游戏。理论上，可以证明在任意函数G和D的空间中，存在唯一的解决方案，使得G重现训练数据分布，而$D=0.5$。在G和D由多层感知器定义的情况下，整个系统可以用反向传播算法进行训练。在训练或生成样本期间，不需要任何马尔科夫链或展开的近似推理网络。

13.2 生成式对抗网络的结构与原理

从技术上来说，GAN有两个网络之间的持续推动(因此“对抗”)：一个生成器

(generator)G 和一个辨别器(discriminatory)D。给定一组训练示例，我们可以想象，有一个底层分布 ($\boldsymbol{x}$)来管理它们。使用 GAN，G 将产生输出，并且 D 将判断它们是否来自训练集合的相同分布。G 将从一些噪声 $\boldsymbol{z}$ 开始，因此生成的图像是 $G(\boldsymbol{z})$。D 分别对实际分布的和从 G 伪造的图像进行分类：$D(\boldsymbol{x})$和 $D[G(\boldsymbol{z})]$。GAN 的工作网络如图 13－1 所示。

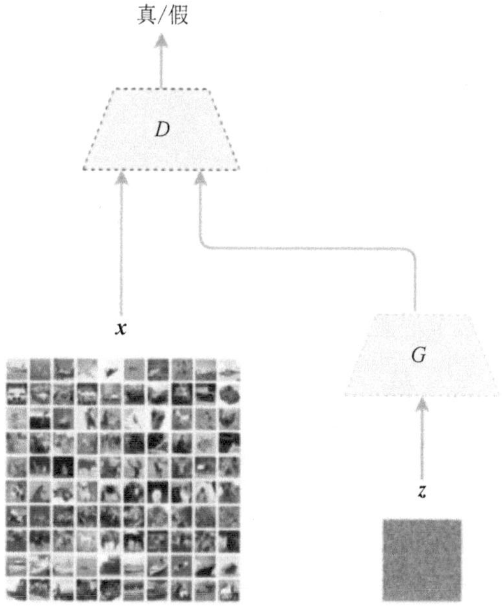

图 13－1　GAN 的工作网络

D 和 G 都在同时学习，并且一旦 G 被训练成它知道足够多的关于训练样本的分布，它就可以产生新的样本，该样本与原始样本有着非常相似的属性。

首先我们知道真实图片集的分布 $P_{\text{data}}(\boldsymbol{x})$，$\boldsymbol{x}$ 是一个真实图片，可以想象成一个向量，这个向量集合的分布就是 P_{data}。我们需要生成一些也在这个分布内的图片，如果直接就是这个分布的话，怕是做不到的。我们现在有的生成器生成的分布可以假设为 $P_G(\boldsymbol{x};\theta)$，这是一个由 θ 控制的分布，θ 是这个分布的参数(如果是高斯混合模型，那么 θ 就是每个高斯分布的平均值和方差)。假设我们在真实分布中取出一些数据$\{x_1, x_2, \cdots, x_m\}$，要计算一个似然 $P_G(x_i;\theta)$，对于这些数据，在生成模型中的似然就是

$$L = \prod_{i=1}^{m} P_G(x^i;\theta) \tag{13-1}$$

我们想要最大化这个似然，等价于让生成器生成那些真实图片的概率最大。这就变成了一个最大似然估计的问题了，我们需要找到一个 θ^* 来最大化这个似然，即

$$
\begin{aligned}
\theta^* &= \arg\max_\theta \prod_{i=1}^{m} P_G(x^i;\theta) = \arg\max_\theta \log \prod_{i=1}^{m} P_G(x^i;\theta) \\
&= \arg\max_\theta \sum_{i=1}^{m} \log P_G(x^i;\theta) \approx \arg\max_\theta E_{\boldsymbol{x}\sim P_{\text{data}}}[\log P_G(\boldsymbol{x};\theta)] \\
&= \arg\max_\theta \int_{\boldsymbol{x}} P_{\text{data}}(\boldsymbol{x})\log P_G(\boldsymbol{x};\theta)\mathrm{d}\boldsymbol{x} - \int_{\boldsymbol{x}} P_{\text{data}}(\boldsymbol{x})\log P_{\text{data}}(\boldsymbol{x})\mathrm{d}\boldsymbol{x} \\
&= \arg\max_\theta \int_{\boldsymbol{x}} P_{\text{data}}(\boldsymbol{x})[\log P_G(\boldsymbol{x};\theta) - \log P_{\text{data}}(\boldsymbol{x})]\mathrm{d}\boldsymbol{x} \\
&= \arg\min_\theta \int_{\boldsymbol{x}} P_{\text{data}}(\boldsymbol{x})\log \frac{P_{\text{data}}(\boldsymbol{x})}{P_G(\boldsymbol{x};\theta)}\mathrm{d}\boldsymbol{x} \\
&= \arg\min_\theta \mathrm{KL}[P_{\text{data}}(\boldsymbol{x}) \,||\, P_G(\boldsymbol{x};\theta)]
\end{aligned} \tag{13-2}
$$

寻找一个 θ^* 来最大化这个似然，等价于最大化 log 似然。因为此时这 m 个数据是从真实分布中取的，所以也就约等于真实分布中的所有 $\boldsymbol{x}$ 在 P_G 分布中的 log 似然的期望。真实分布中的所有 $\boldsymbol{x}$ 的期望等价于求概率积分，所以可以转化成积分运算，又因为减号后面的项和 θ 无关，所以添上之后还是等价的。然后提出共有的项，括号内的函数反转，max 变 min，就可以转化为 KL 散度的形式了(KL 散度描述的是两个概率分布之间的差异)。所以，最大化似然，让生成器最大概率地生成真实图片，也就是要找一个 θ 让 P_G 更接近于 P_{data}。即通过优化目标，调节概率生成模型的参数 θ，使得生成的概率分布和真实数据分布尽量接近，它的优化过程就是在寻找生成模型和判别模型之间的一个纳什均衡，如图 13-2 所示。那如何来找这个最合理的 θ 呢？我们可以假设 $P_G(\boldsymbol{x};\theta)$ 是一个神经网络。

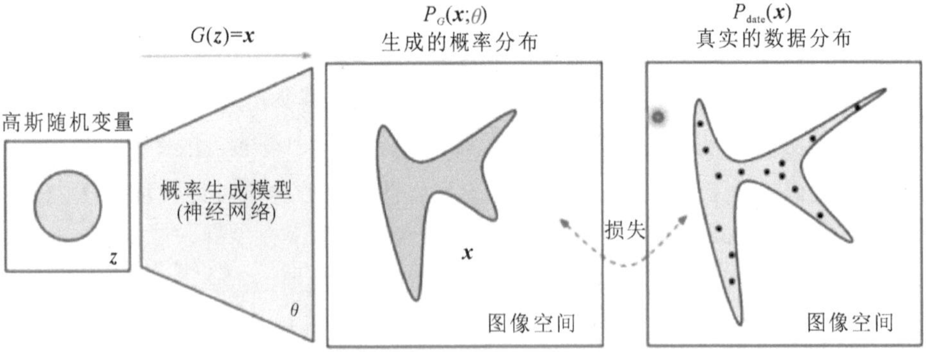

图 13-2　GAN 的损失

首先取一个随机向量 $\boldsymbol{z}$，通过 $G(\boldsymbol{z})=\boldsymbol{x}$ 这个网络，生成图片 $\boldsymbol{x}$。那么我们如何比较两个分布是否相似呢？只要我们取一组样本 $\boldsymbol{z}$，这组 $\boldsymbol{z}$ 符合一个分布，那么通过网络就可以生

成另一个分布 P_G，然后与真实分布 P_{data} 作比较。我们知道，神经网络只要有非线性激活函数，就可以去拟合任意的函数，而分布也是一样的，所以可以用一致正态分布或者高斯分布取样去训练一个神经网络，学习到一个很复杂的分布。

如何来找到更接近的分布，这就是 GAN 的贡献了。先给出 GAN 的公式：

$$V(G,D)=E_{\boldsymbol{x}\sim P_{\text{data}}}[\log D(\boldsymbol{x})]+E_{\boldsymbol{x}\sim P_G}[\log(1-D(\boldsymbol{x}))] \tag{13-3}$$

这个式子的好处在于，固定 G，$\max V(G,D)$ 就表示 P_G 和 P_{data} 之间的差异，然后要找一个最好的 G，让这个最大值最小，也就是两个分布之间的差异最小，即

$$G^*=\arg\min_G\max_D V(G,D) \tag{13-4}$$

表面上式(13-4)的意思是，D 要让这个式子的值尽可能的大，也就是说，若 $\boldsymbol{x}$ 来自于真实分布，则 $D(\boldsymbol{x})$ 要接近于 1，若 $\boldsymbol{x}$ 来自于生成的分布，则 $D(\boldsymbol{x})$ 要接近于 0，然后 G 要让式子的值尽可能的小，让来自于生成分布中的 $D(\boldsymbol{x})$ 尽可能地接近于 1。

13.3 生成式对抗网络的学习算法

有了前面推导的基础之后，两个网络交替训练。初始有一个 G_0 和 D_0，先训练 D_0 找到：

$$\max_D V(G_0,D_0) \tag{13-5}$$

然后，固定 D_0 开始训练 G_0，训练的过程都可以使用梯度下降算法，以此类推，训练 D_1，G_1，D_2，G_2，…然而这里会产生一个问题——我们可能在 D_0^* 的位置取到了：

$$\max_D V(G_0,D_0)=V(G_0,D_0^*) \tag{13-6}$$

更新 G_0 为 G_1，可能

$$V(G_1,D_0^*)<V(G_0,D_0^*) \tag{13-7}$$

但是并不保证会出现一个新的点 D_1^* 使得

$$V(G_1,D_1^*)>V(G_0,D_0^*) \tag{13-8}$$

这样更新 G 就无法达到原来想要的效果，如图 13-3 所示。

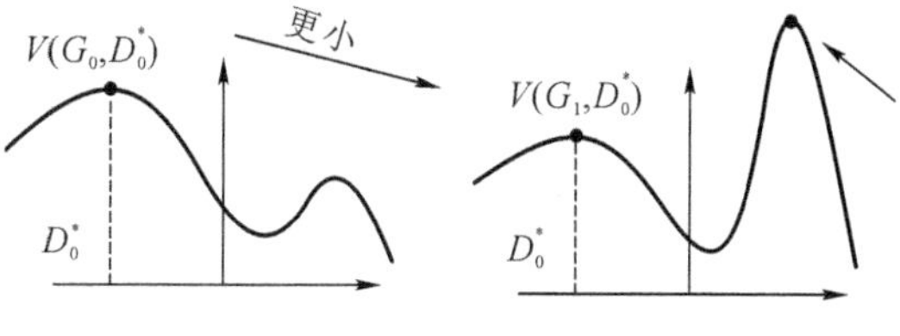

图 13-3　训练过程示意图

避免上述情况的方法就是更新 G 的时候，不要更新得太多。

知道了网络的训练顺序，我们还需要设定两个损失函数，一个是 D 的损失，一个是 G

的损失。下面是整个 GAN 的训练具体步骤。

在每次训练中，对于 D 和 G 分别初始化 θ_d 和 θ_g，学习 D(重复 k 次)的过程如下：

(1) 从数据分布 $P_{\text{data}}(\boldsymbol{x})$ 中采样 m 个样本 $\{x^1, x^2, \cdots, x^m\}$；

(2) 从先验分布 $P_{\text{prior}}(\boldsymbol{z})$ 中采样 m 个噪声样本 $\{z^1, z^2, \cdots, z^m\}$；

(3) 获得生成的数据 $\{\widetilde{x}^1, \widetilde{x}^2, \cdots, \widetilde{x}^m\}$，$\widetilde{x}^i = G(z^i)$

(4) 更新鉴别器参数 θ_d 来最大化：

$$\widetilde{V} = \frac{1}{m}\sum_{l=1}^{m}\log D(x^i) + \frac{1}{m}\sum_{i=1}^{m}\log[1 - D(\widetilde{x}^i)]$$

$$\theta_d \leftarrow \theta_d + \eta\,\nabla\widetilde{V}(\theta_d)$$

学习 G(仅 1 次)的过程如下：

(1) 从先验分布 $P_{\text{prior}}(\boldsymbol{z})$ 中采样另外 m 个噪声样本 $\{z^1, z^2, \cdots, z^m\}$；

(2) 更新生成器参数 θ_g 来最小化：

$$\widetilde{V} = \frac{1}{m}\sum_{i=1}^{m}\log\{1 - D[G(z^i)]\}$$

$$\theta_g \leftarrow \theta_g - \eta\,\nabla\widetilde{V}(\theta_g)$$

13.4 生成式对抗网络的性能分析

13.3 节中 G 的损失函数还是有一点小问题，图 13-4 是两个函数的图像。$\log[1-D(\boldsymbol{x})]$ 是我们计算 G 时的损失函数，但是我们发现，当 $D(\boldsymbol{x})$ 接近于 0 时，这个函数十分平滑，梯度非常小，这就会导致梯度消失。在训练的初期，G 想要骗过 D，变化十分得缓慢，而函数 $-\log[D(\boldsymbol{x})]$ 的趋势和 $\log[1-D(\boldsymbol{x})]$ 是一样的，都是递减的。但是它的优势是在 $D(\boldsymbol{x})$ 接近 0 时，梯度很大，有利于训练，在 $D(\boldsymbol{x})$ 越来越大之后，梯度减小，这也很符合实际，在初期应该训练速度更快，到后期速度减慢。所以我们把 G 的损失函数修改为

$$\min V = -\frac{1}{m}\sum_{i=1}^{m}\log[D(x^i)] \tag{13-9}$$

这样可以提高训练的速度。

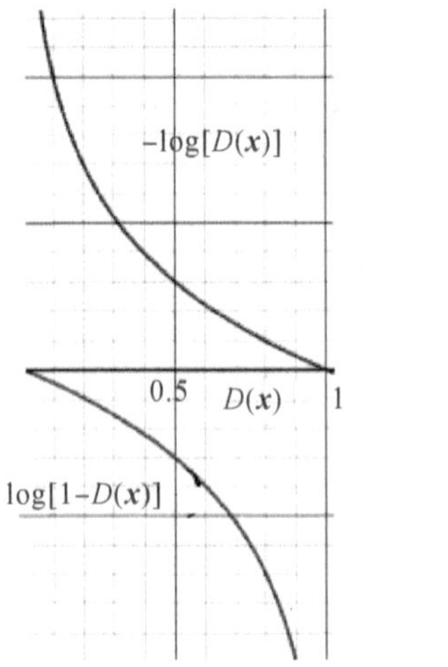

图 13-4　$\log[1-D(\boldsymbol{x})]$ 与 $-\log[D(\boldsymbol{x})]$ 函数的图像

还有一个问题(在其他文献中提出)就是通过实

验发现，经过许多次训练，损失一直都是平的，也就是

$$\max_D V(G, D)=0 \tag{13-10}$$

JS 散度一直都是 log2，P_G 和 P_{data} 完全没有交集，但是实际上两个分布是有交集的，造成这个的原因是我们无法真正计算期望和积分，只能使用样本的方法，如果训练的过拟合了，D 还是能够完全把两部分的点分开，如下所示：

$$\begin{aligned} V &= E_{x\sim P_{\text{data}}}[\log D(\boldsymbol{x})]+E_{x\sim P_G}\{\log[1-D(\boldsymbol{x})]\} \\ &\approx \frac{1}{m}\sum_{i=1}^{m}\log[D(x^i)]+\frac{1}{m}\sum_{i=1}^{m}\log[1-D(\widetilde{x}^i)] \end{aligned} \tag{13-11}$$

$$\max_D V(G, D)=-2\log 2+2\text{JSD}[P_{\text{data}}(\boldsymbol{x})\ ||\ P_G(\boldsymbol{x})] \tag{13-12}$$

对于这个问题，我们应该让 D 变得弱一点，减弱它的分类能力，但是从理论上讲，为了让它能够有效地区分真假图片，我们又希望它能够强一些，所以这里就产生了矛盾。还有一个可能的原因是，虽然两个分布都是高维的，但是两个分布都十分窄，可能交集相当小，这样也会导致 JS 散度，即式(13-12)中的 JSD 算出来为 log2，约等于没有交集。解决的方法是添加噪声，让两个分布变得更宽，可能可以增大它们的交集，这样 JS 散度就可以计算，但是随着时间变化，噪声需要逐渐变小。

还有一个问题是模式崩溃，如图 13-5 所示。可以看出，数据的分布呈双峰，但是学习到的生成分布却只呈单峰，我们可以看到模型学到的数据，却不知道它没有学到的分布。造成这个情况的原因是 KL 散度里的两个分布写反了，如图 13-6 所示。如果是第一个 KL 散度的写法，则为了防止出现无穷大，有 P_{data} 出现的地方都必须要有 P_G 覆盖，这样就不会出现模式崩溃。

$$\text{KL}=\int P_{\text{data}}\log\frac{P_{\text{data}}}{P_G}\text{d}\boldsymbol{x}\quad \text{reverse KL}=\int P_G\log\frac{P_G}{P_{\text{data}}}\text{d}\boldsymbol{x}$$

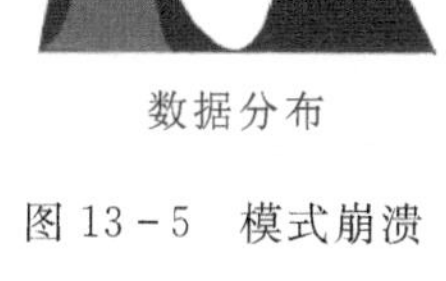

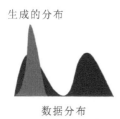

图 13-5　模式崩溃

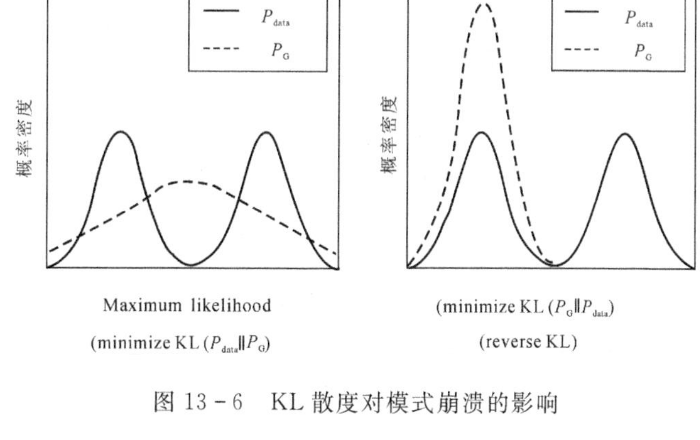

图 13-6　KL 散度对模式崩溃的影响

13.5 生成式对抗网络的变体

13.5.1 信息最大化生成式对抗网络

信息最大化生成式对抗网络(InfoGAN)是 GAN 模型的一种改进[13.3]。该网络针对生成样本的噪声进行了细化，挖掘了一些潜在的信息。该模型将噪声分为两类：第一类是不可压缩的噪声 z；第二类是可解释性的信息 c。模型的生成网络会同时使用这两类噪声，进行样本生成。InfoGAN 中最重要的是提出了一种假设，认为两者之间的互信息应该很大(即应该很高)，这样模型得到的效果会更好。InfoGAN 所要达到的目标就是通过非监督学习得到可分解的特征表示。使用 GAN 加上最大化生成的图片和输入编码之间的互信息，最大的好处就是可以不需要监督学习，而且不需要大量额外的计算花销就能得到可解释的特征。通常，我们学到的特征是混杂在一起的，这些特征在数据空间中以一种复杂的无序的方式进行编码，但是如果这些特征是可分解的，那么这些特征将具有更强的可解释性，我们将更容易利用这些特征进行编码。在 InfoGAN 中，非监督学习通过使用连续的和离散的隐含因子来学习可分解的特征。

13.5.2 条件生成式对抗网络

GAN 中输入的是随机数据，过于自由化，那么人们很自然地会想到能否将输入改成一个有意义的数据，最简单的就是数字字体生成，即能否输入一个数字，然后输出对应的字体。这就是条件生成式对抗网络(CGAN)。CGAN 网络结构可描述为[13.4]：G 网络的输入在 $\boldsymbol{z}$ 的基础上连接一个输入 $\boldsymbol{y}$，然后 D 网络的输入在 $\boldsymbol{x}$ 的基础上也连接一个 $\boldsymbol{y}$，如图 13-7 所示。

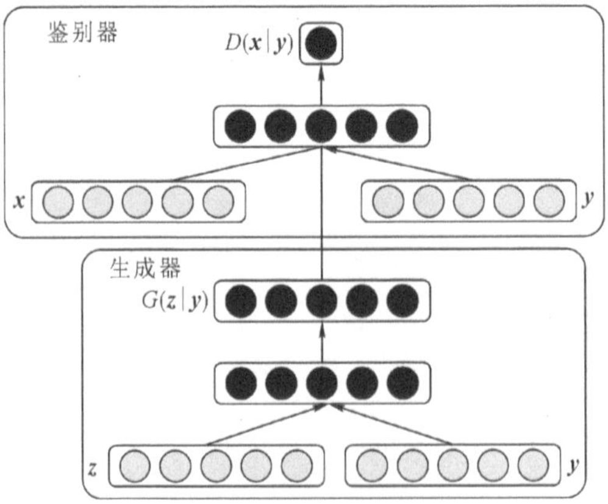

图 13-7　CGAN 网络示意图

与 GAN 相比，CGAN 的训练方式几乎不变，但从 GAN 的无监督变成了有监督。只是这里和传统的图像分类这样的任务正好相反，图像分类是输入图片，然后对图像进行分类，而这里是输入分类，然后反过来输出图像。显然，后者比前者难。

13.5.3 深度卷积生成式对抗网络

深度卷积生成式对抗网络(DCGAN)[13.5]一共做了以下几点改进：

(1) 去掉了 G 网络和 D 网络中的池化层；

(2) 在 G 网络和 D 网络中都使用批归一化；

(3) 去掉全连接的隐层；

(4) 在 G 网络中除最后一层外都使用 ReLU 函数，最后一层使用 tanh 函数；

(5) 在 D 网络中每一层使用 Leaky ReLU 函数。

DCGAN 的网络如图 13－8 所示。

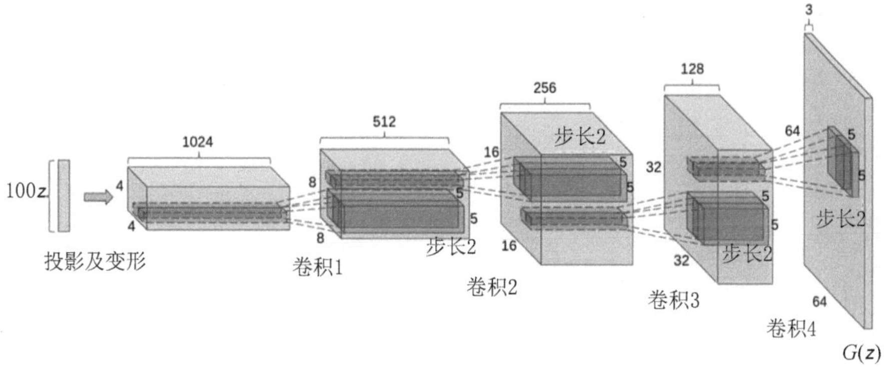

图 13－8　DCGAN 网络示意图

下面来描述经过 GAN 训练后的网络学到了怎样的特征表达。

首先是用 DCGAN＋SVM 做 cifar－10 的分类实验，从 D 网络的每一层卷积中通过 4×4 grid的最大池化获取特征并连起来得到 28 672 维向量，然后用 SVM，分类效果比 K-means好。将 DCGAN 用在 SVHN 门牌号识别中，同样取得了不错的效果。这说明 D 网络确实无监督地学到了很多有效特征信息。

不同的 z 向量可以生成不同的图像，即 z 向量可以通过线性加减，输出新的图像，说明 z 向量确实对应了一些特别的特征，比如眼镜、性别等。这也说明了 G 网络通过无监督学习自动学到了很多特征表达。

总的来说，DCGAN 开创了图像生成的先河，而如何更好地生成更逼真的图像成为学者们争相研究的方向。

13.5.4 循环一致性生成式对抗网络

一般的图像翻译需要训练集包括成对数据（如 pix2pix 模型），但成对的训练数据获取困难，由加州大学伯克利分校研究人员提出的循环一致性生成式对抗网络（Cycle-consistent Generative Adversarial Networks，CycleGAN）能够利用非成对数据进行训练，打破了模型需要成对图像数据的限制[13.6]。

成对数据与非成对数据如图 13－9 所示。图 13－9(a)为成对的训练数据$\{x_i, y_i\}_{i=1}^N$，其中 x_i 与 y_i 之间具有较好的关联性；而图 13－9(b)为非成对的训练数据，其中源数据集为$\{x_i\}_{i=1}^N$，$x_i \in \boldsymbol{X}$，目标数据集为$\{y_j\}_{j=1}^N$，$y_i \in \boldsymbol{Y}$，这里并不要求源域跟目标域的数据是成对匹配的。

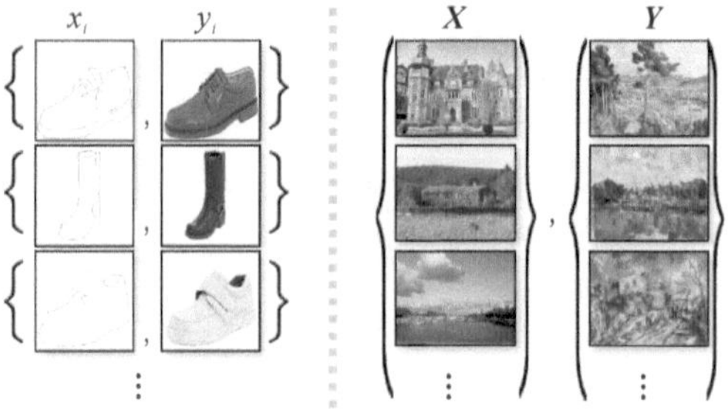

(a) 成对数据　　(b) 非成对数据

图 13－9　训练数据对比

仅使用生成式对抗网络的损失是无法进行训练的，因为学习到的映射可以是多对一的，使得损失无效化。而 CycleGAN 使用两个生成模型和两个判别模型构成了一种双向环状结构，如图 13－10(a)所示。该网络能够从源域 $\boldsymbol{X}$ 生成目标域 $\boldsymbol{Y}$，再从目标域 $\boldsymbol{Y}$ 返回 $\boldsymbol{X}$，如此循环往复，CycleGAN 因此而得名。

由图 13－10(a)可以看出，CycleGAN 包括两个映射生成函数，即 $G: \boldsymbol{X} \to \boldsymbol{Y}$ 和 $F: \boldsymbol{Y} \to \boldsymbol{X}$，分别对应判别器 D_Y 和 D_X，整个网络是一个对偶结构，由于网络生成的图像必须与原始图像具有一定的关联性，因此作者引入两个循环一致性损失。从直觉上讲，如果我们从域 $\boldsymbol{X}$ 转换到域 $\boldsymbol{Y}$ 并且返回，那么应该到达域 $\boldsymbol{X}$。

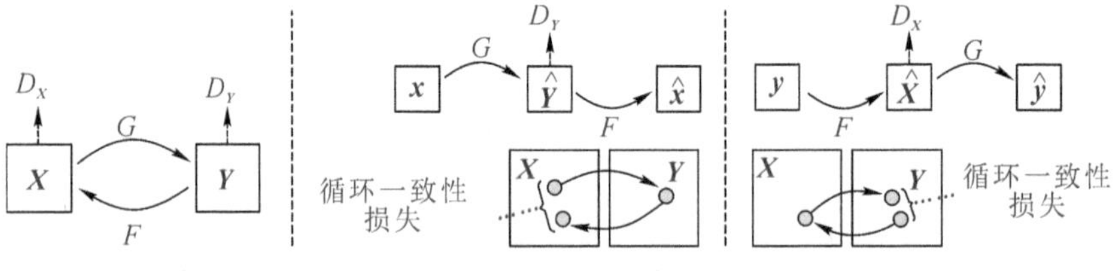

(a) 模型结构　　(b) 前向循环损失　　(c) 后向循环损失

图 13－10　模型结构与损失计算示意图

CycleGAN 网络的循环损失包括前向循环损失和后向循环损失，分别为

$$\boldsymbol{x} \to G(\boldsymbol{x}) \to F[G(\boldsymbol{x})] \approx \boldsymbol{x} \tag{13-13}$$

$$\boldsymbol{y} \to F(\boldsymbol{y}) \to G[F(\boldsymbol{y})] \approx \boldsymbol{y} \tag{13-14}$$

总的目标函数为

$$G^*, F^* = \arg \min_{G, F} \max_{D_X, D_Y} L(G, F, D_X, D_Y) \tag{13-15}$$

其中：

$$L(G, F, D_X, D_Y) = L_{\text{GAN}}(G, D_Y, \boldsymbol{X}, \boldsymbol{Y}) + L_{\text{GAN}}(F, D_X, \boldsymbol{Y}, \boldsymbol{X}) + \lambda L_{\text{cyc}}(G, F) \tag{13-16}$$

式(13-16)右侧函数表示如下：

$$L_{\text{GAN}}(G, D_Y, \boldsymbol{X}, \boldsymbol{Y}) = E_{\boldsymbol{y} \sim P_{\text{data}(\boldsymbol{y})}}[\log D_Y(\boldsymbol{y})] + E_{\boldsymbol{x} \sim P_{\text{data}(\boldsymbol{x})}}\{\log[1 - D_Y(G(\boldsymbol{x}))]\} \tag{13-17}$$

$$L_{\text{cyc}}(G, F) = E_{\boldsymbol{x} \sim P_{\text{data}(\boldsymbol{x})}}\{\| F[G(\boldsymbol{x})] - \boldsymbol{x} \|_1\} + E_{\boldsymbol{y} \sim P_{\text{data}(\boldsymbol{y})}}\{\| G[F(\boldsymbol{y})] - \boldsymbol{y} \|_1\} \tag{13-18}$$

式(13-17)为传统 GAN 的损失函数，它针对的映射是 $G: \boldsymbol{X} \to \boldsymbol{Y}$，而 D_Y用于区分生成的图像$G(\boldsymbol{x})$与真实样本 $\boldsymbol{y}$。同理，式(13-16)中等式右侧第二项针对的映射是 $F: \boldsymbol{Y} \to \boldsymbol{X}$，而 D_X用于区分生成的图像$F(\boldsymbol{y})$与真实样本 $\boldsymbol{x}$。式(13-18)将两个循环一致性损失相加，采用的是 L1 损失。

如图 13-11 所示，CycleGAN 将一幅风景照片转换成不同艺术家的风格，而不是转换成固定的绘画风格。也就是说，网络可以学习到像梵高那样的绘画风格，而不仅仅是夜晚的星空。

图 13-11　图像风格转换

13.5.5　最小二乘生成式对抗网络

利用传统 GAN 生成的图片具有两个缺陷：一是图片质量不高，二是训练过程不稳定。最小二乘生成式对抗网络(Least Squares Generative Adversarial Networks，LSGAN)[13.7]针对这两个问题进行了改善，将 GAN 中的交叉熵损失换成最小二乘损失，在提高图像生成质量的同时，得到了更加稳定且收敛更快的生成式对抗网络。

如图 13-12(a)所示，sigmoid 函数很快达到了饱和，说明了交叉熵并不关注样本到决策边界的距离，只关注样本是否被正确分类。而图 13-12(b)的最小二乘损失仅在一点达到饱和，从而增强了训练的稳定性。

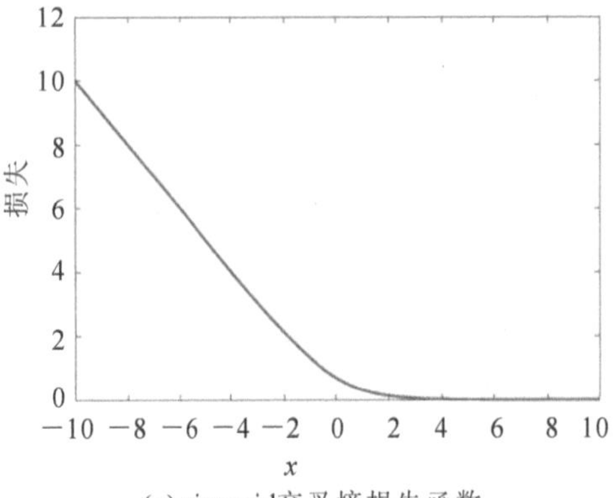

(a) sigmoid交叉熵损失函数

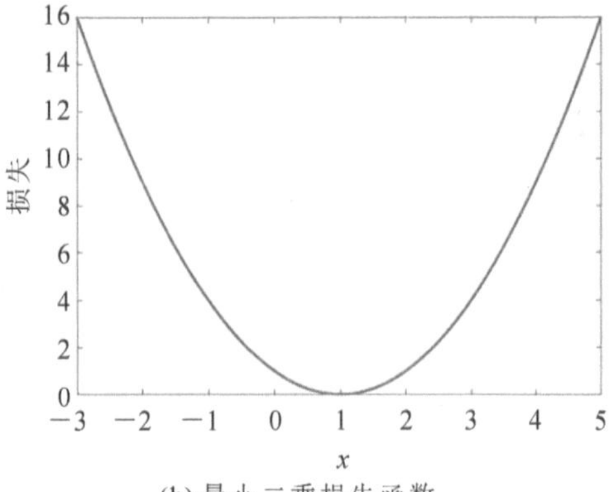

(b) 最小二乘损失函数

图 13-12　损失函数

如图 13-13(a)所示，"+"代表生成器生成的样本，圆圈代表真实数据，实线代表使用交叉熵的分类边界，虚线代表使用最小二乘损失函数得到的决策边界。虽然使用交叉熵得到的边界能够正确分类，但存在这样的现象：生成器生成的远离真实数据的样本虽然能够被认为是真的，如图 13-13(b)所示，但网络不会继续迭代，这是因为它已经成功欺骗了判别器，从而在更新生成器的时候导致梯度弥散。

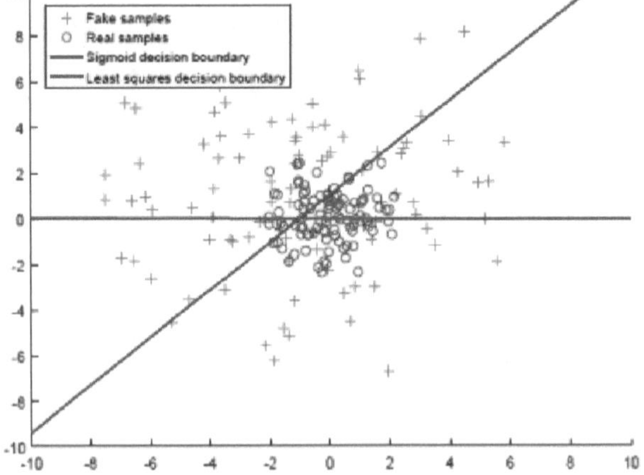

(a)

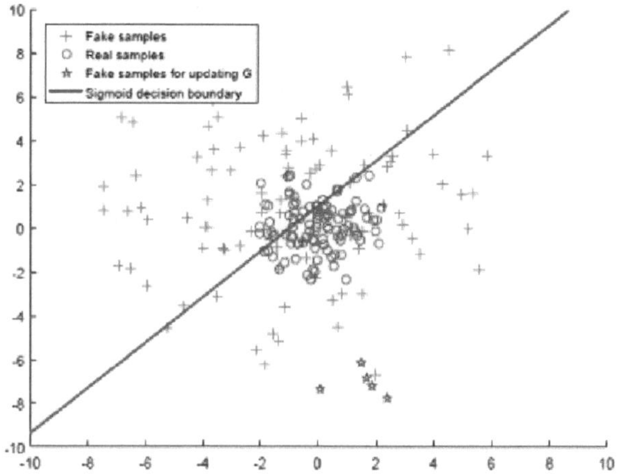

(b)

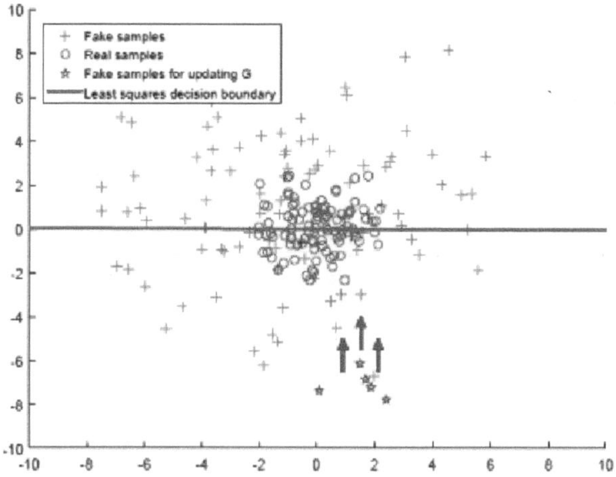

(c)

图 13－13　不同损失函数生成样本分布图

而 LSGAN 使用最小二乘损失能够惩罚那些远离决策边界的生成样本，即使它们已经分类正确，也要将其拉向决策边界，如图 13－13(c)所示，从而生成与真实数据相似度较高的图像。

LSGAN 的目标函数定义为

$$\min_{D} V_{\text{LSGAN}}(D)=\frac{1}{2}E_{x\sim P_{\text{data}(x)}}[(D(x)-b)^2]+\frac{1}{2}E_{z\sim P_{z(z)}}[(D(G(z))-a)^2]$$

$$\min_{G} V_{\text{LSGAN}}(G)=\frac{1}{2}E_{z\sim P_{z(z)}}[(D(G(z))-c)^2] \tag{13-19}$$

其中，G 是生成器，D 是判别器，z 为服从归一化或者高斯分布的噪声，$P_{\text{data}}(x)$ 为真实数据 x 服从的概率分布，$P_z(z)$ 为 z 服从的概率分布。生成样本和真实样本的编码分别为 a、b，编码 c 表示 D 将 G 生成的样本当成真实样本，当选择合适的编码 a、b、c（如取 $a=-1$，$b=1$，$c=0$）时，使得生成器损失函数不为 0，从而在更新生成器时解决了梯度消失的问题。

13.5.6 边界平衡生成式对抗网络

传统 GAN 的训练比较困难，同时很难控制生成网络与判别网络之间的平衡性，Google 提出的边界平衡生成式对抗网络（Boundary Equilibrium Generative Adversarial Networks，BEGAN）[13.8] 针对不平衡问题，对生成器生成质量提供了一种新的评价方法，同时避免了模式崩溃现象，增加了训练过程的稳定性，保证了生成图片的质量和多样性。

BEGAN 与传统 GAN 的区别在于，BEGAN 研究重构误差分布，而不是重构样本分布，其结构类似于基于能量模型的生成式对抗网络（Energy-Based Generative Adversarial Network，EBGAN），如图 13-14 所示，判别器“D”不再使用一般的神经网络，而采用自编码器和自解码器。

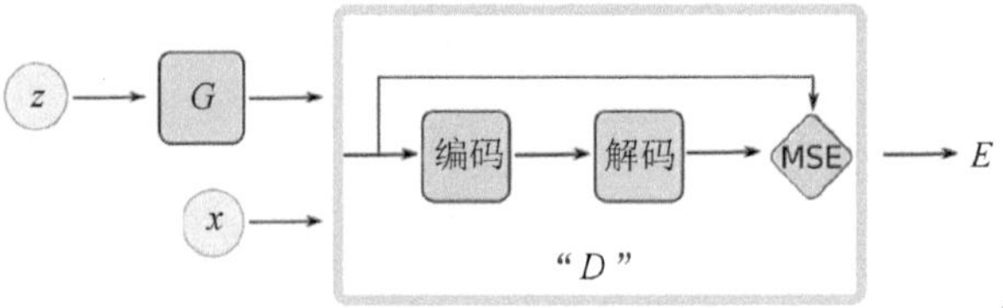

图 13-14　EBGAN 结构

像素级别的自编码器重构误差函数 L 为

$$L(v)=|v-D(v)|^{\eta} \tag{13-20}$$

其中，D：$\mathbf{R}^{N_x}\to\mathbf{R}^{N_x}$ 为自编码器函数，$\eta\in\{1, 2\}$ 为范数，$v\in\mathbf{R}^{N_x}$ 是具有 N_x 维的样本。

令 μ_1、μ_2 为自编码的两个重构误差的分布函数，$\Gamma(\mu_1$、$\mu_2)$ 为 μ_1、μ_2 的联合分布，m_1、m_2 为 μ_1、μ_2 的均值，那么 Wasserstein 距离定义为

$$W_1(\mu_1, \mu_2)=\inf_{\gamma\in\Gamma(\mu_1, \mu_2)} E_{(x_1, x_2)\sim\gamma}[|x_1-x_2|] \tag{13-21}$$

由于样本搜索空间太大，直接优化式(13-21)比较困难，但是可以使用 Jensen 不等式得到其下界：

$$\inf E[|x_1-x_2|]\geqslant\inf|E[x_1-x_2]|=|m_1-m_2| \tag{13-22}$$

这里再次强调：优化的目标是自动编码器误差分布之间（而不是样本分布之间）Wasserstein 距离的下界。

对于 BEGAN 中判别器 D 的设计，我们希望式(13-22)越大越好，令 μ_1 为 $L(x)$的分布，μ_2 为 $L[G(z)]$的分布，因为 m_1、$m_2 \in \mathbf{R}^+$，所以最大化 $|m_1 - m_2|$ 存在以下两种情况：

$$\begin{cases} W_1(\mu_1, \mu_2) \geqslant m_1 - m_2 \\ m_1 \to \infty \\ m_2 \to 0 \end{cases} \tag{13-23a}$$

$$\begin{cases} W_1(\mu_1, \mu_2) \geqslant m_2 - m_1 \\ m_1 \to 0 \\ m_2 \to \infty \end{cases} \tag{13-23b}$$

我们的目标是希望判别器 D 能够降低真实样本的重构误差，即 $m_1 \to 0$，增加生成数据的重构误差，即 $m_2 \to \infty$，因此选择式(13-23b)。

判别器和生成器的损失如下：

$$\begin{cases} L_D = L(x; \theta_D) - L[G(z_D; \theta_G); \theta_D] & \text{对于 } \theta_D \\ L_G = -L_D & \text{对于 } \theta_G \end{cases} \tag{13-24}$$

用 γ 表示多样性比率，用于控制生成器 G 和判别器 D 之间的平衡，较低的 γ 值代表低的图像多样性，且

$$\gamma = \frac{E[L(G(z))]}{E[L(x)]} \tag{13-25}$$

BEGAN 的损失函数如下：

$$\begin{cases} L_D = L(x) - k_t \cdot L[G(z_D)] & \text{对于 } \theta_D \\ L_G = L[G(z_G)] & \text{对于 } \theta_G \\ k_{t+1} = k_t + \lambda_k \{\gamma L(x) - L[G(z_G)]\} & \text{对于每一步 } t \end{cases} \tag{13-26}$$

其中，λ_k 为比例增益，即 k 的学习率；$k_t \in [0, 1]$用于控制 $L[G(z_D)]$梯度下降的程度。

13.6 生成式对抗网络应用实例

13.6.1 数据增强

GAN 能够学习到真实数据分布的特点，因此可以在分类任务中做数据增强，减少标签数据的使用，从而使用未标注数据提高辅助分类。

文献[13.9] 将 GAN 应用于半监督学习，通过判别器来输出类别标签。传统 GAN 的判别器只需进行二分类的任务，即判断接收到的图像是真实的还是生成器生成的。而要让 GAN 输出类别标签，判别器的任务为：对数据分类的同时，判别接收到的图像是真实的还是生成器生成的。对 GAN 进行这样的扩展称之为半监督 GAN(Semisupervised GAN,

SGAN)，此时生成器与传统 GAN 一样，只需负责生成图片。最终使用判别器输出类别标签。

训练 SGAN 与训练 GAN 类似，从数据生成分布中提取一半小批量数据，使用更高粒度的标签。训练对应的判别器最小化(生成器最大化)给定标签的负对数似然性。实验证明 SGAN 可以显著提高生成样本质量，减少生成器的训练时间，同时提高了分类性能，实验生成结果如图 13－15 所示。

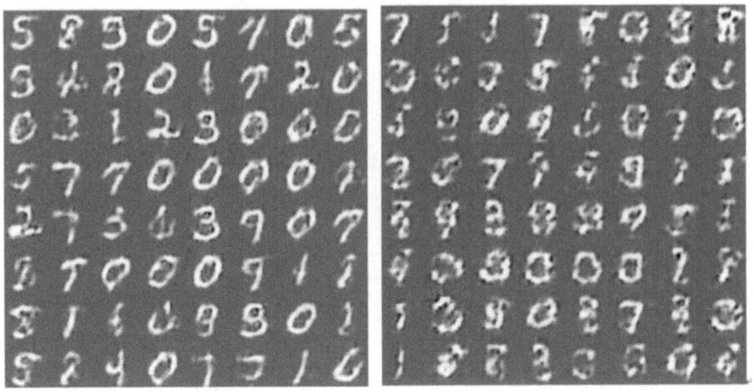

（a）SGAN生成的图像　　（b）GAN生成的图像

图 13－15　生成图像对比

13.6.2　图像补全(修复)

图像补全的关键在于如何从附近的像素中获得“提示”，从而对缺失区域进行重构，文献[13.10]通过卷积神经网络学习图像的高层语义特征，并用这些特征指导图像缺失部分的生成，其网络结构如图 13－16 所示。

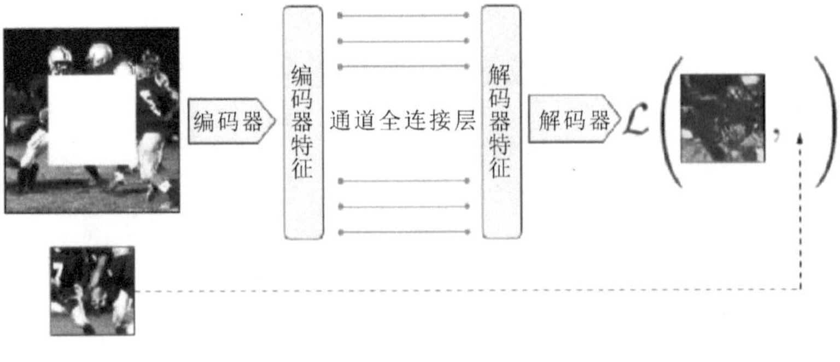

图 13－16　上下文编码器

可以看出，该网络包括编码器、通道全连接层及解码器三部分。

编码器获取缺失块的输入图像，并产生潜在的特征表示。作者采用了 AlexNet 前 5 层的卷积层结构，输入图像大小为 227×227，卷积池化后得到 6×6×256 的特征表示，并随机初始化权重。

解码器将压缩的特征图逐渐恢复到原始图片大小，采用 5 个上卷积层，每层后接 ReLU 函数。

连接编码器和解码器的方式是基于通道的全卷积层(Channel-wise Fully-Connected layer，Channel-wise FC)，因为普通的卷积操作只有局部语义信息，若要对图片进行修复，则需要四周的语义信息。Channel-wise FC 在普通全连接层(FC)上取消了特征图之间的信息通路，只保留特征图内部的信息传递，从而减少了参数数量。

为了使补全图像与原图片尽可能相同，文中采用 L2 损失对整体进行内容约束。重建损失(reconstruction loss)表达式如下：

$$L_{\mathrm{rec}}(x)=\|\hat{M}\odot(x-F((1-\hat{M})\odot x))\|_2 \tag{13-27}$$

这里 $\hat{M}$ 为二值掩模，图像丢失区域像素值为 1，未丢失区域像素值为 0，x 是输入图像，通过平均像素误差最小化导致生成的图像模糊，因此通过增加对抗损失(adversarial loss)来缓解这个问题，使得生成部分更加清晰，且

$$L_{\mathrm{adv}}=\max_D E_{x\in\chi}[\log(D(x))+\log(1-D(F((1-\hat{M})\odot x)))] \tag{13-28}$$

式(13.28)与传统 GAN 损失表达式相似，但这里只固定 G，G 就是前面的编码器，仅通过最大化 D 的损失对网络进行训练。

因此网络总的损失函数由编码器、解码器的重建损失和 GAN 的对抗损失组成：

$$L=\lambda_{\mathrm{rec}}L_{\mathrm{rec}}+\lambda_{\mathrm{adv}}L_{\mathrm{adv}} \tag{13-29}$$

重建损失提高了补全部分和周围上下文的相关性，而对抗损失提高了补全部分的真实性，通过参数保持二者的平衡，能够得到较好的补全效果。不同方法的补全效果如图 13-17所示。

(a) 原图　(b) 画家手工填补　(c) 上下文编码器(L2损失)　(d) 上下文编码器(L2损失+对抗损失)

图 13-17　图像补全效果对比

13.6.3　文本翻译成图像

文献[13.11]通过 GAN 来实现根据句子描述合成图像，其反过程就是看图说话(image caption)，即给定一张图像，自动生成一句话来描述这张图，这个过程相对简单些，它可以根据图片内容和上一个词对下一个词进行预测，而根据句子描述合成图像会出现不同种像素的排列方式，因此关键在于模型是否能够恰当地捕捉到文本描述信息，从而合成比较真实的图像。

对于捕捉文本描述信息，可采用文献[13.12]中的方法处理句子得到文本特征。从图13-18可以看到，对于得到的文本向量 $\varphi(t)$，经过网络全连接层的压缩得到 128 维向量，与输入的随机噪声级联输入生成网络中，得到 $\hat{x}=G(z, \varphi(t))$；对于判别网络，作者通过空间复制加入 $\varphi(t)$，从而能够判别图片是否为按照描述生成的，即作者提出的 GAN-CLS。

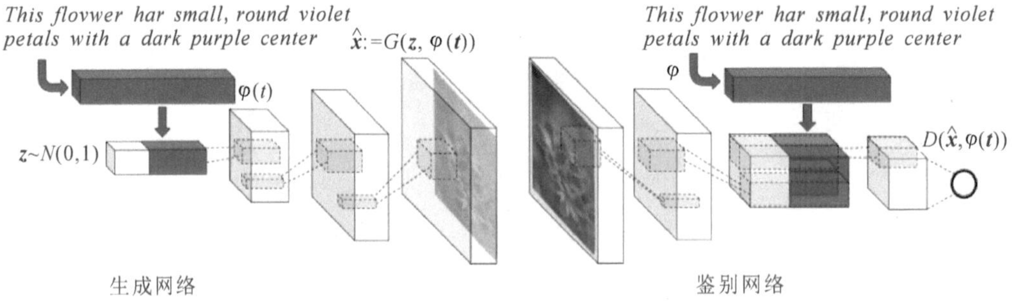

图 13-18　基于文本的 DCGAN 结构

传统 GAN 的判别器输入样本包括两种：正确图片和对应描述，合成图片和对应描述。而 GAN-CLS 添加了第三种输入样本，即真实图像和错误描述，从而使得判别器不仅能判断图片是否合理，还能判断对应的描述是否匹配。GAN-CLS 训练过程如下。

训练算法：使用小批量 SGD 进行简单训练。

输入：小批量图像 $\boldsymbol{x}$，对应的匹配文本 $\boldsymbol{t}$，不匹配文本 $\hat{\boldsymbol{t}}$，训练步数 S

for $n=1$ to S do

$\boldsymbol{h}\leftarrow\varphi(\boldsymbol{t})$ {编码匹配的文本描述}

$\hat{\boldsymbol{h}}\leftarrow\varphi(\hat{\boldsymbol{t}})$ {编码不匹配的文本描述}

$\boldsymbol{z}\sim N(0, 1)$ {随机选择噪声向量}

$\hat{\boldsymbol{x}}\leftarrow G(\boldsymbol{z}, \boldsymbol{h})$ {生成器}

$s_r\leftarrow D(\boldsymbol{x}, \boldsymbol{h})$ {正确图片和对应描述}

$s_w \leftarrow D(\boldsymbol{x}, \hat{\boldsymbol{h}})$｛正确图片和错误描述｝

$s_f \leftarrow D(\hat{\boldsymbol{x}}, \boldsymbol{h})$｛合成图片和对应描述｝

$L_D \leftarrow \log(s_r)+(\log(1-s_w)+\log(1-s_f))/2$｛判别器的损失函数｝

$D \leftarrow D-\alpha \partial L_D/\partial D$｛更新判别器｝

$L_G \leftarrow \log(s_f)$｛生成器的损失函数｝

$G \leftarrow G-\alpha \partial L_G/\partial G$｛更新生成器｝

End for

对于根据描述生成图片的任务，文本描述数量相对较少，从而限制了合成图像的多样性，作者通过插值生成大量新的文本描述，进行数据增强。但是这些插值出来的结果并没有标签，想要利用这些数据，只需在生成器优化目标函数中添加一个额外项：

$$E_{t_1, t_2 \sim P_{\text{data}}}[\log(1-D(G(z, \beta t_1+(1-\beta)t_2)))] \tag{13-30}$$

添加上述性质的模型称为 GAN-INT，这里 z 是从噪声分布中抽样得到的，$\beta t_1+(1-\beta)t_2$ 表示在 t_1 和 t_2 上插值得到的新文本描述，虽然插值后的文本描述并没有对应的图像进行训练，但是判别器可以学习到图像和描述是否匹配。

一般来说，输入的文本 $\varphi(t)$ 已经说明了图像里的内容信息，作者假想噪声 $\boldsymbol{z}$ 能够捕捉风格信息，若猜想为真，通过组合不同的噪声 $\boldsymbol{z}$ 和文本，就能够得到不同风格的图像。为了验证该想法，作者训练一个卷积神经网络翻转生成器，使得样本 $\hat{\boldsymbol{x}} \leftarrow G(z, \varphi(t))$ 回归到 $\boldsymbol{z}$，从而得到一个风格编码器，损失函数如下：

$$L_{\text{style}}=E_{t, z\sim N(0,1)}\|\boldsymbol{z}-S(G(\boldsymbol{z}, \varphi(\boldsymbol{t})))\|_2^2 \tag{13-31}$$

式中，S 为风格编码网络，它是图像到随机向量的映射。有了风格编码网络 S 和训练好的生成器 G，对于给定的图像和描述进行如下风格转换：

$$\boldsymbol{s} \leftarrow S(\boldsymbol{x}), \quad \hat{\boldsymbol{x}} \leftarrow G(\boldsymbol{s}, \varphi(\boldsymbol{t})) \tag{13-32}$$

其中，$\hat{\boldsymbol{x}}$ 为结果图像，$\boldsymbol{s}$ 为预测的风格。

作者利用插值提高了生成器的生成质量，同时，通过学习翻转生成器得到的风格编码网络能够让 z 具有特定的风格，从而生成更加多样和真实的样本。

13.7 生成式对抗网络存在的问题与思考

除了研究广泛的生成模型 GAN，还有两种生成模型：流模型和自回归模型，这些模型性能各异。研究表明：在训练时间上，流模型花费的时间大约是 GAN 的 17 倍，且参数是 GAN 的 4 倍多，同时生成的图像大小却为 GAN 生成大小的 1/16；自回归模型是可逆且有效的，但无法并行化，而 GAN 可以并行化且是有效的，但不可逆。

GAN 除了应用于图像合成领域，还在文本、非结构化数据及音频合成中有进一步的探索。目前 GAN 的评估方法有 Inception Score 和 FID、MS-SSIM、AIS、几何分数、精度和召回率等，也可以通过人的定性评估来衡量真正有意义的信息[13.13]。

13.7.1 生成式对抗网络的优点

生成式对抗网络(GAN)的优点如下：

(1) GAN 是一种生成式模型，相比其他生成式模型(玻尔兹曼机和 GSN)，它只用到了反向传播，而不需要复杂的马尔科夫链。

(2) 相比其他所有模型，GAN 可以产生更加清晰、真实的样本。

(3) GAN 采用的是一种无监督的学习训练方式，可以被广泛用在无监督学习和半监督学习领域。

(4) 相比于变分自编码器，GAN 没有引入任何决定性偏置(deterministic bias)，而变分方法引入了决定性偏置，因为它们优化对数似然的下界，而不是似然度本身，这看起来导致了 VAE 生成的实例比 GAN 更模糊。

(5) 相比 VAE，GAN 没有变分下界，如果判别器训练良好，那么生成器可以完美地学习到训练样本的分布。换句话说，GAN 是渐进一致的，但是 VAE 是有偏差的。

(6) GAN 应用到一些场景上，比如图片风格迁移、超分辨率、图像补全、去噪等，避免了损失函数设计的困难，不管怎样，只要有一个基准，直接用判别器，剩下的就交给对抗训练了。

13.7.2 生成式对抗网络的缺点

生成式对抗网络的缺点如下：

(1) 训练 GAN 需要达到纳什均衡，有时候可以用梯度下降法做到，有时候做不到，目前还没有找到很好的达到纳什均衡的方法，所以训练 GAN 相比 VAE 或者 PixelRNN 是不稳定的，但在实践中它还是比训练玻尔兹曼机稳定得多。

(2) GAN 不适合处理离散形式的数据，比如文本。

(3) GAN 存在训练不稳定、梯度消失、模式崩溃等问题(目前已解决)。

13.7.3 模式崩溃的原因

模式崩溃(model collapse)一般出现在 GAN 训练不稳定的时候，具体表现为生成出来的结果非常差，但是即使加长训练时间后也无法得到很好的改善。具体原因可以解释如下：GAN 采用的是对抗训练的方式，G 的梯度更新来自 D，所以 G 生成的好不好取决于 D。具体就是，G 生成一个样本，交给 D 去评判，D 会输出生成的假样本是真样本的概率(0～1)，相当于告诉 G 生成的样本有多大的真实性，G 就会根据这个反馈不断改善自己，提高 D 输出的概率值。但是如果某一次 G 生成的样本可能并不是很真实，而 D 给出了正确的评价，或者是 G 生成的结果中一些特征得到了 D 的认可，这时候 G 就会认为其输出的是正确的，那么接下来就这样输出，肯定 D 还会给出比较高的评价，实际上 G 生成的并不好，但是它们两个就这样自我欺骗下去了，导致最终生成结果缺失一些信息，特征不全。

13.7.4 为什么 GAN 中的优化器不常用 SGD

SGD 容易震荡，容易使 GAN 训练不稳定。GAN 的目的是在高维非凸的参数空间中找到纳什均衡点。GAN 的纳什均衡点是一个鞍点。但是 SGD 只会找到局部极小值，因为 SGD 解决的是一个寻找最小值的问题，而 GAN 是一个博弈问题。

本章参考文献

[13.1] 焦李成，赵进，杨淑媛，等. 深度学习、优化与识别[M]. 北京：清华大学出版社，2017.

[13.2] GOODFELLOW I J, POUGETABADIE J, MIRZA M, et al. Generative adversarial networks[J]. Advances in Neural Information Processing Systems, 2014, 3: 2672-2680.

[13.3] CHEN X, DUAN Y, HOUTHOOFT R, et al. InfoGAN: Interpretable representation learning by information maximizing generative adversarial nets[C]. Advances in Neural Information Processing Systems. 2016: 2172-2180.

[13.4] MIRZA M, OSINDERO S. Conditional generative adversarial nets[J]. Computer Science, 2014: 2672-2680.

[13.5] RADFORD A, METZ L, CHINTALA S. Unsupervised representation learning with deep convolutional generative adversarial networks[J]. Computer Science, 2015.

[13.6] ZHU J Y, PARK T, ISOLA P, et al. Unpaired image-to-image translation using cycle-consistent adversarial networks[C]. IEEE International Conference on Computer Vision. 2017: 2223-2232.

[13.7] MAO X, LI Q, XIE H, et al. Least squares generative adversarial networks[C]. Proceedings of the IEEE International Conference on Computer Vision. 2017: 2794-2802.

[13.8] BERTHELOT D, SCHUMM T, METZ L. Began: Boundary equilibrium generative adversarial networks[J]. arXiv preprint arXiv: 1703.10717, 2017.

[13.9] ODENA A. Semi-supervised learning with generative adversarial networks[J]. arXiv preprint arXiv:1606.01583, 2016.

[13.10] PATHAK D, KRAHENBUHI P, DONAHUE J, et al. Context encoders: Feature learning by inpainting[C]. Proceedings of the IEEE Conference on Computer Vision and Pattern Recognition. 2016: 2536-2544.

[13.11] REED S, AKATA Z, YAN X, et al. Generative adversarial text to image synthesis[J]. arXiv preprint arXiv:1605.05396, 2016.

[13.12] REED S, AKATA Z, LEE H, et al. Learning deep representations of fine-grained visual descriptions[C]. Proceedings of the IEEE Conference on Computer Vision and Pattern Recognition. 2016: 49-58.

[13.13] AUGUSTUS Odena. 关于 GAN 的灵魂七问. https://mp. weixin. qq. com/s/ErmGAsSHvCOxCn97yZ4WJQ.2019-04-12.

第14章 循环神经网络

循环神经网络(Recurrent Neural Network，RNN)是一类以序列数据为输入，在序列的演进方向进行递归且所有节点(循环单元)按链式连接形成闭合回路的递归神经网络。循环神经网络具有记忆性，可参数共享并且图灵完备，因此能以很高的效率对序列的非线性特征进行学习。本章对循环神经网络的架构、训练以及计算过程进行了介绍，并针对网络的问题说明了几种循环神经网络变体的思想。

14.1 循环神经网络介绍

循环神经网络(Recurrent Neural Network，RNN)已经在众多自然语言处理(Natural Language Processing，NLP)中取得了巨大成功，并获得了广泛应用，RNN 主要用来处理序列数据[14.1－14.5]。RNN 结构图如图 14－1 所示。

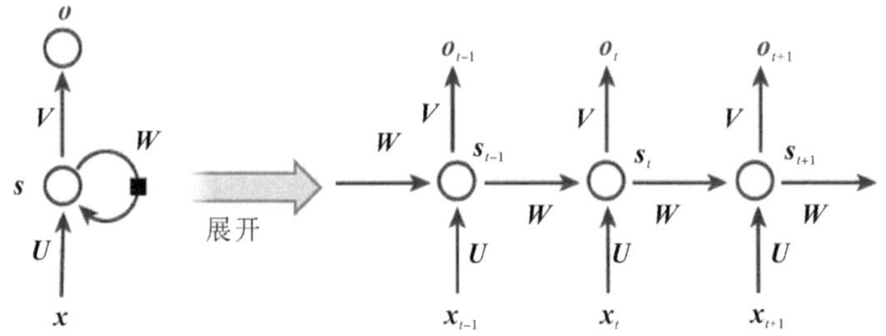

图 14－1 RNN 结构图

RNN 包含输入单元(input units)，输入集标记为$\{x_0, x_1, \cdots, x_t, x_{t+1}, \cdots\}$；

输出单元(output units)的输出集则被标记为$\{y_0, y_1, \cdots, y_t, y_{t+1}, \cdots\}$；

隐藏单元(hidden units)将其输出集标记为$\{s_0, s_1, \cdots, s_t, s_{t+1}, \cdots\}$。

在图 14－1 中，有一条单向流动的信息流从输入单元到达隐藏单元，与此同时另一条单向流动的信息流从隐藏单元到达输出单元。在某些情况下，RNN 会打破后者的限制，引导信息从输出单元返回隐藏单元，这些被称为“back projections”，并且隐层的输入还包括上一隐层的状态，即隐层内的节点可以自连也可以互连。

14.2 循环神经网络的计算过程

我们可以将循环神经网络展开成一个全神经网络。例如，对一个包含5个单词的语句，那么展开的网络便是一个5层的神经网络，每一层代表一个单词。对于该网络的计算过程如下：

(1) $\boldsymbol{x}_t$ 表示第 $t(t=1, 2, 3, \cdots)$ 步(step)的输入。比如 $\boldsymbol{x}_1$ 为第二个词的 one-hot 向量($\boldsymbol{x}_0$ 为第一个词)。

(2) $\boldsymbol{s}_t$ 为隐层的第 t 步的状态，它是网络的记忆单元。$\boldsymbol{s}_t$ 根据当前输入层的输出与上一步隐层的状态进行计算。$\boldsymbol{s}_t=f(\boldsymbol{U}\boldsymbol{x}_t+\boldsymbol{W}\boldsymbol{s}_{t-1})$，其中 f 一般是非线性的激活函数，如 tanh 或 ReLU。在计算 $\boldsymbol{s}_0$ 时，即第一个单词的隐层状态，需要用到 $\boldsymbol{s}_{-1}$，但是其并不存在，在实现中一般置为 $\boldsymbol{0}$ 向量。

(3) $\boldsymbol{o}_t$ 是第 t 步的输出，如下个单词的向量表示为 $\boldsymbol{o}_t=\mathrm{softmax}(\boldsymbol{V}\boldsymbol{s}_t)$。

需要注意的是：

(1) 你可以认为隐层状态 $\boldsymbol{s}_t$ 是网络的记忆单元。$\boldsymbol{s}_t$ 包含了前面所有步的隐层状态。而输出层的输出 $\boldsymbol{o}_t$ 只与当前步的 $\boldsymbol{s}_t$ 有关，在实践中，为了降低网络的复杂度，往往 $\boldsymbol{s}_t$ 只包含前面若干步而不是所有步的隐层状态。

(2) 在 RNN 中，每输入一步，每一层各自都共享参数 $\boldsymbol{U}$、$\boldsymbol{V}$、$\boldsymbol{W}$。其反映了 RNN 中的每一步都在做相同的事，只是输入不同，因此大大地降低了网络中需要学习的参数。

(3) 每一步都会有输出，但不是必需的。比如我们需要预测一条语句所表达的情绪，我们仅仅需要关心最后一个单词输入后的输出，而不需要知道每个单词输入后的输出，同理每步都需要输入也不是必需的。RNN 的关键之处在于隐层，隐层能够捕捉序列的信息。

这个网络在 t 时刻接收到输入 $\boldsymbol{x}_t$ 之后，隐层的值是 $\boldsymbol{s}_t$，输出值是 $\boldsymbol{o}_t$。关键一点是，$\boldsymbol{s}_t$ 的值不仅仅取决于 $\boldsymbol{x}_t$，还取决于 $\boldsymbol{s}_{t-1}$。我们可以用下面的公式来表示循环神经网络的计算方法：

$$\boldsymbol{o}_t=g(\boldsymbol{V}\boldsymbol{s}_t) \tag{14-1}$$

$$\boldsymbol{s}_t=f(\boldsymbol{U}\boldsymbol{x}_t+\boldsymbol{W}\boldsymbol{s}_{t-1}) \tag{14-2}$$

式(14－1)是输出层的计算公式，输出层是一个全连接层，也就是它的每个节点都和隐层的每个节点相连。$\boldsymbol{V}$ 是输出层的权重矩阵，g 是激活函数。式(14－2)是隐层的计算公式，它是循环层。$\boldsymbol{U}$ 是输入 $\boldsymbol{x}$ 的权重矩阵，$\boldsymbol{W}$ 是上一次的值 $\boldsymbol{s}_{t-1}$ 作为这一次的输入的权重矩阵，f 是激活函数。

从上面的公式我们可以看出，循环层和全连接层的区别就是循环层多了一个权重矩阵 $\boldsymbol{W}$。如果反复把式(14－2)代入到式(14－1)，我们将得到：

$$
\begin{aligned}
\boldsymbol{o}_t &= g(\boldsymbol{V}\boldsymbol{s}_t) = g(\boldsymbol{V}f(\boldsymbol{U}\boldsymbol{x}_t + \boldsymbol{W}\boldsymbol{s}_{t-1})) \\
&= g(\boldsymbol{V}f(\boldsymbol{U}\boldsymbol{x}_t + \boldsymbol{W}(f(\boldsymbol{U}\boldsymbol{x}_{t-1} + \boldsymbol{W}\boldsymbol{s}_{t-2})))) \\
&= g(\boldsymbol{V}f(\boldsymbol{U}\boldsymbol{x}_t + \boldsymbol{W}(f(\boldsymbol{U}\boldsymbol{x}_{t-1} + \boldsymbol{W}(f(\boldsymbol{U}\boldsymbol{x}_{t-2} + \boldsymbol{W}\boldsymbol{s}_{t-3}))))) \\
&= g(\boldsymbol{V}f(\boldsymbol{U}\boldsymbol{x}_t + \boldsymbol{W}(f(\boldsymbol{U}\boldsymbol{x}_{t-1} + \boldsymbol{W}(f(\boldsymbol{U}\boldsymbol{x}_{t-2} + \boldsymbol{W}(f(\boldsymbol{U}\boldsymbol{x}_{t-3} + \cdots))))))) \qquad (14-3)
\end{aligned}
$$

从上面可以看出，循环神经网络的输出值 $\boldsymbol{o}_t$ 是受前面历次输入值 $\boldsymbol{x}_t$、$\boldsymbol{x}_{t-1}$、$\boldsymbol{x}_{t-2}$、$\boldsymbol{x}_{t-3}$、…影响的，这就是为什么循环神经网络可以往前看任意多个输入值的原因。

14.3 循环神经网络的训练过程

14.3.1 训练算法

如果将 RNN 进行网络展开，那么参数 $\boldsymbol{W}$、$\boldsymbol{U}$、$\boldsymbol{V}$ 是共享的，并且在使用梯度下降算法中，每一步的输出不仅依赖当前步的网络，还依赖前面若干步网络的状态。比如，在 $t=4$ 时，我们还需要向后传递三步，后面的三步都需要加上各种的梯度。该学习算法称为 Backpropagation Through Time(BPTT)[14.6]。BPTT 算法是针对循环层的训练算法，它的基本原理和 BP 算法是一样的，也包含同样的三个步骤：

(1) 前向计算每个神经元的输出值；

(2) 反向计算每个神经元的误差项值 $\boldsymbol{\delta}_j$，它是误差函数 E 对神经元 j 的加权输入 net_j 的偏导数；

(3) 计算每个权重的梯度。

最后再用随机梯度下降算法更新权重。需要意识到的是，在 vanilla RNN 训练中，BPTT 无法解决长时依赖问题(即当前的输出与前面很长的一段序列有关，一般超过十步就无能为力了)。

14.3.2 前向计算

使用前面的式(14-2)对循环层进行前向计算：

$$\boldsymbol{s}_t = f(\boldsymbol{U}\boldsymbol{x}_t + \boldsymbol{W}\boldsymbol{s}_{t-1}) \qquad (14-4)$$

注意，上面的 $\boldsymbol{s}_t$、$\boldsymbol{x}_t$、$\boldsymbol{s}_{t-1}$ 都是向量，用黑体字母表示；而 $\boldsymbol{U}$、$\boldsymbol{W}$ 是矩阵，用大写、黑体字母表示。向量的下标表示时刻，例如，$\boldsymbol{s}_t$ 表示在 t 时刻向量 $\boldsymbol{s}$ 的值。

我们假设输入向量 $\boldsymbol{x}$ 的维度是 m，输出向量 $\boldsymbol{s}$ 的维度是 n，则矩阵 $\boldsymbol{U}$ 的维度是 $n\times m$，矩阵 $\boldsymbol{W}$ 的维度是 $n\times n$。下面是式(14-4)展开成矩阵的样子，看起来更直观一些：

$$
\begin{bmatrix} s_1^t \\ s_2^t \\ \vdots \\ s_n^t \end{bmatrix} = f\left(
\begin{bmatrix} u_{11} & u_{12} & \cdots & u_{1m} \\ u_{21} & u_{22} & \cdots & u_{2m} \\ \vdots & \vdots & & \vdots \\ u_{n1} & u_{n2} & \cdots & u_{nm} \end{bmatrix}
\begin{bmatrix} x_1 \\ x_2 \\ \vdots \\ x_m \end{bmatrix} +
\begin{bmatrix} w_{11} & w_{12} & \cdots & w_{1n} \\ w_{21} & w_{22} & \cdots & w_{2n} \\ \vdots & \vdots & & \vdots \\ w_{n1} & w_{n2} & \cdots & w_{nn} \end{bmatrix}
\begin{bmatrix} s_1^{t-1} \\ s_2^{t-1} \\ \vdots \\ s_n^{t-1} \end{bmatrix}
\right) \qquad (14-5)
$$

在这里我们用手写体字母表示向量的一个元素，它的下标表示它是这个向量的第几个元素，它的上标表示第几个时刻。例如，s_j^t 表示向量 $\boldsymbol{s}$ 的第 j 个元素在 t 时刻的值，u_{ji} 表示输入层第 i 个神经元到循环层第 j 个神经元的权重，w_{ji} 表示循环层第 $t-1$ 时刻的第 i 个神经元到循环层第 t 个时刻的第 j 个神经元的权重。

14.3.3 误差项的计算

BPTT 算法将第 l 层 t 时刻的误差项值 δ_t^l 沿两个方向传播，一个方向是其传递到上一层网络，得到 δ_t^{l-1}，这部分只和权重矩阵 $\boldsymbol{U}$ 有关；另一个方向是将其沿时间线传递到初始时刻 t_1，得到 δ_1^l，这部分只和权重矩阵 $\boldsymbol{W}$ 有关。

14.3.4 权重梯度的计算

现在，我们终于来到了 BPTT 算法的最后一步：计算每个权重的梯度。首先，我们计算误差函数 E 对权重矩阵 $\boldsymbol{W}$ 的梯度$\partial E/\partial \boldsymbol{W}$。

图 14-2 展示了到目前为止，在前两步中已经计算得到的量，包括每个时刻 t 循环层的输出值 $\boldsymbol{s}_t$ 以及误差项 $\boldsymbol{\delta}_t$。全连接网络的权重梯度计算算法：只要知道了任意一个时刻的误差项 $\boldsymbol{\delta}_t$ 以及上一个时刻循环层的输出值 $\boldsymbol{s}_{t-1}$，就可以求出权重矩阵在 t 时刻的梯度$\nabla_{W_t} E$。

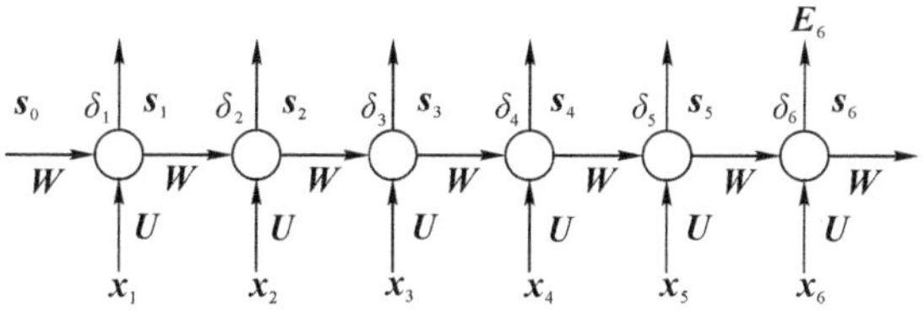

图 14-2　权重梯度的计算

14.4　循环神经网络的问题

不幸的是，在实践中，前面介绍的 RNN 并不能很好地处理较长的序列。一个主要的原因是，RNN 在训练中很容易发生梯度爆炸和梯度消失，这导致训练时梯度不能在较长序列中一直传递下去，从而使 RNN 无法捕捉到长距离的影响。为什么 RNN 会产生梯度爆炸和消失问题呢？我们接下来将详细分析一下原因。

考虑下式：

$$\boldsymbol{\delta}_k^{\mathrm{T}} = \boldsymbol{\delta}_t^{\mathrm{T}} \prod_{i=k}^{t-1} \boldsymbol{W}\mathrm{diag}[f'(\mathrm{net}_i)] \tag{14-6}$$

$$\|\boldsymbol{\delta}_k^{\mathrm{T}}\| \leqslant \|\boldsymbol{\delta}_t^{\mathrm{T}}\| \prod_{i=k}^{t-1} \|\boldsymbol{W}\| \, \|\mathrm{diag}[f'(\mathrm{net}_i)]\| \leqslant \|\boldsymbol{\delta}_t^{\mathrm{T}}\| \, (\beta_W \beta_f)^{t-k} \tag{14-7}$$

式(14－7)中的 β 定义为矩阵的模的上界，因为该式是一个指数函数，如果 $t-k$ 很大的话(也就是向前看很远的时候)，会导致对应的误差项的值增长或缩小得非常快，这样就会导致相应的梯度爆炸和梯度消失问题(取决于 β 大于 1 还是小于 1)。

通常来说，梯度爆炸更容易处理一些。因为梯度爆炸的时候，我们的程序会收到 NaN 错误。我们也可以设置一个梯度阈值，当梯度超过这个阈值的时候可以直接截取。梯度消失更难检测，而且也更难处理一些。总的来说，我们有三种方法应对梯度消失问题：

(1) 合理的初始化权重值。初始化权重，使每个神经元尽可能不要取极大或极小值，以躲开梯度消失的区域。

(2) 使用 ReLU 代替 sigmoid 和 tanh 作为激活函数。

(3) 使用其他结构的 RNN，比如长短时记忆网络(LTSM)和门控循环单元(Gated Recurrent Unit，GRU)，这是最流行的做法。

14.5 循环神经网络的变体

14.5.1 长短时记忆网络

长短时记忆网络(Long Short Term Memory network，LSTM)[14.7]成功地解决了原始循环神经网络的缺陷，成为当前最流行的 RNN，在语音识别、图片描述、自然语言处理等许多领域中获得了成功应用。原始 RNN 的隐层只有一个状态 $\boldsymbol{h}$，它对于短期的输入非常敏感。那么，假如我们再增加一个状态 $\boldsymbol{c}$，让它来保存长期的状态，如图 14－3 所示，新增加的状态 $\boldsymbol{c}$ 称为单元状态(cell state)。我们把图 14－3 按照时间维度展开，如图 14－4所示。

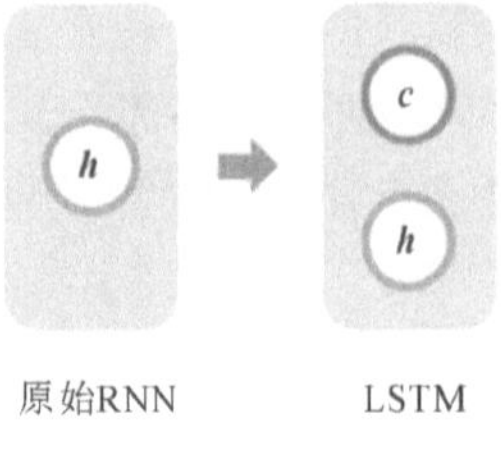

图 14－3　RNN 的改进

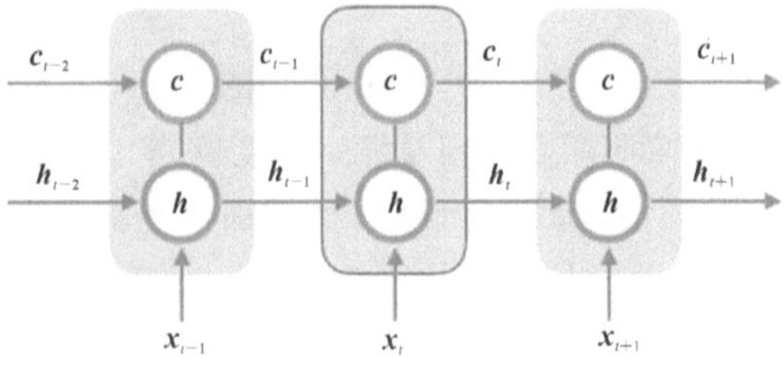

图 14－4　LSTM 示意图

我们可以看出，在 t 时刻，LSTM 的输入有三个：当前时刻网络的输入值 $\boldsymbol{x}_t$、上一时刻 LSTM 的输出值 $\boldsymbol{h}_{t-1}$ 以及上一时刻的单元状态 $\boldsymbol{c}_{t-1}$；LSTM 的输出有两个：当前时刻 LSTM 的输出值 $\boldsymbol{h}_t$ 和当前时刻的单元状态 $\boldsymbol{c}_t$。注意 $\boldsymbol{x}$、$\boldsymbol{c}$、$\boldsymbol{h}$ 都是向量。

LSTM 的关键，就是怎样控制长期状态 $\boldsymbol{c}$。在这里，LSTM 的思路是使用三个控制开关。第一个开关，负责控制继续保存长期状态 $\boldsymbol{c}$；第二个开关，负责控制把即时状态输入到长期状态 $\boldsymbol{c}$；第三个开关，负责控制是否把长期状态 $\boldsymbol{c}$ 作为当前的 LSTM 的输出。三个开关的作用如图 14-5 所示。

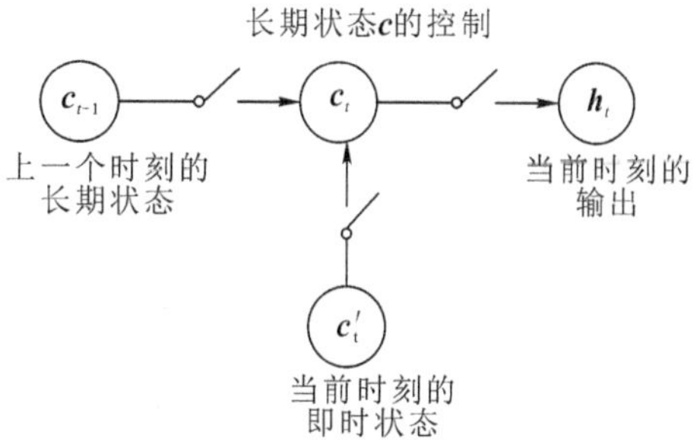

图 14-5　LSTM 中三个开关的作用

14.5.2　双向循环神经网络

传统的 RNN 状态是从前往后单向传输，但是在某些情况下，当前的输出可能不仅依赖于序列中的前一个元素，还依赖于后面的元素。例如完形填空、机器翻译等。双向循环神经网络（Bidirectional RNN，BiRNN）[14.8]能够同时接收前向和后向信息，增加了网络所用的输入信息量，且结构较为简单，由两个 RNN 堆叠在一起，根据两个 RNN 的隐藏状态计算输出。

图 14-6 为沿着时间展开的双向循环神经网络，黑色神经元代表输入层，橘色神经元代表隐层，红色神经元代表输出层，BiRNN 有两层隐神经元，一层从前向后（正时间方向）传播，另一层从后向前（负时间方向）传播。因此该网络存储权重和偏置参数的量为传统 RNN 的两倍。

双向 RNN 可以表示如下：

正向：$\overrightarrow{\boldsymbol{h}}_t = f(\overrightarrow{\boldsymbol{W}}\boldsymbol{x}_t + \overrightarrow{\boldsymbol{V}}\overrightarrow{\boldsymbol{h}}_{t-1} + \overrightarrow{\boldsymbol{b}})$　　(14-8)

反向：$\overleftarrow{\boldsymbol{h}}_t = f(\overleftarrow{\boldsymbol{W}}\boldsymbol{x}_t + \overleftarrow{\boldsymbol{V}}\overleftarrow{\boldsymbol{h}}_{t+1} + \overleftarrow{\boldsymbol{b}})$　　(14-9)

输出：$\boldsymbol{y}_t = \boldsymbol{g}(U[\overrightarrow{\boldsymbol{h}}_t;\overleftarrow{\boldsymbol{h}}_t] + \boldsymbol{c})$　　(14-10)

式(14-8)和式(14-9)分别为正向和反向隐层的数学表达式，式(14-10)由过去的信息和未来的信息共同决定，可以是求和或者拼接。

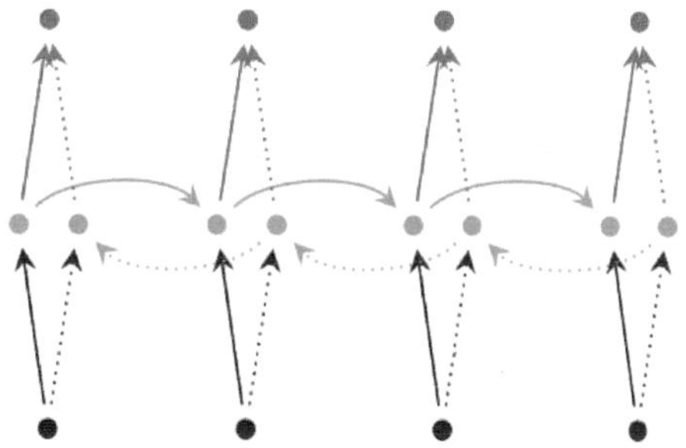

图 14-6　双向循环神经网络模型

同理，若将双向循环神经网络中的 RNN 换成 LSTM 或者 GRU 结构，就组成了 BiLSTM 或者 BiGRU。

14.5.3 深度双向循环神经网络

深度双向循环神经网络 (Deep Bidirectional RNN，Deep BiRNN)[14.9] 与双向循环神经网络(BiRNN)类似，它是在 BiRNN 结构基础上增加了多个隐层，因此网络结构更加复杂，具有更强大的特征表示能力，但同时也需要更多的学习参数及训练数据，其网络模型如图 14-7 所示，黑色神经元代表输入层，橘色神经元代表隐层，红色神经元代表输出层。

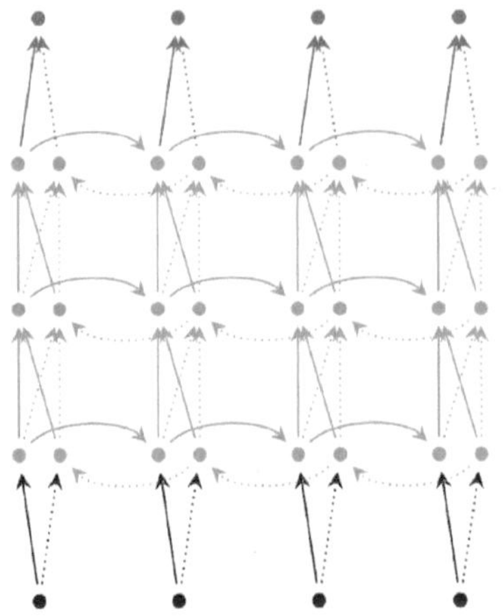

图 14-7 深度双向循环神经网络模型

深度双向 RNN 可以表示如下：

正向：
$$\overrightarrow{\boldsymbol{h}}_t^{(i)}=f(\overrightarrow{\boldsymbol{W}}^{(i)}\boldsymbol{h}_t^{(i-1)}+\overrightarrow{\boldsymbol{V}}^{(i)}\overrightarrow{\boldsymbol{h}}_{t-1}^{(i)}+\overrightarrow{\boldsymbol{b}}^{(i)}) \tag{14-11}$$

反向：
$$\overleftarrow{\boldsymbol{h}}_t^{(i)}=f(\overleftarrow{\boldsymbol{W}}^{(i)}\boldsymbol{h}_t^{(i-1)}+\overleftarrow{\boldsymbol{V}}^{(i)}\overleftarrow{\boldsymbol{h}}_{t+1}^{(i)}+\overleftarrow{\boldsymbol{b}}^{(i)}) \tag{14-12}$$

输出：
$$\boldsymbol{y}_t=g(\boldsymbol{U}[\overrightarrow{\boldsymbol{h}}_t^{(L)};\overleftarrow{\boldsymbol{h}}_t^{(L)}]+\boldsymbol{c}) \tag{14-13}$$

对于一个 L 层的深度双向 RNN 来说，以正时间方向为例，其第 i 个隐层的输入来自两方面：一是当前时刻 t 的第 $i-1$ 层输出，二是上一时刻 $t-1$ 的当前第 i 层的输出。负时间方向同理，式(14-13)为每一个时刻 t 通过所有隐层的输出。

14.5.4 回声状态网络

德国 Bremen 大学的 Jaeger 教授于 2001 年提出了一种新型的递归网络——回声状态网络(Echo State Networks，ESN)[14.10]，它是一种新型递归神经网络，其结构简单且计算高效，能模仿大脑中递归连接的神经元电路结构。由于 ESN 中的储备池结构能够记忆一定的历史输入，因此比较适合对时间序列建模，从而解决了传统递归神经网络记忆消减的问题。

ESN 的隐层由大规模稀疏连接的神经元构成，将其称为"储备池"结构。典型的储备池有以下三个特点：(1) 包含数目较多的神经元；(2) 神经元之间随机连接；(3) 神经元之间稀疏连接。

典型的 ESN 结构如图 14-8 所示。网络包括三层：输入层、隐层(动态储备池)以及输出层。输入层和状态储备池之间的输入权值矩阵 $\boldsymbol{W}^{\text{in}}$、储备池内部单元之间的内部权值矩阵 $\boldsymbol{W}$ 以及反馈权值矩阵 $\boldsymbol{W}^{\text{back}}$ 在初始化时随机产生，训练过程保持不变，即无需训练，而储备池到系统输出的权值矩阵 $\boldsymbol{W}^{\text{out}}$ 需要训练，且输出层神经元之间彼此没有依赖关系，所以 ESN 的训练过程可以看成简单的线性回归问题。

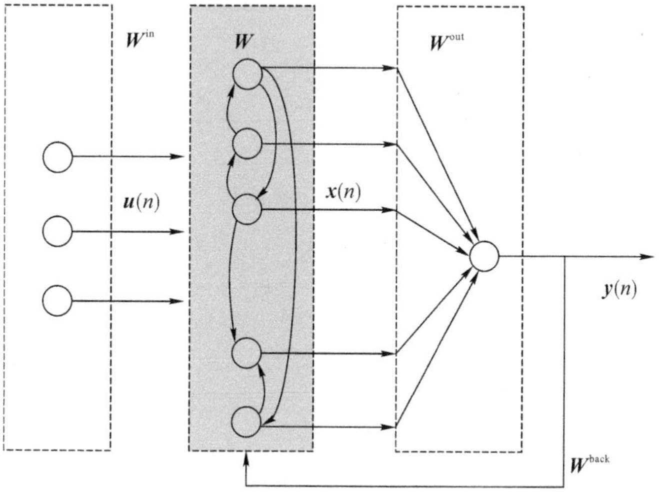

图 14-8 回声状态网络模型

假设网络有 K 个输入单元，N 个储备池单元，L 个输出单元，n 为某一时刻，则输入向量可表示为 $\boldsymbol{u}(n)=[u_1(n), u_2(n), \cdots, u_K(n)]^{\mathrm{T}}$，内部状态向量可表示为 $\boldsymbol{x}(n)=[x_1(n), x_2(n), \cdots, x_N(n)]^{\mathrm{T}}$，输出向量可表示为 $\boldsymbol{y}(n)=[y_1(n), y_2(n), \cdots, y_L(n)]^{\mathrm{T}}$，则 $\boldsymbol{W}^{\text{in}}$ 大小为 $N\times K$，$\boldsymbol{W}$ 大小为 $N\times N$，$\boldsymbol{W}^{\text{back}}$ 大小为 $N\times L$，$\boldsymbol{W}^{\text{out}}$ 大小为 $L\times(K\times N\times L)$，网络的训练过程可以表示如下。

给定训练样本$[\boldsymbol{u}(n), \boldsymbol{y}(n), n=1, 2, \cdots, r]$，我们的目标是训练储备池到系统输出的权值矩阵 $\boldsymbol{W}^{\text{out}}$，一般情况下网络的初始状态为 $\boldsymbol{0}$，即 $\boldsymbol{x}(0)=\boldsymbol{0}$，储备池神经元的状态根据式(14-14)进行计算更新：

$$\boldsymbol{x}(n+1)=f(\boldsymbol{W}^{\text{in}}\boldsymbol{u}(n+1)+\boldsymbol{W}\boldsymbol{x}(n)+\boldsymbol{W}^{\text{back}}\boldsymbol{y}(n)) \tag{14-14}$$

输出结果 $\boldsymbol{y}(n)$ 表示为：

$$\boldsymbol{y}(n+1)=f_{\text{out}}(\boldsymbol{W}^{\text{out}}(\boldsymbol{u}(n+1), \boldsymbol{x}(n+1), \boldsymbol{y}(n))) \tag{14-15}$$

f 为储备池处理单元的激活函数，通常为 tanh 函数，f_{out} 为输出单元的激活函数，通常 $f_{out}=1$。经过上述计算后得到储备池状态矩阵 $\boldsymbol{M}$ 和对应的输出矩阵 $\boldsymbol{T}$，根据式(14-16)计算输出权值：

$$\boldsymbol{W}^{out}=\text{prinv}(\boldsymbol{M})*\boldsymbol{T} \tag{14-16}$$

这里函数 prinv 代表矩阵的伪逆。

储备池是否具备回声状态特性是 ESN 的关键，即之前的输入状态对未来状态的影响逐渐消失，达到稳定状态。一般情况下，当储备池处理单元的连接权值矩阵 $\boldsymbol{W}$ 的谱半径小于 1 时，可保证储备池具有回声状态特性。

对于矩阵 $\boldsymbol{W}$ 指定谱半径：

$$\boldsymbol{W}_1=\frac{1}{|\lambda_{max}|}\boldsymbol{W}_0 \tag{14-17}$$

$$\boldsymbol{W}=\alpha\boldsymbol{W}_1 \tag{14-18}$$

ESN 的储备池将低维输入信号映射到高维状态空间，从而对输出权值 $\boldsymbol{W}^{out}$ 进行训练，它的思想与 SVM 方法类似，但 SVM 不存在反馈连接，适合解决静态函数逼近问题。而 ESN 由于反馈连接的存在，保证了网络的动态记忆能力。

回声状态网络的学习方式有无监督和有监督两种。无监督方式用于优化储备池状态变量的度量。有监督方式优化网络的输出与目标输出的均方误差，也可以是其他误差度量函数。

14.5.5 序列到序列网络

sequence-to-sequence(seq2seq)模型[14.11]，表示从序列到序列的过程，它突破了传统的固定大小输入问题框架，在机器翻译、智能问答等情境中得到了广泛应用。

具体来说，在机器翻译中，通过深度神经网络(LSTM 或者 RNN 等)把一个语言序列翻译成另一种语言序列，seq2seq 是一个编码器-解码器结构的网络，编码器将可变长度的信号序列变为固定长度的向量表达，解码器将固定长度的向量变成可变长度的目标的信号序列，该结构最重要的地方在于输入序列和输出序列的长度是可变的。

seq2seq 模型如图 14-9 所示，它包括编码器、解码器，以及连接两者固定大小的中间状态向量，图中每个长方形代表一个 RNN 单元，通常为 LSTM，可以看出读取输入序列“A B C EOS”，其中 EOS 为 End of Sentence 的缩写，为句末标记，经过编解码器模型将序列映射为“W X Y Z EOS”。

该网络的具体原理如下：

假设输入序列为 $\boldsymbol{x}=(\boldsymbol{x}_1, \boldsymbol{x}_2, \cdots, \boldsymbol{x}_{T_x})$，输出序列为 $\boldsymbol{y}=(\boldsymbol{y}_1, \boldsymbol{y}_2, \cdots, \boldsymbol{y}_{T_y})$，编码器与解码器的隐层分别用 $\boldsymbol{h}_j$ 和 $\boldsymbol{s}_i$ 表示。

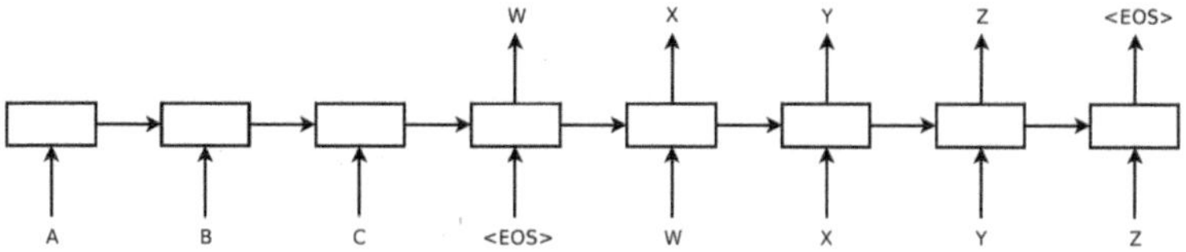

图 14-9 seq2seq 模型

那么编码过程隐层的状态表示为

$$\boldsymbol{h}_t=f_{\text{enc}}(\boldsymbol{h}_{t-1},\ \boldsymbol{x}_t) \tag{14-19}$$

可以看出该状态不仅接收当前的文本向量输入，还接收上一时刻编码的隐层状态，同理，解码过程的隐层状态可以表示为

$$\boldsymbol{s}_t=f_{\text{dec}}(\boldsymbol{y}_{t-1},\ \boldsymbol{s}_{t-1}) \tag{14-20}$$

最终的隐层状态包含了整个序列的语义特征，将其作为语义编码 $\boldsymbol{c}$：

$$\boldsymbol{c}=\boldsymbol{h}_{T_x} \tag{14-21}$$

解码过程中，将语义编码 $\boldsymbol{c}$ 和之前生成的输出序列 $\boldsymbol{y}_1$，$\boldsymbol{y}_2$，…，$\boldsymbol{y}_{t-1}$ 计算本次输出 $\boldsymbol{y}_t$，实际上等于将输出的序列单元 $\boldsymbol{y}=(\boldsymbol{y}_1,\ \boldsymbol{y}_2,\ \cdots,\ \boldsymbol{y}_{T_y})$ 的整体概率分割为：

$$p(\boldsymbol{y})=\prod_{t=1}^{T} p[\boldsymbol{y}_t \mid (\boldsymbol{y}_1,\ \boldsymbol{y}_2,\ \cdots,\ \boldsymbol{y}_{t-1}),\ \boldsymbol{c}] \tag{14-22}$$

式(14-22)中每个单元的概率为

$$p[\boldsymbol{y}_t \mid (\boldsymbol{y}_1,\ \boldsymbol{y}_2,\ \cdots,\ \boldsymbol{y}_{t-1}),\ \boldsymbol{c}]=g(\boldsymbol{y}_{t-1},\ \boldsymbol{s}_t,\ \boldsymbol{c}) \tag{14-23}$$

seq2seq 模型的局限性在于输入序列经过编码器变成固定长度的向量，从而较长的输入序列会限制模型处理信息的能力，而在解码部分引入注意力(attention)机制能够很好地解决这个问题，其结构如图 14-10 所示。

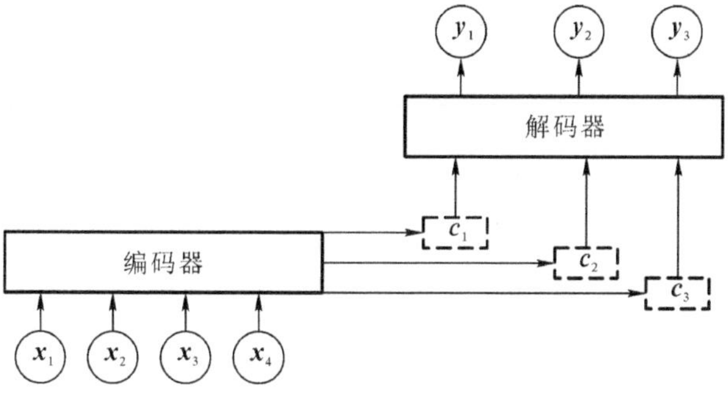

图 14-10 attention 机制的 seq2seq 模型

attention 机制将固定的语义向量 $\boldsymbol{c}$ 变为整个解码过程中动态可变的语义向量 $\boldsymbol{c}_i$，突破

了固定长度的限制，提升了对于信息的处理能力。

由编码阶段的隐藏向量序列($\boldsymbol{h}_1$，…，$\boldsymbol{h}_{Tx}$)按权重相加得到 $\boldsymbol{c}_i$ 为

$$\boldsymbol{c}_i = \sum_{j=1}^{T_x} \alpha_{ij} \boldsymbol{h}_j \tag{14-24}$$

式(14-24)表示生成第 j 个输出的 attention 分配 α_{ij} 不同。其值越高，则第 i 个输出在第 j 个输入上分配的 attention 越多，α_{ij} 表示为

$$\alpha_{ij} = \frac{\exp(e_{ij})}{\sum_{k=1}^{T_x} \exp(e_{ik})} \tag{14-25}$$

$$e_{ij} = \text{score}(\boldsymbol{s}_{i-1}, \boldsymbol{h}_j)$$

由式(14-25)可以看出，α_{ij} 是第 $i-1$ 个输出隐藏状态 $\boldsymbol{s}_{i-1}$ 和输入中各个隐藏状态 $\boldsymbol{h}_j$ 共同决定的。

最后将 $\boldsymbol{c}_i$ 和解码器隐藏状态 $\boldsymbol{s}_{i-1}$ 合并通过非线性转换，用 softmax 计算最后的输出概率：

$$\hat{\boldsymbol{s}}_i = \tanh(\boldsymbol{W}_c[\boldsymbol{c}_i; \boldsymbol{s}_{i-1}]) \tag{14-26}$$

$$p(\boldsymbol{y}_i | \boldsymbol{y} < i, \boldsymbol{x}) = \text{softmax}(\boldsymbol{W}_s \hat{\boldsymbol{s}}_i) \tag{14-27}$$

14.6 循环神经网络应用实例

14.6.1 自动问答

自然语言处理中的生成式自动问答系统不仅要对问题进行复杂的推理，还要求同时处理输入与生成输出序列，文献[14.12] 提出了基于 seq2seq 模型的轻量级的生成式自动问答模型，由 14.5.5 节对 seq2seq 的基本介绍可知，seq2seq 是一个编码器-解码器结构的网络，编码器将可变长度的信号序列变为固定长度的向量表达，解码器将固定长度的向量变成可变长度的目标的信号序列，该结构最重要的地方在于输入序列和输出序列的长度是可变的。

文献[14.12] 提出的基于 seq2seq 的生成式自动问答系统主要包括两部分：编码模块与解码模块。

编码模块由两个编码器组成，每个编码器中包括一个单层的门回复单元(Gate Recurrent Unit，GRU)。GRU 在循环神经网络中添加更新门和重置门，解决了循环神经网络的梯度消失问题[14.13]。假设在自动问答系统中，输入序列是短文本 w_1^I，w_2^I，…，w_N^I 和问题 w_1^Q，w_2^Q，…，w_M^Q。在文本编码器和问题编码器中，均采用预训练的词向量

GloVe[14.14]，将文本中的词 w_t^I 首先转换成词向量 $L(w_t^I)$，然后输入 GRU，在 t 时刻的文本编码器输出记为 c_t：

$$c_t = \text{GRU}(L(w_t^I),\ c_{t-1}) \tag{14-28}$$

问题编码器输出记为 q_t：

$$q_t = \text{GRU}(L(w_t^Q),\ q_{t-1}) \tag{14-29}$$

编码模块输出为最终时刻文本编码器的短文表达 c 以及问题编码器输出的问题表达 q。

解码器由一个单层的 GRU 和 softmax 层组成。除了接收时刻 t 输入的短文表达 c 和问题表达 q，同时还要输入 $t-1$ 时刻 softmax 层输出的概率分布 y，从而加强了输出的字的关联度，t 时刻输出的概率分布 y_t 为

$$\begin{cases} y_t = \text{softmax}(W^a a_t + b^a) \\ a_t = \text{GRU}([c;y_{t-1};q],\ a_{t-1}) \end{cases} \tag{14-30}$$

对网络进行训练，优化目标是最小化交叉熵函数，对 20 组的任务进行实验，结果如图 14-11 所示。可以看出，基于 seq2seq 的生成式自动问答系统在 13 项任务上表现优异，准确率均超过 90%，在其他的推理任务上也表现出了一定的潜力。

任　务	精 度
1: Single Supporting Fact	100
2: Two Supporting Facts	62.7
3: Three Supporting Facts	34.6
4: Two Argument Relations	100
5: Three Argument Relations	98.4
6: Yes/No Questions	99.1
7: Counting	98.5
8: Lists/Sets	96.4
9: Simple Negation	91.1
10: Indefinite Knowledge	82.9
11: Basic Coreference	98.1
12: Conjunction	100
13: Compound Coreference	99.6
14: Time Reasoning	71.4
15: Basic Deduction	72.3
16: Basic Induction	47.7
17: Positional Reasoning	92.2
18: Size Reasoning	91.7
19: Path Finding	60.6
20: Agent's Motivations	98.6

图 14-11　基于 seq2seq 的生成式自动问答系统在 bAbI-10k 的结果

14.6.2 文本摘要生成

文本摘要是从自然语言中自动生成摘要的过程，主要分为抽取式和生成式两种。抽取式通过复制部分与原文中和主题相关的句子或短语，通过组合形成摘要。生成式在理解原文的基础上，通过改写语义相近的词语或者表述形成文本摘要。

基于循环神经网络的编码器-解码器模型能够在短输入和短输出之间建立较好的映射关系，但对于较长的文档，生成的摘要包括重复和不连贯的短语，针对该问题，文献[14.15]介绍了一种注意力神经网络模型，主要框架为 seq2seq 模型，输入原文文本，输出文本摘要，并结合标准有监督的单词预测和强化学习提出了一种新的训练方法，其网络结构如图 14－12 所示，其中编码器采用 bi-LSTM，解码器采用单层 LSTM。结合编码器和解码器的两个上下文向量 c 和当前解码器的隐藏状态 H，生成一个新单词并将其添加到输出序列中。

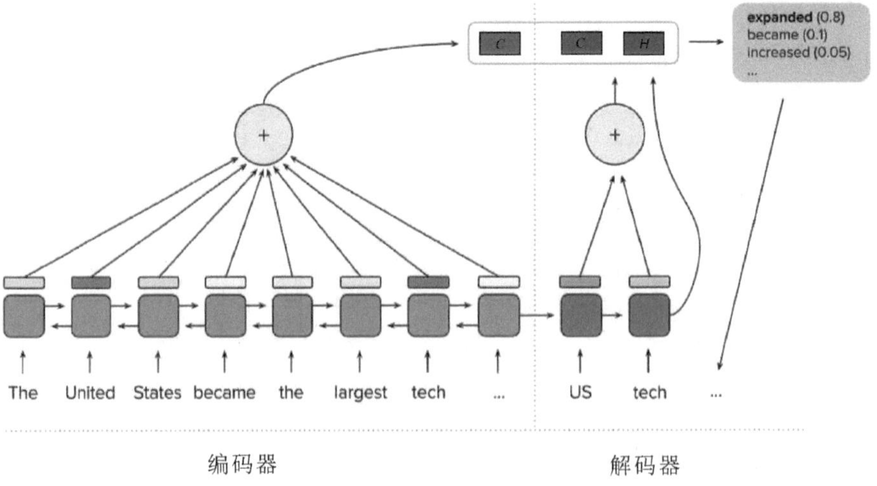

图 14－12 文本摘要生成网络

文中包括两种 attention 机制：intra-temporal attention 和 intra-decoder attention。

intra-temporal attention：在编码器中对输入的每个词计算权重，使得生成的内容覆盖原文，对于所有时间片 t 的 e_{ti} 进行归一化操作，得到对应时间片的归一化时序得分 e'_{ti}：

$$e'_{ti}=\begin{cases}\exp(e_{ti}) & t=1\\ \dfrac{\exp(e_{ti})}{\sum_{j=1}^{t-1}\exp(e_{ji})} & \text{其他}\end{cases} \tag{14-31}$$

对所有编码器的隐层状态做归一化得到权重：

$$\alpha_{ti}^{e}=\frac{e'_{ti}}{\sum_{j=1}^{n}e'_{tj}} \tag{14-32}$$

计算输入的上下文向量：

$$c_{t}^{e}=\sum_{i=1}^{n}\alpha_{ti}^{e}h_{i}^{e} \tag{14-33}$$

虽然 intra-temporal attention 确保使用编码输入序列的不同部分，但在生成长序列时，解码器仍然可以根据其自身的隐藏状态生成重复短语，针对此问题，在解码器中加入更多关于先前解码序列的信息，为此作者引入了 intra-decoder attention。

intra-decoder attention：在解码器中对已经生成的词也计算权重，从而避免生成重复的内容。解码器输出的词对其输出的下一个词会产生影响，因此首先计算当前解码器的隐层状态 h_t 与其历史隐层状态 $h_{t'}$ 的得分：

$$e_{tt'}^{d}=(h_{t}^{d})^{\mathrm{T}}W_{\mathrm{attn}}^{d}h_{t'}^{d} \tag{14-34}$$

然后归一化得到权重：

$$\alpha_{tt'}^{d}=\frac{\exp(e_{tt'}^{d})}{\sum_{j=1}^{t-1}\exp(e_{tj}^{d})} \tag{14-35}$$

最后加权求和得到解码器的上下文输出 c_{t}^{d}：

$$c_{t}^{d}=\sum_{j=1}^{t-1}\alpha_{tj}^{d}h_{j}^{d} \tag{14-36}$$

结合编码器和解码器的两个上下文向量和当前解码器的隐藏状态，生成模式概率为

$$p(u_{t}=1)=\sigma(W_{u}[h_{t}^{d}\parallel c_{t}^{e}\parallel c_{t}^{d}]+b_{u}) \tag{14-37}$$

文中对循环卷积网络采用 teacher-forcing mode 的方法，直接使用 ground truth 的对应上一项作为下一个隐状态的输入，从而较快地生成正确的结果，对于文本摘要，进行 word by word 的监督式学习，极大化似然目标函数：

$$L_{\mathrm{ml}}=-\sum_{t=1}^{n'}\log p(y_{t}^{*}\mid y_{1}^{*},\cdots,y_{t-1}^{*},x) \tag{14-38}$$

但这样会使模型的灵活性不高。文中的做法是模型先生成摘要样本，每步选择概率最大的词 $\hat{y}_t$ 生成摘要词，同时采样得到词 y_{t}^{s}，用 $\hat{y}$、y^{s} 与 y 计算用于评价生成摘要的 ROUGE 指标，将其评测值作为奖励，更新模型参数。

$$L_{\mathrm{rl}}=(r(\hat{y})-r(y^{s}))\sum_{t=1}^{n'}\log p(y_{t}^{s}\mid y_{1}^{*},\cdots,y_{t-1}^{*},x) \tag{14-39}$$

将两个损失函数进行加权组合，得到最终的损失函数，保证了摘要的生成质量和灵

活性：

$$L_{\text{mixed}}=\gamma L_{\text{rl}}+(1-\gamma)L_{\text{ml}} \tag{14-40}$$

表 14-1 和表 14-2 是文献[14.15]在 CNN/Daily Mail 数据集与 New York Times 数据集上的表现结果，表中 ML 为最大似然(maximum-likelihood)函数(式 14-38)，RL 为强化学习(reinforcement learning)损失(式 14-39)，可以看出采用文中的损失与注意力机制的不同组合，能够在评价生成摘要的 ROUGE 指标上得到较好的结果。

表 14-1 CNN/Daily Mail 数据集上各种模型的定量结果

模　型	ROUGE-1	ROUGE-2	ROUGE-L
Lead-3(Nallapati et al., 2017)	39.2	15.7	35.5
SummaRuNNer(Nallapati et al., 2017)	39.6	16.2	35.3
words-lvt2k-temp-att (Nallapati et al., 2016)	35.46	13.30	32.65
ML, no intra-attention	37.86	14.69	34.99
ML, with intra-attention	38.30	14.81	35.49
RL, with intra-attention	41.16	15.75	39.08
ML+RL, with intra-attention	39.87	15.82	36.90

表 14-2 New York Times 数据集上各种模型的定量结果

模　型	ROUGE-1	ROUGE-2	ROUGE-L
ML, no intra-attention	44.26	27.43	40.41
ML, with intra-attention	43.86	27.10	40.11
RL, no intra-attention	47.22	30.51	43.27
ML+RL, no intra-attention	47.03	30.72	43.10

14.6.3 目标跟踪

鲁棒视觉跟踪是计算机视觉中一项具有挑战性的任务。由于估计误差的积累和传播，模型漂移经常发生，从而降低了跟踪性能。为了解决这一问题，文献[14.16]将 RNN 应用于跟踪任务，提出了一种新的目标跟踪方法：循环目标跟踪(Recurrently Target-attending Tracking, RTT)。RTT 试图识别和利用那些有利于整个跟踪过程的可靠目标部分。为了绕过遮挡发现可靠的目标部分，RTT 采用多向递归神经网络(multi-directional recurrent neural network)，通过从多个方向遍历一个候选空间区域来捕获长距离的上下文线索，最终解决预测误差累积和传播导致的跟踪漂移问题，其网络结构如图 14－13 所示。

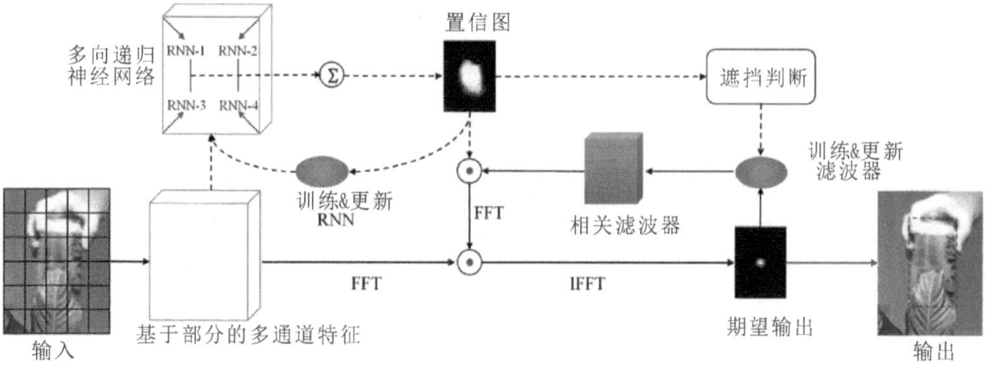

图 14－13　RTT 跟踪流程图

如图 14－13 所示，由于连续视频帧之间的运动很细微，因此将每一帧的候选区域进行网格划分，该候选区域是前一帧边界框大小的 2.5 倍，提取候选区域的 HOG 特征，进行相连得到基于块的特征：

$$\boldsymbol{X} \in \mathbf{R}^{h \times w \times d} \tag{14-41}$$

这里 d 为每个候选区域的通道数。

为了弥补二维空间中单个 RNN 的不足，文中使用了 4 个空间 RNN 来遍历不同角度的空间候选区域(图 14－13 上半部分)，这样能够有效地减轻跟踪过程中局部遮挡或局部外观变化带来的问题。空间 RNN 生成每个分块的置信度分数，这些分数构成了整个候选区域的置信图。置信图为每个分块作为背景或目标的概率。由于分块之间大范围的空间关联，避免了单个方向上遮挡等的影响，增加了可靠目标部分在整个置信图的影响，从而有效地预测遮挡并指导模型进行更新。

RTT 通过训练相关滤波器对目标进行跟踪(图 14－13 下半部分)。传统的相关滤波跟踪器对各部分的处理都是相同的，增量学习由于对遮挡区域的噪声比较敏感，往往会产生偏离预期轨迹的结果。而 RNN 生成的置信图在一定程度上反映了候选区域的可靠性。由于置信图对不同块的滤波器进行加权操作，使得 RTT 更加鲁棒，抑制背景中的相似物体以减轻模型漂移，从而增强可靠部分的效果，RTT 与基于相关滤波器的方法类似，学习过程是在频域中进行的。

通过计算目标区域的置信度和来判断当前跟踪目标是否被遮挡，采用阈值的方法进行判断，若低于历史置信度和的移动平均数一定比例，则认为遮挡发生，此时停止模型更新。

图 14－14 显示了 OPE(One-Pass Evaluation)的 VOR(Pascal VOC Overlap Ratio)曲线和 CLE(Center Location Error)曲线，分别与基于相关滤波器的算法与五种 state-of-the-art 的跟踪算法进行比较，可以看出，RTT 相比其他算法的跟踪性能有较大的提升。

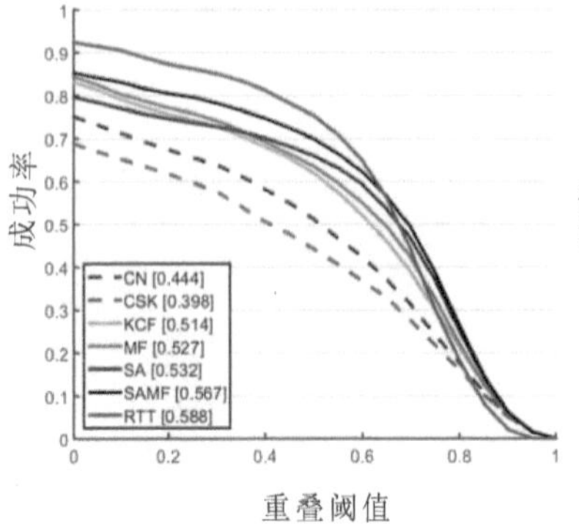

(a) 基于相关滤波器的方法比较(VOR)

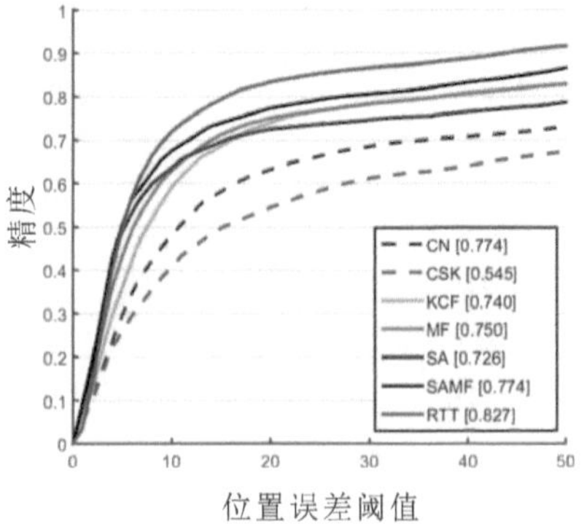

(b) 基于相关滤波器的方法比较(CLE)

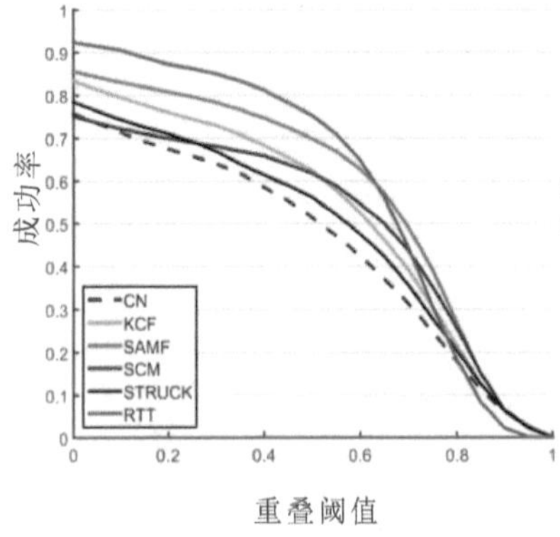

(c) state-of-the-art方法比较(VOR)

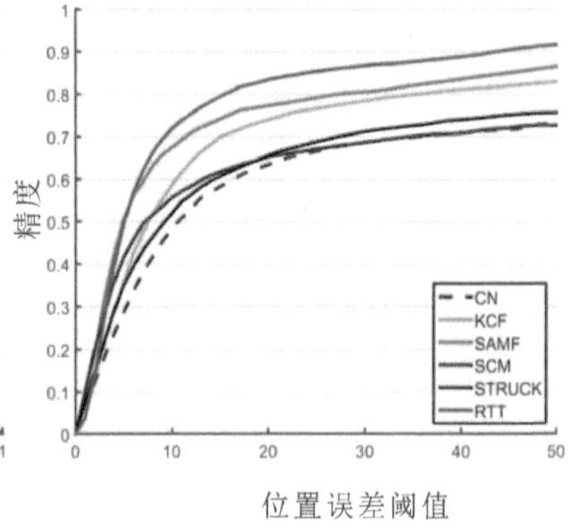

(d) state-of-the-art方法比较(CLE)

图 14－14 RTT 与其他跟踪方法的比较

14.7 循环神经网络的总结

RNN 是一种可以预测未来(在某种程度上)的神经网络，可以用来分析时间序列数据(比如分析股价，预测买入点和卖出点)。在自动驾驶中，可以预测路线来避免事故。更一般的，它可以任意序列长度作为输入，而不是我们之前模型使用的固定序列长度。例如 RNN 可以将句子、文档、语音作为输入，进行自动翻译、情感分析、语音转文字。此外，RNN 还用于作曲(谷歌 Magenta 项目作出的 the one)、作文、图片自动生成标题等。

附 1 简单的递归神经网络

递归神经网络由 Pollack 于 1990 年引入，而 Bottou 于 2011 年描述了这类网络的潜在用途——学习序列中的逻辑推理。下面，给出一个简单的递归神经网络结构，见图 14-15。

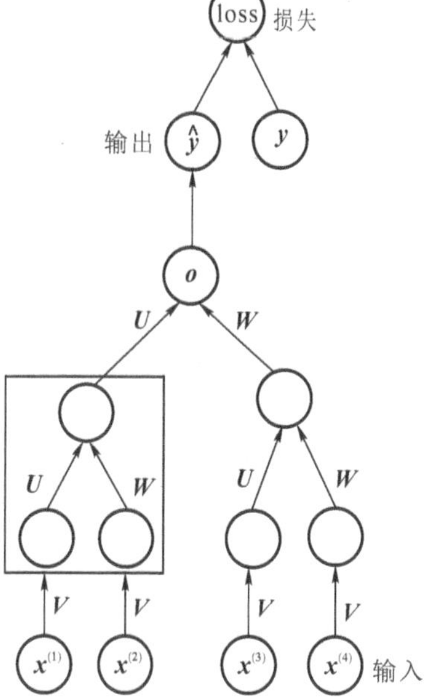

图 14-15　简单的递归神经网络

1. 数据

训练数据集为

$$\{\boldsymbol{x}_t, \boldsymbol{y}_t\}_{t=1}^{T} \tag{14-42}$$

其中 t 时刻的输入有

$$\boldsymbol{x}_t=[\boldsymbol{x}_t^{(1)}, \boldsymbol{x}_t^{(2)}, \boldsymbol{x}_t^{(3)}, \boldsymbol{x}_t^{(4)}] \tag{14-43}$$

需要注意的是 $\boldsymbol{x}_t^{(1)}$ 并不一定是标量，且该输入序列的长度为 4。

2. 模型

依据图 14-15，可以给出输入与输出之间的关系为

$$\begin{cases}\boldsymbol{h}=[\boldsymbol{h}^{(1)}, \boldsymbol{h}^{(2)}, \boldsymbol{h}^{(3)}, \boldsymbol{h}^{(4)}] \\ \boldsymbol{s}=[\boldsymbol{s}^{(1)}, \boldsymbol{s}^{(2)}] \\ \boldsymbol{y}=\sigma(\boldsymbol{o})\end{cases} \tag{14-44}$$

其中第一隐层 $\boldsymbol{h}$ 中每一个“元”为

$$\boldsymbol{h}^{(i)}=\sigma(\mathbf{V}\cdot\boldsymbol{x}^{(i)}+\boldsymbol{b}) \tag{14-45}$$

且 $i=1, 2, 3, 4$；第二隐层 $\boldsymbol{s}$ 中每一个“元”为

$$\boldsymbol{s}^{(j)}=\sigma(\boldsymbol{U}\cdot\boldsymbol{h}^{(2\cdot j-1)}+\boldsymbol{W}\cdot\boldsymbol{h}^{(2\cdot j)}+\boldsymbol{c}) \tag{14-46}$$

且 $j=1$, 2；最后输出层的状态为

$$\boldsymbol{o}=\sigma(\boldsymbol{U}\cdot\boldsymbol{s}^{(1)}+\boldsymbol{W}\cdot\boldsymbol{s}^{(2)}+\boldsymbol{d}) \tag{14-47}$$

注意公式中出现的参数 $\boldsymbol{b}$、$\boldsymbol{c}$、$\boldsymbol{d}$ 均为偏置，$\sigma(\cdot)$为激活函数。

3. 优化目标函数

根据输入与输出之间的关系，对于每一时刻都有对应着的损失，即

$$J_t(\theta)=\text{loss}(\hat{\boldsymbol{y}}^{(t)}, \boldsymbol{y}^{(t)}) \tag{14-48}$$

其中损失函数常用交互熵的形式给出，当然也可以利用能量范数损失构造。待优化的参数为

$$\theta=(\boldsymbol{V}, \boldsymbol{U}, \boldsymbol{W}, \boldsymbol{b}, \boldsymbol{c}, \boldsymbol{d}) \tag{14-49}$$

在数据集上优化目标函数为

$$\min_{\theta} J(\theta)=\frac{1}{T}\sum_{t=1}^{T} J_t(\theta)+\lambda\cdot R(\theta) \tag{14-50}$$

其中 $R(\theta)$为正则项，即有

$$R(\theta)=\|\boldsymbol{V}\|_F^2+\|\boldsymbol{U}\|_F^2+\|\boldsymbol{W}\|_F^2 \tag{14-51}$$

4. 求解

与循环神经网络一致，递归神经网络也利用随机梯度的方式实现参数的更新与求解，这里不再赘述。

附 2　长短时记忆网络

已知(简单的)循环神经网络的核心问题是随着时间间隔的增加(long term dependencies)容易出现梯度爆炸或梯度弥散，为了有效地解决这一问题，通常引入门限机制来控制信息的累积速度，并可以选择遗忘之前的累积信息。而这种门限机制下的循环神经网络包括长短时记忆神经网络和门限循环单元网络。这里将重点给出长短时记忆神经网络的数学分析。注意：长短时记忆神经网络是循环神经网络的一个变体。

在简单的循环神经网络中，若定义：

$$\boldsymbol{\zeta}=\boldsymbol{W}^{\mathrm{T}}\cdot\text{diag}(\sigma'(\boldsymbol{s}_{j-1})) \tag{14-52}$$

则有

$$\prod_{j=k+1}^{t}(\boldsymbol{W}^{\mathrm{T}}\cdot\text{diag}(\sigma'(\boldsymbol{s}_{j-1})))\longrightarrow\boldsymbol{\zeta}^{t-k} \tag{14-53}$$

如果 $\boldsymbol{\zeta}$ 的谱半径 $\|\boldsymbol{\zeta}\|>1$，当时差$(t-k)$趋于无穷大时，则式(14-53)会发散并且导致系统出现所谓的梯度爆炸问题；相反，若 $\|\boldsymbol{\zeta}\|<1$，则会随着时差的无限扩大而导致梯度弥散问题。

为了避免梯度爆炸或梯度弥散问题，核心是将 $\boldsymbol{\zeta}$ 的谱半径设为 $\|\boldsymbol{\zeta}\|=1$，不失一般性，

若将 $\boldsymbol{W}$ 设为单位矩阵，同时 $\sigma'(\boldsymbol{s}_{j-1})$ 的谱范数也为 1，即模型隐层的关系退化为

$$\boldsymbol{s}_t=\sigma(\boldsymbol{U}\cdot\boldsymbol{x}_t+\boldsymbol{W}\cdot\boldsymbol{s}_{t-1}+\boldsymbol{b})\xrightarrow{\text{退化}}\boldsymbol{s}_t=\boldsymbol{U}\cdot\boldsymbol{x}_t+\boldsymbol{s}_{t-1}+\boldsymbol{b} \tag{14-54}$$

但这样的形式丢失了非线性激活的性质。因此，改进后的方式是引入一个新的状态，记为 $\boldsymbol{c}_t$，增加新状态后的循环神经网络结构如图 14-16 所示，通过新的状态来进行信息的非线性传递，即

$$\begin{cases}\boldsymbol{c}_t=\boldsymbol{c}_{t-1}+\boldsymbol{U}\cdot\boldsymbol{x}_t\\ \boldsymbol{s}_t=\tanh(\boldsymbol{c}_t)\end{cases} \tag{14-55}$$

注意这里的非线性激活函数为 tanh(•)。

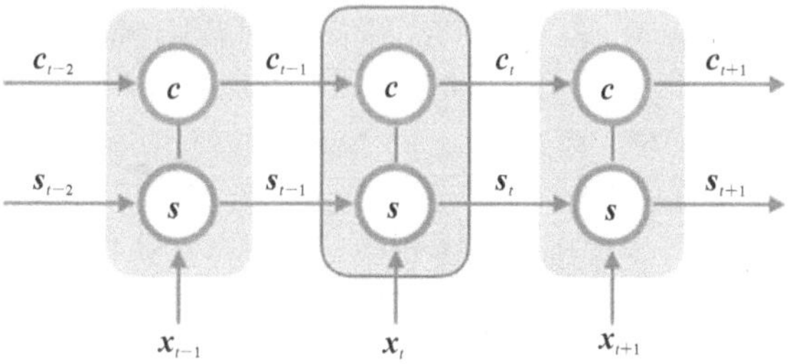

图 14-16　增加新状态后的循环神经网络结构

注意随着时间 t 的增加，$\boldsymbol{c}_t$ 的累积量将会变得越来越大，为了解决这个问题，引入了门限机制，以期控制信息的累积速度，并可以选择遗忘部分之前累积的信息，这便是长短时记忆神经网络。

本章参考文献

[14.1] 焦李成. 神经网络系统理论[M]. 西安：西安电子科技大学出版社，1990.

[14.2] 焦李成. 神经网络计算[M]. 西安：西安电子科技大学出版社，1993.

[14.3] 焦李成. 神经网络的应用与实现[M]. 西安：西安电子科技大学出版社，1993.

[14.4] 焦李成. 非线性传递函数理论与应用[M]. 西安：西安电子科技大学出版社，1992.

[14.5] 焦李成，赵进，杨淑媛，等. 深度学习、优化与识别[M]. 北京：清华大学出版社，2017.

[14.6] WERBOS P J. Backpropagation through time: What it does and how to do it[J]. Proceedings of the IEEE，1990，78(10)：1550-1560.

[14.7] GRAVES A. Long short-term memory[M]. Supervised Sequence Labelling with Recurrent Neural Networks，Berlin：Springer，2012.

[14.8] SCHUSTER M，PALIWAL K K. Bidirectional recurrent neural networks[J]. 1997，45(11)：2673-2681.

[14.9] GRAVES A, MOHAMED A R, Hinton G. Speech recognition with deep recurrent neural networks[C]. IEEE International Conference on Acoustics, Speech and Signal Processing, 2013: 6645 - 6649.

[14.10] JAEGER H. The "Echo State" approach to analyzing and training recurrent neural networks[R]. German National Research Center for Information Technology, 2001.

[14.11] SUTSKEVER I, VINYALS O, LE Q V. Sequence to sequence learning with neural networks[C]. Advances in Neural Information Processing Systems, 2014: 3104 - 3112.

[14.12] 李武波，张蕾，舒鑫. 基于 Seq2Seq 的生成式自动问答系统应用与研究[J]. 现代计算机(专业版)，2017(36)：15.

[14.13] CHUNG J, GULCEHRE C, CHO K H, et al. Empirical evaluation of gated recurrent neural networks on sequence modeling[J]. Arxiv: Neural and Evolutionary Computing, 2014.

[14.14] PENNINGTON J, SOCHER R, MANNING C . Glove: Global vectors for word representation [C]. Proceedings of the 2014 Conference on Empirical Methods in Natural Language Processing (EMNLP), 2014: 1532 - 1543.

[14.15] PAULUS R, XIONG C, SOCHER R. A deep reinforced model for abstractive summarization[J]. Ar Xiv preprint arxiv, 2017.

[14.16] CUI Z, XIAO S, FENG J, et al. Recurrently target-attending tracking[C]. IEEE Conference on Computer Vision and Pattern Recognition (CVPR), IEEE Computer Society, 2016: 1449 - 1458.

第15章 深度强化学习

深度强化学习是由强化学习和深度学习组成的，主要解决之前无法由机器解决的决策制定问题。近年来，深度强化学习广泛应用于游戏、机器人、金融等诸多领域。本章将介绍深度强化学习的背景、模型、原理以及具有代表性的两个网络：基于卷积神经网络的深度强化学习和基于递归神经网络的深度强化学习，并对比近年来有代表性的深度强化学习算法，最后将阐述网络的局限性以及深度强化学习的挑战。

15.1 深度强化学习背景介绍

众所周知，深度学习具有较强的感知能力，但是缺乏一定的决策能力；而强化学习具有决策能力，却对感知问题束手无策。因此将两者结合起来，优势互补，成为近年来人工智能领域最受关注的领域之一——深度强化学习(Deep Reinforcement Learning，DRL)。深度强化学习将深度学习的感知能力和强化学习的决策能力相结合，可以直接根据输入的图像进行控制，是一种更接近人类思维方式的人工智能方法，为复杂系统的感知决策问题提供了解决思路[15.1]。

在实际应用中，深度强化学习在游戏博弈与机器控制等领域得到了成功应用，其中Google的DeepMind团队于2016年设计的AlphaGo就是基于深度强化学习方法，以4∶1战胜了世界围棋顶级选手李世石(Lee Sedol)，成为人工智能历史上又一个新的里程碑。

AlphaGo围棋系统包括：

(1) 策略网络：给定当前局面，预测并采样下一步的走棋；

(2) 快速走子：目标和策略网络一样，在适当牺牲走棋质量的条件下，速度要比策略网络快1000倍；

(3) 价值网络：给定当前局面，估计出白胜概率大还是黑胜概率大；

(4) 蒙特卡洛树搜索：将(1)～(3)连起来形成一个完整的系统。

从图15-1我们可以看到强化学习、有监督学习和无监督学习均属于机器学习的分支，而人工智能是机器学习的首要范畴。其中，有监督学习和无监督学习在训练时用的是静态数据，无需与环境交互。有监督学习用于预测新数据的标签，无监督学习更善于挖掘数据中隐含的规律。

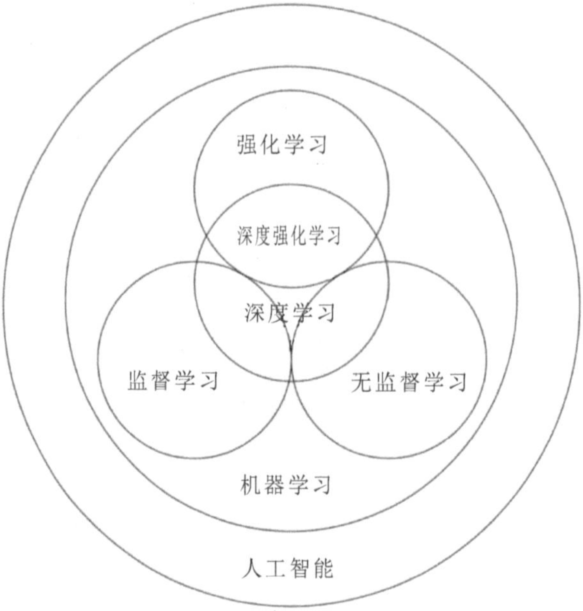

图 15-1　深度强化学习关系图

15.2　深度强化学习的基本机理

深度强化学习是一种端对端(end-to-end)的感知与控制系统，具有很强的通用性，其原理框架如图 15-2 所示，其学习过程可以描述为：

(1) 在每个时刻智能体与环境交互得到一个高维度的观察，并利用深度学习(DL)方法来感知观察，以得到具体的状态特征表示。

(2) 基于预期回报来评价各动作的价值函数，并通过某种策略将当前状态映射为相应的动作。

(3) 环境对此动作作出反应，并得到下一个观察。

通过不断循环以上过程，最终可以得到实现目标的最优策略。

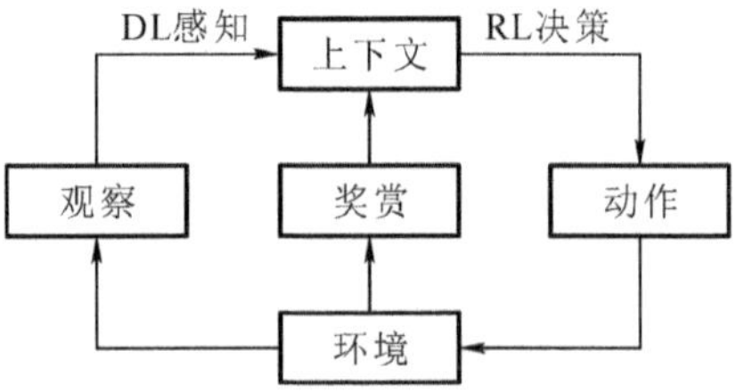

图 15-2　深度强化学习原理框架

强化学习可以分为基于值函数的强化学习和基于策略的强化学习。在基于值函数的强化学习中，最常用的学习算法为 Q 学习(Q learning)算法[15.2]。

经典的DQN算法融合了神经网络和Q学习的方法，名字为深度Q网络(Deep Q Network，DQN)[15.3]。这里，我们首先回顾一下Q学习方法。

在图15-3中的智能体(agent)，也称为“代理”；被控对象可被泛化为“环境”。Q学习算法的核心是智能体与环境进行交互，在不断的交互过程中迭代更新智能体的输出策略。首先，智能体从环境中获取状态 s 和奖励值 r，然后更新状态 s 下的 $\boldsymbol{Q}$ 值矩阵和对应的概率值矩阵 $\boldsymbol{P}$，最后根据概率矩阵输出动作 a。

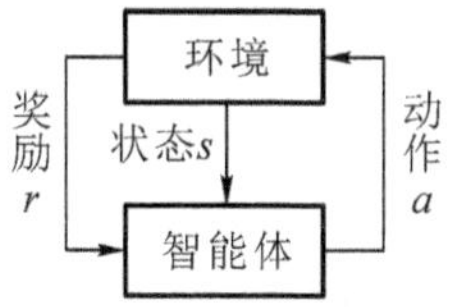

图15-3　Q学习框架

矩阵 $\boldsymbol{Q}$ 的更新公式为

$$\boldsymbol{Q}(s,a) \leftarrow \boldsymbol{Q}(s,a)+\alpha\left(\boldsymbol{R}(s,s',a)+\gamma \max_{a\in A}\boldsymbol{Q}(s',a)-\boldsymbol{Q}(s,a)\right) \tag{15-1}$$

式中，s 为当前环境所处状态，s' 为下一时刻状态，α 是智能体的学习率，γ 为折扣因子，$\boldsymbol{R}(s,s',a)$ 为给出动作 a 后由当前环境状态 s 转移到下一时刻状态 s' 的回报集合。

概率值矩阵 $\boldsymbol{P}$ 的更新公式为

$$\boldsymbol{P}(s,a) \leftarrow \begin{cases} \boldsymbol{P}(s,a)-\beta(1-\boldsymbol{P}(s,a)) & a'=a \\ \boldsymbol{P}(s,a)(1-\beta) & a'\neq a \end{cases} \tag{15-2}$$

这里的概率值矩阵 $\boldsymbol{P}(s,a)$ 的取值范围为 $[0,1]$，初始化为 $1/|A|$，其中 $|A|$ 为动作集 A 中的动作数量，β 为概率分布因子。

由于通过不断迭代更新 $\boldsymbol{Q}$ 值矩阵，以及折扣因子 γ 和学习率 α 对历史 $\boldsymbol{Q}$ 值进行了积累，因此这一过程称为强化学习。

Q学习算法的流程可表示如下：

步骤一：初始化 $\boldsymbol{Q}(s,a)$，$s\in S$，$a\in A$。

步骤二：对每个回合(episode)进行循环。

(1) 初始化状态 s；

(2) 对回合每步(step)做如下循环：

① 根据状态 s 选择的动作 a，可采用 ε-greedy 贪心算法：

$$\begin{cases} \text{random，以 } \varepsilon \text{ 的概率} \\ \arg\max\limits_{a}\boldsymbol{Q}(s,a)\text{，以 } 1-\varepsilon \text{ 的概率} \end{cases} \tag{15-3}$$

② 采取动作 a，观察奖赏 r 和下一时刻状态 s'；

③ 根据 $\arg\max\limits_{a}\boldsymbol{Q}(s,a)$ 选择 a'，令 $s=s'$，$a=a'$。

(3) 结束每步循环。

步骤三：结束每个回合循环。

Q学习算法是一种离线学习法，它能学习当前经历和过去经历的，甚至是学习别人的经历。因此当DQN更新时，可以随机抽取一些之前的经历进行学习。随机抽取这种做法打乱了经历之间的相关性，也使得神经网络更新更有效率。Fixed Q-targets 也是一种打乱相关性的机理，如果使用 fixed Q-targets，我们就会在 DQN 中使用到两个结构相同但参数不同的神经网络，预测 Q 估计的神经网络具备最新的参数，而预测 Q 现实的神经网络使用的参数则是很久以前的。有了这两种提升手段，DQN 才能在一些游戏中超越人类。

15.3 深度强化学习的经典网络模型

15.3.1 基于卷积神经网络的深度强化学习

由于卷积神经网络对图像处理拥有天然的优势，将卷积神经网络与强化学习结合处理图像数据的感知决策任务成了很多学者的研究方向，CNN 与 Q 学习算法相结合，形成了深度 Q 网络(DQN)。它是在 Q 学习算法基础上改进的一种基于值函数逼近的强化学习方法，利用 CNN 逼近行为值函数，并且均匀采样对强化学习进行训练，实现数据的历史回放，保证值函数能够稳定收敛。

深度 Q 网络采用时间上相邻的 4 帧游戏画面作为原始图像输入，经过深度卷积神经网络和全连接神经网络，输出状态动作 Q 函数，实现了端到端的学习控制。其结构如图 15-4 所示，左侧的蛇形蓝线表示每个滤波器在输入图像上的滑动，神经网络由卷积层和全连接层组成，每个隐层都在后面接线性整流函数(Rectified Linear Unit，ReLU)，比较常用的线性整流函数有斜坡函数 $f(x)=\max(0, x)$，输入是棋盘图像，输出是动作对应的概率。

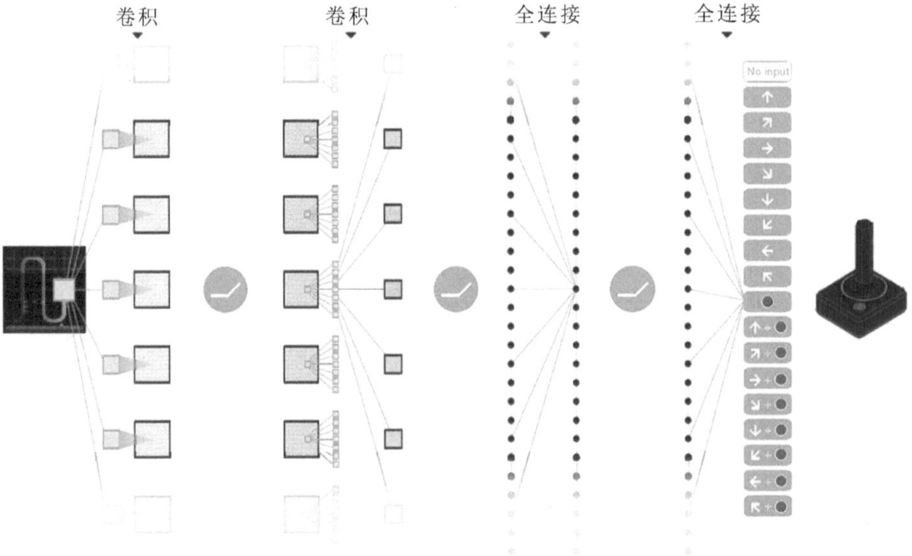

图 15-4　DQN 网络结构

深度 Q 网络使用带有参数 θ 的 Q 函数 $Q(s, a; \theta)$ 去逼近值函数。迭代次数为 i 时，损失函数如式(15-4)所示：

$$L_i(\theta_i)=E_{(s,a,r,s')}[(y_i^{DQN}-Q(s,a;\theta_i))^2] \tag{15-4}$$

其中：

$$y_i^{DQN}=r+\gamma \max_{a'} Q(s',a';\theta) \tag{15-5}$$

θ_i 代表学习过程中的网络参数。经过一段时间的学习后，新的 θ_i 更新 θ^-。具体的学习过程根据：

$$\nabla_{\theta_i} L_i(\theta_i)=E_{(s,a,r,s')}[(r+\gamma \max_{a'} Q(s',a';\theta^-)-Q(s,a;\theta_i))\nabla_{\theta_i} Q(s,a;\theta_i)] \tag{15-6}$$

15.3.2 基于递归神经网络的深度强化学习

深度强化学习面临的问题往往具有很强的时间依赖性，而递归神经网络适合处理与时间序列相关的问题。强化学习与递归神经网络的结合也是深度强化学习的主要形式。

对于时间序列信息，深度 Q 网络的处理方法是加入经验回放机制。但是经验回放的记忆能力有限，每个决策点需要获取整个输入画面进行感知记忆。将长短时记忆网络与深度 Q 网络结合提出的深度递归 Q 网络(Deep Recurrent Q-Network，DRQN)[15.4]，在部分可观测马尔科夫决策过程(Partially Observable Markov Decision Process，POMDP)中表现出了更好的鲁棒性，同时在缺失若干帧画面的情况下也能获得很好的实验结果。

受此启发的深度注意力递归 Q 网络(Deep Attention Recurrent Q Network，DARQN)能够选择性地重点关注相关信息区域，可减少深度神经网络的参数数量和计算开销。

图 15-5 为深度强化学习的算法对比图，包括 DQN、DDQN、Prioritized DDQN、Dueling DDQN、A3C、Distributional DQN、Noisy DQN、Rainbow。横轴为训练帧数，纵轴表示不同 DQN 变体算法在 Atari 游戏上的“人类标准中位得分”，即智能体(agent)得分占人类中等水平的百分比。

DDQN 在 DQN 的基础上，通过解耦目标 Q 值动作的选择和目标 Q 值的计算消除过度估计问题；Prioritized DDQN 对能学到更多的过渡进行重播，从而提高了数据效率；Dueling DDQN 通过分别呈现状态值和行为优势，有利于不同行为之间的泛化；A3C 的多步引导目标能够将新观察到的奖励传播到早先访问的状态；Distributional DQN 能够学习折扣返回的类别分布，而不是估计平均值；Noisy DQN 使用随机网络层进行探索；Rainbow 在 DQN 的变体上没有新的改动，而是将这 6 种变体进行整合“混血”，成为单独的 agent，由图 15-5 的结果可以看出，Rainbow 算法要优于其他变体。

除了和其他变体比较，DeepMind 团队还通过实验证明了 Rainbow 中各算法组件的作用，如图 15-6 所示，可以清楚看到去除某部分组件对性能的影响。

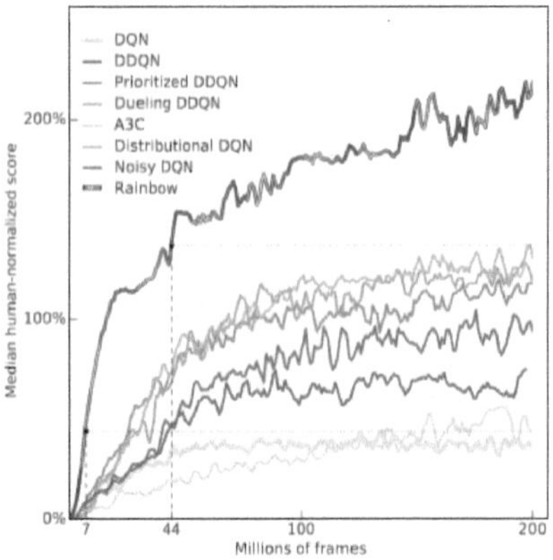

图 15－5　深度强化学习算法对比图

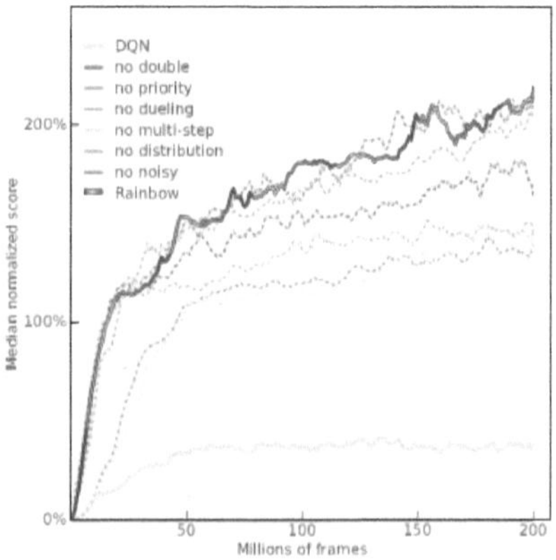

图 15－6　Rainbow 去除某部分算法组件对比图

15.4　深度强化学习应用实例

15.4.1　玩 Atari 游戏

文献[15.5]利用强化学习的方法，在 Atari 2600 游戏中获得了很好的成绩，在七个来自街机学习环境的游戏中，不需要调整架构或学习算法。在六场比赛中胜过了所有以前的方法，并且在其中三场比赛中超过了人类玩家水平。Atari 2600 游戏部分截图如图 15－7 所示。文献[15.5]直接从高维感官输入中成功学习控制策略。该模型是一个卷积神经网络，利用 Q-learning 的一个变种来进行训练，输入为原始像素，输出是预测将来的值函数。

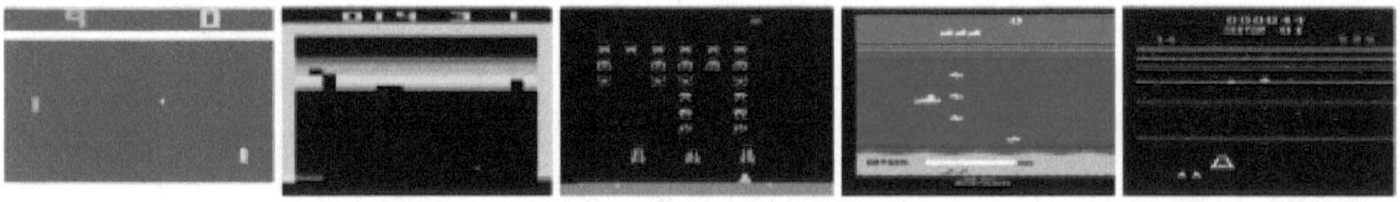

图 15－7　5 种 Atari 2600 游戏截图

考虑到智能体与环境 ε(在本例中是 Atari 模拟器)交互的任务，以一系列动作、观察和奖励的方式进行。在每个时间步骤中，智能体从合法的游戏操作集合 $A=\{1, 2, \cdots, K\}$ 中选择一个操作 a_t，将该操作传递给模拟器，并修改其内部状态和游戏分数。一般来说 ε 是随机的，智能体看不到模拟器的中间状态，但它通过观察图像 $x_t \in \mathbf{R}^d$，由原始像素值构成的图像表示当前屏幕的向量。此外，它还接收到表示游戏分数变化的奖励 r_t。一般情况下，游戏分数取决于之前的整个动作序列和观察结果，只有经过数千个时间步骤后，才能收到有关动作的反馈。

由于智能体只能观察到当前屏幕图像，因此仅观察到整个任务的部分情况，也就是说，仅从当前屏幕 x_t 不可能完全了解当前情况。因此考虑动作和观察序列 $s_t=x_1$，a_1，x_2，…，a_{t-1}，x_t，并依赖于这些序列对游戏策略进行学习。所有序列在模拟器中都会在有限的时间步骤内终止，文中采用标准的强化学习(Reinforcement Learning，RL)方法来处理马尔科夫决策过程(Markov Decision Process，MDPs)，利用完整的序列 s_t 作为时刻 t 的状态表示。

智能体的目标是通过选择动作与模拟器交互，从而最大化未来奖励。假设奖励按每个时间步骤的 γ 因子进行折扣，定义时刻 t 折扣后的返回值为 $R_t=\sum_{t'=t}^{T}\gamma^{t'-t}r_{t'}$，其中 T 是游戏终止的时间步骤数。作者定义了最优的动作-值函数 $Q^*(s, a)$：

$$Q^*(s, a)=\max_{\pi} E[R_t \mid s_t=s, a_t=a, \pi] \tag{15-7}$$

其中 π 是从序列映射到动作的策略。

通常使用函数逼近器来估计动作-值函数，$Q(s, a;\theta)\approx Q^*(s, a)$，在强化学习中，这通常是一个线性函数。但有时也可以使用非线性函数近似代替，如神经网络，将权重 θ 的神经网络函数称为 Q 网络，Q 网络通过迭代 i 来最小化序列损失函数 $L_i(\theta_i)$：

$$L_i(\theta_i)=E_{s, a\sim\rho(\cdot)}[(y_i-Q(s, a;\theta_i))^2] \tag{15-8}$$

其中，$y_i=E_{s'\sim\varepsilon}[r+\gamma \max a' Q(s', a';\theta_{i-1}) \mid s, a]$是第 i 次迭代的标签，$\rho(s, a)$是序列 s 和动作 a 的概率分布。通常采用随机梯度下降方法来优化损失函数，在优化损失函数 $L_i(\theta_i)$时，上一次迭代的参数 θ_{i-1} 保持不变。在监督学习中标签在训练开始前就固定了，而这里目标 y_i 依赖于网络权重，损失函数关于网络权重的梯度为

$$\nabla_{\theta_i} L_i(\theta_i)=E_{s, a\sim\rho(\cdot);s'\sim\varepsilon}[(r+\gamma \max_{a'} Q(s', a';\theta_{i-1})-Q(s, a;\theta_i))\nabla_{\theta_i} Q(s, a;\theta_i)] \tag{15-9}$$

15.4.2 目标检测

文献[15.6]将深度强化学习用于目标检测，关键点在于将注意力集中在图像中包含丰富信息的区域，然后放大这些区域。作者训练了一个智能体，在给定图像窗口的情况下，智能体能够决定集中注意力在预定义五个区域的位置。这个过程是迭代的，并且提供了一个层次化的图像分析。

作者将目标检测问题定义为智能体与图像视觉环境交互的序列决策过程。在每一个时间步骤，智能体都应该决定将注意力集中在图像的哪个区域，这样它就可以在有限步骤中找到对象。作者将问题看作马尔可夫决策过程，提供了一个框架对决策进行建模。

针对目标检测任务的模型，作者定义了如何参数化马尔可夫决策过程。

状态(state)：由当前区域的描述符和记忆向量组成。描述符类型定义了文中用于比较的两个模型：图像缩放模型和池化 45 -裁切模型，如图 15 - 8 所示。对于图像缩放模型，每个区域的大小调整为 224×224，其视觉描述符对应于 VGG - 16 的 pool5 层的特征图；对于池化 45 -裁切模型，图像是全分辨率传给 VGG - 16 的 pool5 层。状态的记忆向量能够捕获智能体在搜索目标时已执行的最后 4 个动作，因为智能体能够学习边界框微调，编码该微调过程的状态记忆向量可以稳定搜索轨迹。将最后的 4 个动作编码为一个 one-shot 矢量。作者定义了 6 个不同的动作，因此记忆向量有 24 个维度。

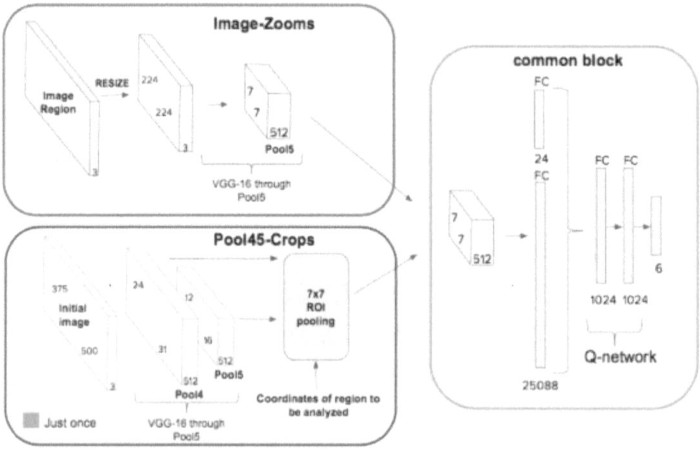

图 15 - 8　层次目标检测模型

动作(actions)：包括转移动作和终止动作两种。转移动作表示当前观察区域发生变化，终止动作表示找到目标并结束搜索。每个转移动作只能从一个预先定义的层次结构里自上而下地在区域之间转移注意力。通过在每个观察到的边界框上定义 5 个子区域来构建层次结构。

奖励(rewards)：使用的奖励函数是由 Caicedo 和 Lazebnik 提出的[15.7]。当智能体选定动作从 s 移动到 s' 时，每一个状态 s 与其相关的框 b 对应，转移动作的奖励函数为

$$R_m(s, s') = \text{sign}(\text{IOU}(b', g) - \text{IOU}(b, g)) \tag{15-10}$$

这里奖励函数 R 和选定一个特定区域后定位物体的提升程度成正比，奖励函数通过从一个状态到另一个状态的 IOU 的不同进行预测。若观测区域的框为 b，目标物体的真实框为 g，则 b 和 g 之间的 IOU 定义为

$$\text{IOU}(b, g) = \text{area}(b \cap g)/\text{area}(b \cup g) \tag{15-11}$$

由式(15 - 10)可以看到，从状态 s 到 s'，若 IOU 得以改善，则奖励为正，反之则为负，

这样智能体对于偏移真实框的动作进行惩罚，对于接近真实框的动作进行奖励，直到没有其余的动作能够更好地进行定位，此时需采用 trigger 操作，即终止动作，其奖励函数为

$$R_t(s, s') = \begin{cases} +\eta & \text{IOU}(b, g) \geq \tau \\ -\eta & \text{其他} \end{cases} \tag{15-12}$$

其中 η 为 trigger 奖励，文中 η 为 3，τ 为 0.5。

图 15-8 为层次对象检测模型，如文献[15.8]所述，通过 ROI 池化得到感兴趣区域的特征。与文献[15.9]中的 SSD 一样，根据感兴趣区域的大小选择特征图。对于较大的物体，算法将选择较深的特征图；而对于较小的物体，算法将选择较浅的特征图。可以看出，特征提取的两个模型生成一个 7×7 的特征图，该特征图被送入网络的公共块，将区域描述符和记忆向量输入深度 Q 网络，该网络由两个全连接层组成，每个层有 1024 个神经元。每个全连接层后跟 ReLU 函数，训练中用到了 dropout 操作。输出层输出智能体对应的可能动作，即文中定义的 6 个动作。

图 15-9 为智能体在测试图像上的结果。这些结果是图像缩放模型得到的，从第二行、第三行和第四行可以看出，智能体只需两到三步就可以找到目标周围的边界框，模型能够成功地对大多数图像中的目标缩放。从第一行和最后一行可以看出，当目标较小时智能体也能准确地找到目标。

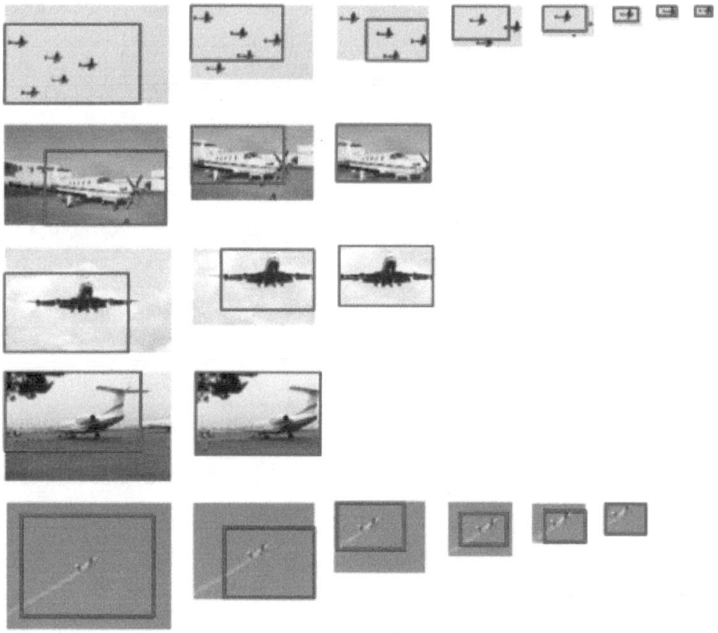

图 15-9　目标搜索可视化

15.4.3 目标跟踪

文献[15.10]提出用强化学习进行目标跟踪，与现有的跟踪网络相比，既能进行轻量级的计算，又能在跟踪位置和尺度上获得令人满意的精度。控制动作的深层网络通过训练序列进行预训练，并在跟踪过程中进行微调，以便在线适应目标和背景变化。预训练是通过深度强化学习和监督学习进行的。跟踪器在OTB数据集上的速度是当前基于深度网络跟踪器速度的三倍，并且该方法的快速版本能够达到GPU上的实时运行。

该方法的跟踪过程如图15-10所示，它是用一系列连续动作实现视觉跟踪的，图15-10中的第一列显示目标的初始位置，第二列和第三列显示查找目标框的迭代动作。所述方法选择的序列动作能够控制跟踪器迭代地将初始框移动到每帧中的目标框。

图15-10 跟踪示意图

文献[15.10]的网络结构如图15-11所示。通过动作决策网络(Action-Decision Networks，ADNet)控制的顺序动作动态跟踪目标，虚线表示状态转换。在本例中，选择“右移”操作来捕获目标对象。重复此动作决策过程，直到跟踪过程结束。

在强化学习中包括以下组成部分：

动作(actions)：动作空间 A 由11种动作组成，包括平移、缩放和停止动作，如图15-12所示。平移动作包括四个方向：上、下、左、右，而且还有四个方向上两倍大的平移。尺度变化定义为向上缩放和向下缩放两种类型，在缩放过程中保持跟踪目标的纵横比。每一个动作都是由11维的one-hot编码组成的。

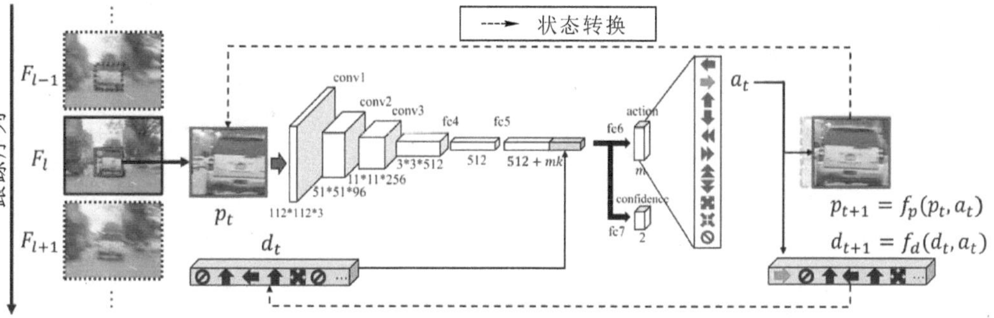

图 15 - 11　网络结构图

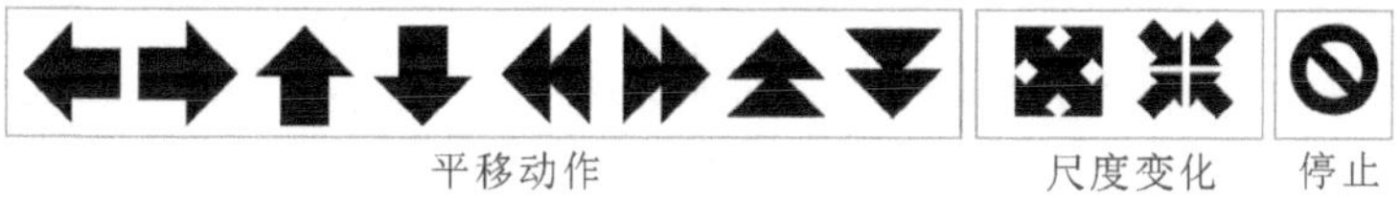

图 15 - 12　定义的动作类型

状态(state)：状态 $\boldsymbol{s}_t$ 分为 $\boldsymbol{p}_t$ 和 $\boldsymbol{d}_t$ 两部分。其中，$\boldsymbol{p}_t$ 代表跟踪过程中的 bbox 里的像素信息；$\boldsymbol{d}_t$ 则是动作向量，包括 10 个动作，每个动作由 11 维的 one-hot 编码组成。$\boldsymbol{p}_t$ 可用 4 维的向量 $\boldsymbol{b}_t=[x^{(t)}, y^{(t)}, w^{(t)}, h^{(t)}]$ 表示，$(x^{(t)}, y^{(t)})$ 是 $\boldsymbol{p}_t$ 中心点坐标，$w^{(t)}$ 和 $h^{(t)}$ 是 $\boldsymbol{p}_t$ 的宽和高，在视频帧 $\boldsymbol{F}$ 中，在第 t 次迭代的 $\boldsymbol{p}_t$ 定义为

$$\boldsymbol{p}_t=\phi(\boldsymbol{b}_t, \boldsymbol{F}) \tag{15-13}$$

这里 ϕ 代表预处理函数，表示从帧 $\boldsymbol{F}$ 裁剪出 $\boldsymbol{p}_t$ 并将其放缩到网络输入尺寸的过程。

状态转移函数(state transition function)：在状态 $\boldsymbol{s}_t$ 下执行动作 $\boldsymbol{a}_t$ 后通过状态转移函数 $f_p(\cdot)$ 和动作函数 $f_d(\cdot)$ 得到下一个状态 $\boldsymbol{s}_{t+1}$。patch 转移函数定义为：$\boldsymbol{b}_{t+1}=f_p(\boldsymbol{b}_t, \boldsymbol{a}_t)$，离散运动量定义为

$$\Delta x^{(t)}=\alpha w^{(t)} \Delta y^{(t)}=\alpha h^{(t)} \tag{15-14}$$

文中 α 为 0.03，如果选择了“左”动作，则 $\boldsymbol{b}_{t+1}$ 的位置移动到 $[x^{(t)}-\Delta x^{(t)}, y^{(t)}, w^{(t)}, h^{(t)}]$，“放大”动作将大小更改为 $[x^{(t)}, y^{(t)}, w^{(t)}+\Delta x^{(t)}, h^{(t)}+\Delta y^{(t)}]$。其他动作以类似的方式定义。当选择“停止”动作时，智能体获得奖励，然后将结果状态转移到下一帧的初始状态。

奖励(rewards)：对于一个动作序列，中间的那些动作都不产生奖励，只有动作终止了才会获得奖励，若动作序列长度为 T，则奖励定义如下：

$$r(\boldsymbol{s}_T)=\begin{cases}1 & \text{IOU}(\boldsymbol{b}_T, \boldsymbol{G})>0.7 \\ -1 & \text{其他}\end{cases} \tag{15-15}$$

这里 $\mathrm{IOU}(\boldsymbol{b}_T, \boldsymbol{G})$ 为 patch 的位置 $\boldsymbol{b}_t$ 和标签 $\boldsymbol{G}$ 的交并比，跟踪得分 $\boldsymbol{z}_t$ 定义为最终的奖励 $\boldsymbol{z}_t = r(\boldsymbol{s}_T)$，这将用于强化学习模型的更新。

ADNet 的训练部分包括监督学习、强化学习、在线自适应三部分。

在监督学习阶段，网络参数为 W_{SL}，$\{w_1, w_2, \cdots, w_7\}$ 训练样本包括图像 patches $\{p_j\}$、动作标签 $\{o_j^{(\mathrm{act})}\}$、类标签 $\{o_j^{(\mathrm{cls})}\}$，训练部分的动作标签(action label)通过以下方法获得：

$$o_j^{(\mathrm{act})} = \arg\max_a \mathrm{IOU}(\overline{f}(p_j, a), \boldsymbol{G}) \tag{15-16}$$

其中 $\overline{f}(p_j, a)$ 为 p 通过动作 a 移动后的 patch。

类标签(class label)的判断如下：

$$o_j^{(\mathrm{cls})} = \begin{cases} 1 & \mathrm{IOU}(p_j, \boldsymbol{G}) > 0.7 \\ 0 & \text{其他} \end{cases} \tag{15-17}$$

ADNet 通过随机梯度下降法最小化多任务损失函数。其中损失函数 L_{SL} 为

$$L_{\mathrm{SL}} = \frac{1}{m}\sum_{j=1}^{m} L(o_j^{(\mathrm{act})}, \hat{o}_j^{(\mathrm{act})}) + \frac{1}{m}\sum_{i=j}^{m} L(o_j^{(\mathrm{cls})}, \hat{o}_j^{(\mathrm{cls})}) \tag{15-18}$$

其中，m 表示 batchsize 大小，L 表示交叉熵损失，$\hat{o}_j^{(\mathrm{act})}$ 和 $\hat{o}_j^{(\mathrm{cls})}$ 分别表示 ADNet 预测的动作和类别。

在强化学习中，这部分训练 $\{w_1, w_2, \cdots, w_6\}$ 通过监督学习阶段得到了当前训练的初始参数 W_{RL}，通过随机梯度下降更新参数 W_{RL}：

$$\Delta W_{\mathrm{RL}} \propto \sum_{l}^{L}\sum_{t}^{T_l} \frac{\partial \log p(a_{t,l} \mid s_{t,l}; W_{\mathrm{RL}})}{\partial W_{\mathrm{RL}}} z_{t,l} \tag{15-19}$$

其中 $l=1, 2, \cdots, L$，时间步数 $t=1, 2, \cdots, T_l$，$a_{t,l}$ 和 $s_{t,l}$ 是对应的动作与状态。

在对 ADNet 进行预训练后，网络参数在跟踪过程中以在线方式更新，从而对目标的外观变化或变形更加鲁棒。

在“在线更新”阶段，训练 $\{w_4, \cdots, w_7\}$，每过 i 帧使用前面 j 帧中置信分数大于 0.5 的样本进行微调。若置信分数小于 −0.5，说明将目标跟丢了，需要进行重检测，通过对当前目标位置周围加上随机高斯噪声得到的位置 $\tilde{b}_i$ 作为候选，选择置信分数最大的位置 b^* 作为重检测的目标位置：

$$b^* = \arg\max_{\tilde{b}_i} c(\tilde{b}_i) \tag{15-20}$$

在实验部分，将该方法与其他的跟踪算法在 OTB-100 数据集上进行测评，其结果如表 15-1 所示，可以看出 ADNet 计算效率高，其速度是 MDNet 和 C-COT 的三倍左右，而 ADNet 的快速版本 ADNet-fast 比 ADNet 的性能下降了 3%，但能够实时进行跟踪(15 帧/秒)。

表 15-1 OTB-100 数据集上的实验结果

	算法	Prec.(20px)	IOU(AUC)	FPS	GPU
非实时	ADNet	88.0%	0.646	2.9	O
	ADNet-fast	85.1%	0.635	15.0	O
	MDNet	90.9%	0.678	<1	O
	C-COT	90.3%	0.673	<1	O
	DeepSRDCF	85.1%	0.635	<1	O
	HDT	84.8%	0.564	5.8	O
	MUSTer	76.7%	0.528	3.9	X
实时	MEEM	77.1%	0.528	19.5	X
	SCT	76.8%	0.533	40.0	X
	KCF	69.7%	0.479	223	X
	DSST	69.3%	0.520	25.4	X
	GOTURN	56.5%	0.425	125	O

15.5 深度强化学习的局限性

深度强化学习已被用于解决各种问题，最终已成为通用人工智能(AI)的重要部分。人工智能领域的主要目标之一是制作全自主的智能体，能通过与周围环境互动学习优化自己的行为，通过不断试错改善自我。打造反应灵敏、能有效学习的 AI 一直是长期的挑战，无论是机器人(可以感觉并对周围世界作出反应)还是纯粹的基于软件的智能体(通过自然语言和多媒体进行互动)。对于这种由经验驱动的自主学习，一个主要的数学框架是强化学习(RL)。虽然 RL 在过去有一些成功，但以前的方法缺乏可扩展性，而且固有地局限于相当低维度的问题。这些限制之所以存在，是因为 RL 算法也有其他算法那样的复杂性问题：内存复杂度、计算量复杂度，具体到机器学习算法，还有样本复杂度。而深度学习的兴起，依靠深度神经网络强大的函数逼近和表示学习性质，为我们提供了新的工具，去克服这些问题。

深度学习的出现对机器学习中的许多领域产生了重大影响，大大提高了物体检测、语音识别和语言翻译等任务的 state-of-the-art 成绩。深度学习最重要的特点在于，深度神经经网络可以自动发现高维度数据(例如，图像、文本和音频)的紧凑的低维表示(特征)。通过将推演偏差(inductive biases)融入到神经网络架构中，特别是融入到层次化的表示中，机器学习从业者在解决维度诅咒方面取得了有效进展。深度学习同样加速了 RL 的发展，使用 RL 内的深度学习算法提出了"深度强化学习"(DRL)方向。深度学习使 RL 可以扩展到解决以前难以处理的决策问题，即具有高维状态和动作空间的情景。

DRL 算法已被应用于各种各样的问题，例如机器人技术，创建能够进行元学习("学会学习"，learning to learn)的智能体，这种智能体能泛化处理以前从未见过的复杂视觉环境。

RL 的关键概念是 Markov 属性，即仅当前状态影响下一状态，换句话说，未来有条件地独立于给定当前状态的过去。虽然这个假设是由大多数 RL 算法来实现的，但它有些不现实，因为它要求状态是完全可观察的。MDP 的一种泛化形式是部分可观察的 MDP (POMDP)，在 POMDP 中智能体接收到一个状态的分布，取决于当前状态和前一个行动的结果。深度学习中更常见的一种方法是利用循环神经网络(RNN)，与神经网络不同，RNN 是动态系统。这种解决 POMDP 的方法与使用动态系统和状态空间模型的其他问题有关，其中真实状态只能去估计。

15.6 深度强化学习的挑战

在研究中，预测深度比接收深度更适合作为额外输入，这进一步支持了用辅助任务引导梯度变化，提升 DRL 的想法。转移学习也可用于构建更多的参数有效的策略。在机器学习的学生教师范式中，可以先训练更强大的"老师"模型，然后用它来指导一个较弱的学生模型。最初这只应用于监督学习，这种神经网络知识转移技术被称为蒸馏技术。现在，这种技术已经既被用于将大型 DQN 学习的策略转移到较小的 DQN，也被用于将从几个 DQN 中学习的策略集中到单一的 DQN。如果我们希望构建出能完成广泛范围任务的主体的话，这是非常重要的一步。因为，直接同时对多个强化学习目标进行训练可能是不可行的。

附 1　深度强化学习发展历程

谷歌的 DeepMind 团队在 *Nature* 杂志上发表的两篇文章(《基于视频游戏的深度强化学习算法》和《AlphaGo 围棋程序》)使得深度强化学习成为高级人工智能的热点。在此之前，已出现了一些类似的研究工作，它们的主要思路是利用神经网络将复杂高维的数据降维，转化到低维特征空间，便于强化学习处理，例如 Shibata 等将浅层神经网络和强化学习结合起来处理视觉信号的输入，控制机器人完成推箱子等游戏；又如 Lange 等人提出将深度自编码器应用到视觉的学习控制中，提出了视觉动作学习，使智能体具有感知和决策能力；随后，Abtahi 等将深度置信网络引入到强化学习中，将传统的值函数利用深度置信网络来替代，并将其成功地应用在车牌图像的字符分割任务上；还有，Lange 进一步将视觉输入的强化学习应用到车辆控制中，该框架被称为深度拟合 Q 学习(所谓 Q 学习是指状态-动作值函数学习)。之前，强化学习不能实用的主要原因在于面对过大的状态或者行动空间，很难有效地处理这些情形。深度学习的出现能够去处理这些情形背后的真正问题，如ImageNet数据集上视觉识别准确率的大幅提高，即top-5错误率下降到4%以内，深度学习相关技术已在图像和语音识别领域变得比较成熟并且已被广泛商用。以上说明深度学习已成为一些实际应用的基础，而深度强化学习的研究及应用也基本上按照上面的思路展开。下面简要地给出强化学习和深度学习的发展历程。

1. 强化学习简要发展历程

(1) 1956年Bellman提出了动态规划方法。

(2) 1977年Werbos提出了自适应动态规划方法。

(3) 1988年Sutton提出了TD算法。

(4) 1992年Watkins提出了Q(状态-动作值函数)学习算法。

(5) 1999年Thrun提出了部分可观测马尔科夫决策过程中的蒙特卡洛方法。

(6) 2006年Kocsis提出了置信上限树算法。

(7) 2014年Silver等提出了确定性策略梯度算法。

(8) 2015年Heess等人提出了循环确定性策略梯度和循环随机值梯度方法。

(9) 2016年Hasselt等人提出了深度双Q网络算法。

(10) 2017年Schulman等人提出了分布式近似策略优化算法。

(11) 2018年DeepMind提出了新型架构IMPALA,实现了单智能体的多任务强化学习。

(12) 2019年Matthew提出了基于强化学习的概率推理框架VIREL。

2. 深度学习简要发展历程

(1) 1974年Werbos提出了BP算法。

(2) 1986年Rumelhart等人重新发明BP算法，该算法实质是最小均方算法的推广。

(3) 1995年和1998年，LeCun和Bengio等人提出并改进了卷积神经网络。

(4) 2006年Hinton提出了逐层预训练方法和解决梯度弥散问题的深度置信网络。

(5) 2008年Vincent等提出了降噪自编码器。

(6) 2011年Rafir等提出了收缩自编码器。

(7) 2012年Krizhebsky提出了AlexNet网络，并在ImageNet数据集上取得突破。

(8) 2014年Ian Goodfellow提出了生成式对抗网络。

(9) 2015年何铠明等提出了深度残差网络。

(10) 2016年，Google开发了基于深度学习的AlphaGo算法。

(11) 2017年，Google开发了基于强化学习的AlphaGo Zero算法。

(12) 2018年，Google提出了用于NLP的BERT训练算法。

深度学习的发展不仅仅局限于上述所列出来的算法，近几年，基于图神经网络的变体及优化，轻量级的网络设计以及构建具有可解释性的网络逐渐成为研究的热点，同时，发展人机协同的混合增强智能、类脑智能、更加健壮的人工智能也成为学者关注的焦点。

将深度学习与强化学习相结合，已在理论和应用方面取得了显著的成果，特别是谷歌的DeepMind团队研发的围棋程序AlphaGo及其升级版Master，在2016年以4∶1的比分战胜九段围棋选手李世石，成为人工智能历史上又一个新的里程碑。另外，深度强化学习在博弈均衡求解中的应用也是令人兴奋的方向之一。随着这些技术的细化和深入，进一步缩小了理论计算机和更为实用的机器学习等技术之间的鸿沟。随着理解的不断深入，将会发现深度强化学习考量各个应用领域有趣的问题并放置在同一个框架内进行思考和处理，逐步探索这些有趣的问题，最终能够取得满意的结果，实现框架和模型的重要性在于可以将抽象的概念和理论转化为触手可及的经验。

附 2　应用新方向

深度强化学习是近两年来深度学习领域迅猛发展起来的一个分支，其目的是解决计算机从感知到决策控制的问题，从而实现通用人工智能(通用人工智能是要创造一种无需人工编程，自学习解决各种问题的智能体，最终实现类人级别甚至超人级别的智能，通用的人工智能见图 15－13)。

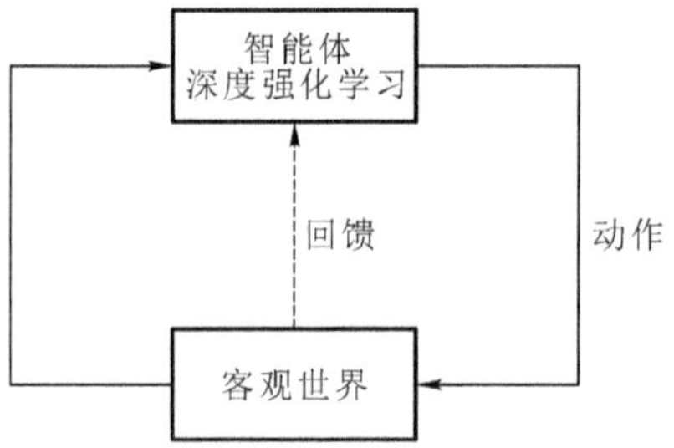

图 15－13　通过人工智能的基本框架

目前，以谷歌的DeepMind团队为首，深度强化学习已在视频、游戏、围棋和机器人等领域取得了突破性的进展，例如AlphaGo，其核心在于使用了深度强化学习，使得计算机能够通过自对弈的方式不断地提升棋艺水平，值得指出的是从感知到决策，端到端设计模式的深度强化学习具有非常广阔的应用前景，它的发展将进一步推动高级人工智能的革命。

任何独立的能够思想并可以同环境交互的实体都可以抽象为智能体，这里特指以深度强化学习为核心的技术框架，其中深度学习用来提供学习的机制，强化学习为深度学习提供学习的目标。目前，以深度强化学习为核心的基本框架都可以容纳在行动和评判模块下，如图 15－14 所示。

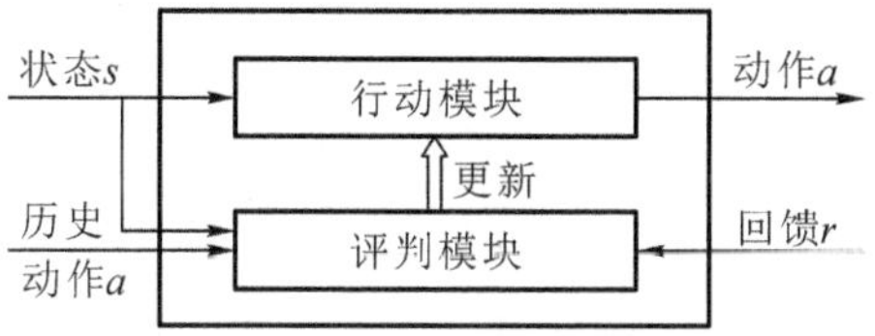

图 15-14　行动—评判框架

若将深度强化学习比作智能体中的大脑，那么该大脑包括两个模块：行动模块和评判模块，其中行动模块是大脑的执行机构，通过输入外部的状态，然后输出动作，而评判模块则可以认为是大脑的价值观，根据历史的信息和回馈进行更新，即自我调整然后影响整个行动模块。注意人类也是在自身价值和本能的指导下进行行为，并且价值观受经验的影响不断改变。

注意：在行动—评判框架下，谷歌的 DeepMind 相继提出了深度 Q 网络(DQN，于 2013 年提出)、A3C(Asynchronous Advantage Actor Critic，于 2015 年提出)和 UNREAL(Unsupervised Reinforcement and Auxiliary Learning，于 2016 年 11 月提出)等三种深度强化学习算法。

深度强化学习经过近两年的发展，在算法层面上取得了越来越好的效果，精妙的算法设计无不闪耀着人工智慧的光芒，作为从感知到决策控制的通用学习算法，已在各个领域得到广泛的应用。

附 3　深度 Q 学习

目前，依托大量训练数据集而成功的深度学习技术已在计算机视觉和语音处理等领域取得诸多突破性成果，最为直观的结论便是，依赖数据中的先验知识挖掘统计或物理特性的特征工程(包括特征提取与体征选择)将被基于深度学习技术下的特征学习所替代。

通常，Q 学习技术的成功依赖于人工特征的选取，进一步，智能体学习的好坏严重地取决于特征选取的质量。能否将 Q 学习中的人工特征提取技术替换为深度学习下的特征学习，如基于卷积神经网络的特征学习？回答是肯定的，这便是深度 Q 学习的动机。

本章参考文献

[15.1]　焦李成，赵进，杨淑媛，等. 深度学习、优化与识别[M]. 北京：清华大学出版社，2017.

[15.2]　WATKINS C J C H，DAYAN P. Technical Note：Q-Learning[J]. Machine Learning，1992，8(3-4)：279-292.

[15.3]　OSBAND I，BLUNDELL C，PRITZEL A，et al. Deep exploration via bootstrapped DQN[C]. Advances in Neural Information Processing Systems，2016：4026-4034.

[15.4]　HAUSKNECHT M，STONE P. Deep recurrent Q-learning for partially observable MDPs[C].

2015 AAAI Fall Symposium Series，2015：29－37.

[15.5] MNIH V，KAVUKCUOGLU K，SILVER D，et al. Playing Atari with deep reinforcement learning [J]. arXiv preprint arXiv:1312.5602，2013.

[15.6] BUENO M B，GIRO-I-NIETO X，MARQUESs F，et al. Hierarchical object detection with deep reinforcement learning[J]. Deep Learning for Image Processing Applications，2017，31(164)：3.

[15.7] CAICEDO J C，LAZEBNIK S. Active object localization with deep reinforcement learning[C]. Proceedings of the IEEE International Conference on Computer Vision，2015，2488－2496.

[15.8] GIRSHICK R. Fast R-CNN[C]. Proceedings of the IEEE International Conference on Computer Vision，2015，1440－1448.

[15.9] LIU W，ANGUELOV D，ERHAN D，et al. Ssd：Single shot multibox detector[C]. European Conference on Computer Vision，2016：21－37.

[15.10] YUN S，CHOI J，YOO Y，et al. Action-decision networks for visual tracking with deep reinforcement learning[C]. IEEE Conference on Computer Vision & Pattern Recognition，2017：2711－2720.

第16章 深度学习进阶

本章包括两部分：稀疏学习和深度学习实战。稀疏学习中提出三个问题：稀疏学习学什么？稀疏的模型有哪些？什么样的问题可以利用稀疏的知识，该如何求解？回答这三个问题的同时，给出稀疏学习的发展脉络以及有关稀疏的热点研究课题。最后结合灵长类动物视觉皮层方面研究的进展，给出稀疏神经认知的发展历程。深度学习实战针对部分概念和网络设计了实验，以便更好地理解深度学习的相关知识。

16.1 稀疏学习

在信号与图像处理过程中，模型是至关重要的。借助于合适的模型，我们可以处理各种任务，如去噪、恢复、分离、内插、外插、压缩、采样、分析和合成、检测、识别等等。本节考虑的是稀疏模型，这种模型具有漂亮的理论基础，并在实际应用中具有较好的性能，因而受到越来越多的关注。信号处理中稀疏模型的使用最早可以追溯到20世纪90年代Donoho和Johnstone的开创性工作——基于小波的稀疏信号和图像去噪。

该模型的核心在于线性代数中研究的一个简单的欠定线性方程组。给定一个满秩的矩阵$\mathbf{A}\in\mathbf{R}^{n\times m}$ $(n<m)$，产生一个欠定的线性方程组$\mathbf{A}\boldsymbol{x}=\boldsymbol{b}$，我们知道在$\boldsymbol{b}$已知的时候，该方程的解具有无穷多个，然而我们感兴趣的是求最稀疏的一个解，即该解的非零项的个数最少。那么这个解是不是唯一的？如果是，在什么时候？如何在耗时最少时找到这个稀疏解？显然，对于稀疏模型而言，这些问题是我们处理实际问题的动力与理论基础。另外，该领域的研究工作也是对线性代数、优化、科学计算等知识的一种延伸。

这个领域相对比较年轻，在1993年，Stephane Mallat和Zhang Zhifeng引入了字典的概念，取代了较为传统的小波变换，他们的工作推动了该领域的核心观念的发展，如对于欠定线性方程组，利用贪婪匹配技术逼近得到一个稀疏解，利用解的一致性测量来刻画字典的性能等等。另外在1995年，S. S. Chen、D. Donoho和M. Saunders引入了使用l_1范数的凸松弛算法，并且可以利用线性规划来求解凸优化问题。在这两个贡献的基础上，基于稀疏的信号与图像处理在求解过程中得到了实质性的发展与应用。之后Donoho和Huo在2001年发表的文章中定义并回答了该领域的核心问题，能否保证匹配追踪技术的成功？在什么条件下？不久，沿着这两个核心问题形成了该领域的骨架，并且提供了必要的理论支撑。

稀疏学习的任务主要有稀疏编码、字典学习。在回答这个问题之前，我们首先给出稀疏信号的定义以及字典的相关概念[16.1]。

16.1.1 相关概念

关于稀疏信号的定义，这里我们给出四种形式：严格 k 稀疏信号、可压缩信号、稀疏基下的稀疏信号和稀疏基下的可压缩信号。

(1) 严格 k 稀疏信号：考虑一个有限长信号 $\boldsymbol{x}\in\mathbf{R}^n$，如果信号 $\boldsymbol{x}$ 至多有 k 个非零元素，即 $\|\boldsymbol{x}\|_0\leqslant k$，则称信号 $\boldsymbol{x}$ 为严格 k 稀疏信号。

(2) 可压缩信号：如果信号可以用一个 k 稀疏向量来近似表示，则称这样的信号为可压缩信号。

(3) 稀疏基下的稀疏信号：在大多数情况下，信号本身不是稀疏的，却在某些合适的基或变换下稀疏，例如一个正弦信号不是稀疏的，但它的傅里叶变换是稀疏的，只包含一个非零值。或者定义为：如果一个信号至多有 k 个非零变换系数，则称该信号是 k 稀疏的。

(4) 稀疏基下的可压缩信号：给定值 k，信号 $\boldsymbol{x}$ 的最佳近似 k 项元素的线性组合为 $\hat{x}_k=\sum_{i=0}^{k-1}\alpha(i)\varphi(i)$，称 $\hat{x}_k$ 为 $\boldsymbol{x}$ 的最佳 k 稀疏近似。信号的压缩程度取决于系数 α 中所保留下的元素个数。

关于字典的概念，一般来说，字典 $\boldsymbol{A}$ 是来自信号空间的元素集，其线性组合可以表示或近似表示信号。在我们经常关注的稀疏学习任务中，往往要求字典是一个扁矩阵，也称为过完备字典。在实际应用中，这样的字典优于正交基已经得到验证。

16.1.2 稀疏编码

有关稀疏编码的最早的文献可以追溯到 1996 年 B. A. Olshausen 和 D. J. Field 的工作，他们考虑了哺乳动物初级视觉皮层简单细胞的接收域的三个性质，即空间局部化，方向性和带通特性。如何理解接收域的这些性质，并在自然图像处理中得到应用呢？一种已有的理解视觉神经元的反应性质的方法就是，考虑以有效编码的方式，将这些性质对应为自然图像的统计结构。沿着这个思路，大量的研究试图在自然图像上去训练无监督的训练方法，以期望获得类似于接收域的相似性质，即包含上面三个性质并张成图像空间，但是没有一个成功的。B. A. Olshausen 和 D. J. Field 的工作首次利用了极大化稀疏的特性去解释这些性质，他们的核心观点是：

$$E=-[\text{preserve inf}]-\lambda[\text{sparseness of }\alpha_i] \tag{16-1}$$

其中的信息保持项可以写为

$$[\text{preserve inf}] = -\sum_{x,y}\left[I(\boldsymbol{x}, \boldsymbol{y}) - \sum \alpha_i \varphi_i(\boldsymbol{x}, \boldsymbol{y})\right]^2 \tag{16-2}$$

系数的稀疏特性可以写为

$$[\text{sparseness } of\ \alpha_i] = -\sum_i S\left(\frac{\alpha_i}{\sigma}\right) \tag{16-3}$$

这里的 σ 是一个尺度常数，函数 $S(x)$ 可以选择为 $-\mathrm{e}^{-x^2}$、$\log(1+x^2)$ 和 $|x|$ 等，这些选择都可以使得系数具有很少的非零系数项。

其后沿着这个思路，我们考虑的稀疏编码问题可以归为求解如下的问题：给定一个过完备的字典 $\boldsymbol{D} \in \mathbf{R}^{n \times m}(n < m)$ 以及一个信号 $\boldsymbol{x} \in \mathbf{R}^n$，有

$$P_0 : \min_{\boldsymbol{\alpha}} \|\boldsymbol{\alpha}\|_0 \quad \text{s.t.} \ \|\boldsymbol{x} - \boldsymbol{D\alpha}\|_2 \leqslant \varepsilon \quad (\text{实际应用}) \tag{16-4}$$

这个问题的求解是 NP 难的(组合优化问题)，所以对上面这个问题求解的思路就有两种，分别为 1993 年 S. Mallat 和 Z. F. Zhang 的贪婪算法及 1995 年 S. B. Chen、D. Donoho 和 M. Saunders 的松弛算法。下面我们分别就这两种求解的思路作一详细的介绍。

1. 贪婪算法

贪婪算法的核心观念就是：假设字典 $\boldsymbol{D}$ 满足 $\text{spark}(\boldsymbol{D}) > 2$，那么在求解的最优解中，非零项系数有 $\text{val}(P_0) = 1$，进而我们需要找到这个解，可以利用

$$\min \varepsilon(j) = \|\boldsymbol{\alpha}_j \cdot \boldsymbol{z}_j - \boldsymbol{b}\|_2 \xrightarrow{\text{得到}} \boldsymbol{z}_j^* = \frac{\boldsymbol{\alpha}_j^{\mathrm{T}} \boldsymbol{b}}{\|\boldsymbol{\alpha}_j\|_2^2} \tag{16-5}$$

进而得到

$$\varepsilon(j) = \|\boldsymbol{b}\|_2^2 - \frac{(\boldsymbol{\alpha}_j^{\mathrm{T}} \boldsymbol{b})^2}{\|\boldsymbol{\alpha}_j\|_2^2} \tag{16-6}$$

如果有一项 $\varepsilon(j)$ 最小，则相应的 $\boldsymbol{z}_j^*$ 便是所要求得的非零系数项。利用相同的推理，我们假设 $\text{spark}(\boldsymbol{D}) > 2k_0$，那么我们知道 $\text{val}(P_0) = k_0$，这样为了找到这个解的非零项，需要枚举 $\binom{m}{k_0}$ 次从字典 $\boldsymbol{D}$ 得到 k_0 列，然后测试每一列。最小那一项得到的相应的系数就是非零系数项，然而这个过程消耗的时间为 $O(m^{k_0} n k_0)$，非常的慢。

因此，贪婪算法放弃了穷举式搜索，而支持局部最优单项更新，即初始的解为 $\boldsymbol{\alpha}^0 = \boldsymbol{0}$，相应的支撑集为空集，然后通过迭代更新，每一次增加一个非零项系数，直至第 k 次得到 $\boldsymbol{\alpha}^k$，其终止迭代的条件为 $\boldsymbol{r}^k = \boldsymbol{x} - \boldsymbol{D\alpha}^k$ 的二范数小于给定的 ε。

代表性的贪婪算法有：正交匹配追踪(OMP)、匹配追踪(MP)、弱匹配追踪(WMP)和阈值算法(TA)。其中最为典型和常用的是 OMP 算法。

2. 松弛算法

松弛算法求解的问题是放松 P_0 问题中的 l_0 范数，通过利用连续的或者(甚至)是光滑的逼

近取代它，通常松弛的选项包括 $l_p(p\in(0,1])$ 范数，或者为一些光滑函数 $\sum\log(1+\alpha x_j^2)$、$\sum x_j^2/(\alpha+x_j^2)$ 或者 $\sum(1-\mathrm{e}^{-\alpha x_j^2})$ 等。

将 P_0 问题放松为如下的问题：

$$P_P:\min_{\boldsymbol{\alpha}}\|\boldsymbol{\alpha}\|_p^p\quad \text{s.t. } \boldsymbol{x}=\boldsymbol{D\alpha}\quad(\text{理论分析})\tag{16-7}$$

如何求解这个问题？Gorodnitsky 和 Rao 提出了 FOCUSS 算法来求解此类问题，其思想简单概述如下：

使用迭代加权最小二乘(IRLS)将 $l_p(p\in(0,1])$ 范数表示为带有权值矩阵的 l_2 范数形式。在迭代求解的过程中，给定当前解 $\boldsymbol{\alpha}_{k-1}$，权值矩阵设定为 $\boldsymbol{A}_{k-1}=\mathrm{diag}(|\boldsymbol{\alpha}_{k-1}|^q)$，假设该矩阵是可逆的，则有

$$\|\boldsymbol{A}_{k-1}^{-1}\boldsymbol{\alpha}\|_2^2=\|\boldsymbol{\alpha}\|_{2-2q}^{2-2q}\tag{16-8}$$

进一步，设 $2-2q=p$，则变为 $\boldsymbol{\alpha}_p^p$。在实际中，通常不能保证权值矩阵是可逆的，所以通常取为伪逆，即 $\|\boldsymbol{A}_{k-1}^{\dagger}\boldsymbol{\alpha}\|_2^2$，基于此，求解问题 P_p。

利用拉格朗日乘子法可以得到

$$L(\boldsymbol{\alpha})=\|\boldsymbol{A}_{k-1}^{\dagger}\boldsymbol{\alpha}\|_2^2+\boldsymbol{\lambda}^{\mathrm{T}}(\boldsymbol{x}-\boldsymbol{D\alpha})\tag{16-9}$$

求导可以求得 $\boldsymbol{\alpha}_k$，迭代的停止准则是 $\|\boldsymbol{\alpha}_k-\boldsymbol{\alpha}_{k-1}\|_2$ 小于预先指定的阈值。

注：FOCUSS 算法是一种实际的策略，所得到的解是对于 P_0 问题的全局最优解的一种逼近。

另外一种松弛的策略是将 P_0 问题中的 l_0 范数直接变为 l_1 范数，必须注意字典中的原子是否进行了归一化。之前在 P_0 问题中的 l_0 范数与系数中的非零项是没有关系的，但是 $l_p(p\in(0,1])$ 范数趋于惩罚较大的非零项系数，为了避免这样的情况，我们应该对其进行合适的加权，新的问题就变为：

$$P_1:\min_{\boldsymbol{\alpha}}\|\boldsymbol{W}^{-1}\boldsymbol{\alpha}\|_1\quad \text{s.t.}\quad \boldsymbol{x}=\boldsymbol{D\alpha}\quad(\text{理论分析})\tag{16-10}$$

其中权值矩阵 $\boldsymbol{W}$ 的一种自然取法就是 $w(i,i)=1/\|\boldsymbol{d}_i\|_2$($\boldsymbol{d}_i$ 是字典 $\boldsymbol{D}$ 的第 i 个原子)，如果字典经过归一化处理，那么得到的矩阵 $\boldsymbol{W}=\boldsymbol{I}$，相应的解法为 1995 年 Chen、Donoho 和 Saunders 提出的基匹配算法(BP)。

在实际应用中，我们分析的问题是基匹配降噪(BPDN)，由于已经假设字典 $\boldsymbol{D}$ 的原子是经过归一化处理的，求解的问题如下：

$$P_1^{\varepsilon}:\min_{\boldsymbol{\alpha}}\|\boldsymbol{\alpha}\|_1\quad \text{s.t.}\ \|\boldsymbol{b}-\boldsymbol{D\alpha}\|_2^2\leqslant\varepsilon\tag{16-11}$$

对于这个问题的求解，一方面可以利用线性规划去求解；另外一方面也可以通过迭代加权的最小二乘法来求解(IRLS)。前者已经可以通过各种优化包软件进行求解，但是在数据量较大的时候，二次规划求起来过于慢并且还需要对一些具体软件包中的技术进行改进。我们关注于 IRLS，它可以通过拉格朗日乘子将 P_1^{ε} 问题转化为下面的无约束优化问题：

$$Q_1^\lambda:\min_x \boldsymbol{\lambda}\|\boldsymbol{\alpha}\|_1+\frac{1}{2}\|\boldsymbol{b}-\boldsymbol{D\alpha}\|_2^2 \tag{16-12}$$

注意这里的 λ 是关于 $\boldsymbol{b}$、$\boldsymbol{D}$、ε 的函数。通过设置 $\boldsymbol{\Lambda}=\mathrm{diag}(|\boldsymbol{\alpha}|)$，有 $\|\boldsymbol{\alpha}\|_1\equiv\boldsymbol{\alpha}^{\mathrm{T}}\boldsymbol{\Lambda}^{-1}\boldsymbol{\alpha}$，给定当前的一个逼近解 $\boldsymbol{\alpha}_{k-1}$，可以得到 $\boldsymbol{\Lambda}_{k-1}^{-1}$，我们可以求解

$$M_k:\min_x \lambda\boldsymbol{\alpha}^{\mathrm{T}}\boldsymbol{\Lambda}_{k-1}^{-1}\boldsymbol{\alpha}+\frac{1}{2}\|\boldsymbol{b}-\boldsymbol{D\alpha}\|_2^2 \tag{16-13}$$

得到 $\boldsymbol{\alpha}_k$，不断更新直至满足停止准则 $\|\boldsymbol{\alpha}_k-\boldsymbol{\alpha}_{k-1}\|_2$。当然由于 λ 的不同，得到的解也不一样，选择 λ 通常使用的方法就是最小角度回归(LARS)，这种方法给出了随 λ 变化时，解 $\boldsymbol{\alpha}$ 中的每一项从零到非零变化的路径。λ 越小，解 $\boldsymbol{\alpha}$ 中的非零项的个数增多，反之减少。另外一种方法就是利用规范 l_2 差来绘制出随 λ 变化的曲线图，$\|\hat{\boldsymbol{x}}_\lambda-\boldsymbol{x}_0\|^2/\|\boldsymbol{x}_0\|^2$，选择其差最小的时候对应的 λ 即可。

最后，将此类问题转化为如下的形式：

$$f(\boldsymbol{\alpha})=\lambda\boldsymbol{I}^{\mathrm{T}}\rho(\boldsymbol{\alpha})+\frac{1}{2}\|\boldsymbol{x}-\boldsymbol{D\alpha}\|_2^2 \tag{16-14}$$

其中 $\boldsymbol{I}$ 表示全为 1 的向量；对于此问题形成了不同的迭代收缩算法，其中最为常用的 4 种算法为：可分替代函数法、基于迭代的最小二乘法、平行坐标下降法、逐阶段 OMP 法。

16.1.3 字典学习

字典学习是稀疏模型中的核心，在信号与图像处理的过程中，我们如何针对应用场景和任务明智地选择字典呢？一般而言，有预先指定字典、带参可调字典和学习字典三种思路。

1. 预先指定字典

对于预先指定的字典，有离散余弦、非下采样小波、轮廓波、曲波等，这一类字典都有它所处理的具体的图像类，如图像中的 Cartoon 部分被认为是分段光滑且具有光滑的边界。一些预先指定的字典都有详尽的理论分析，估计表示系数的稀疏度，以此来简化信号的内容。

2. 带参可调字典

在参数的控制下，可以通过调节参数来获得一组基或者框架，进而形成字典，其中最为熟知的就是小波包和带状波。例如小波包，可以通过计算信号在不同尺度不同频带上的信息熵，进而选择最优的小波基来表示该信号。

需要注意的是，预先指定的字典或者带参可调字典具有快速的变换算法，所以计算的效率比较高，但是它们稀疏表示信号的能力有限。因此大多数这类字典都被限制在特定的信号或者图像类，不适用于新的或者任意感兴趣的信号。

3. 学习字典

为了避免前面两种字典稀疏表示能力限制的缺陷，我们通过学习的方式来获得字典。首先学习的前提是，我们需要建立信号样例的训练数据库，相似于在应用中所期望的信号；然后根据训练样例库构造一个经验学习字典，其中字典的原子是来自于经验数据，而不是一些理论模型；最后利用得到的字典对期望的信号进行处理。

学习字典具有以下两个特点：一是为了提升稀疏表示信号的能力，以较大的计算量为代价，使得学到的字典不具有清晰的结构特性；另外一个学习的缺点是训练的方法被限制到低维信号上，这就是为什么处理图像的时候需要在一些小的滑块上训练字典的原因。

学习字典的方法有：Engan 等提出的最优方向法（MOD）[16.2] 和 Aharon 等提出的 K-SVD[16.3] 方法。下面我们先考察学习字典中的核心问题，然后给出经典的 K-SVD 方法学习字典的思路，之后总结 K-SVD 方法的缺点及改进的策略，最后给出字典学习的最新进展。

1）学习字典中的核心问题

我们所考察的问题是

$$\min_{\boldsymbol{A},\ \{\boldsymbol{x}_j\}_{i=1}^{M}} \sum_{i=1}^{M} \|\boldsymbol{y}_i - \boldsymbol{A} \cdot \boldsymbol{x}_i\|_2^2 \qquad \text{s.t.}\ \|\boldsymbol{x}_i\|_0 \leqslant k_0,\ 1 \leqslant i \leqslant M \tag{16-15}$$

或者

$$\min_{\boldsymbol{A},\ \{\boldsymbol{x}_j\}_{i=1}^{M}} \sum_{i=1}^{M} \|\boldsymbol{x}_i\|_0 \qquad \text{s.t.}\ \|\boldsymbol{y}_i - \boldsymbol{A} \cdot \boldsymbol{x}_i\|_2^2 \leqslant \varepsilon,\ 1 \leqslant i \leqslant M \tag{16-16}$$

这个问题是否有有意义的解？Aharon 等人回答了这个问题，至少在 $\varepsilon=0$ 的时候，假设存在着一个字典 $\boldsymbol{A}_0$ 和一个充分多样的训练样例库，所有的样例可以由至多 k_0 个原子线性表示，则重新缩放和置换列原子，$\boldsymbol{A}_0$ 是唯一的字典，能够表示训练样例库中所有的样例。

2）K-SVD 算法

为了得到字典和相应的稀疏表示系数，可通过联合去求表示系数和字典。该算法包含两步：一是稀疏编码，即固定字典，利用 OMP 法求相应稀疏表示系数；二是固定得到稀疏表示系数后，来更新字典。这里主要来陈述如何更新字典。如上面的问题中所示，共有 M 个训练样例，在固定字典的前提下，我们可以得到 M 个稀疏表示系数，将其按列排放得到一个矩阵，记为 $\boldsymbol{X}$；为了更新字典中的每一个原子，比如第 j_0 个原子，我们需要计算残差矩阵

$$\boldsymbol{E}_{j_0} = \boldsymbol{Y} - \sum_{j \neq j_0} \boldsymbol{\alpha}_j \boldsymbol{x}_j^{\mathrm{T}} \tag{16-17}$$

然后计算第 j_0 个原子所使用的支撑集

$$\Omega_{j_0} = \{i \mid \boldsymbol{X}(j_0,\ i) \neq 0,\quad i=1,\ 2,\cdots,M\} \tag{16-18}$$

之后计算残差矩阵在此支撑集上所对应的列，构成矩阵 $\boldsymbol{E}_{j_0}^R$，最后对此矩阵进行奇异值分解，得到 $\boldsymbol{E}_{j_0}^R=\boldsymbol{U\Delta V}^{\mathrm{T}}$，更新字典原子得到 $\boldsymbol{a}_{j_0}=\boldsymbol{u}_1$，表示系数为 $\boldsymbol{x}_{j_0}^R=\boldsymbol{\Delta}_{[1,1]}\cdot\boldsymbol{v}_1$。

3) K-SVD 方法的缺点和改进思路

K-SVD 学习字典的思路比较简单，在实际中也获得了广泛的应用，但是它也有一些缺点，如下：

一是速度和记忆问题，与结构化的字典相比，训练得到的字典需要更多的计算量，因此使用和存储学习得到的字典时，与传统的变换方法相比，往往是缺乏效率的。

二是限制在低维信号，学习过程被限制在 $n\leqslant 1000$ 的低维信号上，超越这个维数会带来一系列的问题，如非常慢的学习过程、过拟合的风险等。

三是单尺度上的字典，不论是通过 MOD 方法还是 K-SVD 方法训练得到的字典都考虑图像原本尺度，但小波变换给我们的启示是信号在不同尺度上具有不同信息，能否得到多尺度上的字典？

四是缺乏不变量特性，在一些应用中，我们期望得到的字典具有一些不变量的性质，最为经典的性质就是平移不变性质和尺度不变性质，这也就是说当字典应用在一幅平移/旋转/伸缩上的图像时，我们所期望得到的稀疏表示与原始图像的表示具有紧密的关系。

上面这些学习字典的缺点都是预先指定字典和带参可调字典的优点。下面我们针对上面的缺点，给出一些学习字典的改进策略。

针对第二个缺点——限制在低维信号，Ron Rubinstein 提出了稀疏 K-SVD 学习的策略，即双稀疏的方法[16.4]。描述为：假设字典 $\boldsymbol{A}$ 中每一个原子能够表示为预先指定字典 $\boldsymbol{A}_0$ 的 k_0 个原子的线性组合，因此，我们的假设能够写为 $\boldsymbol{A}=\boldsymbol{A}_0\boldsymbol{Z}$，这里的矩阵 $\boldsymbol{Z}$ 是一个每列只有 k_0 个非零项的稀疏矩阵。这样的选择有什么好处？这个字典 $\boldsymbol{A}$ 有快速运算的算法，因此利用 $\boldsymbol{A}$ 和它的伴随矩阵是比较容易的。之后，我们得到的求解问题如下：

$$\begin{aligned}&\min_{\{\boldsymbol{x}_i\}_{i=1}^M,\{\boldsymbol{z}_j\}_{j=1}^m}\sum_{i=1}^M\|\boldsymbol{y}_i-\boldsymbol{A}_0\boldsymbol{Z}\boldsymbol{x}_i\|_2^2\\&\text{s.t.}\begin{cases}\|\boldsymbol{z}_{j}\|_0\leqslant k_0 & 1\leqslant j\leqslant m\\\|\boldsymbol{x}_{i}\|_0\leqslant k_1 & 1\leqslant i\leqslant M\end{cases}\end{aligned}\tag{16-19}$$

如何求解？一方面，固定稀疏矩阵 $\boldsymbol{Z}$，利用 OMP 法求解稀疏系数 $\{\boldsymbol{x}_i\}_{i=1}^M$；另外一方面固定稀疏系数 $\{\boldsymbol{x}_i\}_{i=1}^M$，更新稀疏矩阵 $\boldsymbol{Z}$。如何得到稀疏矩阵 $\boldsymbol{Z}$ 中每一列或者每一个原子？我们只需要将上面的目标函数等价地写为

$$\sum_i\|\boldsymbol{y}_i-\boldsymbol{A}_0\boldsymbol{Z}\boldsymbol{x}_i\|_2^2=\|\boldsymbol{Y}-\boldsymbol{A}_0\sum_j\boldsymbol{z}_j\tilde{\boldsymbol{x}}_j^{\mathrm{T}}\|_F^2=\|\boldsymbol{E}_j-\boldsymbol{A}_0\boldsymbol{z}_j\tilde{\boldsymbol{x}}_j^{\mathrm{T}}\|_F^2\tag{16-20}$$

其中这里的 $\boldsymbol{E}_j=\boldsymbol{Y}-\boldsymbol{A}_0\sum_{k\neq j}\boldsymbol{z}_k\tilde{\boldsymbol{x}}_k^{\mathrm{T}}$，$\tilde{\boldsymbol{x}}_j^{\mathrm{T}}$ 为稀疏系数矩阵 $\boldsymbol{X}$ 的第 j 行，之后根据

$$\|\boldsymbol{E}_j-\boldsymbol{A}_0\boldsymbol{z}_j\tilde{\boldsymbol{x}}_j^{\mathrm{T}}\|_F^2=\|\boldsymbol{E}_j\tilde{\boldsymbol{x}}_j-\boldsymbol{A}_0\boldsymbol{z}_j\|_F^2+f(\boldsymbol{E}_j,\tilde{\boldsymbol{x}}_j)\tag{16-21}$$

得到相等价的问题，求解稀疏矩阵 $\boldsymbol{Z}$ 中的每一列，即

$$\min_{z_j} \| \boldsymbol{E}_j \tilde{\boldsymbol{x}}_j - \boldsymbol{A}_0 \boldsymbol{z}_j \|_2^2 \quad \text{s.t.} \| \boldsymbol{z}_j \|_0 \leqslant k_0 \tag{16-22}$$

这样通过 OMP 法便可以得到更新的稀疏矩阵 $\boldsymbol{Z}$ 了。

针对第一个缺点，我们可以在学习的字典中嵌入一些结构，最为简单的方法就是将多个酉矩阵并起来形成一个过完备的字典，这种结构的字典能够保证所得到的是紧框架，即它的伴随矩阵与伪逆矩阵是相等的。描述如下，给出两个酉矩阵，将其合并为一个字典矩阵 $\boldsymbol{A}=[\boldsymbol{\psi}, \boldsymbol{\phi}]\in \mathbf{R}^{n\times 2n}$，下面我们主要集中在字典的更新阶段，即我们的目标是

$$\min_{\psi, \phi} \| \boldsymbol{\psi}\boldsymbol{X}_\psi + \boldsymbol{\phi}\boldsymbol{X}_\phi - \boldsymbol{Y} \|_F^2 \quad \text{s.t.} \quad \boldsymbol{\psi}^{\mathrm{T}}\boldsymbol{\psi} = \boldsymbol{\phi}^{\mathrm{T}}\boldsymbol{\phi} = \boldsymbol{I} \tag{16-23}$$

对于求解 $\boldsymbol{\psi}$、$\boldsymbol{\phi}$，我们采用固定 $\boldsymbol{\psi}$、更新 $\boldsymbol{\phi}$，再固定 $\boldsymbol{\phi}$、更新 $\boldsymbol{\psi}$ 的方法。这样便可以利用著名的 Procrastes 问题，描述如下。求解：

$$\min_{Q} \| \boldsymbol{A} - \boldsymbol{Q}\boldsymbol{B} \|_F^2 \quad \text{s.t.} \quad \boldsymbol{Q}^{\mathrm{T}}\boldsymbol{Q} = \boldsymbol{I} \tag{16-24}$$

我们可以将上面的目标函数写为

$$\| \boldsymbol{A} - \boldsymbol{Q}\boldsymbol{B} \|_F^2 = \mathrm{tr}\{\boldsymbol{A}^{\mathrm{T}}\boldsymbol{A}\} + \mathrm{tr}\{\boldsymbol{B}^{\mathrm{T}}\boldsymbol{B}\} - 2\mathrm{tr}\{\boldsymbol{Q}\boldsymbol{B}\boldsymbol{A}^{\mathrm{T}}\} \tag{16-25}$$

那么极小化上面的式子，转化为极大化 $\mathrm{tr}\{\boldsymbol{QBA}^{\mathrm{T}}\}$，根据迹的性质，有

$$\begin{aligned}
&\mathrm{tr}\{\boldsymbol{QBA}^{\mathrm{T}}\} \xrightarrow{\boldsymbol{BA}^{\mathrm{T}} = \boldsymbol{U}\sum \boldsymbol{V}^{\mathrm{T}}} \mathrm{tr}\left\{\boldsymbol{QU}\sum \boldsymbol{V}^{\mathrm{T}}\right\} \xrightarrow{\mathrm{tr}(\boldsymbol{ab}) = \mathrm{tr}(\boldsymbol{ba})} \mathrm{tr}\left\{\boldsymbol{V}^{\mathrm{T}}\boldsymbol{QU}\sum\right\} \\
&\xrightarrow{\boldsymbol{V}^{\mathrm{T}}\boldsymbol{QU} = \boldsymbol{Z}} \mathrm{tr}\left\{\boldsymbol{Z}\sum\right\} = \sum_i \sigma_i z_{i,i} \leqslant \sum_i \sigma_i
\end{aligned} \tag{16-26}$$

所以我们选择 $\boldsymbol{Q}=\boldsymbol{V}\boldsymbol{U}^{\mathrm{T}}$，这样 $\boldsymbol{Z}=\boldsymbol{I}$，便可以使得 $\mathrm{tr}\{\boldsymbol{QBA}^{\mathrm{T}}\}$取极大值。

针对第四个缺点，为了使字典具有一定的不变量性质，Aharon 等提出了一种特征字典，这种字典的结构性质引入了平移不变性质，描述为：

假设我们所需要的字典 $\mathbf{A}\in \mathbf{R}^{n\times m}$ 是由一单信号 $\boldsymbol{a}_0 \in \mathbf{R}^{m\times 1}$ 所构造形成的，提取所有长度为 n 的块(包括循环平移形成的块)，称单信号为特征信号，它所定义的字典为特征字典。对于一个信号 $\boldsymbol{y}$，可以由这个字典来进行表示：

$$\boldsymbol{y} = \sum_{k=1}^{m} \boldsymbol{x}_k \boldsymbol{a}_k = \sum_{k=1}^{m} \boldsymbol{x}_k \boldsymbol{R}_k \boldsymbol{a}_0 \tag{16-27}$$

这里 $\boldsymbol{R}_k$ 为一个算子，表示从特征信号中的第 k 个位置提取长度为 n 的块。在此结构下，字典学习的目标如下：

$$\min_{\boldsymbol{A}, \{\boldsymbol{x}_i\}_{i=1}^{M}} \sum_{i=1}^{M} \| \boldsymbol{y}_i - \boldsymbol{A}\boldsymbol{x}_i \|_2^2 \quad \text{s.t.} \| \boldsymbol{x}_i \|_0 \leqslant k_0, \ i=1, 2, \cdots, M \tag{16-28}$$

在稀疏编码阶段，仍用 OMP 方法去求；但在字典更新阶段，可以求解如下：

$$\sum_{i=1}^{M} \| \boldsymbol{y}_i - \boldsymbol{A}\boldsymbol{x}_i \|_2^2 = \sum_{i=1}^{M} \left\| \boldsymbol{y}_i - \sum_{k=1}^{m} \boldsymbol{x}_i(k) \boldsymbol{R}_k \boldsymbol{a}_0 \right\|_2^2 \tag{16-29}$$

为了取极值，对其求导数，可以得到：

$$\sum_{i=1}^{M}\left(\sum_{k=1}^{m}\boldsymbol{x}_i(k)\boldsymbol{R}_k\right)^{\mathrm{T}}\left(\boldsymbol{y}_i-\sum_{k=1}^{m}\boldsymbol{x}_i(k)\boldsymbol{R}_k\boldsymbol{a}_0\right)=\boldsymbol{0} \tag{16-30}$$

进而得到特征信号的最优表达式：

$$\boldsymbol{a}_0^{\mathrm{opt}}=\left(\sum_{k=1}^{m}\sum_{j=1}^{m}\left[\sum_{i=1}^{M}\boldsymbol{x}_i(k)\boldsymbol{x}_i(j)\right]\boldsymbol{R}_k^{\mathrm{T}}\boldsymbol{R}_j\right)^{-1}\sum_{i=1}^{M}\sum_{k=1}^{m}\boldsymbol{x}_i(k)\boldsymbol{R}_k^{\mathrm{T}}\boldsymbol{y}_i \tag{16-31}$$

这个结构有哪些优点？一是由于字典的自由度远小于 mn，因此仅利用较少训练数据便可以得到特征字典，另外学习过程的快速收敛特性也可以得到，这种字典的适用性是具有平移特性的信号或者图像。二是在这种结构的字典中原子的尺寸可以很容易调节。

针对第三个缺点，2007 年 J. Mairal、G. Sapiro 和 M. Elad 三人提出了多尺度字典学习的策略[16.5]，这也是对 K-SVD 单尺度学习字典的一种改进，为了描述的方便，我们给出全局 K-SVD 字典关于降噪的问题：

$$\{\hat{\boldsymbol{\alpha}}_{i,j},\hat{\boldsymbol{D}},\hat{\boldsymbol{x}}\}=\arg\min\boldsymbol{\lambda}\|\boldsymbol{x}-\boldsymbol{y}\|_2^2+\sum_{i,j}\boldsymbol{\mu}_{i,j}\|\boldsymbol{\alpha}_{i,j}\|_0+\sum_{i,j}\|\boldsymbol{D}\boldsymbol{\alpha}_{i,j}-\boldsymbol{R}_{i,j}\boldsymbol{x}\|_2^2 \tag{16-32}$$

关于这个问题的求解，包括稀疏编码、字典更新、重构信号。首先，如果我们假设字典 $\boldsymbol{D}$ 是已知的，那么未知量有两个，一个是稀疏表示系数 $\hat{\boldsymbol{\alpha}}_{i,j}$，另一个是整体输出图像 $\boldsymbol{x}$。接下来处理的思路是令 $\boldsymbol{x}=\boldsymbol{y}$ 时，先利用稀疏编码求解如下的问题：

$$\hat{\boldsymbol{\alpha}}_{i,j}=\arg\min\boldsymbol{\mu}_k\|\boldsymbol{\alpha}_{i,j}\|+\|\boldsymbol{D}\boldsymbol{\alpha}_{i,j}-\boldsymbol{R}_{i,j}\boldsymbol{x}\|_2^2 \tag{16-33}$$

得到全部的稀疏表示系数 $\{\hat{\boldsymbol{\alpha}}_{i,j}\}$，之后我们更新求解的全局信号：

$$\hat{\boldsymbol{y}}=\arg\min_{\boldsymbol{x}}\boldsymbol{\lambda}\|\boldsymbol{x}-\boldsymbol{y}\|_2^2+\sum_{i,j}\|\boldsymbol{D}\boldsymbol{\alpha}_{i,j}-\boldsymbol{R}_{i,j}\boldsymbol{x}\|_2^2 \tag{16-34}$$

它具有一个闭形式的解，即

$$\hat{\boldsymbol{y}}=\left(\boldsymbol{\lambda}\boldsymbol{I}+\sum_{i,j}\boldsymbol{R}_{i,j}^{\mathrm{T}}\boldsymbol{R}_{i,j}\right)^{-1}\left(\boldsymbol{\lambda}\boldsymbol{y}+\sum_{i,j}\boldsymbol{R}_{i,j}^{\mathrm{T}}\boldsymbol{D}\boldsymbol{\alpha}_{i,j}\right) \tag{16-35}$$

其次，如果字典是未知的，那么我们也可以通过 K-SVD 的方法进行学习，即在稀疏编码中给一个初始的字典，然后在字典与稀疏表示系数之间进行迭代，得到字典和系数后，再进行重构得到去噪后的图像。

为什么需要多尺度稀疏表示？由于一幅图像的信息是呈多尺度分布的，如果能够获取不同尺度上的字典来表征这些不同尺度上的信息，之后将这些多尺度上的信息进行融合处理，即可得到更好的一种原图像逼近。J. Mairal、G. Sapiro 和 M. Elad 等人提出了利用图像四叉树的多尺度信息分布和 K-SVD 训练字典的方法，得到每一尺度上的字典[16.6]。下面我们分两步来阐述这篇文章的思想，一是用四叉树模型选择多尺度结构的信息；二是每一尺度上的稀疏编码、字典更新，以及最后多尺度上的信息重构信号。

（1）四叉树模型。我们给出多尺度上的四叉树模型，如图 16－1 所示。

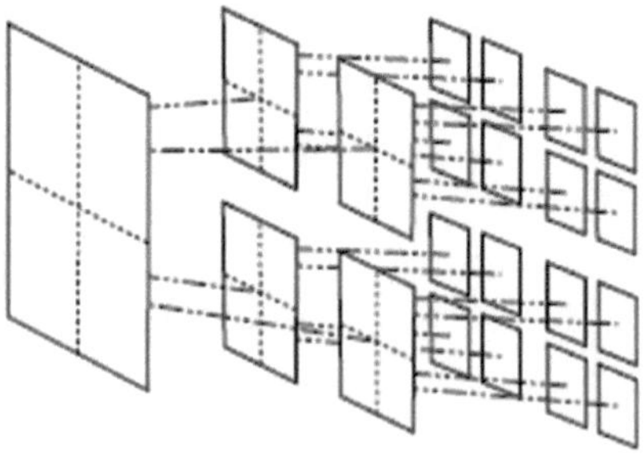

图 16－1　多尺度四叉树模型

四叉树有两个参数，一个是多尺度的个数 N；另外一个是树的深度 $n_s=n/4^s$，其中 n 为 $s=0$ 上的滑块尺寸的大小。可以看出 $s=0, 1, \cdots, N-1$。

（2）稀疏编码、字典更新和重构信号。给出需要求解的问题表达式如下：

$$\{\hat{\boldsymbol{y}}, \hat{\boldsymbol{D}}_s, \hat{\boldsymbol{q}}_{s,k}^n\}=\arg\min \boldsymbol{\lambda}\|\boldsymbol{x}-\boldsymbol{y}\|_2^2+\sum_{s=0}^{N-1}\sum_{n=1}^{4s}\sum_{k=1}^{M_s}\|\boldsymbol{D}_s\boldsymbol{q}_{s,k}^n-\boldsymbol{R}_{s,k}^n\boldsymbol{x}\|_2^2+$$

$$\sum_{s=0}^{N-1}\sum_{n=1}^{4s}\sum_{k=1}^{M_{s,n}}\boldsymbol{\mu}_{s,k}^n\|\boldsymbol{q}_{s,k}^n\|_0 \tag{16-36}$$

式中符号解释如下：$\boldsymbol{D}_s$ 为尺度 s 上的字典；$\boldsymbol{q}_{s,k}^n$ 为尺度 s 的第 n 个位置上的第 k 个样本所对应的稀疏表示系数；$\boldsymbol{R}_{s,k}^n$ 为从尺度 s 的第 n 个位置的图像上提取第 k 个样本的算子。如何求解上面的这个问题？仍然利用单尺度 K-SVD 的思路，分为每一尺度上的稀疏编码和字典更新，之后再进行重构。这里只给出已经得到每一尺度字典和相应的表示系数上的重构公式，即考虑如下全局恢复问题：

$$\min \boldsymbol{\lambda}\|\boldsymbol{x}-\boldsymbol{y}\|_2^2+\sum_{s=0}^{N-1}\sum_{n=1}^{4s}\sum_{k=1}^{M_s}\|\boldsymbol{D}_s\boldsymbol{q}_{s,k}^n-\boldsymbol{R}_{s,k}^n\boldsymbol{x}\|_2^2 \tag{16-37}$$

最后得到的恢复信号的闭形式解为

$$\hat{\boldsymbol{y}}=\left(\boldsymbol{\lambda I}+\sum_s\sum_n\sum_k(\boldsymbol{R}_{s,k}^n)^{\mathrm{T}}\boldsymbol{R}_{s,k}^n\right)^{-1}\left(\boldsymbol{\lambda y}+\sum_s\sum_n\sum_k(\boldsymbol{R}_{s,k}^n)^{\mathrm{T}}\boldsymbol{D}_s\boldsymbol{q}_{s,k}^n\right) \tag{16-38}$$

实验结果可以参考 J. Mairal、G. Sapiro 和 M. Elad 的文章。

除了这种改进之外，2011 年 B. Ophir、M. Lustig 和 M. Elad 提出了利用小波变换的多尺度字典的学习策略。2007 年 J. Mairal 等人的文章直接利用的是图像空域的四叉树模型的多尺度信息，B. Ophir 等人认为也可以利用其多尺度上的小波系数，通过对每一尺度上的小波系数进行学习得到字典，之后处理相应尺度上的小波系数，再通过小波逆变换得到原始图像的一种逼近。这篇文章的思路简单描述如下：

首先建立一个训练样例图库，对其每一幅图像利用小波进行 N 尺度分解，每一尺度上得到 3 个高频带，最后一个尺度上有 4 个频带，即 1 个低频带和 3 个高频带。我们收集所有图像、相同尺度和频带上的小波系数(尺度系数)，将其作为该尺度上的未处理的训练样例集，再通过滑块处理得到该尺度上的训练样例集，利用 K-SVD 算法进行训练得到该尺度上的字典，这样我们便有 $3N+1$ 个字典。在测试阶段，我们给出一幅图像，假设其与训练样例库中的样例具有相似性(可以是噪声水平等)，通过同样的小波来进行相同尺度上的分解，对分解后的每一个尺度上的小波系数利用相应尺度上的字典，利用 OMP 进行计算求解该小波系数的稀疏表示系数，之后得到小波系数的一个逼近，再通过逆小波变换得到原始图像的一个逼近。

16.2 稀疏模型

在这一节，我们主要来讨论信号处理中的稀疏模型，以及稀疏模型的最新进展。关于合成稀疏模型和分析稀疏模型的成果主要参考 M. Elad 团队的工作。本节共分为三小节，第一小节论述合成稀疏模型，第二小节为分析稀疏模型，第三小节为稀疏模型的最新进展。首先给出一些已有的信号模型分析。

考虑样例集合 $\boldsymbol{y}=\{y_j\}\subset\mathbf{R}^n$，如果该样例集合来自于一幅图像进行滑块得到的，那么我们知道，在一幅图像中光滑的块是以较高的概率发生的，高度非光滑和失真的块是几乎不存在的。因此，可以利用贝叶斯框架下的概率密度函数(PDF)给出描述先验分布 $P(\boldsymbol{y})$，先验在信号处理中得到了广泛的应用，如逆问题、压缩、异常检测等等。例如对于去噪问题，观测图像是干净图像加噪声得到的，即 $\boldsymbol{y}=\boldsymbol{y}_0+\boldsymbol{n}$，已知噪声具有有限的能量 $\|\boldsymbol{n}\|_2\leqslant\varepsilon$，则优化问题变为

$$\max_{\hat{\boldsymbol{y}}} P(\hat{\boldsymbol{y}}) \quad \text{s.t.} \quad \|\hat{\boldsymbol{y}}-\boldsymbol{y}\|_2\leqslant\varepsilon \tag{16-39}$$

很多的对于形成先验闭表示形式的工作已经完成。下面我们给出两种常见的先验构造方式。其中一种最为常见的构造 $P(\boldsymbol{y})$ 的方式就是基于图像内容的直观期望。例如吉布斯分布：

$$P(\boldsymbol{y})=\text{Const}\cdot \mathrm{e}^{-\lambda\|\boldsymbol{L}\boldsymbol{y}\|_2^2} \tag{16-40}$$

其中，$\boldsymbol{L}$ 是拉普拉斯矩阵，是对图像 $\boldsymbol{y}$ 概率的一种评价，在这种先验中，光滑性被用于判断图像的概率，并且在信号与图像处理中广泛地使用。进一步，在这种先验的描述下，优化问题可以写为：

$$\min_{\hat{\boldsymbol{y}}} \|\boldsymbol{L}\hat{\boldsymbol{y}}\|_2^2 \quad \text{s.t.} \quad \|\hat{\boldsymbol{y}}-\boldsymbol{y}\|_2\leqslant\varepsilon \tag{16-41}$$

进一步利用拉格朗日乘子法，得到

$$\min_{\hat{\boldsymbol{y}}} \|\boldsymbol{L}\hat{\boldsymbol{y}}\|_2^2+\boldsymbol{\mu}\|\hat{\boldsymbol{y}}-\boldsymbol{y}\|_2^2 \tag{16-42}$$

进而它的解可以很容易地得到：$\hat{\boldsymbol{y}}=\boldsymbol{\mu}[\boldsymbol{L}^{\mathrm{T}}\boldsymbol{L}+\boldsymbol{\mu}\boldsymbol{I}]^{-1}\boldsymbol{y}$，其中 $\boldsymbol{\mu}$ 的选择应该满足问题中的限制 $\|\hat{\boldsymbol{y}}-\boldsymbol{y}\|_2\leqslant\varepsilon$。

与此类似的一个问题，如果信号 $\boldsymbol{y}=\boldsymbol{H}\boldsymbol{y}_0+\boldsymbol{n}$，其中的 $\boldsymbol{H}$ 为线性退化算子，那么得到的解为 $\hat{\boldsymbol{y}}=\boldsymbol{\mu}[\boldsymbol{L}^{\mathrm{T}}\boldsymbol{L}+\boldsymbol{\mu}\boldsymbol{H}^{\mathrm{T}}\boldsymbol{H}]^{-1}\boldsymbol{y}$，这就是有名的 Wiener 滤波器。

由于直观上 l_1 范数要比 l_2 范数更为稀疏，因此近几年将吉布斯分布中的 l_2 范数利用 l_1 范数替代，得到：

$$\min_{\hat{\boldsymbol{y}}} \|\boldsymbol{L}\hat{\boldsymbol{y}}\|_1 \quad \text{s.t.} \ \|\hat{\boldsymbol{y}}-\boldsymbol{y}\|_2\leqslant\varepsilon \tag{16-43}$$

这一选择类似于全变差算子(TV)。

另外一种构造先验的方法就是基于信号的变换系数。例如，对于一个信号 $\boldsymbol{y}$，考察它的小波变换 $\boldsymbol{T}$，得到小波系数 $\boldsymbol{T}\boldsymbol{y}$，在这种情况下，先验 PDF 就为

$$P(\boldsymbol{y})=\text{Const}\cdot \mathrm{e}^{-\boldsymbol{\lambda}\|\boldsymbol{T}\boldsymbol{y}\|_p^p} \tag{16-44}$$

这里 $p\in(0,1]$是为了促进稀疏。下面的分析求解与上面的吉布斯分布一样。在后来的研究中，除小波变换外，还可以考虑离散余弦变换(DCT)、哈达玛变换(HT)、主成分分析(PCA)。例如基于主成分分析的先验可以写为一个多变量的高斯分布：

$$P(\boldsymbol{y})=\text{Const}\cdot \mathrm{e}^{-\frac{1}{2}(\boldsymbol{y}-\boldsymbol{c})^{\mathrm{T}}\boldsymbol{R}^{-1}(\boldsymbol{y}-\boldsymbol{c})} \tag{16-45}$$

其中，$\boldsymbol{c}=\dfrac{1}{N}\sum_j \boldsymbol{y}_j$，$\boldsymbol{R}$ 为自相关矩阵，即 $\boldsymbol{R}=\dfrac{1}{N}\sum_j(\boldsymbol{y}_j-\boldsymbol{c})(\boldsymbol{y}_j-\boldsymbol{c})^{\mathrm{T}}$。

上面的基于先验得到的模型，对于给定信号通过先验概率 $P(\boldsymbol{y})$来评价比较容易，但是从服从此分布中获得随机采样是相对难的。为了解决这个获取难的问题，人们开始研究了稀疏模型(文献中称 Sparse-Land)，稀疏模型有两种模式，即合成与分析，下面我们分别来考虑这两种模型。

16.2.1 合成稀疏模型

信号稀疏的定义是稀疏基下的稀疏信号，在合成稀疏生成模型中，我们从稀疏表示系数 $\boldsymbol{\alpha}$ 出发，随机选择一个基数为 k 的支撑集 T(如果字典的原子个数为 m，那么这种选择有 $\binom{m}{k}$ 种)，然后利用字典 $\boldsymbol{D}$ 中所对应支撑集的列形成 $\boldsymbol{D}_T$，与相应的 $\boldsymbol{\alpha}_T$ 相乘，最终得到感兴趣的信号 $\boldsymbol{y}$。我们可以看到，此时该信号对应着子空间 $\overline{\text{span}}\{d_j: d_j\in\boldsymbol{D}, j\in T\}$，如果字典中的原子 d_i 的指标 $i\notin T$，那么我们可以将它从字典 $\boldsymbol{D}$ 中去掉，因为它不影响这个子空间。

通常的合成稀疏模型写为

$$\hat{\boldsymbol{y}}_s = \boldsymbol{D}\arg\min_{\boldsymbol{\alpha}} \|\boldsymbol{\alpha}\|_0 \quad \text{s.t.} \quad \|\boldsymbol{y} - \boldsymbol{D}\boldsymbol{\alpha}\|_2 \leqslant \varepsilon \tag{16-46}$$

关于此模型的求解不再赘述。在实际中的应用分为如下一些问题：

(1) 分析。给一个信号 $\boldsymbol{y}$，能否找到潜在的表示系数 $\boldsymbol{\alpha}_0$？这个过程也叫作原子分解，解决的问题为

$$\min_{\boldsymbol{\alpha}} \|\boldsymbol{\alpha}\|_0 \quad \text{s.t.} \quad \|\boldsymbol{y} - \boldsymbol{D}\boldsymbol{\alpha}\|_2 \leqslant \varepsilon \tag{16-47}$$

通常我们通过稀疏编码求得上述问题的解，记为 $\boldsymbol{\alpha}^*$，虽然它不一定是潜在的 $\boldsymbol{\alpha}_0$，但它是稀疏的，有较少的非零项。如果非零项的个数越小，那么 $\boldsymbol{\alpha}^*$ 在 $\boldsymbol{\alpha}_0$ 以半径 ε 为圆的区域里。

(2) 逆问题。假设得到的直接观测为 $\tilde{\boldsymbol{y}} = \boldsymbol{H}\boldsymbol{y} + \boldsymbol{n}$，这里 $\boldsymbol{H}$ 为线性退化算子，$\boldsymbol{n}$ 为噪声或者扰动项，求解的问题为

$$\min_{\boldsymbol{\alpha}} \|\boldsymbol{\alpha}\|_0 \quad \text{s.t.} \quad \|\tilde{\boldsymbol{y}} - \boldsymbol{H}\boldsymbol{D}\boldsymbol{\alpha}\|_2 \leqslant \varepsilon \tag{16-48}$$

我们可以得到原始信号 $\boldsymbol{y}$ 的逼近 $\boldsymbol{D}\boldsymbol{\alpha}^*$ 及其在字典下所对应的稀疏系数 $\boldsymbol{\alpha}^*$。

(3) 压缩传感。对于一个稀疏信号，可以从较少量的观测中优美地重建原信号，实际中我们得到的直接观测为 $\boldsymbol{c} = \boldsymbol{P}\boldsymbol{y}$，这里的 $\boldsymbol{P} \in \mathbf{R}^{j_0 \times n}$ 为测量矩阵，$\boldsymbol{y}$ 为稀疏基下的 k 稀疏信号，其中 $j_0 \ll n$。通过求解问题

$$\min_{\boldsymbol{\alpha}} \|\boldsymbol{\alpha}\|_0 \quad \text{s.t.} \quad \|\boldsymbol{c} - \boldsymbol{P}\boldsymbol{D}\boldsymbol{\alpha}\|_2 \leqslant \varepsilon \tag{16-49}$$

我们得到这个问题的解 $\boldsymbol{\alpha}^*$，将其与字典 $\boldsymbol{D}$ 相乘，得到的 $\boldsymbol{D}\boldsymbol{\alpha}^*$ 要尽可能以高概率为信号 $\boldsymbol{y}$ 的条件是：传感矩阵 $\boldsymbol{P}\boldsymbol{D}$ 满足限制等距条件(RIP)，换言之 $j_0 > 2k$。

(4) 形态成分分析。假设我们观测得到的信号是两个子信号的叠加，即有 $\boldsymbol{y} = \boldsymbol{y}_1 + \boldsymbol{y}_2$，并且这两个子信号分别由两个稀疏模型产生，求解的问题为

$$\min_{\boldsymbol{\alpha}} \|\boldsymbol{\alpha}_1\|_0 + \|\boldsymbol{\alpha}_2\|_0 \quad \text{s.t.} \quad \|\boldsymbol{y} - \boldsymbol{A}_1\boldsymbol{\alpha}_1 - \boldsymbol{A}_2\boldsymbol{\alpha}_2\|_2 \leqslant \varepsilon \tag{16-50}$$

通过求解上面的问题，便可以得到看起来合理的解：$\hat{\boldsymbol{y}}_1 = \boldsymbol{A}_1\boldsymbol{\alpha}^*$，$\hat{\boldsymbol{y}}_2 = \boldsymbol{A}_2\boldsymbol{\alpha}^*$。

16.2.2 分析稀疏模型

相比于合成稀疏模型系统的研究，分析稀疏模型的研究相对比较年轻。这里关于分析稀疏模型的工作主要参考 2011 年 S. Nam、M. E. Davies、M. Elad 和 R. Gribonval 的文章[16.7]。首先，给出一个信号是 Cosparse 的定义。

定义：信号 $\boldsymbol{x} \in \mathbf{R}^d$ 关于算子 $\boldsymbol{\Omega} \in \mathbf{R}^{p \times d}$ 的 Cosparsity 定义为

$$\text{Cosparsity} = p - \|\boldsymbol{\Omega}\boldsymbol{x}\|_0 \tag{16-51}$$

另外，记 $\Lambda = \{j : (\boldsymbol{\Omega}\boldsymbol{x})(j) = 0,\ j = 1, 2, \cdots, p\}$ 为信号 $\boldsymbol{x}$ 的 Cosupport。

从这个分析的稀疏模型中，可以看到该模型关注的是 $\boldsymbol{\Omega}\boldsymbol{x}$ 的零项。下面分析稀疏模型如何生成信号 $\boldsymbol{x}$。首先在算子 $\boldsymbol{\Omega}$ 中随机地选取 l 行，并且记下其对应的指标集 Λ，有 $|\Lambda| =$

l，然后随机形成一个信号 $\boldsymbol{v}\in\mathbf{R}^d$，例如 $\boldsymbol{v}$ 服从独立同分布的高斯概率密度函数。最后将信号 $\boldsymbol{v}$ 正交投影到空间$\overline{\text{span}}\{\boldsymbol{w}_j: \boldsymbol{w}_j\in\boldsymbol{\Omega}, j\in\Lambda\}^{\perp}$得到信号 $\boldsymbol{x}=(\boldsymbol{I}-\boldsymbol{\Omega}_\Lambda^{\mathrm{T}}(\boldsymbol{\Omega}_\Lambda\boldsymbol{\Omega}_\Lambda^{\mathrm{T}})^{-1}\boldsymbol{\Omega}_\Lambda)\boldsymbol{v}$。与合成稀疏模型中分析类似，$\boldsymbol{x}$ 的 Cosupport 与算子定义了分析的子空间，即$(\boldsymbol{w}_j, \boldsymbol{x})=0$，$j\in\Lambda$或写为 $\boldsymbol{x}\in\overline{\text{span}}\{\boldsymbol{w}_j: \boldsymbol{w}_j\in\boldsymbol{\Omega}, j\in\Lambda\}^{\perp}$，那么对于 $(\boldsymbol{w}_j, \boldsymbol{x})\neq 0$ 的算子 $\boldsymbol{\Omega}$ 中的那些行去掉，是不影响子空间的。

通常的分析稀疏模型写为(理论上分析)：

$$\hat{\boldsymbol{x}}=\arg\min_x \|\boldsymbol{\Omega x}\|_0 \quad \text{s.t.} \quad \boldsymbol{y}=\boldsymbol{Mx} \tag{16-52}$$

其中，$\boldsymbol{M}$ 为测量矩阵，注意这里 $\|\boldsymbol{\Omega x}\|_0\leqslant p-l$。如何求解这个问题？

1. 贪婪分析算法(GAP)

如果信号 $\boldsymbol{x}$ 本身是严格 $p-l$ 稀疏信号，我们可以取 $\boldsymbol{\Omega}=\boldsymbol{I}$，这样便可以利用稀疏编码中的贪婪算法求解这个问题，基于此，S. Nam、M.E.Davies、M.Elad 和 R.Gribonval 提出了贪婪分析匹配算法(GAP)，这个算法的主要思想与合成贪婪算法中的阈值算法有一定的相似性，即首先给定输入 $\boldsymbol{M}$、$\boldsymbol{\Omega}$、$\boldsymbol{y}$、l 和 $t\in(0, 1]$，初次设置它的 Cosupport 集为 $\Lambda_0=\{1, 2, \cdots, p\}$，并且求解

$$\hat{\boldsymbol{x}}_0=\arg\min_x \|\boldsymbol{\Omega}_{\Lambda_0}\boldsymbol{x}\|_2^2 \quad \text{s.t.} \quad \boldsymbol{y}=\boldsymbol{Mx} \tag{16-53}$$

得到的解为

$$\hat{\boldsymbol{x}}_0=\begin{bmatrix}\boldsymbol{\Omega\Omega}^{\mathrm{T}}-\boldsymbol{M}^{\mathrm{T}}(\boldsymbol{MM}^{\mathrm{T}})^{-1}\boldsymbol{M\Omega}^{\mathrm{T}}\boldsymbol{\Omega}\\ \boldsymbol{M}\end{bmatrix}\begin{bmatrix}\boldsymbol{0}\\ \boldsymbol{y}\end{bmatrix} \tag{16-54}$$

然后通过贪婪迭代，第 k 次迭代，计算 $\boldsymbol{\alpha}=\boldsymbol{\Omega}\hat{\boldsymbol{x}}_{k-1}$，得到 $T_k=\{i: |\alpha_i|\geqslant t\max_j|\alpha_j|\}$，即最不可能使得$(w_j, \boldsymbol{x})=0$ 的指标集合，然后去掉该支撑集合，得到 $\Lambda_k=\Lambda_{k-1}-T_k$，再利用

$$\hat{\boldsymbol{x}}_k=\arg\min_x \|\boldsymbol{\Omega}_{\Lambda_k}\boldsymbol{x}\|_2^2 \quad \text{s.t.} \quad \boldsymbol{y}=\boldsymbol{Mx} \tag{16-55}$$

更新得到解 $\hat{\boldsymbol{x}}_k$，直至该迭代过程满足 $k\geqslant p-l$ 时，终止迭代，输出结果。

当然从实际角度考虑，我们通常考察如下的分析稀疏模型，即

$$\hat{\boldsymbol{x}}=\arg\min_x \|\boldsymbol{\Omega x}\|_0 \quad \text{s.t.} \quad \|\boldsymbol{y}-\boldsymbol{Mx}\|_2\leqslant\varepsilon \tag{16-56}$$

仍然利用上面 GAP 的思路，只是其中求解问题变为

$$\hat{\boldsymbol{x}}_k=\arg\min_x \|\boldsymbol{\Omega}_{\Lambda_k}\boldsymbol{x}\|_2^2 \quad \text{s.t.} \quad \|\boldsymbol{y}-\boldsymbol{Mx}\|_2\leqslant\varepsilon \tag{16-57}$$

我们通常利用拉格朗日乘子的方法进行求解，即可以写为

$$\hat{\boldsymbol{x}}_k=\arg\min_x\{\|\boldsymbol{\Omega}_{\Lambda_k}\boldsymbol{x}\|_2^2+\lambda\|\boldsymbol{y}-\boldsymbol{Mx}\|_2^2\}=\arg\min_x\left\{\left\|\begin{bmatrix}\boldsymbol{y}\\ \boldsymbol{0}\end{bmatrix}-\begin{bmatrix}\boldsymbol{M}\\ \sqrt{\lambda}\boldsymbol{\Omega}_{\Lambda_k}\end{bmatrix}\boldsymbol{x}\right\|_2^2\right\} \tag{16-58}$$

其中 λ 为拉格朗日乘子，得到的解为

$$\hat{\boldsymbol{x}}_k=\begin{bmatrix}\boldsymbol{M}\\ \sqrt{\lambda}\boldsymbol{\Omega}_{\Lambda_k}\end{bmatrix}^{+}\begin{bmatrix}\boldsymbol{y}\\ \boldsymbol{0}\end{bmatrix} \tag{16-59}$$

2. 凸松弛分析算法

基于凸松弛算法，得到需要求解的问题为(实际角度)：

$$\hat{\boldsymbol{x}}=\arg\min_{\boldsymbol{x}}\|\boldsymbol{\Omega x}\|_1 \quad \text{s.t.} \quad \|\boldsymbol{y}-\boldsymbol{Mx}\|_2\leqslant\varepsilon \tag{16-60}$$

这个问题的理论工作可以参考 Candes 等人的经典结果，即如果测量矩阵 $\boldsymbol{M}$ 满足带有常数 δ_s^{Ω} 的 Ω-RIP 条件，其中的 s 为信号 $\boldsymbol{x}$ 的稀疏度，那么由该问题求得的解与真实的解的关系满足：

$$\|\boldsymbol{x}^*-\boldsymbol{x}\|\leqslant C_0\varepsilon+C_1\frac{\|\boldsymbol{\Omega}^{\mathrm{T}}\boldsymbol{x}-(\boldsymbol{\Omega}^{\mathrm{T}}\boldsymbol{x})_s\|_1}{\sqrt{s}} \tag{16-61}$$

求解还可以采用迭代收缩算法。

3. 实际中的应用

基于分析稀疏模型的过参变量问题，下面以一个简单的例子开始。如果信号 $\boldsymbol{f}$ 是分段线性的，那么显然在每一段自变量取值内，对应的系数参数是常值。不妨设 $\boldsymbol{f}$ 分为 $k+1$ 段，那么该函数具有 k 个变点位置，下面我们对该信号采集 d 个点，则有

$$\boldsymbol{f}=[\boldsymbol{I},\ \boldsymbol{X}]\begin{bmatrix}\boldsymbol{a}\\ \boldsymbol{b}\end{bmatrix} \tag{16-62}$$

其中，$\boldsymbol{I}$ 为单位阵；$\boldsymbol{X}=\mathrm{diag}(1,\ 2,\ \cdots,\ d)$；$\boldsymbol{a}$，$\boldsymbol{b}\in\mathbf{R}^d$ 为系数向量，此时 $\boldsymbol{a}$ 和 $\boldsymbol{b}$ 在有限差分算子 $\boldsymbol{\Omega}_{\mathrm{DIF}}$ 下是联合稀疏的，即 $\boldsymbol{\Omega}_{\mathrm{DIF}}\boldsymbol{a}$ 与 $\boldsymbol{\Omega}_{\mathrm{DIF}}\boldsymbol{b}$ 具有相同的非零位置。由于采样信号的长度为 d，而参数的个数却有 $2d$ 个，所以这个问题就是过参变量确定的问题。基于上面的分析，我们可以得到如下的最小化问题：

$$\min_{\boldsymbol{a},\ \boldsymbol{b}}\left\|\boldsymbol{g}-[\boldsymbol{I},\ \boldsymbol{X}]\begin{bmatrix}\boldsymbol{a}\\ \boldsymbol{b}\end{bmatrix}\right\|_2^2 \quad \text{s.t.}\ \|\ |\boldsymbol{\Omega}_{\mathrm{DIF}}\boldsymbol{a}|^2+|\boldsymbol{\Omega}_{\mathrm{DIF}}\boldsymbol{b}|^2\ \|\leqslant k \tag{16-63}$$

注意这里的 $\boldsymbol{g}=\boldsymbol{f}+\boldsymbol{n}$，即 $\boldsymbol{g}$ 是得到的观测，是真实信号由于干扰或者染噪得到的。如果求解上面的优化问题得到的解为$(\boldsymbol{a}^*,\ \boldsymbol{b}^*)$，那么便有原始信号的逼近：

$$\hat{\boldsymbol{f}}=[\boldsymbol{I},\ \boldsymbol{X}]\begin{bmatrix}\boldsymbol{a}^*\\ \boldsymbol{b}^*\end{bmatrix} \tag{16-64}$$

下面将这个例子推广，得到的观测信号 $\boldsymbol{g}$ 为 $\boldsymbol{g}=\boldsymbol{Mf}+\boldsymbol{n}$，其中的 $\boldsymbol{M}$ 为测量矩阵。需要求解的问题描述为

$$\min_{\{a_i\}}\left\|\sum_i|\boldsymbol{\Omega}_{\mathrm{DIF}}a_i|^2\right\|_0 \quad \text{s.t.}\left\|\boldsymbol{g}-\boldsymbol{M}[X_1,\ \cdots,\ X_n]\begin{bmatrix}a_1\\ \vdots\\ a_n\end{bmatrix}\right\|_2^2\leqslant\varepsilon \tag{16-65}$$

这里的 ε 是噪声能量，即 $\|\boldsymbol{n}\|_2\leqslant\varepsilon$，$\boldsymbol{\Omega}$ 是一般的算子。求解这个问题，利用GAP算法的思想，对于给定输入$[X_1, \cdots, X_n]$、$\boldsymbol{M}$、$\boldsymbol{\Omega}$、$\boldsymbol{g}$ 以及 $\sum_i |\boldsymbol{\Omega}a_i|^2$ 的稀疏度 $p-l$，首先初始化 Cosupport $\Lambda_0\{1, 2, \cdots, p\}$，然后求解在 Λ_0 下的解：

$$\min_{\{a_i\}}\sum_{i=1}^{n}\| |\boldsymbol{\Omega}_{\Lambda_0}a_i|^2\|_2^2+\lambda\left\|\boldsymbol{g}-\boldsymbol{M}[X_1, \cdots, X_n]\begin{bmatrix}a_1\\ \vdots\\ a_n\end{bmatrix}\right\|_2^2 \tag{16-66}$$

得到解$\{a_i^*\}_{i=1}^n$后，再通过贪婪迭代算法，对于第 k 次迭代，计算 $\sum_i |\boldsymbol{\Omega}a_i^*|^2$，选择 $T_k=\{j: \max_j\sum_i |\boldsymbol{\Omega}a_i^*|^2, j=1, 2, \cdots, p\}$，通过更新支撑集 $\Lambda_k=\Lambda_{k-1}-T_k$，计算：

$$\min_{\{a_i\}}\sum_{i=1}^{n}\| |\boldsymbol{\Omega}_{\Lambda_k}a_i|^2\|_2^2+\lambda\left\|\boldsymbol{g}-\boldsymbol{M}[X_1, \cdots, X_n]\begin{bmatrix}a_1\\ \vdots\\ a_n\end{bmatrix}\right\|_2^2 \tag{16-67}$$

更新得到解 a_i^*，直至该迭代过程满足 $k\geqslant p-l$ 时，终止迭代，输出结果。利用这个模型可以求解如下问题：

(1) 分段线性的信号或者图像的去噪；

(2) 分段线性的信号或者图像的分割；

(3) 分段线性的信号或者图像的修复。

16.2.3 稀疏模型的最新进展

稀疏模型通常分为合成和分析两种模式，其中合成稀疏模型的研究已经比较完善，如稀疏编码、字典学习理论等；但是对于分析稀疏模型的研究相对比较年轻，例如该模型下的字典学习理论。对于合成稀疏模型，下面给出一种结构稀疏模型的研究，这一部分的理论及应用可参考 2009 年 R. Jenatton、F.Bach 和 J.Y.Audibert 三人的工作和 2009 年 J. Z. Huang、T. Zhang 的工作。另外，对于分析稀疏模型，下面给出一种稀疏对偶框架(字典)学习的理论，这部分的工作为 S. D. Li 教授 2013 年的工作。

1. 结构稀疏模型

下面主要给出具有结构稀疏的模型，这里的结构指的是信号在字典下的表示系数的支撑集的结构。之前我们考虑的合成稀疏模型$\min\|\boldsymbol{\alpha}\|_0$ s.t. $\|\boldsymbol{y}-\boldsymbol{D\alpha}\|_2\leqslant\varepsilon$ 中，没有考虑 $\boldsymbol{\alpha}$ 的支撑集 T 的结构特性，常用的一种求解上面问题的方法是凸松弛算法，利用 l_1 范数代替 l_0，但是可以看到 l_1 范数是基数层面的稀疏，编码较少的信息。基于此缺点，一些学者提出了比较流行的 l_1-l_2 范数，它的描述如下：

已知 $\boldsymbol{\alpha}$ 的指标集为 $I=\{1, 2, \cdots, p\}$，给出 I 的一个有限剖分，记为 $\Im$，那么 $\boldsymbol{\alpha}$ 的

l_1-l_2范数定义为

$$\|\boldsymbol{\alpha}\|_{l_1-l_2}=\sum_{G\in\mathfrak{J}}\left(\sum_{j\in G}\alpha_j^2\right)^{\frac{1}{2}} \tag{16-68}$$

可以看出 l_1-l_2 范数得到的是群集水平上的稀疏，在群内的 l_2 范数不能促使稀疏特性。但有一个问题是，如果想利用结构先验信息，那么需要知道指标集给出的有限剖分 $\mathfrak{J}$ 是什么？为了回答这个问题，2009 年 R. Jenatton、F. Bach 和 J. Y. Audibert 三人首先从直观上描述了 $\boldsymbol{\alpha}$ 的零模式与非零模式，即

$$Z=\{j: \alpha_j=0, j\in I\}=\bigcup_{G\in\mathfrak{J}^s}G \tag{16-69}$$

其中，$\mathfrak{J}^s$ 为 $\mathfrak{J}$ 的一个子集，对应着也给出了 $\boldsymbol{\alpha}$ 的非零模式，即

$$P=\{j: \alpha_j\neq 0, j\in I\}=\{G^C: G\in\mathfrak{J}\} \tag{16-70}$$

其中，G^C 为 G 的关于指标集 I 的补集。然后研究了这两种模式与 $\mathfrak{J}$ 之间的关系，得到了两个算法，一个是已知非零模式 P，导出 $\mathfrak{J}$ 的后向算法；另外一个是已知 $\mathfrak{J}$，导出非零模式 P 和零模式 Z 的前向算法。通常关注的是后向算法，如果我们知道表示系数 $\boldsymbol{\alpha}$ 的非零模式 P 或者零模式 Z，那么我们就可以得到 $\mathfrak{J}$，进而就可以诱导出 $\boldsymbol{\alpha}$ 的 l_1-l_2 范数。

另外对于贪婪算法，2009 年 J. Z. Huang 和 T. Zhang 基于信息论编码法则给出了一种非凸惩罚，同样已知 $\boldsymbol{\alpha}$ 的指标集为 $I=\{1, 2, \cdots, p\}$，首先考虑一个稀疏子集 $F\subset I$，在其上定义了一个编码复杂度：

$$c(F)=|F|+\mathrm{cl}(F) \tag{16-71}$$

其中，$\mathrm{cl}(F)$为定义在 F 上的码长，$|F|$为 F 的基数。然后利用 $\boldsymbol{\alpha}$ 的支撑集 $\mathrm{supp}(\boldsymbol{\alpha})=\{j: \alpha_j\neq 0, j\in I\}$，来定义 $\boldsymbol{\alpha}$ 的编码复杂度：

$$c(\alpha)=\min_F\{C(F): \mathrm{supp}(\boldsymbol{\alpha})\subset F, F\subset I\} \tag{16-72}$$

再利用 $\boldsymbol{\alpha}$ 的编码复杂度作为正则项的约束，来求解如下的问题：

$$\min_{\boldsymbol{\alpha}} c(\boldsymbol{\alpha}) \quad \text{s.t.} \|\boldsymbol{y}-\boldsymbol{D\alpha}\|_2\leqslant\varepsilon \tag{16-73}$$

或者

$$\min_{\boldsymbol{\alpha}}\|\boldsymbol{y}-\boldsymbol{D\alpha}\|_2 \quad \text{s.t.} \quad c(\boldsymbol{\alpha})\leqslant\varepsilon \tag{16-74}$$

其中 s 为编码复杂度。这里给出的表示系数 $\boldsymbol{\alpha}$ 的结构稀疏包括标准稀疏、群稀疏、层次稀疏、图稀疏和随机场稀疏的编码复杂度的公式。并且给出了上面问题的一种贪婪求解算法，即结构正交匹配追踪算法(StructOMP)。最后结合试验分析得到结论：信号对应的表示系数的编码复杂度越小，则利用编码复杂度作为正则约束求解上面问题得到的解的性能越好，并且能够反映出解的支撑集的结构特性。

2. 最优对偶框架模型

下面先给出一些基础知识，包括框架的定义、对偶框架的计算公式和稀疏对偶存在的命题。

(1) 框架的定义：希尔伯特空间 H 中的一组序列$\{\boldsymbol{x}_n\}$，如果存在着 $0<A<B<+\infty$满足式子

$$A\ \|\boldsymbol{f}\|_2^2 \leqslant \sum_n \|\langle \boldsymbol{x}_n, \boldsymbol{f}\rangle\|_2^2 \leqslant B\ \|\boldsymbol{f}\|_2^2 \tag{16-75}$$

则称这组序列$\{\boldsymbol{x}_n\}$为 H 的一个框架，其中的 A、B 分别为框架的下界和上界。如果 $A=B$，则该框架为紧框架；进一步，如果 $A=B=1$，则为帕赛瓦框架；如果序列$\{\boldsymbol{x}_n\}$中任意去掉其中的一个元素，不再是一个框架的时候，这个框架就称为准确框架，准确框架是一个基。

(2) 对偶框架的计算公式：对于任意一个有限非准确框架 $\boldsymbol{D}$，该框架的所有对偶框架计算具有如下的形式：

$$\widetilde{\boldsymbol{D}}=(\boldsymbol{D}\boldsymbol{D}^*)^{-1}\boldsymbol{D}+\boldsymbol{W}(\boldsymbol{I}-\boldsymbol{D}(\boldsymbol{D}^*\boldsymbol{D})^{-1}\boldsymbol{D}^*) \tag{16-76}$$

其中，$\boldsymbol{W}$ 是任意的矩阵，$\boldsymbol{I}$ 是单位阵，注意这里的 $\boldsymbol{D}$ 可以认为是稀疏表示中的过完备的字典，$\boldsymbol{D}^*$ 为 $\boldsymbol{D}$ 的希尔伯特共轭转置。

需要注意的是，任一个非准确框架 $\boldsymbol{D}$ 的对偶都有无穷多个，特别的，当 $\boldsymbol{D}$ 为准确的框架时，它的对偶只有一个，即它的逆。

(3) 稀疏对偶存在：假设 $\boldsymbol{D}$ 是一个有限非准确框架(即不是基，因为基是一种特殊的框架)，以及信号 $\boldsymbol{f}$ 在 $\boldsymbol{D}$ 下是稀疏的，即 $\boldsymbol{f}=\boldsymbol{D\alpha}$，那么存在着 $\boldsymbol{D}$ 的稀疏对偶框架，记为 $\widetilde{\boldsymbol{D}}$，使得 $\widetilde{\boldsymbol{D}}^*\boldsymbol{f}=\boldsymbol{\alpha}$。注意，对于 $\boldsymbol{D}$，$\widetilde{\boldsymbol{D}}$ 的选择不是唯一的。

基于上面的基础知识，首先我们来考虑分析稀疏模型中的分析算子的最优选择策略，考虑的问题为

$$\hat{\boldsymbol{x}}=\arg\min_{x}\|\widetilde{\boldsymbol{D}}^*\boldsymbol{f}\|_0 \quad \text{s.t.} \quad \|\boldsymbol{g}-\boldsymbol{M}\boldsymbol{f}\|_2\leqslant\varepsilon \tag{16-77}$$

或者为松弛后的问题：

$$\hat{\boldsymbol{x}}=\arg\min_{x}\|\widetilde{\boldsymbol{D}}^*\boldsymbol{f}\|_1 \quad \text{s.t.} \quad \|\boldsymbol{g}-\boldsymbol{M}\boldsymbol{f}\|_2\leqslant\varepsilon \tag{16-78}$$

其中，$\widetilde{\boldsymbol{D}}$ 为分析算子，$\boldsymbol{M}$ 为测量矩阵。当然信号 $\boldsymbol{f}$ 不同，关于 $\boldsymbol{D}$ 的对偶 $\widetilde{\boldsymbol{D}}$ 选取也不同。下面考虑分析算子 $\widetilde{\boldsymbol{D}}$ 的最佳选取策略，求解问题为

$$\{\widetilde{\boldsymbol{D}}_0, \overline{\boldsymbol{f}}\}=\arg\min_{\widetilde{D}, f}\|\widetilde{\boldsymbol{D}}^*\boldsymbol{f}\|_1 \quad \text{s.t.} \quad \|\boldsymbol{g}-\boldsymbol{M}\boldsymbol{f}\|_2\leqslant\varepsilon,\ \boldsymbol{D}\widetilde{\boldsymbol{D}}^*=\boldsymbol{I} \tag{16-79}$$

这一点上，不难看出，上式与下面的合成稀疏模型等价：

$$\min_{x}\|\boldsymbol{\alpha}\|_1 \quad \text{s.t.} \quad \|\boldsymbol{g}-\boldsymbol{MD\alpha}\|_2\leqslant\varepsilon \tag{16-80}$$

因此从这一点上可以看到，任意一个合成稀疏模型都有一个等价的分析模型。之前在合成稀疏模型中会遇到一个问题，即为什么有些表示系数与真正的表示系数之间差异很大，但是恢复出来的信号却能良好地接近于真实信号？基于上面的等价模型，S. D. Li 等人通过如下的定理给出了合理的解。

定理 合成稀疏模型对应等价的分析稀疏模型的解为$\{\widetilde{\boldsymbol{D}}_0, \overline{\boldsymbol{f}}\}$，则在观测矩阵$\boldsymbol{M}$满足D-RIP的条件下，有

$$\|\overline{\boldsymbol{f}}-\boldsymbol{f}\|_2^2 \leqslant C_1\varepsilon+C_2\frac{\|\widetilde{\boldsymbol{D}}_0^*\boldsymbol{f}-(\widetilde{\boldsymbol{D}}_0^*\boldsymbol{f})_s\|_1}{\sqrt{s}} \tag{16-81}$$

其中$(\widetilde{\boldsymbol{D}}_0^*\boldsymbol{f})_s$为稀疏表示系数$\boldsymbol{\alpha}$的最佳$s$项逼近。

所以上面问题的原因就是，恢复出来的信号能够良好地接近于真实信号是因为稀疏表示系数具有较快的衰减特性。

其次，S. D. Li等人给出了另一种最优对偶选择的方法——稀疏对偶框架。考虑通过迭代的思路求解下面的问题，对于$k=0$：

$$\boldsymbol{f}_0=\boldsymbol{D}\arg\min_{\boldsymbol{\alpha}}\|\boldsymbol{\alpha}\|_0 \quad \text{s.t.} \quad \|\boldsymbol{f}-\boldsymbol{D\alpha}\|\leqslant 0 \tag{16-82}$$

其中$\boldsymbol{f}_0$是对$\boldsymbol{f}$的一个粗逼近得到的，通过求解：

$$\boldsymbol{\alpha}_{k-1}=\arg\min_{\boldsymbol{\alpha}}\|\boldsymbol{\alpha}\|_0 \quad \text{s.t.} \quad \boldsymbol{D\alpha}=\boldsymbol{f}_{k-1} \tag{16-83}$$

然后通过对偶框架的计算公式计算：

$$\Delta\boldsymbol{\alpha}_{k-1}=\boldsymbol{\alpha}_{k-1}-\boldsymbol{D}^*(\boldsymbol{DD}^*)^{-1}\boldsymbol{f}_{k-1} \tag{16-84}$$

其中的$\Delta\boldsymbol{\alpha}_{k-1}=(\boldsymbol{W}(\boldsymbol{I}-\boldsymbol{D}^*(\boldsymbol{DD}^*)^{-1}\boldsymbol{D}))^*\boldsymbol{f}_{k-1}$，最后再通过下面的公式求解更新：

$$\boldsymbol{f}_k=\arg\min_{\boldsymbol{f}}\|\boldsymbol{D}^*(\boldsymbol{DD}^*)^{-1}\boldsymbol{f}+\Delta\boldsymbol{\alpha}_{k-1}\|_0 \quad \text{s.t.} \quad \|\boldsymbol{g}-\boldsymbol{Mf}\|_2\leqslant\varepsilon \tag{16-85}$$

停止迭代的条件为$\|\boldsymbol{f}_k-\boldsymbol{f}_{k-1}\|_2\leqslant\varepsilon$。

这种思路所使用的就是框架$\boldsymbol{D}$的对偶框架，结合稀疏对偶存在的结论，来不断地迭代以实现更新对真实信号的逼近。

16.3 稀疏模型的应用

关于稀疏模型的应用，分为合成稀疏模型的应用和分析稀疏模型的应用。其中，关于合成稀疏模型的应用主要有分析、降噪、逆问题、压缩传感、形态成分分析等；而关于分析稀疏模型的应用主要有压缩传感等。下面我们分别来介绍这些应用。

16.3.1 合成稀疏模型的应用

描述下面应用的前提是合成稀疏模型的生成模型为$M(\boldsymbol{A}, k_0, \alpha, \varepsilon)$，并且这个模型的参数已知。

(1) 分析：若$\boldsymbol{y}\in M(\boldsymbol{A}, k_0, \alpha, \varepsilon)$，那么能否找到$\boldsymbol{y}$在字典$\boldsymbol{A}$下的潜在的表示系数$\boldsymbol{x}_0$？这个过程也被称为原子分解。显然，潜在的表示系数$\boldsymbol{x}_0$服从$\|\boldsymbol{Ax}_0-\boldsymbol{y}\|_2\leqslant\varepsilon$，但是除了$\boldsymbol{x}_0$，还有很多的表示系数$\boldsymbol{x}$也能够做到$\|\boldsymbol{Ax}_0-\boldsymbol{y}\|_2\leqslant\varepsilon$。我们求解的问题：

$$P_0^{\varepsilon}:\ \min_x \|\boldsymbol{x}\|_0 \quad \text{s.t.} \quad \|\boldsymbol{y}-\boldsymbol{A}\boldsymbol{x}\|_2 \leqslant \varepsilon \tag{16-86}$$

利用贪婪算法求解得到 $\hat{\boldsymbol{x}}_0$，虽然它与 $\boldsymbol{x}_0$ 不一样，甚至支撑集的差异性很大，但是这也不影响对于信号 $\boldsymbol{y}$ 的逼近性能。

(2) 降噪：假设 $\boldsymbol{y}\in M(\boldsymbol{A},\ k_0,\ \alpha,\ \varepsilon)$为真实信号，但是由于观测中引入了噪声 $\boldsymbol{n}$，并且知道噪声的能量 $\|\boldsymbol{n}\|_2\leqslant\delta$，那么实际得到的观测信号为 $\tilde{\boldsymbol{y}}=\boldsymbol{y}+\boldsymbol{n}$。我们将信号 $\tilde{\boldsymbol{y}}$ 代入到分析的求解问题中，得到的解为 $\boldsymbol{x}_0^{\varepsilon+\delta}$。我们知道如果 k_0很小，那么解 $\boldsymbol{x}_0^{\varepsilon+\delta}$在潜在的解 $\boldsymbol{x}_0$ 的 $\varepsilon+\delta$ 邻域 $U(x_0,\ \varepsilon+\delta)$内，进而我们可以得到信号 $\boldsymbol{y}$ 的一个逼近 $\boldsymbol{A}\boldsymbol{x}_0^{\varepsilon+\delta}$。

(3) 逆问题：假设我们观测得到的信号 $\tilde{\boldsymbol{y}}=\boldsymbol{H}\boldsymbol{y}+\boldsymbol{n}$，这里的线性算子能够表示模糊、投影、下采样，或者为各种线性退化了的算子，$\boldsymbol{n}$ 为之前的噪声，求解的问题变为

$$\min_x \|\boldsymbol{x}\|_0 \quad \text{s.t.} \quad \|\tilde{\boldsymbol{y}}-\boldsymbol{H}\boldsymbol{A}\boldsymbol{x}\|_2 \leqslant \varepsilon \tag{16-87}$$

得到的解为 $\boldsymbol{x}_0^{\varepsilon+\delta}$，然后与字典 $\boldsymbol{A}$ 相乘得到真实信号 $\boldsymbol{y}$ 的一个逼近。

(4) 压缩传感：给定 $\boldsymbol{y}\in M(\boldsymbol{A},\ k_0,\ \alpha,\ \varepsilon)$，假设利用观测矩阵 $\boldsymbol{P}$ 得到的观测信号为 $\boldsymbol{c}=\boldsymbol{P}\boldsymbol{y}$，这里的 $\boldsymbol{P}$ 可以是随机观测或者确定性观测，无论哪一种观测，该观测矩阵与字典 $\boldsymbol{A}$ 相乘得到的传感矩阵 $\boldsymbol{D}^{\text{CS}}=\boldsymbol{P}\boldsymbol{A}$ 需要满足等距限制条件(RIP)。然后我们求解问题：

$$\min_x \|\boldsymbol{x}\|_0 \quad \text{s.t.} \quad \|\boldsymbol{c}-\boldsymbol{P}\boldsymbol{A}\boldsymbol{x}\|_2 \leqslant \varepsilon \tag{16-88}$$

得到的解为 $\boldsymbol{x}_0^{\varepsilon}$，进而得到真实信号 $\boldsymbol{y}$ 的一个逼近 $\boldsymbol{A}\boldsymbol{x}_0^{\varepsilon}$。

(5) 形态成分分析：给定信号 $\boldsymbol{y}_1\in M_1(\boldsymbol{A}_1,\ k_1,\ \alpha_1,\ \varepsilon_1)$和 $\boldsymbol{y}_2\in M_2(\boldsymbol{A}_2,\ k_2,\ \alpha_2,\ \varepsilon_2)$，我们得到的观测信号为 $\boldsymbol{y}=\boldsymbol{y}_1+\boldsymbol{y}_2$，然后通过求解下面的问题：

$$P_0^{\varepsilon}:\ \min_x \|\boldsymbol{x}_1\|_0+\|\boldsymbol{x}_2\|_0 \quad \text{s.t.} \quad \|\boldsymbol{y}-\boldsymbol{A}_1\boldsymbol{x}_1-\boldsymbol{A}_2\boldsymbol{x}_2\|_2 \leqslant \varepsilon_1+\varepsilon_2 \tag{16-89}$$

得到的解为$(\boldsymbol{x}_1^{\varepsilon},\ \boldsymbol{x}_2^{\varepsilon})$，乘以相应的字典得到信号 $\boldsymbol{y}$ 的分离信号。作为恢复过程中的一部分，图像中的逐段光滑的内容(cartoon)和纹理部分必须分开考虑，此时形态成分分析就是必需的。

16.3.2 分析稀疏模型的应用

描述下面分析模型的信号生成模型为 $M(\boldsymbol{\Omega},\ l,\ \alpha)$，即随机从分析算子 $\boldsymbol{\Omega}\in\mathbf{R}^{p\times d}$ 中抽出 l 行并记下相应的位置组成支撑集 Λ，利用这 l 行线性张成一个空间 $W=\text{span}\{w_i:\ w_i\in\boldsymbol{\Omega},\ i\in\Lambda\}$；然后随机形成一个信号 $\boldsymbol{v}\in\mathbf{R}^d$——服从独立同分布的高斯概率密度函数的信号，$\alpha$ 是相应的方差；最后将信号 $\boldsymbol{v}$ 正交投影到 W 的补空间上得到信号 $\boldsymbol{y}=(\boldsymbol{I}-\boldsymbol{\Omega}_\Lambda^{\text{T}}(\boldsymbol{\Omega}_\Lambda\boldsymbol{\Omega}_\Lambda^{\text{T}})^{-1}\boldsymbol{\Omega}_\Lambda)\boldsymbol{v}$，即 $\boldsymbol{y}\in M(\boldsymbol{\Omega},\ l,\ \alpha)$。

之前我们已经看到过，从框架角度来看，任意一个合成稀疏模型都有一个等价的分析模型。所以合成模型中的应用都对应着相应的一个分析模型的应用。下面来看其中的一个——压缩传感。

给定信号 $\boldsymbol{y}\in M(\boldsymbol{\Omega}, l, \alpha)$，通过观测矩阵 $\boldsymbol{P}$ 得到观测信号 $\boldsymbol{g}=\boldsymbol{P}\boldsymbol{y}$，实际中，通常由于观测过程中会引入干扰项，因此实际观测的信号 $\tilde{\boldsymbol{g}}=\boldsymbol{g}+\boldsymbol{n}$，其中干扰项的能量为 $\|\boldsymbol{n}\|_2\leqslant\delta$。所以我们求解的问题为

$$\min_{x}\|\boldsymbol{\Omega}\boldsymbol{y}\|_0 \quad \text{s.t.} \quad \|\tilde{\boldsymbol{g}}-\boldsymbol{P}\boldsymbol{y}\|_2\leqslant\varepsilon \tag{16-90}$$

求解得到信号 $\boldsymbol{y}$ 的一个逼近 $\hat{\boldsymbol{y}}$。这样利用分析模式的压缩传感，可以将合成模型中的压缩传感的传感矩阵 $\boldsymbol{D}^{\mathrm{CS}}=\boldsymbol{P}\boldsymbol{A}$ 分为观测矩阵 $\boldsymbol{P}$ 和字典 $\boldsymbol{A}$，因为之前的 $\boldsymbol{D}^{\mathrm{CS}}$ 满足 RIP 条件比较强，而分开后，则只需要验证观测矩阵 $\boldsymbol{P}$ 满足 A-RIP 条件即可，那么这里所使用的分析算子 $\boldsymbol{\Omega}$ 为字典(框架)$\boldsymbol{A}$ 的对偶(框架)字典。

16.3.3 稀疏模型在分类中的应用

首先，我们来介绍 2009 年 J. Wright 等人的工作[16.8]，即稀疏表示分类(SRC)的思想，假设我们给一个样例集合，它分为训练和测试两部分，训练样例集记为 $\{(\boldsymbol{x}_i^{\mathrm{Train}}, y_i)\}_{i=1}^{M}$，其中的 $\boldsymbol{x}_i^{\mathrm{Train}}$ 为训练样本，y_i 为相应的类标；测试样例集记为 $\{\boldsymbol{x}_n^{\mathrm{Test}}\}$。对于训练样例集，将每一类的训练样本放在一起，如第 j 类就为

$$\boldsymbol{X}_j=\{\boldsymbol{x}_i^{\mathrm{Train}}: y_i=j, i=1, 2, \cdots, M\} \tag{16-91}$$

这里不妨取 $j=1, 2, \cdots, N$，即有 N 类。然后对于每一类的训练样例集 $\boldsymbol{X}_j$，利用其中的样例按列排，形成一个矩阵，记为 $\boldsymbol{D}_j$，也称为第 j 类的字典；这样便可以得到 N 个字典，其级联形成一个大字典 $\boldsymbol{D}=[\boldsymbol{D}_1, \boldsymbol{D}_2, \cdots, \boldsymbol{D}_N]$。之后在测试阶段，需要通过求解下面的问题来得到每一个测试样本的类标：

$$\min_{x}\|\boldsymbol{\alpha}_0\| \quad \text{s.t.} \quad \|\boldsymbol{x}_n^{\mathrm{Test}}-\boldsymbol{D}\boldsymbol{\alpha}\|_2\leqslant\varepsilon \tag{16-92}$$

求解得到稀疏表示系数 $\boldsymbol{\alpha}_n$，进一步可以得到逼近的信号 $\hat{\boldsymbol{x}}_n^{\mathrm{Test}}$，以及对应着每一个子字典可以得到 $\hat{\boldsymbol{x}}_j=\boldsymbol{D}_j\boldsymbol{\alpha}_{n,j}$，通过判断

$$j_n=\arg\min_{1\leqslant j\leqslant N}\|\hat{\boldsymbol{x}}_n^{\mathrm{Test}}-\hat{\boldsymbol{x}}_j\| \tag{16-93}$$

进而将测试样本 $\boldsymbol{x}_n^{\mathrm{Test}}$ 分到第 j_n 类。

其次，来介绍 2010 年 Q. Zhang、B. X. Li 的工作[16.9]，该文的动机是，将判别准则加入到稀疏模型中，使得形成的新模型一方面具有稀疏表示能力，另外一方面也具有判别能力。这里的判别准则包括 softmax 判别代价函数、费舍尔判别准则、线性预测分类误差、logistic 代价函数等。下面我们简要描述文章思想，假设对于一个样例集，其中的训练样例集记为 $\{(\boldsymbol{x}_i^{\mathrm{Train}}, y_i)\}_{i=1}^{M}$，测试样例集 $\{\boldsymbol{x}_n^{\mathrm{Test}}\}$。将训练样本按列排放形成一个矩阵 $\boldsymbol{X}^{\mathrm{Train}}$，相应的类标构成类标矩阵 $\boldsymbol{H}=[\boldsymbol{h}_1, \boldsymbol{h}_2, \cdots, \boldsymbol{h}_M]$，其中的 $\boldsymbol{h}_i=[0, 0, \cdots, 1, \cdots, 0]^{\mathrm{T}}\in\mathbf{R}^N$ 是训练样例 $\boldsymbol{x}_i^{\mathrm{Train}}$ 的类标，N 为类别的个数。通过求解下面的问题：

$$\{\hat{\boldsymbol{D}}, \hat{\boldsymbol{W}}, \hat{\boldsymbol{\alpha}}\} = \arg \min_{\boldsymbol{D}, \boldsymbol{W}, \boldsymbol{\alpha}} \| \boldsymbol{X}^{\text{Train}} - \boldsymbol{D\alpha} \|_2 + \gamma \| \boldsymbol{H} - \boldsymbol{W\alpha} \| \\ \text{s.t.} \| \boldsymbol{\alpha}_i \|_0 \leqslant T, \; i = 1, 2, \cdots, M \tag{16-94}$$

其中 $\boldsymbol{D}$ 为稀疏表示字典，$\boldsymbol{W}$ 为判别能力字典，并且上面的第二项 $\| \boldsymbol{H} - \boldsymbol{W\alpha} \|$ 为分类误差。通过交替迭代求解上面的优化问题，得到的解为 $\{\hat{\boldsymbol{D}}, \hat{\boldsymbol{W}}\}$。然后在测试阶段，对于测试信号 $\boldsymbol{x}_n^{\text{Test}}$，利用判别能力字典，得到 $\boldsymbol{l} = \boldsymbol{W}\boldsymbol{x}_n^{\text{Test}} \in \mathbf{R}^N$，通过判断

$$j_n = \arg \max_{1 \leqslant j \leqslant N} \boldsymbol{l} \tag{16-95}$$

进而将测试样本 $\boldsymbol{x}_n^{\text{Test}}$ 分到第 j_n 类。

16.4 认知神经科学

认知神经科学是一门旨在探讨认知历程的生物学基础学科，主要目标为阐明心理历程的神经机制，也就是大脑如何运作，如何造就心理或认知功能。它的研究主题包括注意、意识、决策判断、学习和记忆。下面来简要描述这些概念。

注意是一个心理学的概念，属于认知的一部分，是一种导致局部刺激的意识水平提高的选择性集中，具体表现为对某对象的指向或集中。

意识是一个不完整的、模糊的概念。一般认为意识是人对环境及自我的认知能力的清晰程度。

决策判断指作出决定或者选择，是一种在各种替代方案中考虑各项因素作出选择的认知、思考过程。决策者在作决策之前，往往面临不同的方案和选择以及有关决定后果的某种程度上的不确定性；决策者需要对各种选择的利弊、风险作出权衡，以期达到最优的决策结果。

学习是通过教授或者体验而获得知识、技术、态度和价值的过程，学习必须依赖经验才可以有长远成效。

记忆是指神经系统存储过往经验的能力。广泛接受的模型将记忆过程分为三个不同的阶段，即编码、存储和检索。目前，认为人类的记忆过程和电脑处理信息存储的过程相似。

D. H. Hubel 和 T. N. Wiesel[16.10] 以及 R. L. D. Valois、D. G. Albrecht 和 L. G. Thorell[16.11] 的工作说明，哺乳动物初级视觉皮层上的神经元的接受域(即 V1 区)具有局部、方向和频率的性质，进一步，大多数细胞被分为简单和复杂两类。在视觉研究中，基本问题就是确定为什么细胞的选择和组织具有这些性质。为此，一些学者已经考虑视觉系统的性质与自然图像的统计性质之间的联系，给出了合理的假设，视觉系统自适应去处理特定的输入，如此的适应机制能够通过神经元的发展和演化而产生。视觉输入具有特定的统计性质，如 1994 年 D. L. Ruderman 和 W. Bialek[16.12] 给出的视觉输入不是白噪声的性质；1994

年，D. J. Field 给出视觉输入不是高斯的性质；另外，在较高层次上的描述，视觉输入包含着边缘、不同的纹理等结构的性质。同时 Field 给出 V1 区的性质能够反映视觉输入的统计性质，没有一个统计信号处理系统能够对任意类型的输入进行处理并且是最优的，因此对于给定的具有统计特性的输入集，总能够找到一个给定意义下的最优信号处理系统。

1996 年，B. A. Olshausen 和 D. J. Field[16.13] 给出了在较低的层次上，简单细胞对于输入的响应可以通过一个线性模型来描述，即

$$I(x, y)=\sum_{i=1}^{M} a_i(x, y) s_i \tag{16-96}$$

其中，$I(x, y)$为输入的图像，$a_i(x, y)$接近于相应的接受域，s_i 为简单细胞的响应，另外在这个线性模型中，Field 给出了一个基本的假设，即 s_i 是稀疏的，为了衡量随机变量 s_i 的稀疏性，定义期望函数 $E\{G(s_i^2)\}$，特别的，G 的选取是凸的且二阶导数是正的，如 $G(s_i^2)=s_i^4$，凸的性质暗含了在 s_i 是稀疏的时候，它的取值要么非常大，要么接近于零。进一步，s_i 是统计无关的，即 s_j 不能用于预测 $s_i(i \neq j)$；对于得到的线性模型，其求解 s_i 的过程就是稀疏编码，或者是独立成分分析(ICA)。对于独立成分分析，前提是给定大量的输入图像 $I(x, y)$，需要确定 s_i 和 $a_i(x, y)$的值，这里可以利用极大化似然的方法估计 s_i 和 $a_i(x, y)$的值。思路如下，我们首先考虑 $a_i(x, y)$可以形成一个逆的线性系统，记 w_i 为 $a_i(x, y)$对应的逆滤波器，那么通过点积确定：

$$s_i=\langle w_i, I(x, y)\rangle=\sum_{x, y} w_i(x, y) I(x, y) \tag{16-97}$$

其次假定给了 T 幅观测图像，那么似然函数可以写为

$$\log L(I_1, I_2, \cdots, I_T, w_1, w_2, \cdots, w_M)=\sum_{t=1}^{T} \sum_{i=1}^{M} G(\langle w_i, I_t\rangle^2)=\sum_{t=1}^{T} \sum_{i=1}^{M} G(s_{i, t}^2) \tag{16-98}$$

由于 $s_{i, t}$的稀疏性，因此这里的 G 选为凸函数，那么极大化似然函数等价于极大化稀疏，最后得到的 $a_i(x, y)$具有简单细胞接受域的主要性质。

2001 年，A. Hyvärinen 和 P. O. Hoyer[16.14] 将这种稀疏编码的原理延拓到给出复杂细胞性质和结构的模型，这里的结构指的是基函数(或细胞)的聚类组织特性。他们的思路如下，在 ICA 的基础上，由于给出的成分不是完全不相关的，余留下的相关性能够进一步地分析。通过引入一个复杂细胞层，使得原来的稀疏编码模型变为图 16-2 的描述。

因此，替代简单细胞响应 $s_{i, t}$的稀疏性，该模型给出了局部刺激响应的稀疏性，其中局部刺激定义为

$$c_{i, t}=\sum_{j=1}^{M} h(i, j)\langle w_j, I_t\rangle \tag{16-99}$$

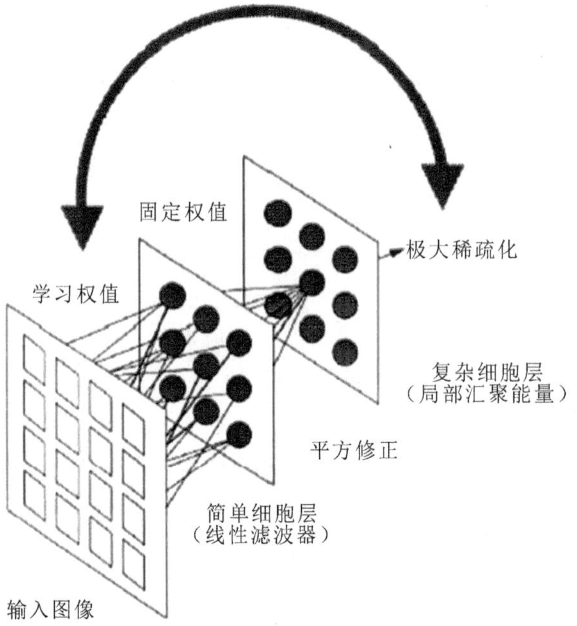

图 16-2　简单—复杂视觉皮层细胞处理图像的框图

其中，$h(i, j)$为第 i 个简单细胞与第 j 个复杂细胞之间的权重函数，这个权重函数不需要从输入的自然图像中学习，而是固定的。因此我们需要学习的仍是逆滤波器 w_j，相应的似然函数通过下式给出：

$$\log L(I_1, I_2, \cdots, I_T, w_1, w_2, \cdots, w_M) = \sum_{t=1}^{T}\sum_{i=1}^{M} G(c_{i,t}) \tag{16-100}$$

由于 $h(i, j)$是固定的，因此上面的似然函数只是关于 w_i 的函数，其中的 G 是凸的，通过极大似然的方法求解得到逆滤波器 w_i，进而得到 a_i。模型中的局部刺激的稀疏性指的是在任何给定的时间，简单细胞的非零响应具有空域聚类的特性。

2007 年，T. Serre、L. Wolf、S. Bileschi、M. Riesenhuber 和 T. Poggio 等人提出了类似灵长类动物视觉皮层信息处理机制的鲁棒目标识别模型。该模型处理图像的机制与灵长类动物视觉皮层中腹侧视觉通路处理自然场景的机制可以通过图 16-3 来表示相应的关系。

其中图 16-3 的左侧对应着视觉皮层腹侧通道中处理自然场景的等级模型，右侧对应着 HMAX 模型中的层次结构。该模型处理自然图像的主要流程，可以通过图 16-4 来进行描述。

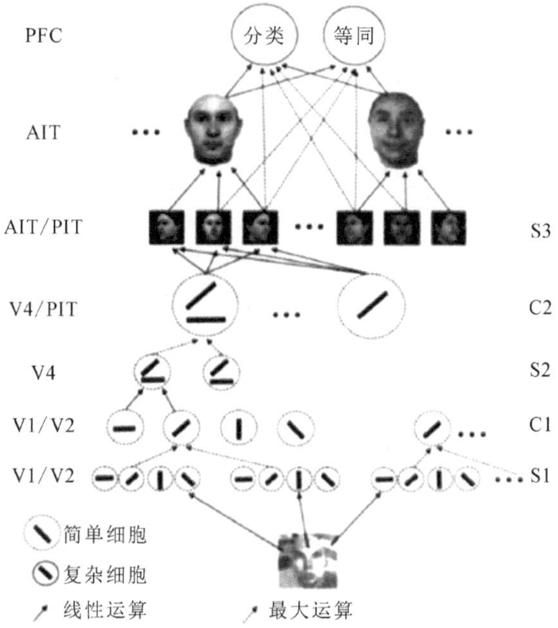

图 16-3　灵长类动物视觉皮层的等级模型和 HMAX 模型的对应关系

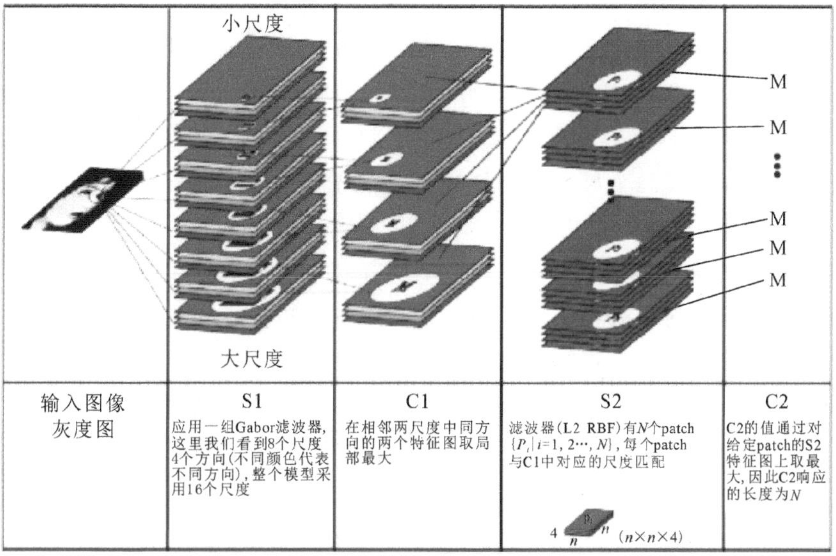

图 16-4　HMAX 模型处理自然图像的主要流程

该模型主要基于 M. Riesenhuber 和 T. Poggio 两人提出的层次目标识别算法(即 HMAX 模型)，通过简单细胞单元 S 与复杂细胞单元 C 的交替组成，S 单元采用 TUNING 操作，用于增加目标的选择特性；C 单元具有更大的感受野范围，它通过 MAX 操作汇聚 S 单元的输出，从而引入了对目标尺度和平移的不变性。在此基础上，通过在该模型的第三层 S2 上引入特征编码字典，利用字典来表征 C1 层上的输出响应，得到 S2 层上的响应，再通过局部极大值操作实现最后一层 C2 层上的中层特征提取；最后通过简单的分类器设计，实现复杂场景下的目标识别。下面，我们来详细叙述该模型每一层上的操作，以及它所对应的神经生理方面的解释。

S1 层：一幅灰度图像通过 S1 层上的分析，对应着 Hubel 和 Wiesel 在哺乳类动物视觉皮层的神经生理研究上所发现的初级视觉皮层(即 V1 区)简单细胞的响应。S1 层上采用 Gabor 函数，其生物机理类似于初级皮层上简单细胞的感受野，即

$$F(x,\ y)=\mathrm{e}^{-\frac{x_0^2+r^2y_0^2}{2\sigma^2}}\cos\left(\frac{2\pi}{\lambda}x_0\right)$$
$$\begin{cases}x_0=x\cos\theta+y\sin\theta\\ y_0=-x\sin\theta+y\cos\theta\end{cases}\tag{16-101}$$

通过 σ 和 λ 来控制滤波器的尺寸(文中取从 7×7 到 37×37，每隔 2 个单位，共 16 个尺度)，用 θ 来控制方向($\theta=0,\ \frac{\pi}{4},\ \frac{\pi}{2},\ \frac{3\pi}{4}$)；一共产生 64 个滤波器，对每一幅图像用这 64 个滤波器进行滤波，得到 64 幅图。

C1 层：该层主要对应着初级视觉皮层上的复杂细胞对平移和尺寸的不变特性，并且复杂细胞相对于简单细胞具有较大感受野的特性。C1 层主要对 S1 层上的响应做局部极大值和汇聚处理，即对每相邻两个尺度，构成一个带，这样便可以形成 8 个带，如带 1 就是 7×7 和 9×9 尺度上所对应的滤波器的输出(每一个尺度上都是 4 个方向)；在每一个带上，有两组图像，每一组都是特定的滤波器下的 4 个不同方向上所形成的 4 幅图。并在每个带上进行如下的操作，两组中对应着相同方向的 2 幅图像进行滑块处理，每一幅图像先在给定的窗口尺寸及重叠度的设置下，进行滑窗处理，每一个窗口内的最大值记为该窗口的代表点，所有这些代表点组成这幅图像的新描述；然后对这两幅图的新描述作比较，大的保留，小的去掉，形成该带上特定方向的描述图，此带上有 4 个方向，故有 4 幅描述，共计 8 带，所以有相应的 32 幅描述，以此作为 C1 层上的响应输出。

S2 层：在 C1 层中的响应上进行简单的随机采样或者学习的方式，抽取出或学习得到 N"块"，每一"块"上有 4 个方向，大小为 $n\times n\times 4$，其中 $n=4,\ 8,\ 12,\ 16$；每一"块"与 C1 层上的响应进行匹配计算，当"块"与 C1 中的每一带上的大小不一样时，可以对"块"或带进

行插值或者抽样，它的匹配度通过如下的公式来计算：

$$\boldsymbol{r}_i = \mathrm{e}^{-\beta \| \boldsymbol{X} - \boldsymbol{P}_i \|^2}$$

其中，$\boldsymbol{X}$ 为 C1 层上的响应，$i=1, 2, \cdots, N$，对于每一“块”，再与 C1 层上的每一个带上进行匹配，可以得到 1×8 的一个行向量，共计有 N 块，可以得到 $N\times 8$ 的矩阵。

C2 层：对 S2 层得到的矩阵，将每一行取最大值，最终得到一个 $N\times 1$ 的特征向量。作为这幅图像的描述，C2 层上的响应具有平移和位置的不变性表征。

最后，在学习得到的特征向量的基础上，通过简单的分类器设计(SVM 或者 Boosting)来实现复杂场景下的目标识别。这里对 SVM 应用于多类判别的问题可以采取两种方法：一种是一对多方法；另一种是一对一方法。

目前，关于视觉皮层的生理研究，已经处于层次目标识别阶段，并且从自底向上和自顶向下的双向等级模型中解释复杂场景下的目标识别机制。对应着这些生理研究方面所取得的进展，稀疏神经编码的计算模型也从早期的稀疏编码到了结构稀疏、判别稀疏模型，发展到现在的前馈式信息传递的层次化稀疏模型。

稀疏神经认知是一种基于哺乳动物视觉皮层信息处理机制为神经生理基础的广义目标识别计算模型，与之前的稀疏编码不太一样的地方是，该计算模型可以处理更为复杂场景下的目标识别问题，并且模仿哺乳动物 V4 区和颞下皮层上细胞感受野的特性，使得到的特征具有变换不变性的中层特征，这些特征在目标的判断与识别任务中，较之前的初级视觉皮层上(稀疏编码)所获取得到的边缘、纹理、轮廓等初级特征具有一定的优势。

16.5 深度学习实战

16.5.1 基本回归方法

1. 基础知识

如果需要预测的值只有两种：“是”或“不是”，则用数字可表示为 1 或 0，即为分类问题。该任务需要一个函数将原本的预测值映射到 0～1 之间，通常这个函数就是 logistic 函数或 sigmoid 函数。由于函数值连续，因此 logistic 函数可以表示在给定 x 的值下输出 y 值为 1 的概率。凸函数其实指的是只有一个极值点的函数，而非凸函数可能有多个极值点。一般情况下，我们都希望损失函数的形式是凸的。对于分类问题，先考虑训练样本中值为 1 的那些样本集，当预测值为 1 时损失函数的值最小(为 0)，当预测值为 0 时损失函数的值最大(为无穷大)，当训练样本值为 1 时，一般采用的损失函数是 $-\log(h(x))$，当训练样本值为 0 时，一般采用的损失函数是 $-\log(1-h(x))$。将二者整合成更紧凑的形式：

$-y\log(h(x))-(1-y)\log(1-h(x))$，这种形式的损失函数是通过最大似然估计(MLE)求得的，使用梯度下降法来求解参数的最优值。

梯度下降法是用来求函数值最小处的参数值，而牛顿法是用来求函数值为0处的参数值，两者目的看似不同，但当采用牛顿法求函数值为0的情况时，如果函数是某个函数 A 的导数，则牛顿法也算是函数 A 的最小值(当然也有可能是最大值)了，因此这两种方法的目的具有相同性。牛顿法的参数求解也可以用矢量的形式表示，表达式中有hession矩阵和一元导函数向量。梯度下降法和牛顿法的不同之处在于：

(1) 梯度下降法需要选择学习速率，而牛顿法不需要选择任何参数。

(2) 梯度下降法需要大量的迭代次数才能找到最小值，而牛顿法只需要少量的次数便可完成。但是梯度下降法中每一次迭代的代价小，复杂度为 $O(n)$；而牛顿法中每一次迭代的代价大，复杂度为 $O(n^3)$。因此当特征的个数 n 比较小时适合选择牛顿法，当特征的个数 n 比较大时适合选择梯度下降法。这里的大小以 n 等于1000为界来计算。

当系统的输入特征有多个，而系统的训练样本比较少时，很容易造成过拟合的问题，此时可以通过降维和模型选择方法来减小特征的个数，也可以采用正则化方法。正则化方法在特征的个数很多的情况下最有效，但是要求这些特征都只对最终的结果预测起少部分作用。因为规则项可以作用在参数上，让最终的参数很小，在所有参数都很小的情况下，这些假设就是简单假设，从而能够很好地解决过拟合的问题。一般对参数进行正则化时，前面都有一个惩罚系数，这个系数称为正则化系数，如果这个规则项系数太大，有可能导致系统所有的参数最终都很接近0，从而出现欠拟合的现象。在多元线性回归中，规则项一般惩罚的是参数1到 n(当然有的也可以将参数0加入惩罚项，但不常见)。随着训练样本的增加，这些规则项的作用在慢慢减小，因此学习到的系统的参数倾向在慢慢增加。规则项还有很多种形式，有的规则项不会包含特征的个数，如L1-norm regularization和L2-norm regularization。

逻辑回归与多元线性回归实际上有很多相同之处，但最大的区别就在于它们的因变量不同。这两种回归可以归于同一个家族：广义线性模型(generalized linear model)。这一家族中的模型形式基本相同，不同的是因变量，如果是连续的，就是多重线性回归，如果是二项分布的，就是逻辑回归，同理，还有泊松回归、负二项回归等，只要注意区分它们的因变量即可。逻辑回归的因变量可以是二分类的，也可以是多分类的，但是二分类的更为常用，也更加容易解释。所以实际中最为常用的就是二分类的logistic回归。

2. 线性回归实验

实验给出的是50个数据样本点，其中 x 为50个小朋友的年龄，年龄为2岁到8岁，年龄可用小数形式呈现。y 为这50个小朋友对应的身高，当然也是用小数形式表示的。现在的问题是要根据这50个训练样本，估计出3.5岁和7岁时小朋友的身高。通过画出训练样本点的分布可以发现这是一个典型的线性回归问题。

实验中用到的MATLAB函数如下：

(1) legend：比如legend('Training data', 'Linear regression')，它表示的是标出图像中各曲线标志所代表的意义，这里图像的第一条曲线(其实是离散的点)表示的是训练样本数据，第二条曲线(其实是一条直线)表示的是回归曲线。

(2) hold on和hold off：hold on指在前一幅图的情况下打开画纸，允许在上面继续画曲线；hold off指关闭前一幅图的画纸。

(3) linspace：比如linspace(−3, 3, 100)指的是给出−3～3之间的100个数，均匀地选取，即线性地选取。

(4) logspace：比如logspace(−2, 2, 15)，指的是在10^{-2}～10^{2}之间选取15个数，这些数按照指数大小来选取，即指数部分是均匀选取的，但是因为都取了以10为底的指数，所以最终是服从指数分布选取的。

3. 多元线性回归实验

前面已经简单介绍过使用梯度下降法求解一元线性回归问题时的学习速率是固定的0.7，而本次实验中的学习速率需要自己来选择，因此我们应该从小到大(比如从0.001到10)来选择，通过观察损失值与迭代次数之间的函数曲线来决定使用哪个学习速率α。

例 有47个训练样本，训练样本的y值为房子的价格，x的属性有2个，一个是房子的大小，另一个是房子卧室的个数。需要通过这些训练数据来学习系统的函数，从而预测房子大小为1650且有3个卧室的房子的价格。

从线性回归理论中可以知道系统的损失函数为

$$J(\boldsymbol{\theta})=\frac{1}{2m}\sum_{i=1}^{m}(h_{\theta}(\boldsymbol{x}^{(i)})-\boldsymbol{y}^{(i)})^{2} \tag{16-102}$$

其向量表达形式如下：

$$J(\boldsymbol{\theta})=\frac{1}{2m}(\boldsymbol{X\theta}-\boldsymbol{Y})^{\mathrm{T}}(\boldsymbol{X\theta}-\boldsymbol{Y}) \tag{16-103}$$

当使用梯度下降法进行参数的求解时，参数的更新公式如下：

$$\boldsymbol{\theta}_{j}:=\boldsymbol{\theta}_{j}-\alpha\frac{1}{m}\sum_{i=1}^{m}(h_{\theta}(\boldsymbol{x}^{(i)})-\boldsymbol{y}^{(i)})\boldsymbol{x}_{j}^{(i)}\quad(\text{对于所有的 } j) \tag{16-104}$$

4. 逻辑回归实验

给出的训练样本的特征为80个学生的两门功课的分数，样本值为对应的学生是否能上大学，能用1表示，不能用0表示，这是一个典型的二分类问题。在此问题中，给出的80

个样本中正负样本各占 40 个。采用逻辑回归求解，求解结果是一个概率值，通过与 0.5 比较可以变成一个二分类问题。在逻辑回归中，logistic 函数表达式如下：

$$h_\theta(\boldsymbol{x})=g(\boldsymbol{\theta}^{\mathrm{T}}\boldsymbol{x})=\frac{1}{1+\mathrm{e}^{-\boldsymbol{\theta}^{\mathrm{T}}\boldsymbol{x}}} \tag{16-105}$$

可以看出输出结果压缩到 0～1 之间。而逻辑回归问题中的损失函数与线性回归中的损失函数不同，这里定义为

$$J(\boldsymbol{\theta})=\frac{1}{m}\sum_{i=1}^{m}[-\boldsymbol{y}^{(i)}\log(h_\theta(\boldsymbol{x}^{(i)}))-(1-\boldsymbol{y}^{(i)})\log(1-h_\theta(\boldsymbol{x}^{(i)}))] \tag{16-106}$$

如果采用牛顿法来求解回归方程中的参数，则参数的迭代公式为

$$\boldsymbol{\theta}^{(t+1)}=\boldsymbol{\theta}^{(t)}-\boldsymbol{H}^{-1}\nabla_\theta J(\boldsymbol{\theta}) \tag{16-107}$$

其中一阶导函数和 hessian 矩阵表达式如下：

$$\nabla_\theta J(\boldsymbol{\theta})=\frac{1}{m}\sum_{i=1}^{m}(h_\theta(\boldsymbol{x}^{(i)})-\boldsymbol{y}^{(i)})\boldsymbol{x}^{(i)} \tag{16-108}$$

$$\boldsymbol{H}=\frac{1}{m}\sum_{i=1}^{m}[h_\theta(\boldsymbol{x}^{(i)})(1-h_\theta(\boldsymbol{x}^{(i)}))\boldsymbol{x}^{(i)}(\boldsymbol{x}^{(i)})^{\mathrm{T}}] \tag{16-109}$$

在编程的时候为了避免使用 for 循环，可以直接使用这些公式的矢量表达式。

实验中用到的 MATLAB 函数如下：

(1) find：用于找到一个向量，其结果是 find 函数括号值为真时的值的下标编号。

(2) inline：用于构造一个内嵌函数，其参数一般用单引号引起来，里面就是函数的表达式，如果有多个参数，则后面用逗号隔开一一说明。比如 g=inline('sin(alpha * x)', 'x', 'alpha')，则该二元函数是 g(x, alpha)=sin(alpha * x)。

5. 正则线性回归实验

在机器学习中，如果模型的参数太多，而训练样本又太少，则训练出来的模型很容易产生过拟合现象。因此在模型的损失函数中，需要对模型的参数进行“惩罚”，这样参数就不会太大，而越小的参数说明模型越简单，不容易产生过拟合现象。本实验给定 7 个训练样本点，用样本模拟一个 5 阶多项式，观察不同正则参数对最终学习到的曲线的影响。

此时的模型表达式如下：

$$h_\theta(x)=\theta_0+\theta_1 x+\theta_2 x^2+\theta_3 x^3+\theta_4 x^4+\theta_5 x^5 \tag{16-110}$$

模型中包含了规则项的损失函数：

$$J(\boldsymbol{\theta})=\frac{1}{2m}\sum_{i=1}^{m}(h_\theta(\boldsymbol{x}^{(i)})-\boldsymbol{y}^{(i)})^2+\lambda\sum_{j=1}^{n}\theta_j^2 \tag{16-111}$$

其中 λ 是正则参数。

模型的正则方程求解为

$$\boldsymbol{\theta}=\left(\boldsymbol{X}^{\mathrm{T}}\boldsymbol{X}+\lambda\begin{bmatrix}0 & & & \\ & 1 & & \\ & & \ddots & \\ & & & 1\end{bmatrix}\right)^{-1}\boldsymbol{X}^{\mathrm{T}}\boldsymbol{Y} \tag{16-112}$$

程序中主要测试 $\lambda=0$，1，10 时，这 3 个参数对最终结果的影响。

实验中用到的 MATLAB 函数如下：

(1) plot：用于绘制曲线。如 plot(x，y，'o'，'MarkerEdgeColor'，'b'，'MarkerFaceColor'，'r') 用于绘制"x - y"的点图，每个点都用圆圈表示，圆圈的边缘用蓝色表示，圆圈里面填充的是红色。

(2) diag：用于产生对角矩阵，它用一个列向量来生成对角矩阵，所以其参数为列向量。比如要产生 3×3 的对角矩阵，则可以用函数 diag(ones(3，1))。

(3) legend：用于设置图例。如 legned('\lambda_0')，说明标注的是 lamda0。

6. 正则逻辑回归实验

给定具有 2 个特征的训练数据集，若数据分布不是线性可分的，则需用更高阶的特征来模拟。

在逻辑回归中，其表达式为

$$h_{\theta}(\boldsymbol{x})=g(\boldsymbol{\theta}^{\mathrm{T}}\boldsymbol{x})=\frac{1}{1+\mathrm{e}^{-\boldsymbol{\theta}^{\mathrm{T}}\boldsymbol{x}}}=P(y=1|\boldsymbol{x};\boldsymbol{\theta}) \tag{16-113}$$

在此问题中，将特征 $\boldsymbol{x}$ 映射到一个 28 维的空间中，其 $\boldsymbol{x}$ 向量映射后为

$$\boldsymbol{x}=\begin{bmatrix}1\\ u\\ v\\ u^2\\ uv\\ v^2\\ u^3\\ \vdots\\ uv^5\\ v^6\end{bmatrix} \tag{16-114}$$

此时加入了规则项后的系统的损失函数为

$$J(\boldsymbol{\theta})=-\frac{1}{m}\sum_{i=1}^{m}[y^{(i)}\log(h_{\theta}(\boldsymbol{x}^{(i)}))+(1-y^{(i)})\log(1-h_{\theta}(\boldsymbol{x}^{(i)}))]+\frac{\lambda}{2m}\sum_{j=1}^{n}\theta_j^2 \tag{16-115}$$

对应的牛顿法参数更新方程为 $\boldsymbol{\theta}^{(t+1)}=\boldsymbol{\theta}^{(t)}-\boldsymbol{H}^{-1}\nabla_{\theta}J(\boldsymbol{\theta})$，其中：

$$\nabla_{\theta}J(\boldsymbol{\theta})=\begin{bmatrix}\frac{1}{m}\sum_{i=1}^{m}(h_{\theta}(\boldsymbol{x}^{(i)})-y^{(i)})x_{0}^{(i)}\\ \frac{1}{m}\sum_{i=1}^{m}(h_{\theta}(\boldsymbol{x}^{(i)})-y^{(i)})x_{1}^{(i)}+\frac{\lambda}{m}\theta_{1}\\ \frac{1}{m}\sum_{i=1}^{m}(h_{\theta}(\boldsymbol{x}^{(i)})-y^{(i)})x_{2}^{(i)}+\frac{\lambda}{m}\theta_{2}\\ \vdots\\ \frac{1}{m}\sum_{i=1}^{m}(h_{\theta}(\boldsymbol{x}^{(i)})-y^{(i)})x_{n}^{(i)}+\frac{\lambda}{m}\theta_{n}\end{bmatrix}\tag{16-116}$$

$$\boldsymbol{H}=\frac{1}{m}\left[\sum_{i=1}^{m}h_{\theta}(\boldsymbol{x}^{(i)})(1-h_{\theta}(\boldsymbol{x}^{(i)}))\boldsymbol{x}^{(i)}(\boldsymbol{x}^{(i)})^{\mathrm{T}}\right]+\frac{\lambda}{m}\begin{bmatrix}0 & & & \\ & 1 & & \\ & & \ddots & \\ & & & 1\end{bmatrix}\tag{16-117}$$

上述公式中的一些宏观说明如下：

(1) $\boldsymbol{x}^{(i)}$是特征向量，在本练习中是 28×1 的向量。

(2) $\nabla_{\theta}J(\boldsymbol{\theta})$是 28×1 的向量。

(3) $\boldsymbol{x}^{(i)}(\boldsymbol{x}^{(i)})^{\mathrm{T}}$ 和 $\boldsymbol{H}$ 是 28×28 的矩阵。

(4) $y^{(i)}$和 $h_{\theta}(\boldsymbol{x}^{(i)})$是标量。

(5) hessian 矩阵公式中$\frac{\lambda}{m}$后面的矩阵是一个 28×28 的对角矩阵。

实验中用到的 MATLAB 函数如下：

contour 函数用于绘制轮廓。例如 contour(u，v，z，[0，0]，'LineWidth'，2)，指的是在二维平面“u-v”中绘制曲面“z”的轮廓，“z”的值为 0，轮廓线宽为 2。注意此时的“z”对应的范围应该与“u”和“v”所表达的范围相同。

7. softmax 回归实验

逻辑回归很适合于解决非线性二分类问题，并在分类的同时给出结果的概率。处理多分类问题可以使用 softmax 回归。在逻辑回归中，所学习的系统方程为

$$h_{\theta}(\boldsymbol{x})=\frac{1}{1+\exp(-\boldsymbol{\theta}^{\mathrm{T}}\boldsymbol{x})}\tag{16-118}$$

其对应的损失函数为

$$J(\boldsymbol{\theta})=-\frac{1}{m}\left[\sum_{i=1}^{m}y^{(i)}\log h_{\theta}(\boldsymbol{x}^{(i)})+(1-y^{(i)})\log(1-h_{\theta}(\boldsymbol{x}^{(i)}))\right]\tag{16-119}$$

可以看出，给定一个样本，得到一个概率值，该概率值表示的含义是这个样本属于类别“1”的概率。由于有两个类别，因此另一个类别的概率直接用1减掉刚刚的结果即可。如果是多分类问题，例如有 k 个类别，则在softmax回归中，系统的方程可表示为

$$h_\theta(\boldsymbol{x}^{(i)})=\begin{bmatrix}p(y^{(i)}=1\mid\boldsymbol{x}^{(i)};\boldsymbol{\theta})\\p(y^{(i)}=2\mid\boldsymbol{x}^{(i)};\boldsymbol{\theta})\\\vdots\\p(y^{(i)}=k\mid\boldsymbol{x}^{(i)};\boldsymbol{\theta})\end{bmatrix}=\frac{1}{\sum_{j=1}^{k}\mathrm{e}^{\boldsymbol{\theta}_j^{\mathrm{T}}\boldsymbol{x}^{(i)}}}\begin{bmatrix}\mathrm{e}^{\boldsymbol{\theta}_1^{\mathrm{T}}\boldsymbol{x}^{(i)}}\\\mathrm{e}^{\boldsymbol{\theta}_2^{\mathrm{T}}\boldsymbol{x}^{(i)}}\\\vdots\\\mathrm{e}^{\boldsymbol{\theta}_k^{\mathrm{T}}\boldsymbol{x}^{(i)}}\end{bmatrix}\tag{16-120}$$

其中的参数 $\boldsymbol{\theta}$ 不再是列向量，而是一个矩阵，矩阵的每一行可以看作是一个类别所对应分类器的参数，总共有 k 行。所以矩阵 $\boldsymbol{\theta}$ 可以写成下面的形式：

$$\boldsymbol{\theta}=\begin{bmatrix}\boldsymbol{\theta}_1^{\mathrm{T}}\\\boldsymbol{\theta}_2^{\mathrm{T}}\\\boldsymbol{\theta}_k^{\mathrm{T}}\end{bmatrix}\tag{16-121}$$

此时系统的损失函数为

$$J(\boldsymbol{\theta})=-\frac{1}{m}\left[\sum_{i=1}^{m}\sum_{j=1}^{k}1(y^{(i)}=j)\log\frac{\mathrm{e}^{\boldsymbol{\theta}_j^{\mathrm{T}}\boldsymbol{x}^{(i)}}}{\sum_{l=1}^{k}\mathrm{e}^{\boldsymbol{\theta}_l^{\mathrm{T}}\boldsymbol{x}^{(i)}}}\right]\tag{16-122}$$

其中的1(·)是指示性函数，即当大括号中的值为真时，该函数的结果为1，反之为0。

如果采用梯度下降法、牛顿法或者L-BFGS法求得系统参数，就必须求出损失函数的偏导数。softmax回归中损失函数的偏导函数为

$$\nabla_{\boldsymbol{\theta}_j}J(\boldsymbol{\theta})=-\frac{1}{m}\sum_{i=1}^{m}[\boldsymbol{x}^{(i)}(1(y^{(i)}=j)-p(y^{(i)}=j\mid\boldsymbol{x}^{(i)};\boldsymbol{\theta}))]\tag{16-123}$$

其中，$\nabla_{\boldsymbol{\theta}_j}J(\boldsymbol{\theta})$ 表示的是损失函数关于第 j 个类别参数的偏导。式(16-123)还只是一个类别的偏导函数公式，我们需要求出所有类别的偏导函数公式。

softmax回归中对参数的最优化求解不止一个。每当求得一个优化参数时，如果将这个参数的每一项都减掉同一个数，则得到的损失函数值是一样的，这说明这个参数不是唯一解。用数学公式证明如下：

$$p(y^{(i)}=j\mid\boldsymbol{x}^{(i)};\boldsymbol{\theta})=\frac{\mathrm{e}^{(\boldsymbol{\theta}_j-\boldsymbol{\psi})^{\mathrm{T}}\boldsymbol{x}^{(i)}}}{\sum_{l=1}^{k}\mathrm{e}^{(\boldsymbol{\theta}_l-\boldsymbol{\psi})^{\mathrm{T}}\boldsymbol{x}^{(i)}}}=\frac{\mathrm{e}^{\boldsymbol{\theta}_j^{\mathrm{T}}\boldsymbol{x}^{(i)}}\mathrm{e}^{-\boldsymbol{\psi}^{\mathrm{T}}\boldsymbol{x}^{(i)}}}{\sum_{l=1}^{k}\mathrm{e}^{\boldsymbol{\theta}_l^{\mathrm{T}}\boldsymbol{x}^{(i)}}\mathrm{e}^{-\boldsymbol{\psi}^{\mathrm{T}}\boldsymbol{x}^{(i)}}}=\frac{\mathrm{e}^{\boldsymbol{\theta}_j^{\mathrm{T}}\boldsymbol{x}^{(i)}}}{\sum_{l=1}^{k}\mathrm{e}^{\boldsymbol{\theta}_l^{\mathrm{T}}\boldsymbol{x}^{(i)}}}\tag{16-124}$$

产生这种现象的原因是：此时的损失函数不是严格非凸的，也就是说在局部最小值点附近是“平坦”的，所以在这个参数附近的值相同。通过加入规则项就可以解决(例如用牛顿法求解时，hession矩阵如果没有加入规则项，就有可能是不可逆的，若加入了规则项，则该hession矩阵可逆)。加入规则项后的损失函数表达式如下：

$$J(\boldsymbol{\theta})=-\frac{1}{m}\left[\sum_{i=1}^{m}\sum_{j=1}^{k}1(y^{(i)}=j)\log\frac{e^{\boldsymbol{\theta}_j^{\mathrm{T}}\boldsymbol{x}^{(i)}}}{\sum_{l=1}^{k}e^{\boldsymbol{\theta}_l^{\mathrm{T}}\boldsymbol{x}^{(i)}}}\right]+\frac{\lambda}{2}\sum_{i=1}^{k}\sum_{j=0}^{n}\theta_{ij}^{2} \tag{16-125}$$

此时偏导函数表达式为

$$\nabla_{\boldsymbol{\theta}_j}J(\boldsymbol{\theta})=-\frac{1}{m}\sum_{i=1}^{m}[\boldsymbol{x}^{(i)}(1(y^{(i)}=j)-p(y^{(i)}=j\mid\boldsymbol{x}^{(i)};\boldsymbol{\theta}))]+\lambda\boldsymbol{\theta}_j \tag{16-126}$$

接下来用数学优化的方法来求解。softmax 回归是逻辑回归的扩展。softmax 回归和 k 个二分类器之间的区别是：如果所需的分类类别之间严格相互排斥，即两种类别不能同时被一个样本占有，则应使用 softmax 回归。反之，若所需分类类别之间允许某些重叠，则应使用 k 个二分类器。

练习：手写数字识别，数据集为 MNIST，其中训练样本有 6 万个，测试样本有 1 万个，样本数字是 0～9。每个样本对应一张大小为 28×28 的图片。

实验基础：这次实验只用了 softmax 模型，即没有隐层，而只有输入层和输出层，因为实验中并没有提取出 MINST 样本的特征，而是直接用的原始像素特征。实验中主要是计算系统的损失函数和其偏导函数，其计算公式分别为式(16-125)、式(16-126)。

实验结果：Accuracy 为 92.640%(参考值)。

实验中用到的 MATLAB 函数如下：

(1) sparse：用于生成一个稀疏矩阵。比如 sparse(A, B, k)，其中“A”和“B”是向量，“k”是常量。这里生成的稀疏矩阵的值都为参数“k”，稀疏矩阵位置值坐标点由“A”和“B”相应的位置点值构成。

(2) full：用于生成一个正常矩阵，一般都是利用稀疏矩阵来还原的。

16.5.2 深层神经网络的理解

1. 基础知识

16.5.1 节对机器学习中几种经典的回归方法进行了简要介绍和练习，从本节开始介绍另一种机器学习方法——神经网络。由于在使用逻辑回归时，样本点的输入特征维数都非常小(例如 2 到 3 维)，需要把原始样本特征重新映射到高维空间中，而一般情景下数据特征非常大，比如一张 50×50 的灰度图片具有 2500 维特征，如果采用逻辑回归进行目标检测，则特征有可能达到上百万，这样不仅计算量复杂，而且因为特征维数过大容易使学习到的函数产生过拟合现象。总的来说，只用回归来解决问题是远远不够的，因此神经网络由于它特有的优势逐渐成为研究热点。神经网络模型的表达结构是比较清晰的，输入值和对应的权重相乘后，最终加上偏移值即为输出。由于神经网络模拟了人的大脑功能，而人的大脑具有很强的学习机制，从神经网络的模型中也可以看出，如果我们只看输出层和与输出层相连的最后一层，可以发现它其实为一个简单的线性回归方程(如果使输出在0～1之间，则是逻辑回归方程)，也就是说之前的特征层学习到的特征很适合作为问题求解的特征，因此神经网络是为了学习到更适合问题求解的一些特征。

表面上看，神经网络前一层的输出值的线性组合构成了当前层的输出，这样即使是有很多层的神经网络，也只能学习到输入特征的线性组合。实际上，前一层输出的线性组合会通过一个复合函数，例如最常见的 logistic 函数，这样神经网络就可以学习任意的非线性函数了。神经网络的功能是比较强大的，单层的神经网络可以学习“and”“or”“not”以及非或门等，两层的神经网络可以学习“xor”门(通过与门和非或门构成的一个或门合成)，3 层的神经网络可以学习任意函数(不包括输入/输出层)。神经网络也很容易扩展到多分类问题中，如果是 n 分类问题，则只需在设计的网络的输出层设置 n 个节点即可。有了损失函数的表达式后，使用梯度下降法或者牛顿法求解网络参数时，都需要计算出损失函数对某个参数的偏导数。求该偏导数中最著名的算法就是 BP 算法。BP 算法的理论来源是一个节点的误差是由前面简单的误差传递过来的，传递系数就是网络的系数。一般情况下，使用梯度下降法解决神经网络问题时，可采用 gradient checking 的方法来检测偏导数是否计算正确，即当求出了损失函数的偏导数后，取一个参数值，计算出该参数值处的偏导数值，然后在该参数值附近取两个参数点，利用损失函数在这两个点值的差除以这两个点的距离(其实如果这两个点足够靠近，这个结果就是导数的定义了)，比较这两次计算出的结果是否相等，如果接近相等，则说明这个偏导数很大程度上没有计算出错，后面的工作也就可以放心地进行，此时就不需要再运行 gradient checking，以避免不必要的耗时。

在网络训练阶段，对网络参数进行初始化，一般满足均值为0，且在0附近随机初始化。如果采用同样的算法求解网络的参数，那么网络的性能就取决于网络的结构(即隐层的个数以及每个隐层神经元的个数)。一般默认的结构是：只取一个隐层，如果需要取多个隐层，就将每个隐层神经元的个数设置为相同。一般来说，隐层神经元的个数越多，效果就越好。

2. 深层神经网络

多层神经网络可以得到对输入更复杂的函数表示，因为神经网络的每一层都是上一层的非线性变换。当然，此时要求每一层的激活函数是非线性的，否则就没有必要用多层了。

1) 深层神经网络的优点

(1) 比单层神经网络能学习到更复杂的表达。例如用 k 层神经网络能学习到的函数，若采用 $k-1$ 层神经网络来学习，则这 $k-1$ 层神经网络节点的个数必须是指数级庞大的数字。

(2) 不同层的网络学习到的特征是由最底层到最高层的特征。比如在图像的学习中，第一个隐层可能学习的是边缘特征，第二个隐层学习的是轮廓特征，后面的就会更抽象，有可能是图像目标中的一个部位，也就是底层隐层学习底层特征，高层隐层学习高层特征。

（3）这种多层神经网络的结构和人体大脑皮层的多层感知结构非常类似，具有一定的生物理论基础。

2）深层神经网络的缺点

（1）网络的层次越深，所需的训练样本数越多，若采用有监督学习，样本就更难获取，因为要进行各种标注。但是如果样本数太少，就很容易产生过拟合现象。

（2）多层神经网络的参数优化问题是一个高阶非凸优化问题，这个问题通常收敛到一个比较差的局部解，普通的优化算法一般效果不太理想，即参数的优化问题是个难点。

（3）梯度扩散问题。在较深的网络中使用BP算法计算损失函数的偏导时，梯度值随着深度显著下降，这样导致前面的网络对最终的损失函数的贡献很小，从而权值更新速度变慢。一般的解决办法为：采用层次贪婪训练方法来训练网络的参数，即先训练网络的第一个隐层，接着训练第二个，第三个……，最后用这些训练好的网络参数值作为整体网络参数的初始值。这样的好处是数据更容易获取，因为前面的网络层基本都用无监督的方法获得，比较容易，只有最后一个输出层需要有监督的数据。另外，因为无监督学习其实隐形之中已经提供了一些输入数据的先验知识，所以此时的参数初始化值一般都能得到最终比较好的局部最优解。

3）卷积和池化

了解卷积前，先认识下为什么要从全局连接网络发展到局部连接网络。在全局连接网络中，如果我们的图像很大，比如说为96×96，隐层又要学习100个特征，此时将输入层的所有点都与隐层节点连接，则需要学习10^6个参数，从而使用BP算法时速度明显变慢。为改善这种现状，局部连接网络应运而生，它的每个隐层的节点只与一部分连续的输入点连接。这是模拟了人大脑皮层中视觉皮层不同位置只对局部区域有响应。局部连接网络在神经网络中的实现使用卷积的方法。卷积具有稳定性，即图像中某个部分的统计特征和其他部位的相似，因此我们学习到的某个部位的特征也同样适用于其他部位。

在使用卷积对图像中的某个局部部位计算时，得到的是对这个图像局部的特征，由于卷积具有稳定性，对得到的特征向量进行统计计算后，所有的图像局部块也都能得到相似的结果。对卷积得到的结果进行统计计算的过程就叫作池化，由此可见池化也是有效的。常见的池化方法有最大池化和平均池化等，并且学习到的特征具有旋转不变性。

本次实验是练习卷积和池化的使用，更深一层地理解怎样对大的图像采用卷积得到每个特征的输出结果，然后采用池化方法对这些结果进行计算，使之具有平移不变等特性。实验参考的是斯坦福网页教程——Exercise：Convolution and Pooling。

实验基础：在训练阶段，是对小的patch进行白化。由于输入的数据是大的图像，因此每次进行卷积时都需要进行白化和网络的权值计算，这样每一个学习到的隐层节点的特征对每一张图像都可以得到一张稍小的特征图像，接着对这张特征图像进行均值池化。有了这些特征值以及标注值，就可以用 softmax 来训练多分类器了。

在测试阶段是对大图像进行卷积，每次卷积的图像块也同样需要用训练时的白化参数进行预处理，分别经过卷积和池化提取特征，这和前面的训练过程一样。然后用训练好的 softmax 分类器就可进行预测了。

训练特征提取的网络参数用的时间比较多，而训练 softmax 分类器用的时间比较短。在 MATLAB 中，当有 n 维数组时，一般是从右向左进行计算，因为 MATLAB 输出都是按照这种方法进行的。

进行卷积测试的理由是：先用 cnnConvolve 函数计算出所给样本的卷积值，然后随机选取多个 patch，用直接代数运算的方法得出网络的输出值，如果对于所有(比如这里选的 1000 个)的 patch，这两者之间的差都非常小，则说明卷积计算是正确的。

进行池化测试的理由是：采用函数 cnnPool 来计算，而该函数的参数为池化的维数以及需要池化的数据。因此程序中先随便给一组数据，然后用手动的方法计算出均值池化的结果，最后用 cnnPool 函数也计算出一个结果，如果两者的结果相同，则说明池化函数是正确的。

颜色特征的学习体现在：每次只对 RGB 中的一个通道进行卷积，分别计算 3 次，然后把 3 个通道得到的卷积结果矩阵对应元素相加即可。这样后面的池化操作只需在一个图像上进行即可。

convolution 后得到的形式如下：

convolvedFeatures(featureNum, imageNum, imageRow, imageCol)

pooling 后得到的形式如下：

pooledFeatures(featureNum, imageNum, poolRow, poolCol)

图像的保存形式如下：

convImages(imageRow, imageCol, imageChannel, imageNum)

由于只需训练 4 个类别的 softmax 分类器，因此其速度非常快，1 分钟都不到。

实验结果：训练出来的特征图像如图 16－5 所示。

图 16－5　学习到的特征可视化

最终的预测准确度：Accuracy 为 80.406%。

实验中用到的 MATLAB 函数如下：

(1) squeeze：B＝squeeze(A)，“B”与“A”有相同的元素，但只有一行或只有一列的那个维度(a singleton dimension)被去除掉了。“A singleton dimension”的特征是 size(A, dim)＝1。二维阵列不受 squeeze 影响；如果“A”是一个行或列矢量或是一个标量，那么“B＝A”。

(2) size：size(A, n)，如果“A”是一个多维矩阵，那

么 size(A, n)表示第“n”维的大小，返回值为一个实数。

16.5.3 反卷积网络的理解

深度网络结构是由多个单层网络叠加而成的，而常见的单层网络按照编码解码情况可以分为以下三类：

(1) 既有 encoder 部分也有 decoder 部分：比如常见的 RBM 系列(由 RBM 可构成 DBM、DBN 等)、autoencoder 系列(以及由其扩展的 sparse autoencoder、denoise autoencoder、contractive autoencoder、saturating autoencoder 等)。

(2) 只包含 decoder 部分：比如 sparse coding 和 deconvolution network。

(3) 只包含 encoder 部分：即为常见的 feed-forward network。

deconvolution network(简称 DN)即反卷积网络[16.15]。关于反卷积，很容易理解。假设 $\boldsymbol{A}=\boldsymbol{B}*\boldsymbol{C}$ 表示 $\boldsymbol{B}$ 和 $\boldsymbol{C}$ 的卷积是 $\boldsymbol{A}$，也就是已知 $\boldsymbol{B}$ 和 $\boldsymbol{C}$，求 $\boldsymbol{A}$，这一过程叫作卷积。如果已知 $\boldsymbol{A}$ 和 $\boldsymbol{B}$ 求 $\boldsymbol{C}$ 或者已知 $\boldsymbol{A}$ 和 $\boldsymbol{C}$ 求 $\boldsymbol{B}$，则这个过程叫作反卷积。

deconvolution network 和 convolution network(简称 CNN)是对应的，在 CNN 中，是由输入图像卷积滤波器得到特征图，而在反卷积网络中，是由特征图卷积滤波器得到输入图像。所以反卷积网络是 top-down 的，具体可参考 Zeiler 的文章“*Deconvolutional networks*”。

图 16-6 表示的是 DN 的第 1 层，其输入图像是 3 通道的 RGB 图，学习到的第 1 层特征有 12 个，说明每个输入通道图像都学习到了 4 个特征。而其中的特征图 $\boldsymbol{Z}$ 是由对应通道图像和特征分别卷积后再求和得到的。

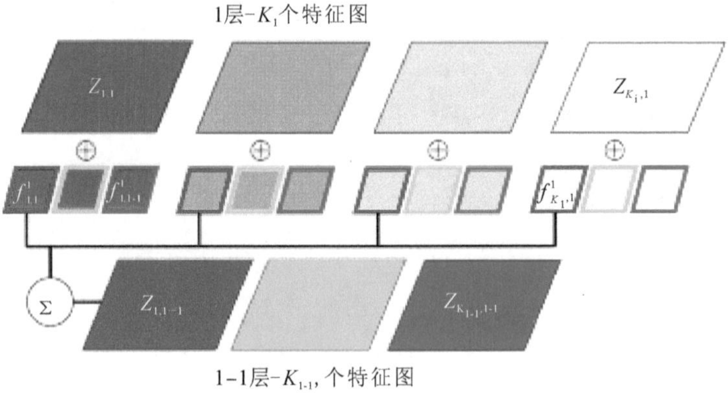

图 16-6 单层网络结构

1. DN 的训练过程

学习 DN 中第 l 层网络的特征时，需优化下面的目标函数：

$$C_l(y)=\frac{\lambda}{2}\sum_{i=1}^{I}\sum_{c=1}^{K_{l-1}}\left\|\sum_{k=1}^{K_l}g_{k,c}^{l}(z_{k,l}^{i}\oplus f_{k,c}^{l})-z_{c,l-1}^{i}\right\|_2^2+\sum_{i=1}^{I}\sum_{k=1}^{K_l}|z_{k,l}^{i}|^p \tag{16-127}$$

它是将第 l 层网络的输出当作第 $l+1$ 层网络的输入，其中的 $g_{k,c}^{l}$ 表示第 l 层的特征图 k 和第 $l-1$ 层的特征图 c 的连接情况，如果连接则为 1，否则为 0。对上面 loss 函数优化的思想为：

(1) 固定 $f_{k,c}^{l}$，优化 $z_{k,l}^{i}$，引入一个辅助变量 $x_{k,l}^{i}$，则这时的 loss 函数变为

$$\hat{C}_l(y)=\frac{\lambda}{2}\sum_{i=1}^{I}\sum_{c=1}^{K_{l-1}}\left\|\sum_{k=1}^{K_l}g_{k,c}^{l}(z_{k,l}^{i}\oplus f_{k,c}^{l})-z_{c,l-1}^{i}\right\|_2^2+\frac{\beta}{2}\sum_{i=1}^{I}\sum_{k=1}^{K_l}\|z_{k,l}^{i}-x_{k,l}^{i}\|_2^2+\sum_{i=1}^{I}\sum_{k=1}^{K_l}|x_{k,l}^{i}|^p \tag{16-128}$$

由于 loss 函数中对辅助变量 $x_{k,l}^{i}$ 和 $z_{k,l}^{i}$ 之间的距离进行了惩罚，因此这个辅助变量的引入是合理的。

(2) 固定 $z_{k,l}^{i}$，优化 $f_{k,c}^{l}$，直接采用梯度下降法即可。

2. DN 的测试过程

学习到每层网络的滤波器后，当输入一张新图像时，可同样采用重构误差和特征图稀疏约束来优化得到本层的特征图，比如在第 1 层时，需优化：

$$C_1(y^i)=\frac{\lambda}{2}\sum_{c=1}^{K_0}\left\|\sum_{k=1}^{K_1}z_k^i\oplus f_{k,c}-y_c^i\right\|_2^2+\sum_{k=1}^{K_1}|z_k^i|^p \tag{16-129}$$

其中的 f 是在训练过程中得到的。提取出图像 y 的 DN 特征后，可以用该特征进行图像的识别，也可以将该特征从上到下一层层卷积下来得到图像 y'，而这个图像 y' 可理解为原图像 y 去噪后的图像。因此 DN 提取的特征至少有图像识别和图像去噪两个功能。

这里有两点需要说明：一是网络的初始架构，在 nnsetup.m 文件中可以看到；二是参数的设置，包括 epoch 和 batch_size 的设置等。其次训练过后还得到损失函数 $\boldsymbol{L}$，这里的 $\boldsymbol{L}$ 为每一批代入目标函数中求出相应的梯度下降值并更新相应的权值矩阵之后得到的目标函数的值。由于训练数据共有 60 000 张，所以 $\boldsymbol{L}$ 为一个 600×1 的向量。之后用训练好的模型 nn，对测试数据进行计算，返回的 er 表示错误率，bad 是分错样本图像的统计。

16.5.4 利用 Hessian-free 方法训练深度网络

目前，深度网络权值训练的主流方法是梯度下降法，但梯度下降法应用在深度网络中的一个缺点是权值的迭代变化值很小，很容易收敛到局部最优点，而且不能很好地处理有病态的曲率(比如 rosenbrock 函数)的误差函数。而论文“*Deep learning via Hessian-free optimization*”中所介绍的 Hessian-free 方法不用预训练网络的权值，效果不错且其适用范

围更广(可以用于 RNN 等网络的学习)，同时克服了梯度下降法的缺点。

Hessian-free 方法的主要思想类似于牛顿迭代法，只是并没有显式地去计算误差曲面函数某点的 Hessian 矩阵 $\boldsymbol{H}$，而是通过某种技巧直接算出 $\boldsymbol{H}$ 和任意向量 $\boldsymbol{v}$ 的乘积，"Hessian-free"由此而得名。文中主要使用两大思想和五个技巧来完成网络的训练。

思想 1：利用某种方法计算 $\boldsymbol{Hv}$ 的值($\boldsymbol{v}$ 任意)，比如说常见的对误差导函数用有限差分法来高精度近似计算 $\boldsymbol{Hv}$：

$$\boldsymbol{Hv}=\lim_{\varepsilon\to 0}\frac{\nabla f(\boldsymbol{\theta}+\varepsilon\boldsymbol{v})-\nabla f(\boldsymbol{\theta})}{\varepsilon} \tag{16-130}$$

这比以前只用一个对角矩阵近似 Hessian 矩阵保留下来的信息要多。通过隐式计算 $\boldsymbol{Hv}$，可以避免直接求 $\boldsymbol{H}$ 的逆，一是因为 $\boldsymbol{H}$ 太大，二是 $\boldsymbol{H}$ 的逆有可能根本不存在。

思想 2：用下面二次项公式来近似得到 $\boldsymbol{\theta}$ 值附近的函数值，且最佳搜索方向 $\boldsymbol{p}$ 由 CG 迭代法求得：

$$f(\boldsymbol{\theta}+\boldsymbol{p})\approx q_{\boldsymbol{\theta}}(\boldsymbol{p})\equiv f(\boldsymbol{\theta})+\nabla f(\boldsymbol{\theta})^{\mathrm{T}}\boldsymbol{p}+\frac{1}{2}\boldsymbol{p}^{\mathrm{T}}\boldsymbol{Bp} \tag{16-131}$$

技巧 1：计算 $\boldsymbol{Hv}$ 时并不是直接用有限差分法，而是利用 Pearlmutter 的 R-operator 方法。

技巧 2：用 Gauss-Newton 矩阵 $\boldsymbol{G}$ 来代替 Hessian 矩阵 $\boldsymbol{H}$，所以最终隐式计算的是 $\boldsymbol{Gv}$。

技巧 3：用 CG 算法求解 $\boldsymbol{\theta}$ 搜索方向 $\boldsymbol{p}$ 时的迭代终止条件为

$$i>k,\ \phi(\boldsymbol{x}_i)<0,\ \frac{\phi(\boldsymbol{x}_i)-\phi(\boldsymbol{x}_{i-k})}{\phi(\boldsymbol{x}_i)}<k \tag{16-132}$$

技巧 4：在进行处理大数据学习时，用 CG 算法进行线性搜索时并没有用到所有样本，而是采用的 mini-batch，因为从一些 mini-batch 样本已经可以获得关于曲面的一些有效曲率信息。

技巧 5：用启发式的方法(Levenburg-Marquardt)求得系统的阻尼系数 λ，该系数在预条件的 CG 算法中用到过。

代码完成的是 CURVES 数据库的分类，用的是 Autoencoder 网络，网络的层次结构为[784 400 200 100 50 25 6 25 50 100 200 400 784]。

实验中用到的 MATLAB 函数如下：

(1) conjgrad_1()：用于完成预条件的 CG 优化算法，函数求出了 CG 所迭代的步数以及优化的结果(搜索方向)。

(2) computeGV()：用于完成矩阵 $\boldsymbol{Gv}$ 的计算，结合了 R 操作和 Gauss-Newton 方法。

(3) computeLL()：用于计算样本输出值的 log 似然以及误差(不同激活函数的输出节点其误差公式各异)。

(4) nnet_train_2()：用于直接训练一个网络。该函数为核心函数，里面要调用 conjgrad_1()、computeGV()、computeLL()，采用 BP 方法求误差曲面函数的导数。

16.5.5 深度学习中的优化方法

本节主要是参考论文"*On optimization methods for deep learning*"，包括三种常见优化方法：SGD(随机梯度下降)、LBFGS(受限的 BFGS)、CG(共轭梯度)。SGD 实现简单，当训练样本足够多时优化速度非常快，但需要人为调整很多参数，比如学习速率、收敛准则等；另外，它是序列的方法，不利于 GPU 并行或分布式处理。

各种深度学习中常见方法最本质的区别是：目标函数形式不同。由于目标函数的不同导致了对其优化的方法可能会不同，比如 RBM 采用 CG 优化能量目标函数，而 Autoencoder 目标函数为理论输出和实际输出的 MSE，由于此时的目标函数的偏导可以直接被计算，因此可以用 LBFGS、CG 等方法优化。所以，不能单从网络的结构来判断其属于深度学习中的哪种方法。比如，对于一个 64-100 的 2 层网络，我们无法判断它属于深度学习的哪种方法，因为这个网络既可以用 RBM 也可以用 Autoencoder 来训练。

通过实验得出的结论是：不同的优化方法有不同的优缺点，适合不同的场合。比如，LBFGS 在参数的维度比较低(一般指小于 10 000 维)时的效果要比 SGD 和 CG 的效果好，特别是带有 convolution 的模型。而针对高维的参数问题，CG 的效果要比另两种好。也就是说，一般情况下，SGD 的效果要差一些，这与使用 GPU 加速时的情况一样，即在 GPU 上使用 LBFGS 和 CG 时，优化速度明显加快，而 SGD 的优化速度提高很小。

在单核处理器上，LBFGS 的优势主要是利用参数之间的 2 阶近似特性来加速优化，而 CG 则得益于参数之间的共轭信息，需要计算 Hessian 矩阵。不过当使用一个大的 minibatch 且采用线搜索的话，SGD 的优化性能也会提高。在单核上比较 SGD、LBFGS、CG 三种方法的优化性能，当针对 Autoencoder 模型时，结果如图 16－7 所示，可以看出，SGD 效果最差。同样的情况下，训练 sparse autoencoder 模型的比较情况如图 16－8 所示。

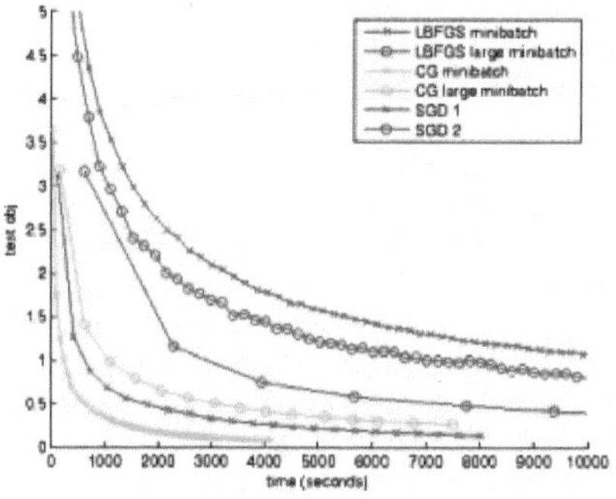

图 16－7 Autoencoder 中不同优化方法的重构误差

由图 16－8 可以看出 SGD 的效果更差。主要原因是 LBFGS 和 CG 能够使用大的 minibatch 数据来估算每个节点的期望激活值，这个值可以用来约束该节点的稀疏特性，而 SGD 需要去估计噪声信息。

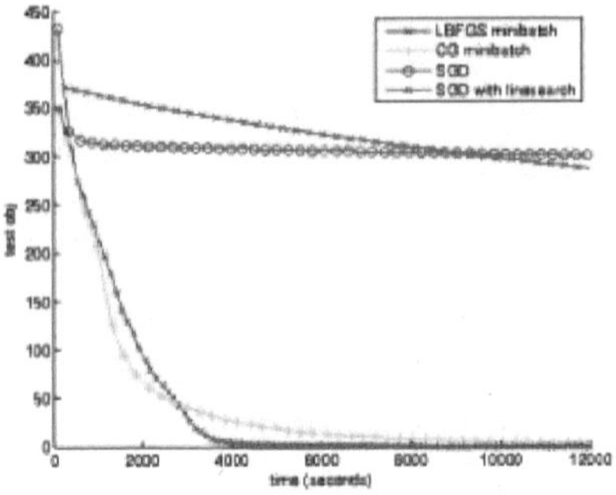

图 16－8　sparse autoencoder 中不同优化方法的重构误差

最后，作者训练了一个 2 隐层（不包括 pooling 层）的 sparse autocoder 网络，其在 MNIST 上的识别率如图 16－9 所示。

LeNet-5, SGDs, no distortions (LeCun et al., 1998)	0.95%
LeNet-5, SGDs, huge distortions (LeCun et al., 1998)	0.85%
LeNet-5, SGDs, distortions (LeCun et al., 1998)	0.80%
ConvNet, SGDs, no distortions (Ranzato et al., 2007)	0.89%
ConvNet, L-BFGS, no distortions (this paper)	**0.69%**

图 16－9　MNIST 数据集上的识别率

作者在网站"http://ai.stanford.edu/～quocle/nips2011challenge/"上给出了代码：deep autoencoder with L-BFGS，供读者参考。

16.5.6　自编码网络的理解

1. 稀疏编码

稀疏编码(sparse coding)是深度学习中一个重要的分支，同样能够很好地提取数据集特征。本节的内容是参考斯坦福 deep learning 教程——*Sparse Coding：Autoencoder Interpretation*。首先我们需要了解"凸优化"，它是一种比较特殊的优化，是指目标函数为凸函数且由约束条件得到的定义域为凸集的优化问题，也就是说，目标函数和约束条件都是"凸"的。

这里简单介绍下拓扑稀疏编码。

拓扑稀疏编码主要是模仿人体大脑皮层中相邻的神经元对以提取出某一相近的特征，

因此在深度学习中我们希望学习到的特征也具有这样“拓扑秩序”的性质。如果我们随意地将特征排列成一个矩阵，则我们希望矩阵中相邻的特征是相似的。也就是把原来那些特征系数的稀疏性惩罚项 L1 范数更改为不同小组 L1 范数惩罚之和，而这些相邻小组之间是有重叠值的，因此只要重叠的那一部分值改变就意味着各组的惩罚值也会改变，从而体现出类似人脑皮层的特性，此时系统的代价函数为

$$J(\boldsymbol{A}, \boldsymbol{s}) = \|\boldsymbol{As} - \boldsymbol{x}\|_2^2 + \lambda \sum_{\text{all groups } g} \sqrt{\left(\sum_{\text{all } s \in g} \boldsymbol{s}^2\right) + \varepsilon} + \gamma \|\boldsymbol{A}\|_2^2 \tag{16-133}$$

其矩阵形式如下：

$$J(\boldsymbol{A}, \boldsymbol{s}) = \|\boldsymbol{As} - \boldsymbol{x}\|_2^2 + \lambda \sum \sqrt{\boldsymbol{Vss}^{\mathrm{T}} + \varepsilon} + \gamma \|\boldsymbol{A}\|_2^2 \tag{16-134}$$

在实际编程时，为了写出准确无误的优化函数代码并能快速又恰到好处地收敛到最优值，可以采用下面的技巧：将输入样本集分成多个小的 mini-batches，这样做的好处是每次迭代时输入系统的样本数变少了，运行的时间也会变短很多，并且也提高了整体收敛速度。

关于稀疏编码目标函数的优化会涉及矩阵求导的问题，可参考论文 *Deriving gradients using the backpropagation idea*。首先，了解该问题求解的 BP 算法形式。对网络中输出层节点的误差值，采用下面公式计算：

$$\delta_i^{(n_l)} = \frac{\partial}{\partial z_i^{(n_l)}} J(\boldsymbol{z}^{(n_l)}) \tag{16-135}$$

从网络的倒数第 2 层一直到第 2 层，依次计算网络每层的误差值：

$$\delta_i^{(l)} = \left(\sum_{j=1}^{s_{l+1}} W_{ji}^{(l)} \delta_j^{(l+1)}\right) \cdot \frac{\partial}{\partial z_i^{(l)}} f^{(l)}(z_i^{(l)}) \tag{16-136}$$

计算网络中 l 层的网络参数的偏导(如果是第 0 层网络，则表示是求代价函数对输入数据作为参数的偏导)：

$$\nabla_{W^{(l)}} J(\boldsymbol{W}, \boldsymbol{b}; \boldsymbol{x}, \boldsymbol{y}) = \boldsymbol{\delta}^{(l+1)} (\boldsymbol{a}^{(l)})^{\mathrm{T}} \tag{16-137}$$

现在用 BP 思想来求对特征矩阵 $\boldsymbol{s}$ 的导数，代价函数为式(16-134)。

将表达式中的 $\boldsymbol{s}$ 当作网络的输入，依次将公式中各变量和转换关系变成如图 16-10 所示的网络结构。

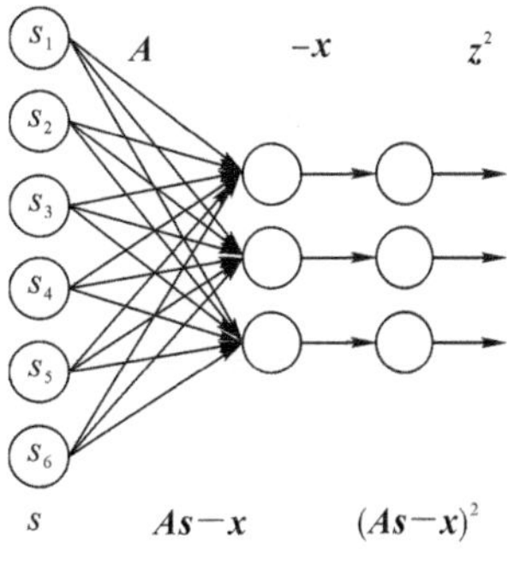

图 16-10 网络结构

该网络的权重和激活函数如表 16-1 所示。

表 16-1 网络的权重和激活函数

层	权重	激活函数 f
1	$\boldsymbol{A}$	$f(z_i) = z_i$ (identity)
2	$\boldsymbol{I}$(identity)	$f(z_i) = z_i - x_i$
3	N/$\boldsymbol{A}$	$f(z_i) = z_i^2$

求各层网络的误差值时采用前面的 BP 算法。网络的某层对该层某个节点输入值的偏导如表 16-2 所示。

表 16-2　网络参数

层 r	激活函数 f 的导数	Delta	本层输入 z
3	$f'(z_i)=2z_i$	$f'(z_i)=2z_i$	$\boldsymbol{As}-\boldsymbol{x}$
2	$f'(z_i)=1$	$(\boldsymbol{I}^{\mathrm{T}}\boldsymbol{\delta}^{(3)})\cdot 1$	$\boldsymbol{As}$
1	$f'(z_i)=1$	$(\boldsymbol{A}^{\mathrm{T}}\boldsymbol{\delta}^{(2)})\cdot 1$	$\boldsymbol{s}$

因为此时 J 对 z_i 求导是只对其中关于 z_i 的那一项有效，所以它的偏导数为 $2z_i$。最终代价函数对输入的偏导按照公式可以直接写出，即

$$J(\boldsymbol{z}^{(3)})=\sum_k J(z_k^{(3)}) \tag{16-138}$$

对于拓扑稀疏编码代价函数中关于特征矩阵 $\boldsymbol{s}$ 的偏导，用同样的方法将其转换成对应的网络结构，如图 16-11 所示。

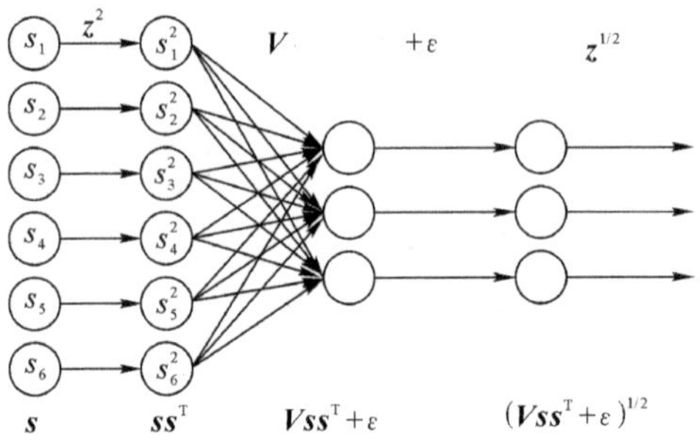

图 16-11　网络结构

同样地，列出它对应的网络参数，如表 16-3、表 16-4 所示。

表 16-3　网络的权重和激活函数

层	权重	激活函数 f
1	$\boldsymbol{I}$	$f(z_i)=z_i^2$
2	$\boldsymbol{V}$	$f(z_i)=z_i$
3	$\boldsymbol{I}$	$f(z_i)=z_i+\varepsilon$
4	N/$\boldsymbol{A}$	$f(z_i)=z_i^{1/2}$

表 16-4 网络的参数

层 r	激活函数 f 的导数	Delta	本层输入 z
4	$f'(z_i)=\frac{1}{2}z_i^{-\frac{1}{2}}$	$f'(z_i)=\frac{1}{2}z_i^{-\frac{1}{2}}$	$(\boldsymbol{V}\boldsymbol{s}\boldsymbol{s}^{\mathrm{T}}+\varepsilon)$
3	$f'(z_i)=1$	$(\boldsymbol{I}^{\mathrm{T}}\boldsymbol{\delta}^{(4)})\cdot 1$	$\boldsymbol{V}\boldsymbol{s}\boldsymbol{s}^{\mathrm{T}}$
2	$f'(z_i)=1$	$(\boldsymbol{V}^{\mathrm{T}}\boldsymbol{\delta}^{(3)})\cdot 1$	$\boldsymbol{s}\boldsymbol{s}^{\mathrm{T}}$
1	$f'(z_i)=2z_i$	$(\boldsymbol{I}^{\mathrm{T}}\boldsymbol{\delta}^{(2)})\cdot 2\boldsymbol{s}$	$\boldsymbol{s}$

其中的输出函数 J 如下：

$$J(\boldsymbol{z}^{(4)})=\sum_k J(z_k^{(4)}) \tag{16-139}$$

最终结果为

$$\begin{aligned}\nabla_X F&=\boldsymbol{I}^{\mathrm{T}}\boldsymbol{V}^{\mathrm{T}}\boldsymbol{I}^{\mathrm{T}}\ \frac{1}{2}(\boldsymbol{V}\boldsymbol{s}\boldsymbol{s}^{\mathrm{T}}+\varepsilon)^{-\frac{1}{2}}\cdot 2\boldsymbol{s}=\boldsymbol{V}^{\mathrm{T}}\ \frac{1}{2}(\boldsymbol{V}\boldsymbol{s}\boldsymbol{s}^{\mathrm{T}}+\varepsilon)^{-\frac{1}{2}}\cdot 2\boldsymbol{s}\\&=\boldsymbol{V}^{\mathrm{T}}(\boldsymbol{V}\boldsymbol{s}\boldsymbol{s}^{\mathrm{T}}+\varepsilon)^{-\frac{1}{2}}\cdot\boldsymbol{s}\end{aligned} \tag{16-140}$$

稀疏编码的主要思想是学习输入数据集“基数据”，一旦获得这些“基数据”，输入数据集中的每个数据都可以用这些“基数据”的线性组合表示，而稀疏性则体现在这些线性组合系数是稀疏的，即大部分的值都为 0。很显然，这些“基数据”的尺寸和原始输入数据的尺寸是相同的，另外“基数据”的个数通常要比每个样本的维数大。

稀疏编码系统非拓扑时的代价函数如下：

$$J(\boldsymbol{A},\boldsymbol{s})=\frac{1}{m}\ \|\boldsymbol{A}\boldsymbol{s}-\boldsymbol{x}\|_2^2+\lambda\sum\sqrt{\boldsymbol{s}^2+\varepsilon}+\gamma\|\boldsymbol{A}\|_2^2 \tag{16-141}$$

拓扑结构时的代价函数如下：

$$J(\boldsymbol{A},\boldsymbol{s})=\frac{1}{m}\|\boldsymbol{A}\boldsymbol{s}-\boldsymbol{x}\|_2^2+\lambda\sum\sqrt{\boldsymbol{V}\boldsymbol{s}^2+\varepsilon}+\gamma\ \|\boldsymbol{A}\|_2^2 \tag{16-142}$$

以上两个代价函数表达式中都有两个未知的参数矩阵，即 $\boldsymbol{A}$ 和 $\boldsymbol{s}$，所以不能采用简单的优化方法。此时一般的优化思想为交叉优化，即先固定一个 $\boldsymbol{A}$ 来优化 $\boldsymbol{s}$，然后固定该 $\boldsymbol{s}$ 来优化 $\boldsymbol{A}$，以此类推，等迭代步骤到达预设值时就停止。而在优化过程中首先要解决的就是代价函数对参数矩阵 $\boldsymbol{A}$ 和 $\boldsymbol{s}$ 的求导问题。

此时的求导涉及矩阵范数的求导，可以使用 BP 的思想来求。拓扑和非拓扑的代价函数关于权值矩阵 $\boldsymbol{A}$ 的导数是一样的，因为这两种情况下代价函数关于 $\boldsymbol{A}$ 是没有区别的：

$$\frac{\partial J(\boldsymbol{A},\boldsymbol{s})}{\partial\boldsymbol{A}}=\frac{1}{m}(2\boldsymbol{A}\boldsymbol{s}\boldsymbol{s}'-2\boldsymbol{x}\boldsymbol{s}')+2\gamma\boldsymbol{A} \tag{16-143}$$

非拓扑结构下代价函数关于 $\boldsymbol{s}$ 的导数如下：

$$\frac{\partial J(\boldsymbol{A}, \boldsymbol{s})}{\partial \boldsymbol{s}}=\frac{1}{m}(-2\boldsymbol{A}'\boldsymbol{x}+2\boldsymbol{A}'\boldsymbol{A}\boldsymbol{s})+\frac{\lambda \boldsymbol{s}}{\sqrt{\boldsymbol{s}^2+\varepsilon}} \tag{16-144}$$

拓扑稀疏编码下代价函数关于 $\boldsymbol{s}$ 的导数为

$$\frac{\partial J(\boldsymbol{A}, \boldsymbol{s})}{\partial \boldsymbol{s}}=\frac{1}{m}(-2\boldsymbol{A}'\boldsymbol{x}+2\boldsymbol{A}'\boldsymbol{A}\boldsymbol{s})+\lambda \boldsymbol{V}'(\boldsymbol{V}\boldsymbol{s}\boldsymbol{s}'+\varepsilon)^{-1/2}\cdot \boldsymbol{s} \tag{16-145}$$

在 MATLAB 中，右除矩阵 $\boldsymbol{A}$ 和右乘 inv($\boldsymbol{A}$)虽然在定义上是一样的，但是两者运行的结果有可能不同，右除的精度要高些。注意拓扑结构下代价函数对 $\boldsymbol{s}$ 导数公式中的最后一项是点乘符号，也就是矩阵中对应元素的相乘，如果是普通的矩阵乘法，则很难通过梯度检验。

本程序训练样本原图片尺寸为 512×512，共 10 张，从这 10 张大图片中提取 20 000 张 8×8 的小 patch 图片，这些图片的部分显示如图 16－12 所示。

实验结果：交叉优化参数中，给定 $\boldsymbol{s}$ 优化 $\boldsymbol{A}$ 时，$\boldsymbol{A}$ 有直接的解析解，所以不需要通过 lBFGS 等优化算法求得，通过令代价函数对 $\boldsymbol{A}$ 的导数为 0，可以得到解析解为

$$\boldsymbol{A}_{\text{opt}}=\boldsymbol{X}\boldsymbol{s}'(\boldsymbol{s}\boldsymbol{s}'+\gamma m\boldsymbol{I})^{-1} \tag{16-146}$$

注意单位矩阵前一定要有系数(即样本个数)，否则在程序中直接用该方法求得的 $\boldsymbol{A}$ 通过不了验证。此时学习到的非拓扑结果如图 16－13 所示。

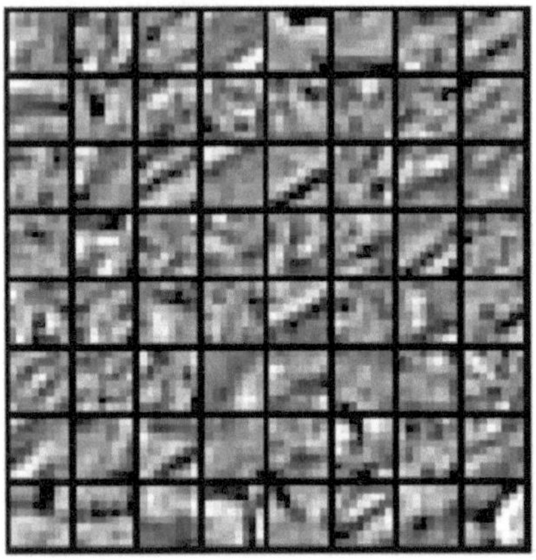

图 16－12　8×8 大小的 patch

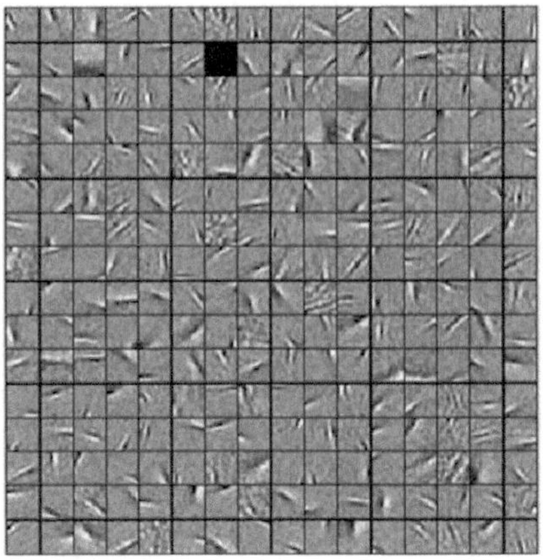

图 16－13　学习到的非拓扑结果

图 16－13 的结果采用的是 16×16 大小的 patch，而非 8×8 的。采用 CG 优化 256 个 16×16 大小的 patch，其结果如图 16－14 所示。

如果将 patch 改为 8×8 大小，121 个特征点，则结果如图 16－15 所示。

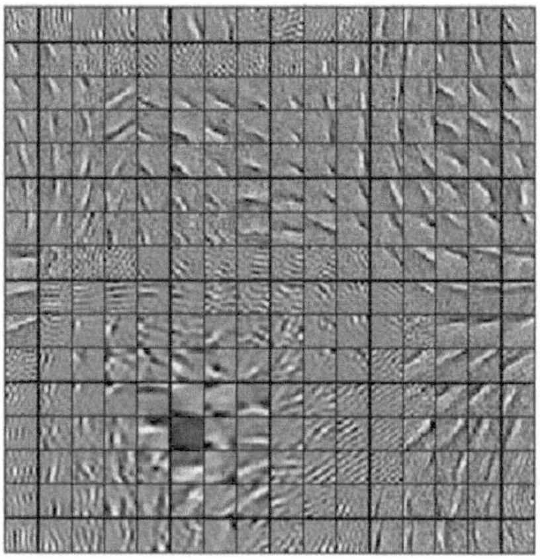

图 16-14　CG 优化后的 16×16 的 patch

图 16-15　8×8 的 patch

如果采用 IBFGS 优化 256 个 16×16 大小的 patch，则结果如图 16-16 所示。

用 IBFGS 优化后的效果很差，说明优化方法对结果有一定的影响。

实验中用到的 MATLAB 函数如下：

(1) circshift：用于将矩阵循环平移。比如“B=circshift(A, shiftsize)”是将矩阵“A”按照 shiftsize 的方式左右平移，一般 shiftsize 为一个多维的向量，第一个元素表示上下方向移动(2 维矩阵的情况)，如果为正表示向下移动，第二个元素表示左右方向移动，如果为正表示向右移动。

(2) randperm：用于随机产生一个行向量。比如“randperm(n)”表示产生一个“n”维的行向量，向量元素值为“1～n”，随机选取且不重复；而“randperm(n, k)”表示产生一个长为“k”的行向量，其元素也是在“1～n”之间，不能有重复。

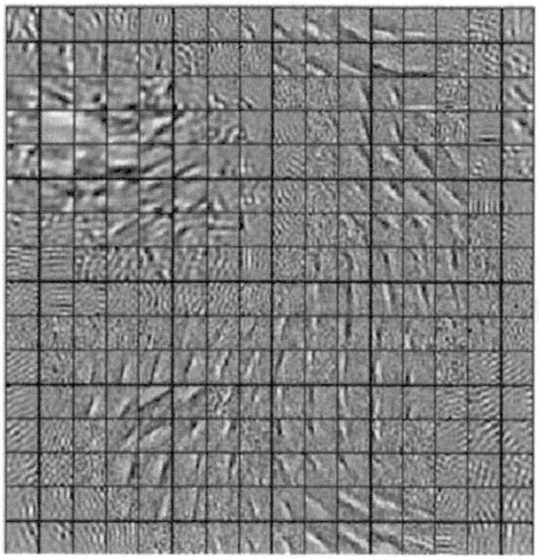

图 16-16　用 IBFGS 优化的 16×16 的 patch

(3) questdlg：用于设置提问对话框。比如“button=questdlg('qstring', 'title', 'str1', 'str2', 'str3', default)”是一个对话框，对话框内容用 qstring 表示，标题为 title，str1、str2、str3 分别对应 yes、no、cancel 按钮，参数 default 为默认的对应按钮。

2. 稀疏自编码器

稀疏自编码器(sparse autoencoder)即稀疏模式的自动编码，它是无监督的。如果是有监督的学习，在神经网络中，我们只需要确定神经网络的结构就可以求出损失函数的表达式了，当然，该表达式需对网络的参数进行惩罚，以便使每个参数不要太大，同时也能够求出损失函数偏导数的表达式，然后利用优化算法求出网络最优的参数。应该清楚的是，损失函数的表达式中，需要用到有标注值的样本。那么这里的稀疏自编码器为什么能够无监督学习呢？它的损失函数的表达式中不需要标注的样本值(即通常所说的 $\boldsymbol{y}$ 值)吗？其实在稀疏编码中“标注值”也是需要的，只不过它的输出理论值是本身输入的特征值 $\boldsymbol{x}$，这里的标注值 $\boldsymbol{y}=\boldsymbol{x}$。这样做的好处是，网络的隐层能够很好地代替输入的特征，因为它能够比较准确地还原出那些输入特征值。稀疏自编码器的网络结构如图 16-17 所示。

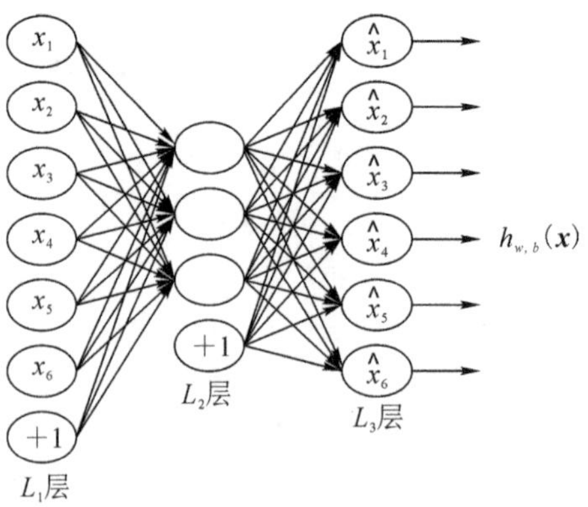

图 16-17　稀疏自编码器的网络结构

无稀疏约束时网络的损失函数表达式如下：

$$J(\boldsymbol{W},\boldsymbol{b})=\left[\frac{1}{m}\sum_{i=1}^{m}J(\boldsymbol{W},\boldsymbol{b};\boldsymbol{x}^{(i)},\boldsymbol{y}^{(i)})\right]+\frac{\lambda}{2}\sum_{l=1}^{n_l-1}\sum_{i=1}^{s_l}\sum_{j=1}^{s_{l+1}}(W_{ji}^{(l)})^2$$

$$=\left[\frac{1}{m}\sum_{i=1}^{m}\left(\frac{1}{2}\parallel h_{\boldsymbol{W},\boldsymbol{b}}(\boldsymbol{x}^{(i)})-\boldsymbol{y}^{(i)}\parallel^2\right)\right]+\frac{\lambda}{2}\sum_{l=1}^{n_l-1}\sum_{i=1}^{s_l}\sum_{j=1}^{s_{l+1}}(W_{ji}^{(l)})^2 \qquad (16-147)$$

稀疏编码是对网络的隐层的输出有了约束，即隐层节点输出的平均值应尽量为 0，这样大部分的隐层节点都处于非激活状态。所以此时的稀疏自编码器损失函数表达式为

$$J_{\text{sparse}}(\boldsymbol{W},\boldsymbol{b})=J(\boldsymbol{W},\boldsymbol{b})+\beta\sum_{j=1}^{s_2}\text{KL}(\rho\parallel\hat{\rho}_j) \qquad (16-148)$$

式(16-148)等号右面第二项为 KL 距离，其表达式如下：

$$\text{KL}(\rho\parallel\hat{\rho}_j)=\rho\log\frac{\rho}{\hat{\rho}_j}+(1-\rho)\log\frac{1-\rho}{1-\hat{\rho}_j} \qquad (16-149)$$

隐层节点输出平均值的求法如下：

$$\hat{\rho}_j=\frac{1}{m}\sum_{i=1}^{m}[a_j^{(2)}(\boldsymbol{x}^{(i)})] \qquad (16-150)$$

其中的参数 ρ 一般取得很小，比如取 0.05，也就是小概率发生事件的概率。这说明要求隐层的每一个节点的输出均值接近 0.05(其实就是接近 0，因为网络中激活函数为 sigmoid 函数)，这样就达到稀疏的目的了。KL 距离在这里表示的是两个向量之间的差异值。从约束函数表达式中可以看出，差异越大则惩罚越大，因此最终的隐层节点的输出会接近 0.05。

如果不加入稀疏规则，则正常情况下由损失函数求损失函数偏导数的过程如下：

(1) 在前馈过程中，计算 L_2、L_3层，直到输出层 L_{n_l} 的激活函数。

(2) 对于输出层 n_l 的每一个输出神经元 i，使得

$$\delta_i^{(n_l)}=\frac{\partial}{\partial z_i^{(n_l)}}\frac{1}{2}\parallel \boldsymbol{y}-h_{\boldsymbol{W},\boldsymbol{b}}(\boldsymbol{x})\parallel^2=-(y_i-a_i^{(n_l)})\cdot f'(z_i^{(n_l)}) \tag{16-151}$$

(3) 对于 $l=n_l-1$，n_l-2，n_l-3，…，2 及第 l 层的第 i 个神经元，使得

$$\delta_i^{(l)}=\left(\sum_{j=1}^{s_l+1}W_{ji}^{(l)}\delta_j^{(l+1)}\right)f'(z_i^{(l)}) \tag{16-152}$$

(4) 计算偏导数：

$$\frac{\partial}{\partial W_{ij}^{(l)}}J(\boldsymbol{W},\boldsymbol{b};\boldsymbol{x},\boldsymbol{y})=a_j^{(l)}\delta_i^{(l+1)} \tag{16-153}$$

$$\frac{\partial}{\partial b_i^{(l)}}J(\boldsymbol{W},\boldsymbol{b};\boldsymbol{x},\boldsymbol{y})=\delta_i^{(l+1)} \tag{16-154}$$

而加入了稀疏性后，神经元节点的误差表达式由公式

$$\delta_i^{(2)}=\left(\sum_{j=1}^{s_2}W_{ji}^{(2)}\delta_j^{(3)}\right)f'(z_i^{(2)}) \tag{16-155}$$

变成公式

$$\delta_i^{(2)}=\left[\left(\sum_{j=1}^{s_2}W_{ji}^{(2)}\delta_j^{(3)}\right)+\beta\left(-\frac{\rho}{\hat{\rho}_i}+\frac{1-\rho}{1-\hat{\rho}_i}\right)\right]f'(z_i^{(2)}) \tag{16-156}$$

下面用梯度下降法求解。有了损失函数及其偏导数后就可以采用梯度下降法来求网络最优化的参数了。整个流程如下：

(1) 对所有的 l，有 $\Delta\boldsymbol{W}^{(l)}:=\boldsymbol{0}$，$\Delta\boldsymbol{b}^{(l)}:=\boldsymbol{0}$(零矩阵或零向量)。

(2) For $i=1$ to m：

① 使用 BP 算法计算 $\nabla_{\boldsymbol{W}^{(l)}}J(\boldsymbol{W},\boldsymbol{b};\boldsymbol{x},\boldsymbol{y})$和$\nabla_{\boldsymbol{b}^{(l)}}J(\boldsymbol{W},\boldsymbol{b};\boldsymbol{x},\boldsymbol{y})$。

② 令 $\Delta\boldsymbol{W}^{(l)}:=\Delta\boldsymbol{W}^{(l)}+\nabla_{\boldsymbol{W}^{(l)}}J(\boldsymbol{W},\boldsymbol{b};\boldsymbol{x},\boldsymbol{y})$。

③ 令 $\Delta\boldsymbol{b}^{(l)}:=\Delta\boldsymbol{b}^{(l)}+\nabla_{\boldsymbol{b}^{(l)}}J(\boldsymbol{W},\boldsymbol{b};\boldsymbol{x},\boldsymbol{y})$。

(3) 更新参数：

$$\boldsymbol{W}^{(l)}=\boldsymbol{W}^{(l)}-\alpha\left[\left(\frac{1}{m}\Delta\boldsymbol{W}^{(l)}\right)+\lambda\boldsymbol{W}^{(l)}\right] \tag{16-157}$$

$$\boldsymbol{b}^{(l)}=\boldsymbol{b}^{(l)}-\alpha\left[\frac{1}{m}\Delta\boldsymbol{b}^{(l)}\right] \tag{16-158}$$

可以看出，损失函数的偏导其实是个累加过程，每来一个样本数据就累加一次。这是因为损失函数本身就是由每个训练样本的损失叠加而成的，而按照加法的求导法则，损失函数的偏导也应该是由各个训练样本所损失的偏导叠加而成的。从这里可以看出，训练样本输入网络的顺序并不重要，因为每个训练样本所进行的操作是等价的，后面样本输入所产

生的结果并不依靠前一次的输入结果(只是简单的累加而已，而这里的累加是顺序无关的)。

本练习所要实现的内容大概如下：从给定的很多张自然图片中截取出大小为 8×8 的小 patches 图片共 10 000 张，现在需要用稀疏自编码器的方法训练出一个隐层网络所学习到的特征。该网络共有 3 层，输入层、输出层均有 64 个节点，隐层有 25 个节点。

实验基础：实现该功能的主要步骤是需要计算出网络的损失函数及其偏导数。

算法的主要流程如下：

(1) 计算出网络每个节点的输入值(即程序中的“z”值)和输出值(即程序中的“a”值，“a”是“z”的 sigmoid 函数值)。

(2) 利用“z”值和“a”值计算出网络每个节点的误差值(即程序中的“delta”值)。

(3) 利用上面计算出的每个节点的“a” “z” “delta”来表达出系统的损失函数以及损失函数的偏导数。

其实步骤(1)是前向进行的，也就是说按照输入层→隐层→输出层的方向进行计算。而步骤(2)是反向进行的(这也是该算法叫作 BP 算法的来源)，即每个节点的误差值是按照输出层→隐层→输入层的方向进行计算的。

实验流程：首先运行主程序 train.m 中的步骤(1)，即随机采样出 10 000 个小的 patch，并且显示出其中的 204 个 patch 图像，图像显示如图 16－18 所示。

然后运行 train.m 中的步骤(2)和步骤(3)，进行损失函数和梯度函数的计算并验证。进行 gradient checking 的时间可能会很长，一般在 1.5 小时以上。当用 gradient checking 时，发现误差只有 6.5101×10^{-11}，远小于 1.0×10^{-9}，这说明前面的损失函数和偏导函数程序是对的。随后可接着用优化算法来求参数。本程序给的优化算法是 LBFGS。经过几分钟的优化，即可得出结果。最后的“W1”的权值图像如图 16－19 所示。

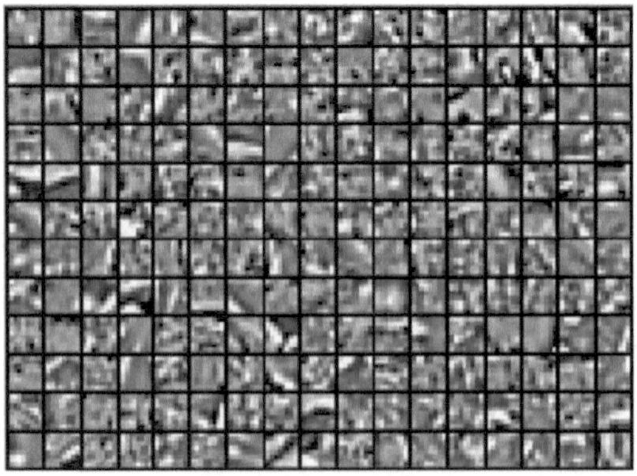

图 16－18　patch 图像

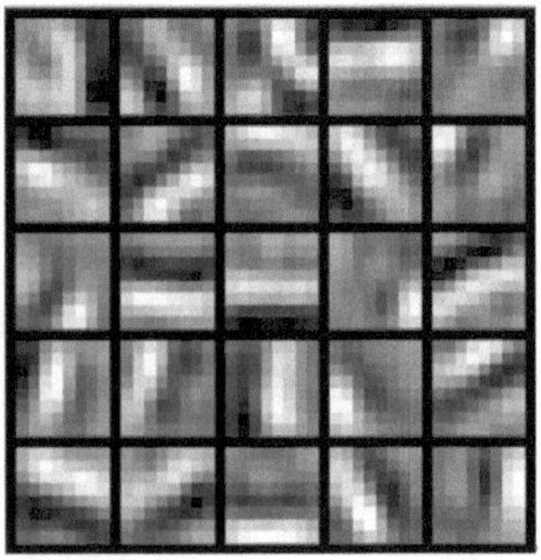

图 16－19　“W1”权值图像

实验总结：实验结果显示的那些权值图像代表什么呢？如果输入的特征满足二泛数小

于 1 的约束，即满足：

$$\| \boldsymbol{x} \|^2 = \sum_{i=1}^{100} x_i^2 \leqslant 1 \tag{16-159}$$

那么可以证明当输入的 $\boldsymbol{x}$ 中的每一维满足

$$x_j = \frac{W_{ij}^{(1)}}{\sqrt{\sum_{j=1}^{100} (W_{ij}^{(1)})^2}} \tag{16-160}$$

时，其对隐层的激活最大，也就是说，最容易时隐层的节点输出为 1，由此可以看出，输入值和权值是正相关的。

实验中用到的 MATLAB 函数如下：

(1) bsxfun：用于进行指定的运算。例如“C＝bsxfun(fun，A，B)”表达的是两个数组“A”和“B”间元素的二值操作，“fun”是函数句柄或者 m 文件，或者是内嵌的函数。在实际使用过程中“fun”有很多选择，如加、减等，前面需要使用符号“@”。一般情况下要求“A”和“B”的尺寸大小相同，如果不相同，则只能有一个维度不同，同时“A”和“B”中在该维度处必须有一个的维度为 1。例如“bsxfun(@minus，A，mean(A))”，其中“A”和“mean(A)”的大小是不同的，因此需要先将“mean(A)”扩充到和“A”大小相同，然后用“A”的每个元素减去扩充后的“mean(A)”对应元素的值。

(2) rand：用于生成均匀分布的伪随机数，分布在 0～1 之间。主要语法为：rand(m，n)，即生成“m”行“n”列的均匀分布的伪随机数；rand(m，n，′double′)，即生成指定精度的均匀分布的伪随机数，参数还可以是′single′；rand(RandStream，m，n)，即利用指定的 RandStream 生成伪随机数。

(3) randn：用于生成标准正态分布的伪随机数(均值为 0，方差为 1)。

(4) randi：用于生成均匀分布的伪随机整数。主要语法为：randi(iMax)，即在闭区间(0，iMax)生成均匀分布的伪随机整数；randi(iMax，m，n)，即在闭区间(0，iMax)生成“m×n”型随机矩阵；randi([iMin，iMax]，m，n)，即在闭区间(iMin，iMax)生成“m×n”型随机矩阵。

(5) exist：用于测试参数是否存在。例如“exist(′opt_normalize′，′var′)”表示检测变量“opt_normalize”是否存在，其中的′var′表示变量。

(6) colormap：用于设置当前常见的颜色值表。

(7) floor：用于向下取整。例如“floor(A)”表示取不大于“A”的最大整数。

(8) ceil：用于返回大于或者等于指定表达式的最小整数。例如“ceil(A)”表示取不小于“A”的最小整数。

(9) imagesc：用于显示图像。例如“imagesc(array，′EraseMode′，′none′，[－1，1])”表示将“array”中的数据线性映射到[－1，1]之间，然后使用当前设置的颜色表进行显示。

此时的[−1，1]充满了整个颜色表。背景擦除模式设置为“none”，表示不擦除背景。

(10) repmat：用于扩展一个矩阵并把原来矩阵中的数据复制进去。例如“B＝repmat(A，m，n)”表示创建一个矩阵“B”，“B”中复制了共“m×n”个“A”矩阵，因此“B”矩阵的大小为“[size(A，1)×m　size(A，2)×m]”。

使用函数句柄的作用：若不使用函数句柄，则需多次调用函数，而每次都要为该函数进行全面的路径搜索，直接影响了计算速度。借助句柄可以完全避免这种时间损耗，也就是直接指定了函数的指针。函数句柄就像一个函数的名字，有点类似于C++程序中的引用。

3. 堆栈自编码器

堆栈自编码器的编码公式为

$$\boldsymbol{a}^{(l)}=f(\boldsymbol{z}^{(l)}) \tag{16-161}$$

$$\boldsymbol{z}^{(l+1)}=\boldsymbol{W}^{(l,1)}\boldsymbol{a}^{(l)}+\boldsymbol{b}^{(l,1)} \tag{16-162}$$

解码公式为

$$\boldsymbol{a}^{(n+l)}=f(\boldsymbol{z}^{(n+l)}) \tag{16-163}$$

$$\boldsymbol{z}^{(n+l+1)}=\boldsymbol{W}^{(n-l,2)}\boldsymbol{a}^{(n+l)}+\boldsymbol{b}^{(n-l,2)} \tag{16-164}$$

本次是练习有两个隐层的网络的训练方法，每个网络层都是用稀疏自编码器的思想，利用两个隐层的网络来提取出输入数据的特征。本次实验要完成的任务是对MINST进行手写数字识别，实验内容及步骤参考网页教程“*Exercise：Implement deep networks for digit classification*”。当提取出手写数字图片的特征后，就用softmax对其进行分类。

实验基础：进行深度网络训练的方法大致如下所述。

(1) 用原始输入数据作为输入，利用稀疏自编码器方法训练出第1个隐层结构的网络参数，并用训练好的参数算出第1个隐层的输出。

(2) 把步骤(1)的输出作为第2个网络的输入，用同样的方法训练第2个隐层网络的参数。

(3) 用步骤(2)的输出作为多分类器softmax的输入，然后利用原始数据的标签来训练出softmax分类器的网络参数。

(4) 计算两个隐层加softmax分类器整个网络总的损失函数，以及整个网络对每个参数的偏导函数值。

(5) 用步骤(1)、(2)和(3)的网络参数作为整个深度网络(2个隐层，1个softmax输出层)参数初始化的值，然后用IBFGS算法迭代求出上面损失函数最小值附近处的参数值，并作为整个网络最后的最优参数值。

上面的训练过程是针对使用softmax分类器进行的，而softmax分类器的损失函数都是由公式进行计算的。所以在进行参数校正时，可以把所有网络看作是一个整体，然后计算整个网络的损失函数及其偏导，这样当我们有了标注好的数据后，就可以用前面训练好的参数作为初始参数，然后用优化算法求得整个网络的参数。

关于深度网络的学习需要注意以下几点(假设隐层为2层)：

首先，利用稀疏自编码器进行预训练时，需要依次计算出每个隐层的输出，如果后面是采用softmax分类器，则同样也需要用最后一个隐层的输出作为softmax的输入来训练softmax的网络参数。由步骤(1)可知，在进行参数校正之前是需要对分类器的参数进行预训练的，且在进行参数校正(finetuning)时是将所有的隐层看作是一个单一的网络层，因此每一次迭代就可以更新所有网络层的参数。

另外，在实际的训练过程中可以看到，训练第1个隐层所用的时间较长，应该需要训练的参数矩阵为200×784(不包括“b”参数)，训练第2个隐层所用的时间较第1个隐层要短些，主要原因是此时只需学习到200×200的参数矩阵，其参数个数大大减少。而训练softmax的时间更短，这是因为它的参数个数更少，且损失函数和偏导的计算公式也没有前面两层的复杂。最后对整个网络的微调所用的时间和第2个隐层的训练时间差不多。

程序中的部分函数如下：

(1) [params, netconfig]=stack2params(stack)

该函数是将“stack”层次的网络参数(可能是多个参数)转换成一个向量“params”，这样有利于使用各种优化算法来进行优化操作。“netconfig”中保存的是该网络的相关信息，其中“netconfig.inputsize”表示的是网络的输入层节点的个数。“netconfig.layersizes”中的元素分别表示每一个隐层对应节点的个数。

(2) [cost, grad] = stackedAECost (theta, inputSize, hiddenSize, numClasses, netconfig, lambda, data, labels)

该函数内部实现整个网络损失函数和损失函数对每个参数偏导的计算。其中损失函数是个实数值，只有1个，其计算方法是根据sofmax分类器来计算的，只需知道标签值和softmax输出层的值即可。而损失函数对所有参数的偏导却有很多个，因此每个参数处应该就一个偏导值，这些参数不仅分布在多个隐层中，而且还存在于softmax所在的网络层。其中softmax那部分的偏导是根据其公式直接获得的，而深度网络层那部分的偏导是通过BP算法推理得到的(即先计算每一层的误差值，然后利用该误差值计算参数“w”和“b”)。

(3) stack=params2stack(params, netconfig)

该函数与上面的函数功能相反，是将一个向量参数按照深度网络的结构依次展开。

(4) [pred]=stackedAEPredict(theta, inputSize, hiddenSize, numClasses, netconfig, data)

这个函数其实就是对输入的“data”数据进行预测，看该“data”对应的输出类别是多少。其中“theta”为整个网络的参数(包括了分类器部分的网络)，“numClasses”为所需分类的类别，“netconfig”为网络的结构参数。

(5) [h, array] = display_network (A, opt_normalize, opt_graycolor, cols, opt_

colmajor)

该函数是用来显示矩阵"A"的，此时要求"A"中的每一列为一个权值，并且"A"是完全平方数。函数运行后会将"A"中每一列显示为一个小的 patch 图像。

MATLAB 内嵌函数如下：

(1) struct：用于创建结构数组。例如"s=sturct" 表示创建一个结构数组"s"。

(2) nargout：用于表示函数输出参数的个数。

(3) save：用于保存数据。例如函数"save('saves/step2.mat', 'sae1OptTheta')"，要求当前目录下有"saves"这个目录，否则该语句会调用失败。

实验结果：第 1 个隐层的特征值如图 16-20 所示。

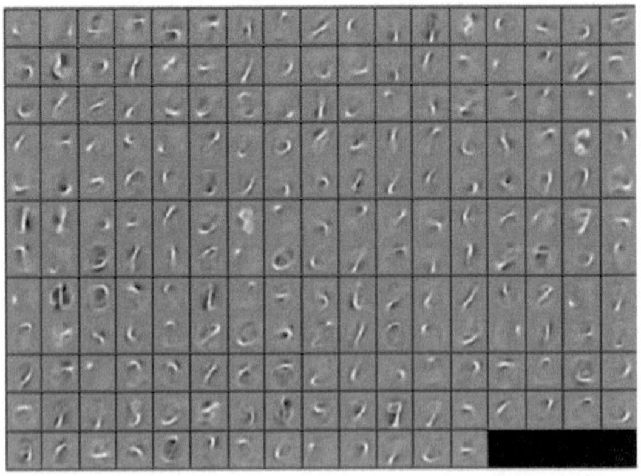

图 16-20　第 1 个隐层的特征值可视化

没有经过网络参数微调时的识别准确率为 92.190%，经过网络参数微调后的识别准确率为 97.670%。

4. 降噪自编码器

当采用无监督的方法分层预训练深度网络的权值时，为了学习到较鲁棒的特征，可以在网络的可视层(即数据的输入层)引入随机噪声，这种方法称为降噪自编码器(denoise autoencoder)。它由 Bengio 在 2008 年提出，可参考文章"*Extracting and composing robust features with denoising autoencoders*"，具体介绍见本书 11.6.2 节。

实验过程：同样是用 MNIST 手写数字识别数据库，训练样本数为 60 000，测试样本为 10 000，采用 MATLAB 的 Deep Learning Box，2 个隐层，每个隐层节点个数都是 100，整体网络结构为 784-100-100-10。实验对比了有无使用 denoise 技术时识别的错误率以及两种情况下学习到的特征形状，未采用 denoise 的 autoencoder 特征图如图 16-21 所示，其测试样本误差率为 9.33%。

图 16－22 为采用了 denoise 的 autoencoder 特征图，其测试样本误差率为 8.26％。由实验结果图可知，加入了噪声后的自编码器学习到的特征要稍好些。

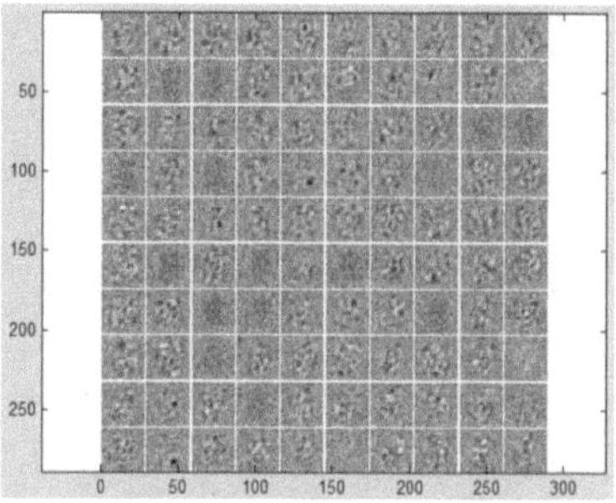

图 16－21　未采用 denoise 的 autoencoder 特征图

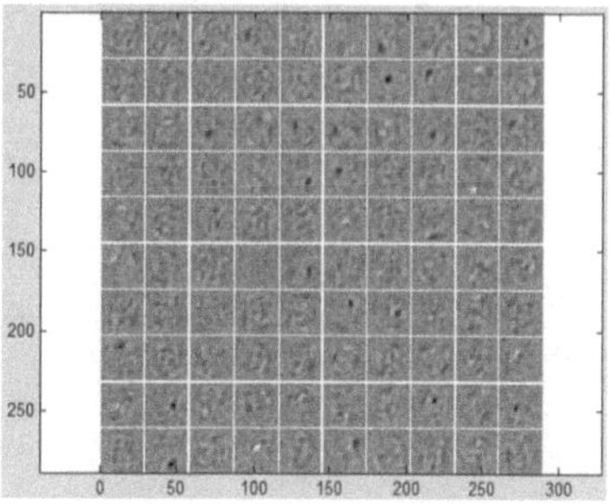

图 16－22　采用 denoise 的 autoencoder 特征图

16.5.7　自学习

自学习(self-taught leaning)是用无监督学习来学习到特征提取的参数，然后用有监督学习来训练分类器。这里分别用稀疏自编码器和 softmax 回归。实验的数据依旧是手写数字数据库 MNIST Dataset。

实验基础：从前面的知识可以知道，稀疏自编码器的输出和输入数据尺寸大小一样，且很相近，那么我们训练出的稀疏自编码器模型该怎样提取出特征向量呢？其实输入样本经过稀疏编码提取出特征的表达式就是隐层的输出了。首先温习一下前面的经典稀疏编码模型，如图 16－17 所示。拿掉后面的输出层后，隐层的值为所需要的特征值，如图 16－23 所示。

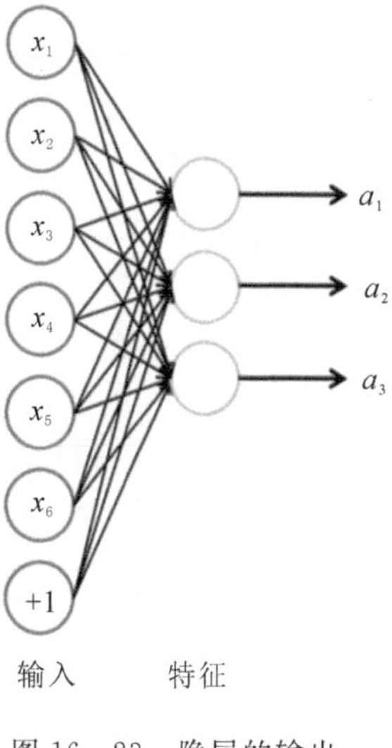

图 16－23　隐层的输出

在无监督学习中有两个观点需要特别注意，一个是自学习，一个是半监督学习。自学习是完全无监督的。例如，一个系统用来分类出轿车和摩托车。如果训练的样本图片是随机挑选的(图片中可能有轿车和摩托车，也可能都没有，且大多数情况下是没有的)，然后使用这些样本来训练特征模型，那么此时的方法为自学习。如果训练的样本图片都是轿车和摩托车，只是我们不知道哪张图对应哪种车，也就是说没有标注，那么此时的方法不能叫作严格的无监督学习，只能叫作半监督学习。

实验结果：采用数字 5～9 的样本来进行无监督训练，采用的方法是稀疏自编码器，可以提取出这些数据的权值，权值转换成图片显示，如图 16－24 所示。

本次实验进行 0～4 这 5 个数的分类，虽然无监督训练用的是数字 5～9 的训练样本，但这依然不会影响后面的结果。因为后面的分类器设计用 softmax 回归，所以是有监督的。最后根据官网上的结果，精度为 98%，而直接用原始的像素点进行分类器的设计不仅效果(96%)相对较差，而且训练速度也会变慢不少。

由于 ML 方法在特征提取方面完全用的是无监督方法，本节在此基础上用有监督的方法继续对网络的参数进行微调，这样就可以得到更好的效果了。把自学习的两个步骤合在一起的结构图如图 16-25 所示。

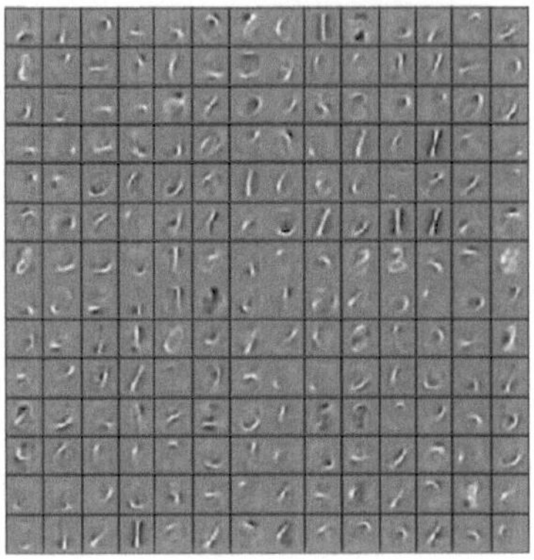

图 16-24　权值可视化

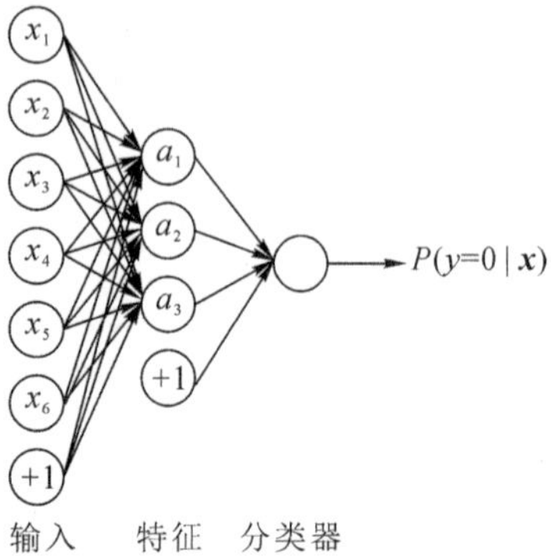

图 16-25　网络结构

很显然，图 16-25 是一个三层神经网络。前面的无监督学习到的模型参数可以当作是有监督学习参数的初始化值，当有大量的标注数据时，可以采用梯度下降法来继续优化参数，因为有刚得到的初始化参数，此时的优化结果一般都能收敛到比较好的局部最优解。如果随机初始化模型的参数，那么在多层神经网络中一般很难收敛到局部较好值，因为多层神经网络的系统函数是非凸的，所以只有在大量标注的样本下才可以使用微调技术调整无监督学习的结果。当有大量无标注的样本，但有一小部分标注的样本时也是不适合使用微调技术的。如果不想使用微调技术，那么在第三层分类器的设计时应该采用级联的表达方式，也就是说学习到的结果和原始的特征值一起输入。如果采用微调技术，则效果更好，就不需要继续用级联的特征表达了。

实验中用到的 MATLAB 函数介绍如下：

(1) numel：用于返回矩阵中元素的个数。例如“n=numel(A)”，表示返回矩阵“A”中元素的个数。

(2) unique：用于找出向量中的非重复元素并进行排序后输出。

16.5.8　线性解码器

对于线性解码器(linear decoders)，针对三层的稀疏编码神经网络，在稀疏自编码器中输出层满足下面的公式：

$$z^{(3)}=W^{(2)}a^{(2)}+b^{(2)} \tag{16-165}$$

$$a^{(3)}=f(z^{(3)}) \tag{16-166}$$

可以看出，$a^{(3)}$是 f 函数的输出，而在普通的稀疏自编码器中 f 函数一般为 sigmoid 函数，所以其输出值的范围为(0, 1)，因此 $a^{(3)}$ 的输出值范围也在 0～1 之间。另外，稀疏模型中的输出层特征应该尽量与输入层的相同，也就是要求我们将输入到网络中的数据先变换到 0～1 之间，这一条件虽然在有些任务上满足，比如前面实验中的 MNIST 数字识别，但是在另一些任务中，例如使用了 PCA 白化后的数据，其范围却不一定在 0～1 之间。因此出现了线性解码器方法。线性解码器是指在隐层采用的激活函数是 sigmoid 函数，而在输出层的激活函数是线性函数。比如最特别的线性函数——等值函数，此时，输出层满足下面的公式：

$$\hat{x}=a^{(3)}=z^{(3)}=W^{(2)}a+b^{(2)} \tag{16-167}$$

这样在用 BP 算法进行梯度的求解时，只需要更改误差点的计算公式，即

$$\delta_i^{(3)}=-(y_i-\hat{x}_i) \tag{16-168}$$

$$\boldsymbol{\delta}^{(2)}=((W^{(2)})^{\mathrm{T}}\boldsymbol{\delta}^{(3)})\cdot f'(z^{(2)}) \tag{16-169}$$

本次实验是用线性解码器的稀疏自编码器训练出 STL－10 数据库图片的 patch 特征，并且这次的训练权值是针对 RGB 图像块的。

PCA 白化是保证数据各维度的方差为 1，而 ZCA 白化是保证数据各维度的方差相等即可，不一定为 1。这两种白化的用途也不一样，PCA 白化主要用于降维且去相关性，而 ZCA 白化主要用于去相关性，且尽量保持原数据。

在本次实验中，ZCA 白化是针对 patches 进行的，且 patches 的均值化是对每一维进行的。ZCA 白化对新的向量并没有进行降维，只是去了相关性，并且每一维的方差都相等。另外，在进行数据白化时并不需要对原始的大图片进行白化，而是用小 patches 来训练的。

本次实验总共需训练的样本矩阵大小为 192×100 000。因为输入训练的一个 patch 大小为 8×8，所以网络的输入层节点数为 192(8×8×3)。实验中，隐层个数为 400，权值惩罚系数为 0.003，稀疏性惩罚系数为 5，稀疏性体现在 3.5%的隐层节点被激活。ZCA 白化时分母加上 0.1 的值，以防出现大的数值。

因为采用的是线性解码器，所以最后的输出层的激活函数为 1，即输出和输入相等。这样在问题内部的计算量变小了。程序中最后需要显示学习到的网络权值，使用的函数是"displayColorNetwork((W * ZCAWhite)')"，每个样本"x"输入网络，其输出等价于"W * ZCAWhite * x"；由于"W * ZCAWhite"的每一行是一个隐节点的变换值，displayColorNetwork 函数把每一列显示成一个小图像块，因此需要对其转置。原始图片如图 16－26 所示，实验结果如图 16－27 所示，学习到的 400 个特征显示如图 16－28 所示。

图 16－26　原始图片

图 16－27　ZCA 白化

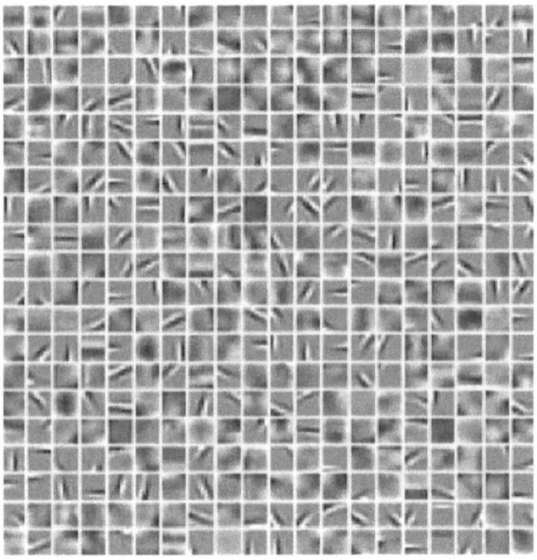

图 16－28　学习到的特征可视化

下面简单介绍在实验中用到的 MATLAB 中的函数句柄和数据保存。

MATLAB 中的函数句柄：把一个函数作为参数传入到本函数中，在该函数内部可以利用该函数进行各种运算得出最后需要的结果，比如函数中要用到各种求导求积分的方法，如果是传入该函数经过各种运算后的值，那么在调用该函数前就需要不少代码，这样比较累赘，所以采用函数句柄后这些代码直接放在了函数内部，每调用一次无需在函数外面实现。

MATLAB 中的数据保存：采用 save 函数可将文件保存为 .mat 格式，这样在 MATLAB 的当前文件夹中看到的是 .mat 格式的文件，且显示的是 Microsoft Access Table 的缩写，也就是 .mat 的简称，但是直接在文件夹下看，它是不直接显示后缀的。

16.5.9 随机采样

知道一个样本 X(大多数情况下是多维的)的概率分布函数，要通过这个函数来产生多个样本点集合，此过程称为采样。MATLAB 等工具可以用命令来产生各种分布的样本，例如均值分布、正态分布等。对函数域中的每个函数设计它的样本产生方法是很费时费力的，所以就出现了随机采样的方法，只要能逼近理论结果值就可以了。常见的随机采样方法有以下几种。

1. 拒绝—接受采样

该方法是用一个我们很容易采样到的分布去模拟需要采样的分布。其过程如下：

(1) 产生样本 $X \sim q(x)$，$U \sim \text{Uniform}[0, 1]$。

(2) 若 $U \leqslant \pi(X)/[Mq(X)]$，则接受 X。

那么接受的样本服从分布 $\pi(x)$，等价于：

(1) 产生样本 $X \sim q(x)$ 和 $U \sim \text{Uniform}[0, 1]$。

(2) $Y = Mq(X)U$，若 $Y \leqslant \pi(X)$，则接受 X。

具体的采集过程为：给定目标分布函数 $\pi(x)$、建议密度 $q(x)$ 和常数 M，使得

(1) 对 $q(x)$ 采样比较容易。

(2) $q(x)$ 的形状接近 $\pi(x)$，且对所有 x，有 $\pi(x) \leqslant M\,q(x)$。

通过对 $q(x)$ 的采样实现对 $\pi(x)$ 的采样。

2. 重要性采样

通过从已知采样的概率 $q(x)$ 近似积分：

$$I = \int f(x)\pi(x)\mathrm{d}x = \int f(x)\frac{\pi(x)}{q(x)}q(x)\mathrm{d}x = \int f(x)w(x)q(x)\mathrm{d}x \quad (16-170)$$

其中 $w(x) = \dfrac{\pi(x)}{q(x)}$。通过对 $q(x)$ 的随机采样，可得到大量的样本 x，然后求出 $f(x)w(x)$ 的均值，最终得出积分 I 值。其中的 $w(x)$ 也就是重要性了，此时如果 $q(x)$ 概率大，则得到的 x 样本数就多，$w(x)$ 的值也就多了，间接体现了它越重要。

3. Metropolis-Hasting 采样

该方法是用一个建议分布以一定概率来更新样本，有点类似拒绝—接受采样。其过程如下所述。

给定在当前状态 $X_t = x$：

(1) 产生 $Y_t \sim q(y|x)$；

(2) $U \sim \text{Uniform}[0, 1]$；

(3) $X_{t+1}=\begin{cases}Y_t & U\leqslant\alpha(x, Y_t)\\ X_t & 其他\end{cases}$，其中 $\alpha(x, y)=\min\left(1, \dfrac{q(x|y)\pi(y)}{q(y|x)\pi(x)}\right)$。

4. Gibbs 采样

Gibbs 采样是需要知道样本中一个属性在其他所有属性下的条件概率，然后利用这个条件概率来分布产生各个属性的样本值。其过程如下所述。

给定在当前状态 $x^{(t)}=(x_1^{(t)}, \cdots, x_d^{(t)})$：

(1) 产生 $X_1^{(t+1)}\sim\pi(X_1|x_2^{(t)}, \cdots, x_d^{(t)})$；

(2) 产生 $X_2^{(t+1)}\sim\pi(X_2|x_1^{(t)}, x_3^{(t)}, \cdots, x_d^{(t)})$；

……

(3) 产生 $X_d^{(t+1)}\sim\pi(X_d|x_1^{(t)}, x_2^{(t)}, x_3^{(t)}, \cdots, x_{d-1}^{(t)})$。

对 MRF，$\pi(X_i|x_1, \cdots, x_{i-1}, x_{i+1}, \cdots, x_d)=\pi(X_i|x_{[-i]})=\pi(X_i|x_c)$，这里 $x_{[-i]}$ 表示除 i 之外的所有节点，x_c 为 i 的邻居节点。

16.5.10 数据预处理

有了原始的数据后就可以进行数据预处理了。本节是参考 UFLDL 网页教程：*Data Preprocessing*。

一般来说，算法的好坏在一定程度上与数据是否归一化和白化有关。但是在具体问题中，这些数据预处理中的参数很难准确得到，下面就从归一化和白化两个角度来介绍数据预处理的相关技术。

1. 数据归一化

数据归一化一般包括样本尺度归一化、逐样本的均值相减、特征的标准化。

样本尺度归一化的原因是：数据中每个维度表示的意义不同，所以有可能导致该维度的变化范围不同，因此有必要将它们都归一化到一个固定的范围，一般情况下是归一化到[0, 1]或者[−1, 1]。这种数据归一化的好处是对后续的一些默认参数(比如白化操作)不需要重新进行过大的更改。

逐样本的均值相减主要应用在那些具有稳定性的数据集中，也就是那些数据的每个维度间的统计性质是一样的。比如，在自然图片中，通过逐样本的均值相减可以减小图片中亮度对数据的影响(因为我们一般很少用到亮度这个信息)。不过逐样本的均值相减只适用于一般的灰度图，在 RGB 等色彩图中，由于不同通道不具备统计性质相同性，因此基本不常用。

特征的标准化是指对数据的每一维进行均值化和方差相等化。这在很多机器学习的算法中都非常重要，比如 SVM 等。

2. 数据白化

数据白化是在数据归一化之后进行的。实践证明，很多深度学习算法性能的提高都依赖于数据白化。在对数据进行白化前要求先对数据进行特征零均值化，不过一般只要做了特征标准化，这个条件就满足了。在数据白化过程中，最主要的还是参数 epsilon 的选择，因为这个参数的选择对深度学习的结果起着至关重要的作用。

在基于重构的模型中(例如 RBM、sparse coding、autoencoder 等)，通常是选择一个适当的 epsilon 值使得能够对输入数据进行低通滤波。然而选择合适的 epsilon 很难，因为 epsilon 太小起不到过滤效果，会引入很多噪声，而且基于重构的模型又要去拟合这些噪声；epsilon 太大又对元素数据有过大的模糊。因此一般的方法是画出变化后数据的特征值分布图，如果那些小的特征值基本都接近 0，则此时的 epsilon 是比较合理的。如图 16-29 所示，让那个长长的尾巴接近于 x 轴。该图的横坐标表示的是第几个特征值，因为已经将数据集的特征值从大到小排序过。

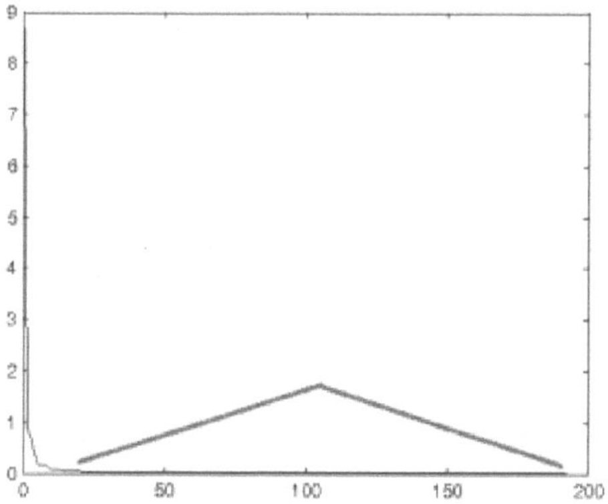

图 16-29　变化后数据的特征值分布图

如果数据已被缩放到合理范围(如[0, 1])，则可以从 epsilon= 0.01 或 epsilon=0.1 开始调节 epsilon。基于正交化的 ICA 模型中，应该保持参数 epsilon 尽量小，因为这类模型需要对学习到的特征做正交化，以解除不同维度之间的相关性。

上面介绍了关于数据预处理的相关技巧，我们知道数据预处理包括数据归一化和数据白化，而数据归一化又分为尺度归一化、均值方差归一化等。数据白化常见的有 PCA 白化和 ZCA 白化。

实验基础：本次实验所用的数据为 ASL 手势识别的数据，该数据为 24 个字母的手势静态图片库(字母 j 和 z 的手势是动态的，所以在这里不予考虑)，每个操作者以及每个字母都有颜色图和深度图，训练和测试数据共约 2.2 GB(其实因为它是 8 bit 的整型，在 MATLAB 处理中一般都会转换成浮点数，所以总数据约 10 GB 以上)。这些手势图片是用 kinect 针对不同的 5 个人分别采集的，每个人采集 24 个字母的图像各约 500 张，所以颜色图片共约 24×5×500=60 KB，深度图片也有 60 KB。而该数据库的作者用一半的图片来训练，用另一半的图片来测试。

另外发现所有数据库中颜色图片的第一张缺失，即是从第二张图片开始的。所以将其和 kinect 对应时要非常仔细，并且中间有些图片是错的，比如有的文件夹中深度图和颜色图的个数就不相等，并且原图的 RGB 是 8 bit 的，而深度图是 16 bit 的。

ASL 数据库的部分图片如图 16－30 所示。

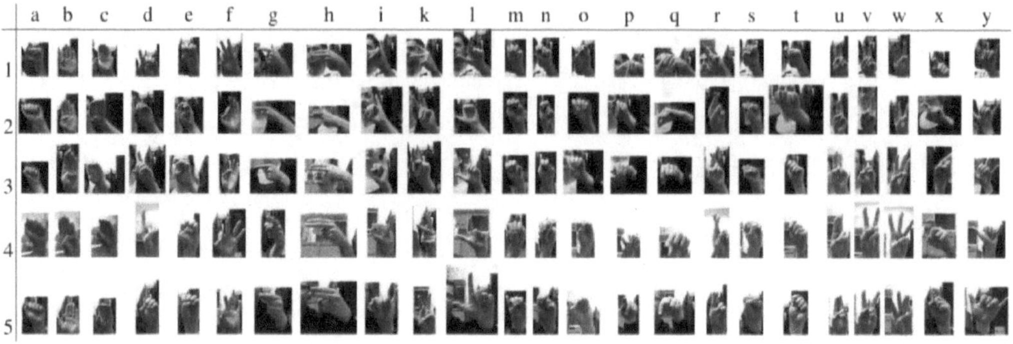

图 16－30　ASL 数据库部分图片

这次实验主要是完成以下 3 个小的预处理功能。

第一：将图片尺度归一化到 96×96 大小(因为给定的图片大小都不统一，所以只能取个大概的中间尺寸值)，且将每张图片变成一个列向量，多个图片样本构成一个矩阵。因为这些图片要用于训练和测试，按照作者的方法，将训练和测试图片分成两部分，且每部分包含了 RGB 颜色图、灰度图、kinect 深度图 3 种。由于数据比较大，因此每个采集者(总共 5 人)又单独设为一组。故尺度统一图片共有 30 个。

第二：因为要用训练部分图像来训练深度学习某种模型，所以需要提取出局部 10×10 大小的 patch 样本。此时的训练样本有 30 000 张，每张提取出 10 个 patch，总共 300 000 个 patch。

第三：对这些 patch 样本用普通的 ZCA 进行数据白化操作。

实验中用到的一些 MATLAB 知识如下：

(1) imagesc 和 imshow 在普通 RGB 图像使用时没有区别，只是 imagesc 显示时多了标签信息。

(2) dir：列出文件夹内文件的内容，只要列出的文件夹中有一个子文件夹，则代表至少有 3 个子文件夹。其中的“.”和“..”表示的是当前目录和上一级的目录。

(3) load：不加括号的 load 不能接中间变量，只能直接给出文件名。

(4) sparse：这个函数中的参数必须为正数，因为负数或 0 是不能作为下标的。

PCA 和白化：PCA 通过维数约简，加快了算法的训练速度并减小了内存消耗。其计算过程主要求降维后各个向量的方向，以及原来的样本在新的方向上投影后的值。首先需求

出训练样本的协方差矩阵，即(输入数据已均值化)

$$\boldsymbol{\Sigma}=\frac{1}{m}\sum_{i=1}^{m}(\boldsymbol{x}^{(i)})(\boldsymbol{x}^{(i)})^{\mathrm{T}} \tag{16-171}$$

求出训练样本的协方差矩阵后，将其进行 SVD 分解，得出的 $\boldsymbol{U}$ 向量中的每一列就是这些数据样本的新的方向向量，排在前面的向量代表的是主方向，依次类推。用 $\boldsymbol{U}^{\mathrm{T}}\boldsymbol{x}$ 得到的就是降维后的样本值 $\boldsymbol{z}$，即

$$\boldsymbol{x}_{\mathrm{rot}}\triangleq\boldsymbol{z}=\boldsymbol{U}^{\mathrm{T}}\boldsymbol{x}=\begin{bmatrix}\boldsymbol{u}_1^{\mathrm{T}}\boldsymbol{x}\\ \boldsymbol{u}_2^{\mathrm{T}}\boldsymbol{x}\end{bmatrix} \tag{16-172}$$

其实这个 $\boldsymbol{z}$ 值的几何意义是原来的点到该方向上的距离值，但是这个距离有正负之分，这样 PCA 的两个主要计算任务已经完成了。用 $\boldsymbol{Uz}$ 就可以将原来的数据样本 $\boldsymbol{x}$ 给还原出来。在使用有监督学习时，如果要采用 PCA 降维，那么只需将训练样本的 $\boldsymbol{x}$ 值抽取出来，计算出主成分矩阵 $\boldsymbol{U}$ 以及降维后的值 $\boldsymbol{z}$，然后让 $\boldsymbol{z}$ 和原来样本的 $\boldsymbol{y}$ 值组合构成新的训练样本来训练分类器。在测试过程中，同样可以用原来的 $\boldsymbol{U}$ 对新的测试样本降维，然后输入到训练好的分类器中即可。

需要注意的是，PCA 并不能阻止过拟合现象。表面上看 PCA 是降维了，因为在同样多的训练样本数据下，其特征数变少了，应该是更不容易产生过拟合现象，但是在实际操作过程中，这个方法阻止过拟合现象的效果不明显，主要还是通过规则项来阻止过拟合现象的。

并不是所有 ML 算法场合都需要使用 PCA 来降维，只有在原始的训练样本不能满足我们所需要的情况下才使用，比如模型的训练速度、内存大小、可视化等。

白化的目的是去掉数据之间的相关联度。数据白化是很多算法进行预处理的基本步骤。比如当训练图片数据时，因为图片中相邻像素值有一定的关联，所以很多信息是冗余的。这时候去相关的操作就可以采用白化操作。数据白化必须满足两个条件：一是不同特征间相关性最小，接近 0；二是所有特征的方差相等(不一定为 1)。

常见的白化操作有 PCA 白化和 ZCA 白化。PCA 白化是指将数据 $\boldsymbol{x}$ 经过 PCA 降维为 $\boldsymbol{z}$，可以看出 $\boldsymbol{z}$ 中每一维是独立的，满足白化的第一个条件，这时只需要将 $\boldsymbol{z}$ 中的每一维都除以标准差就得到了每一维的方差为 1，也就是说方差相等，公式为

$$\boldsymbol{x}_{\mathrm{PCAwhite},\,i}=\frac{\boldsymbol{x}_{\mathrm{rot},\,i}}{\sqrt{\lambda_i}} \tag{16-173}$$

ZCA 白化是指数据 $\boldsymbol{x}$ 先经过 PCA 变换为 $\boldsymbol{z}$，但是并不降维，因为这里是把所有的成分都选进去了。这时也同样满足白化的第一个条件，特征间相互独立。然后同样进行方差为 1 的操作，最后将得到的矩阵左乘一个特征向量矩阵 $\boldsymbol{U}$ 即可。ZCA 白化公式为

$$\boldsymbol{x}_{\mathrm{ZCAwhite}}=\boldsymbol{U}\boldsymbol{x}_{\mathrm{PCAwhite}} \tag{16-174}$$

练习 1：PCA、PCA 白化以及 ZCA 白化在 2D 数据上的使用，其中 2D 的数据集是 45

个数据点，每个数据点是二维的。

实验过程如下：

(1) 首先下载这些二维数据(因为数据是以文本方式保存的，所以加载的时候是以ASCII码读入的)，然后对输入样本进行协方差矩阵计算，并计算出该矩阵的SVD分解，得到其特征值向量，并在原数据点上画出2条主方向，如图16-31所示。

(2) 将经过PCA降维后的新数据在坐标中显示出来，如图16-32所示。

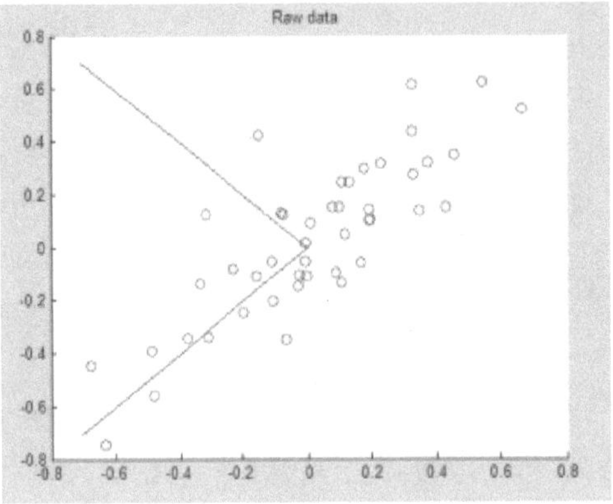

图16-31 原数据点上2条主方向

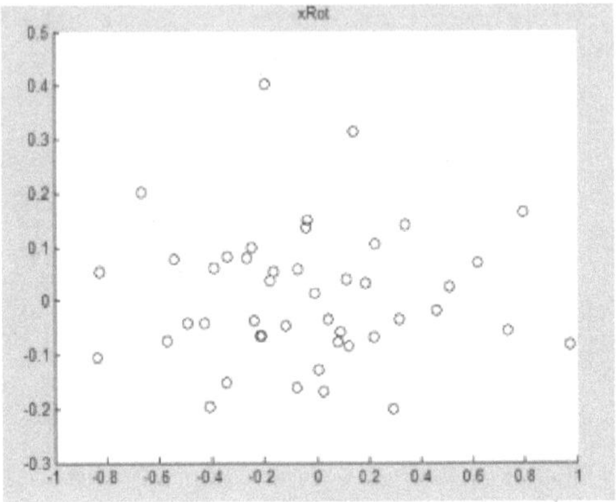

图16-32 降维后的新数据

(3) 用新数据反过来重建原数据，其结果如图16-33所示。

(4) 使用PCA白化的方法得到原数据的分布情况，如图16-34所示。

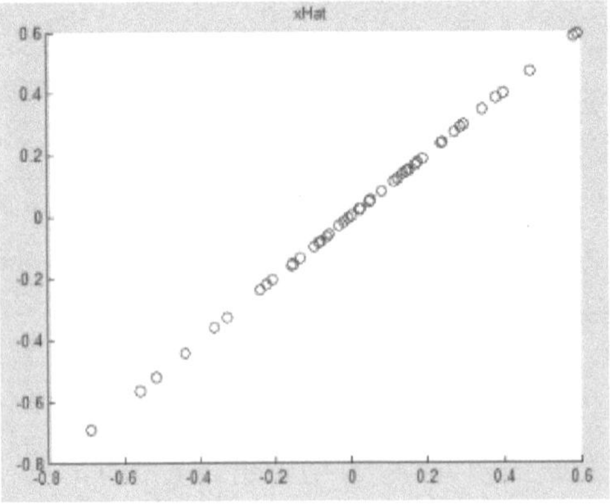

图16-33 原数据重建

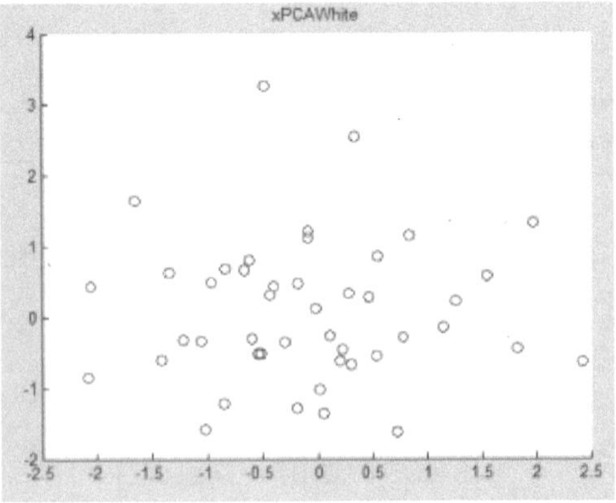

图16-34 使用PCA白化得到原数据的分布

(5) 使用ZCA白化的方法得到原数据的分布情况，如图16-35所示。

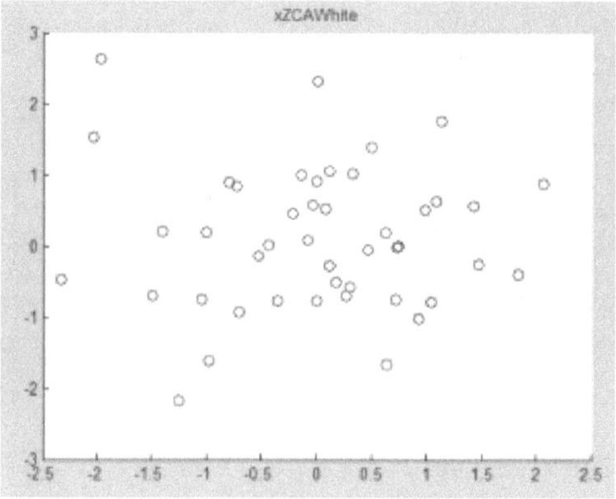

图 16-35　使用 ZCA 白化得到原数据的分布

PCA 白化和 ZCA 白化的不同之处在于处理后的结果数据的方差不同，尽管不同维度的方差是相等的。

练习 2：从自然图像中随机选取 10 000 个 12×12 的 patch，然后对这些 patch 进行 99%的方差保留的 PCA 计算，最后对这些 patch 做 PCA 白化和 ZCA 白化，并进行比较。

实验环境：MATLAB2012a。

实验过程如下：

(1) 随机选取 10 000 个 patch，并显示其中的 204 个 patch，如图 16-36 所示。

(2) 对这些 patch 做 0 均值化操作，得到的结果如图 16-37 所示。

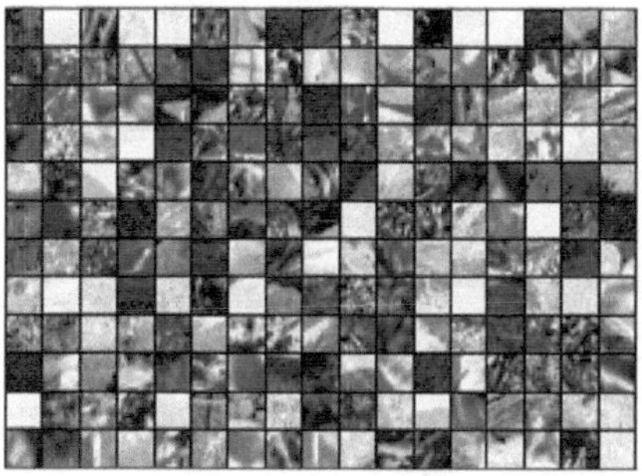

图 16-36　patch 图像

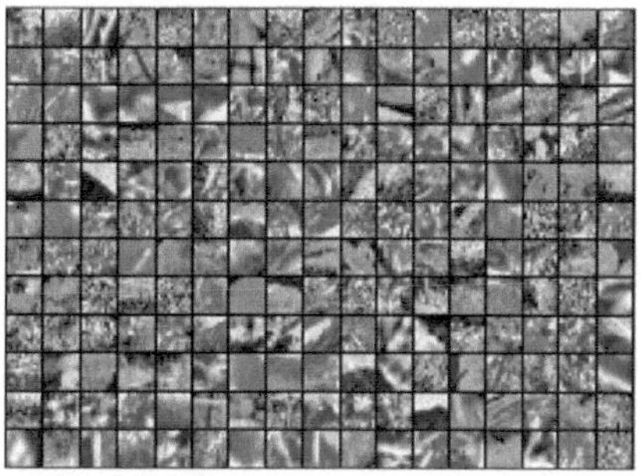

图 16-37　patch 零均值操作

(3) 对选取出的 patch 做 PCA 变换得到新的样本数据，其新样本数据的协方差矩阵如图 16-38 所示。

(4) 保留 99%的方差后，用 PCA 还原的原始数据如图 16-39 所示。

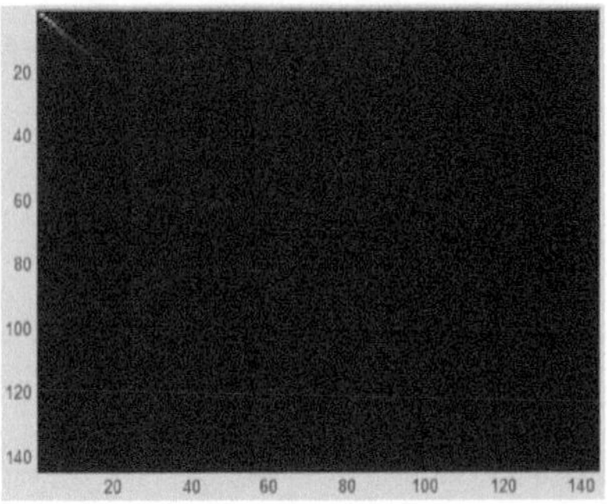

图 16－38　PCA 变换后数据的协方差矩阵

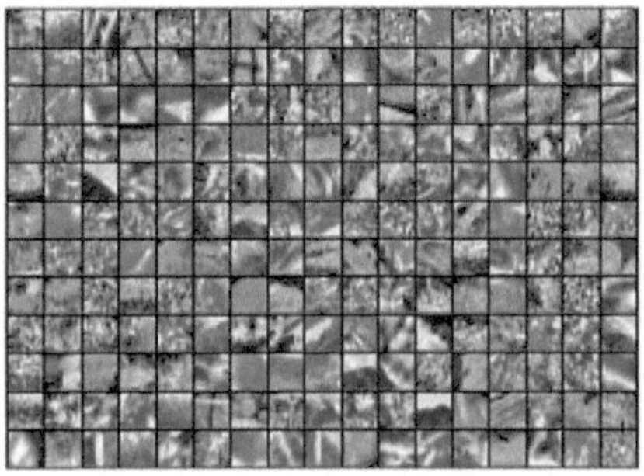

图 16－39　用 PCA 还原的原始数据

PCA 白化后的图像如图 16－40 所示。

此时样本 patch 的协方差矩阵如图 16－41 所示。

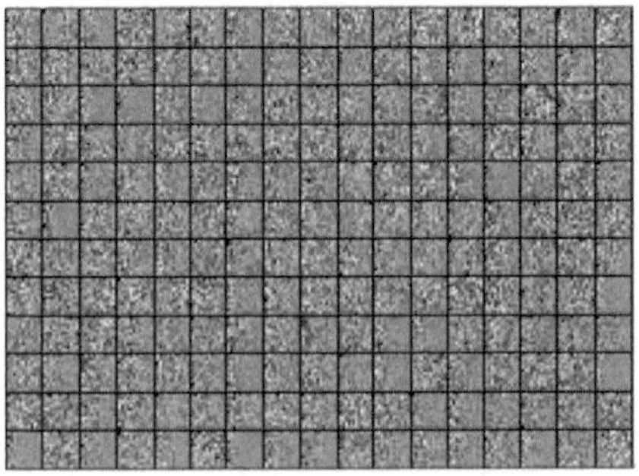

图 16－40　PCA 白化后的数据

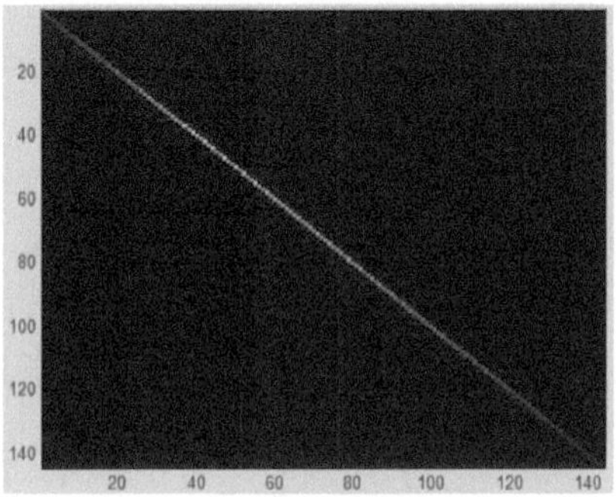

图 16－41　patch 的协方差矩阵

ZCA 白化后的结果如图 16－42 所示。

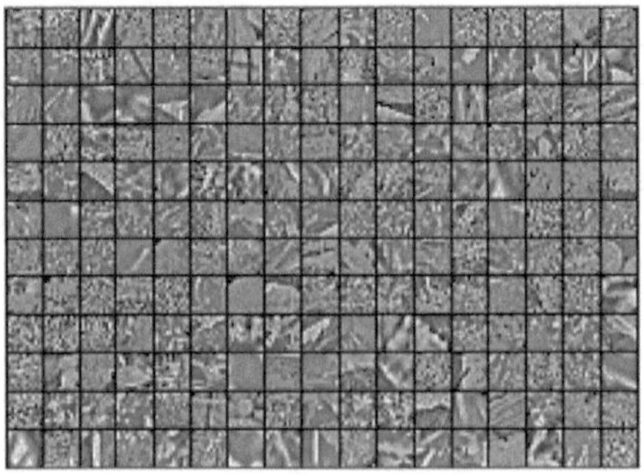

图 16－42　ZCA 白化后的数据

实验中用到的 MATLAB 函数如下：

(1) scatter：scatter(X，Y，⟨S⟩，⟨C⟩，'⟨type⟩')

⟨S⟩——点的大小控制，设为和"X""Y"同长度一维向量，则值决定点的大小；设为常数或缺省，则所有点大小统一。

⟨C⟩——点的颜色控制，设为和"X""Y"同长度一维向量，则色彩由值大小线性分布；设为和"X""Y"同长度三维向量，则按 colormap RGB 值定义每点颜色，[0，0，0]是黑色，[1，1，1]是白色；缺省则颜色统一。

⟨type⟩——点型，可选 filled 指代填充，缺省则画出的是空心圈。

(2) plot：可以用来画直线，比如 plot([1 2]，[0 4])是画出一条连接(1，0)到(2，4)的直线。

16.5.11 dropout 的理解

训练神经网络模型时，如果训练样本较少，为了防止模型过拟合，dropout 可以作为一种 trick 供选择。dropout 源于文章"*Improving neural networks by preventing co-adaptation of feature detectors*"，通过阻止特征检测器的共同作用来提高神经网络的性能。

dropout 是指在模型训练时随机让网络某些隐层节点的权重不工作，不工作的那些节点可以暂时认为不是网络结构的一部分，只是暂时不更新而已，但是其权重需保留，因为下次样本输入时它有可能继续工作。

在样本的训练阶段，不像通常对权值采用 L2 范数惩罚，而是对每个隐节点的权值 L2 范数设置一个上限(bound)，在训练过程中如果该节点不满足 bound 约束，则用该 bound 值对权值进行一个规范化操作，即同时除以 L2 范数值，这样可以搜索更多的权值空间。

在模型的测试阶段，使用均值网络得到隐层的输出，其实就是在网络前向传播到输出层前时隐层节点的输出值都要减半(如果 dropout 的比例为 50%)，作者给出的直观解释为：

(1) 由于每次用输入网络的样本进行权值更新时，隐含节点都是以一定概率随机出现，因此不能保证每 2 个隐含节点每次都同时出现，这样权值的更新不再依赖于有固定关系隐含节点的共同作用，阻止了某些特征仅仅在其他特定特征下才有效果的情况。

(2) 可以将 dropout 看作是模型平均的一种。对于每次输入到网络中的样本(可能是一个样本，也可能是一个 batch 的样本)，其对应的网络结构都是不同的，但所有这些不同的网络结构又同时共享隐含节点的权值。这样不同的样本就对应不同的模型，是 bagging 的一种极端情况。

(3) native bayes 是 dropout 的一个特例。native bayes 有个错误的前提，即假设各个特征之间相互独立，这样在训练样本比较少的情况下，单独对每个特征进行学习，测试时将所有的特征都相乘，且在实际应用时效果还不错。而 droput 每次不是训练一个特征，而是一部分隐层特征。

(4) dropout 类似于性别在生物进化中的角色，物种为了适应不断变化的环境，性别的出现有效地阻止了过拟合，避免环境改变时物种可能面临的灭绝。

文章最后通过实验说明了 dropout 可以阻止过拟合。实验采用常见的 benchmark，比如 MNIST、Timit、Reuters、CIFAR-10，ImageNet。

实验过程：实验时用 MNIST 库进行手写数字识别，训练样本为 2000 个，测试样本为 1000 个，代码在"test_example_NN.m"上修改得到。这里只用了简单的单个隐层神经网络，隐层节点的个数为 100，所以输入层-隐层-输出层节点依次为 784-100-10。为了简单化，不对权值 $\boldsymbol{w}$ 规则化，而采用 mini-batch 训练，每个 mini-batch 样本大小为 100，迭代 20 次。权值采用随机初始化。

实验结果：不用 dropout 时训练样本错误率为 3.2355%，测试样本错误率为 15.500%；使用 dropout 时训练样本错误率为 7.5819%，测试样本错误率为 13.000%。可以看出使用 dropout 后，虽然训练样本的错误率较高，但是测试样本的错误率降低了，说明 dropout 的泛化能力不错，可以防止过拟合。

16.5.12 maxout 的理解

maxout[16.16]是 I. J. Goodfellow 将 maxout 和 dropout 结合，在 MNIST、CIFAR-10、CIFAR-100、SVHN 这 4 个数据上都取得了 state-of-art 的识别率。maxout 其实是一种激活函数形式。通常情况下，如果激活函数采用 sigmoid 函数，在前向传播过程中，隐层节点的输出表达式为

$$h_i(\boldsymbol{x}) = \text{sigmoid}(\boldsymbol{x}^{\mathrm{T}}\boldsymbol{W}_i + \boldsymbol{b}_i) \tag{16-175}$$

其中 $\boldsymbol{W}$ 一般是二维的，这里表示取出的是第 i 列。但如果是 maxout 激活函数，则其隐层节点的输出表达式为

$$\begin{gathered} h_i(\boldsymbol{x}) = \max_{j \in [1,k]} z_{ij} \\ \text{where } z_{ij} = \boldsymbol{x}^{\mathrm{T}} W_{ij} + b_{ij}, \text{ and } \boldsymbol{W} \in \mathbf{R}^{d \times m \times k} \end{gathered} \tag{16-176}$$

这里的 W 是三维的，尺寸为 $d \times m \times k$，其中 d 表示输入层节点的个数，m 表示隐层节点的个数，k 表示每个隐层节点对应了 k 个"隐隐层"节点，这 k 个"隐隐层"节点都是线性输出的，而 maxout 的每个节点就是取这 k 个"隐隐层"节点输出值中最大的那个值。因为激活函数中有了 max 操作，所以整个 maxout 网络也是一种非线性的变换。因此当我们看到常规结构的神经网络时，如果它使用了 maxout 激活，则我们头脑中应该自动将这个"隐隐层"节点加入。

maxout 的拟合能力是非常强的，它可以拟合任意的凸函数。最直观的解释就是任意的凸函数都可以由分段线性函数以任意精度拟合，而 maxout 又是取 k 个"隐隐层"节点的最

大值，这些“隐隐层”节点也是线性的，所以在不同的取值范围下，最大值也可以看作是分段线性的(分段的个数与 k 值有关)。图 16－43 可以看出 maxout 能够拟合任意凸函数。

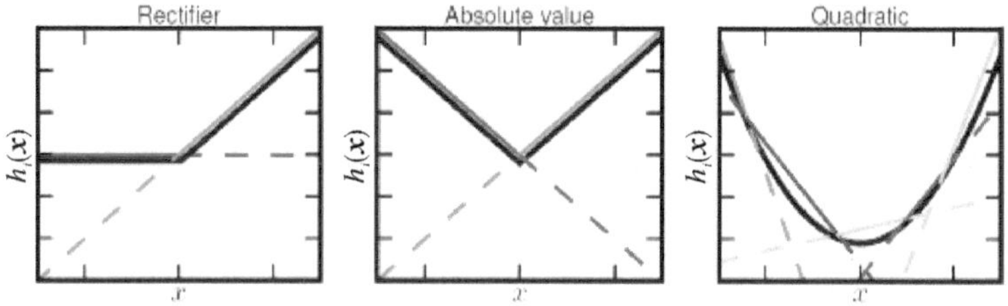

图 16－43　maxout 拟合不同的函数

从数学的角度上也可以证明这个结论，即只需 2 个 maxout 节点就可以逼近任何连续函数，前提是“隐隐层”节点的个数可以任意多，如图 16－44 所示。

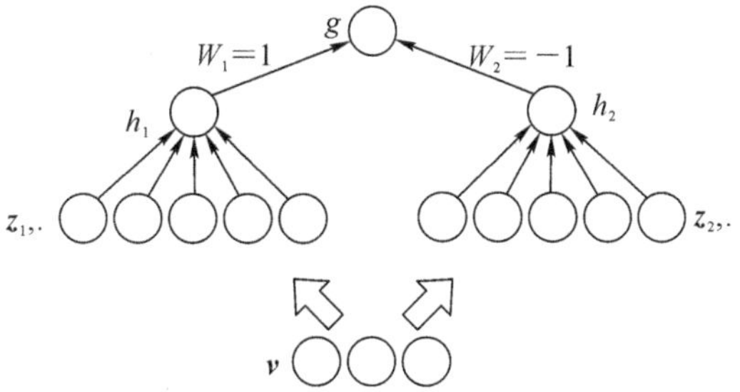

图 16－44　包含 2 个 maxout 的 MLP

16.5.13　ICA 模型

在稀疏模型中，学习到的基是超完备集的，也就是说基集中基的个数比数据的维数还要大，那么对一个数据而言，将其分解为基的线性组合时，这些基之间本身就是线性相关的。如果我们想要得到线性无关的基集，那么基集中元素的个数必须小于或等于样本的维数，而 ICA(Independent Component Analysis，独立成分分析)模型就可以完成这一要求，它学习到的基之间不仅保证线性无关，还保证了相互正交。本节主要参考的资料见 *Independent Component Analysis*，ICA 模型中的目标函数非常简单，如下所示：

$$J(\boldsymbol{W}) = \|\boldsymbol{W}\boldsymbol{x}\|_1 \tag{16-177}$$

等号右侧是数据 $\boldsymbol{x}$ 经过 $\boldsymbol{W}$ 线性变换后的系数的 1 范数(这里的 1 范数是对向量而言的，此时当 $\boldsymbol{x}$ 是向量时，$\boldsymbol{W}\boldsymbol{x}$ 也是向量，注意矩阵的 1 范数和向量的 1 范数在定义和思想上不完全相同，这一项也相当于稀疏编码中对特征的稀疏性惩罚项。与稀疏性不同，这里的基 $\boldsymbol{W}$ 是直接将输入数据映射为特征值，而在稀疏编码中的 $\boldsymbol{W}$ 是将特征系数映射重构出原始数据。

当对基矩阵 $\boldsymbol{W}$ 加入正交化约束后，其表达式变为

$$\text{minimize} \ \|\boldsymbol{W}\boldsymbol{x}\|_1 \quad \text{s.t.} \quad \boldsymbol{W}\boldsymbol{W}^{\mathrm{T}}=\boldsymbol{I} \tag{16-178}$$

所以针对上面的目标函数和约束条件，如果用梯度下降法优化权值，则需要执行下面两个步骤：

(1) $\boldsymbol{W} \leftarrow \boldsymbol{W} - \alpha \nabla_{\boldsymbol{W}} \|\boldsymbol{W}\boldsymbol{x}\|_1$；

(2) $\boldsymbol{W} \leftarrow \mathrm{proj}_U \boldsymbol{W}$（其中 U 是满足 $\boldsymbol{W}\boldsymbol{W}^{\mathrm{T}}=\boldsymbol{I}$ 的矩阵空间）。

首先，给定的学习率 α 是可以变化的，而 $\boldsymbol{W}\boldsymbol{x}$ 的 1 范数关于 $\boldsymbol{W}$ 的导数可以利用 BP 算法思想将其转换成一个神经网络模型求得，具体可以参考文章 *Deriving gradients using the backpropagation idea*。此时的目标函数为

$$\|\boldsymbol{W}^{\mathrm{T}}\boldsymbol{W}\boldsymbol{x}-\boldsymbol{x}\|_2^2 \tag{16-179}$$

最后的导数结果为

$$\nabla_{\boldsymbol{W}} F = \nabla_{\boldsymbol{W}} F + (\nabla_{\boldsymbol{W}^{\mathrm{T}}} F)^{\mathrm{T}} = (\boldsymbol{W}^{\mathrm{T}})(2(\boldsymbol{W}^{\mathrm{T}}\boldsymbol{W}\boldsymbol{x}-\boldsymbol{x}))\boldsymbol{x}^{\mathrm{T}} + 2(\boldsymbol{W}\boldsymbol{x})(\boldsymbol{W}^{\mathrm{T}}\boldsymbol{W}\boldsymbol{x}-\boldsymbol{x})^{\mathrm{T}} \tag{16-180}$$

另外每次用梯度下降法迭代权值 $\boldsymbol{W}$ 后，需要对该 $\boldsymbol{W}$ 进行正交化约束，即上面的步骤(2)。而用具体的数学表达式来表示其更新方式可描述为

$$\boldsymbol{W} \leftarrow (\boldsymbol{W}\boldsymbol{W}^{\mathrm{T}})^{-\frac{1}{2}}\boldsymbol{W} \tag{16-181}$$

由于权值矩阵为正交矩阵，故矩阵 $\boldsymbol{W}$ 中基的个数比输入数据的维数要低。因为权值矩阵 $\boldsymbol{W}$ 是正交的，所以是线性无关的，而线性相关的基的个数不可能大于输入数据的维数。在使用 ICA 模型时，对输入数据进行 ZCA 白化时，需要将分母参数 eplison 设置为 0，原因是 $\boldsymbol{W}$ 权值正交化更新公式已经代表了 ZCA 白化。

针对 ICA 模型进行练习，本次实验的内容和步骤参考 UFLDL 上的教程——*Exercise: Independent Component Analysis*。本次实验完成的内容和前面的很多练习类似，即学习 STL-10 数据库的 ICA 特征。这些数据已经是以 patches 的形式给出，共 8×8 大小 20 000 个 patch。

实验分为下面几步：

(1) 设置网络的参数，其中输入样本的维数为 8×8×3=192。

(2) 对输入的样本集进行白化，比如说 ZCA 白化，但是一定要将其中的参数 eplison 设置为 0。

(3) 完成 ICA 的代价函数和其导数公式。

(4) 对参数 $\boldsymbol{W}$ 进行迭代优化，由于要使 $\boldsymbol{W}$ 满足正交性这一要求，因此不能直接采用 LBFGS 算法，而是每次直接使用梯度下降法进行迭代，迭代完成后采用正交化步骤让 $\boldsymbol{W}$ 变成正交矩阵。$\boldsymbol{W}$ 正交性公式为式(16-181)。

可以将代价函数的 $\boldsymbol{W}$ 加一个特征稀疏性的约束，注意此时的特征为 $\boldsymbol{W}\boldsymbol{x}$，此时的代价

函数为

$$F(\boldsymbol{W})=\frac{1}{m}\|\boldsymbol{W}^{\mathrm{T}}\boldsymbol{W}\boldsymbol{x}-\boldsymbol{x}\|_2^2+\frac{1}{m}\sqrt{(\boldsymbol{W}\boldsymbol{x})^2+\boldsymbol{\varepsilon}} \tag{16-182}$$

其中一定要考虑样本的个数 m，否则即使通过了代价函数和其导数的验证，也不一定能通过 $\boldsymbol{W}$ 正交投影的验证。

实验结果：用于训练的样本如图 16－45 所示，迭代 20 000 次后的结果如图 16－46 所示。

图 16－45　训练样本

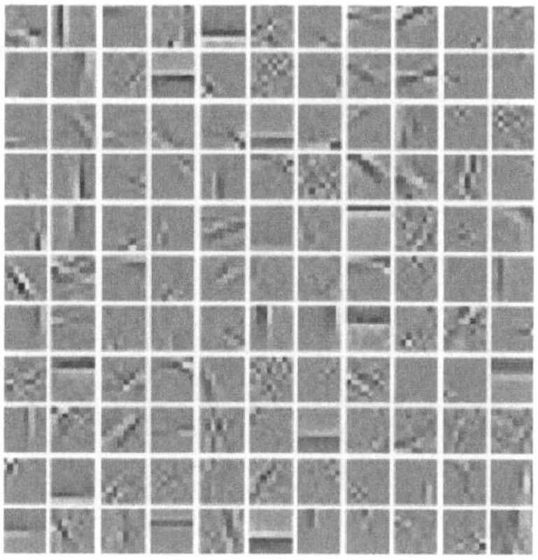

图 16－46　迭代 20 000 次后的结果

16.5.14　RBM 的理解

下面来看看 RBM 网络，其结构图如图 16－47 所示。

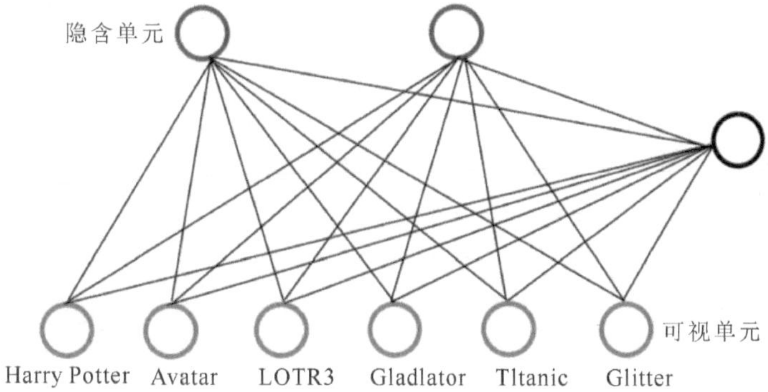

图 16－47　RBM 网络结构

可以看到 RBM 网络共有两层，其中第一层称为可视层，或称输入层，另一层是隐层，也就是我们一般指的特征提取层。一般来说，这两层的节点可看作是二值的，也就是只能取 0 或 1，RBM 中节点是可以取实数值的，这里取二值是为了更好地解释各种公式。对于一个网络结构，求解网络中的参数值，一般是通过最小化损失函数值得到的，比如在 autoencoder 中通过重构值和输入值之间的误差作为损失函数，在 logistic 回归中损失函数与输出值和样本标注值的差有关。

RBM 模型中输入向量 $\boldsymbol{v}$ 和隐层输出向量 $\boldsymbol{h}$ 之间的能量函数值为

$$E(\boldsymbol{v},\boldsymbol{h})=-\sum_{i\in \text{visible}} a_i v_i-\sum_{j\in \text{hidden}} b_j h_j-\sum_{i,j} v_i h_j w_{ij} \tag{16-183}$$

而这二者之间的联合概率为

$$P(\boldsymbol{v},\boldsymbol{h})=\frac{1}{Z}\mathrm{e}^{-E(\boldsymbol{v},\boldsymbol{h})} \tag{16-184}$$

其中 Z 是归一化因子，其值为

$$Z=\sum_{\boldsymbol{v},\boldsymbol{h}}\mathrm{e}^{-E(\boldsymbol{v},\boldsymbol{h})} \tag{16-185}$$

这里为了习惯，把输入 $\boldsymbol{v}$ 改成函数的自变量 $\boldsymbol{x}$，则关于 $\boldsymbol{x}$ 的概率分布函数为

$$P(\boldsymbol{x})=\sum_{\boldsymbol{h}}P(\boldsymbol{x},\boldsymbol{h})=\sum_{h}\frac{\mathrm{e}^{-E(\boldsymbol{x},\boldsymbol{h})}}{Z} \tag{16-186}$$

令一个中间变量 $F(\boldsymbol{x})$ 为

$$F(\boldsymbol{x})=-\log\sum_{\boldsymbol{h}}\mathrm{e}^{-E(\boldsymbol{x},\boldsymbol{h})} \tag{16-187}$$

则 $\boldsymbol{x}$ 的概率分布可以重新写为

$$P(\boldsymbol{x})=\frac{\mathrm{e}^{-F(\boldsymbol{x})}}{Z}$$

其中

$$Z=\sum_{\boldsymbol{x}}\mathrm{e}^{-F(\boldsymbol{x})} \tag{16-188}$$

这时候它的偏导函数取负后为

$$-\frac{\partial \log P(\boldsymbol{x})}{\partial\theta}=\frac{\partial F(\boldsymbol{x})}{\partial\theta}-\sum_{\tilde{\boldsymbol{x}}}P(\tilde{\boldsymbol{x}})\frac{\partial F(\tilde{\boldsymbol{x}})}{\partial\theta} \tag{16-189}$$

从上面能量函数的抽象介绍中可以看出，如果要使系统(这里即指 RBM 网络)达到稳定，则应该是系统的能量值最小，而要使能量 E 最小，应该使 $F(\boldsymbol{x})$ 最小，也就是要使 $P(\boldsymbol{x})$ 最大。此时的损失函数可以看作是 $-P(\boldsymbol{x})$，且求导时是需要加上负号的。

在 RBM 中，可以很容易得到下面的概率值公式：

$$P(h_i=1|\boldsymbol{v})=\mathrm{sigm}(\boldsymbol{c}_i+\boldsymbol{W}_i\boldsymbol{v}) \tag{16-190}$$

$$P(v_j=1|\boldsymbol{h})=\mathrm{sigm}(\boldsymbol{b}_j+\boldsymbol{W}'_j\boldsymbol{h}) \tag{16-191}$$

此时的 $F(\boldsymbol{v})$ 为

$$F(\boldsymbol{v})=-\boldsymbol{b}'\boldsymbol{v}-\sum\log(1+\mathrm{e}^{(\boldsymbol{c}_i+\boldsymbol{W}_i\boldsymbol{v})}) \tag{16-192}$$

这个函数也被称作是自由能量函数。经过一系列的理论推导，可以求出损失函数的偏导函数公式为

$$-\frac{\partial \log P(\boldsymbol{v})}{\partial W_{ij}}=E_{\boldsymbol{v}}[P(h_i|\boldsymbol{v})\cdot v_j]-v_j^{(i)}\cdot \mathrm{sigm}(\boldsymbol{W}_i\cdot \boldsymbol{v}^{(i)}+\boldsymbol{c}_i) \tag{16-193}$$

$$-\frac{\partial \log P(\boldsymbol{v})}{\partial \boldsymbol{c}_i}=E_{\boldsymbol{v}}[P(h_i|\boldsymbol{v})]-\mathrm{sigm}(\boldsymbol{W}_i\cdot \boldsymbol{v}^{(i)}) \tag{16-194}$$

$$-\frac{\partial \log P(\boldsymbol{v})}{\partial \boldsymbol{b}_j}=E_{\boldsymbol{v}}[P(v_j|\boldsymbol{h})]-v_j^{(i)} \tag{16-195}$$

可以看出，在求偏导公式里，是两个数的减法，这个被减数等于输入样本数据的自由能量函数期望值，而减数是模型产生样本数据的自由能量函数期望值。而这个模型样本数据就是利用 Gibbs 采样获得的。假设有一个二部图，每一层的节点之间没有连接，一层是可视层，即输入数据层($\boldsymbol{v}$)，另一层是隐层($\boldsymbol{h}$)，假设所有的节点都是二值变量节点(只能取 0 或者 1)，同时假设全概率分布 $p(\boldsymbol{v}, \boldsymbol{h})$满足 Boltzmann 分布，我们称这个模型是 Restrict Boltzmann Machine (RBM)。

RBM 是深度学习的方法。首先，因为这个模型是二部图，所以在已知 $\boldsymbol{v}$ 的情况下，所有的隐藏节点之间是条件独立的，即 $P(\boldsymbol{h}|\boldsymbol{v})=p(h_1|\boldsymbol{v})\cdots p(h_n|\boldsymbol{v})$。同理，在已知隐层 $\boldsymbol{h}$ 的情况下，所有的可视节点都是条件独立的，同时又由于所有的 $\boldsymbol{v}$ 和 $\boldsymbol{h}$ 满足 Boltzmann 分布，因此，当输入 $\boldsymbol{v}$ 的时候，通过 $P(\boldsymbol{h}|\boldsymbol{v})$可以得到隐层 $\boldsymbol{h}$，而得到隐层 $\boldsymbol{h}$ 之后，通过$P(\boldsymbol{v}|\boldsymbol{h})$又能得到可视层，通过调整参数，如果从隐层得到的可视层 $\boldsymbol{v}_1$ 与原来的可视层 $\boldsymbol{v}$ 一样，那么得到的隐层就是可视层另外一种表达，因此隐层可以作为可视层输入数据的特征。

16.5.15 RNN-RBM 的理解

本节练习主要参考 *Deep Learning Tutorial* 中的 *Rnn-RBM in Polyphonic Music*，即用 RNN-RBM 对复调音乐建模，训练过程中采用 midi 格式的音频文件，接着用建好的模型来产生复调音乐。对音乐建模的难点在于：每首乐曲的帧间是高度时间相关的，这样会导致样本的维度很高，而普通的网络模型没有考虑时间维度，这种情况下可以采用循环神经网络(Recurrent Neural Network，RNN)来处理，关于 RNN 的介绍请参考第 14 章，下面对 RNN-RBM 进行简单介绍。

RNN-RBM 来自 ICML2012 的论文 *Modeling Temporal Dependencies in High-Dimensional Sequences: Application to Polyphonic Music Generation and Transcription*[16.17]，它由一个单层的 RBM 网络和单层的 RNN 网络构成，且由 RNN 网络的输出作为最终网络的输出，RNN-RBM 模型的结构如图 16-48 所示。

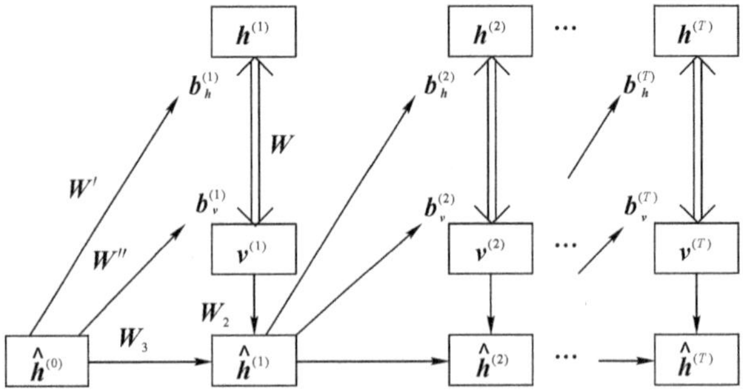

图 16－48 RNN-RBM 模型

模型的上面是 RBM 部分，下面是 RNN 部分，对应的公式可以参考论文。模型中一共有 9 个参数：$\boldsymbol{W}$，$\boldsymbol{b}_v$，$\boldsymbol{b}_h$，$\boldsymbol{W}'$，$\boldsymbol{W}''$，$\hat{\boldsymbol{h}}^{(0)}$，$\boldsymbol{W}_2$，$\boldsymbol{W}_3$，$\boldsymbol{b}_{\hat{h}}$。

整个模型的代价函数为 $P(\boldsymbol{v})$，其中：

$$P(\boldsymbol{v}) \equiv \frac{\mathrm{e}^{-F(\boldsymbol{v})}}{Z} \tag{16-196}$$

$$F(\boldsymbol{v}) = -\boldsymbol{b}_v^{\mathrm{T}}\boldsymbol{v} - \sum_i \log\left(1 + \mathrm{e}^{\boldsymbol{b}_h + \boldsymbol{W}_v}\right)_i \tag{16-197}$$

对损失函数求导，采用 SGD 算法求模型中的参数，其中 RBM 部分还需要用 Gibbs 采样完成 CD-k 算法。

16.5.16 用神经网络实现数据的降维

用神经网络对数据进行降维是从 2006 开始的，起源于 2006 年 *science* 上的一篇文章 *Reducing the Dimensionality of Data with Neural Networks*，20 世纪提出的多层感知机没有得到广泛应用，其原因在于对多层非线性网络进行权值优化时很难得到全局的参数。因为一般使用数值优化算法(比如 BP 算法)时需要随机给网络赋一个值，而当这个权值太大时，就很容易收敛到差的局部收敛点，权值太小则在进行误差反向传递时离输入层越近的权值更新越慢，因此优化问题是多层神经网络没有大规模应用的原因。而本文的作者设计出来的 autoencoder 深度网络的确能够较快地找到比较好的全局最优点，它是用无监督的方法(这里是 RBM)先分开对每层网络进行训练，然后将它当作是初始值来微调。这种方法被认为是对 PCA 的一个非线性泛化方法。每一层网络的预训练都采用的是 RBM 方法，关于 RBM 的简单介绍可以参考 16.5.14，其主要思想是利用能量函数，见式(16－183)。

给定一张输入图像(以二值图像为例)，我们可以通过调整网络的权值和偏置值使得网络对该输入图像的能量最低。

文中认为单层的二值网络不足以模拟大量的数据集，因此一般采用多层网络，即把第一层网络的输出作为第二层网络的输入，并且每增加一个网络层，就会提高网络对输入数据重构的 log 下界概率值，且上层的网络能够提取出其下层网络更高阶的特征。图像的预训练和微调、编码和解码的示意图如图 16-49 所示。

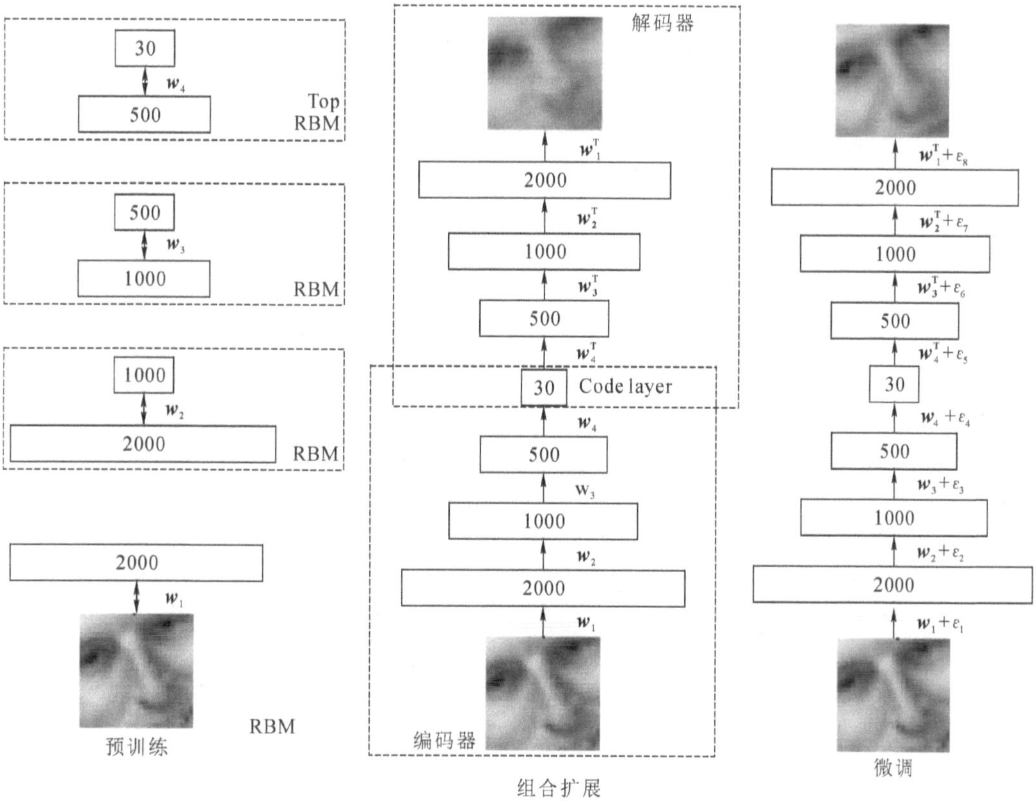

图 16-49　预训练和微调、编码和解码示意图

由图 16-49 可以看到，当网络的预训练过程完成后，我们需要把解码部分重新拿回来展开构成整个网络，然后用真实的数据作为样本标签来微调网络的参数。

当网络的输入数据是连续值时，只需将可视层的二进制值改为服从方差为 1 的高斯分布即可，而第一个隐层的输出仍然为二进制变量。

文中包含了多个实验部分，包括手写数字体的识别、人脸图像的压缩、新闻主题的提取等。在这些实验的分层训练过程中，第一个 RBM 网络的输入层都是对应的真实数据，且将值归一化到(0, 1)，而其他 RBM 的输入层都是上一个 RBM 网络输出层的概率值；但是在实际的网络结构中，除了最底层的输入层和最顶层 RBM 的隐层是连续值外，其他所有层都是一个二值随机变量，此时最顶层 RBM 的隐层是一个高斯分布的随机变量，其均值由该 RBM 的输入值决定，方差为 1。

图 16－50 中每幅图最上面一层是原图，其后面跟着的是用神经网络重构的图，以及 PCA 重构的图，可以选取主成分数量不同的 PCA 和 logicPCA 或者标准 PCA 的组合，其中左上角用神经网络将一个 784 维的数据直接降到 6 维。作者通过实验发现：如果网络的深度浅到只有 1 个隐层，此时可以不用对网络进行预训练也同样可以达到很好的效果，但是对网络用 RBM 进行预训练可以节省后面用 BP 训练的时间；另外当网络中参数的个数相同时，深层网络比浅层网络在测试数据上的重构误差更小。作者在 MNIST 手写数字识别库中，用的是 4 个隐层的网络结构，维数依次为 784－500－500－2000－10，其识别误差率减小至 1.2％。预训练时得到的网络权值占最终识别率的主要部分，因为预训练中已经隐含了数据的内部结构，而微调时用的标签数据只对参数起到稍许的作用。

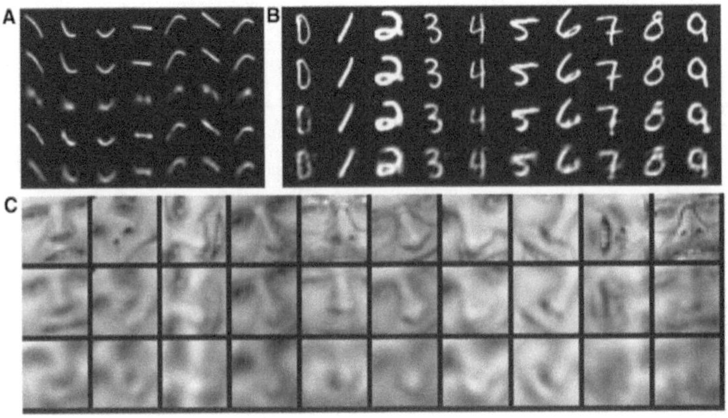

图 16－50　实验结果

接下来是本节的练习部分，也就是文章 *Reducing the Dimensionality of Data with Neural Networks* 的代码部分。

代码主要包括两个单独的工程：一个是用 MNIST 数据库来进行深度的 autoencoder 压缩，用的是无监督学习，评价标准是重构误差值 MSE；另一个工程是 MNIST 的手写字体识别，网络的预训练部分用的是无监督学习，网络的微调部分用的是有监督学习，评价标准是识别率或者错误率。

MNIST 降维实验：本次是训练 4 个隐层的 autoencoder 深度网络结构，输入层维度为 784 维，4 个隐层维度分别为 1000、500、250、30。整个网络权值的计算流程如下：

(1) 首先训练第一个 RBM 网络，即输入层 784 维和第一个隐层 1000 维构成的网络。采用的方法是 RBM 优化，这个过程用的是训练样本，优化完毕后，计算训练样本在隐层的输出值。

（2）利用（1）中的结果作为第 2 个 RBM 网络训练的输入值，同样用 RBM 网络来优化第 2 个 RBM 网络，并计算出网络的输出值。用同样的方法训练第 3 个 RBM 网络和第 4 个 RBM 网络。

（3）将上面 4 个 RBM 网络展开连接成新的网络，且分成 encoder 和 decoder 部分，并用步骤（1）和（2）得到的网络值给这个新网络赋初值。

（4）由于新网络中最后的输出和最初的输入节点数是相同的，因此可以将最初的输入值作为网络理论的输出标签值，然后采用 BP 算法计算网络的代价函数和代价函数的偏导数。

（5）利用步骤（3）的初始值和步骤（4）的代价值和偏导值，采用共轭梯度下降法优化整个新网络，得到最终的网络权值。

以上整个过程都是无监督的。

工程中的 m 文件如下：

（1）converter.m：实现的功能是将样本集从.ubyte 格式转换成.ascii 格式，然后继续转换成.mat 格式。

（2）makebatches.m：实现的是将原本的二维数据集变成三维的，因为分了多个批次，另外一维表示的是批次。

下面来看一下在程序中大致实现 RBM 权值的优化步骤（假设是一个 2 层的 RBM 网络，即只有输入层和输出层，且这两层上的变量是二值变量）：

（1）随机给网络初始化一个权值矩阵 $\boldsymbol{w}$ 和偏置向量 $\boldsymbol{b}$。

（2）对可视层输入矩阵 $\boldsymbol{v}$ 正向传播，计算出隐层的输出矩阵 $\boldsymbol{h}$，并计算出输入 $\boldsymbol{v}$ 和 $\boldsymbol{h}$ 对应节点乘积的均值矩阵。

（3）此时（2）中的输出 $\boldsymbol{h}$ 为概率值，将它 0、1 随机化为二值变量。

（4）利用（3）中 0、1 化了的 $\boldsymbol{h}$ 反向传播计算出可视层的矩阵 $\boldsymbol{v}'$。

（5）对 $\boldsymbol{v}'$ 进行正向传播计算出隐层的矩阵 $\boldsymbol{h}'$，并计算出 $\boldsymbol{v}'$ 和 $\boldsymbol{h}'$ 对应节点乘积的均值矩阵。

（6）用（2）中得到的均值矩阵减去（5）中的均值矩阵，其结果作为对应权值增量的矩阵。

（7）结合其对应的学习率，利用权值迭代公式对权值进行迭代。

重复计算（2）到（7），直至收敛。

偏置值的优化步骤如下：

（1）随机给网络初始化一个权值矩阵 $\boldsymbol{w}$ 和偏置向量 $\boldsymbol{b}$。

（2）对可视层输入矩阵 $\boldsymbol{v}$ 正向传播，计算出隐层的输出矩阵 $\boldsymbol{h}$，并计算 $\boldsymbol{v}$ 层样本的均值向量以及 $\boldsymbol{h}$ 层的均值向量。

（3）此时（2）中的输出 $\boldsymbol{h}$ 为概率值，将它 0、1 随机化为二值变量。

（4）利用（3）中 0、1 化了的 $\boldsymbol{h}$ 反向传播计算出可视层的矩阵 $\boldsymbol{v}'$。

（5）对 $\boldsymbol{v}'$ 进行正向传播计算出隐层的矩阵 $\boldsymbol{h}'$，并计算 $\boldsymbol{v}'$ 层样本的均值向量以及 $\boldsymbol{h}'$ 层的

均值向量。

(6) 用(2)中得到的 $\boldsymbol{v}$ 方均值向量减掉(5)中得到的 $\boldsymbol{v}'$方的均值向量，其结果作为输入层 $\boldsymbol{v}$ 对应偏置的增值向量。用(2)中得到的 $\boldsymbol{h}$ 方均值向量减去(5)中得到的 $\boldsymbol{h}'$方的均值向量，其结果作为输入层 $\boldsymbol{h}$ 对应偏置的增值向量。

(7) 结合其对应的学习率，利用权值迭代公式对偏置值进行迭代。

重复计算(2)到(7)，直至收敛。

权值更新和偏置值更新每次迭代都是同时进行的，可以在权值更新公式中稍微作下变形，例如加入 momentum 变量，即本次权值更新的增量会保留一部分上次更新权值的增量值。

函数 CG_MNIST 形式为：

function [f, df]=CG_MNIST(VV, Dim, XX)

该函数实现的功能是计算网络代价函数值"f"，以及"f"对网络中各个参数值的偏导数"df"，权值和偏置值同时处理。其中参数"VV"为网络中所有参数构成的列向量，参数"Dim"为每层网络的节点数构成的向量，"XX"为训练样本集合。

共轭梯度下降的优化函数形式为：

[X, fX, i]=minimize(X, f, length, P1, P2, P3, …)

该函数是使用共轭梯度的方法来对参数"X"进行优化，所以"X"是网络的参数值，为一个列向量。"f"是一个函数的名称，它主要是用来计算网络中的代价函数以及代价函数对各个参数"X"的偏导函数，"f"的参数值分别为"X" 以及 minimize 函数后面的"P1, P2, P3, …"，使用共轭梯度法进行优化的最大线性搜索长度为"length"。返回值"X"为找到的最优参数，"fX"为在此最优参数"X"下的代价函数，"i"为线性搜索的长度(即迭代的次数)。

实验结果：由于在实验过程中，作者将迭代次数设置为 200，在实验时迭代到 35 次时的原始数字和重构数字显示如图 16－51 所示。

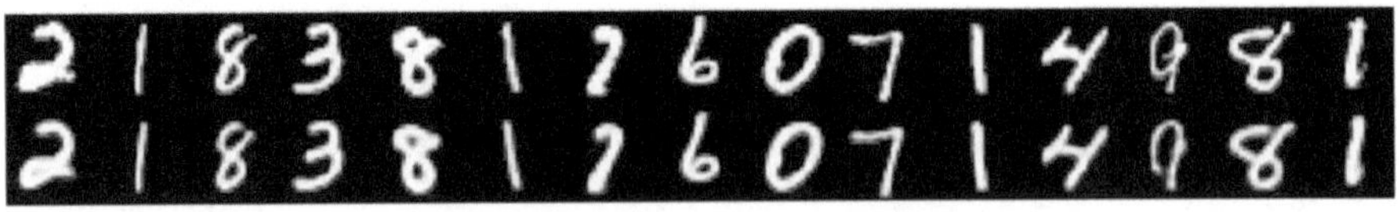

图 16－51　原始数字和重构数字

训练均方误差为 4.318，测试均方误差为 4.520 33。

实验中用到的 MATLAB 函数主要有 rem 和 mod。rem 用于取余，mod 用于取模。通常取模运算也叫取余运算，它们的返回结果都是余数，如 rem(x, y)。rem 和 mod 唯一的区别在于：当"x"和"y"的正负号一样时，两个函数结果是等同的；当"x"和"y"的符号不同时，rem 函数结果的符号和"x"的一样，而 mod 的和"y"的一样。这是由于这两个函数的生成机制不同，rem 函数采用 fix 函数，而 mod 函数采用了 floor 函数，这两个函数是用来取整的，fix 函数向 0 方向舍入，floor 函数向无穷小方向舍入。

16.5.17　无监督特征学习中关于单层网络的分析

本节是对论文 *An Analysis of Single-Layer Networks in Unsupervised Feature Learning* 的简单解读，主要是针对一个隐层的网络结构进行分析的，分别对比了 4 种网络结构，即 K-means、sparse autoencoder、sparse RBM、GMM，最后得出了下面几个结论：① 网络中隐层神经元节点的个数、采集的密度和感知区域大小对最终特征提取效果的影响很大；② 白化在预处理过程中还是很有必要的；③ 在以上 4 种实验算法中，K-means 效果最好；④ 尽量使用白化对数据进行预处理，每一层训练更多的特征数，采用更密集的方法对数据进行采样。

NORB 数据库是由 5 种玩具模型的图片构成的，包括 4 只脚的动物、飞机、卡车、人、小轿车，因为每一种玩具模型又有几种，所以总共有 60 种类别。图片总共是用 2 个摄像头、在 9 种高度和 18 种方位角拍摄的，如图 16－52 所示。

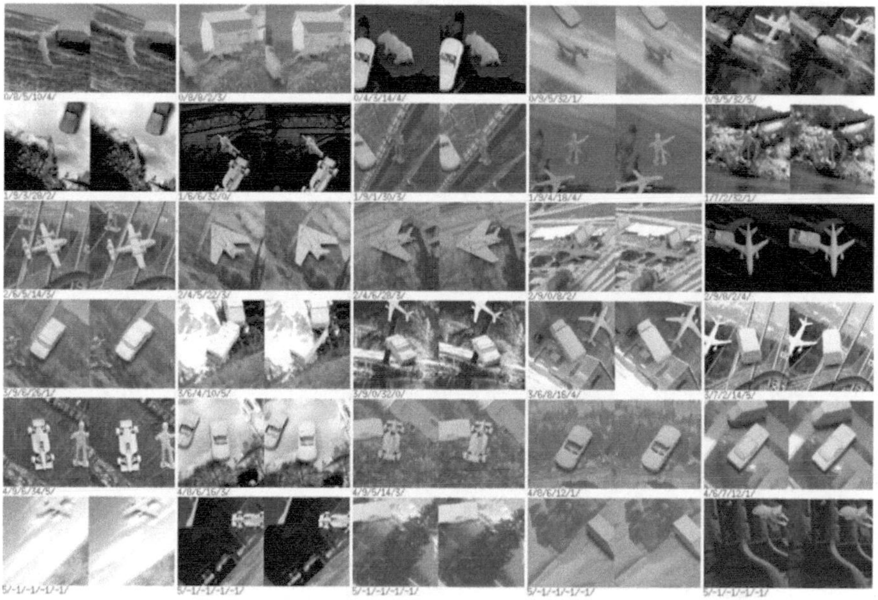

图 16－52　NORB 数据库部分图片

CIFAR-10 数据库也是图片识别的，共有 10 个类别，如飞机、鸟等。每一个类别的图片有 6000 张，其中 5000 张用于训练，1000 张用于测试。图片的大小为 32×32，部分截图如图 16－53 所示。

图 16 - 53　CIFAR-10 数据库部分图片

一般在深度学习中，最大的缺陷就是有很多参数需要调整，比如说学习速率、稀疏度惩罚系数、权值惩罚系数等。而这些参数最终的确定需要通过交叉验证获得，本身这样的结构训练起来所用时间就长，这么多参数要用交叉验证来获取，时间就更长了。所以得出的结论是：用 K-means 效果较好，且无需有这些参数要考虑。

对于前面提到的 4 种算法，其中 sparse autoencoder 在本章练习 16.5.6 中有详细介绍，这里不再赘述，sparse RBM 和 sparse autoencoder 函数表达类似，但在参数优化方法上有所区别，前者主要用对比散度算法，后者主要使用 BP 算法。现对 K-means 聚类和 GMM 进行一些简单介绍。

K-means 聚类：如果是用 hard-kmeans，其目标函数公式为

$$f_k(\boldsymbol{x})=\begin{cases}1 & k=\arg\min_j \|\boldsymbol{c}^{(j)}-\boldsymbol{x}\|_2^2 \\ 0 & \text{其他}\end{cases} \tag{16-198}$$

其中 $\boldsymbol{c}^{(j)}$ 为聚类得到的类别中心点。

如果用 soft-kmeans，则表达式如下：

$$f_k(\boldsymbol{x})=\max\{0,\ \mu(z)-z_k\} \tag{16-199}$$

其中 z_k 的计算公式如下：

$$z_k=\|\boldsymbol{x}-\boldsymbol{c}^{(k)}\|_2 \tag{16-200}$$

GMM：其目标函数表达式为

$$f_k(\boldsymbol{x})=\frac{1}{(2\pi)^{d/2}\left|\boldsymbol{\Sigma}_k\right|^{1/2}}\cdot\exp\left(-\frac{1}{2}(\boldsymbol{x}-\boldsymbol{c}^{(k)})^{\mathrm{T}}\boldsymbol{\Sigma}_k^{-1}(\boldsymbol{x}-\boldsymbol{c}^{(k)})\right) \tag{16-201}$$

分类算法统一采用的是 SVM。当训练出特征提取的网络参数后，就可以对输入的图片进行特征提取了，其特征提取的示意图如图 16－54 所示。

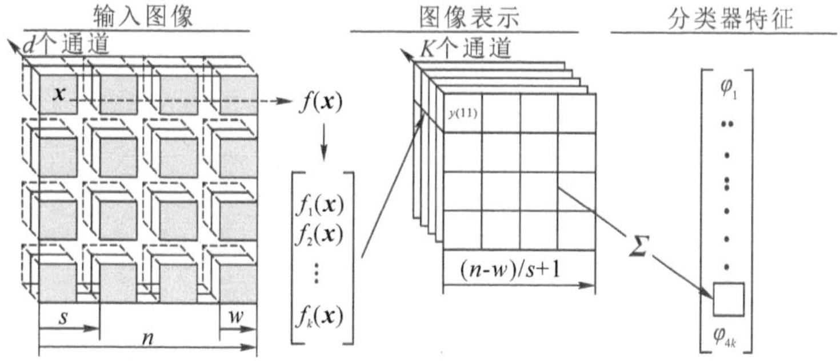

图 16－54　特征提取过程

实验结果：首先来看看有无白化学习到的图片特征在这 4 种情况下的结果，如图 16－55 所示。

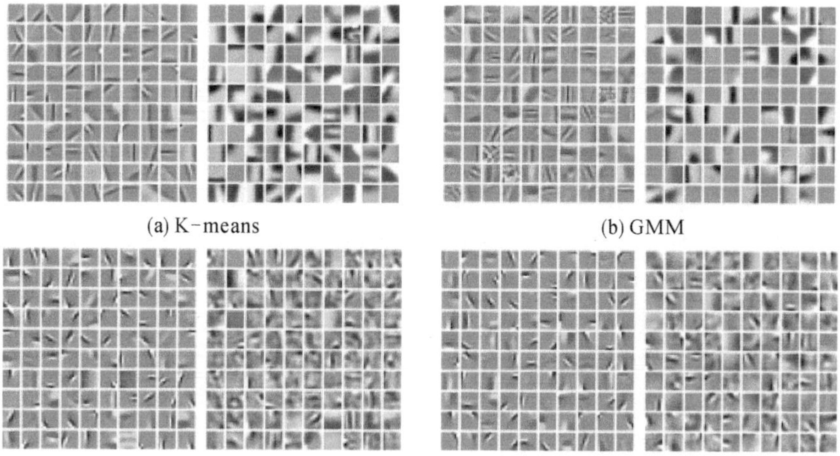

(a) K-means　(b) GMM　(c) 稀疏自编码　(d) 稀疏RBM

图 16－55　CIFAR-10 数据集有无白化学习到的图片特征

由图 16－55 所示，每个子图的左边是经过白化学习到的图片特征，右边是未经过白化学习到的图片特征，可以看出白化后学习到更多的细节，且白化后几种算法都能学到类似 Gabor 滤波器的效果，因此不仅只有深度的结构才可以学到这些特性。

图 16－56 表明，隐层节点的个数越多，则最后的识别率会越高，并且可以看出 soft-kmeans 的效果要最好。

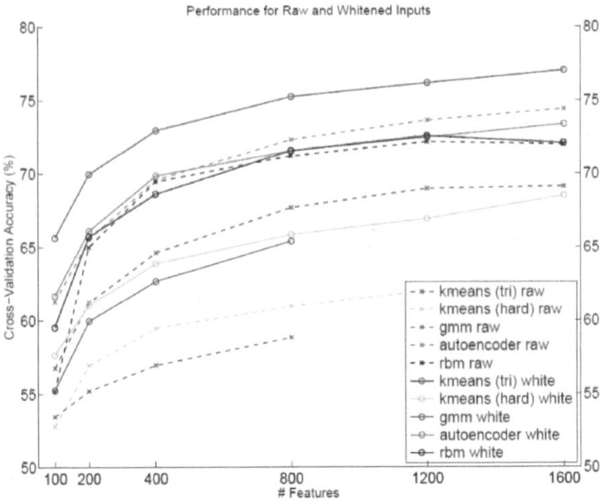

图 16-56　白化和基数量对结果的影响

从图 16-57 可以看出，当步长越小时效果越好，不过建议最好将该参数设置为大于 1，因为如果设置太小，则计算量会增大。比如在稀疏编码中，每次测试图片输入时，对小 patch 进行卷积时都要经过数学优化来求其输出，所以计算量会特别大。不过步长值越大则识别率会显著下降。

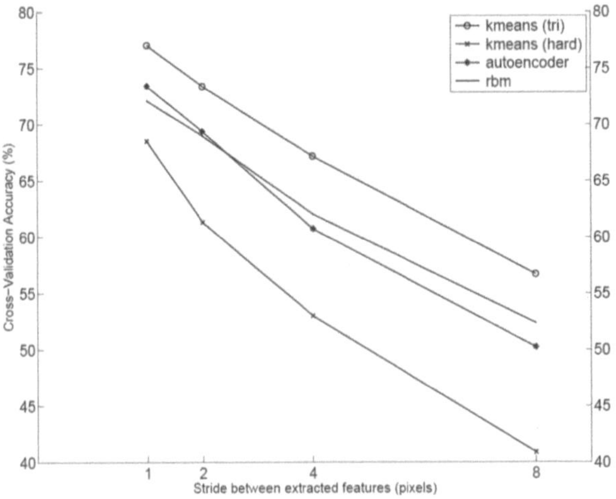

图 16-57　步长对结果的影响

图 16－58 表明当感受野大小为 6 时，效果最好。不过这也不是绝对的，因为如果把该参数调大，这意味着需要更多的训练样本才有可能体会出该参数的作用，因此感受野大小即使比较小，也是可以学到不错的特征。

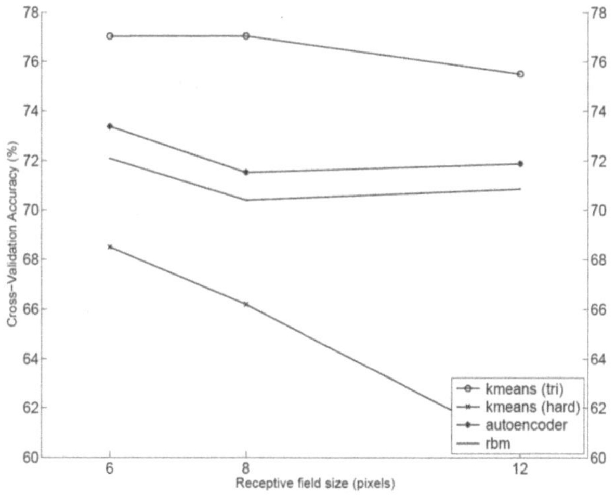

图 16－58　感受野大小对结果的影响

从本练习可以看出：网络中隐节点的个数、卷积尺寸和移动步长等参数比网络的层次和网络参数的学习算法还要重要，也就是说即使是使用单层的网络，只要隐层的节点数够大，卷积尺寸和移动步长较小，用简单 K-means 算法也可取得不亚于其他复杂深度学习的效果。文章 *On Random Weights and Unsupervised Feature Learning* 中提出了新的观点：即无需使用复杂且消耗大量时间去训练网络的参数，只需随机给网络赋一组参数值，就能保证和预训练结果相当，而且还能减少大量的训练时间。

16.5.18　K-means 单层网络的识别性能

本节是用 K-means 方法来分析单层网络的性能，主要是用在 CIFAR-10 图像识别数据库上。关于单层网络的性能可以参考练习 16.5.17，本文的代码可以在 Ng 主页中下载：http://ai.stanford.edu/～ang/papers.php。

实验基础：K-means 可以分为两个步骤，第一步是 cluster assignment step，就是完成各个样本的聚类；第二步是 move centroid，即重新选定类别中心点。K-means 聚类不仅可以针对有比较明显类别的数据，还可以针对不具有明显类别的数据，即使是没明显区分的数据用 K-means 聚类时得到的结果也是可以进行解释的，因为有时候在某种原因下类别数是人为设定的。

K-means 的目标函数如下所示：

$$J(\boldsymbol{c}^{(1)}, \cdots, \boldsymbol{c}^{(m)}, \boldsymbol{\mu}_1, \cdots, \boldsymbol{\mu}_k) = \frac{1}{m} \sum_{i=1}^{m} \| \boldsymbol{x}^{(i)} - \boldsymbol{\mu}_{c(i)} \|^2$$

$$\min_{\substack{\boldsymbol{c}^{(1)}, \cdots, \boldsymbol{c}^{(m)}, \\ \boldsymbol{\mu}_1, \cdots, \boldsymbol{\mu}_k}} J(\boldsymbol{c}^{(1)}, \cdots, \boldsymbol{c}^{(m)}, \boldsymbol{\mu}_1, \cdots, \boldsymbol{\mu}_k) \tag{16-202}$$

在 K-means 初始化 k 个类别时，由于初始化具有随机性，如果选取的初始值不同，可能导致最后聚类的效果跟想象中的效果相差很远，这就是 K-means 的局部收敛问题。解决这个问题一般采用的方法是进行多次 K-means，然后计算每次 K-means 的损失函数值，取损失函数最小对应的那个结果作为最终结果。

在 K-means 中比较棘手的另一个问题是类别 k 的选择。通常情况下采用"elbow"的方法，即作一个图表，该图的横坐标为选取的类别个数 k，纵坐标为 K-means 的损失函数，通过观察该图找到曲线的转折点，一般这个图长得像人的手，而那个像人手肘对应的转折点就是我们最终要的类别数 k，但这种方法也不一定合适，因为 k 的选择可以由人确定，比如说人为把数据集分为 10 份(这种情况很常见，比如说对患者年龄进行分类)，那么就让 k 等于 10。

在本次试验中，K-means 算法分为两个步骤：先求出每个样本的聚类类别，再重新计算中心点。求出每个样本的聚类类别是通过内积实现的。我们要求 **A** 矩阵中的 a 样本和 **B** 矩阵中的所有样本(此处用 b 表示)距离最小的一个，求 $\min(a-b)^2$ 等价于 $\min(a^2+b^2-2ab)$，即求 $\max(ab-0.5a^2-0.5b^2)$。假设 a 为输入数据中固定的一个，b 为初始化中心点样本中的某一个，则固定的 a 和不同的 b 作比较时，此时 a 中的该数据可以忽略不计，只跟 b 有关，即等价于求 $\max(ab-0.5a^2)$。这就是 runkmeans 函数的核心思想。

通过聚类的方法得到了样本的 k 个中心后，接下来需要提取样本的特征，而样本特征的提取是根据每个样本到 k 个类中心点的距离构成的，最简单的方法就是取最近邻，即取与这 k 个类别中心距离最近的那个类为类标签 1，其他都为 0，其计算公式如下：

$$f_k(\boldsymbol{x}) = \begin{cases} 1 & k = \arg\min_j \| \boldsymbol{c}^{(j)} - \boldsymbol{x} \|_2^2 \\ 0 & \text{其他} \end{cases} \tag{16-203}$$

这样计算就有很高的稀疏性(只有 1 个为 1，其他都为 0)，而如果需要放松条件，可以这样考虑：先计算出对应样本与 k 个类中心点的平均距离 d，如果那些样本与类别中心点的距离大于 d，就设置为 0；小于 d，则用 d 与该距离之间的差来表示。这样基本能够保证一半以上的特征都变成 0 了，也是具有稀疏性的，且考虑了更多那些距类别中心距离比较近的值。此时的计算公式如下：

$$f_k(\boldsymbol{x}) = \max\{0, \mu(z) - z_k\} \tag{16-204}$$

CIFAR-10 数据库中的每个 data_batch 都是 10 000×3072 的，即有 10 000 个样本图片，每个图片都是 32×32 且 RGB 三通道的，这里的每一行表示一个样本，因为有 5 个 data_batch，所以共有 50 000 张训练图片。而测试数据 test_batch 有 10 000 张，是分别从 10 类中每类随机选取 1000 张得到的。

实验中用到的 MATLAB 函数如下：

(1) svd()，eig()：这两个函数的输入参数必须都是方阵。

(2) cov：用于求矩阵的协方差。如 cov(x)是求矩阵“x”的协方差矩阵。但对“x”是有要求的，即“x”中每一行为一个样本，也就是说每一列为数据的一个维度值，不要求“x”均值化。

(3) var：用于求方差。求方差时如果是无偏估计则分母应该除以“N－1”，否则除以“N”。

(4) Im2col：用于将一个大矩阵按照小矩阵取出来，并把取出的小矩阵展成列向量。比如“B＝im2col(A，[m n]，block_type)”，就是把“A”按照“m×n”的小矩阵块取出，取出后按照列的方式重新排列成向量，然后多个列向量组成一个矩阵。而参数“block_type”表示的是取出小矩形框的方式，有两种值可以取，分别为“distinct”和“sliding”。“distinct”方式是指取出的各小矩形在原矩阵中是没有重叠的，元素不足的补 0。而“sliding”是每次移动一个元素，即各小矩形之间有元素重叠，但此时没有补 0 元素的说法。如果该参数不给出，则默认为“sliding”模式。

(5) random：与常见的 rand、randi、randn 不同，random 可以产生各种不同的分布，其不同分布由参数“name”决定，比如二项分布、泊松分布、指数分布等，其一般的调用形式为：Y＝random(name，A，B，C，[m，n，...])。

(6) rdivide：在 bsxfun(@rdivide，A，B)中，其中“A”是一个矩阵，“B”是一个行向量，则该函数的意思是将“A”中每个元素分别除以在“B”中对应列的值。

(7) sum：用于进行多维矩阵的求 sum 操作。比如矩阵“X”为“m×n×p”维的，则sum(X，1)计算出的结果是“1×n×p”维的，而 sum(x，2)后得到的尺寸是“m×1×p”维，sum(x，3)后得到的尺寸是“m×n×1”维，也就是说，对哪一维求 sum，则计算得到结果后的那一维置 1 即可，其他可保持不变。

MATLAB 中 function 函数内部并不需要针对 function 有 end 语句。

实验结果：K－means 学习到的类中心点图片显示如图 16－59 所示。

图 16－59　K－means 学习到的类中心点图片

在 CIFAR-10 数据集上用 K－means 方法的训练精度为 86.112000％，测试精度为 77.350000％。

本章参考文献

[16.1]　焦李成，赵进．深度学习、优化与识别[M]．北京：清华大学出版社，2017.

[16.2] ENGAN K, AASE S O, HAKON H J. Method of optimal directions for frame design[C]. IEEE International Conference on Acoustics, 1999, 5: 2443-2446.

[16.3] AHARON M, ELAD M, BRUCKSTEIN A. K-SVD: An algorithm for designing overcomplete dictionaries for sparse representation [J]. IEEE Transactions on Signal Processing, 2006, 54(11): 4311-4322.

[16.4] RUBINSTEIN R, ZIBULEVSKY M, ELAD M. Double sparsity: Learning sparse dictionaries for sparse signal approximation[J]. IEEE Transactions on Signal Processing, 2010, 58: 1553-1564.

[16.5] MAIRAL J, SAPIRO G, ELAD M. Multiscale sparse image representation with learned dictionaries[C]. IEEE International Conference on Image Processing, 2007: III-105-108.

[16.6] MAIRAL J, SAPIRO G, ELAD M. Learning multiscale sparse representations for image and video restoration[J]. Multiscale Modeling &Simulation, 2008, 7(1): 471-478.

[16.7] NAM S, DAVIES M E, ELAD M, et al. Recovery of cosparse signals with greedy analysis pursuit in the presence of noise[C]. International Workshop on Computational Advances in Multi-sensor Adaptive Processing, IEEE, 2011, 361-364.

[16.8] WRIGHT J, YANG A Y, GANESH A, et al. Robust face recognition via sparse representation [J]. IEEE Transactions on Pattern Analysis & Machine Intelligence, 2009, 31(2): 210-227.

[16.9] ZHANG Q, LI B X. Discriminative K-SVD for dictionary learning in face recognition [J]. IEEE Computer Society Conference on Computer Vision and Pattern Recognition, 2010: 2691-2698.

[16.10] HUBEL D H, WIESEL T N . Receptive fields and functional architecture of monkey striate cortex [J]. The Journal of Physiology, 1968, 195(1): 215-243.

[16.11] VALOIS R L D, ALBRECHT D G, THORELL L G. Cortical cells: bar and edge detectors, or spatial frequency filters? [M]. Berlin: Springer, 1978.

[16.12] RUDERMAN D L, BIALEK W. Statistics of natural images: Scaling in the woods [J]. Physical Review Letters, 1994, 73(6): 814-817.

[16.13] OLSHAUSEN B A, FIELD D J. Natural image statistics and efficient coding[J]. Network, 1996, 7(2): 333.

[16.14] HYVÄRINEN A, HOYER P O. A two-layer sparse coding model learns simple and complex cell receptive fields and topography from natural images[J]. Vision Research, 2001, 41(18): 2413-2423.

[16.15] ZEILER M D, KRISHNAN D, TAYLOR G W, et al. Deconvolutional networks[C]. Computer Society Conference on Computer Vision and Pattern Recognition, IEEE, 2010: 2528-2535.

[16.16] GOODFELLOW I J, WARDE-FARLEY D, Mirza M, et al. Maxout Networks[C]. International Conference on Machine Learning, 2013: 1319-1327.

[16.17] BOULANGER-LEWANDOWSKI N, Bengio Y, Vincent P. Modeling temporal dependencies in high-dimensional sequences: Application to polyphonic music generation and transcription[J]. Chemistry A European Journal, 2012, 18(13): 3981-3991.

第17章 图神经网络

图神经网络(Graph Neural Networks，GNN)是一类基于深度学习的图域信息处理方法。传统的卷积神经网络能够高效地处理规则的欧几里得数据，而对于不具备规则的空间结构的非欧几里得数据(如脑信号、分子结构等)抽象出的图谱结构数据，图神经网络能够很好地进行表示。由于其较好的性能与可解释性，近年来，图神经网络广泛应用于知识图谱、推荐系统及生命科学等领域。本章从图神经网络的背景出发，介绍其模型、变体、通用框架及其应用场景，并阐述了网络面临的挑战。

17.1 引　言

卷积神经网络能够处理的是规则的欧几里得数据，典型的欧几里得数据包括图像与语音数据，如图 17-1 所示。一张数字图像可以表示为规则的栅格形式，即二维的图像矩阵，一段语音序列可以表示为规则的一维矩阵，将这些规则的欧几里得数据作为输入，能够十分高效地通过卷积神经网络进行处理。

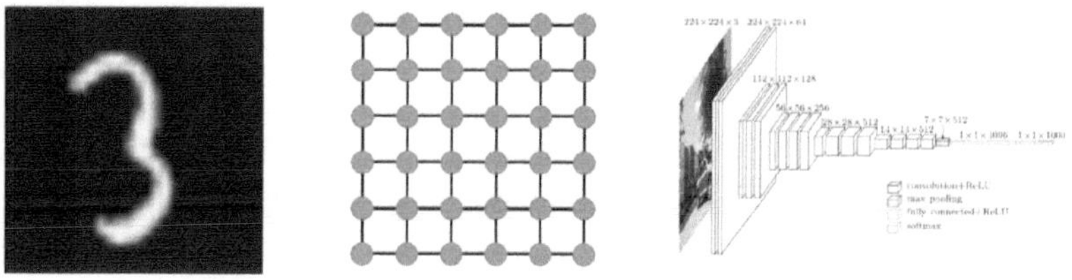

(a)图像数据

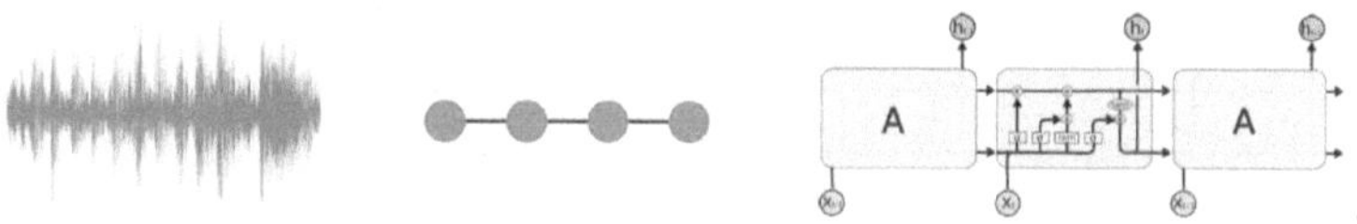

(b)语音数据

图 17-1　欧几里得数据

然而，对于不具备规则空间结构的非欧几里得数据，例如社交多媒体网络数据、化学成分结构数据、知识图谱数据等，都属于图结构的数据(graph-structured data)，有关图结构的应用场景如图 17－2 所示。

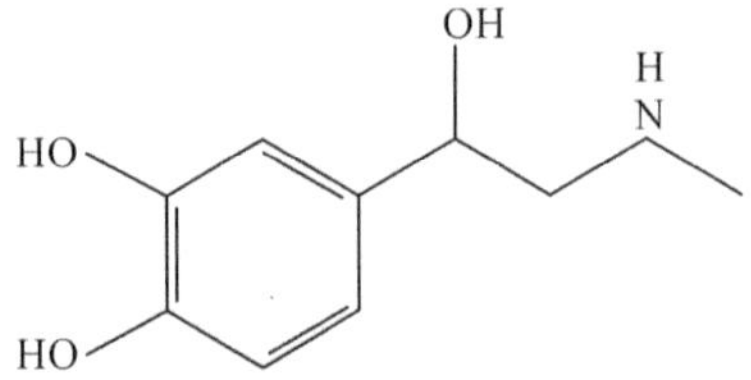

(a) 一种化合物

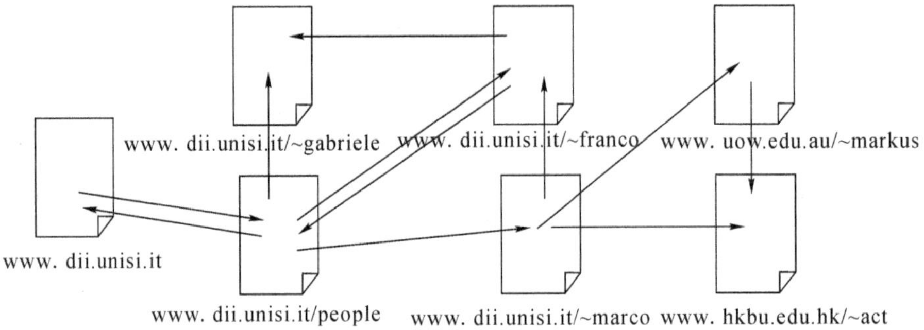

(b) 网络的一个子集

图 17－2　图结构数据

图分析是一种独特的非欧几里得的机器学习数据结构，其中图是一种数据结构，它对一组对象(节点)及其关系(边)进行建模。一个图 G 可以用它包含的顶点 N 和边 E 的集合来描述：

$$G=(N, E) \tag{17-1}$$

这里的“顶点”与“节点”指的是同一个对象，根据顶点之间是否存在方向依赖关系，图可以分为有向图和无向图，如图 17－3 所示。

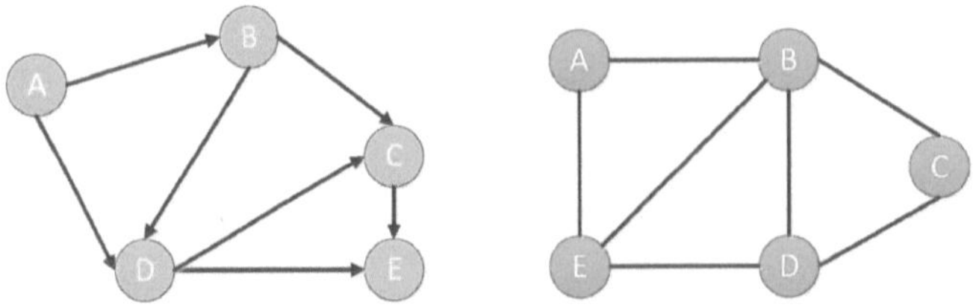

(a) 有向图　　(b) 无向图

图 17－3　有向图与无向图

我们知道图神经网络(Graph Neural Networks，GNN)能够很好地对非欧几里得数据进行建模[17.1－17.8]。除此之外，GNN 的另一个动机为图嵌入(graph embedding)，它能够学习到图节点、边或子图的低维向量表示。在图分析领域，传统的机器学习方法通常依赖于人工特征设计，灵活性较差且计算成本高。随着表示学习与词嵌入思想的成功应用，DeepWalk[17.9]是第一个基于表示学习的图嵌入方法。类似的方法如 node2vec[17.10]、LINE[17.11]和 TADW[17.12]也取得了突破。然而这些方法有两个缺点：① 编码器中节点之间的参数不共享，使得参数数量随着节点的数量线性增长，从而导致计算效率低下；② 直接嵌入的方法缺乏泛化能力，不能处理动态图。

GNN 旨在解决这些问题。基于 CNN 和图嵌入，GNN 对图结构中由元素及其依赖组成的输入与输出进行建模。此外，GNN 可以同时建模基于 RNN 核的图扩散过程。

17.2 图神经网络的基本机理

图神经网络的概念首先由 M. Gori 等人[17.13]提出，F. Scarselli 等人[17.2]提出了最原始的图神经网络架构，它扩展了现有的神经网络，针对图域中的数据进行处理。在图中每个节点都是由其特性和相关节点定义的，如图 17－4 所示。

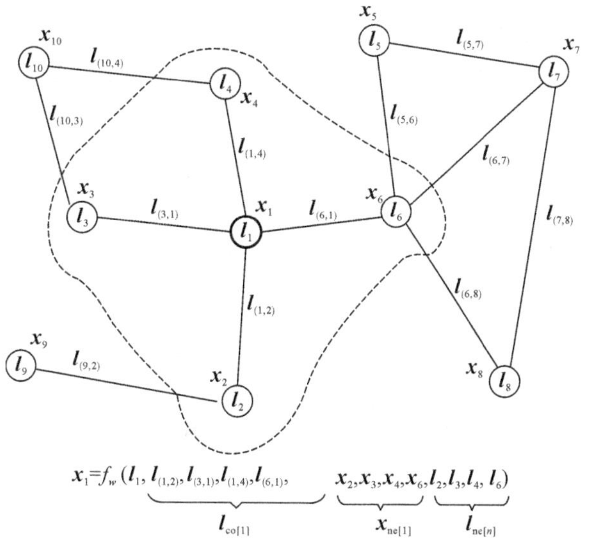

图 17－4　节点 1 及其邻域

从图 17－4 中可以看出，节点 1 的状态 $\boldsymbol{x}_1$ 与其本身的标签及其邻接点的状态和标签有关。图中 $\boldsymbol{l}_n$ 是节点 n 的标签(label)，$\boldsymbol{l}_{(n_1,n_2)}$ 是边(n_1，n_2)的标签，$\boldsymbol{x}_n$ 是节点 n 的状态

(state)，$\boldsymbol{l}_{\mathrm{co}[n]}$、$\boldsymbol{x}_{\mathrm{ne}[n]}$、$\boldsymbol{l}_{\mathrm{ne}[n]}$分别是节点 n 对应的边缘标签、节点 n 的邻域状态及其对应的标签。f_w是一个包含参数的方程，称为局部过渡函数(local transition function)，表示节点对其邻域的依赖性。设 g_w 为局部输出函数(local output function)，用于描述输出是如何产生的，因此，节点 n 的状态 $\boldsymbol{x}_n$ 和其对应的输出 $\boldsymbol{o}_n$ 可以定义为

$$\begin{aligned}\boldsymbol{x}_n &= f_w(\boldsymbol{l}_n, \boldsymbol{l}_{\mathrm{co}[n]}, \boldsymbol{x}_{\mathrm{ne}[n]}, \boldsymbol{l}_{\mathrm{ne}[n]}) \\ \boldsymbol{o}_n &= g_w(\boldsymbol{x}_n, \boldsymbol{l}_n)\end{aligned} \tag{17-2}$$

令 $\boldsymbol{x}$、$\boldsymbol{o}$、$\boldsymbol{l}$ 和 $\boldsymbol{l}_N$ 分别是通过堆叠所有状态、所有输出、所有标签和所有节点标签构建的向量。此时式(17-2)的紧凑形式可表示为

$$\begin{aligned}\boldsymbol{x} &= F_w(\boldsymbol{x}, \boldsymbol{l}) \\ \boldsymbol{o} &= G_w(\boldsymbol{x}, \boldsymbol{l}_N)\end{aligned} \tag{17-3}$$

其中 F_w 和 G_w 分别为全局过渡函数(global transition function)和全局输出函数(global output function)，它们分别是由 $|N|$ 个 f_w 和 g_w 堆叠而成的。

根据 Banach 不动点定理[17.14]，式(17-3)有唯一解的条件是 F_w 是一个压缩映射(contraction map)，并且存在 μ，$0\leqslant\mu<1$，对于图结构数据中任意的两个节点 $\boldsymbol{x}$、$\boldsymbol{y}$，满足：

$$\| F_w(\boldsymbol{x}, \boldsymbol{l}) - F_w(\boldsymbol{y}, \boldsymbol{l}) \| \leqslant \mu \| \boldsymbol{x} - \boldsymbol{y} \| \tag{17-4}$$

其中，$\|\cdot\|$ 表示向量范数。

Banach 不动点定理[17.14]不仅保证了解的存在性和唯一性，而且还提出了以下经典的状态计算迭代框架：

$$\boldsymbol{x}(t+1) = F_w(\boldsymbol{x}(t), \boldsymbol{l}) \tag{17-5}$$

可以看出，状态 $\boldsymbol{x}(t)$通过全局过渡函数 F_w 进行更新，这里 $\boldsymbol{x}(t)$为 $\boldsymbol{x}$ 的第 t 次迭代，对于任意的初始值 $\boldsymbol{x}(0)$，式(17-5)表示的动态系统能够以指数级快速收敛至式(17-3)，其求解过程通过非线性方程组的雅可比迭代法(Jacobi iterative method)实现，因此可以迭代计算状态和输出：

$$\begin{cases}\boldsymbol{x}_n(t+1) = f_w(\boldsymbol{l}_n, \boldsymbol{l}_{\mathrm{co}[n]}, \boldsymbol{x}_{\mathrm{ne}[n]}(t), \boldsymbol{l}_{\mathrm{ne}[n]}) \\ \boldsymbol{o}_n(t) = g_w(\boldsymbol{x}_n(t), \boldsymbol{l}_n) \quad n \in \mathbf{N}\end{cases} \tag{17-6}$$

式(17-6)中的 f_w和 g_w可以通过网络表示，该网络被称为编码网络，下面我们以循环神经网络(RNN)作为编码网络来说明 f_w和 g_w是怎样通过网络表示的。

图 17-5(a)为一个具有 4 个节点 4 条边的无向图；图 17-5(b)为对应的编码网络，在该网络中，图的节点(圆)由方框里的 f_w和 g_w的计算单元代替，f_w和 g_w通过前馈神经网络实现，编码网络是 RNN；图 17-5(c)为按时间展开的编码网络，每一层对应于一个时间，并包含之前编码网络所有单元的状态。层之间的连接取决于编码网络之间的连接情况。

为了建立编码网络，图 17-5 中的每个节点都被计算函数 f_w单元所取代。每个单元存储节点 n 的当前状态 $\boldsymbol{x}_n(t)$，当该节点被激活后，它使用节点标签和存储的邻域信息计算状

态 $\boldsymbol{x}_n(t+1)$，如式(17-6)所述。节点的输出由另一个实现单元 g_w 生成。

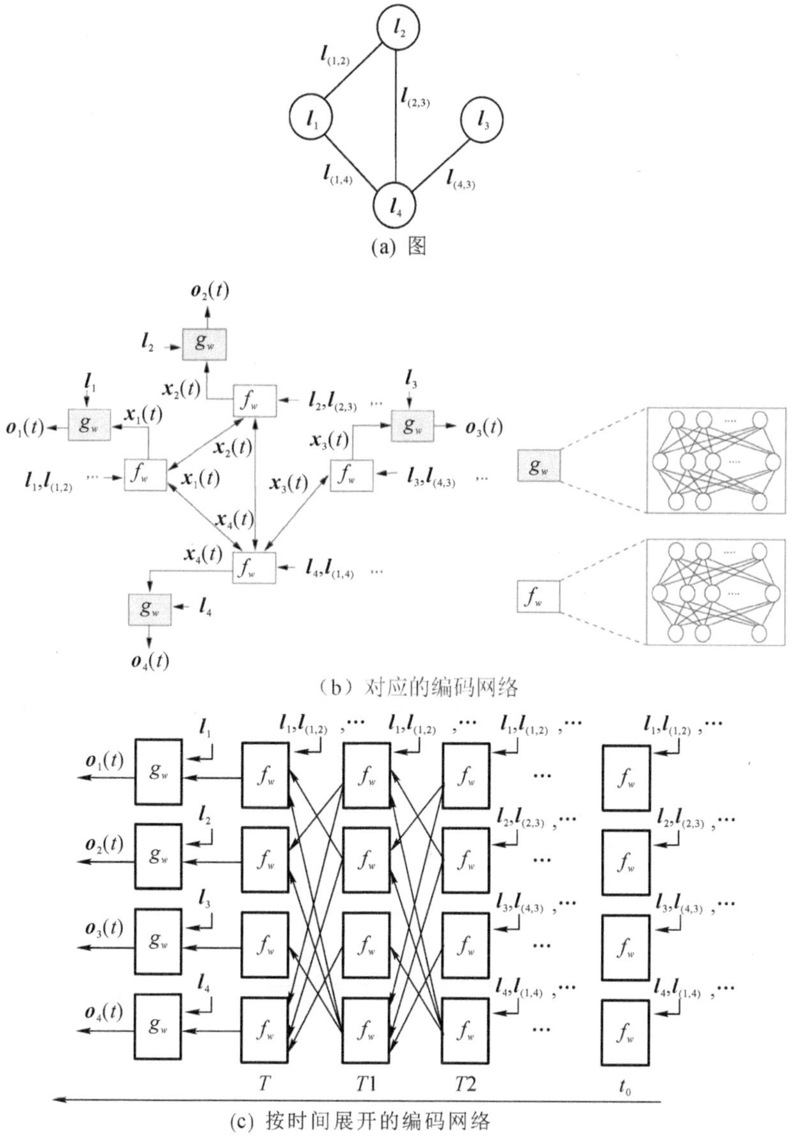

图 17-5 由 f_w 和 g_w 组成的编码网络

神经元之间的连接可以分为内部连接和外部连接。内部连接由用于实现该单元的神经网络结构决定。外部连接取决于图结构的边。

图可以表示为 $G=(N, E)$，即顶点集 N 与边 E 的集合，在训练过程中，关于图的监

督学习框架可以表示为

$$L=\{(G_i, n_{i,j}, t_{i,j})|G_i=(N_i, E_i)\in G; n_{i,j}\in N_i; t_{i,j}\in \mathbf{R}^m, 1\leqslant i\leqslant p, 1\leqslant j\leqslant q_i\} \tag{17-7}$$

其中，$n_{i,j}\in N_i$ 代表在集合 N_i 中的第 j 个顶点，$t_{i,j}$ 为 $n_{i,j}$ 对应的期望目标，q_i 是 G_i 中的节点数目。训练通过梯度下降策略最小化代价函数：

$$e_w=\sum_{i=1}^{p}\sum_{j=1}^{q_i}[t_{i,j}-\varphi_w(G_i, n_{i,j})]^2 \tag{17-8}$$

实验结果表明，GNN 是一种强大的结构数据建模网络，但原始 GNN 仍然存在一些局限性：

(1) 对固定点迭代地更新节点的隐藏状态，使得效率较低。如果放宽不动点的假设，可以设计一个多层 GNN，能够更加稳定地表示节点及其邻域信息。

(2) 图结构中的边信息在原始 GNN 中无法有效建模。比如知识图谱中的边具有不同的关系类型，使得通过不同边的信息传播方法不同。此外，如何学习边的隐藏状态也很重要。

(3) 如果把注意力集中在节点的表示上，就不适合使用不动点，因为不动点的表示分布具有很平滑的值，使得区分每个节点的信息量很少。

17.3 图神经网络的变体

Z. Zhang 等人[17.15]对图的深度学习方法进行了分类，如图 17-6 所示，将现有的方法分为三类：半监督、无监督和最近进展。半监督方法可以根据其体系结构进一步分为图神经网络(GNN)和图卷积网络(Graph Convolutional Networks, GCN)，无监督方法为图自编码器(Graph Auto-Encoders, GAE)，最近的进展包括图循环神经网络(Graph Recurrent Neural Networks, GRNN)和图增强学习(Graph Reinforcement Learning, GRL)方法。

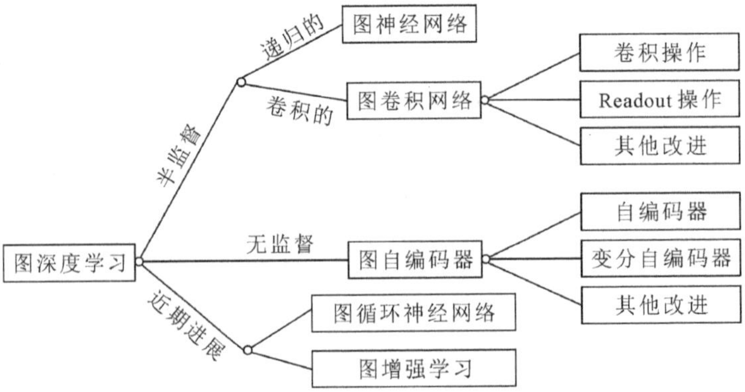

图 17-6　图的深度学习方法分类

J. Zhou 等人[17.1]分别从图类型、训练方法及传播步骤三大类出发，对现有的图神经网络进行了分类，具体如图 17-7 所示。

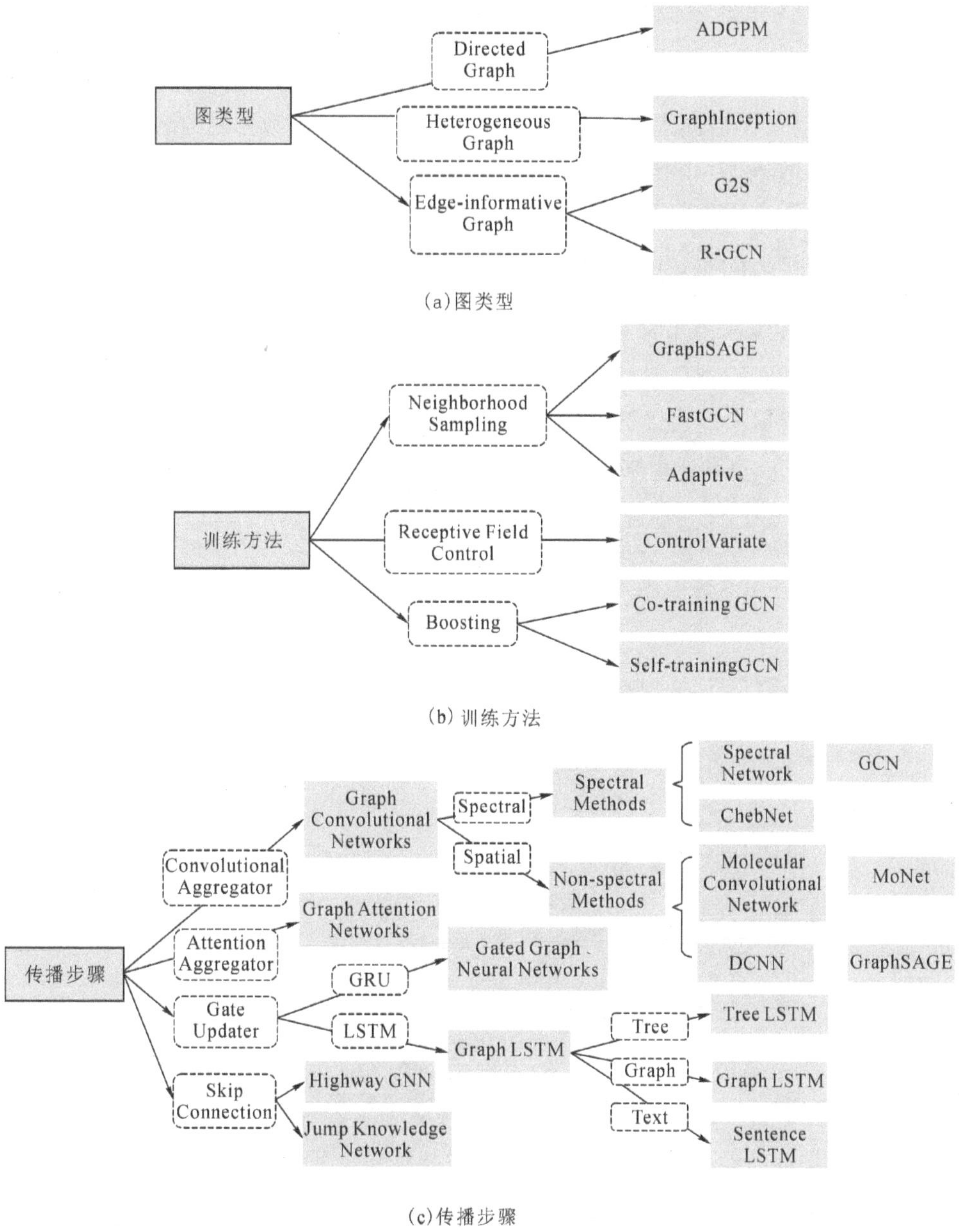

(a)图类型

(b)训练方法

(c)传播步骤

图 17-7　图神经网络的分类

关于图神经网络的变体较多，不能一一列举，本节选择具有代表性的三个变体进行简单介绍。

(1) 基于空域的图卷积神经网络：将图中的节点在空间域中相连，达成层级结构，进而进行卷积。

(2) 基于谱域的图卷积神经网络：将卷积神经网络的滤波器与图信号同时在傅里叶域进行处理，能够有效直接地对图进行操作，是一种可扩展的基于图数据结构的半监督学习方法。

(3) 图注意力网络(Graph Attention Network，GAT)：将注意力机制应用到图卷积网络中，考虑不同样本点之间的关系并完成分类、预测等问题。

17.3.1 基于空域的图卷积神经网络

M. Niepert 等人[17.16]提出了空间域上的图卷积网络，它能够学习任意的图，可以是无向图，也可以是有向图或者具有离散或连续节点和边属性的图。与基于图像的卷积网络类似，该网络从图中提取局部连接的区域特征，同时具有很高的计算效率。

图 17-8 为传统 CNN 在图像上进行步长为 1 的 3×3 卷积过程，我们可以将图像看作规则的图，其节点表示像素，其中图 17-8(a)展示了滤波器从左到右、从上到下在图像上移动进行卷积操作的过程。图 17-8(b)为经过卷积后的特征在层中的表现形式，其中上层的一个节点拥有下层 9 个节点序列代表的感受野，即图 17-8(b)表示的是图 17-8(a)当中的一个节点的邻域。

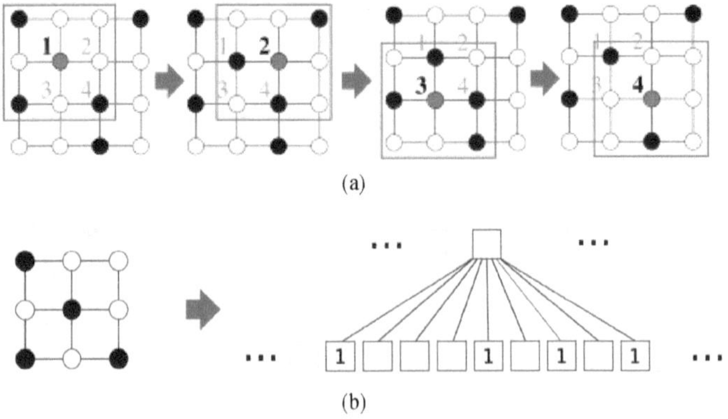

图 17-8　传统卷积神经网络

由于图像数据的结构是规则的，能够直接进行卷积操作，对于不规则的图结构，则需要一个额外的预处理过程：从图到向量空间的映射。因此作者提出针对任意图的卷积神经网络框架：PATCHY-SAN(Select-Assemble-Normalize)，具体流程如图 17-9 所示，主要分为以下四步：

(1) 节点序列选择：针对每个输入图，选择一个固定长度的节点序列(及其顺序)；

(2) 邻域图构造：对所选序列中的每个节点，产生由 k 个节点组成的局部邻域图；

(3) 图规范化：规范化提取的邻域图，并唯一映射到具有固定线性顺序的空间；

(4) 卷积结构：使用卷积神经网络学习邻域表示。

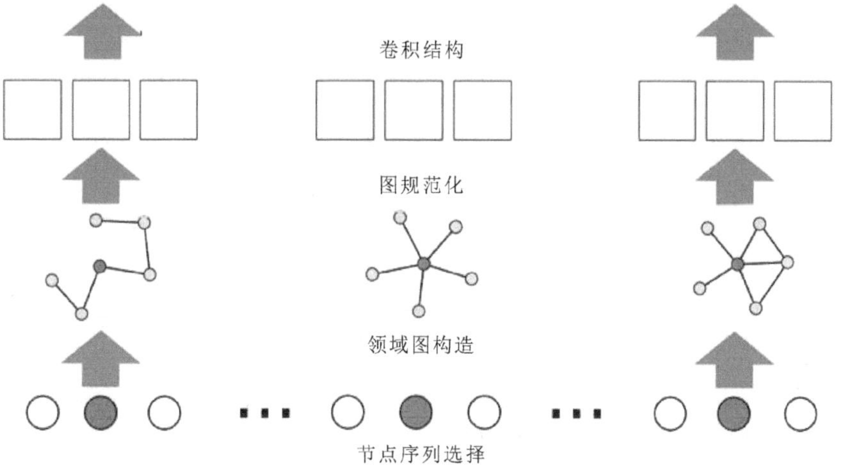

图 17-9 PATCHY-SAN 流程图

下面将对每一步进行详细的介绍。

(1) 节点序列选择。

首先，输入图的顶点按照给定的图标签进行排序。将图中的节点集合根据中心性(centrality)映射为有序的节点序列。从该序列中根据一定的间隔 s(stride)隔段选取 w 个节点构成最终的节点序列，这里 w 是要选择的节点个数，即感受野的个数。

(2) 邻域图构造。

通过步骤(1)得到的节点序列，假设为图 17-10 中的节点①～⑥，针对该序列中的每一个节点，搜索扩展邻居节点，并和原节点一起构成至少 k 大小的邻域集合。

具体来说，对于 6 个节点，分别找到每个节点直接相邻的节点，以节点①为例，找到其距离为 1 的邻居节点②③⑤和其左侧的未标记节点；如果节点个数比 k 少，再增加间接相邻的节点，以节点⑤为例，找到其距离为 1 的邻居节点①④，还有距离为 2 的节点②③⑥和其左上方的未标记节点；在步骤(3)中通过规范化操作对它们进行排序选择及映射。

(3) 图规范化。

由于步骤(2)中得到的各节点的邻域节点个数可能不相等，因此需要对它们进行规范化，简单来说，就是在邻域图的节点上施加一个顺序，以便从无序图空间映射到具有线性顺序的向量空间，同时裁剪多余的节点并填充虚拟节点。

对于图 17－10 的邻域图构造结果，进一步确定邻域中的节点顺序。对其进行规范化，得到 $k=4$ 的规范化结果，如图 17－11 所示。

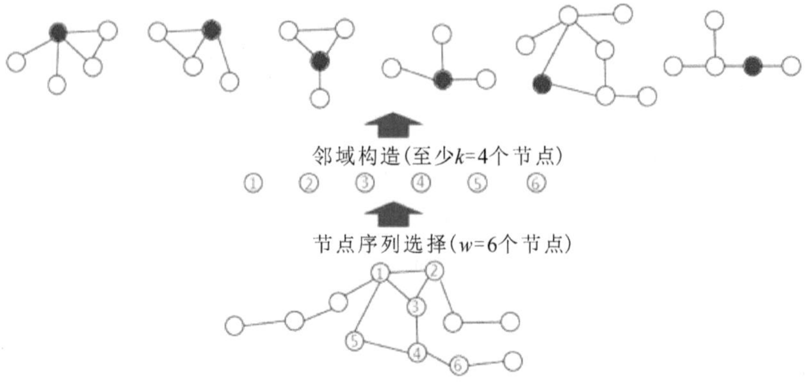

图 17－10　领域图构造结果

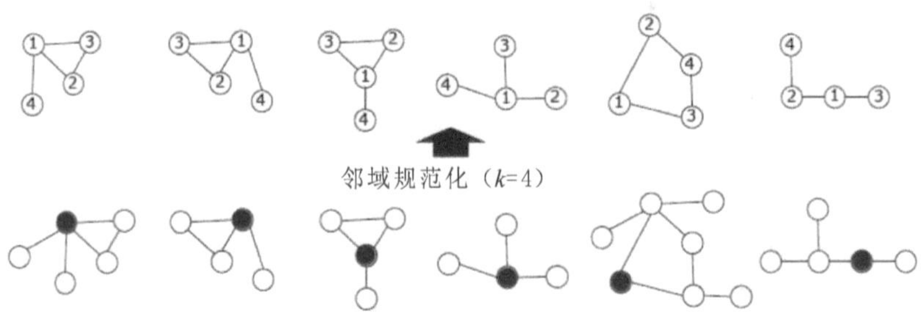

图 17－11　图规范化示意图

如图 17－12 所示，红色节点为当前节点，节点颜色表示到当前节点的距离，绿色节点表示与当前节点距离为 1 的邻居节点，米色节点表示距离 2 的邻居节点，首先对邻域图的节点进行排序并得到规范化的感受野，对于节点得到大小为 k(此处 $k=9$)的邻域，边的属性可表示为 $k\times k$ 大小。然后裁剪多余的节点，最后得到每个节点(边)属性对应于具有相应感受野的输入。

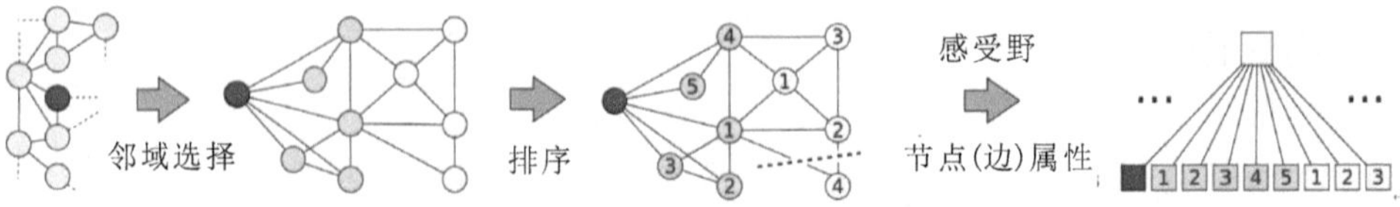

图 17－12　求解节点的感受野

图 17-12 表示对一个节点求解感受野的过程。卷积核的大小为 9，因此选出包括该节点本身的 9 个节点。一个标记算法对同构图是最优的，但有可能对相似但不同构的图表现较差，因此作者利用两种距离进行约束，为得到最好的节点标记(labeling)方式，随机从集合中选择两个图，分别计算这两个图在向量空间的距离(邻接矩阵的距离)与图空间的距离，得到两个距离差异的期望值，使该期望越小越好：

$$\hat{l}=\arg\min_{l} Eg[\,|\,d_A(A^l(G),A^l(G'))-d_G(G,G')\,|\,] \tag{17-9}$$

这里 l 为标记方法，例如之前提到的中心性(centrality)，g 是具有 k 个节点的未标记图的集合，A^l 为邻接矩阵，d_A 为两个图标记后的 $k\times k$ 大小的邻接矩阵距离，d_G 是两个具有 k 个节点的图的距离。

得到最佳的标签后，按顺序将节点映射到一个有序的向量空间，就形成了这个节点的感受野，如图 17-12 最后一步所示。

(4) 卷积结构。

PATCHY-SAN 能够处理顶点和边缘属性(离散和连续)，设 a_n 是顶点属性数目(维度)，a_m 是边属性数目，则顶点和边可以表示为 $k\times a_n$ 和 $k\times k\times a_m$ 大小(这里 $k=4$)，如图 17-13 所示，a_n 和 a_m 是输入通道的数量，因此可以用 k 大小的卷积核与 k^2 大小的卷积核分别对顶点和边进行卷积，再将其送入卷积神经网络的结构中。

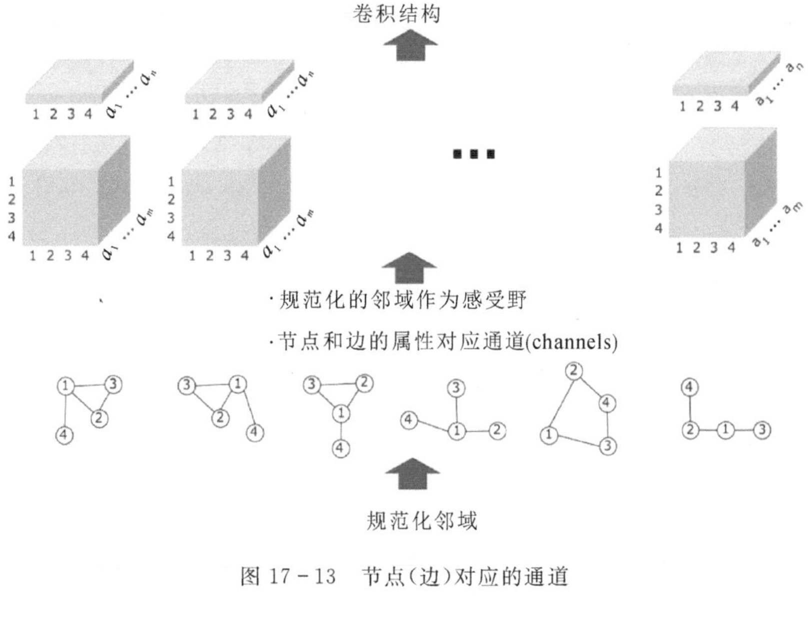

图 17-13　节点(边)对应的通道

这里我们以顶点为例，说明其卷积操作，流程如图 17-14 所示，底层的灰色块(代表顶点)为网络的输入，每块均表示一个节点的感受野，图中感受野大小为 4 个节点。其中 a_n 为每个节点数据的维度，粉色块表示大小为 4 的卷积核，其宽度与节点维度相同，步长(stride)为 4，正好可以满足一次卷积后刚好跳到下个节点进行卷积，总共有 M 个卷积核，因此卷积后得到特征图的通道数为 M。

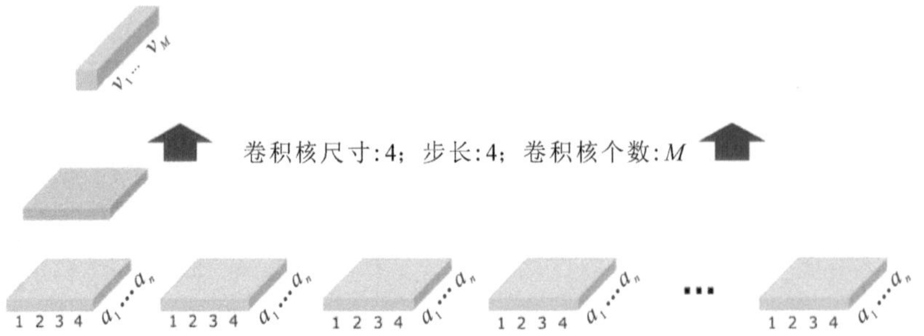

图 17-14　卷积操作过程

得到图的特征表示后，可以根据具体问题对其添加相关层，完成特定的模式识别任务，例如可以后接 softmax 层完成图的分类任务。

17.3.2　基于谱域的图卷积神经网络

T. N. Kipf 等人[17.17]提出了谱域上的图卷积网络，不同于空间域上的卷积，该方法通过光谱图卷积的局部一阶近似确定卷积结构的选择，它是一种可扩展的基于图数据结构的半监督学习方法，通过图中部分有标签的节点对 CNN 进行训练，使网络对其他无标签的数据也能够进一步分类。学习到的隐层表示既能够编码局部图结构，也能够编码节点的特征。

谱域的卷积运算可以定义为输入信号 $x \in \mathbf{R}^N$ 与经过傅里叶域参数化的滤波器 $g_{\boldsymbol{\theta}}=\mathrm{diag}(\boldsymbol{\theta})$ 相乘，定义为

$$g_{\boldsymbol{\theta}} * \boldsymbol{x}=\boldsymbol{U} g_{\boldsymbol{\theta}}(\boldsymbol{\Lambda}) \boldsymbol{U}^{\mathrm{T}} \boldsymbol{x} \tag{17-10}$$

这里，$\boldsymbol{U}$ 为归一化的图拉普拉斯矩阵 $\boldsymbol{L}$ 的特征向量矩阵，其中图拉普拉斯矩阵 $\boldsymbol{L}=\boldsymbol{I}_N-\boldsymbol{D}^{-\frac{1}{2}} \boldsymbol{A} \boldsymbol{D}^{-\frac{1}{2}}=\boldsymbol{U} \boldsymbol{\Lambda} \boldsymbol{U}^{\mathrm{T}}$，$\boldsymbol{\Lambda}$ 是特征值对角矩阵，$\boldsymbol{D}$ 是度数矩阵，$\boldsymbol{A}$ 是图的邻接矩阵。采用此种卷积方法开销会很大，因为特征向量矩阵 $\boldsymbol{U}$ 的相乘运算时间复杂度为 N^2，且 $\boldsymbol{L}$ 的特征分解对于数据量大的图结构复杂度很高，为此 D. K. Hammond 等人[17.18]用切比雪夫多项式 $T_k(x)$ 直到第 k 阶的截断展开来近似 $g_{\boldsymbol{\theta}}(\boldsymbol{\Lambda})$。切比雪夫多项式的定义为

$$\begin{cases} T_k(x)=2 x T_{k-1}(x)-T_{k-2}(x) \\ T_0(x)=1 \\ T_1(x)=x \end{cases} \tag{17-11}$$

因此 $g_{\boldsymbol{\theta}}(\boldsymbol{\Lambda})$可近似为

$$g_{\boldsymbol{\theta}'}(\boldsymbol{\Lambda}) \approx \sum_{k=0}^{K} \boldsymbol{\theta}'_k T_k(\widetilde{\boldsymbol{\Lambda}}) \tag{17-12}$$

则式(17－10)可近似为

$$g_{\boldsymbol{\theta}'} * \boldsymbol{x} \approx \sum_{k=0}^{K} \boldsymbol{\theta}'_k T_k(\widetilde{\boldsymbol{L}})\boldsymbol{x} \tag{17-13}$$

这里 $\widetilde{\boldsymbol{L}}=\frac{2}{\lambda_{\max}}\boldsymbol{L}-\boldsymbol{I}_N$，$\lambda_{\max}$是 $\boldsymbol{L}$ 的最大特征值，$\boldsymbol{\theta}'_k$是切比雪夫系数向量，该式的计算复杂度为 $O(|\varepsilon|)$，不用进行特征分解，因此降低了计算成本。

得到了卷积的定义，那么基于图卷积的神经网络模型可以通过叠加等式(17－13)的多个卷积层来建立，将卷积操作限制为 $k=1$，即为图拉普拉斯频谱上的一个线性函数，通过多层堆叠来恢复其非线性的映射能力，以缓解节点度分布很宽的图在局部邻域结构上的过拟合问题。令 $\lambda_{\max}\approx 2$，则式(17－13)就能够简化为

$$g_{\boldsymbol{\theta}'} * \boldsymbol{x} \approx \boldsymbol{\theta}'_0\boldsymbol{x}+\boldsymbol{\theta}'_1(\boldsymbol{L}-\boldsymbol{I}_N)\boldsymbol{x}=\boldsymbol{\theta}'_0\boldsymbol{x}-\boldsymbol{\theta}'_1\boldsymbol{D}^{-\frac{1}{2}}\boldsymbol{A}\boldsymbol{D}^{-\frac{1}{2}}\boldsymbol{x} \tag{17-14}$$

在实际中，进一步限制参数数量有利于解决过度拟合问题，并减少运算量，这里令 $\boldsymbol{\theta}=\boldsymbol{\theta}'_0=-\boldsymbol{\theta}'_1$，式(17－14)能进一步简化为

$$g_{\boldsymbol{\theta}} * \boldsymbol{x} \approx \boldsymbol{\theta}(\boldsymbol{I}_N+\boldsymbol{D}^{-\frac{1}{2}}\boldsymbol{A}\boldsymbol{D}^{-\frac{1}{2}})\boldsymbol{x} \tag{17-15}$$

这里要注意的是，叠加此运算符可能导致数值不稳定或梯度爆炸/消失，为减轻这个问题，可采用“再归一化”方法：$\boldsymbol{I}_N+\boldsymbol{D}^{-\frac{1}{2}}\boldsymbol{A}\boldsymbol{D}^{-\frac{1}{2}}\rightarrow\widetilde{\boldsymbol{D}}^{-\frac{1}{2}}\widetilde{\boldsymbol{A}}\widetilde{\boldsymbol{D}}^{-\frac{1}{2}}$，其中 $\widetilde{\boldsymbol{A}}=\boldsymbol{A}+\boldsymbol{I}_N$ 且 $\widetilde{D}_{ii}=\sum_j\widetilde{A}_{ij}$，将该定义推广到具有 C 个通道的输入信号 $\boldsymbol{X}\in\mathbf{R}^{N\times C}$(即每个节点具有 C 维的特征向量)和 F 个滤波器，则特征映射如下：

$$\boldsymbol{Z}=\widetilde{\boldsymbol{D}}^{-\frac{1}{2}}\widetilde{\boldsymbol{A}}\widetilde{\boldsymbol{D}}^{-\frac{1}{2}}\boldsymbol{X}\boldsymbol{\Theta} \tag{17-16}$$

式中，$\boldsymbol{\Theta}\in\mathbf{R}^{C\times F}$为滤波器参数的矩阵，$\boldsymbol{Z}\in\mathbf{R}^{N\times F}$是卷积后的信号矩阵，这个滤波操作的复杂度为 $O(|\varepsilon|FC)$，$\widetilde{\boldsymbol{A}}\boldsymbol{X}$ 可以通过一个稀疏矩阵和密集矩阵的乘积实现。

有了模型 $\boldsymbol{Z}=f(\boldsymbol{X},\boldsymbol{A})$，将其应用于半监督节点分类问题中，实验表明在数据集Citeseer、Cora、Pubmed 和 NELL 上与其他方法的分类精度进行对比，所提出的谱域图卷积网络的分类精度在很大程度上优于其他几种方法，同时具有很高的计算效率。

17.3.3 图注意力网络

P. Velickovic 等人[17.19]提出了图注意力网络(Graph Attention Network，GAT)，通过注意力机制赋予邻域节点不同的重要性，不需要任何密集型的矩阵操作(例如求逆)，也无需依赖于预先的图结构知识，该模型解决了基于谱的图神经网络的几个关键挑战，适用于

归纳和转导问题。

注意力机制具有以下三个特性：

(1) 操作高效，因为它可以并行计算节点和其邻居节点；

(2) 通过向邻域指定任意权重，可应用于不同“度”的图节点，这里“度”表示每个节点连接其他节点的数目；

(3) 该模型直接适用于归纳学习问题，包括将模型推广到完全未知的图任务中。

首先描述单个的图注意力层(graph attentional layer)，其思想与 2015 年 D. Bahdanau 等人[17,20]所提出的工作相似。

单个图注意力层的输入为一组节点特征向量：$\boldsymbol{h}=\{\boldsymbol{h}_1, \boldsymbol{h}_2, \cdots, \boldsymbol{h}_N\}$，$\boldsymbol{h}_i\in\mathbf{R}^F$，这里 N 为顶点个数，F 是每个节点的特征数，该层生成一组新的节点特征 $\boldsymbol{h}'=\{\boldsymbol{h}_1', \boldsymbol{h}_2', \cdots, \boldsymbol{h}_N'\}$，$\boldsymbol{h}_i'\in\mathbf{R}^{F'}$。

为了使特征表达能力更强，使用一个可学习的线性变换将输入特征转换为更高层次的特征，为了达到这个目的，每个顶点共享一个线性变换矩阵：$\boldsymbol{W}\in\mathbf{R}^{F'\times F}$，再为每个节点进行自注意(self-attention)操作——一个共享的注意力机制 $\boldsymbol{a}$：$\mathbf{R}^{F'}\times\mathbf{R}^{F'}\rightarrow\mathbf{R}$ 用于计算注意力系数：

$$e_{ij}=\boldsymbol{a}(\boldsymbol{W}\boldsymbol{h}_i, \boldsymbol{W}\boldsymbol{h}_j) \tag{17-17}$$

这说明了节点 j 的特征对节点 i 的重要性。在一般的公式中，该模型允许每个节点注意其他的节点，但这样丢失了图所有的结构信息。通过 masked attention 将图结构注入注意力机制中，仅计算节点 $j\in N_i$ 的 e_{ij}，其中 N_i 是图中节点 i 的邻域。为了使不同节点之间的系数便于比较，对所有的 j 采用 softmax 函数进行归一化：

$$\alpha_{ij}=\text{softmax}_j(e_{ij})=\frac{\exp(e_{ij})}{\sum\limits_{k\in N_i}\exp(e_{ik})} \tag{17-18}$$

在实际应用中，注意力机制 $\boldsymbol{a}$ 为一个单层的前馈神经网络，参数为权重向量 $\boldsymbol{a}\in\mathbf{R}^{2F'}$，使用 LeakyReLU 作为激活函数，注意力机制计算的系数(如图 17-15(a)所示)可表示为

$$\alpha_{ij}=\frac{\exp(\text{LeakyReLU}(\boldsymbol{a}^{\mathrm{T}}(\boldsymbol{W}\boldsymbol{h}_i \,\|\, \boldsymbol{W}\boldsymbol{h}_j)))}{\sum\limits_{k\in N_i}\exp(\text{LeakyReLU}(\boldsymbol{a}^{\mathrm{T}}(\boldsymbol{W}\boldsymbol{h}_i \,\|\, \boldsymbol{W}\boldsymbol{h}_k)))} \tag{17-19}$$

其中，符号“$\|$”表示级联操作。

使用归一化的注意力系数计算与之对应的特征的线性组合，通过非线性激活函数 σ，作为每个节点的最终输出特征：

$$\boldsymbol{h}_i'=\sigma\Big(\sum_{j\in N_i}\alpha_{ij}\boldsymbol{W}\boldsymbol{h}_j\Big) \tag{17-20}$$

为了稳定自注意(self-attention)的学习过程，采用多端注意力机制(multi-head attention)对现有机制进行扩展，将 k 个独立注意机制分别通过式(17-20)计算得到特征，

然后将 k 个特征级联，输出的特征表示为

$$h'_i = \Big\Vert_{k=1}^{K} \sigma\Big(\sum_{j \in N_i} \alpha_{ij}^{k} \boldsymbol{W}^k \boldsymbol{h}_j\Big) \tag{17-21}$$

式中，α_{ij}^{k} 是由第 k 个注意机制（$\boldsymbol{a}^k$）计算的归一化注意系数，$\boldsymbol{W}^k$ 是相应的输入线性变换的权重矩阵。对于每个节点而言，最终输出 kF' 个特征。

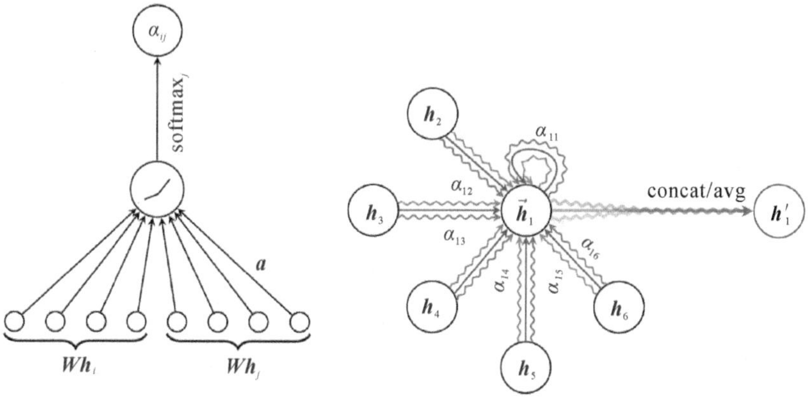

(a) 采用的注意力机制　(b) 多端注意力机制(multi-head attention)

图 17-15　注意力机制

在网络的最终（预测）层上采用多端注意机制（multi-head attention），这里并不使用结果的级联操作，而是使用平均值：

$$h'_i = \sigma\left(\frac{1}{K}\sum_{k=1}^{K}\sum_{j \in N_i} \alpha_{ij}^{k} \boldsymbol{W}^k \boldsymbol{h}_j\right) \tag{17-22}$$

以节点 1 为例，图 17-15(b)描述了多端注意机制（$k=3$）在更新节点特征向量时的聚合过程。不同样式的箭头代表独立的注意力计算，通过级联或平均每个头部的特征得到 $\boldsymbol{h}'_1$。

图注意力机制直接解决了之前用神经网络建模图数据存在的几个问题：

(1) 计算高效，在图中所有边上可以并行地计算注意力系数，输出特征也可以在所有节点上并行计算。

(2) 与 GCN 不同，该模型允许（隐式地）将不同的重要性分配给同一个邻居的节点，从而增加了模型的容量。此外，与机器翻译领域一样，分析所学的注意力权重可能有助于提高解释性。

(3) 注意力机制对图中所有边是共享的，因此它不依赖于对全局图结构及所有节点的特征。

17.4 图神经网络应用实例

17.4.1 图像分类

文献[17.21]研究了结构化先验知识在知识图谱中的应用，同时利用该知识可以提高图像分类的性能。在基于图的端到端学习的基础上，引入了图搜索神经网络(Graph Search Neural Network，GSNN)作为一种将大知识图谱合并到视觉分类中的有效方法。GSNN 能够选择输入图结构的相关子集，并预测表示视觉概念节点的输出。使用这些输出状态能够对图像中的对象进行分类。实验表明该方法在多标签分类上的表现要优于标准的神经网络。

GSNN 并没有一次对图的所有节点进行循环更新，而是根据输入从一些初始的节点开始，只选择扩展对最终输出有用的节点。因此仅对图子集进行更新。在训练和测试期间，我们根据对象检测器或分类器确定的概念存在的可能性来确定图中的初始节点。

一旦确定了初始节点，就将与初始节点相邻的节点添加到活动集。首先将关于初始节点的信念(beliefs)传播到所有相邻节点。然后决定要扩展的节点，文中学习了每个节点的评分函数，它可以估计该节点的重要性。在每个传播步骤之后，对于当前图中的每个节点，预测一个重要性得分：

$$i_v^{(t)} = g_i(h_v, x_v) \tag{17-23}$$

其中，g_i是重要性网络(importance network)。

一旦有了 i_v的值，我们就把从未扩展过的前 P 个评分节点添加到扩展集，并将这些节点附近的所有节点添加到活动集。图 17-16 说明了这种扩展。在 $t=1$ 时，仅扩展检测到的节点。在 $t=2$ 时，根据重要性扩展所选节点，并将它们的邻居添加到图中。在最后的步骤 T 中，计算每个节点的输出，并对其重新排序(re-order)和零填充(zero-pad)，最终送入分类网络中。

为了训练重要性网络，我们为给定图像的每个节点分配重要性值。图像中对应于真实值的节点被赋予 1 的重要性值，它们的邻居节点被赋予值 γ，隔一个的节点的值为 γ^2，其思想是最接近最终输出的节点是最重要的扩展。

有了一个端到端的网络，它将一组初始节点和注释作为输入，并输出图中的每个活动节点的输出。它由三组网络组成：传播网络、重要性网络和输出网络。参见图 17-17 的 GSNN 架构。图中显示了隐藏状态的初始化，在图扩展时添加新节点，以及通过输出、传播和重要性网络的损失传递过程。

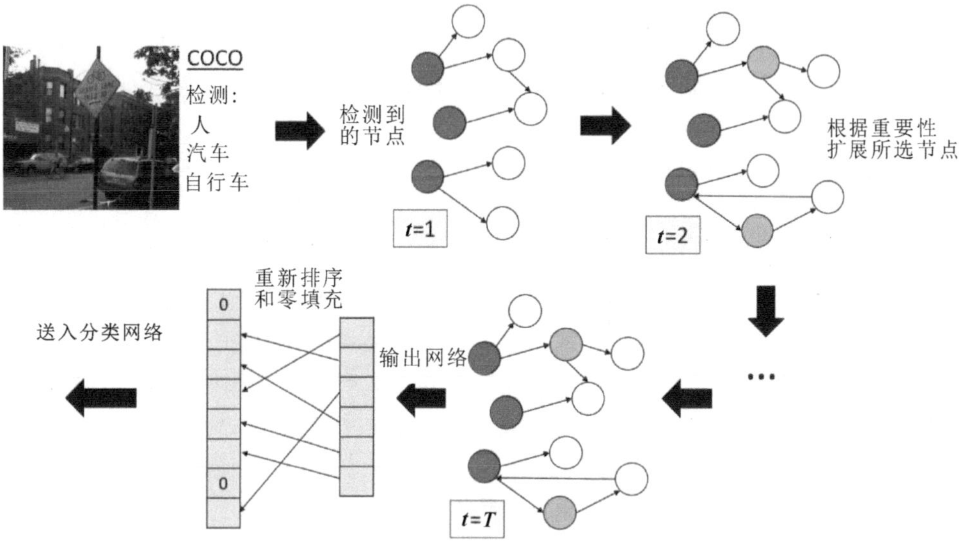

图 17－16　图搜索神经网络扩展

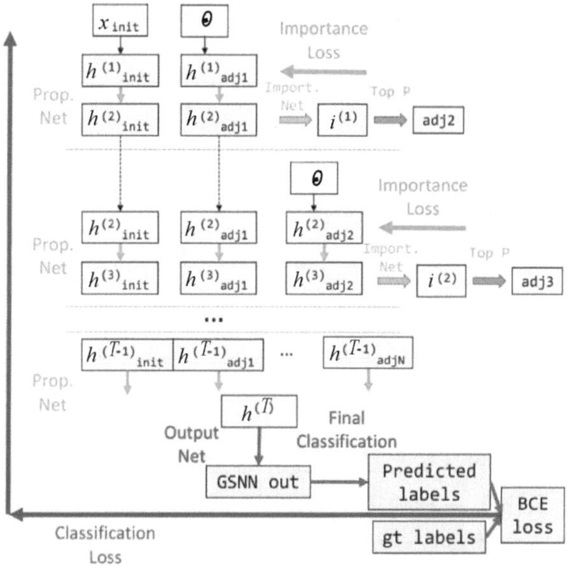

图 17－17　GSNN 架构

x_{init}、$h^{(1)}_{init}$分别为初始检测节点的置信度和隐藏状态，$h^{(1)}_{adj1}$是初始化邻接节点的隐藏状态，然后使用传播网络更新隐藏状态。用$h^{(2)}$来预测重要性得分$i^{(1)}$，该得分用于选择哪些节点添加进 adj2 中，这些节点初始化为 $h_{\text{adj2}}^{(2)}=0$，通过传播网络再次更新隐藏状态。经过 T 步之后，我们就得到了所有累积的隐藏状态 h^T，用于预测所有活动节点的 GSNN 输出。在反向传播过程中，二元交叉熵(BCE)损失通过输出层反馈，重要损失通过重要网络反馈以更新网络参数。

引入节点偏置项到 GSNN 中，对于图中的每个节点都有一些学习的值。输出方程为 $g(h_v^{(T)}, x_v, n_v)$，其中 n_v 是与整个图中的特定节点 v 相联系的偏置项。其值存储在表中并通过反向传播来更新。

对于图像分类问题，将得到的取图网络的输出进行重新排序(re-order)，保证了节点总是以相同的顺序出现在最终网络中，并且零填充(zero-pad)任何未扩展的节点。因此，如果我们有一个具有 316 个节点输出的图，并且每个节点预测一个 5 维隐藏变量，那么我们从图中创建 $316\times5=1580$ 维特征向量。将该特征向量与微调后的 VGG-16 网络的 FC7 层(4096 维)、Faster R-CNN(80 维)预测的每个 COCO 类别的最高得分连接起来。这个 5756 维特征向量被输入到一层最终分类网络中，并采用 dropout 训练。

表 17-1 显示了多标签分类方法的平均精度，可以看出，结合 Visual Genome(VG)和 WordNet(WN)图的效果最好，从 WordNet 得到的外部语义知识，并在知识图谱上进行显式推理，可以使我们的模型比其他模型学习更好的表示。

表 17-1　多标签分类方法的平均精度

方　法	平均精度/(%)
VGG	30.57
VGG+Det	31.4
GSNN-VG	32.83
GSNN-VG+WN	33

17.4.2　目标检测

传统的卷积神经网络检测目标都是独立地检测图像中的每个目标，文献[17.22]将图神经网络用于目标检测，提出了一种关系模块(relation module)，引入了目标之间的关联信息，丰富特征的同时不改变特征的维数，从而优化了检测效果，该文献还提出了一种能代替 NMS 的去重模块，避免了 NMS 设置参数的问题。

如图 17-18 所示，目前常用的目标检测流程分为四步：图像特征生成、区域特征提取、实例识别、去重模块。文中的对象关系模块(如红色虚线框)可以方便地用于改进实例识别和去重模块，从而形成端到端的目标检测器。

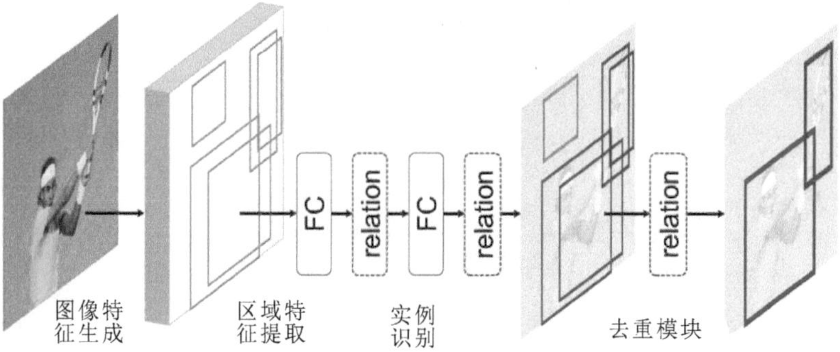

图 17-18　目标检测示意图

对象关系模块如图 17-19 所示，对应的关系式为式(17-24)，该模块聚合了 N_r 个关系特征，类似于神经网络中的通道数，这里 $\boldsymbol{f}_A^n$、$\boldsymbol{f}_G^n$ 分别为第 n 个目标的外观特征(目标尺寸、颜色等信息)与位置特征，每个关系模块 $\boldsymbol{f}_R^n$ 由目标的两个特征组成，将不同的关系特征级联(concat)，并加上目标本身的特征信息作为物体的最终特征。

$$\boldsymbol{f}_A^n = \boldsymbol{f}_A^n + \text{concat}[\boldsymbol{f}_R^1(n), \cdots, \boldsymbol{f}_R^{N_r}(n)], \text{对于所有的 } n \tag{17-24}$$

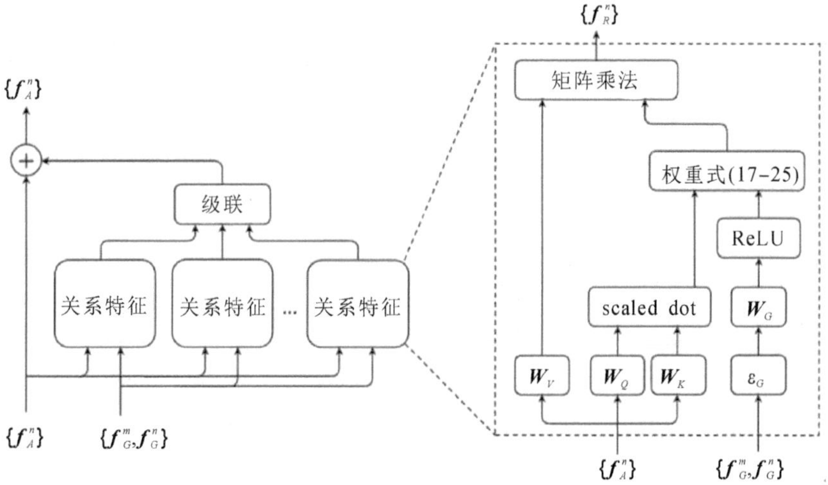

图 17-19　对象关系模块

图 17-19 右侧的权重计算公式为

$$w^{mn} = \frac{w_G^{mn} \cdot \exp(w_A^{mn})}{\sum_k w_G^{kn} \cdot \exp(w_A^{kn})} \tag{17-25}$$

其中第 m 个目标对于当前第 n 个物体的权重为 w^{mn}，分母是个归一化的项，w_A^{mn} 及 w_G^{mn} 分别为

$$w_A^{mn}=\frac{\mathrm{dot}(\boldsymbol{W}_K\boldsymbol{f}_A^m,\ \boldsymbol{W}_Q\boldsymbol{f}_A^n)}{\sqrt{d_k}} \tag{17-26}$$

$$w_G^{mn}=\max\{0,\ \boldsymbol{W}_G\cdot\varepsilon_G(\boldsymbol{f}_G^m,\ \boldsymbol{f}_G^n)\} \tag{17-27}$$

矩阵 $\boldsymbol{W}_K$、$\boldsymbol{W}_Q$ 及 $\boldsymbol{W}_G$ 能够使维数发生改变，dot 为点乘操作，ε_G 为低维到高维的映射操作，具体方法读者可参考文献[17.23]。

给定第 n 个 proposal 的 RoI 特征，应用维数为 1024 的两个全连接层。然后通过线性层执行实例分类和边界框回归。这个过程概括为：

$$\begin{aligned}\mathrm{RoI\_Feat}_n &\xrightarrow{\mathrm{FC}} 1024\\ &\xrightarrow{\mathrm{FC}} 1024\\ &\xrightarrow{\mathrm{LINEAR}} (\mathrm{score}_n,\ \mathrm{bbox}_n)\end{aligned} \tag{17-28}$$

对象关系模块（Relation Module，RM）可以在不改变特征维数的情况下对所有 proposal 的 1024 维特征进行转换，如图 17-20(a)所示，其过程为：

$$\begin{aligned}\{\mathrm{RoI\_Feat}_n\}_{n=1}^N &\xrightarrow{\mathrm{FC}} 1024\cdot N \xrightarrow{\{\mathrm{RM}\}^{r_1}} 1024\cdot N\\ &\xrightarrow{\mathrm{FC}} 1024\cdot N \xrightarrow{\{\mathrm{RM}\}^{r_2}} 1024\cdot N\\ &\xrightarrow{\mathrm{LINEAR}} \{(\mathrm{score}_n,\ \mathrm{bbox}_n)\}_{n=1}^N\end{aligned} \tag{17-29}$$

其中 r_1、r_2 代表关系模块的重复次数。

每个目标有其对应的 1024 维特征、分类分数 s_0 和对应的边界框，在去重模块中，网络为每个目标输出一个二进制分类概率 $s_1\in[0,\ 1]$（1 表示正确，0 表示重复）。这种分类是通过网络进行的，如图 17-20(b)所示。两个分数的相乘 s_0s_1 是最终的分类分数。因此，对于一个好的检测，这两个分数都应该高。

根据阈值 η 可判断目标是正确的还是重复的，IoU 超过阈值认为正确，反之认为是重复的，对于 s_1 的计算，将检测目标的分数(score)转换成等级(rank)而不使用其本身的值。再使用文献[17.23]中的方法将 rank 嵌入到更高维度的特征中。

在训练过程中，采用二元交叉熵损失。损失在所有目标类别的检测框中进行平均。同时作者进行了消融对比试验，在 COCO 数据集上将关系模块加入网络，引入了目标之间的关联信息，从而优化了检测效果。

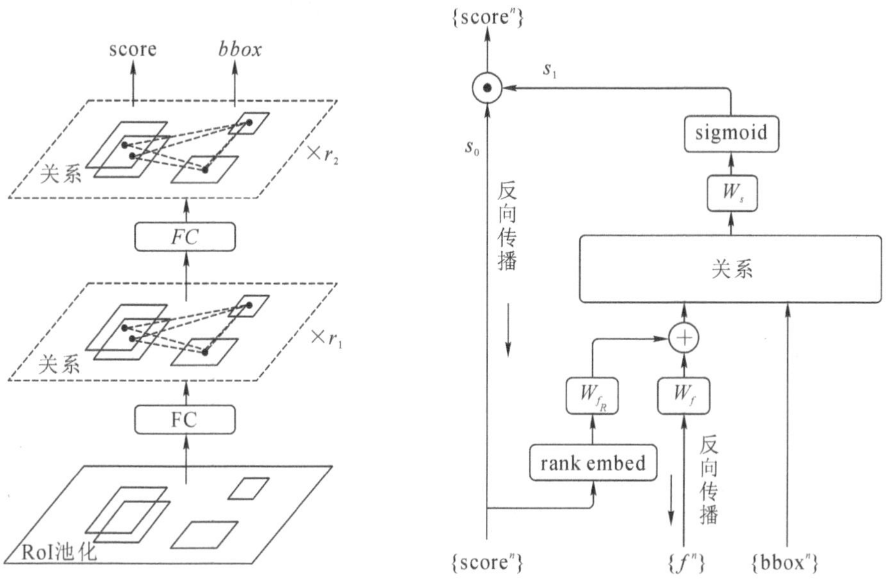

(a) 加入关系模块　　　　　　(b) 去重网络

图 17-20　模块说明

17.4.3　语义分割

点云是一种重要的几何数据结构类型。由于其格式不规则，通常将这些数据转换为规则的三维体素网格进行处理。但是这会导致数据数量激增，文献[17.24]很好地利用了点云数据的随机排列不变性，设计了网络 PointNet 对点云数据（无序的点集）进行语义分割。该网络对于输入扰动和损坏具有很强的鲁棒性。

如图 17-21 所示，分类网络以 n 个点的三维点云（$n\times3$）作为输入，通过 T-Net 进行特征转换，得到 3×3 的变换矩阵并作用在原始数据上，实现数据对齐。然后通过共享参数的双层感知器进行特征提取（64 维），通过 T-Net 进行特征转换，通过最大池化（max pooling）聚合点特征。输出为 k 类的分类分数，分割网络是分类网络的扩展。它将全局（1024 维）和局部特征（64 维）以及每点得分的输出连接起来，利用 mlp（多层感知器）进行融合，采用批归一化和 dropout 策略训练分类器，达到逐点地分类。

为了使模型对于输入顺序具有不变性，存在三种策略：

(1) 对输入进行排序（canonical order）；

(2) 将输入作为序列训练 RNN，并通过各种排列增强训练数据；

(3) 使用简单的对称函数来整合每个点的信息。这里对称函数取 n 个向量作为输入，并输出对于输入顺序不变的新向量。例如“＋”和“＊”运算符是对称函数。

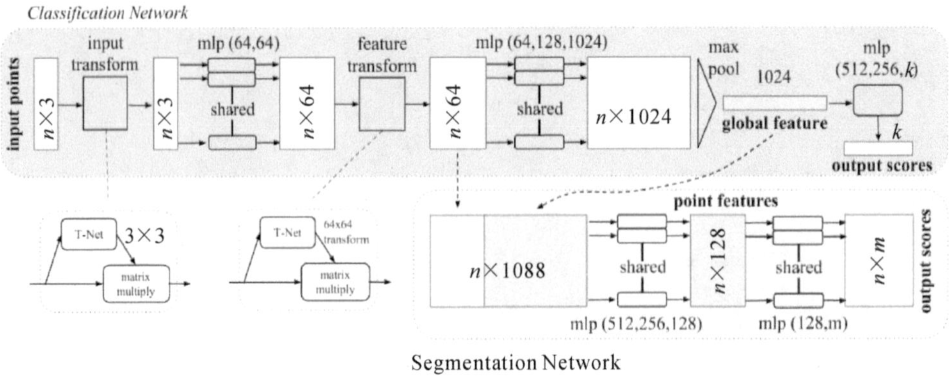

图 17－21　PointNet 网络结构

文中的思想是应用对称函数来逼近定义在点集上的一般函数，这个一般函数为

$$f(\{x_1, \cdots, x_n\}) \approx g(h(x_1), \cdots, h(x_n)) \tag{17-30}$$

这里 $f: 2^{\mathbf{R}^N} \to \mathbf{R}$，$h: \mathbf{R}^N \to \mathbf{R}^K$，对称函数 $g: \underbrace{\mathbf{R}^K \times \cdots \times \mathbf{R}^K}_{n} \to \mathbf{R}$。

用多层感知器网络近似 h，g 由一个单变量函数和最大池化函数组成，通过不同的 h 函数可以学习到很多函数 f，以捕获数据集合不同的属性。

利用全局特征向量$[f_1, \cdots, f_k]$，采用 SVM 或多层感知器能够对点云进行分类，然而点分割需要局部和全局信息的组合，通过将全局特征与每个点特征串接起来，如图 17－21 的分割网络所示，基于组合点的新特征完成语义分割任务。

点云的语义标签应对某些几何变换(如刚体变换)具有不变性。因此所学的点集表示对于这些变换也应具有不变性。文中通过一个微型网络(图 17－21 中的 T-Net)学习一个仿射变换矩阵，并直接将此变换应用于输入点云坐标。关于 T-Net 的更多细节请读者参见文献[17.24]的补充材料。

同样的思想还可以进一步扩展到特征空间，在点特征上插入另一个对齐网络，并预测一个特征变换矩阵，用于对齐来自不同输入点云的特征。然而，特征空间中的变换矩阵比空间变换矩阵的维数要高，这大大增加了优化的难度。因此，文中在 softmax 训练损失的基础上增加了正则项，将特征变换矩阵约束为接近正交矩阵：

$$L_{\text{reg}} = \| \boldsymbol{I} - \boldsymbol{A}\boldsymbol{A}^{\mathrm{T}} \|_F^2 \tag{17-31}$$

其中，$\boldsymbol{A}$ 是由微型网络预测的特征对齐矩阵。正交变换不会丢失输入中的信息，通过加入正则化项，使得优化更加稳定。

图 17-22 为 ShapeNet 部分数据集的分割结果。采用的评价标准是点的 mIoU(%)，显示了每个类别和平均 IoU(%)分数，作者将两种传统方法(文献[17.25]和文献[17.26])和 3D 全卷积网络(文中提出的基线)进行了比较，可以看出 PointNet 的 IoU 较基线有平均 2.3%的提升，在多数类别的分割任务上表现突出。

	mean	aero	bag	cap	car	chair	ear phone	guitar	knife	lamp	laptop	motor	mug	pistol	rocket	skate board	table
# shapes		2690	76	55	898	3758	69	787	392	1547	451	202	184	283	66	152	5271
Wu	-	63.2	-	-	-	73.5	-	-	-	74.4	-	-	-	-	-	-	74.8
Yi	81.4	81.0	78.4	77.7	**75.7**	87.6	61.9	**92.0**	85.4	**82.5**	**95.7**	**70.6**	91.9	**85.9**	53.1	69.8	75.3
3DCNN	79.4	75.1	72.8	73.3	70.0	87.2	63.5	88.4	79.6	74.4	93.9	58.7	91.8	76.4	51.2	65.3	77.1
Ours	**83.7**	**83.4**	**78.7**	**82.5**	74.9	**89.6**	**73.0**	91.5	**85.9**	80.8	95.3	65.2	**93.0**	81.2	**57.9**	**72.8**	**80.6**

图 17-22 ShapeNet 部分数据集的分割结果

17.5 图神经网络的挑战

尽管 GNN 在不同领域取得了巨大的成功，但值得注意的是，GNN 模型并不足以为任何条件下的图结构提供令人满意的解决方案，还存在着以下几个开放性问题有待进一步研究。

(1) 浅层结构：传统的深度神经网络可以通过叠加层数以获得更好的性能，因为深层结构具有更多的参数，从而显著提高了表达能力。然而，图神经网络往往是浅层的，大部分都不超过三层。如文献[17.27]中的实验所示，叠加多个 GCN 层将导致过度平滑(over-smoothing)问题，使得节点考虑的邻居个数增多，导致所有顶点将收敛到相同的值。尽管文献[17.27]、[17.28]致力于解决这样的问题，但它仍然是 GNN 的最大限制。设计真正的深度 GNN 是未来研究的一个令人兴奋的挑战，将对理解 GNN 作出巨大贡献。

(2) 动态图：另一个具有挑战性的问题是如何处理具有动态结构的图。当边和节点出现或消失时，GNN 不能自适应变化。因此如何处理动态 GNN 及通用 GNN 稳定性仍然需要进一步探究。

(3) 非结构场景：虽然有很多的应用于非结构化的场景，然而并没有通用的方法用于处理非结构化的数据，在图像域，通常利用 CNN 获得特征图，然后上采样形成超像素作为节点，因此找到好的图生成方法对于 GNN 的广泛应用至关重要。

(4) 扩展性：如何在社交网络或推荐系统等网络环境中应用嵌入方法，对于几乎所有的图嵌入算法来说尤为重要，在大数据环境中，GNN 核心步骤消耗了大量的计算。因为每个节点都有自己的邻域结构，因此不能应用批处理；当有数以百万计的节点和边时，计算拉普拉斯图也是不可行的。此外，可扩展性决定了算法能否应用于实际当中。

本章参考文献

[17.1] ZHOU J, CUI G, ZHANG Z, et al. Graph neural networks: A review of methods and applications [J]. arXiv preprint arXiv: 1812.08434, 2018.

[17.2] SCARSELLI F, GORI M, TSOI A C, et al. The graph neural network model[J]. IEEE Transactions on Neural Networks, 2009, 20(1): 61-80.

[17.3] BRONSTEIN M M, BRUNA J, LECUN Y, et al. Geometric deep learning: Going beyond euclidean data[J]. IEEE Signal Processing Magazine, 2017, 34(4): 18-42.

[17.4] SHUMAN D I, NARANG S K, FROSSARD P, et al. The emerging field of signal processing on graphs: Extending high-dimensional data analysis to networks and other irregular domains[J]. IEEE Signal Processing Magazine, 2012, 30(3): 83-98.

[17.5] HAMILTON W, YING Z, LESKOVEC J. Inductive representation learning on large graphs[C]. Advances in Neural Information Processing Systems, 2017: 1024-1034.

[17.6] HAMILTON W L, YING R, LESKOVEC J. Representation learning on graphs: Methods and applications[J]. IEEE Data Engineering Bulletin, 2017: 52-74.

[17.7] XU K, HU W, LESKOVEC J, et al. How powerful are graph neural networks? [C]. 7th International Conference on Learning Representations, 2019.

[17.8] SCARSELLI F, GORI M, TSOI A C, et al. Computational capabilities of graph neural networks [J]. IEEE Transactions on Neural Networks, 2009, 20(1): 81-102.

[17.9] PEROZZI B, Al-RFOU R, SKIENA S. DeepWalk: Online learning of social representations[C]. SIGKDD, ACM, 2014: 701-710.

[17.10] GROVER A, LESKOVEC J. Node2vec: Scalable feature learning for networks[C]. SIGKDD, ACM, 2016: 855-864.

[17.11] TANG J, QU M, WANG M, et al. LINE: Large-scale information network embedding [C]. International Conference on World Wide Web, 2015: 1067-1077.

[17.12] YANG C, LIU Z, ZHAO D, et al. Network representation learning with rich text information [C]. IJCAI, 2015: 2111-2117.

[17.13] GORI M, MONFARDINI G, SCARSELLI F, A new model for learning in graph domains[C]. Proceedings of the International Joint Conference on Neural Networks, IEEE, 2005, 2: 729-734.

[17.14] KHAMSI M A, KIRK W A. An introduction to metric spaces and fixed point theory[M]. New Jersyz: John Wiley & Sons, 2011.

[17.15] ZHANG Z, CUI P, ZHU W. Deep learning on graphs: A survey[J]. arXiv preprint arXiv:1812.04202, 2018.

[17.16] NIEPERT M, AHMED M, KUTZKOV K. Learning convolutional neural networks for graphs [C]. International Conference on Machine Learning, 2016: 2014-2023.

[17.17] KIPF T N, WELLING M. Semi-supervised classification with graph convolutional networks[J].

arXiv preprint arXiv: 1609.02907, 2016.

[17.18] HAMMOND D K, VANDERGHEYNST P, Gribonval R. Wavelets on graphs via spectral graph theory[J]. Applied and Computational Harmonic Analysis, 2011, 30(2): 129 - 150.

[17.19] VELICKOVIC P, CUCURULL G, Casanova A, et al. Graph attention networks[J]. arXiv preprint arXiv: 1710.10903, 2017.

[17.20] BAHDANAU D, CHO K, BENGIO Y. Neural machine translation by jointly learning to align and translate[J]. arXiv preprint arXiv: 1409.0473, 2014.

[17.21] MARINO K, SALAKHUTDINOV R, GUPTA A. The more you know: Using knowledge graphs for image classification[C]. IEEE Conference on Computer Vision & Pattern Recognition, 2017: 20 - 28.

[17.22] HU H, GU J, ZHANG Z, et al. Relation networks for object detection[C]. Proceedings of the IEEE Conference on Computer Vision and Pattern Recognition, 2018: 3588 - 3597.

[17.23] VASWANI A, SHAZEER N, PARMAR N, et al. Attention is all you need[C]. Advances in Neural Information Processing Systems, 2017: 5998 - 6008.

[17.24] QI C R, SU H, MO K, et al. Pointnet: Deep learning on point sets for 3d classification and segmentation[C]. Proceedings of the IEEE Conference on Computer Vision and Pattern Recognition, 2017: 652 - 660.

[17.25] WU Z, SHOU R, WANG Y, et al. Interactive shape co-segmentation via label propagation[J]. Computers & Graphics, 38: 248 - 254, 2014.

[17.26] YI L, KIM V G, CEYLAN D, et al. A scalable active framework for region annotation in 3d shape collections[J]. ACM Transactions on Graphics (TOG), 2016, 35(6): 210.

[17.27] LI Q, HAN Z, WU X M. Deeper insights into graph convolutional networks for semi-supervised learning[C]. Thirty-Second AAAI Conference on Artificial Intelligence, 2018: 3538 - 3545.

[17.28] LI Y, TARLOW D, BROCKSCHMIDT M, et al. Gated graph sequence neural networks[J]. arXiv preprint arXiv: 1511.05493, 2015.

附录　历史上著名的人工智能大师

	阿伦·图灵(Alan Turing)　1912年出生于英国伦敦，1954年去世。1936年提出图灵机理论。“图灵机”与“冯·诺伊曼机”齐名，被永远载入计算机的发展史中。1950年10月，图灵发表了一篇题为《机器能思考吗》的论文，成为划时代之作。也正是这篇文章，为图灵赢得了“人工智能之父”的桂冠。1966年，为纪念图灵的杰出贡献，ACM设立图灵奖。在他42年的人生历程中，他的创造力是丰富多彩的，他是天才的数学家和计算机理论专家。24岁提出图灵机理论，31岁参与COLOSSUS的研制，33岁设想仿真系统，35岁提出自动程序设计概念，38岁设计“图灵测验”。
	马文·明斯基(Marniv Lee Minsky)　1927年出生于美国纽约。1951年提出“思维如何萌发并形成”的基本理论。1954年，他对神经系统如何能够学习进行了研究，并把这种想法写入他的博士论文中，后来他对Rosenblatt建立的感知器(Perceptron)的学习模型作了深入分析。他是1956年达特茅斯会议的发起人之一，1958年在MIT创建了世界上第一个人工智能实验室，1969年获得图灵奖，1975年首创框架理论。
	约翰·麦卡锡(John McCarthy)　1927年出生于美国波士顿。在上初中时，他就表现出很高的天赋。1951年在普林斯顿大学取得数学博士学位。1956年夏，发起达特茅斯会议，并提出“人工智能”的概念，成为人工智能的起点。1958年，他到MIT任职，与明斯基一起创建了世界上第一个人工智能实验室，并且发明了著名的$\alpha-\beta$剪枝算法。1959年开发出了LISP语言，开创了逻辑程序研究的先河，用于程序验证和自动程序设计，1971年获得图灵奖。
	赫伯特·西蒙(Herbert A. Simon)　1916年出生于美国威斯康星州的密西根湖畔。他从小聪明好学，17岁就考入芝加哥大学。他兴趣爱好广泛，研究方向跨越多个领域。1936年在芝加哥大学取得政治学学位，1943年在匹兹堡大学获得政治学博士学位，1969年因心理学方面的贡献获得杰出科学贡献奖，1975年他和他的学生艾伦·纽厄尔共同获得图灵奖，1978年获得诺贝尔经济学奖，1986年因行为学方面的成就获得美国全国科学家奖章。

	艾伦·纽厄尔(Allen Newell) 1927年出生于美国旧金山。他在20世纪五六十年代开发了世界上最早的启发式程序“逻辑理论家”LT，证明了《数学原理》第二章中的全部52个定理，开创了“机器定理证明”这一新的学科领域。1957年开发了IPL语言，是最早的AI语言。1960年开发了“通用问题求解系统”GPS。1966年开发了最早的下棋程序之一MATER。1970年发展完善了语义网络的概念和方法，并提出了“物理符号系统假说”，后来又提出决策过程模型，成为DSS的核心内容。
	查理德·卡普(Richard M. Karp) 1935年出生于美国波士顿，是加州大学伯克利分校三个系(电气工程和计算机系、数学系、工业工程和运筹学系)的教授。20世纪60年代提出“分支界限法”，成功求解了含有65个城市的推销员问题，创当时的记录。1985年由于其对算法理论的贡献而获得图灵奖。
	爱德华·费根鲍姆(Edward Albert Feigenbaum) 1936年出生于美国。1977年提出知识工程，使人工智能从理论转向应用。他的名言是：“知识蕴藏着力量”。1994年和劳伊·雷迪共同获得图灵奖，1963年主编了《计算机与思想》一书，被认为是世界上第一本有关人工智能的经典性专著。1965年开发出世界上第一个专家系统DENDRAL，随后开发出著名的专家系统MYCIN，20世纪80年代合著了四卷本的《人工智能手册》，开设Teknowledge和IntelliGenetics两个公司，是世界上第一家以开发和将专家系统商品化的公司。
	劳伊·雷迪(Raj Reddy) 1937年出生于印度。1966年在美国斯坦福大学获得博士学位。1994年与费根鲍姆共同获得图灵奖。雷迪自称是“第二代的人工智能研究者”，因为他的博士生导师就是有“人工智能之父”之称的麦卡锡，而另一位人工智能大师明斯基当时也在斯坦福大学。他主持过一系列大型人工智能系统的开发，例如：Navlab——能在道路行驶的自动车辆项目，LISTEN——用于扫盲的语音识别系统，以诗人但丁命名的火山探测机器人项目，自动机工厂项目等，并且提出了“白领机器人学”。

	道格拉斯·恩格尔巴特(Douglas Engelbart) 1925年出生于美国俄勒冈州，20世纪60年代提出“计算机是人类智力的放大器”的观点。1948年在俄勒岗州立大学取得硕士学位，1956年在加州大学伯克利分校取得电气工程/计算机博士学位，之后进入著名的斯坦福研究所SRI工作。1964年发明鼠标，1967年申请专利，1970年取得专利。他对超文本技术作出了巨大贡献，以他的名字命名了ACM超文本会议最佳论文奖。1989年他和女儿一起在硅谷PaloAlto创建Bootstrap研究所。
	奥利弗·赛尔夫里奇(Oliver. G. Selfridge) 1926年出生于英格兰，人工智能的先驱者之一，于2008年逝世。1945年开始在MIT从事数学方面的研究。1955年帮助明斯基组织了第一次公开的人工智能会议。他完成了许多重要的早期关于神经网络、机器学习以及人工智能的文章。1959年他的论文《Pandemonium》更是被视作人工智能的经典之作，为之后的面向方面编程提供了理论基础。他在机器学习和神经网络方面的研究至今还影响着AI研究领域。
	雷·索罗蒙夫(R. Solomonoff) 1926年出生于美国的克利夫兰，1951年毕业于芝加哥大学，早年对于纯数学理论较感兴趣。1952年遇到明斯基、麦卡锡等人，并参加了第一次达特茅斯人工智能会议。1960年他提出了算法概率这一理论并在文章中给出了证明。1964年他完善了自己的归纳推理理论，这在之后成为人工智能的一个分支。2000年后，他又第一个提出了最佳通用人工智能的数学概念。
	亚瑟·塞缪尔(Arthur. L. Samuel) 1901年出生于美国堪萨斯，机器学习领域的先驱之一。1928年从MIT获得硕士学位，后来加入到贝尔实验室，随后又加入IBM公司，在IBM完成了第一个跳棋程序，并在IBM机上得以应用。该系统因为具有自我学习的能力和普遍的自适应性，所以在硬件的实现和编程的技巧上都有很大的优势。1966年他成为斯坦福的教授，1990年去世。